DORN • BADER

PHYSIK

Band 1

Gymnasium
Baden-Württemberg

Klassen 7/8

Schroedel

DORN•BADER

PHYSIK

Band 1

Gymnasium
Baden-Württemberg

Herausgegeben von
Heinz-Werner Oberholz

Begründet von
Prof. Dr. Franz Bader, Prof. Friedrich Dorn †

Bearbeitet von
Dania Burak
Dr. Peter Drehmann
Dr. Erwin-Klaus Haberkant
Heinz-Werner Oberholz
Dr. Wolfgang Philipp
Werner Wegner
Klaus Wieder

In diesem Werk wurden Teile aus folgenden Titeln übernommen:

978-3-507-86260-9, DORN•BADER Physik Sek I
herausgegeben von Prof. Dr. Franz Bader, H.-W. Oberholz
978-3-507-86262-3, DORN•BADER Physik Sek I
herausgegeben von Prof. Dr. Franz Bader, H.-W. Oberholz

Druck A² / Jahr 2013
Alle Drucke der Serie A sind im Unterricht parallel verwendbar.

Redaktion: Dr. Imke Goertz
Herstellung: Udo Sauter, Ralf Flunkert
Grafiken: Franz Josef Domke, Liselotte Lüddecke, Bernhard A. Peter, Werner Wildermuth
Umschlaggestaltung: elbe-drei, Hamburg
Typografie, Layout und Satz: Jesse Konzept & Text GmbH, Hannover
Druck und Bindung: westermann druck GmbH, Braunschweig

ISBN 978-3-507-86731-4

Inhaltsverzeichnis

Akustik

Optik

Kräfte und ihre Wirkungen

Die mit „■" gekennzeichneten Seiten beinhalten ergänzende Vertiefungen, Themen und Projekte.

Energie

Teilchenmodell und Druck

Temperatur und Energie

Magnetismus

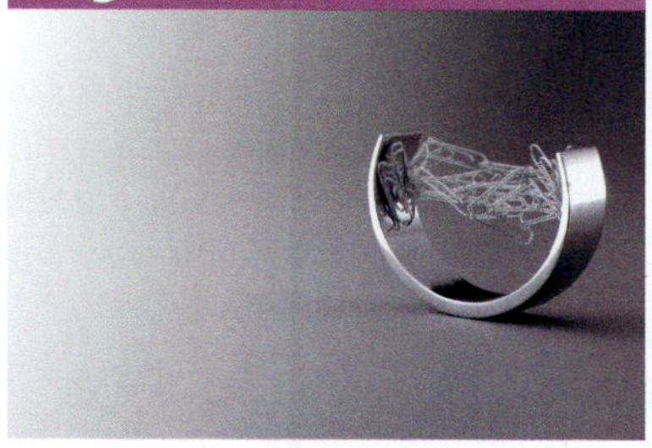

Ladung–Strom–Spannung

Vorwort

Liebe Schülerin, lieber Schüler,

im neuen Fach Physik lernst du, wie Schall entsteht. Du erfährst viel über Licht und Schatten, warum man mit dem Fotoapparat Bilder erzeugen kann und wieso einige Menschen mit einer Brille besser sehen können. Hier entwickelst du ein Verständnis für Energie und wie man mit ihr sparsam und doch gezielt umgehen kann. Vielleicht willst Du mehr über die Geheimnisse der Elektrizität erfahren oder ganz einfach die Gangschaltung im Fahrrad verstehen.

1. Schritt:

Was geschieht um uns herum?
Wir beobachten.
Was lässt sich an tönenden Saiten beobachten?
Wie bringt man sie zum Tönen?
Wie schwingt die Saite bei einem lauten, einem leisen, bei einem hohen oder bei einem tiefen Ton?
Kennst du optische Täuschungen?
Wo liegt dein Spiegelbild, auf oder hinter dem Spiegel?
Wo und wann gibt es beim Rasensprengen einen Regenbogen?

2. Schritt:

Warum ist das so?
Wir stellen Fragen an die Natur.
Warum kommt der Donner erst nach dem Blitz?
Der Blitz ist kurz, der Donner rollt. Warum?
Warum gelangt auch in Zimmern auf der Nordseite Licht?
Warum steht ein Lochkamerabild auf dem Kopf?
Wie entsteht das Spiegelbild? Warum ist dort nicht links und rechts sondern vorne und hinten vertauscht?
Warum stehen wir immer zwischen Regenbogen und Sonne?

3. Schritt:

Wie groß, wie stark, wie viel?
Wir messen und rechnen.
Wie kann man Tonhöhen messen, was kennzeichnet eine Oktave?
Auf der Stimmgabel steht 440 Hz. Wie lange braucht eine Zinke für eine Hin- und Herbewegung?
Der Donner kommt 2 s nach dem Blitz. Wie weit war er entfernt?
Was kostet der Betrieb eines 2 kW-Heizofens in drei Stunden?
Wie misst man die Brennweite einer Linse?

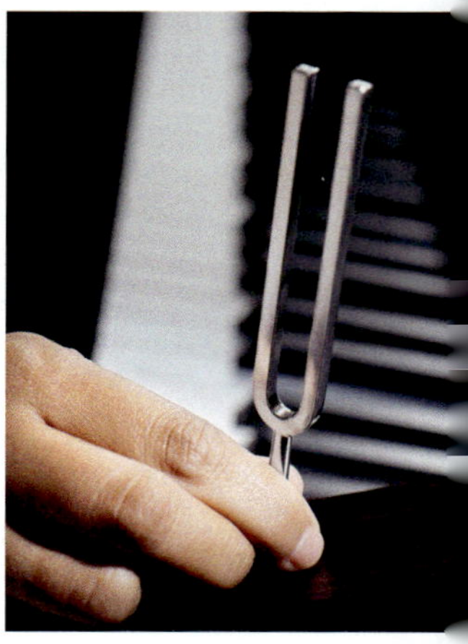

Wir möchten deine Neugier wecken, damit du dich selbstständig in der Natur umsiehst. Um deine eigenen Erfahrungen einzuordnen und die Natur besser zu verstehen, hilft es dir, wenn du dich bei deinen Untersuchungen an einer Leitlinie orientierst. Diese Leitlinie ermöglicht dir ein strukturiertes Vorgehen und unterstützt dich in allen Bereichen der Physik – aber auch in anderen Naturwissenschaften wie der Biologie und der Chemie. Diese Vorgehensweise erleichtert dir nicht nur den Physikunterricht: Was du hier lernst, wird dich dein Leben lang begleiten. Die Schule will dir nicht nur heutiges Wissen vermitteln, sie möchte dir Kompetenzen mit auf den Weg geben, mit denen du dir eigenständig neues Wissen aneignen und es – insbesondere in unserem naturwissenschaftlich-technisch geprägten Leben – sinnvoll anwenden kannst. Im Folgenden stellen wir einige Beispiele zu möglichen Schritten dieser Leitlinie vor.
Wir wünschen dir viel Freude mit deinem neuen Physikbuch!

4. Schritt:

Ist das immer so?
Wir suchen Naturgesetze.
Ist der Schall immer gleich schnell?
Gibt es eine bestimmte Schallgeschwindigkeit?
Welches Gesetz befolgt das Licht beim Schattenwurf, welches am Spiegel?
Welche Gesetze gelten für Licht, das schräg auf Wasser fällt?

5. Schritt:

Wie erforscht man die Natur?
Wir planen Experimente.
Wie misst du im Freien die Schallgeschwindigkeit?
Was brauchst du dazu? Wie zuverlässig ist dein Ergebnis?
Du bist 1,6 m groß. Wie groß muss ein Wandspiegel mindestens sein, damit du dich darin in voller Länge siehst?

6. Schritt:

Wozu Physik?
Wir nutzen Physik für unser Leben.
Wie schützt man sich vor Lärm?
Wie vermeidet man Energieverschwendung?
Wozu braucht man am Fahrrad eine Gangschaltung?
Warum sieht man manche Dinge mit Lupe, Fernrohr oder Mikroskop besser?
Wie helfen Brillen?

V1 Mit etwas Fantasie versetzen wir uns in das 16. Jahrhundert. Der Turm zu Pisa droht schon zu kippen, aber wir lassen uns nicht beirren, klettern bis zur höchsten Plattform – denn wir wollen es wissen: Fallen alle Körper gleich schnell oder nicht? Wir lassen zwei verschieden große und schwere Kugeln im gleichen Augenblick los. Sie kommen etwa zur selben Zeit unten an.

Vertiefung

Wichtige Begriffe drucken wir fett – **Physik** halten wir für wichtig. Solche Begriffe findest du alphabetisch geordnet im Stichwortverzeichnis am Ende des Buches.

Interessantes

David R. SCOTT bewies auf dem Mond, was GALILEI schon vermutete: Ohne störende Luft fällt auch eine Feder so schnell wie eine schwere Metallkugel. Im Physiksaal kann man es nachahmen. Daran können wir sehen: Naturgesetze sind überall gleich, sie sind universell.

B1 Ein Gewitter mit Blitz und Donner

Liebe Schülerin, lieber Schüler,

du hältst ein Physikbuch in deinen Händen. Um dir das Lernen zu erleichtern, haben wir alles Grundlegende in die breite Basisspalte geschrieben. Mit dem Pfeil → weisen wir auf eine Ergänzung hin (meistens in der Außenspalte), z. B. einen Versuch, ein Bild, eine Vertiefung oder Interessantes. Ein Text über Physik liest sich dann so:

Physik → Vertiefung ist eine schon sehr alte Wissenschaft. Schon immer haben Menschen die Natur beobachtet und über sie nachgedacht. Als Grund für Blitz und Donner → B1 haben sie manchmal böse Dämonen erfunden, vor denen man Angst haben musste. Es gab aber auch Leute, die keine übernatürlichen, sondern natürliche Ursachen vermuteten und diesen nachgingen – die Wissenschaften entstanden. Die Beobachtungen wurden im Laufe der Zeit sehr umfangreich. Eine Person allein konnte das ganze Naturgeschehen nicht mehr überblicken – in Biologie, Chemie und Physik betrachten wir seitdem die Natur jeweils aus einem eigenen Blickwinkel.

Seit etwa Galileo GALILEI (1564–1642) befragt man die unbelebte Natur in der Physik gezielt mit Experimenten (z. B. → V1). Als erfolgreich erwies sich auch, in Gedanken die Natur zu vereinfachen → Interessantes. Vielfach hilft die Mathematik bei der Beschreibung. Sie zeigte sich allen mystischen Vorstellungen weit überlegen. All diese Methoden halfen bei der Erkenntnis: *Überall im Universum gelten dieselben Naturgesetze.*

Merksatz

Physik ist eine Naturwissenschaft. Mit ihrer Hilfe ist es leichter, die Natur zu verstehen.

Viel könnten wir noch über die Physik erzählen. Aber mit der Physik ist es ähnlich wie mit der Musik: Man muss sie betreiben, dann weiß man, was sie bedeutet. Fangen wir doch einfach an!

1. Messen in der Physik – Beispiel Volumenmessung

Das Volumen einer Flüssigkeit ist leicht zu bestimmen: Man füllt sie in einen Messzylinder und liest an der Skala ab. Das Volumen eines quaderförmigen, festen Gegenstandes kann man berechnen. Bekanntlich gilt ja $V = l \cdot b \cdot h$ (Länge, Breite, Höhe). Misst man mit dem Messschieber z. B.
$l = 2{,}87\,\text{cm}$, $b = 1{,}95\,\text{cm}$, $h = 1{,}83\,\text{cm}$, so ergibt sich

$$V = 2{,}87\,\text{cm} \cdot 1{,}95\,\text{cm} \cdot 1{,}83\,\text{cm} = 10{,}2\,\text{cm}^3.$$

Das Volumen des Quaders lässt sich aber auch mithilfe einer Flüssigkeit bestimmen. Man taucht ihn z. B. in einen nur teilweise gefüllten Messzylinder ein und liest ab, um welchen Skalenwert die Flüssigkeit steigt. Selbst das Volumen eines unregelmäßig geformten Steins lässt sich so bestimmen. In → B2 ist das Überlaufgefäß zunächst randvoll. Dann tauchen wir den Stein ein und fangen das jetzt überlaufende Wasser mit einem Messzylinder auf. Da kein Wasser unterwegs verloren geht, hat das übergelaufene Wasser dasselbe Volumen wie der Stein.
Jetzt kommt unsere Bewährungsprobe. Schaffen wir es sogar, das Volumen unserer Lunge zu bestimmen? Ja – dazu gehen wir geschickt vor. Zuerst atmen wir ein. Die eingeatmete Luft hat dasselbe Volumen wie die geblähte Lunge. Beim Ausatmen fangen wir die Luft auf → V2 und messen ihr Volumen – wie wir es beim Quader gelernt haben.

2. Was versteht die Physik unter einem „Körper"?

Diese Frage klingt merkwürdig. Sieht nicht jeder, was ein Körper ist? In der Umgangssprache ist es klar – wir z. B. haben einen Körper. In der Physik ist noch etwas mehr gemeint: Alles, was eine abgegrenzte Stoffmenge hat, ist ein Körper. Ein Stein ist ein Körper, ein fester Körper.

Das Wasser im Aquarium ist auch eine abgegrenzte Menge eines Stoffes, also ein Körper, in diesem Fall ein flüssiger Körper. Wenn du einen Luftballon aufbläst, hast du eine bestimmte Menge Luft eingesperrt. Wieder hast du einen Körper. Es gibt also auch gasförmige Körper.

Feste Körper kann man praktisch nicht zusammendrücken. Und flüssige Körper? Da sind wir nicht so sicher, aber → V3 zeigt: Das Volumen hat sich trotz des Zusammendrückens nicht verändert. Anders bei gasförmigen Körpern: Ihr Volumen lässt sich leicht verändern.

Merksatz

Eine abgegrenzte Menge eines Stoffes nennt man in der Physik einen Körper. Es gibt feste, flüssige und gasförmige Körper. Feste und flüssige Körper haben ein kaum veränderliches Volumen. Das Volumen von gasförmigen Körpern dagegen lässt sich leicht verändern.

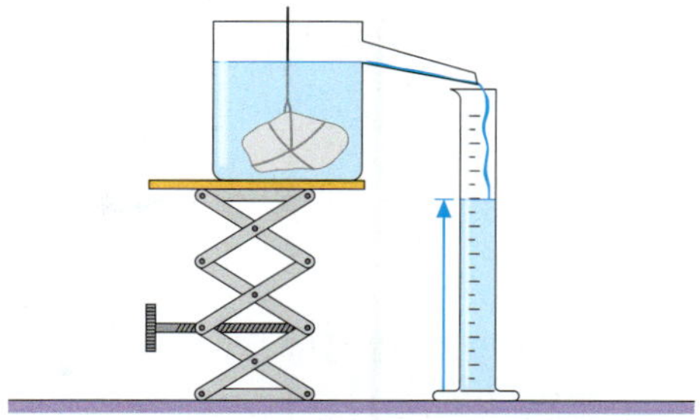

B2 Volumenmessung mit Überlaufgefäß

V2 Die umgestülpte Glaswanne war anfangs ganz mit Wasser gefüllt. Von der Luft wird nun Wasser verdrängt. Den entstehenden Luftquader messen wir aus.

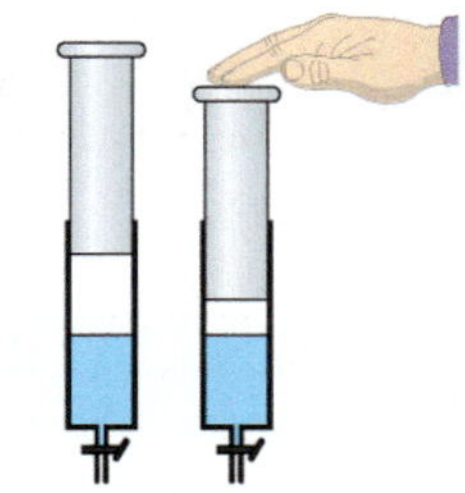

V3 Wir ziehen zunächst 30 ml Spiritus in eine Glasspritze und anschließend 30 ml Luft. Dann verschließen wir sie und pressen den Kolben in die Spritze. Das Volumen der Luftmenge lässt sich auf etwa 15 ml verkleinern, während das Volumen des Spiritus unverändert bleibt.

Mach's selbst

A1 So sollte dein Experiment nicht unbedingt ausgehen. Überlege dir eine bessere Methode, um dein eigenes Volumen zu bestimmen. Führe das Experiment aus.

Akustik

Das kannst du in diesem Kapitel erreichen:

- Du kannst beschreiben, wie Schall entsteht.
- Du kannst die subjektiven Empfindungen Lautstärke und Tonhöhe von den physikalischen Begriffen Amplitude und Frequenz unterscheiden.
- Du erfährst in Experimenten, wie man Lautstärke und Tonhöhe erfasst.
- Du findest dabei heraus, dass es auch Schall gibt, den wir nicht hören können.
- Du lernst, wie sich Schall von einem Ort zu einem anderen Ort ausbreitet.
- Du kannst dich mit deinem Wissen über Schall vor Lärm schützen.

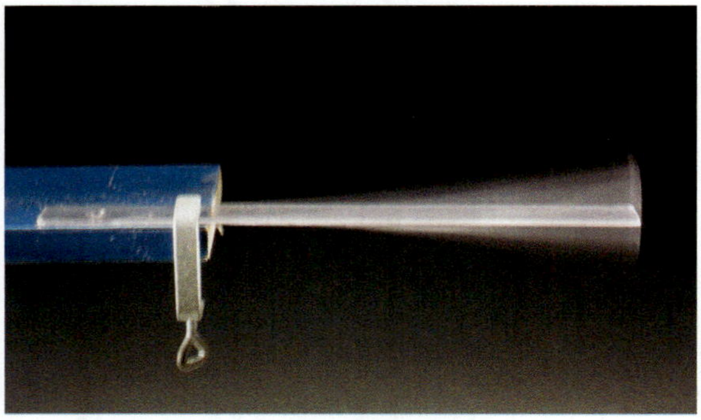

B1 Wann erzeugt ein Lineal einen Ton?

B2 Schwebfliege

V1 **a)** Wir spannen ein Lineal in einen Schraubstock → B1 und biegen das freie Ende zur Seite. Lassen wir es los, so vibriert es – das Lineal bewegt sich also schnell hin und her.

b) Spannen wir das Lineal kürzer ein, so wird die Bewegung seines freien Endes schneller. Schwingt es schnell genug hin und her, so hören wir einen Ton.

c) Wir können mit dem Lineal einen Brummton, aber auch einen hohen Ton erzeugen. Es führt in allen Fällen Schwingungen aus. Ein hoher Ton entsteht, wenn das Lineal sehr schnelle Vibrationen ausführt.

V2 **a)** Unsere Stimmbänder vibrieren beim Sprechen. Das spüren wir, wenn wir zum Beispiel den Vokal i singen und dabei den Kehlkopf mit den Fingern berühren.

b) Wir schlagen eine Stimmgabel an und nähern sie einem Kügelchen, das an einem Faden aufgehängt ist. Das Kügelchen wird heftig weggestoßen.

c) Mit einem elektrischen Generator (einem so genannten *Tongenerator*) versetzen wir die Membran eines Lautsprechers in sehr langsame Schwingungen. Zunächst sehen wir, wie sich die Membran hin und her bewegt. Wir hören aber erst einen Ton, wenn wir sie etwas schneller schwingen lassen. Werden die Schwingungen noch schneller, so können wir sie nicht mehr mit dem Auge verfolgen. Wir spüren aber das Vibrieren der Membran, wenn wir sie mit dem Finger leicht berühren. Dafür hören wir den Ton jetzt sehr deutlich. Wenn wir die Schwingungen noch schneller machen, dann hören wir schließlich auch keinen Ton mehr.

1. Wie entsteht Schall?

Schmetterlinge fliegen geräuschlos, Bienen summen. Sind Bienen vielleicht musikalisch? Warum erzeugen sie einen Ton, Schmetterlinge aber nicht? Wir können eine Erklärung dafür finden, wenn wir ein Lineal oder einen Stahlstreifen festklemmen und sein Ende zur Seite auslenken → V1. Wie die Flügel eines Insekts führt das Lineal **Schwingungen** aus. Schwingt das Lineal langsam, es führt also nur wenige Hin- und Herbewegungen in einer Sekunde aus, so ist kein Ton zu hören. Erst wenn es schnell genug schwingt, hören wir einen Ton.

Bei *Saiteninstrumenten* (Violine, Gitarre) werden die Saiten von einem mit Rosshaaren bespannten Bogen oder durch Anzupfen mit den Fingern zu Schwingungen angeregt. Die Violine hat kurze Saiten. Sie schwingen schnell – wir hören sehr hohe Töne. Dagegen sind die Saiten beim *Kontrabass* lang und dick. Sie schwingen langsam – wir hören einen sehr tiefen Ton.

Gelegentlich summen wir eine Melodie. Auch hier, beim *Singen* und *Sprechen*, sind es Schwingungen, die wir als Ton wahrnehmen → V2a.

Nicht immer erzeugen die Schwingungen einer Membran hörbaren Schall → V2c. Führt eine Membran sehr langsame Schwingungen aus, so sehen wir, wie sie schwingt, empfinden aber keinen Ton. Regen wir sie aber zu immer schnelleren Schwingungen an, so hören wir einen immer höher werdenden Ton. Schließlich verschwindet die Tonempfindung, obwohl die Membran weiter schwingt.

Der Ton, den wir hören, und die Schwingungen eines Schallerregers sind verschiedene Dinge. Schall besteht unabhängig davon, ob wir ihn als Ton wahrnehmen. Wir müssen unsere **subjektive Tonempfindung** von den sie auslösenden Schwingungen unterscheiden. Diese können auch Gehörlose beobachten und untersuchen. Man sagt, sie seien **objektiv.** Ihnen wenden wir uns im Folgenden zu.

Merksatz

Schall entsteht durch Schwingungen eines Schallerregers. Sind diese nicht zu langsam und nicht zu schnell, so können wir sie als Ton wahrnehmen.

2. Wie kann man Schwingungen beschreiben?

Der Bewegungsablauf eines **Fadenpendels** lässt sich bequem beobachten → V3. Mit ihm wollen wir deshalb die Größen aufzeigen, mit denen man eine Schwingbewegung beschreibt. Lenken wir die Kugel aus und lassen sie los, dann führt sie eine sich ständig wiederholende Hin- und Herbewegung aus.

- Eine solche Bewegung heißt **periodische Bewegung.**
- Eine vollständige Hin- und Herbewegung der Pendelkugel nennen wir eine **Periode.**
- Die Zeit, in der das Pendel eine Periode ausführt, heißt **Periodendauer *T*.**
- Während jeder Hin- und Herbewegung schwingt die Pendelkugel zum selben Umkehrpunkt und hat dort ihre größte Auslenkung. Die Auslenkung von der Mittellage zum Umkehrpunkt nennen wir die **Amplitude** der Schwingung.

Wie schwingen die Flügel einer Biene im Vergleich zu denen eines Schmetterlings?

- Die *Periodendauer T* ist bei der Biene kleiner;
- die *Amplitude* ist beim Schmetterling größer.
- Die *Perioden* und die *Periodendauer* sind beim Schmetterling erkennbar; die Schwingungen verlaufen langsam.

Bei schnellen Schwingungen wie bei einer Stimmgabel ist die Periodendauer T schwer zu messen. Wir zählen stattdessen die Anzahl n der Perioden in einer bestimmten Zeit t. Dividieren wir die Anzahl durch die Zeit, so erhalten wir die Frequenz f der Schwingung: $f = n/t$.
Führt z. B. eine Stimmgabel 512 Perioden in 2 Sekunden aus, dann ist ihre Frequenz $f = 512/2\ \text{s} = 256 \cdot 1/\text{s}$. Man schreibt dafür auch 256 Hz (Hertz).
Und die Periodendauer? Das ist einfach: 256 Perioden in 1 s ($f = 256\ 1/\text{s}$), also 1 Periode in 1/256 s ($T = 1/256\ \text{s}$). Wir erkennen, dass die Periodendauer T der Kehrwert der Frequenz f ist: $T = 1/f$.

Merksatz

Die Schwingung ist eine periodisch hin- und hergehende Bewegung. Eine **Periode** umfasst einen Hin- und einen Hergang. Die **Periodendauer *T*** ist die Zeit für eine Periode.
Die **Frequenz *f*** einer Schwingung ist der Quotient aus Zahl der Perioden und benötigter Zeit: $f = n/t$. Ihre Einheit ist 1 Hz = 1/s.
Für Periodendauer T und Frequenz f gilt: $\mathbf{T = 1/f}$; $\mathbf{f = 1/T}$.
Die **Amplitude** ist die Auslenkung von der Mittellage bis zum Umkehrpunkt.

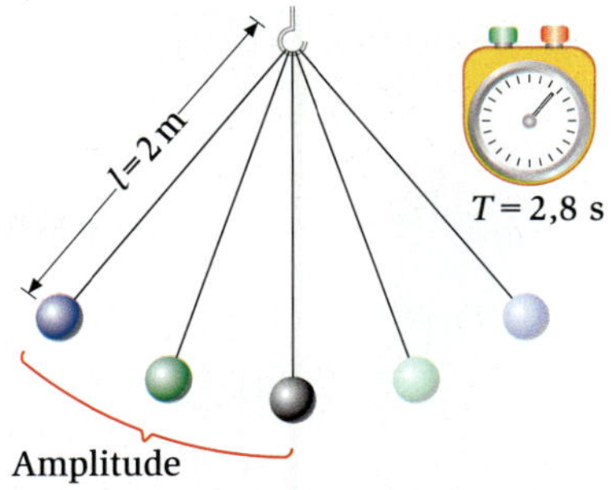

V3 **a)** Wir lenken ein Fadenpendel mit der Pendellänge $l = 2$ m um 40 cm aus und messen mit mehreren Stoppuhren die Zeit T für eine Periode. Die Messwerte liegen bei 2,8 s.
b) Wir wiederholen den Versuch bei der halben Amplitude 20 cm. Die Periodendauer beträgt wieder $T = 2,8$ s.
c) Wir wiederholen den Versuch bei kürzeren Pendellängen. Die Ergebnisse schreiben wir in eine Tabelle (→ T1, 2. Zeile).
d) Zur Bestimmung der Frequenz eines Fadenpendels messen wir die Zeit t in der es $n = 10$ Perioden ausführt. Dann berechnen wir mit dem **Quotienten** $\frac{n}{t}$ die Zahl der Perioden je Sekunde und tragen die Werte in die (→ T1, 4. Zeile) ein.

Pendellänge l in m	2	1	0,5	0,25
Periodendauer T in s	2,8	2,0	1,4	1,0
Zeit t in s	28	20	14	10
Frequenz $f = n/t$ in Hz	0,36	0,5	0,7	1,0

T1 Pendellänge und Frequenz

Mach's selbst

A1 Ein Fadenpendel braucht für 9 Perioden 12 Sekunden. Berechne die Periodendauer T. Bestimme die Zahl der Perioden in einer Sekunde. Berechne die Frequenz des Pendels.

A2 Der Kammerton a' hat die Frequenz $f = 440$ Hz. Heute stimmt man Instrumente häufig $f = 443$ Hz. Berechne jeweils die Periodendauer T und vergleiche.

A3 Beschreibe, was man tun muss, wenn eine Pendeluhr zu schnell geht. Ändert sich ihr Zeittakt, wenn die Amplituden ihres Pendels immer kleiner werden? Beschreibe wie man nach → V3 verfahren muss, damit das Pendel mit doppelter Frequenz schwingt.

Aufzeichnung von Schwingungen

B1 Der Verlauf einer Schwingbewegung

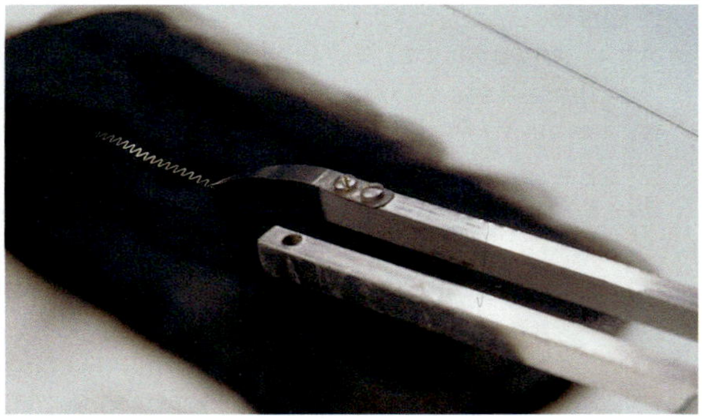

B2 Spuren einer Stimmgabel

V1 Wir hängen ein schweres Metallstück an zwei Fäden auf und befestigen an ihm eine Schreibvorrichtung **→ B1**. Diese besteht aus einem Folienschreiber und einem Rohr, in dem sich der Stift leicht bewegen lässt. Wir müssen darauf achten, dass der Stift nicht verkantet und während einer Schwingung den Kontakt mit der Folie nicht verliert.

a) Wir lenken das Pendel aus der Ruhelage aus und lassen es schwingen. Der Stift schreibt eine geradlinige Spur auf die Folie („y-Richtung").

b) Nun ziehen wir die Folie unter dem Stift gleichmäßig weg. Ruht das Pendel, so beschreibt der Stift eine geradlinige Spur in „x-Richtung". Schwingt das Pendel, so beschreibt der Stift eine Schlangenlinie.

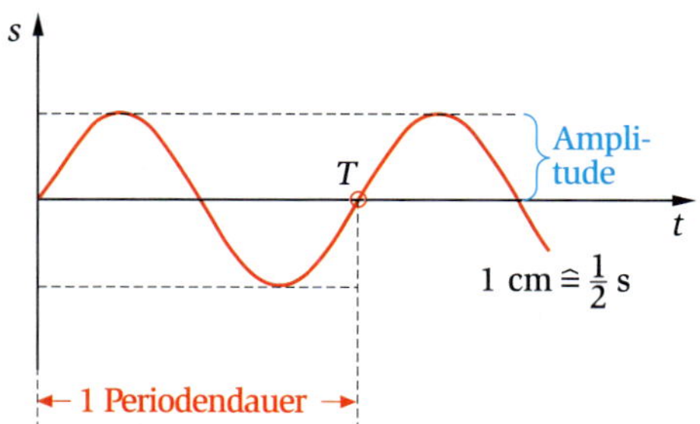

B3 Diagramm einer Schwingung

V2 An einer Stimmgabel ist eine Metallspitze befestigt. Wir schlagen die Gabel an und ziehen die Spitze leicht über eine berußte Platte. Sie schreibt eine Schlangenlinie **→ B2**. Diese entsteht dadurch, dass die Spitze nach beiden Seiten ausschwingt und sich gleichzeitig in Längsrichtung über die Glasplatte bewegt. So können wir ihre Schwingung aufzeichnen.

1. Das Diagramm einer Schwingung

Wenn ein kleines Kind eine Gießkanne trägt und beim Gehen hin und her wackelt, dann hinterlässt der Wasserstrahl eine Schlangenlinie als Spur **→ B1**. Sie verrät die Schwingbewegung der Gießkanne.

Befestigen wir an einem Pendelkörper einen Schreibstift **→ V1**, so schreibt er während der Bewegung eine geradlinige Spur auf eine Folie. Ihre Enden liegen an den Umkehrpunkten der Schwingung, ihre Mitte in der Ruhelage des Pendels. Wir erhalten die **Amplitude** der Schwingung, wenn wir die Entfernung der Umkehrpunkte von der Mitte messen. Ziehen wir die Folie gleichförmig unter dem schwingenden Pendel weg, so schreibt der Stift eine Schlangenlinie.

Die Schwingungen eines *Schallerregers* verlaufen ebenso wie die eines Pendels. Ziehen wir nämlich eine mit einem Schreibstift versehene Stimmgabel über eine berußte Glasplatte **→ V2**, so schreibt dieser ebenfalls eine solche Schlangenlinie. Wir können somit die Größen, die wir zur Beschreibung einer Pendelschwingung verwendet haben, auf Schallerreger übertragen.

Wir sehen in **→ B2**, dass die Amplitude der Schwingung einer Stimmgabel abnimmt. Der von uns empfundene Ton wird dabei leiser, die Tonhöhe aber bleibt.

Um die **Periodendauer *T*** zu bestimmen, müssen wir wissen, wie schnell sich die Folie unter dem schwingenden Pendel bewegt. Wir lassen das Pendel schwingen und bewegen die Folie gleichförmig unter ihm weg. Mit einem zweiten, ruhenden Stift markieren wir im Sekundentakt an der Seitenlinie der vorbeilaufenden Folie eine Folge von Punkten. Ihr Abstand entspricht der Strecke, den die Folie in einer Sekunde zurücklegt („Sekundenstrecke"). Die Periodendauer T erhalten wir, indem wir den Abstand zweier Punkte mit größter Auslenkung (z. B. nach rechts) messen und durch die „Sekundenstrecke" teilen.

Den Verlauf einer Schwingung zeigt das **Diagramm** **→ B3**. Wir können ihm die Periodendauer T und die Amplitude entnehmen.

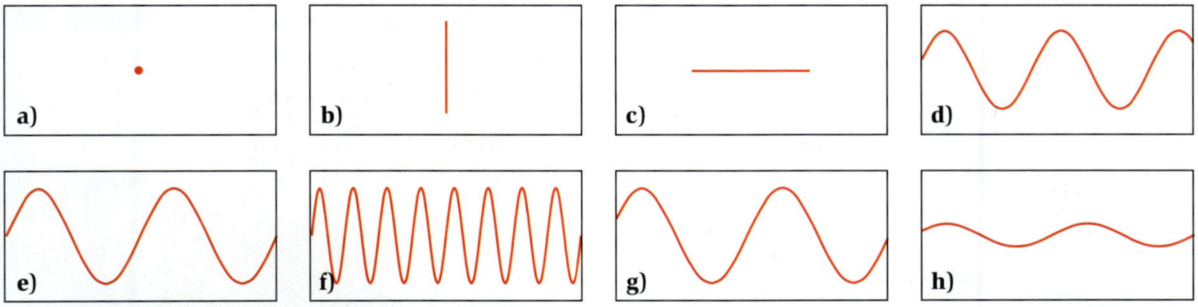

2 Perioden – tiefer Ton | 8 Perioden – hoher Ton | laut | leise

B4 Schwingungen werden sichtbar

2. Wir zeichnen Schwingungen mit dem Oszilloskop auf

Die Schwingung eines Fadenpendels konnten wir im letzten Abschnitt relativ einfach aufzeichnen. Um aber *Schallschwingungen* genauer zu untersuchen, benutzen wir ein raffiniertes elektronisches Gerät. Mit einem so genannten **Oszilloskop** („Schwingungsseher") lassen sich Schallschwingungen auf bequeme Weise sichtbar machen. Als „Ohr" schließen wir ein Mikrofon an. Den Schall erzeugt ein Lautsprecher, der von einem *Tongenerator* elektrisch zum Schwingen angeregt wird:

- Solange kein Schall empfangen wird, schwingt die Mikrofonmembran nicht und wir sehen in der Mitte des Bildschirms des Oszilloskops einen Lichtpunkt → B4a.
- Erreicht Schall das Mikrofon, so sehen wir auf dem Bildschirm eine senkrechte Linie, deren Endpunkte symmetrisch zum Mittelpunkt liegen → B4b. Der Schall regt die Membran des Mikrofons zum Mitschwingen an. Je nach Stellung der Membran wird der Lichtpunkt auf dem Bildschirm nach oben bzw. unten abgelenkt. Dafür sorgt die *Elektronik* des Oszilloskops.
- Sie kann den Lichtpunkt auch von links nach rechts führen. Sobald er den rechten Bildschirmrand erreicht, springt er an den linken Bildrand zurück und beginnt erneut seinen Lauf. Erfolgt dies sehr schnell, können wir nur noch eine waagerechte Linie erkennen → B4c.
- Schalten wir den Lautsprecher ein, so sehen wir auf dem Bildschirm eine Schlangenlinie → B4d. Sie rührt von der Bewegung der Membran her, die im Mikrofon vom Schall zu Schwingungen angeregt wird.
- Bei einem **tiefen Ton** erhalten wir in der Ablenkzeit weniger Perioden → B4e als bei einem **hohen Ton** → B4f.
- Ein **lauter** Ton bewirkt, dass die Membran weit ausschwingt; bei einem **leisen** Ton ist die Amplitude klein → B4g und → B4h.

Merksatz

Mit zunehmender Frequenz der Schwingung steigt die **Tonhöhe.** Mit wachsender Amplitude nimmt die **Lautstärke** zu.

Mach's selbst

A1 **a)** Bestimme die Periodendauer, die ein Ton mit der Frequenz 50 Hz hat.
b) Zeichne in ein Diagramm zwei Perioden dieser Schwingung mit der Amplitude 2 cm. Wähle den Zeit-Maßstab so, dass der Periodendauer T auf der Zeitachse 4 cm entsprechen.
c) Füge in das Diagramm b) vier Perioden eines Tons mit der Frequenz 100 Hz hinzu.
d) Zeichne wie in b) das Bild für einen leisen Ton mit der Amplitude 0,5 cm und einen lauten Ton mit der Amplitude 1,5 cm.

A2 Ein Oszilloskopschirm zeigt folgendes Schwingungsbild:

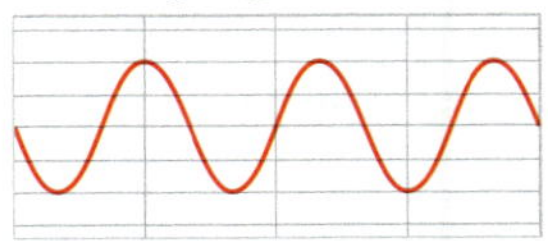

Der Elektronenstrahl im Oszilloskop überstreicht in 2 ms den Schirm.
a) Ermittle aus dem Bild Periodendauer und Frequenz der Schwingung.
b) Gib die Frequenz an, bei der man genau eine Periode sehen würde.

A3 Du kennst den Zusammenhang zwischen Periodendauer und Frequenz.
a) Ein Mitschüler hat in einer Tabelle für einige Periodendauern die zugehörige Frequenz angegeben. Stimmen die Werte? Gib in der 3. Zeile die richtigen Werte f_r an.

T in s	1,0	1,1	1,2	0,9	0,8
f in Hz	1,0	0,9	0,8	1,1	1,2
f_r in Hz					

b) Überlege, worin sein Fehler liegen könnte. Erläutere deinem Mitschüler seinen Fehler in einem kleinen „Brief".

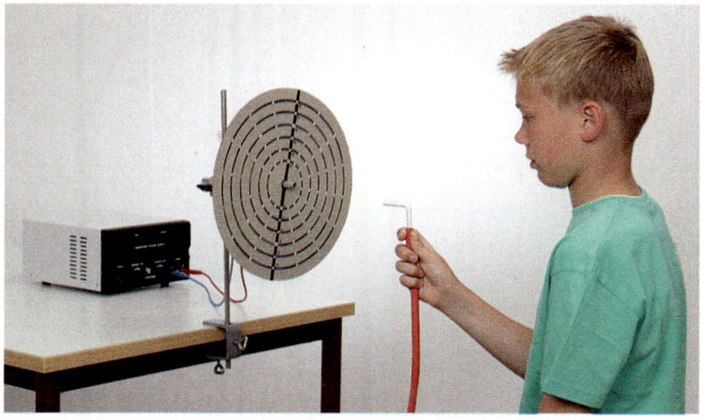

B1 Welche Tonleiter sollen wir spielen?

B2 Wir spielen eine C-Dur Tonleiter.

V1 **a)** Wir blasen die acht Lochreihen einer rotierenden Lochscheibe von innen nach außen an. Wir hören eine *Dur-Tonleiter.* Die innerste Lochreihe erzeugt den Grundton.
b) Wir lassen die Lochscheibe schneller rotieren. Der Grundton wird höher. Wieder hören wir eine Dur-Tonleiter, also die gleichen *musikalischen Intervalle,* wie sie auch in der → T1 angegeben sind.

n	Umdrehungen je Sekunde		Intervall	Frequenzverhältnis
	10	15		
24	240 Hz	360 Hz	Prime	1:1
27	270 Hz	405 Hz	Sekunde	9:8
30	300 Hz	450 Hz	Terz	5:4
32	320 Hz	480 Hz	Quarte	4:3
36	360 Hz	540 Hz	Quinte	3:2
40	400 Hz	600 Hz	Sexte	5:3
45	450 Hz	675 Hz	Septime	15:8
48	480 Hz	720 Hz	Oktave	2:1

T1 Die erste Spalte enthält die Anzahl n der Löcher einer Reihe. Die innerste Reihe hat 24, die zweite 27, ..., die äußerste 48 Löcher. Die zweite Spalte enthält die Frequenzen der Töne bei 10, die dritte bei 15 Umdrehungen je Sekunde. Die letzte Spalte enthält das Frequenzverhältnis aus Frequenz und Grundfrequenz. In der vierten Spalte stehen die Bezeichnungen für das entsprechende musikalische Intervall.

1. Die Tonleiter – immer die gleiche Melodie

Kannst du eine Tonleiter singen? Sie beginnt mit einem **Grundton** und klettert dann von Ton zu Ton in charakteristischen Stufen höher. Der Grundton kann hoch oder tief gewählt werden, die Melodie der Tonleiter ist immer dieselbe. Warum ist das so?

Um diese Frage zu beantworten, experimentieren wir mit einer **Lochscheibe** → V1. Bei konstanter Drehfrequenz der Scheibe blasen wir einen Luftstrom durch eine der Lochreihen. Wir hören einen Ton gleichbleibender Höhe. Der Luftstrom der Düse wird abwechselnd von den Löchern durchgelassen und von der Scheibe unterbrochen. Dadurch bekommt die Luft hinter der Scheibe rasch aufeinanderfolgende, regelmäßige Stöße. Es ist, als ob ein Schallerreger durch seine Schwingungen auf die Luft periodisch einwirken würde.
Rotiert die Lochscheibe mit 10 Umdrehungen je Sekunde dann wird der Luftstrom in der innersten Lochreihe $(10 \cdot 24)$-mal, also 240-mal, in einer Sekunde unterbrochen. Wir hören einen Ton mit der Frequenz 240 Hz. In der zweiten Lochreihe wird er $(10 \cdot 27)$-mal, also 270-mal, je Sekunde unterbrochen. Wir hören einen Ton mit der Frequenz 270 Hz. Die Frequenzen der weiteren Töne der Tonleiter können wir entsprechend berechnen → T1.

Rotiert die Scheibe mit 15 Umdrehungen je Sekunde, so erhöhen sich alle Frequenzen um denselben Faktor → T1. Der Grundton hat jetzt die Grundfrequenz
$15 \cdot 24 \text{ Hz} = 360 \text{ Hz}$.

2. Musikalische Intervalle sind durch Zahlen gekennzeichnet

An der Lochscheibe haben verschieden hohe Tonleitern etwas gemeinsam. Sie werden mit denselben Lochreihen erzeugt. Daher ist für jeden Ton einer Tonleiter sein *Frequenzverhältnis* zum **Grundton** gleich, z. B.:
$270:240 = 405:360 = 27:24$ → T1.

Jeder Ton bildet mit dem Grundton ein **musikalisches Intervall.** Es ist objektiv durch ein bestimmtes *Frequenzverhältnis* gekennzeichnet. Die Namen der Intervalle sind von den lateinischen Ordnungszahlen abgeleitet und lauten der Reihe nach *Prime, Sekunde, Terz, Quarte, Quinte, Sexte, Septime und Oktave.* Die **Oktave** nimmt eine besondere Stellung ein. Sie bildet mit dem Grundton das besonders einfache Frequenzverhältnis 2 : 1 und hat somit die doppelte Frequenz.
In unserem Kulturkreis gelten Intervalle, bei denen die Frequenzverhältnisse durch kleine Zahlen beschrieben werden können als Wohlklang. Die Quinte (3 : 2) und die Quarte (4 : 3) gehören zu diesen **konsonanten** Zusammenklängen. Besonders harmonisch klingt der **Dreiklang** aus Prime, Terz und Quinte. Dagegen gelten Sekunde (9 : 8) und Septime (15 : 8) als **Dissonanzen**.

Merksatz

Ein **musikalisches Intervall** ist durch das Frequenzverhältnis der Töne gekennzeichnet. Ein um eine Oktave höherer Ton ergibt sich, wenn man die Frequenz des Grundtons verdoppelt.

3. Der Klang bringt Farbe in das Instrument

Flöten und Violinen sind Schallerreger. Sie klingen aber unterschiedlich; jedes Instrument hat seine eigene **Klangfarbe.** Woran liegt das? Am *Oszilloskop* können wir den Grund dafür erkennen. Betrachten wir zunächst das Schwingungsbild einer Stimmgabel. Es besteht aus einer einfachen Wellenlinie; sie klingt ja auch *eintönig*. Der Ton einer *Blockflöte* führt zu einem ähnlichen Schwingungsbild. Im Gegensatz dazu sehen wir beim Ton einer *Violine* eine Vielzahl kleiner Zacken (→ V2). Wir vermuten, dass durch das Streichen mit dem Bogen auf der Saite viele weitere Schwingungen entstehen, die wir als kleine Zacken auf dem Bildschirm sehen. Sie haben eine wesentlich kleinere Amplitude und eine sehr viel kleinere Periodendauer, also hohe Frequenz. Diese **Obertöne** nehmen wir – wenn überhaupt – nur sehr leise wahr. Ihre Tonhöhe ist sehr viel höher als die des Grundtones einer Saite. Sie begleiten die Grundtöne eines Instrumentes und bestimmen dessen charakteristischen Klang.

4. Schall, den wir nicht hören können – Ultraschall

Mit einem Tongenerator bringen wir die Membran eines Lautsprechers zum Schwingen und beobachten das Schwingungsbild mit einem Oszilloskop. Erhöhen wir die Frequenz, so sehen wir, wie die Perioden „zusammenrücken"; die Periodendauer nimmt ab. Wir nehmen einen höheren Ton wahr. Oberhalb einer bestimmten Frequenz hören wir den Ton nicht mehr, sehen aber immer noch ein Schwingungsbild → V2. Schall, der oberhalb der Hörgrenze von 20 kHz liegt, heißt **Ultraschall.**

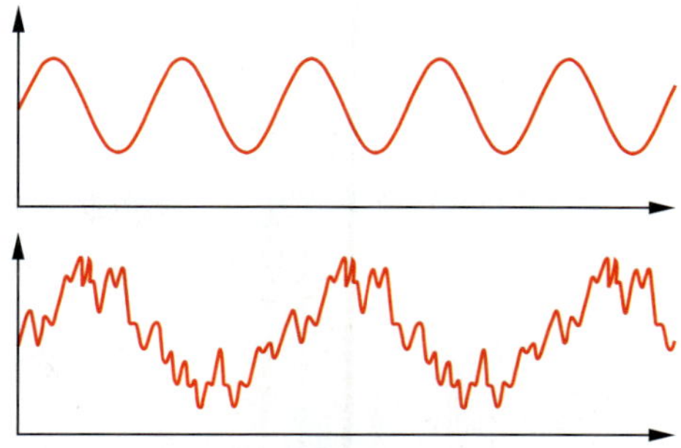

V2 Wir schließen ein Mikrofon an ein Oszilloskop an und beobachten das uns schon bekannte Schwingungsbild einer Stimmgabel. Dann bringen wir die Saite einer Violine zum Schwingen. Ihr Schwingungsbild zeigt viele kleine Zacken.

V3 Ein Tongenerator bringt die Membran eines Lautsprechers in so schnelle Schwingungen, dass wir keinen Ton mehr wahrnehmen. Am Oszilloskop beobachten wir das Schwingungsbild. Wir erniedrigen die Frequenz so lange, bis wir einen Ton hören. Auf diese Weise bestimmen wir unsere *obere Hörgrenze.*

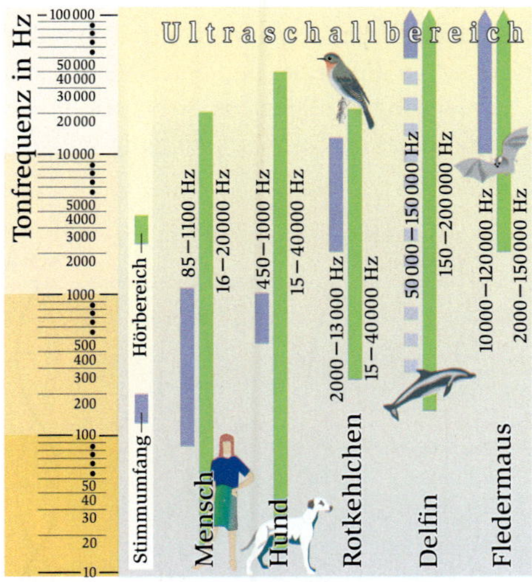

B3 Hörbereiche und Stimmbereiche

Mach's selbst

A1 Schall ist physikalisch objektiv vorhanden oder nicht vorhanden. Seine Wahrnehmung als Ton hängt von uns ab, sie ist subjektiv. Mit welchen physikalischen Größen beschreiben und messen wir die Tonhöhe, die Lautstärke, konsonante und dissonante Klänge?

Saiteninstrumente

B1 Geigenvirtuosin

Eigenschwingungen und Resonanz

Wird die Saite einer Violine oder einer Gitarre mit einem Bogen oder mit dem Finger seitlich ausgelenkt, so schwingt sie in ihrer **Grundfrequenz.** Diese *Grundschwingung* verläuft so schnell, dass wir sie mit dem Auge nicht verfolgen können.

Statt einer Saite spannen wir einen Gummischlauch zwischen die Decke und den Boden des Zimmers. Lenken wir ihn zur Seite aus, so schwingt auch er wie eine Saite in seiner *Grundschwingung* mit seiner Grundfrequenz.

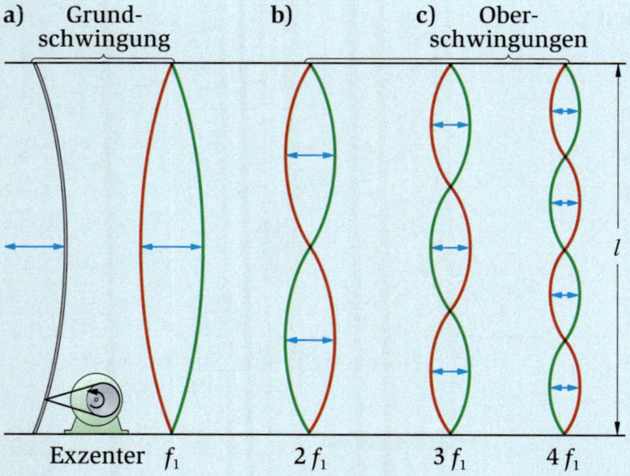

B2 Grund- und Oberschwingungen beim Schlauch

Was macht der Schlauch, wenn man ihn zu Schwingungen mit beliebiger Frequenz zwingt? Wir befestigen an seinem unteren Ende einen Exzenter, den wir mit einem Motor betreiben. Mit ihm bringen wir den Schlauch zum Schwingen. Bei sehr kleiner Drehfrequenz des Motors wackelt der Schlauch uneinheitlich hin und her. Erhöhen wir die Drehfrequenz bis zu der Grundfrequenz f_1 des Schlauchs, so beginnt er – wie eine Saite – mit großer Amplitude auf der vollen Länge zu schwingen → B2a, am stärksten in der Mitte. Zwischen seinen Enden sehen wir einen **Schwingungsbauch.** Der Schlauch schwingt jetzt in seiner Grundschwingung.

Nun erhöhen wir die Drehfrequenz weiter. Zunächst entsteht nur ein allgemeines Bewegungs-Wirrwarr. Bei der doppelten Frequenz $2f_1$ bildet sich auf dem Schlauch wieder ein stabiles Schwingungsbild. Wir erkennen in der Mitte der Saite einen festen Punkt in dem sich der Schlauch nicht bewegt. Zwischen diesem **Knoten** und den Enden des Schlauchs liegt jeweils ein Schwingungsbauch. Der Schlauch schwingt jetzt in seiner ersten **Oberschwingung** → B2b. Weitere *Eigenschwingungen* erhalten wir, wenn wir den Schlauch mit den passenden Eigenfrequenzen anregen → B2c. Dann liegt immer eine ganze Zahl von Schwingungsbäuchen auf dem Schlauch.

Führt ein Schlauch – von einem Exzenter angeregt – **erzwungene Schwingungen** aus, so tritt bei bestimmten Frequenzen, den **Eigenfrequenzen, Resonanz** ein. Bei diesen Eigenschwingungen sind die Amplituden besonders groß.

Eigenschwingungen bei Saiten

Gibt es auch bei einer Gitarre neben der Grundschwingung weitere Eigenschwingungen? Diese Frage beantworten wir mit einem **Monochord.** Es besteht nur aus einer Saite, die – wie bei einer Gitarre – durch zwei Stege begrenzt ist → B3. Zupfen wir sie an, so hören wir den Grundton der Saite. Berühren wir die Saite mit dem Finger leicht in ihrer Mitte, so wird die Grundschwingung abgedämpft. Die Saite schwingt aber weiter, denn wir hören nun deutlich die Oktave zum vorigen Grundton. Da die erste Oberschwingung in der Mitte der Saite einen Knoten hat, wird sie vom Finger nicht gedämpft und schwingt ungehindert weiter. Die erste Oberschwingung hat somit die doppelte Frequenz wie die Grundschwingung.

B3 Monochord

Einen weiteren Oberton der Saite finden wir, wenn wir die Saite bei einem Drittel ihrer Länge mit dem Finger dämpfen. Hier befindet sich ein Knoten der zweiten Oberschwingung. Wir hören sogar zwei Töne: Der eine entsteht durch das Saitenstück rechts, der andere durch das links vom Knoten. Dämpfen wir bei einem Viertel der Saitenlänge, so schwingt der nächste Oberton weiter. Wieder hören wir zwei Töne.

Berühren wir die Saite einer Violine leicht mit dem Finger an einem Knoten einer Oberschwingung, so bleiben auf beiden Teilen der Saite einige Oberschwingungen ungedämpft. Der Ton erhält dadurch eine besonders interessante Klangfarbe. Die Musiker nennen solche Töne *Flageolettöne*. Sobald der Finger die Saite auf das Griffbrett drückt, verschwindet diese Klangfarbe. Es erklingt nur noch der Ton, der durch die Länge der Saite zwischen dem Finger und dem Steg vorgegeben ist.

Bei einer Saite bestimmen die Eigenschwingungen den Grundton und die Obertöne. Sie bestehen gleichzeitig auf der Saite.

Klangfarbe kann man sichtbar machen

Musikinstrumente haben ihre typische Klangfarbe. Sie entsteht durch eine Vielzahl von *Obertönen*, die bei jedem Instrument verschieden sind. Wir können Klänge sichtbar machen, wenn wir ihre Schwingungen über ein Mikrofon einem *Oszilloskop* zuführen. Wir sehen auf dem Bildschirm das Schwingungsbild des jeweiligen Klangs.

Das Schwingungsbild einer Stimmgabel ist eine einfache Schlangenlinie → B4a. Sie klingt entsprechend „eintönig". Dem Bild eines Flötentones → B4b entnehmen wir, dass eine Flöte kaum Oberschwingungen erzeugt. Das Bild ähnelt dem der Stimmgabel. Dagegen zeigt das Schwingungsbild des Tones eines Saiteninstrumentes → B4c eine Vielzahl kleiner Schlangenlinien und Zacken entlang der Grundlinie. Das weist auf eine Vielzahl von Oberschwingungen hin.

Wenn wir „Uuh" oder „Iiih" rufen, so geben wir unserer Stimme eine Klangfarbe, die eine Empfindung ausdrücken soll. Die Vokale unterscheiden sich deutlich in ihrem Schwingungsbild. Das Uuh klingt leer, das Schwingungsbild → B4d zeigt wenig Oberschwingungen. Das Iiih klingt scharf, sein Schwingungsbild zeigt viele Oberschwingungen → B4e, noch deutlicher wird dies beim Zischen → B4f.

Wie stimmt man ein Musikinstrument?

Beim Zusammenspiel in einem Orchester müssen die Instrumente gestimmt werden. Streichinstrumente werden nach dem Kammerton a' = 440 Hz gestimmt; d. h. eine der Saiten wird auf die Grundfrequenz 440 Hz eingestimmt. Dies geschieht durch Verändern der Saitenspannung.

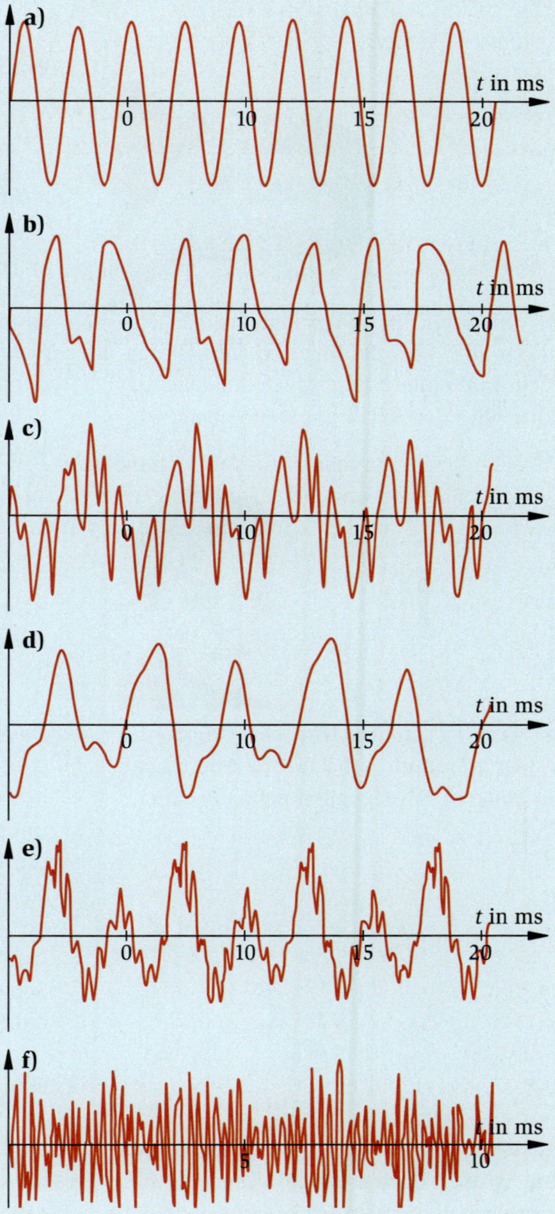

B4 Oszillogramme von Klängen

Die Ausbreitung des Schalls

B1 **a)** Stampfende Elefanten **b)** Singende Wale **c)** Klopfendes Herz wird abgehört

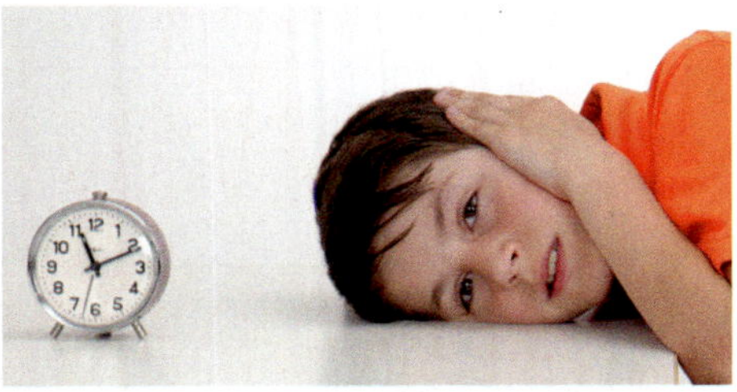

V1 Mit dem Ohr auf der Platte ist das leise Ticken der Uhr deutlich zu vernehmen. Auch mit einer Stativstange anstelle der Platte wird der Schall gut weitergeleitet

V2 Das Ticken der Uhr wird durch das Wasser hindurch auf das Ohr übertragen. Mit anderen Flüssigkeiten gelingt es auch.

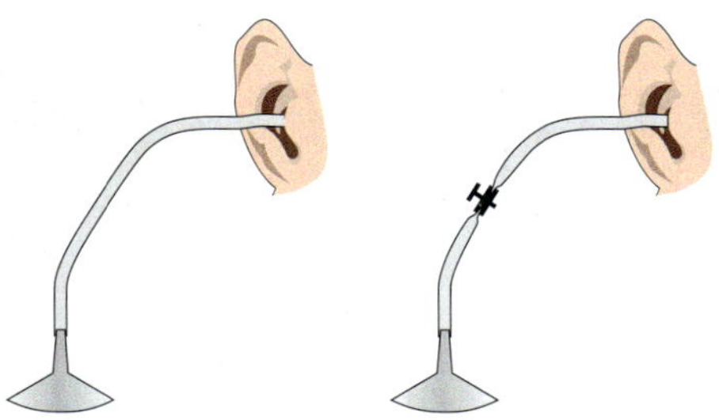

V3 Beim Stethoskop wird der Schall über eine große Trichterfläche aufgenommen und durch die Luft im Schlauch weitergeleitet. Klemmt man den Schlauch ab, hört man nichts mehr.

1. Wo breitet sich Schall aus?

Bei Gefahr stampfen Elefanten **→ B1a** kräftig auf den Boden. Die dadurch entstehenden Erschütterungen können Artgenossen noch bis zu 30 km weit über ihre Füße spüren und als Warnung richtig deuten. Wir selbst spüren Bodenschwingungen auch mit unseren Füßen, etwa wenn eine Rüttelmaschine das neu verlegte Pflaster in der Nähe feststampft. In beiden Fällen breiten sich die Schwingungen durch das feste Erdreich aus. Auch andere feste Stoffe leiten den Schall gut, dies zeigt **→ V1**.

Wäre zur Schallübertragung immer ein fester Stoff nötig, könnten Wale **→ B1b** und Delphine über größere Entfernungen keinen Kontakt aufnehmen. Sie tun dies aber mit Lauten, die an Gesang erinnern, und geben so Informationen durch das Wasser an ihre Artgenossen weiter. Mit Mikrofonen unter Wasser hat man solche Laute nachgewiesen. Auch Wasser überträgt Schall. Du kannst dich im **→ V2** selbst davon überzeugen, ohne tauchen zu müssen.

Dass es einen Stoff zwischen Schallquelle und unserem Ohr geben muss, fällt uns im täglichen Leben gar nicht auf. Wir hören ja auch nicht mithilfe einer Tischplatte und selten auch unter Wasser. Zwischen unserem sprechenden Nachbarn und uns ist nur die Luft. Überträgt auch diese Schall? **→ V3** bestätigt es. Wenn die Schallübertragung schon über die „dünne“ Luft gelingt, könnte man auf sie sogar ganz verzichten? Um dies zu klären, nehmen wir in **→ V4** die Luft zwischen Schallquelle und Empfänger einfach weg. Das Ergebnis ist eindeutig: Im leeren Raum kann sich Schall nicht ausbreiten!

2. Wie breitet sich der Schall aus?

Schlagen wir die Membran eines Tamburins kräftig an, so breitet sich ein Knall in der Luft aus. Trifft er auf eine zweite Membran, so wird diese ausgelenkt und stößt ein Kügelchen weg **→ V5**. Was geht bei dieser Schallausbreitung vor sich?

Wir können es uns denken: Wird die Membran eines Tamburins durch einen Schlag ausgelenkt, so stößt sie die angrenzende Luftschicht ein wenig von sich weg. Diese gibt etwas später den Stoß an die nächste Luftschicht weiter – am Ende wird die zweite Membran von der sie berührenden Luftschicht ausgelenkt. Sie stößt das kleine Kügelchen weg. Die erste und alle weiteren Luftschichten kehren zurück, sie werden nicht dauerhaft weggeblasen.
Wenn die Membran eines Lautsprechers *Schwingungen* ausführt, bewegt sie sich abwechselnd vor und zurück. Bewegt sie sich vor, so wird die angrenzende Luft wie beim Tamburin weggestoßen. Bewegt sie sich zurück, so füllt die angrenzende Luft den frei werdenden Raum. Bei dem ständigen Vor und Zurück der Membran schwingt auch die Luft mit und leitet so den Schall an unser Ohr weiter.
Ähnliches finden wir sichtbar in → B2. Bewegen wir ein Ende des *Drahtwurms* in Längsrichtung periodisch vor und zurück, so laufen abwechselnd Verdichtungen und Verdünnungen der Windungen durch den Drahtwurm.

3. La Ola – die Welle

Wenn die Fußballfans in Hochstimmung sind, lassen sie eine Begeisterungswelle durch die Ränge laufen. Irgendwo reißen Zuschauer die Arme hoch und stehen auf, ihre Nachbarn folgen ihrem Beispiel und schon beginnt eine **Welle** um das Stadion zu laufen. Bei diesem Auf und Ab der Arme bleibt jeder an seinem Platz, doch die *Welle läuft.*
Beim Schall ist es ähnlich: Die Luftteilchen werden vor und zurück bewegt. Sie geben ihre Vor- und Zurückbewegung an ihre benachbarten Teilchen weiter. Alle Teilchen schwingen dabei an ihrem Ort vor und zurück, aber die **Schallwelle** läuft davon.

Merksatz

Die Schallquelle erzeugt Schwingungen. Sie bewirken in Luft und in anderen elastischen Körpern eine Schallwelle. Alle von der Welle erfassten Teilchen führen dieselbe Schwingung aus. Je weiter ein Teilchen von der Schallquelle entfernt ist, desto später beginnt es mit dieser Schwingung.

V4 Wir stellen eine Klingel auf einem Schwamm unter eine Glasglocke. Wir hören ihren Klang. Pumpen wir die Luft ab, so ist der Klingelton nicht mehr zu hören.

V5 Ein Schlag – und das Pendel wird ausgelenkt.

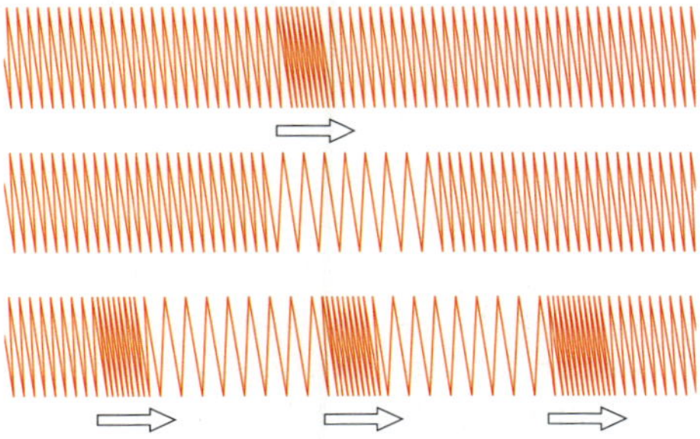

B2 Verdichtungen und Verdünnungen im Drahtwurm.

Interessantes

Das Echolot

Trifft Schall auf einen Körper, so wird er an diesem reflektiert. Kommt der Schall wieder an seinen Ausgangspunkt zurück, so sprechen wir von einem Echo. In Wasser braucht der Schall für 1500 m (750 m hin und 750 m zurück) eine Sekunde (in Luft schafft er in jeder Sekunde insgesamt nur 340 m). Aus der Laufzeit des Schalls vom Aussenden bis zum Eintreffen des Echos können wir so die Entfernung des reflektierenden Körpers bestimmen.
In der Schifffahrt wird das Echolot eingesetzt, um Meerestiefen zu bestimmen oder Fischschwärme zu orten. Man sendet Ultraschallsignale aus und misst deren Laufzeit – z. B. 1 s bei 750 m Tiefe.

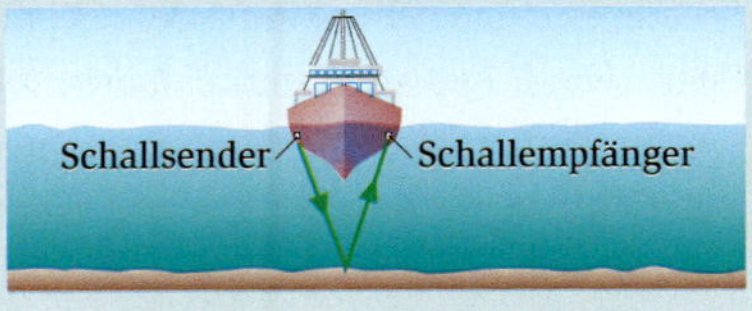

Interessantes

Lärm und Lärmschutz

Wenn Schall zu Lärm wird

Musik begleitet uns durch den Tag: beim Wecken, unterwegs im Auto, in der Disco, beim Träumen und Einschlafen. Gefällt sie uns nicht mehr, so können wir sie abschalten.

Aber eine Lebensweisheit besagt:

Musik wird störend oft empfunden, da sie mit Geräusch verbunden (Wilhelm Busch).

Laute Musik:

Warnung vor Gehörschäden

STUTTGART (lsw). Discokrach kann ohrenbetäubend sein. „Die Folge von zu lautem und zu langem Hören können taube Ohren, Ohrensausen und im schlimmsten Fall ein unumkehrbarer Hörschaden sein", warnte der Präsident des Landesgesundheitsamtes in Stuttgart. Schon jetzt nähmen Gehörschäden bei Kindern und Jugendlichen zu. Am heutigen Mittwoch findet bundesweit der „Tag für die Ruhe – gegen Lärm" statt.

Stundenlanges lautes Hören mit einem Walkman kann für das sensible Gehör ebenfalls zum Stress werden. Hörschäden entstünden auch durch Impulslärmquellen wie Computerspiele, Kinderpistolen oder Knallfrösche. Diese seien sogar noch risikoreicher, da wegen der Kürze die tatsächliche Lautstärke subjektiv gar nicht wahrgenommen werde.

Bei „Freizeitlärm in Innenräumen" beginne das Risiko von Gehörschäden mit 85 Dezibel, warnte der Chef des Amtes. „Und bei spätestens 100 Dezibel hört die Gemütlichkeit auf." Während der Lärmpegel am Arbeitsplatz bis ins letzte Detail geregelt sei, fehle es für Freizeiteinrichtungen an Grenzwerten. „In den Diskotheken erreicht der durchschnittliche Schallpegel zwischen 92 und 111 Dezibel." Die Befragung von 347 Berufsschülern habe ergeben, dass fast 60 Prozent regelmäßig Musik von 85 Dezibel und mehr hörten.

Das Sozialministerium sieht auch in dem zunehmenden Verkehrslärm ein gesundheitliches Risiko. Über zwei Drittel der Bevölkerung fühlten sich dadurch belästigt. Verschiedene Untersuchungen gäben Hinweise darauf, dass chronische Lärmbelastung neben Schlafstörungen und Minderung der Leistungsfähigkeit auch Herz- und Kreislauferkrankungen verursachen könne. So werde vermutet, dass bei ständigen Lärmbelastungen über 65 Dezibel das Herzinfarktrisiko ansteige.

B1 Lärmquellen

Lautstärke	Auswirkungen
0 dB (A)	Hörschwelle menschliches Ohr
60 dB (A)	Stressreaktionen im Schlaf
90 dB (A)	Hörschäden bei längerem Einwirken
130 dB (A)	Schmerzgrenze menschliches Ohr
150 dB (A)	Irreparable Schäden am Innenohr in ca. 1 Sekunde

T1 Schallpegel in dB (A)

Wie wird Schallstärke gemessen?

Mit „laut" und „leise" beschreiben wir die subjektiv empfundene Lautstärke einer Schallwahrnehmung. Als solche ist sie nicht messbar, wohl aber die je Sekunde auf eine bestimmte Fläche übertragene Energie (Schallintensität).

Ihre Messwerte bei der Hörschwelle (hier wird Schall gerade noch wahrgenommen) und bei der Schmerzschwelle (hier löst Schall Schmerz aus), liegen weit auseinander. Sie unterscheiden sich um mehrere Zehnerpotenzen. Die Dezibelskala macht diese Messwerte mit einem mathematischen Kunstgriff überschaubarer → T1. Ihre Werte liegen zwischen 0 dB (A) und 150 dB (A).

Die Hörschwelle bekommt den Wert 0 dB (A). Der Schmerzschwelle wird der Wert 130 dB (A) zugeordnet. Erreicht der Schallpegel diesen Wert, so führt dies zu Schmerzen im Innenohr. Bei einer Überschreitung besteht die Gefahr bleibender Gehörschäden.

Gefahr für das Ohr
Viele junge Menschen hören Musik über einen Kopfhörer. Das Musikerlebnis ist dabei besonders intensiv. Wie stark werden dabei die Ohren belastet? Vorsicht ist geboten: Es können Werte bis zu 110 dB (A) auftreten. Eine Statistik zeigt, dass ein nicht geringer Teil der Jugendlichen (etwa 25%) seinen Ohren zuviel zumutet und Hörschäden davonträgt.

Lärmschutz durch Schalldämpfung
Der **Straßenverkehr** ist die **Hauptursache** für Lärmbelästigung. Um den Verkehrslärm zu mindern, baut man Schallschutzwände entlang verkehrsreicher Straßen. Im Gegensatz zu Licht kann man sich vor Schall nicht durch eine Abschirmung schützen. Er umläuft die Wand an ihren Rändern, er geht sozusagen „um die Ecke herum". Um Lärmminderung an der Quelle zu erreichen, wurden in Europa Geräuschgrenzwerte für Pkw von 77 dB (A) auf 74 dB (A) gesenkt. Wie wir wissen, bedeutet die Abnahme um 3 dB (A), dass zwei Pkw der neuen Generation zusammen nur noch so laut sind wie ein alter Pkw allein. Leider wird durch die Zunahme der Anzahl und der Fahrleistung der Pkw die Lärmminderung wieder aufgehoben.
Auch bei Flugzeugen führten neue Grenzwerte zu einer wirksamen Lärmminderung. Leider heben andere Faktoren wie die Zunahme der Flugbewegungen diesen Fortschritt wieder auf. Eine Flugvermeidung in der Nacht und der Abbau von Kurzstreckenflügen wären der effektivste Lärmschutz.

Beim Umgang mit Maschinen werden Höchstwerte von etwa 80 dB (A) empfohlen. Das Tragen eines Gehörschutzes wird vorgeschrieben. Bei Büroarbeit liegen die empfohlenen Höchstwerte bei 50 dB (A) und bei überwiegend geistiger Tätigkeit bei 40 dB (A).

Lärmschutz durch Schalldämmung
Schallabsorbierende Wände mindern beim Hausbau die Schallausbreitung. Trittschall kann man durch schalldämmende Maßnahmen unterdrücken: Der Bodenestrich wird in eine Wanne aus schallschluckendem Material gelegt (schwimmender Estrich). Ein durchgehender elastischer Dämmstoff verhindert eine Schallübertragung an die angrenzenden Räume. Er darf an keiner Stelle unterbrochen werden, sonst entstehen Schallbrücken und der gesamte Trittschallschutz geht verloren. Die Fundamente einer Maschine setzt man auf eine Korkschicht, die an keiner Stelle überbrückt werden darf.

Lärmbelästigung (2010)	Anteil Belästigter (%)
Straßenverkehr	55
Flugverkehr	29
Schienenverkehr	22
Industrie	28
Nachbarn	37

T2 Lärmbelästigungen

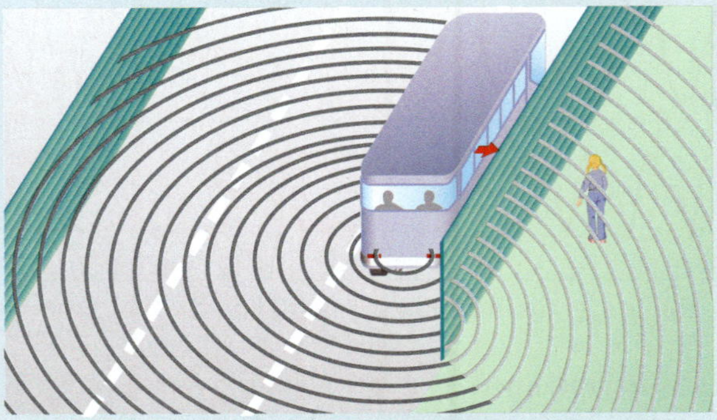

B2 Lärmschutz: Trotz Schalldämpfer und Tempolimit erreicht der Schallpegel an manchen Orten die gesetzlich vorgeschriebene Höchstgrenze. Dann werden entlang den Straßen Wände errichtet, die den Schall reflektieren sollen. Eine Bepflanzung oder die Verwendung von schallschluckendem Material bringt eine zusätzliche Lärmminderung. Eine vollständige Lärmvermeidung ist aber in keinem Fall gegeben, da sich Schall auch „um die Ecke herum" ausbreitet.

B3 Bereits bei der Planung eines Hauses muss Lärmverminderung berücksichtigt werden. Das erreicht man durch eine geschickte Verlegung der Wasserleitungen sowie durch Umhüllungen mit Steinwolle oder Styropor®. Zur Trittschalldämmung werden z. B. Styropor®-Platten auf dem Boden verlegt.

Das ist wichtig

1. Schallerreger

Musikinstrumente sind die geläufigsten Schallerreger. Sie erzeugen periodische Schwingungen, die wir als **Ton** oder **Klang** empfinden. Wir hören aber auch allerlei *Geräusche,* deren Ursprung nicht immer erkennbar ist; das *Knacken* eines Astes, das Knistern eines Papiers, das *Knirschen* der Zähne, das *Rascheln* des Laubes und das Rauschen des Meeres. Sie werden von den verschiedensten Schallerregern verursacht, die regelmäßige oder auch unregelmäßige Schwingungen mit wenigen Perioden ausführen. Bei einem Knall werden wenige Schwingungen mit sehr großer Amplitude erzeugt.

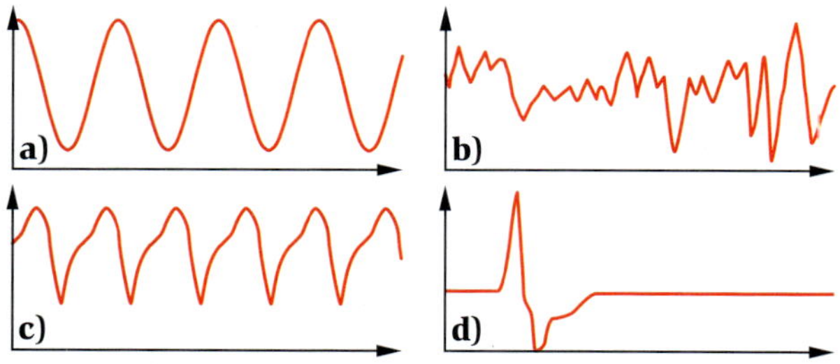

a) Ton **b)** Geräusch **c)** Klang und **d)** Knall

2. Schallempfänger

Unser *Ohr* ist ein natürlicher Schallempfänger. Es ermöglicht dem *Gehör,* eine Vielzahl von Klangmustern zu unterscheiden. Es hat aber auch eine Schwäche: nicht jede Schwingung wird als Ton aufgenommen. Dagegen registriert ein künstlicher Schallempfänger, ein *Mikrofon,* sowohl die langsamen als auch schnellen Schwingbewegungen. Im Gegensatz zum Ohr registriert ein Mikrofon Druckschwankungen unabhängig von deren Frequenz und Amplitude.

Schall sehr hoher Frequenz nennen wir **Ultraschall.** Er unterscheidet sich von Schall nur dadurch, dass ihn unser Ohr nicht hört. Schall ist in der Luft, solange er sich dort als regelmäßige oder unregelmäßige Druckschwankung ausbreitet.

3. Beschreibung von Schwingungen

Schwingungen sind **periodische** Bewegungen. Sie unterscheiden sich durch ihre **Amplitude** und ihre **Periodendauer** T. In der Akustik wird die **Tonhöhe** durch die **Frequenz** f gekennzeichnet. Sie gibt die Zahl der in einer Sekunde ausgeführten Perioden an. Zwischen der Periodendauer T und der Frequenz f besteht die Beziehung

$f = \frac{1}{T}$; in Einheiten: $1\,\text{Hz} = \frac{1}{\text{s}}$.

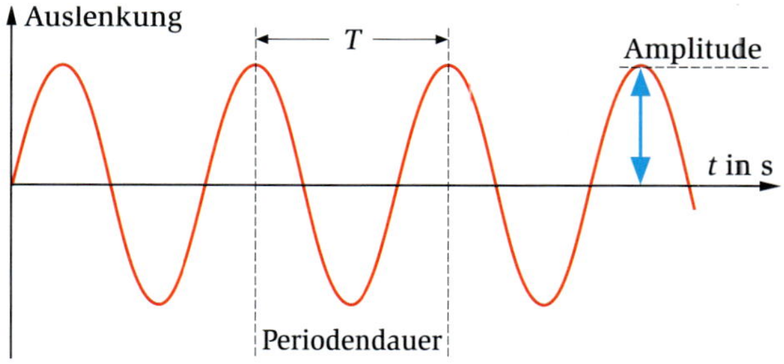

4. Töne und Klänge

Bei einer Tonleiter haben alle Töne ein festes **Frequenzverhältnis** zum Grundton. Nehmen wir mehrere Töne gleichzeitig wahr, so hören wir einen **Klang.** Musikinstrumente erzeugen niemals einen einzigen Ton, sondern immer einen Klang.

5. Eigenschwingungen und Resonanz

Eigenschwingungen sind Schwingungen, zu denen ein Körper besonders gut angeregt werden kann. Schlagen wir eine Stimmgabel an, so schwingt sie mit der ihr eigenen Frequenz, z. B. 440 Hz. Schlagen wir in ihrer Nähe eine zweite Stimmgabel mit derselben Frequenz 440 Hz an, so schwingt die erste Stimmgabel in ihrer **Eigenfrequenz** 440 Hz von selbst mit. Sie gerät in **Resonanz.**

6. Die Schallwelle

Eine Schallquelle erzeugt Schwingungen. Sie führen in Luft und elastischen Körpern zu einer Schallwelle. Dabei führen die von der Schallwelle erfassten Teilchen Schwingungen aus. Je weiter ein Teilchen von der Schallwelle entfernt ist, desto später beginnt es mit dieser Schwingung. Im luftleeren Raum gibt es keine Schallwelle.

7. Schall verursacht Lärm

Lärm macht krank. Zur Lärmverminderung werden Schallquellen durch Materialien wie Gummi, Schaumstoff, ... abgeschirmt. Diese Materialien absorbieren den Schall *(Schalldämpfung). Gehörschutz* vermindert die Schallintensität am Ohr und schützt das Gehör so vor zu starkem Lärm.

8. Wahrnehmung und Messung

Man unterscheidet die subjektive Tonempfindungen, Lautstärke und Tonhöhe von der objektiven Beschreibung von Schwingungen mit Amplitude und Frequenz.

Kennst du dich aus?

A1 **a)** Erläutere, was du beim unten dargestellten Schwingungsbild eines Tones hören würdest (subjektiv).

b) Beschreibe das Schwingungsbild mit geeigneten physikalischen Größen (objektiv).

c) Überlege und beschreibe einen zum Schwingungsbild passenden Versuch.

d) Könntest du einen Ton doppelter Frequenz hören? Könnte ein Hund ihn hören? (→ **B3** im Abschnitt „Töne und Klänge")

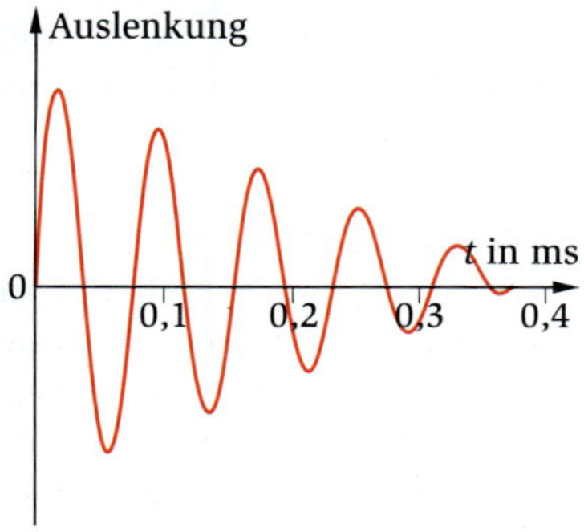

A2 Nenne jeweils ein Beispiel für einen Knall, ein Geräusch, einen Klang und einen Ton. Skizziere jeweils das Schwingungsbild, welches ein Oszilloskop anzeigt.

A3 Kann ein Astronaut auf dem Mond etwas hören?
Begründe deine Antwort und beschreibe einen Versuch, mit dem man deine Antwort belegen könnte.

A4 Staubsauger kann man auf unterschiedliche Stufen einstellen. Der Staubsaugermotor hört sich dann unterschiedlich an.
Beschreibe und erkläre deine Beobachtungen.

A5 In den folgenden vier Abbildungen sind die Schwingungsbilder von vier verschiedenen Tönen gegeben. Diese Töne werden miteinander verglichen.
Ordne den Schwingungsbildern jeweils die passende, physikalisch objektive Aussage zu.
1. tiefer, leiser Ton
2. tiefer, lauter Ton
3. hoher, leiser Ton
4. hoher, lauter Ton

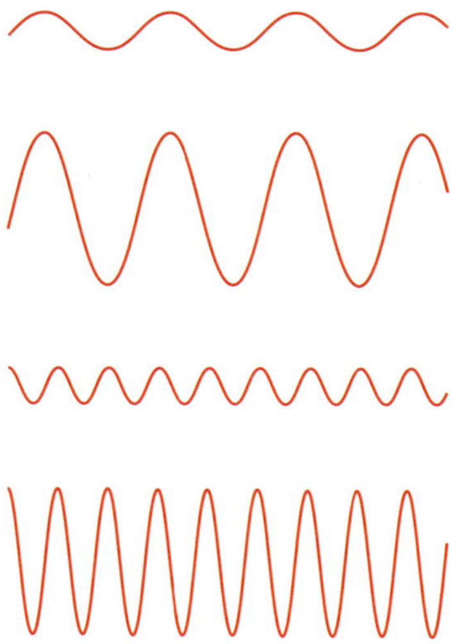

A6 Du kannst Schwingungslinien auch selbst zeichnen. Nimm ein Blatt Papier und einen Bleistift. Zeichne mit dem Bleistift immer rauf und runter und ziehe dabei das Papier gleichmäßig zur Seite hin weg.

a) Zeichne auf diese Weise Schwingungslinien zu einem leisen und einem lauten Ton.

b) Zeichne die Schwingungslinien zu einem hohen und einem tiefen Ton.

A7 Lärm kann krank machen. Menschen sollen deshalb vor Verkehrslärm geschützt werden.

a) Nenne Maßnahmen, mit denen die Ursachen des Verkehrslärms reduziert werden können.

b) Manchmal kann man nicht verhindern, dass Häuser direkt an einer vielbefahrenen Autobahn stehen. Nenne Maßnahmen, mit denen man die Bewohner vor dem Verkehrslärm schützen kann.

A8 Bau dir deine eigene Gitarre aus einem Schuhkarton und verschiedenen Gummibändern.

a) Nimm eine offene Schachtel oder schneide in den Deckel eines Schuhkartons ein Loch. Spanne verschiedene Gummibänder über die Schachtel.

b) Zupfe an jedem Gummiband und sortiere die Bänder vom tiefsten zum höchsten Ton.

c) Untersuche, auf welche unterschiedliche Arten man die Tonhöhe verändern kann.

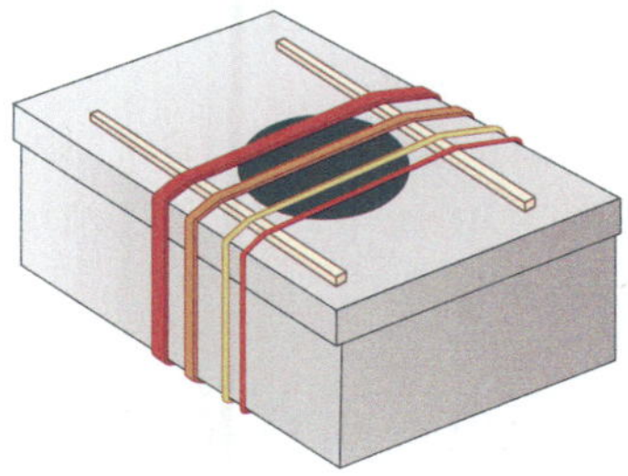

A9 Bau Dir ein Fadentelefon aus zwei Joghurtbechern, einem Faden oder einem dünnen Draht. Stoße mit einem Nagel vorsichtig ein kleines Loch in den Boden jedes Joghurtbechers. Dann fädele den Faden durch die Löcher und mache an die Enden des Fadens je einen Knoten, so dass sich der Faden nicht mehr herausziehen lässt.
Jetzt kannst du mit jemandem telefonieren. Du musst dazu einen Becher vor den Mund halten und hineinsprechen. Dein Partner hält den anderen Becher an das Ohr.

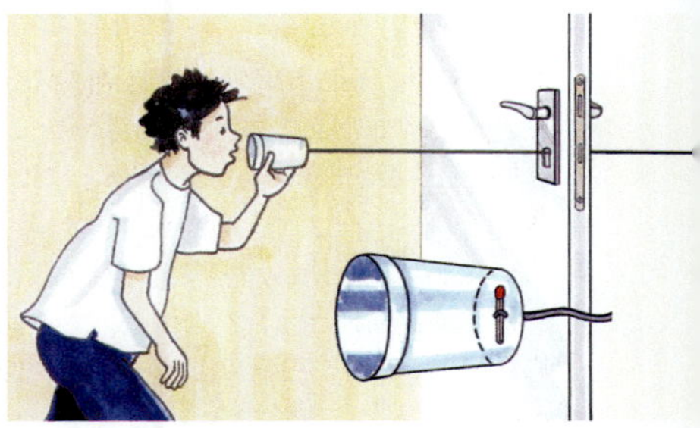

Begründe, warum der Faden straff gespannt sein muss, damit das „Telefon" gut funktioniert.

Das kannst du in diesem Kapitel erreichen:

- Du kannst erläutern, welche Aspekte zum „Sehen können“ gehören.
- Du lernst, dass sich Licht und Schatten gut mit der Vorstellung der geradlinigen Lichtausbreitung beschreiben lassen.
- Du verstehst, warum du den Mond im Laufe des Monats unterschiedlich siehst.
- Du lernst in Experimenten, wie Spiegel und Linsen den Lichtweg verändern.
- Du erlebst die Faszination der Zerlegung des Sonnenlichts in Farben.
- Du lernst, wie du Bilder von optischen Geräten geometrisch konstruieren kannst.
- Du kannst die Farbvielfalt unserer Lebenswelt erklären.

B1 Eine alltägliche Situation, die viel Physik enthält.

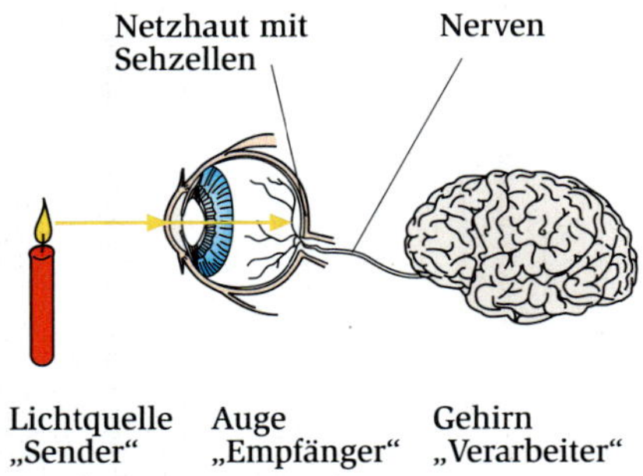

B2 Das Sehen ist ein mehrstufiger Vorgang.

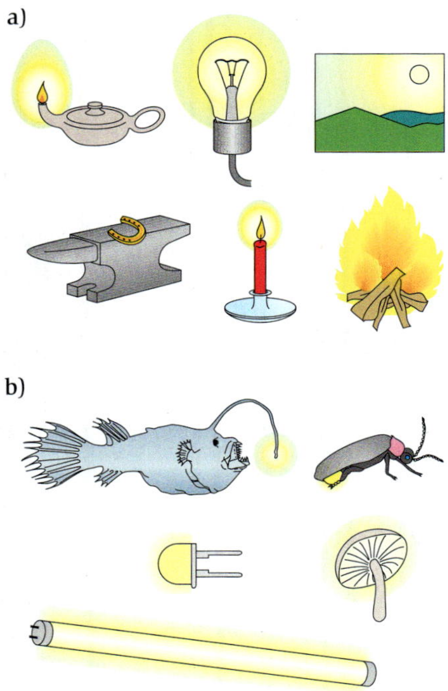

B3 Gegenstände, die Licht aussenden

1. Was bedeutet „Sehen“?

Sehen ist ein Vorgang, bei dem die Sehzellen in unserem Auge durch Licht gereizt werden. Dabei entstehen elektrische Signale, die von Nerven ins Gehirn geleitet werden → B2. Dort verarbeiten wir die Signale zu einer Bildvorstellung.

2. Wann sehen wir etwas?

Zum Sehen gehören immer ein „Sender“, der Licht aussendet (auch Lichtquelle genannt), und ein Empfänger. Ein solcher Lichtsender ist z. B. die Sonne. Das Auge ist ein Beispiel für einen Empfänger. So wie die Sonne senden alle heißen Körper Licht aus → B3a. → B3b zeigt Lichtquellen, die sogar bei normaler Temperatur Licht erzeugen.

Zündest du in einem dunklen Raum ein Zündholz an, dann siehst du die Flamme, denn das Licht der Flamme fällt direkt in dein Auge. Du erkennst gleichzeitig auch die Gegenstände in diesem Raum. Sicher, sie waren vorher schon da, aber natürlich unsichtbar. Das brennende Zündhölzchen erschließt uns die „optische“ Welt. Sein Licht breitet sich nach allen Richtungen aus. Die Gegenstände im Raum werden vom Zündholz beleuchtet und geben das empfangene Licht in alle möglichen Richtungen wieder ab, so als wären sie selbst Lichtquellen. Man sagt: Die beleuchteten Gegenstände **streuen** das Licht.

Merksatz

Man sieht die Gegenstände, die Licht aussenden und deren Licht vom Auge empfangen wird.

Entweder erzeugen die Gegenstände selbst Licht oder sie streuen das Licht, das von anderen Lichtquellen stammt.

Wir sehen also nur etwas, wenn das Licht *in* unser Auge fällt. Stellen wir uns → B1 als reale Situation vor:

Die Glühlampe sehen wir, weil ihr Licht direkt in unser Auge fällt. Die rechte Gesichtsseite des Mädchens wird von der Leuchte direkt beleuchtet, das Licht dort gestreut. Es macht also einen Umweg, bevor es in unser Auge trifft. Das Licht, das von der linken Gesichtsseite in unser Auge fällt, hat einen noch längeren Umweg hinter sich: Von der Leuchte zuerst zur Wand, von dort zum Mädchen und dann erst in unser Auge. Da bei jeder Streuung Verluste entstehen, ist diese Gesichtsseite dunkler.

3. Vom Lichtbündel zum Lichtstrahl

Eine Kerze strahlt das Licht nach allen Seiten aus, eine Taschenlampe dagegen nur in eine Richtung. Man spricht dann von einem **Lichtbündel.** Durch eine Blende (zum Beispiel einen Karton mit einem kleinen Loch) können wir das Lichtbündel stark einengen. Dann erzeugt die Taschenlampe an der Wand nur einen ganz kleinen Lichtfleck. Zu sehr feinen Lichtbündeln sagt man **Lichtstrahlen,** denn man kann geometrische Strahlen als *Denkmodell* für diese sehr feinen Lichtbündel verwenden.

Lichtbündel werden dadurch sichtbar gemacht, dass man in ihren Verlauf Kreidestaub, Wasserdampf oder Rauch bläst. An den Kreide-, Wasser- oder Rauchteilchen wird ein Teil des Lichts gestreut. Man sieht die beleuchteten Teilchen. Wir sehen dann auch, dass Lichtbündel geradlinig verlaufen → B4.

Schauen wir nachts in den wolkenlosen Himmel, dann erscheint er uns schwarz, obwohl doch die Sonne auch nachts leuchtet. Das Licht scheint an der Erde vorbei, es wird nicht gestreut, also gelangt es nicht in unser Auge → B5. Erst wenn der Mond als überdimensionales Staubteilchen in unser Blickfeld tritt, wissen wir, dass das Universum lichtdurchflutet ist. Auf der Tagseite der Erde wird das Licht schon an der Lufthülle gestreut, der Himmel erscheint uns hell.

Die Sterne, die wir am Himmelszelt sehen, leuchten selbst. Es sind Sonnen oder ganze Galaxien, also große Sonnenansammlungen. Doch sind sie so weit entfernt, dass sie uns nur als Pünktchen am Himmel erscheinen.

Im → B6 kreuzen sich auf einem Schirm flache Lichtbündel aus zwei Experimentierleuchten. Der Verlauf wird dadurch sichtbar, dass sie an dem Schirm entlangstreifen. Die Lichtbündel durchdringen sich ungestört, anders als sich kreuzende Wasserstrahlen.

Merksatz

Die geradlinigen verlaufenden **Lichtstrahlen sind Denkmodelle** für sehr feine Lichtbündel. Diese durchdringen sich ungestört.

B4 Lichtbündel werden sichtbar

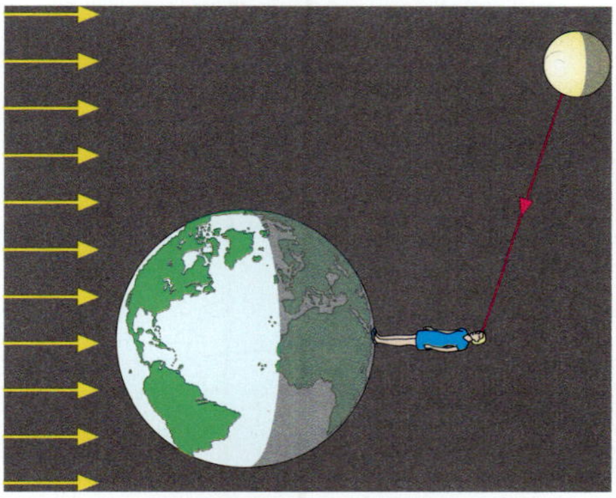

B5 Der lichtdurchflutete Nachthimmel erscheint uns dunkel, nur der beleuchtete Mond ist sichtbar.

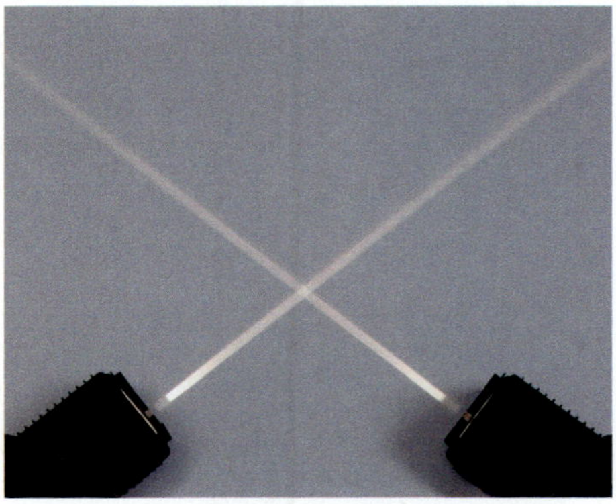

B6 Lichtbündel stören sich gegenseitig nicht.

Mach's selbst

A1 Beim Blaulicht eines Polizeifahrzeugs rotiert um eine Glühlampe ein Spiegel, der das Licht bündelt. Erläutere, warum man das Blaulicht blinken sieht, obwohl die Lampe doch immer leuchtet.

B1 Bilder einer totalen Sonnenfinsternis, aufgenommen im Abstand von 25 Minuten.

↳ Mondschatten

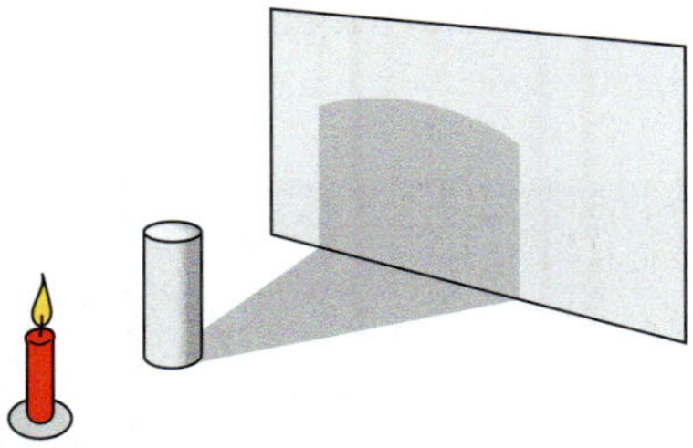

B2 Hinter dem Gegenstand befindet sich ein lichtfreier Raum.

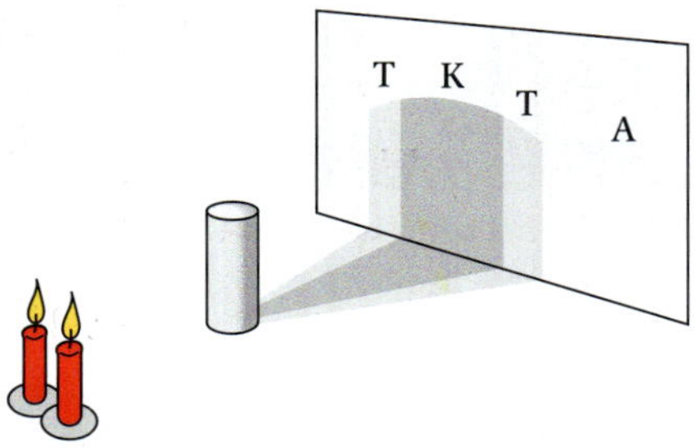

B3 Kommt eine zweite Kerze hinzu, dann gibt es links und rechts neben dem dunklen Schatten etwas hellere Flächen, häufiger „Halbschatten" genannt.

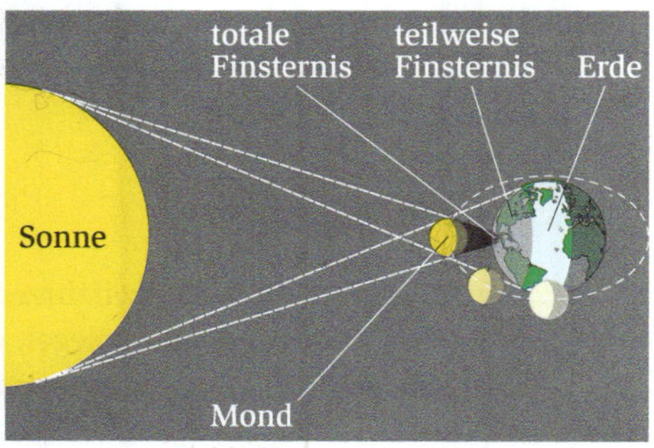

B4 So entsteht eine Sonnenfinsternis.

1. Lichtfreier Raum

Bringt man vor eine Lichtquelle einen undurchsichtigen Gegenstand, dann ist der Raum dahinter dunkel, also lichtfrei. Dort sieht man Gegenstände nicht. Stellt man nach → B2 hinter den Gegenstand ein großes weißes Blatt Papier, so zeigt es den Umriss des Gegenstands. Er stellt die Grenze zwischen beleuchteter und nicht beleuchteter Fläche dar. Umgangssprachlich nennt man den nicht beleuchteten Bereich den „Schatten" des Körpers.

Im → B3 stehen zwei Kerzen nahe beisammen. Auch ihrem Licht verwehrt der undurchsichtige Gegenstand den Weg zum Papier. Dort sehen wir jetzt drei Zonen:
In den Kernbereich (K) kann weder das Licht der linken noch der rechten Kerze gelangen. Dort ist es völlig dunkel.
Rechts und links davon gibt es Bereiche, die das Licht nur jeweils einer Kerze trifft. Diesen Bereich nennt man „Teillichtbereich" (T) oder auch „Halbschatten".
Auf alle Stellen außerhalb dieser Bereiche fällt dagegen das Licht beider Kerzen (A). Dort ist es ganz hell.

2. Sonnenfinsternis

Das spektakulärste Schattenereignis ist die **totale Sonnenfinsternis** → B1. Dabei steht der Mond für bestimmte Erdregionen so, dass das Licht der Sonne diese Regionen nicht mehr erreicht. Eine solche Region wird verfinstert – nicht eigentlich die Sonne! Die Bewohner befinden sich im „Schatten" des Mondes. Dieser Schatten rast mit hoher Geschwindigkeit über die Erdoberfläche. Während der völligen Verdeckung der Sonne wird deren *Korona,* die lichtschwächer leuchtende Umgebung der Sonne, sichtbar (→ B1, mittlere Abbildung).
Weil der Schattenbereich nicht sehr groß ist, ist das ganze, großartige Naturschauspiel nach wenigen Minuten wieder vorbei.

Die letzte totale Sonnenfinsternis in Deutschland fand am 11.08.1999 statt. Die nächste wird hier erst wieder am 17.04.2135 zu beobachten sein.

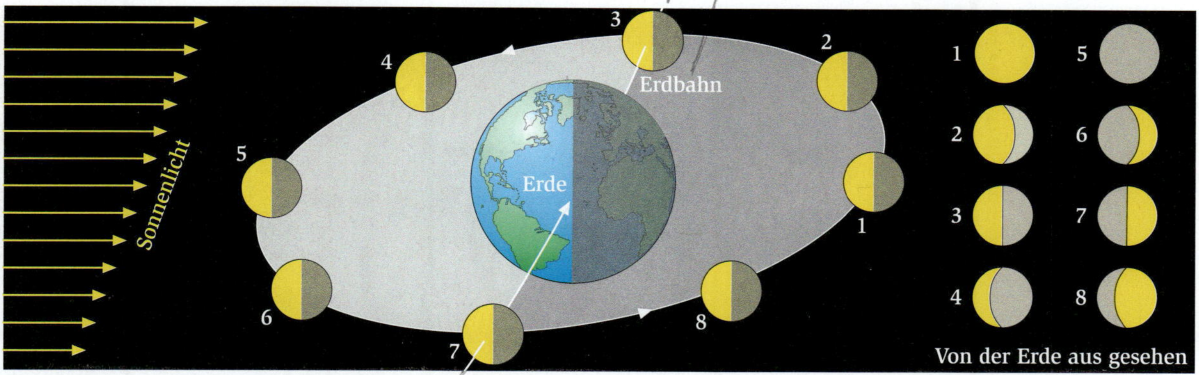

B5 In vier Wochen umkreist der Mond die Erde; von der Erde sieht man dann die Mondphasen 1 bis 8.

3. Mondphasen

Der Mond zeigt sich in wechselnder Gestalt, einmal als runde Scheibe, dann wieder als schmale Sichel. Dies kann man anhand von → **B5** erklären. Dort sind acht verschiedene Standorte des Mondes eingezeichnet, die dieser während seines vier Wochen dauernden Umlaufs um die Erde einnimmt.
Die Sonne beleuchtet immer die ihr zugewandte Mondhälfte. Die andere ist unbeleuchtet. Je nach Position des Mondes sehen wir nur Teile dieser beleuchteten Seite. Der Mond erscheint uns also in seinen **Mondphasen.** Wir sehen …:

- bei Vollmond die beleuchtete Mondfläche ganz (1),
- bei Halbmond die Hälfte des beleuchteten Mondes (3), (7),
- bei Neumond sehen wir die beleuchtete Mondhälfte nicht (5).

Aber auch den nicht von der Sonne beleuchteten Teil kann man in klaren Nächten schwach erkennen. Von der Erde gelangt nämlich etwas Streulicht zum Mond und beleuchtet ihn ein wenig.

Warum gibt es eigentlich nicht bei jedem Neumond eine Sonnenfinsternis und bei jedem Vollmond eine Mondfinsternis? Die Ebene der Mondbahn ist gegenüber der Ebene der Erdbahn um ungefähr 5° geneigt. So gelingt es dem Mond nur selten, die Sonnenscheibe zu verdecken.
Es gibt zwar alle 29,5 Tage Vollmond, aber meistens steht die Erde nicht exakt auf der Verbindungslinie Mond-Sonne. Wäre dies der Fall, so träfe das Sonnenlicht den Mond nicht und wir hätten eine Mondfinsternis → **B7**.

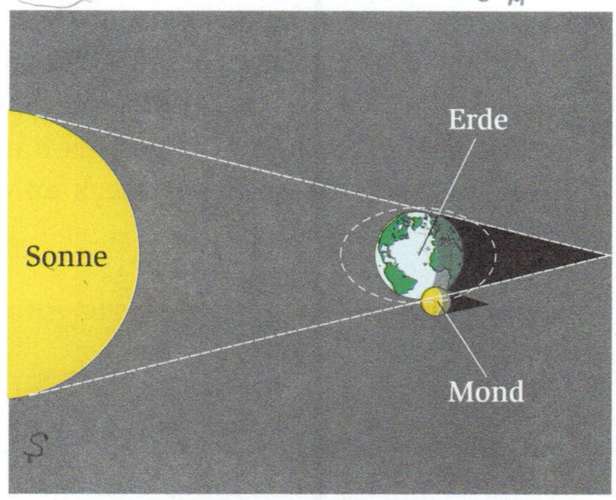

B6 Hinter Erde und Mond gibt es einen Schattenkegel.

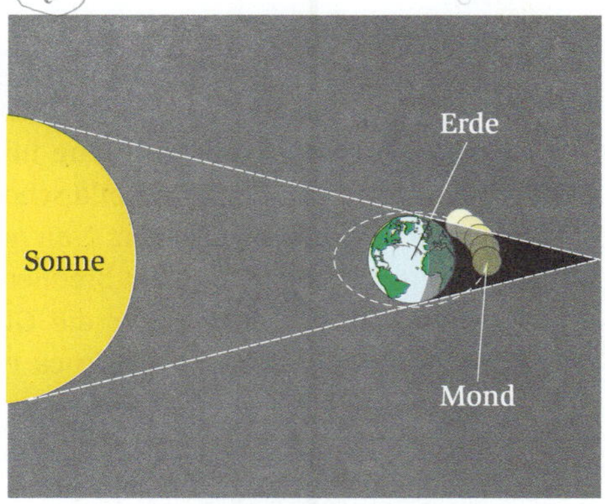

B7 Befindet sich der Mond im Schattenkegel der Erde, entsteht eine Mondfinsternis.

Mach's selbst

A1 Beschreibe, wie sich Schatten und beleuchtete Flächen ändern, wenn man in → **B3** die Kerzen auseinanderzieht.

A2 Fußballspieler haben bei Flutlicht vier sternförmig angeordnete Teilschatten. Erkläre, wodurch diese Teilschatten entstehen.

A3 Begründe, warum eine Mondfinsternis nur bei Vollmond und eine Sonnenfinsternis nur bei Neumond stattfinden kann.

A4 Erläutere, aus welcher Art von Verfinsterung man auf die Kugelgestalt der Erde schließen kann, aus einer Sonnen- oder einer Mondfinsternis? Fertige jeweils eine Skizze an.

Reflexion am ebenen Spiegel

V1 Das breite Lichtbündel einer Experimentierleuchte fällt schräg auf mehrere verschiedene Pappestücke und einen kleinen Spiegel. Wir sehen die bunten Pappestücke; den Spiegel sehen wir aber nur als dunkles Feld – dafür einen hellen Fleck an der Wand.

V2 Vor eine Glasscheibe wird eine brennende Kerze gestellt. Ihr Spiegelbild scheint hinter der Glasscheibe zu stehen. Nun nehmen wir eine gleichgroße, nicht brennende Kerze und stellen sie so hinter die Glasscheibe, dass von vorne der Eindruck entsteht, auch ihr Docht würde brennen.

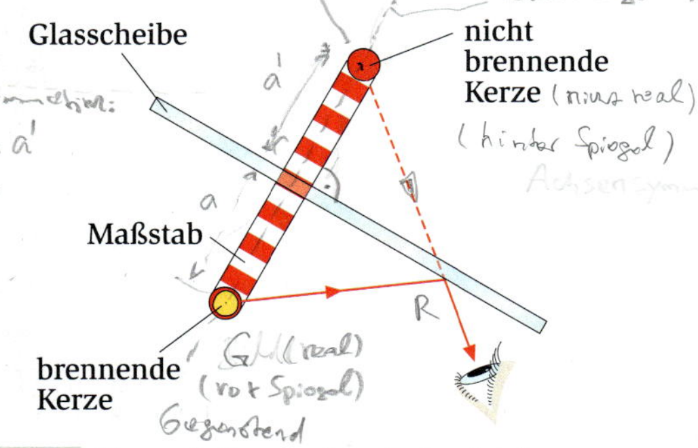

B1 Versuch 2 von oben betrachtet

B2 Ein Spiegelbild, das fasziniert.

1. Glatte Flächen spiegeln

Die Erfahrung sagt uns, dass man sich nur in glatten Flächen spiegeln kann: In der Glasscheibe, im Badezimmerspiegel, in einer ruhigen Wasseroberfläche, in der polierten Lackoberfläche mancher Möbel oder von Autos. Man spiegelt sich jedoch nicht in rauen oder stumpfen Oberflächen.

Im → **V1** sind die Pappestücke deutlich zu erkennen, denn ihre Oberflächen sind rau und streuen das Licht nach allen Richtungen. Der Spiegel jedoch reflektiert das Licht nur in eine Richtung, deshalb erscheint an der Wand der helle Fleck.

2. Der Spiegel – Fenster zur Spiegelwelt

Schaue in den Spiegel in einem Zimmer. Du siehst dich, aber auch das ganze übrige Zimmer; die Gegenstände im Hintergrund, die Wände, die Decke, den Boden, wenn man so will: Die ganze Welt ist hinter der Spiegelfläche für das Auge nochmals vorhanden. Willst du allerdings deinem Gegenüber im Spiegel die Hand reichen, dann erkennst du: Die Spiegelwelt ist nur eine Sehwelt, aber keine Tastwelt. Wir schauen in die Spiegelwelt hinein, scheinbar wie durch ein Fenster in ein Haus. Unser Gehirn erzeugt uns diese Scheinwelt. Wir sind ja gewohnt, dass Lichtstrahlen gerade verlaufen. Deshalb glauben wir, sie kämen aus einem Raum hinter dem Spiegel. In Wirklichkeit kommen sie von vorn und werden an der Spiegeloberfläche geknickt. Trotzdem ist die Vorstellung einer Spiegelwelt, den Spiegel also als Fenster in eine zweite „gespiegelte" Welt aufzufassen, nützlich. Sie hilft uns, das Reflexionsgesetz zu finden und andere „Spiegelfragen" zu klären.

Unter günstigen Lichtverhältnissen erkennt man, dass sich Glasscheiben wie „richtige" Spiegel verhalten, mit dem Vorteil, dass man auch die Welt dahinter sieht. Deshalb verwenden wir jetzt eine normale Glasscheibe als Spiegel.

3. Die Gesetze des Spiegelns

Betrachten wir den Versuch 2 von oben **➜ B1**, dann sehen wir, dass die Kerzen achsensymmetrisch zur Glasscheibe angeordnet sein müssen. Nur so kann der Eindruck entstehen, die nicht brennende Kerze habe eine Flamme. Dieser Eindruck entsteht für jeden Beobachter vor der Scheibe, wenn diese nur groß genug ist. Achsensymmetrisch bedeutet: Ihr Abstand zur Scheibe ist jeweils gleich, ihre Verbindungslinie senkrecht zu ihr.

Merksatz

Das Spiegelbild erscheint senkrecht gegenüber der Spiegelebene und im gleichen Abstand vom Spiegel wie der reale Gegenstand.

Wir untersuchen jetzt den Verlauf eines Lichtstrahls. Dazu leuchten wir mit einer Taschenlampe so in einen Spiegel, dass das Lichtbündel in das Auge des Betrachters trifft. Dieser glaubt, dass er in das Licht der Lampe in der „Spiegelwelt" schaut **➜ B4**. In Wirklichkeit wird das Licht natürlich auf der Spiegeloberfläche reflektiert und fällt dann in sein Auge. Der **➜ V3** zeigt uns, dass das Licht der Taschenlampe das Auge des Betrachters nur trifft, wenn die Lichtquelle, der Reflexionspunkt auf dem Spiegel und das Auge des Betrachters in einer Ebene liegen. In dieser so genannten **Reflexionsebene** liegen der hinlaufende und der reflektierte Lichtstrahl. Diese Ebene steht stets senkrecht auf der Spiegeloberfläche. Zeichnen wir die Taschenlampe achsensymmetrisch ein, dann erhalten wir folgende geometrischen Verhältnisse **➜ B3**:
Da die Punkte T', R und A auf einer Geraden und T' und T symmetrisch zum Spiegel liegen, sind die drei rot eingezeichneten Winkel gleich groß. Um das Reflexionsgesetz auch bei gekrümmten Flächen anwenden zu können, verwendet man das Lot (grün). Die beiden gelben Winkel neben dem Lot, **Einfallswinkel** (α) und **Reflexionswinkel** (β), sind dann ebenfalls gleich groß. Dies lässt sich in **➜ V4** für jeden Winkel sehr genau bestätigen.

Merksatz

Reflexionsgesetz: Einfallender Lichtstrahl, Lot und reflektierter Lichtstrahl liegen in einer Ebene. Einfallswinkel und Reflexionswinkel sind gleich groß.

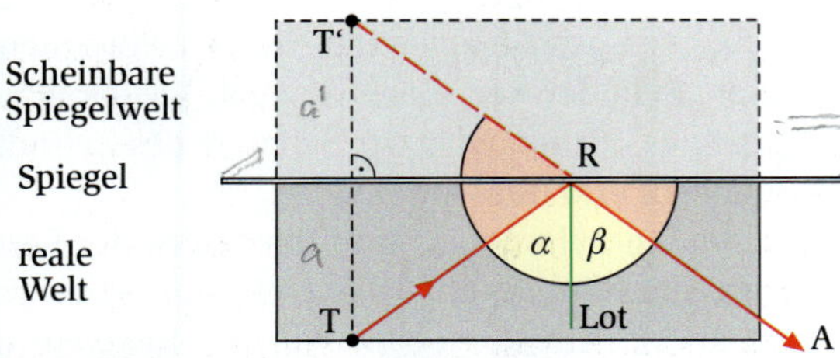

B3 Geometrische Verhältnisse bei der Reflexion am Spiegel

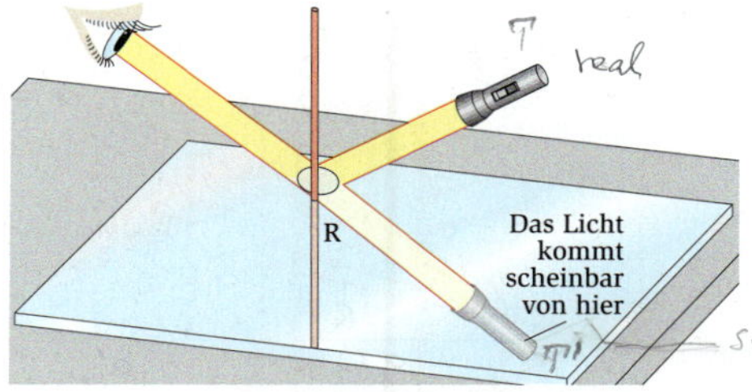

B4 Reale Welt – Spiegelwelt. So wird das Auge getäuscht.

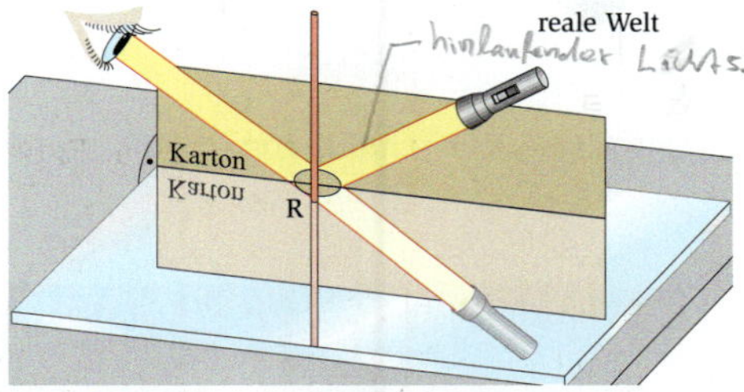

V3 Mit der Taschenlampe wird so in den Spiegel geleuchtet, dass das Bündel das Auge des Betrachters trifft. Mit Staub kann man die Stelle auf dem Spiegel sichtbar machen, an der das Lichtbündel reflektiert wird (R). Ein Helfer hält ein Stück Karton so in die Anordnung, dass die Lichtbündel streifend darauf sichtbar werden und sich deshalb nachzeichnen lassen.

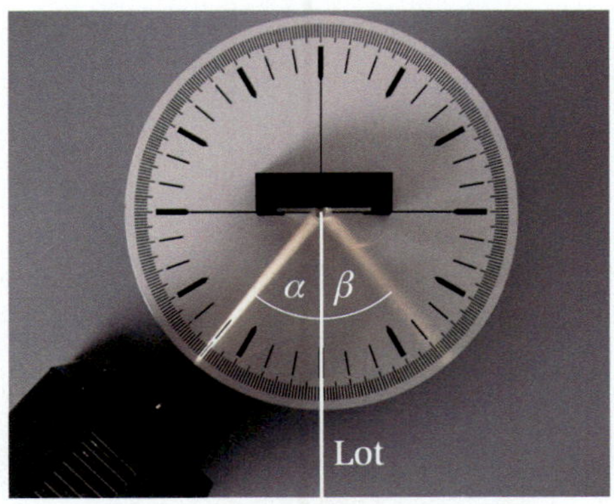

V4 Ein schmales Lichtbündel trifft auf einen Spiegel. In der Abbildung gilt für den Einfallswinkel $\alpha = 40°$. Für den zugehörigen Reflexionswinkel messen wir $\beta = 40°$. Wir drehen die Winkelscheibe mit dem Spiegel. Nacheinander stellen wir so für den Winkel α in 10°-Schritten alle Winkel von 0° bis 90° ein und messen jeweils β.

Spiegelbilder

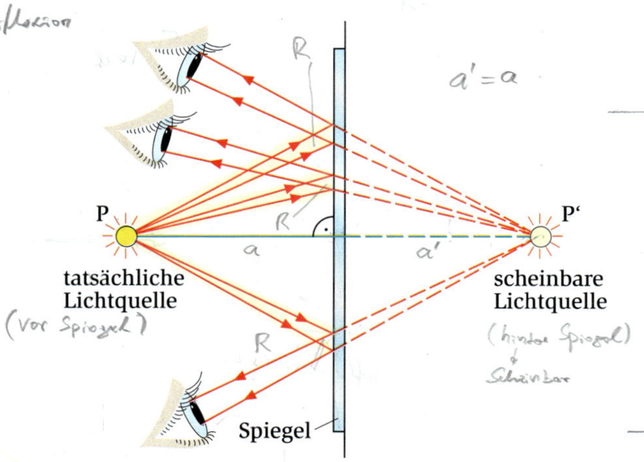

B1 Das Licht scheint von P‘ zu kommen.

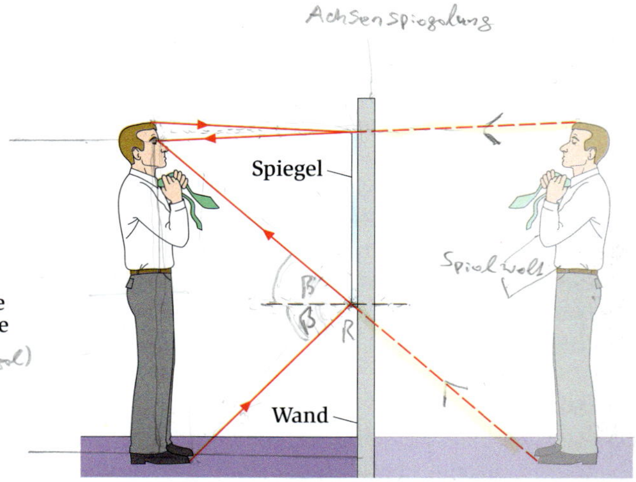

B2 So muss man den Spiegel aufhängen.

B3 Schatten aus der Spiegelwelt

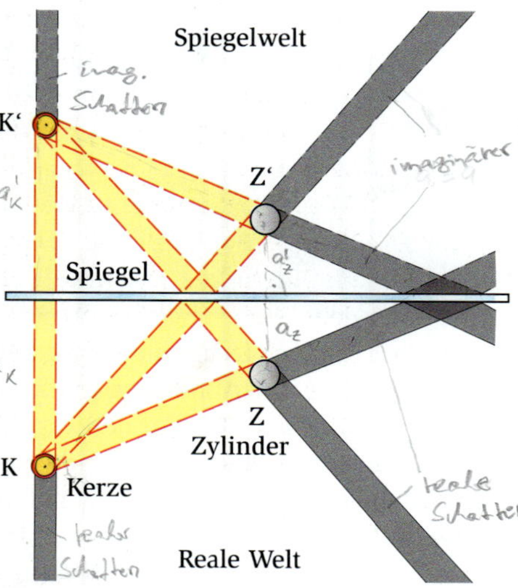

B4 Konstruktion zu → **B3** in Draufsicht.

1. Konstruktion mit Spiegelbildern

Wir wollen Spiegelbilder und den Verlauf von Lichtstrahlen konstruieren. Dazu verwenden wir die Tatsache, dass sich auf Grund des Reflexionsgesetzes die Lichtstrahlen einer Lichtquelle vor dem Spiegel so verhalten, als ob sie aus einer Lichtquelle hinter dem Spiegel stammten. Diese und die tatsächliche Lichtquelle liegen symmetrisch zum Spiegel → **B1**.

Ein Beispiel: Wie groß muss ein Spiegel mindestens sein, damit man sich dort in voller Größe sehen kann → **B2**?
Zuerst zeichnen wir die Person und die Wand, an der der Spiegel hängt. Die „dahinter stehende“ Person der Spiegelwelt konstruieren wir Punkt für Punkt. Jeder reale Punkt und sein Spiegelpunkt liegen symmetrisch zum Spiegel. (So kennen wir dies auch als Achsenspiegelung in der Mathematik).

Jetzt soll sich unsere Person in der Spiegelwelt betrachten. Die Lichtstrahlen müssen dazu von den Füßen und vom Scheitel ins Auge fallen können. Wir zeichnen die Verbindung von den Fußspitzen und dem Scheitel in der Spiegelwelt zum realen Auge. Aus den Schnittpunkten mit der Wand ergibt sich die Mindestspiegelgröße (in dieser Situation gerade die halbe Körpergröße). Die richtige Höhe liegt auch schon fest und der tatsächliche Verlauf der Lichtstrahlen lässt sich jetzt ebenfalls einzeichnen → **B2**.

Auch Schatten werden gespiegelt. Wir stellen eine brennende Kerze und einen Zylinder vor einen Spiegel. Ist der Raum abgedunkelt, dann erkennen wir zwei Schatten des Zylinders → **B3**. Wie ist das zu erklären?
Der erste Schatten am Zylinder stammt direkt von der Kerze. Der zweite entsteht dadurch, dass das Licht der Kerze vom Spiegel so reflektiert wird, als ob es von der Kerze in der Spiegelwelt käme.

Alle Lichtpunkte haben ihre Spiegelpunkte in der Spiegelwelt. Deshalb findet auch jeder Schatten (fehlendes Licht) sein Gegenstück „hinter dem Spiegel" **→ B4**.

2. Der Winkelspiegel

Zwei Spiegel werden im rechten Winkel zueinander aufgestellt **→ B5**. Ein Lichtbündel trifft den ersten Spiegel und wird von diesem auf den zweiten reflektiert. Dieser reflektiert das Bündel ein zweites Mal. Das Experiment zeigt, dass das Lichtbündel immer in die gleiche Richtung zurückkehrt, aus der es gekommen ist. Wie lässt sich dies erklären?

a) Konstruktion des Lichtwegs **→ B6**: Der von P kommende Lichtstrahl trifft in Punkt C auf den Spiegel. Mithilfe des Lots und des Reflexionsgesetzes (Einfallswinkel und Reflexionswinkel sind gleich groß) erhalten wir den weiteren Verlauf bis zur Stelle D, an der der Strahl auf den zweiten Spiegel trifft. Auch dort wird der weitere Verlauf wie schon an der Stelle C konstruiert. Der Lichtstrahl verlässt den Winkelspiegel in Richtung P'.

b) Wie lässt sich geometrisch der experimentelle Befund, dass einfallender und reflektierter Strahl parallel sind, begründen? Den ersten Einfallswinkel bezeichnen wir mit α und markieren ihn mit roter Farbe. Der grün gekennzeichnete Winkel ist der Ergänzungswinkel zu α. Er hat also die Größe $(90° - \alpha)$.

Da das Dreieck CAD rechtwinklig ist, ist bei D wieder der Winkel α zu finden. Der Austrittswinkel hat damit die Größe $(90° - \alpha)$.

Da das zweite Lot parallel zum ersten Spiegel ist, sind also einfallender und reflektierter Strahl parallel.

B5 Das Licht einer Experimentierleuchte fällt auf einen Winkelspiegel.

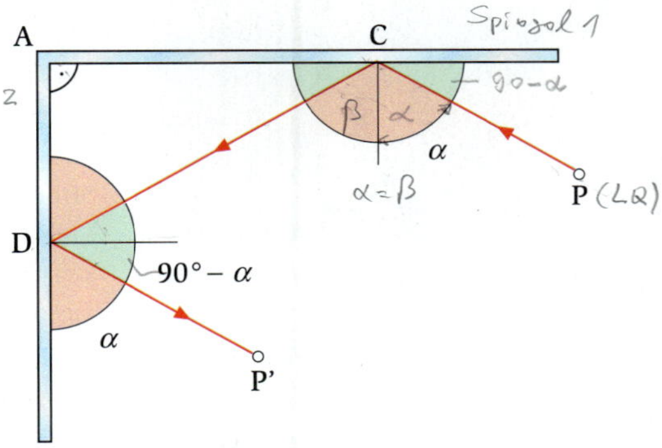

B6 Verlauf des Lichtstrahls beim Winkelspiegel

Mach's selbst

A1 Du willst dich in einem Spiegel von Kopf bis Fuß betrachten.
a) Bestimme wie groß der Spiegel mindestens sein muss. In welcher Höhe muss er hängen (Augenhöhe 10 cm geringer als Körperhöhe)?
b) Erläutere, ob die Spiegelgröße davon abhängig ist, wie weit du vor der Wand stehst, an der der Spiegel hängt. Fertige dazu eine maßstäbliche Zeichnung (1 : 20) an. Zeichne dich im Abstand von 1 m und von 2 m zur Wand ein.
c) Kannst du dich im unverändert aufgehängten Spiegel auch dann noch ganz sehen, wenn du einen Kopfstand machst?

A2 Der Spiegel S soll so gedreht werden, dass Licht der Lampe L auf den Punkt P fällt. Übertrage die Zeichnung ins Heft und bestimme den Winkel gegenüber der Horizontalen.

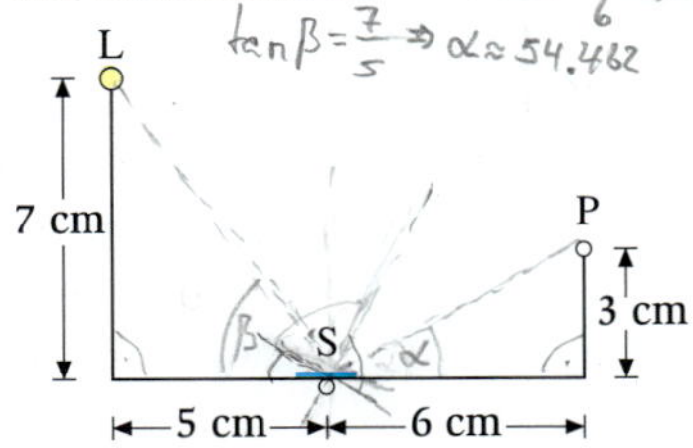

A3 Du möchtest in einem hohen Raum die Deckenhöhe ermitteln. Dir stehen dazu ein Spiegel und ein Maßstab zur Verfügung. Wie kannst du vorgehen? Dokumentiere deine Überlegungen, den Rechenweg und das Ergebnis anhand einer Skizze. Vergleiche die Genauigkeit deines Ergebnisses mit der tatsächlichen Höhe.
Hilfe: Lege den Spiegel geeignet auf den Boden und wähle einen passenden Beobachtungsort.

A4 In einem Zimmer hängt eine Lampe. Auf dem Boden liegt ein Spiegel und erzeugt an Decke und Wand einen Lichtfleck. Übertrage die Zeichnung (Maßstab 3 : 1) in dein Heft und konstruiere die Lage und Größe des Spiegels so, dass der Lichtfleck entsteht.

Gekrümmte Spiegel

A. Der Wölbspiegel

Reflexionen an gekrümmten Flächen üben eine Faszination aus. Anders als beim ebenen Spiegel sieht man bei nach außen gewölbten Spiegeln fast die ganze Welt, die den Betrachter umgibt. Zudem sieht sich der Betrachter selbst in oft amüsierend verzerrter Form, wie es der Gartenschmuck in → B1 zeigt.

B1 Diesen Versuch kannst du auch mit einer Christbaumkugel durchführen.

Wie kommt ein solches Spiegelbild zustande? Um das herauszufinden, bringe einen nach außen gewölbten polierten Metallstreifen auf einer Scheibe an und untersuche, was passiert, wenn der Streifen von einem Lichtbündel getroffen wird. Um die einzelnen Vorgänge deutlich zu machen, verwende keine Kerze sondern eine Punktlicht-Lampe (oder die Sonne) und eine Blende mit mehreren Schlitzen. In → B3 kannst du beobachten: Einige Strahlen laufen nach der Reflexion am Metallstreifen stark auseinander.

Kannst du auch hier, wie beim ebenen Spiegel eine Lichtquelle in der Spiegelwelt finden?

Um eine Antwort auf die Frage zu bekommen, greifen wir uns eine winzige Teilfläche der gewölbten Spiegelfläche heraus. Diese betrachten wir als winzigen *ebenen* Spiegel. Jetzt können wir hier das *Reflexionsgesetz* anwenden.
Es sagt, dass der Winkel zwischen Lot und einfallendem Lichtstrahl gleich dem Winkel zwischen Lot und reflektiertem Strahl ist. Der gewölbte Metallstreifen stellt ein Segment eines Kugelspiegels dar. Der Kugelspiegel habe den Mittelpunkt M. Das *Lot* (grün) auf die spiegelnde Oberfläche erhalten wir nun als Verbindungsgerade Mittelpunkt M – Spiegelelement S → B2a.

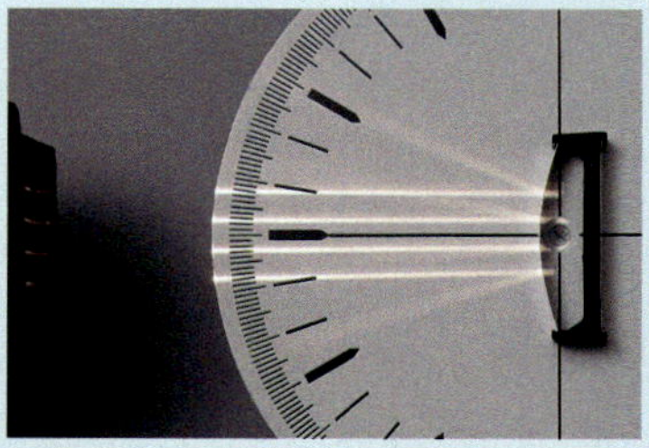

B3 Strahlengang beim Wölbspiegel

In → B2b gehen von der Lichtquelle L zwei Lichtstrahlen aus. Sie fallen auf den Wölbspiegel und werden dort reflektiert. Verlängern wir die reflektierten Strahlen nach hinten, dann erhalten wir als Schnittpunkt einen Punkt unserer scheinbaren Lichtquelle in der Spiegelwelt.

In → B2c wurde dies mit zwei Punkten durchgeführt. Man erkennt, dass die Punkte in der Spiegelwelt viel enger zusammenliegen als in der Realität. Der Wölbspiegel wirkt also *verkleinernd*. Da alle Punkte zusammenrücken, sieht man in einem Wölbspiegel einen größeren Ausschnitt der Umgebung als bei einem gleich großen ebenen Spiegel.

Diesen Effekt nutzt man beispielsweise bei Rückspiegeln in Autos oder bei Verkehrsspiegeln an unübersichtlichen Kreuzungen aus. Dort will man sich mit einer kleinen Spiegelfläche einen möglichst großen Überblick über die Verkehrssituation verschaffen.
In Fabriken und Einzelhandelsmärkten findet man diese gewölbten Spiegel ebenfalls. Man verwendet sie auch hier immer dann, wenn man sich schnell einen Überblick verschaffen will: Arbeitet die Maschine richtig, kommt jemand um die Ecke oder macht sich ein Ladendieb an den Waren zu schaffen?

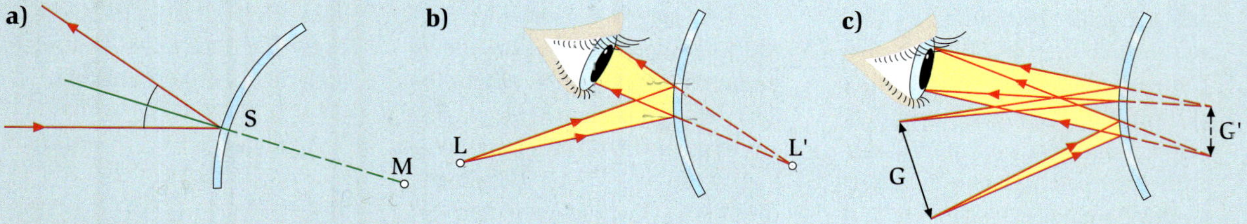

B2 Konstruktion der Spiegelwelt

B. Der Hohlspiegel

Mit Hohlspiegeln kannst du die gleichen Versuche wie bei Wölbspiegeln durchführen. Auch die Konstruktion der Spiegelwelt erfolgt genauso.

Ist der Abstand zum Spiegel klein genug, dann liegt die Spiegelwelt hinter dem Spiegel, ihre Punkte aber weiter auseinander als in der Realität → B4. Man sieht die Gegenstände vergrößert (z. B. im Kosmetik- oder Rasierspiegel).

Fallen *parallele* Lichtbündel auf einen Hohlspiegel → B5, kannst du beobachten, dass sich alle reflektierten Bündel fast genau in einem einzigen Punkt schneiden. Diesen Punkt nennt man den *Brennpunkt* des Hohlspiegels. Mit einem Hohlspiegel ist es also möglich, parallele Lichtbündel in einem Punkt zu vereinen. Diese Eigenschaft nutzt man z. B. heim Bau von Solaröfen → B6a. Damit lässt sich die Energie, die von der Sonne auf den Spiegel fällt, auf einen kleinen Fleck konzentrieren. Es wird dort sehr heiß. Schon um 1870 hat Abel Pifre mit einer solchen Anordnung eine kleine Dampfmaschine betrieben → B6b.

Aber auch für einfachere Anwendungen ist der Hohlspiegel geeignet. Schon bei einem Durchmesser von 1,5 m kann man mit einem solchen Spiegel kochen. In den Brennpunkt bringt man einen Kochtopf, sodass das Sonnenlicht auf diesen gebündelt wird → B6c. Die Sonnenenergie wird konzentriert zugeführt, das Kochgut wird erhitzt.

Umgekehrt wird Licht, das aus dem Brennpunkt kommt, nach der Reflexion parallel. Dies nutzt man z. B. bei Autoscheinwerfern → B7. In den Brennpunkt des Hohlspiegels bringt man die Wendel der Glühlampe. Das Licht ist nach der Reflexion fast parallel und kann die Straße sehr weit ausleuchten.

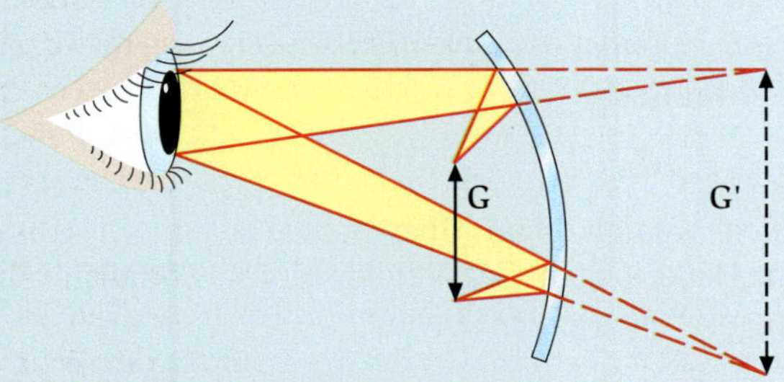

B4 Die Spiegelwelt beim Hohlspiegel

B5 Der Brennpunkt des Hohlspiegels

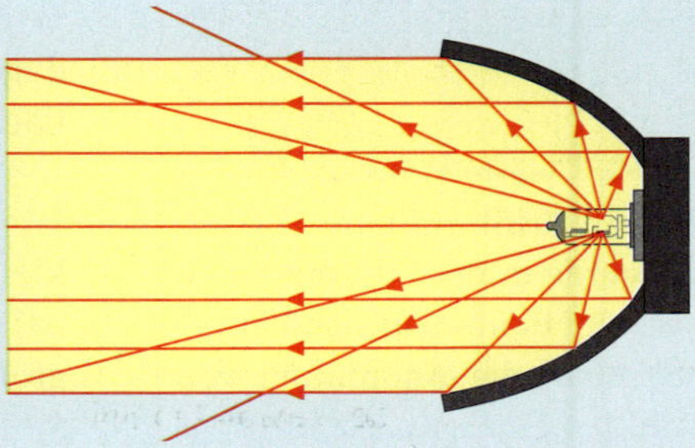

B7 Lichtverlauf beim Kfz-Scheinwerfer

B6 **a)** Solarofen **b)** Solardampfmaschine von PIFRE **c)** Solar-Kochgerät

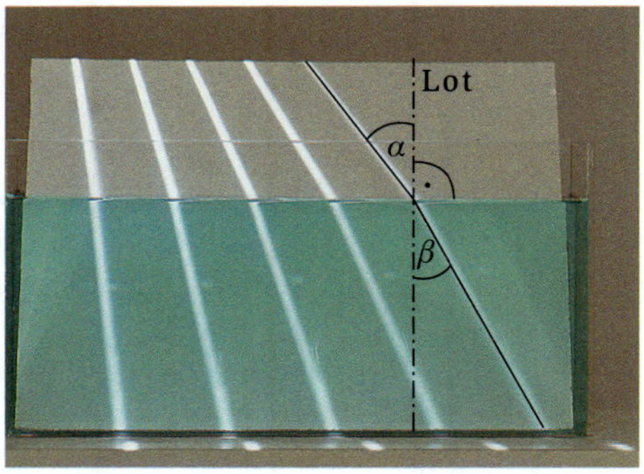

V1 Eine Experimentierleuchte und eine Blende mit mehreren parallelen Schlitzen erzeugen etliche Lichtbündel verschiedener Neigung. Sie dringen in eine mit Wasser gefüllte Wanne ein und haben an der Wasseroberfläche einen Knick. Wir sehen, wie die Bündel an der weißen Rückwand der Wasserwanne entlang streifen. Beim Bündel ganz rechts sind das Lot auf der Wasseroberfläche, die Lichtstrahlen und die Winkel α und β eingezeichnet.

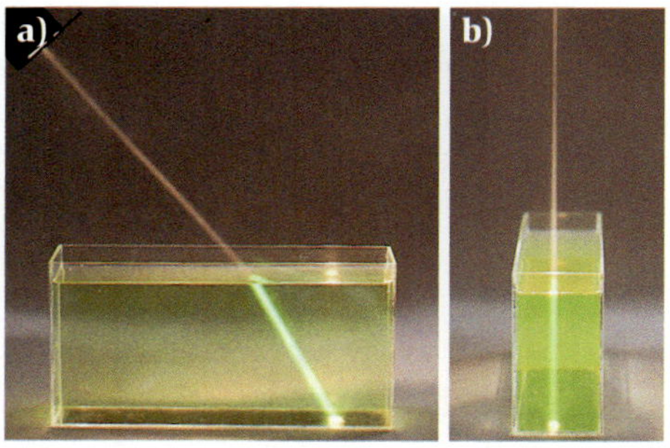

V2 Ein Lichtstrahl trifft auf eine Wasseroberfläche. Es wurde in der Luft mit Staub und im Wasser mit Fluoreszein sichtbar gemacht. **a)** Man sieht die Anordnung von vorn. Der Strahl hat einen Knick. **b)** Dreht man die Anordnung um 90°, dann kann man sie von rechts betrachten. Man sieht keinen Knick.

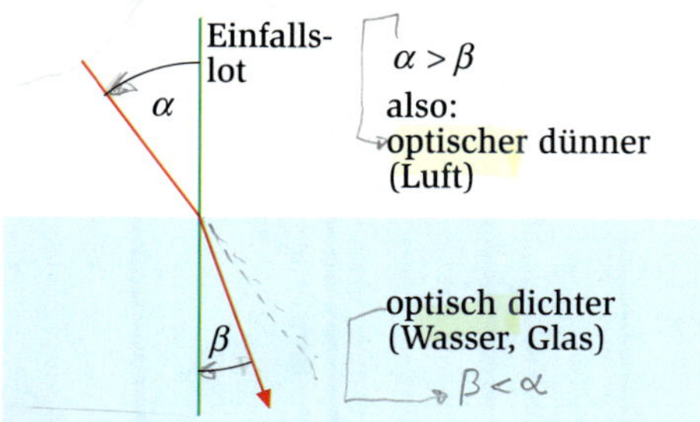

B1 So definiert man „optisch dicht" – „optisch dünn".

1. Geknickte Lichtstrahlen

Im → V1 machen wir folgende Beobachtungen: Sowohl in Luft als auch in Wasser verlaufen die Lichtbündel jeweils geradlinig. Beim Übergang von Luft in Wasser bekommen die Lichtbündel einen „Knick". Dieses Phänomen nennt man Brechung.
Nur wenn die Lichtbündel senkrecht auf die Wasseroberfläche treffen, werden sie nicht gebrochen.

Im → V2 wird nun ein einziges Lichtbündel untersucht. Weil es sehr fein ist, können wir auch von einem Lichtstrahl sprechen. Von vorne sehen wir den Lichtstrahl geknickt → V2a. Dies kennen wir schon von → V1. Von rechts gesehen erkennen wir nur eine gerade Linie, die senkrecht zur Wasseroberfläche verläuft → V2b. Wir folgern:
Einfallender und gebrochener Strahl liegen mit dem (gedachten) Lot in derselben Ebene.

Mit unserem „Lichtstrahlen-Modell" können wir die Lichtbrechung formulieren:

Merksatz

Lichtstrahlen werden beim Übergang von Luft in Wasser gebrochen. Dabei liegen einfallender Strahl, Einfallslot und gebrochener Strahl in einer Ebene.

In → V1 bezeichnen wir den Winkel zwischen dem Einfallslot und dem in Luft verlaufenden Lichtstrahl mit α; den Winkel zwischen diesem Lot und dem Lichtstrahl im Wasser dagegen nennen wir β. Trifft der Lichtstrahl die Wasseroberfläche senkrecht, so wird er nicht gebrochen. Dies ist der Fall, wenn $\alpha = \beta = 0°$ ist.
Weiter beobachten wir, dass der Winkel β im Wasser stets kleiner als der Winkel α in Luft ist (wenn nicht $\alpha = \beta = 0°$ ist). Außerdem ist der Unterschied zwischen α und β umso größer, je flacher der Strahl auf die Grenzfläche der beiden Stoffe trifft.

Diese Eigenschaft findet man bei jedem Übergang von einem durchsichtigen Stoff in einen anderen durchsichtigen Stoff. Allerdings ist das Maß, in dem der einfallende Strahl beim Übergang von einem in den anderen Stoff gebrochen wird, von Stoffpaar zu Stoffpaar verschieden.

Der Stoff, in dem der Lichtstrahl mit dem Einfallslot den kleineren Winkel (β) bildet, nennt man das **optisch dichtere** Medium. Das Medium, in dem der Winkel (α) größer ist, ist im Vergleich mit dem anderen Stoff das **optisch dünnere** Medium → B1. Wasser und auch Glas sind demnach optisch dichter als Luft.
Man sagt: Ein Lichtstrahl wird beim Übergang vom dünneren ins dichtere Medium *zum Lot hin* gebrochen.

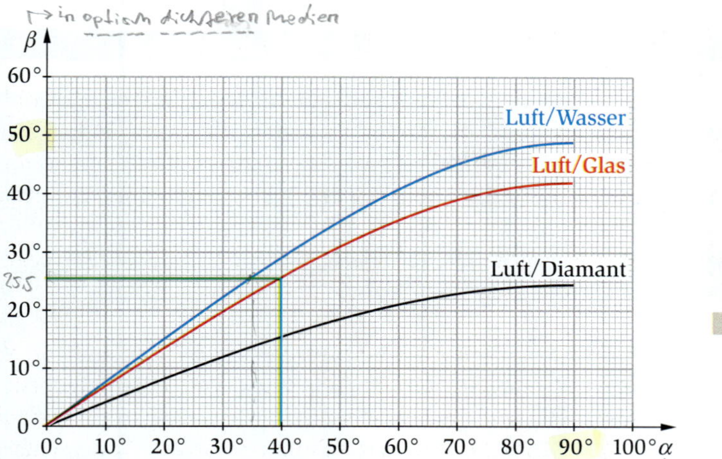

B2 Zusammenhang zwischen α und β für verschiedene Stoffe. α wird immer in Luft gemessen.

Für die Lichtbrechung können wir jetzt die folgende Regel formulieren:

Merksatz

Der Lichtstrahl wird beim Übergang vom optisch dünneren ins optisch dichtere Medium zum Lot hin gebrochen. Einfallender Strahl, Einfallslot und gebrochener Strahl liegen in einer Ebene.

2. Genauere Messung zur Brechung

Im **→ V3** wird der Übergang eines Lichtstrahls von Luft in ein Stück Glas untersucht. Wir lesen die Größe des Winkels zwischen einfallendem Strahl und Lot sowie des zugehörenden Winkels im optisch dichteren Medium ab. Damit erhalten wir die **→ T1** beziehungsweise das Diagramm in **→ B2**.
Beispielsweise ist in der Abbildung des Versuchsgeräts $\alpha = 40°$, $\beta = 25{,}4°$.
Wir können hier den Zusammenhang von α und β leider nicht in eine Formel fassen. Deshalb benutzen wir die **→ T1** oder das Diagramm **→ B2**, um entsprechende Werte abzulesen.

3. Umkehrbarkeit des Lichtwegs

Wir wiederholen den Versuch, mit dem die Brechung von Licht beim Übergang in Glas gezeigt wird. Dabei halten wir aber am Ende einen Spiegel senkrecht in den Lichtstrahl. Das Licht wird dort reflektiert **→ B3**. Um das einfallende und das reflektierte Licht unterscheiden zu können, verwenden wir diesmal weißes Licht und setzen vor den Spiegel ein rotes Farbfilter. Somit ist das von der Lampe ausgehende Licht weiß, das vom Spiegel reflektierte Licht rot. Der Versuch zeigt: Der Rückweg des oben am Glas austretenden Lichts deckt sich exakt mit dem Hinweg. Der Lichtweg ist also umkehrbar.

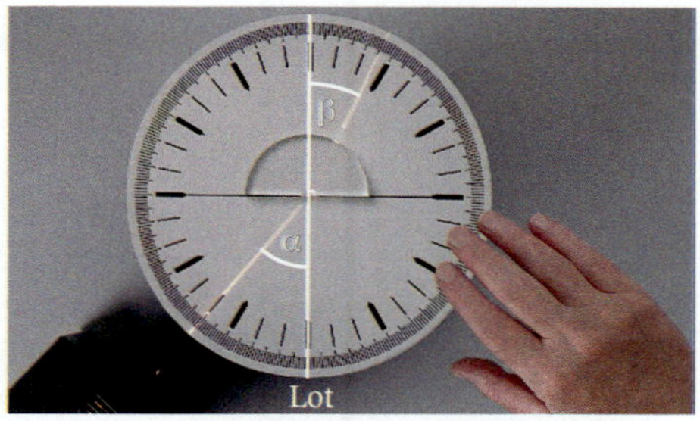

V3 Auf der Scheibe mit Gradeinteilung ist ein Halbzylinder aus Glas angebracht. Eine Experimentierleuchte mit Schlitzblende erzeugt ein feines Lichtbündel, das die Mitte des ebenen Glaskörpers trifft. Wir beobachten, dass an der Eintrittsstelle ein Knick entsteht. Das Licht wird beim Übergang von Luft in Glas gebrochen. – An der runden Seite beobachten wir keinen Knick, denn hier sind der Lichtstrahl und die Oberfläche stets senkrecht zueinander. Deshalb kann man den Winkel β, der ja eigentlich innerhalb des Glases gemessen werden müsste, am Rand der Scheibe messen. Bei verschiedenen Stellungen der Scheibe lassen sich so α und β ablesen **→ T1**.

Winkel α in	Winkel β in	
Luft	Glas	Wasser
0°	0°	0°
10°	6,6°	7,5°
20°	13,2°	14,9°
30°	19,5°	22,1°
40°	25,4°	28,9°
50°	30,7°	35,2°
60°	35,3°	40,6°
70°	38,8°	45,0°
80°	41,0°	47,8°
90°	41,8°	48,8°

T1 Zusammenhang von α und β

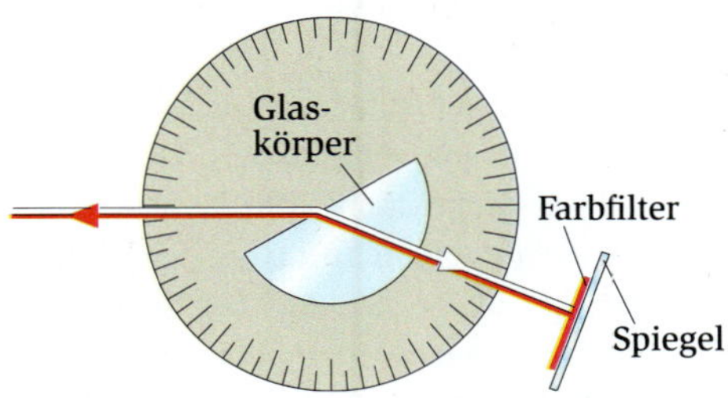

B3 Umkehrbarkeit des Lichtwegs

Interessantes

A. Reflexion

Bei Versuchen zur Brechung beobachtet man außer dem gebrochenen auch reflektiertes Licht: Von jedem Lichtstrahl wird ein Teil an der Oberfläche wie an einem Spiegel nach dem Reflexionsgesetz reflektiert. Mit wachsendem Winkel α steigt die Helligkeit des gespiegelten Teils, die des gebrochenen Teil nimmt ab.

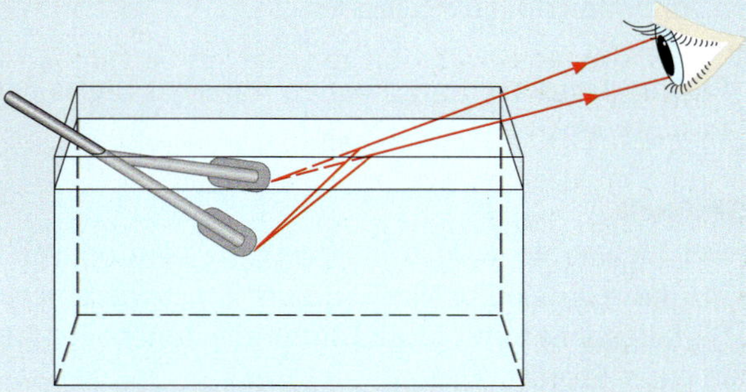

Die Situation des geknickten Paddels im Versuch und die geometrische Erklärung der Täuschung.

B. Optische Täuschungen

- Eine Münze liegt an der Stelle P im Wasser. Das Tageslicht wird von ihr nach allen Seiten gestreut. Ein Teil des gestreuten Lichts fällt nach der Brechung an der Grenzschicht Wasser-Luft ins Auge des Betrachters. Der kann jedoch nicht wahrnehmen, dass das Lichtbündel einen Knick macht. Er sieht die Münze an der Stelle P‘, wo sie tatsächlich nicht liegt. Die Münze scheint samt Boden „angehoben“ zu sein.

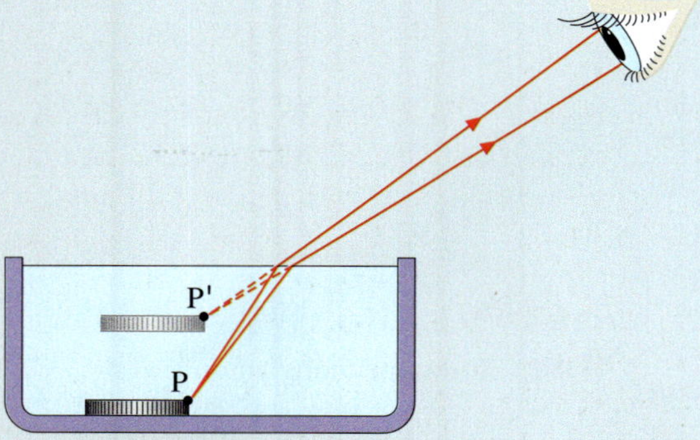

- Der Teil des Paddels, der sich unter Wasser befindet, erscheint uns gegenüber dem Teil oberhalb des Wassers abgeknickt. Wir lassen uns täuschen, denn wir gehen davon aus, dass sich das Licht überall geradlinig ausbreitet. Lichtstrahlen von Paddelstellen unter Wasser werden aber an der Wasseroberfläche gebrochen.

- Die Leiter hat gleiche Sprossenabstände. Trotzdem erscheinen die Sprossen, die unter Wasser sind, viel enger zu stehen.

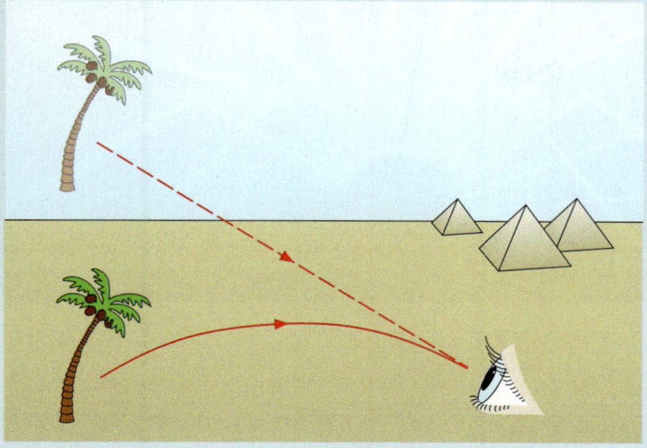

C. Fata Morgana oder warum schwebt die Palme am Himmel?

Die optische Dichte von Luft sinkt mit steigender Temperatur. In der Atmosphäre liegen Schichten unterschiedlicher Temperaturen und damit unterschiedlicher optischer Dichte übereinander. Bei einer Fata Morgana werden schräg in dieses Luftschichtenpaket einfallende Lichtstrahlen „umgebogen". Trifft der „umgebogene" Lichtstrahl in unser Auge, dann werden wir getäuscht, denn wir gehen durch unsere alltägliche Erfahrung von einer geradlinigen Lichtausbreitung aus. Wir sehen die Palme am Himmel schweben.

Die folgenden Voraussetzungen müssen für eine Fata Morgana allerdings erfüllt sein:

- Windstille, damit die Luftschichten unterschiedlicher Temperatur erhalten bleiben;
- die richtige Lage des Objekts und des Beobachters.

Wie kommt aber so ein „umgebogener" Lichtstrahl zustande? Wir denken uns verschiedene durchsichtige Stoffe brettartig übereinander gestapelt. Ihre optische Dichte nehme nach unten zu. Dann wird an jeder Grenzfläche der Lichtstrahl ein bisschen zum Lot hin gebrochen. Damit ergibt sich der in der Abbildung a) dargestellte Verlauf.

Wenn wir uns diese Schichten sehr dünn vorstellen, und die optische Dichte wieder von oben nach unten zunimmt, dann erhalten wir einen „gebogenen" Lichtstrahl b).

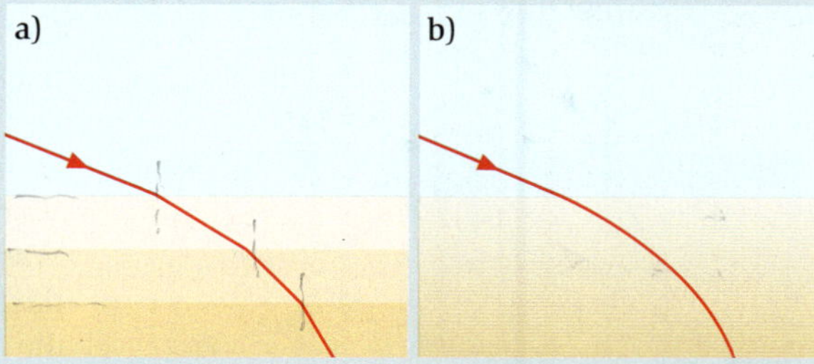

Mach's selbst

A1 Erkläre, warum wir einen Gegenstand aus Glas in Luft oder in Wasser sehen können, obwohl Glas durchsichtig ist.

A2 Gib den Winkel an, um den ein Lichtstrahl abgelenkt wird, der unter 35 ° zum Lot von Luft in Wasser übergeht (benutze dazu das α-β-Diagramm, S. 39, → B2).

A3 Eine punktförmige Lichtquelle, von der nach allen Richtungen Lichtstrahlen ausgehen, ist 5 cm von der ebenen Oberfläche eines Glaskörpers entfernt. Der senkrecht zur Glasoberfläche verlaufende Strahl treffe die Oberfläche im Punkt P.

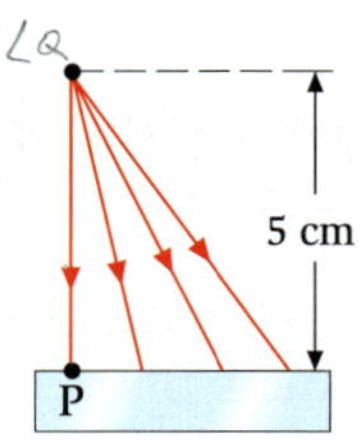

Zeichne die von der Lichtquelle ausgehenden Lichtstrahlen, die 1,8 cm, 4,2 cm bzw. 6,0 cm vom Punkt P entfernt auf der Glasoberfläche ankommen. Zeichne den Verlauf dieser Lichtstrahlen im Glas (benutze dazu das Diagramm, S. 39, → B2).

A4 Bei Naturvölkern, die mit Speeren Fische jagen, wirft der Fischer den Speer nach einem im Wasser erspähten Fisch nicht genau in Blickrichtung. Warum nicht? Erkläre anhand einer Skizze, wie er zielen muss.

A5 Ein Lichtstrahl wird durch Brechung um den Winkel δ aus seiner Richtung abgelenkt. Beschreibe, wie man den Ablenkwinkel δ berechnen kann. Stelle in einem Diagramm dar, wie der Ablenkwinkel δ vom Winkel α abhängt, unter dem ein Lichtstrahl aus der Luft auf Diamant fällt.

A6 Der Behälter im Bild ist mit Zuckerlösung gefüllt. Ihre Konzentration nimmt nach unten zu. Mit ihr wächst die optische Dichte. Erkläre die Krümmung des Lichtbündels.

B1 Totalreflexion beim Übergang Wasser-Luft

V1 Eine Lichtquelle wird in das Innere eines mit Wasser gefüllten Glastroges gebracht → B1. Durch zahlreiche Schlitze gehen schmale Lichtbündel nach verschiedenen Richtungen. Einige Bündel werden an der Grenzfläche vollständig reflektiert.

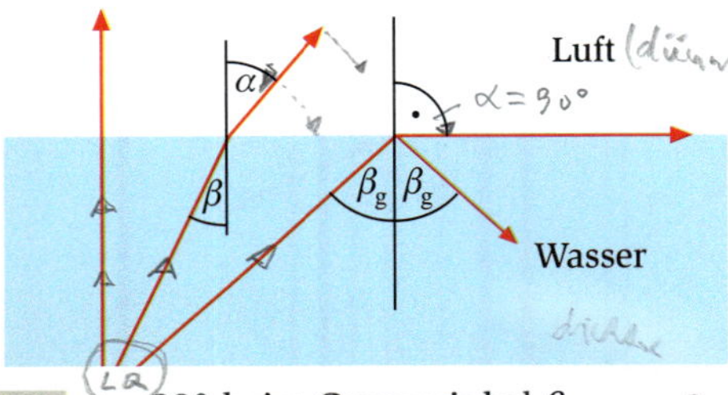

B2 $\alpha = 90°$ beim Grenzwinkel β_g

Vertiefung

Konstruktion des Strahlverlaufs

Wenn ein Lichtstrahl vom optisch dichteren ins optisch dünnere Medium tritt, dann wird er *vom Lot weg* gebrochen. Für die Zeichnung liest man die schon bekannte Tabelle einfach umgekehrt ab – sucht also zum vorgegebenen β den zugehörenden Wert von a. Ist β größer als der zu $\alpha = 90°$ gehörende Wert, dann gibt es nur noch Reflexion (nach dem Reflexionsgesetz).

α in Luft	β in Glas
…	…
40°	25,4°
50°	30,7°
60°	35,3°
…	…
90°	41,8°

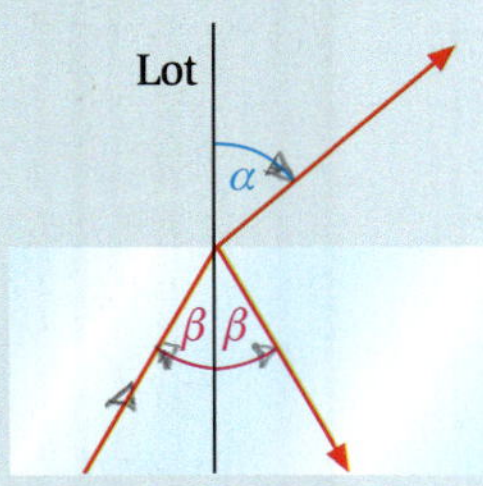

B3 Konstruktion der Lichtstrahlen

1. Gefangenes Licht

Im → V1 mit der Lichtquelle im Wasser können wir folgende interessante Beobachtung machen: Der Lichtstrahl, der senkrecht auf die Oberfläche trifft, verlässt dort ungebrochen das Wasser. Links und rechts davon sind Lichtstrahlen, die vom Lot weg gebrochen werden. Ein Teil des Lichts wird jeweils nach dem Reflexionsgesetz an der Grenzfläche reflektiert. Der reflektierte Anteil wird umso heller, je größer der Winkel zwischen Strahl und Lot ist.

Weiter außen beobachten wir sogar Lichtstrahlen, die das Wasser gar nicht mehr verlassen. Sie werden an der Oberfläche nach dem Reflexionsgesetz total reflektiert. Das sind die Lichtstrahlen, die unter einem großen Winkel auf die Oberfläche treffen. Wie groß muss dieser Winkel sein, damit die **Totalreflexion** einsetzt, der Strahl also nur noch reflektiert wird?

2. Grenzwinkel

Vergrößert man beim Übergang von Luft in Wasser den Winkel zwischen Strahl und Lot, so beträgt die obere Grenze für den Winkel α in Luft 90°. Der zugehörige Winkel β ist demnach der größte Winkel im dichteren Medium. Man nennt ihn den **Grenzwinkel $\boldsymbol{\beta_g}$** → B2. Wegen der Umkehrbarkeit des Lichtweges können wir die bisherige Tabelle auch in diesem Fall verwenden. Wir lesen ab: Bei $\alpha = 90°$ in Luft ist der Grenzwinkel in Wasser $\beta_g = 48{,}6°$. Trifft Licht auf die Grenzfläche zwischen einem optisch dichteren und einem dünneren Medium unter einem größeren Winkel als dem Grenzwinkel, so entsteht Totalreflexion.

Merksatz

Tritt ein Lichtstrahl vom optisch dichteren ins optisch dünnere Medium, dann wird er an der Grenzfläche gebrochen, teilweise auch reflektiert.
Je weiter sich der Winkel β dem Grenzwinkel β_g nähert, desto mehr Licht wird reflektiert. Überschreitet β den Grenzwinkel β_g, dann wird nur noch reflektiert.

3. Lichtleiter

Im → V2 sieht man, dass das Licht nicht seitlich aus einem gebogenen Glasstab austritt, sondern der Windung folgt und erst am andern Ende den Stab wieder verlässt. Der Stab hat einen kleinen Durchmesser. Seine seitlichen Begrenzungsflächen gegen die umgebende optisch dünnere Luft werden von allen Lichtstrahlen nur flach getroffen; es gibt *Totalreflexion*. Deshalb kann das Licht den Glasstab seitlich nicht verlassen. Es wird von Wand zu Wand reflektiert, bis es fast senkrecht auf die Endflächen des Lichtleiters trifft.

Glasfaserkabel sind Bündel optisch gegeneinander getrennter haardünner Lichtleiter. Jede Faser überträgt einen anderen Punkt des Gegenstands → B4. Um „Bilder" übertragen zu können, müssen die Fasern sehr exakt geordnet sein. In der Medizin verwendet man beim so genannten **Endoskop** dünne Glasfaserkabel aus Tausenden von Lichtleitern, um damit in das Innere des menschlichen Körpers zu sehen.

Mit Glasfaserkabeln → B5 können auch Telefongespräche oder Daten übertragen werden: Elektrische Signale werden in Lichtsignale umgewandelt, durch das Glasfaserkabel geleitet und an dessen Ende wieder in elektrische Signale zurückverwandelt.

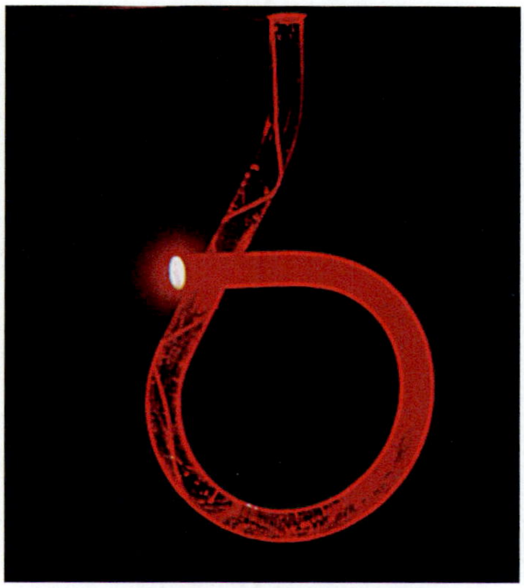

V2 Licht aus einer Experimentierleuchte fällt auf ein Ende eines gebogenen Stabes aus Glas. Das Licht tritt oben ein und am Ende des gebogenen Glasstabs wieder aus, jedoch nicht seitlich.
Das seitlich austretende Licht stammt von Kratzern und Unreinheiten der Oberfläche, an denen Licht gestreut wird.

B5 Viele geordnete Glasfasern übertragen dieses Bild.

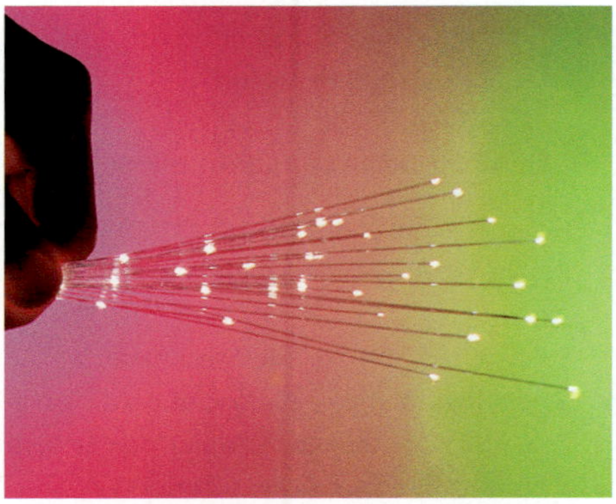

B6 Glasfaserkabel übertragen Information.

Mach's selbst

A1 Von dem Licht, das eine punktförmige Lichtquelle unter Wasser aussendet, kann nur ein bestimmter Teil durch die Wasseroberfläche treten.

a) Zeige: Dieser Teil hat im Wasser die Form eines Kegels.

b) Bestimme die Größe des Öffnungswinkels.

A2 Eine punktförmige Lichtquelle befindet sich 4 cm unter Wasser. Sie sendet nach allen Seiten Licht aus. Der senkrecht zur Wasseroberfläche verlaufende Strahl treffe diese in P. Zeichne von der Lichtquelle ausgehende Lichtbündel, die 2 cm, 4 cm und 6 cm von P entfernt auf die Wasseroberfläche treffen. Beschreibe ihren Verlauf nach der Wasseroberfläche.

A3 Das Schnittbild eines Quaders aus Glas ist 8 cm lang und 4 cm hoch. Auf die Mitte der Seitenfläche fällt unter dem Winkel 50° zum Lot ein in der Schnittebene liegender Lichtstrahl. Konstruiere seinen weiteren Verlauf, bis ein Teil den Quader erstmals wieder verlässt.

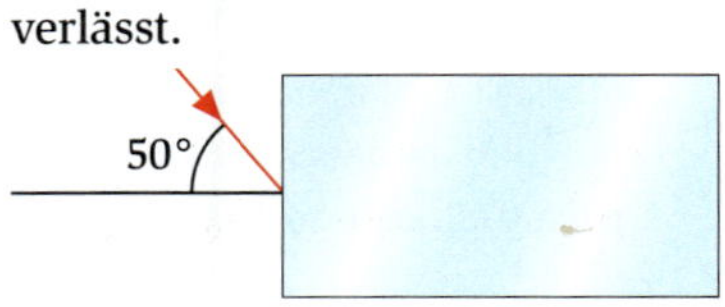

Strahlenoptik selbst entdecken

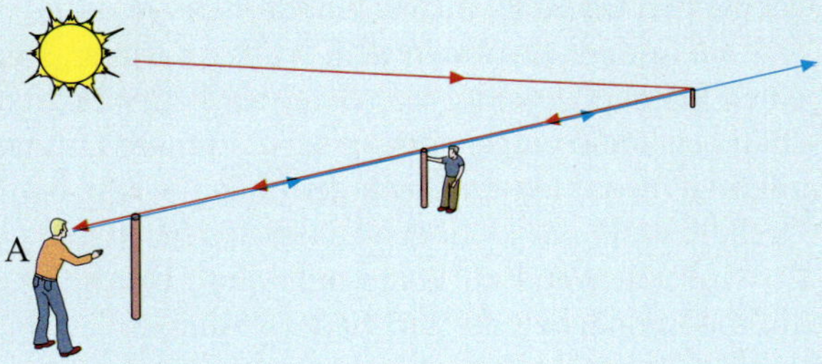

A. Die Stecknadelmethode durchführen und verstehen

Um Lichtwege mit der Stecknadelmethode aufzuspüren, benötigt ihr außer eurem Zeichenwerkzeug einige Stecknadeln und eine Platte aus weichem Material (Kork oder Styropor®). So geht ihr vor, um noch einmal die **Geradlinigkeit der Lichtausbreitung** darzustellen:
Legt ein Blatt Zeichenpapier auf die Platte und stellt drei Stecknadeln a, b und c genau hintereinander auf – wie drei Zaunpfähle. Vom Auge aus erst a dann b dann c.
Das Lineal soll aber nur dazu dienen, das Ergebnis zu kontrollieren.

Schreibt zu diesem und allen folgenden Experimenten ein ausführliches **Protokoll.**

Um Zaunpfähle in einer Reihe so aufzustellen, dass sie „fluchten“, benötigt man keine Hilfsmittel. Herr A „visiert“ längs der Linie vom vorderen zum hinteren der schon eingesetzten Pfähle und weist seinen Helfer durch Handzeichen ein. Die Methode ist einleuchtend. Die Blickrichtung führt *vom Auge ausgehend* geradewegs zum hinteren Pfahl.

Physikalisch erklären wir die Methode mit dem Lichtstrahl, der vom hinteren Pfosten *zum Auge* führt. In allen Bildern auf dieser Seite ist die blau gezeichnete Blickrichtung eine Gerade, der rot gezeichnete Lichtstrahl ist manchmal geknickt, weil er immer, auch bei Brechung, den realen Weg des Lichts von der Quelle zum Ziel zeigt.

B. Die Reflexion an einem ebenen Spiegel untersuchen

Gesucht ist jetzt der Lichtstrahl von d über c nach a.
Beginnt mit den Stecknadeln a, b, c wie im Bild dargestellt.
Sucht einen Ort für die Stecknadel d, für den ihr das Spiegelbild d' in der Blickrichtung a → b → c seht.
Zeichnet dann auf dem Papier den Lichtstrahl, der von d längs c, b, a zum Auge führt.
Zeichnet die Winkel ein, die der einfallenden Lichtstrahl und der reflektierte Strahl jeweils mit dem Lot bilden. Messt die beiden Winkel und begründet das Ergebnis mit dem Reflexionsgesetz.
Wiederholt das Experiment für andere Einfallswinkel.

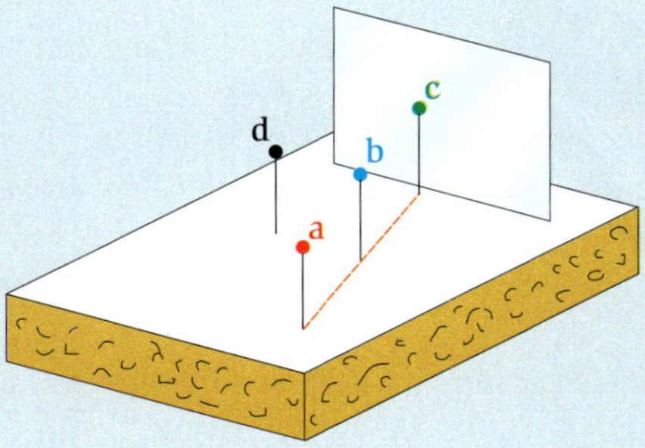

Wer in der Blickrichtung a → b → c in den Spiegel schaut, sieht in der *Spiegelwelt* das Spiegelbild d' der Stecknadel d und kann es dort spazieren führen.

C. Strahlengänge bei einem Winkelspiegel

Baut aus zwei Spiegeln einen Winkelspiegel auf und stellt mit der Stecknadelmethode den Verlauf von Lichtstrahlen dar.
Untersucht planmäßig den Einfluss des Winkels zwischen den beiden Spiegeln. Macht Vorhersagen, wie der Lichtstrahl nach den Reflexionen verläuft.

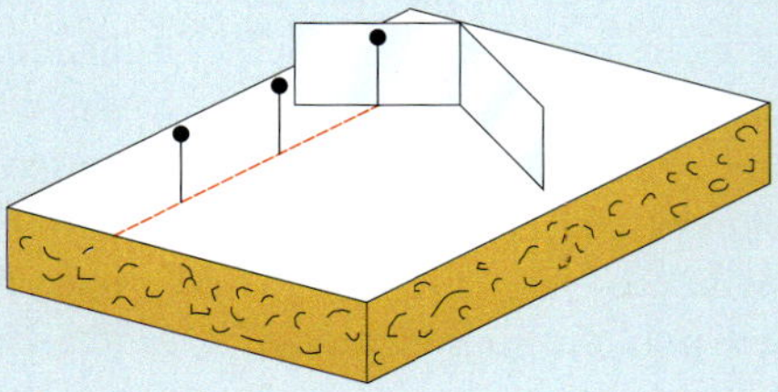

D. Brechung beim Übergang Luft–Plexiglas

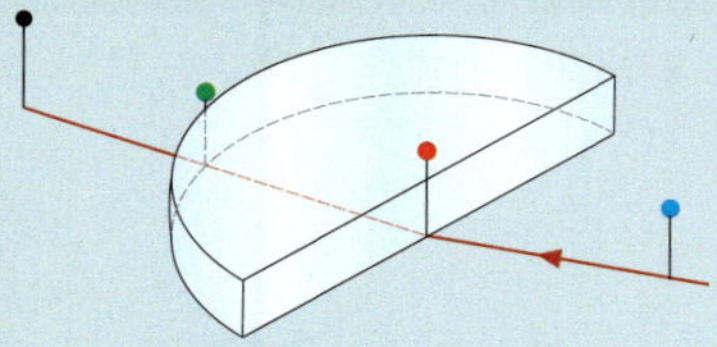

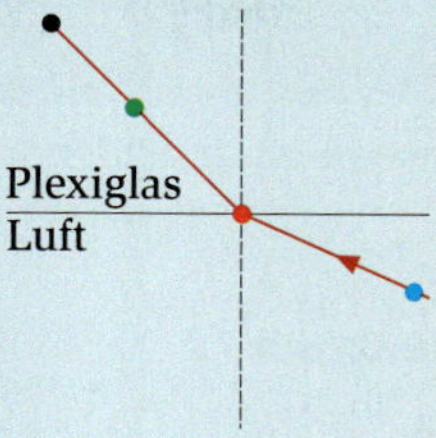

Wenn der Lichtstrahl am Mittelpunkt des Halbzylinders ins Plexiglas eintritt, dann durchquert er das Plexiglas längs eines Radius, trifft senkrecht auf die Grenzfläche Plexiglas–Luft und wird dort nicht gebrochen. Mit diesem „Mittelpunktstrick" kann man sich beim Experimentieren ganz auf die Brechung an einer Grenzfläche konzentrieren.

Stellt verschiedene Lichtwege durch den Körper dar – immer mit einer Stecknadel am Mittelpunkt des Halbzylinders.
Messt die Winkel zwischen Lot und Lichtstrahl vor und nach der Brechung. Stellt den Zusammenhang in einem Diagramm dar.
Bestätigt mit diesem Versuch, dass der Lichtweg umkehrbar ist.

Plant ein Experiment, um mit der Stecknadelmethode die Totalreflexion darzustellen.
Führt das Experiment durch und bestimmt für das Material des Halbzylinders den Grenzwinkel der Totalreflexion an Luft.

E. Lichtweg bei zwei parallelen Grenzflächen

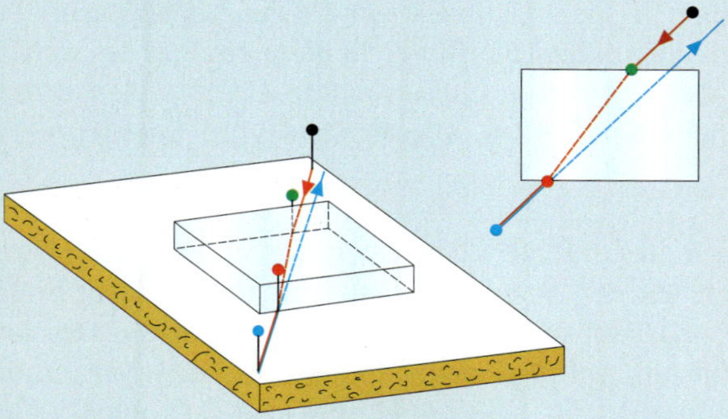

Ermittelt wie im Bild den Verlauf eines Lichtstrahls durch den Quader. Wählt unterschiedliche Einfallswinkel.

Begründet und überprüft die Behauptung: *Nach zweimaliger Brechung des Lichts an einem Quader sind ankommender Lichtstrahl und weggehender Lichtstrahl* ***parallel verschoben.***
Stellt Vermutungen zu der der Frage an, wovon die Größe der Parallelverschiebung abhängt. Überprüft eure Hypothese.

F. Lichtwege durch eine Sammellinse, Brennpunkt und Abbildung

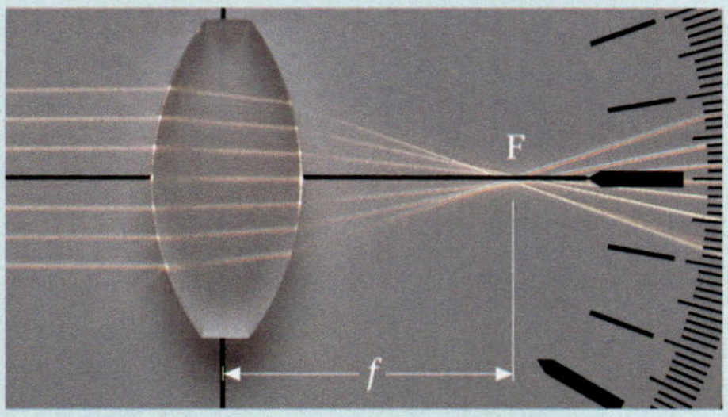

Ein Bündel paralleler Lichtstrahlen wird von der Sammellinse in einem Punkt der Brennebene zusammen geführt. Verläuft es vor der Linse parallel zur optischen Achse, so ist der Sammelpunkt der Brennpunkt.

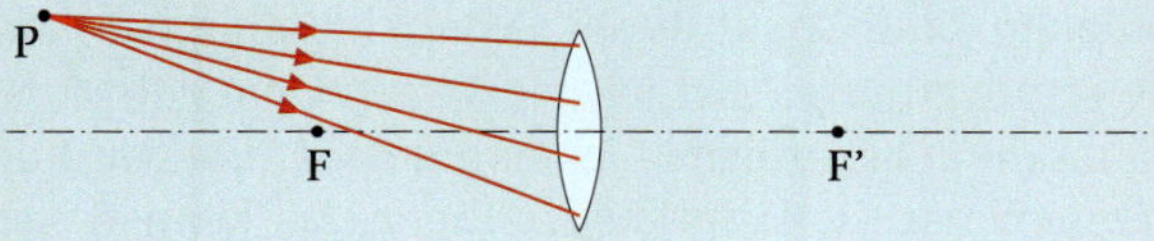

Erklärt mit dem Bild die Regel für den Verlauf von ausgewählten Lichtstrahlen durch eine Sammellinse.
Beschreibt eine Methode, um experimentell die Brennweite einer Sammellinse zu bestimmen. Ermittelt damit die Brennweite der gegebenen Linse.

Ein Bündel paralleler Strahlen kann auch unter einem beliebigen Winkel auf die Sammellinse treffen.
Informiert euch über die für diesen Fall geltenden Gesetzmäßigkeit und bestätigt sie mit der Stecknadelmethode.

Wählt wie im nebenstehenden Bild einen Punkt P etwas außerhalb der doppelten Brennweite und bestimmt mit der Stecknadelmethode den weiteren Verlauf von Lichtstrahlen, die von P aus auf die Linse treffen.

B1 Bei der Brechung weißen Lichts an einem Prisma entsteht ein leuchtendes farbiges Band.

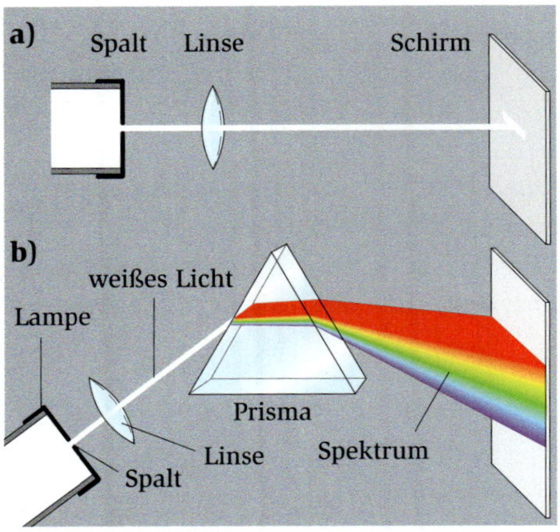

B2 Versuchsaufbau zur Erzeugung des Spektrums einer Glühlampe

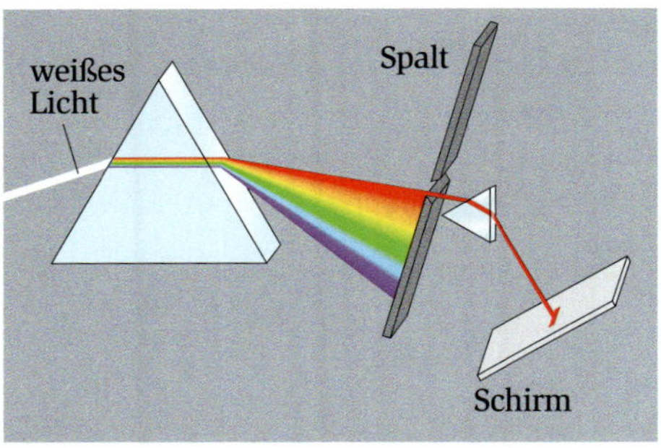

B3 Weitere Zerlegung gelingt nicht.

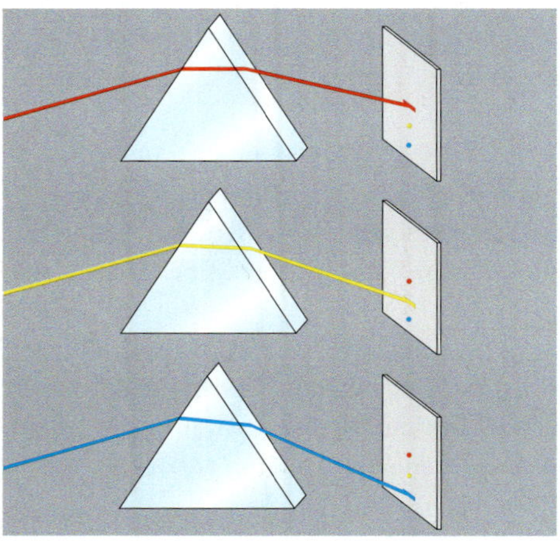

B4 Die Brechung – für jede Farbe anders.

1. Das Spektrum

Du kennst vielleicht das farbige Funkeln eines Kristallleuchters oder das farbige Blitzen eines Brillanten. Wir wollen nun untersuchen, wie aus weißem Licht beim Durchgang durch Kristall, Brillanten oder auch Glas farbiges Licht wird.

Bisher haben wir Brechungsversuche mit einfarbigem Licht durchgeführt. Nun benutzen wir weißes Licht, also beispielsweise Sonnenlicht oder Licht einer Glühlampe. Wir erhalten eine scharfe Linie auf dem Schirm, wenn wir einen Spalt mit einer Linse kombinieren → B2a.

Wir stellen in den Lichtweg ein Prisma → B2b. Nun beobachten wir auf dem Schirm nicht mehr ein Bild des weißen Spalts, also eine weiße Linie, sondern ein in vielen Farben leuchtendes Band → B1. Dieses Band wird **Spektrum** genannt.

Lässt sich das farbige Licht noch weiter zerlegen? Dazu erweitern wir den Versuchsaufbau. Ein zweiter Spalt hinter dem Prisma lässt nur das rote Licht durch → B3. Das rote Licht fällt nun auf ein zweites Prisma. Auf dem Schirm dahinter entsteht kein neues Spektrum, sondern wieder eine rote Linie. Das rote Licht wird durch ein zweites Prisma in seiner Farbe also nicht verändert.
Nicht weiter zerlegbares Licht nennt man **spektralrein.**

2. Spektralfarben

Wird weißes Licht durch ein Prisma geschickt, so fächert es in viele Farben auf. Wir erklären uns dies dadurch, dass die Stärke der Brechung von der Farbe abhängt. Bei Versuchen mit einfarbigem Licht stellen wir fest, dass rotes Licht weniger stark gebrochen wird als gelbes oder gar blaues Licht → B4.

Alle Beobachtungen deuten darauf hin, dass diese Spektralfarben im von uns als weiß empfundenen Licht schon komplett enthalten sind. Wenn dieser Gedanke richtig ist, dann müsste eigentlich umgekehrt wieder weißes Licht entstehen, wenn man sämtliche farbigen Lichter des Spektrums mithilfe einer Sammellinse (wie du sie als Brennglas kennst) vereinigt. Genau dies bestätigt uns der → V1.

Im Kapitel „Brechung“ haben wir eine Brechungstabelle verwendet. Da jede Farbe unterschiedlich gebrochen wird, muss die Tabelle genau genommen einen Hinweis darauf enthalten, für welche Farbe sie gilt. → T1 zeigt die für verschiedene Spektralfarben unterschiedlichen Winkel β.

Merksatz

Im weiß erscheinenden Sonnenlicht sind alle farbigen Lichter enthalten. Lichtstrahlen verschiedener Farbe werden verschieden stark gebrochen. Deshalb entsteht bei der Brechung weißen Lichts ein farbiges **Spektrum.**
Licht, das sich nicht mehr in weitere Farben zerlegen lässt, nennt man **spektralrein.**

Damit lässt sich nun auch das am Anfang beschriebene farbige Funkeln eines Kristallleuchters erklären. Die Glasstücke am Leuchter sind so geschliffen, dass sie wie Prismen wirken. Sie zerlegen das Licht der Kerzen in farbige Lichter.

3. Verschiedene Lichtquellen – verschiedene Spektren

Die Farben des von Glühlicht erzeugten Spektrums gehen fließend ineinander über; man nennt es deshalb auch ein **kontinuierliches Spektrum.** Das menschliche Auge kann darin etwa 140 verschiedene Farbstufen unterscheiden. In einer groben Einteilung werden daraus sechs Spektralfarben besonders hervorgehoben: Rot-Orange-Gelb-Grün-Blau-Violett. Diese Farben finden wir auch ähnlich im Regenbogen. Seine Erscheinung beruht ebenfalls auf Brechung (und Reflexion; siehe → Interessantes nächste Seite).

Lampen mit leuchtenden Gasen erzeugen kein kontinuierliches Spektrum. Das Spektrum von Natriumlampen der Straßenbeleuchtung besteht nur aus einer gelben Linie. Andere Lampen haben eine Vielzahl farbiger Linien. Man nennt solche Spektren deshalb **Linienspektren** → B5b. Anhand der Zahl und der Lage dieser Linien kann man leuchtende Gase identifizieren. Dies wird **Spektralanalyse** genannt. **Laserlicht** zeigt nur eine Linie → B5, 5c. Leuchtdioden liefern dagegen einen so schmalen Ausschnitt eines kontinuierlichen Spektrums, dass er als Linie erscheint.

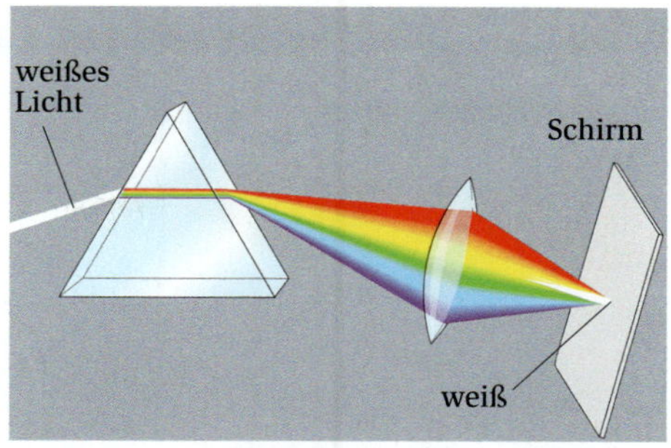

V1 Die vom Prisma aufgespaltenen Spektralfarben werden durch eine Linse an einer Stelle des Schirms vereinigt.

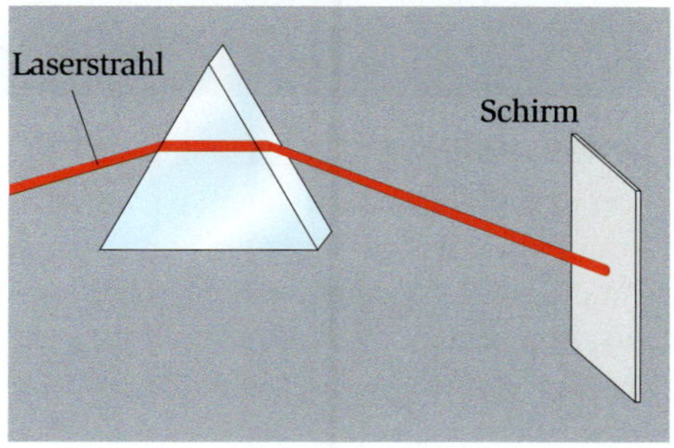

B6 Der Laserstrahl wird nicht zerlegt.

α	β		
	Blau-Violett	**Gelb**	**Rot**
0,0°	0,0°	0,0°	0,0°
10,0°	6,5°	6,6°	6,6°
20,0°	12,9°	13,0°	13,1°
30,0°	19,1°	19,2°	19,3°
40,0°	24,9°	25,1°	25,2°
50,0°	30,1°	30,3°	30,5°
60,0°	34,5°	34,8°	35,0°
70,0°	38,0°	38,3°	38,5°
80,0°	40,1°	40,5°	40,7°
90,0°	40,9°	41,2°	41,4°

T1 Winkel β, abhängig von der Farbe, für den Übergang Luft-Glas.

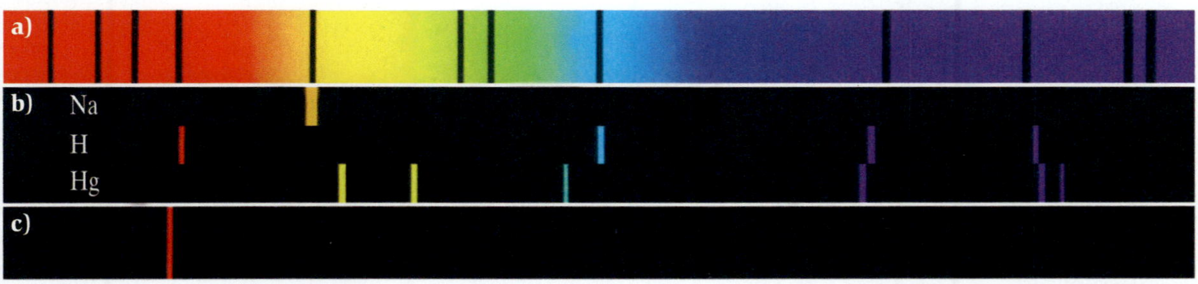

B5 Verschiedene Spektren: **a)** Sonnenlicht, **b)** Linienspektren von Natriumdampf, Wasserstoff und Quecksilberdampf (von oben nach unten) und **c)** eines Lasers

A. Der Regenbogen

- Wo finden wir einen Regenbogen?

Der Regenbogen ist zu sehen, wenn wir auf eine Regenwand blicken und dabei die Sonne im Rücken haben. Da die Sonne zudem tief stehen soll, sehen wir Regenbögen morgens im Westen und abends im Osten. Besonders kräftig leuchten die Farben bei großen Regentropfen.

- Wie entsteht ein Regenbogen?

Sonnenlicht fällt auf viele Regentropfen. Einen bestimmten Lichtstrahl schauen wir uns genauer an → B1a. Er wird beim Übergang in den Tropfen gebrochen, an dessen Rückseite teilweise reflektiert und schließlich beim Verlassen des Tropfens nochmals gebrochen. Dabei wird der Strahl weißen Sonnenlichts in Spektralfarben zerlegt. Roter, grüner und blauer Strahl haben unterschiedliche Richtungen.

Eine Regenwand besteht aus vielen Tropfen. Bei jedem passiert dasselbe. Man sieht aber von jedem Tropfen nur eine Farbe → B1b.

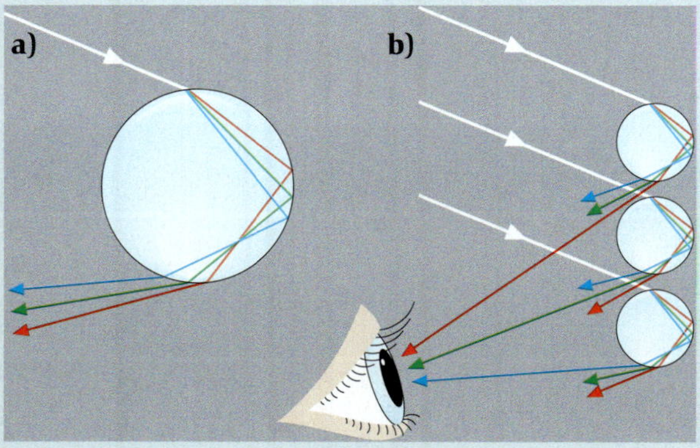

B1 Farbzerlegung am Regentropfen

In der Zeichnung fällt von weiter oben befindlichen Tropfen rotes, von tieferen Tropfen blaues Licht in das Auge des Beobachters.
Es wird aber noch etwas komplizierter, denn es fällt ja nicht nur ein Lichtstrahl auf jeden Tropfen. Weitere Strahlen treffen parallel zum ersten auf. Sie alle enthalten auch rotes Licht. Diese roten Strahlen verlassen den Tropfen in verschiedene Richtungen. Dabei wird aber eine Richtung bevorzugt: Im Winkel von 42,3° zu den einfallenden Stahlen treten besonders viele rote Lichtstrahlen aus – ein kräftiges Bündel roten Lichts → B2. Das violette Licht tritt dagegen unter 40,7° konzentriert aus. So hat jede Farbe ihren eigenen Vorzugswinkel. Unter diesem Winkel findet sich aber auch noch etwas von den anderen Farben. So ist Regenbogenlicht nicht völlig spektralrein.

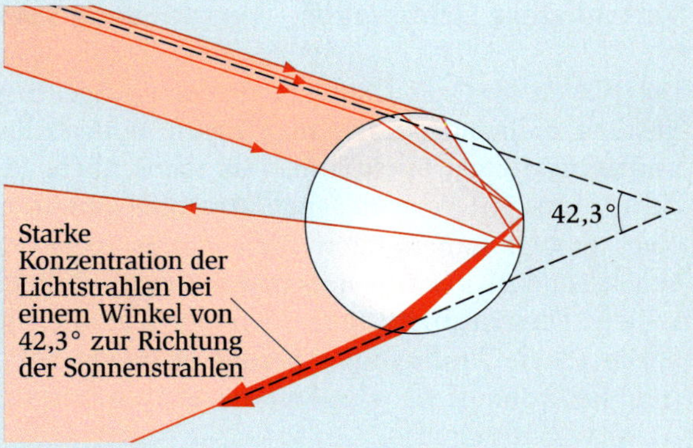

B2 Das rote Licht bevorzugt diese Richtung.

Das Auge des Beobachters treffen Lichtbündel aus unzählig vielen Regentröpfchen. Bündel einer bestimmten Farbe bilden denselben Winkel mit der Richtung der Sonnenstrahlen. Sie liegen also auf dem Mantel eines Kegels, dessen Spitze im Auge des Beobachters liegt. Jede Farbe bildet so einen eigenen Kreisbogen → B3.

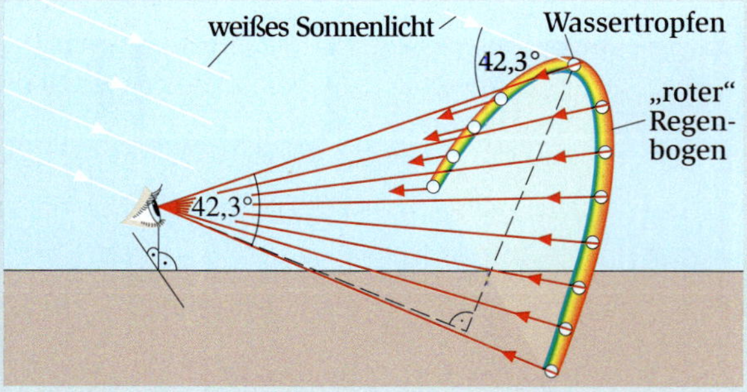

B3 Ein Regenbogen und der Betrachter

- Der Nebenregenbogen

Außer dem Hauptregenbogen kann man noch den lichtschwächeren **Nebenregenbogen** beobachten. Ein Teil des Lichts trifft nämlich jeden Tropfen auch so, dass es zweimal reflektiert wird → B4. Der Winkel zwischen Sonne, Tropfen und Beobachter beträgt in diesem Fall ungefähr 52°. Also fällt wegen des größeren Winkels nur das Licht aus höheren Tropfen in unser Auge als beim Hauptregenbogen.
Bei jeder Reflexion des Lichtbündels verlässt ein Teil des Lichts den Tropfen. So ist die Intensität des Nebenregenbogens deutlich geringer; oft ist er überhaupt nicht zu sehen.

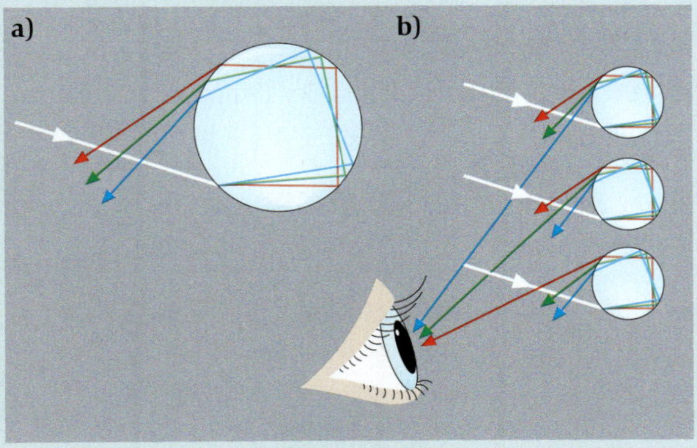

B4 Entstehung des Nebenregenbogens

B. Unsichtbares Licht

Wir erzeugen mit einem Spalt und einem Prisma ein kontinuierliches Spektrum des Sonnenlichts und *sehen* die Farben Rot bis Violett. Sind das wirklich alle Farben des Spektrums oder gibt es da noch mehr?
Unser Auge täuscht uns ja manchmal. Deshalb untersuchen wir das Spektrum mit einem empfindlichen Sensor für Strahlungsstärke. Halten wir einen solchen Sensor vor den Schirm in das Spektrum, dann schlägt das angeschlossene Messinstrument aus.

Verschieben wir den Sensor nach links oder rechts über das Spektrum hinaus, so schlägt das Instrument überraschenderweise ebenfalls aus, unter Umständen sogar stärker als beim sichtbaren Bereich.

Decken wir den Spalt ab, dann geht der Ausschlag sofort zurück. Offensichtlich gibt es jenseits von Rot und Violett „Licht", das wir Menschen nicht *sehen* können. Manche Tiere können allerdings auch dieses „Licht" wahrnehmen. Man nennt das unsichtbare Licht, das jenseits von Rot nachzuweisen ist, **infrarotes Licht (IR).** Das jenseits von Violett nachweisbare „Licht" nennt man **ultraviolettes Licht (UV).** Während wir für dieses Licht technische Sensoren benötigen, können z. B. Bienen ultraviolettes, Grubenottern infrarotes Licht wahrnehmen.

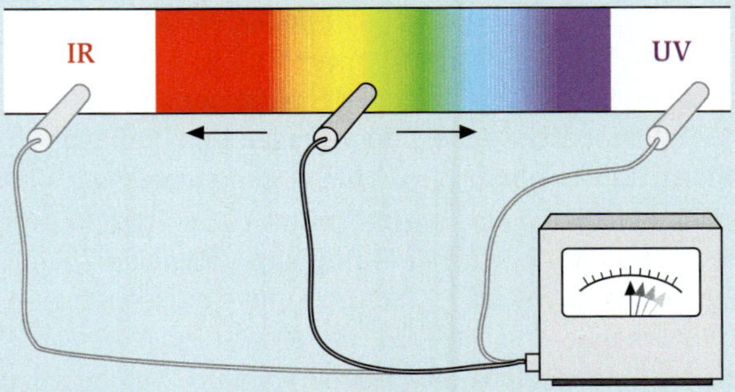

B5 Nachweis des „unsichtbaren Lichts"

- Ultraviolettes Licht (UV)

Ultraviolettes Licht löst chemische und biologische Effekte aus. Es bräunt die Haut und fördert die Bildung des Vitamins D in unserem Körper. Aber zu starke Einwirkung ist schädlich: UV-Licht erzeugt dann Sonnenbrand und kann Hautkrebs auslösen.
Das von der Sonne ausgehende, sehr schädliche ultraviolette Licht wird zum großen Teil von der Lufthülle der Erde abgefangen. Dabei spielt das **Ozon** (O_3) in der äußeren Lufthülle eine ganz wichtige Rolle. Eine Verringerung des Ozons bedeutet, dass mehr ultraviolette Strahlung auf der Erde ankommt. Dies führt zu einem vermehrten Auftreten von Schädigungen.

- Infrarotes Licht (IR)

Während das ultraviolette Licht nur von sehr heißen Körpern abgestrahlt wird, senden alle Objekte selbst bei Zimmertemperatur infrarotes Licht aus. Dessen Intensität steigt mit der Temperatur. Spezielle Kameras wandeln diese Intensitäten in sichtbare Farben um. So kann man mit **infrarotem Licht** die Temperatur eines Körpers berührungslos messen → B6.

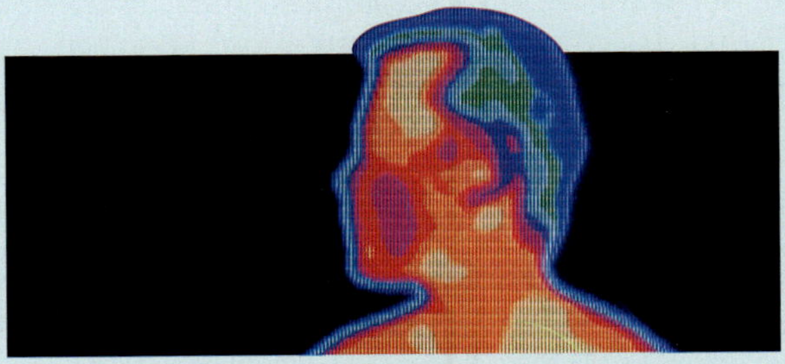

B6 Thermografiebild eines Menschen

Methode

Gruppenpuzzle

Beim Gruppenpuzzle ist die Klasse in **Stammgruppen** eingeteilt (→ B1, 1. Schritt, z.B. rote Gruppe). Jedes Mitglied einer Stammgruppe ist „Experte" für ein anderes Thema. In dieses arbeitet er sich ein und bespricht es in der **Expertengruppe** mit Mitschülern, die dasselbe Thema bearbeiten (→ B1, 2. Schritt); z.B. bearbeiten alle Experten mit der Nummer 1 das Thema 1. So lernst du im Team offene Fragen und Probleme zu lösen. Zudem überlegt man in der Expertengruppe, wie man das Thema als „Lehrer" unterrichtet. Jeder Experte muss nämlich seine Strammgruppe über sein Thema unterrichten (→ B1, 3. Schritt) und zwar so, dass es alle verstehen. So übst du, ein Referat zu halten und deinen Mitschülern etwas beizubringen. Zudem wirst du von Mitschülern über andere Themen unterrichtet und lernst ihnen zuzuhören.

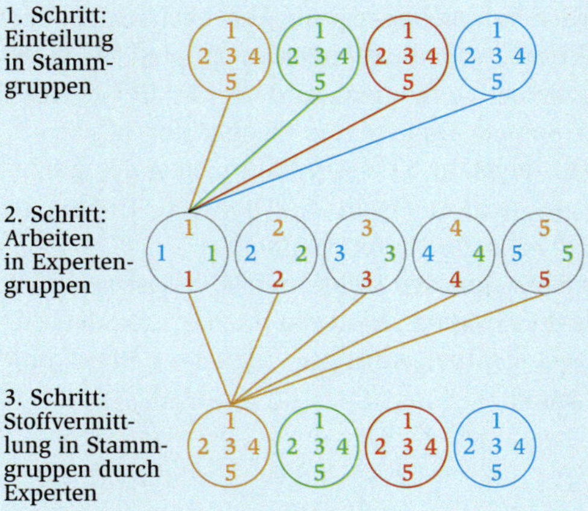

B1 Organisationsschema des Gruppenpuzzles (für eine Klasse mit 20 Schülern und 5 Expertenthemen)

Gruppenpuzzle zum Thema „Optische Erscheinungen in der Natur und im Alltag"
(Zeitbedarf: ca. drei Unterrichtsstunden)

Nr.	Expertengruppe Thema	Hilfestellung für die Arbeit in der Expertengruppe	Ziele für alle Schülerinnen und Schüler der Klasse
1	**Mondphasen** (→ *Seite 31, Ziff. 3*)	Wichtig ist → B5, *Seite 31*. Euch muss klar werden, warum von der Erde aus der Mond in der entsprechenden Gestalt gesehen wird.	Jeder sollte erklären können, wie die Mondphasen zustande kommen.
2	**Größe eines Spiegels** (→ *Seite 34, Bild 2* mit *Ziff. 1, Absatz 1 bis 3*)	Das → B2, *Seite 34* müsst ihr mithilfe der Gesetze der Reflexion verstehen. Außerdem müsst ihr alle Fragen beantworten, die in → A1, *Seite 35* gestellt sind.	Jeder sollte erklären können, wie groß ein Spiegel sein und in welcher Höhe er hängen muss, damit ein Mensch sich darin vollständig sehen kann. Zu erklären ist auch, dass die Spiegelgröße unabhängig davon ist, in welchem Abstand der Mensch vor dem Spiegel steht.
3	Optische Täuschungen (→ *Seite 40, Ziff. B*)	Die beschriebenen Erscheinungen müsst ihr mit den Gesetzen der Brechung erklären. Die Erklärung für das Engerstehen der Leitersprossen müsst ihr selbst entwickeln.	Jeder sollte erklären können, warum in Wasser eine Münze angehoben und ein Paddel abgeknickt erscheint sowie Leitersprossen unter Wasser enger zu stehen scheinen.
4	**Fata Morgana** (→ *Seite 41, Ziff. C*)	Mithilfe der Gesetze der Brechung müsst ihr euch erarbeiten, warum die Palme am Himmel schwebt.	Jeder sollte eine Fata Morgana erklären können.
5	Regenbogen (→ *Seite 48, Ziff. A* ohne Nebenregenbogen)	Zunächst müsst ihr → B1, *Seite 48* mithilfe der Gesetze der Brechung und Totalreflexion verstehen. Aus dem Abschnitt „Es wird noch etwas komplizierter ..." übernehmt ihr nur die Mitteilung, unter welchen Winkeln die einzelnen Farben auftreten. Mit → B3 macht ihr euch klar, wie es zu den Kreisbögen und der Farbfolge beim Hauptregenbogen kommt.	Jeder sollte wissen, unter welchen Bedingungen ein Regenbogen zu sehen ist und wie er prinzipiell zustande kommt.

B2 Organisationsschema des Gruppenpuzzles (für eine Klasse mit 20 Schülern und 5 Expertenthemen)

Methode

Einen kurzen Vortrag halten

A. Thema und Dauer des Vortrages

Eine denkbare Möglichkeit: Lehrer oder Lehrerin geben das Thema einschließlich erster Unterlagen vor.

Beispiel-Thema: Gehörschäden durch Lärm

Unterlagen: ➜ Seite 22/23 ohne Lärmschutz.

Dauer: 10 bis 15 Minuten

B. Vorbereiten des Vortrags

1) Du musst das Thema verstanden haben. Arbeite deshalb die Unterlagen zuerst durch. Mache dir Notizen und markiere die wichtigsten Aussagen. Frage jemanden, wenn du etwas nicht verstehst.
Im Beispiel: Die Dezibelskala solltest du dir vielleicht nochmals vom Lehrer erklären lassen.

2) Suche z. B. im Internet oder in einem Lexikon weitere Zusatzinformationen zu dem Thema.
Im Beispiel: Suche nach den Stärken von Schallquellen im Haushalt.

3) Suche nach Materialien, Geräten oder kleinen Versuchen, mit denen du das im Vortrag Gesagte unterstützen oder verdeutlichen kannst.
Im Beispiel: Vielleicht kann dir der Lehrer ein Schallmessgerät besorgen, mit dem du die Stärke verschiedener Quellen in dB (A) ausmessen kannst.

4) Überlege dir, welche Fakten deine Mitschüler nach deinem Vortrag wissen sollten.
Im Beispiel sind dies folgende Punkte:
- Lärm führt zu Gehörschäden.
- Beispiele für Lärmquellen, die zu Gehörschäden führen, sind regelmäßiger Discolärm, Verkehrslärm, stundenlanges lautes Hören von Musik.
- Die Dezibelskala: Ab 90 dB (A) treten Hörschäden auf, bei 130 dB (A) liegt die Schmerzgrenze.
- Die Verdopplung der Schallintensität führt zu einer Zunahme des Schallpegels um 3 dB (A).
- Der Lärmpegel am Arbeitsplatz ist im Gegensatz zu Freizeiteinrichtungen gesetzlich geregelt.

5) Beginne deinen Vortrag mit einer Übersicht. Teile deinen Mitschülern mit, was du vermitteln willst.
Im Beispiel: Klar machen, dass Lärm gesundheitsschädlich ist. Es werden Beispiele von schädlichen Lärmquellen genannt und die Dezibelskala, mit der man Schallintensitäten vergleichen kann, erläutert.

6) Benenne anschließend die Voraussetzungen, um das Thema zu verstehen. Eventuell muss man diese kurz wiederholen.

7) Achte auf eine sinnvolle Gliederung.
Im Beispiel könnte sie wie folgt aussehen:
- Übersicht
- Abschnitt „Wenn Schall zum Lärm wird"
- Lärmquellen, die zu Hörschäden führen
- Dezibelskala
- Grenze der Hörschäden und Schmerzgrenze des menschlichen Ohres
- Verdopplung der Schallintensität
- Messung der Schallintensität einiger Quellen
- Zusammenfassung

8) Überlege, welche Medien (Folie, Powerpointpräsentation, Film, Arbeitsblatt) du einsetzen möchtest. Überlade Folien und Arbeitsblätter nicht mit Informationen. Halte sie überschaubar und kurz.
Im Beispiel solltest du eine Folie mit ➜ T1, Seite 22, anfertigen und verwenden.

9) Kannst du kleine Experimente einbauen? Wenn ja, bitte unbedingt vor dem Vortrag aufbauen und ausprobieren!
Im Beispiel: Messung der Intensität verschiedener Schallquellen mit dem Schallmessgerät.

10) Fasse am Ende deines Vortrages das Wichtigste in zwei bis drei Sätzen zusammenfassen.
Im Beispiel: In meinem Vortrag habe ich schädliche Lärmquellen aufgezeichnet. Bei Schallintensitäten von 90 dB (A) und mehr treten bei längerem Einwirken Hörschäden auf.

11) Da der Vortrag frei gehalten werden sollte, musst du dir stichwortartige Notizen auf Karteikärtchen aufschreiben. Es empfiehlt sich, die Übersicht und die Zusammenfassung in ganzen Sätzen zu notieren.

12) Während deines Vortrages musst du mit Fragen der Zuhörer rechnen. Zum Training halte einem Freund den Vortrag und bitte ihn Zwischenfragen zu stellen. Achte auch auf die benötigte Zeit. Benötigst du zulange, musst du deinen Vortrag kürzen.

C. Hinweise zum Halten des Vortrages
- Halte den Vortrag möglichst frei; verwende die Karteikärtchen sowie die eingeplanten Medien.
- Formuliere klar und deutlich, sprich nicht zu schnell oder zu langsam.
- Versuche Stimmlage und Lautstärke zu variieren.
- Halte Blickkontakt zu allen Zuhörern.

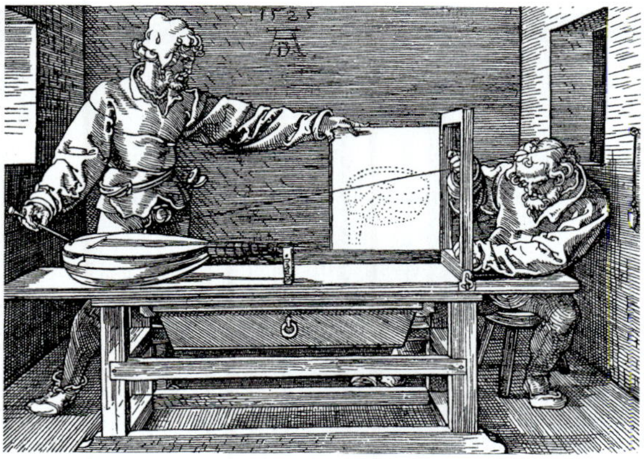

B1 A. DÜRER zeigte 1525, wie man einen Gegenstand mit gespannten Fäden exakt abbildet.

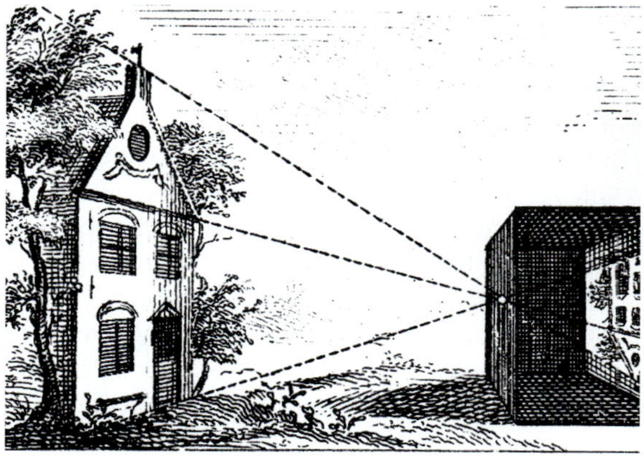

B2 Camera obscura; Pieter van MUSSCHENBROEK, Leyden, 1769

Bis zur Erfindung der Fotografie war die exakte Abbildung eines Gegenstands umständlich. A. DÜRER beschreibt dies 1525 → B1. Von der Wand wird zu einem Punkt des Gegenstands ein Faden gespannt. Im künftigen Bilderrahmen legt man die Lage dieses Fadens durch zwei quer gespannte Fäden fest. Dann entfernt man den ersten Faden und klappt das Zeichenpapier auf den Rahmen, um dort den Bildpunkt zu zeichnen.

B3 Abbildung mit der Lochkamera

1. Die Lochkamera

Schon IBN-AL-HAITHAM, arabischer Physiker (um 1000), kannte die *„Camera obscura"*, die **Lochkamera.** Sie besteht aus nichts anderem als einem dunklen Raum mit einem winzigen Loch → B3.

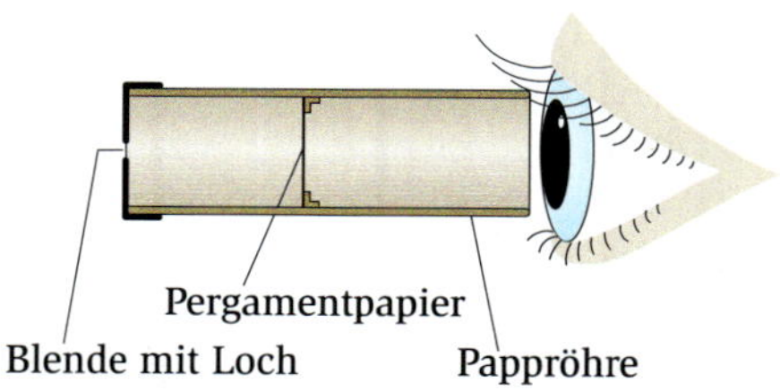

B4 Lochkamera aus Pappe

Wir bauen sie mit einer Pappröhre, etwas Pergamentpapier und einem Stück schwarzen Karton nach → B4. Noch eindrucksvoller ist es, wenn man ein Zimmer mit einem Vorhang vor dem Fenster völlig verdunkelt und ein winziges Loch in den Vorhang macht. Anschließend stellt man hinter das kleine Loch einen Schirm aus durchscheinendem Material. Haben sich die Augen an die Dunkelheit gewöhnt, dann sieht man auf dem Schirm die Umgebung vor dem Fenster, in Farbe. Selbst Bewegungen sind zu sehen. Allerdings steht das Bild nicht nur auf dem Kopf, sondern es ist auch seitenverkehrt.

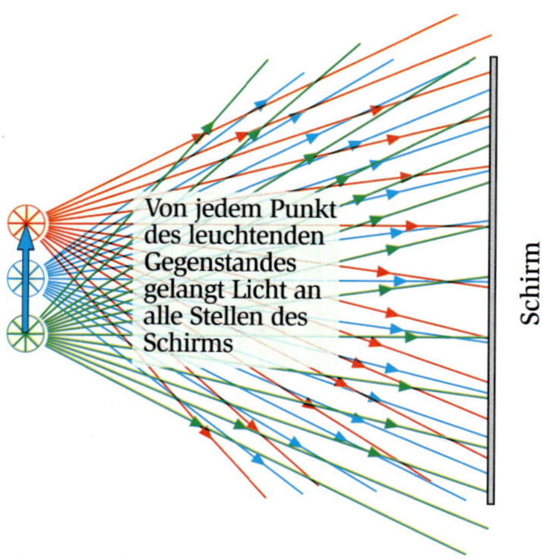

B5 So entsteht ein Durcheinander.

2. Vom Lichtfleck zum optischen Bild

Die Häuser und Bäume draußen im Freien streuen das auf sie fallende Sonnenlicht. Sie senden dieses Licht wieder aus. Wir stellen uns diese Körper aus vielen leuchtenden Punkten zusammengesetzt vor. Jeder Punkt sendet nach allen Seiten Licht aus. Dieses Licht trifft alle Stellen des Schirms → B5. Er erscheint gleichmäßig hell.

Stellen wir nun vor den Schirm die Blende mit einem feinen Loch, dann schafft dieses Ordnung → B6. Von jedem Gegenstandspunkt erreicht nämlich nur noch ein schmales Lichtbündel den Schirm. Dort entsteht ein Lichtfleck. Je kleiner das Loch in der Blende ist, desto kleiner ist der Lichtfleck. Auch von den anderen Gegenstandspunkten gehen Lichtbündel aus. Sie überkreuzen sich in der Blendenöffnung ungestört und erzeugen auf dem Schirm ebenfalls kleine Lichtflecke. Dabei rufen benachbarte Gegenstandspunkte auch benachbarte Lichtflecke hervor; es entsteht ein fast naturgetreues, um 180 ° gedrehtes Bild. Die Lichtflecke haben sich zu einem optischen Bild des Gegenstands zusammengefügt; diesen Vorgang nennt man eine **optische Abbildung.**

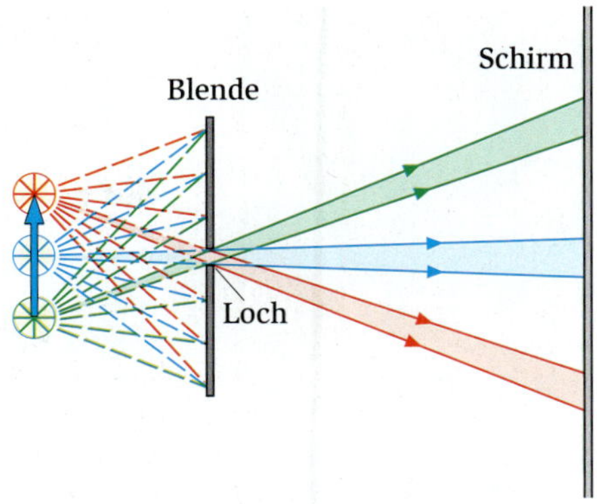

B6 Einzelne Bündel werden ausgesondert.

3. Der Lichtstrahl als Modell des Lichtbündels

Ist das Loch der Lochblende genügend klein, so wird nur ein sehr feines Lichtbündel durchgelassen. Schon in vorherigen Abschnitten hatten wir solche sehr feinen Bündel Lichtstrahlen genannt, denn mit dem *Denkmodell* „Lichtstrahl" lassen sie sich gut beschreiben. Mit diesem Modell kann man dann die Gesetze der Geometrie auf die Optik anwenden. In der Geometrie beginnt ein *Strahl* in einem Punkt, ist unendlich lang und unendlich schmal.

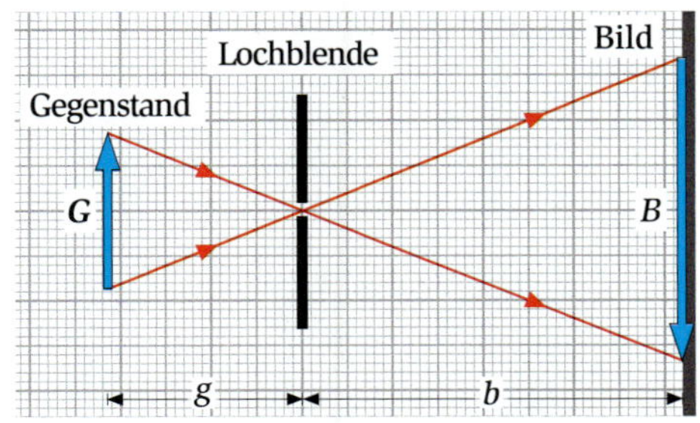

B7 Bildkonstruktion mit Lichtstrahlen

Merksatz

Lichtstrahlen sind physikalische Denkmodelle für sehr feine Lichtbündel.

4. Der Abbildungsmaßstab

Wir konstruieren die Abbildung des Gegenstands mit Lichtstrahlen → B7. Dazu greifen wir zwei Punkte heraus, z.B. die Spitze und den Fuß des Pfeils. Von diesen Punkten aus zeichnen wir je einen Strahl durch die Öffnung der Lochkamera bis zum Schirm. Die folgenden Größen stehen fest und können gemessen werden:

- Höhe G des Gegenstands: **Gegenstandshöhe G**
- Höhe B des Bildes: **Bildhöhe B**
- Abstand g des Gegenstands von der Öffnung: **Gegenstandsweite g**
- Abstand b des Bildes von der Öffnung: **Bildweite b.**

Als **Abbildungsmaßstab** A bezeichnet man den Quotienten aus Bildhöhe und Gegenstandshöhe (B/G). Beim Nachmessen in der Zeichnung stellt man zudem fest, dass dieser Quotient immer gleich dem Quotienten aus Bildweite und Gegenstandsweite (b/g) ist.

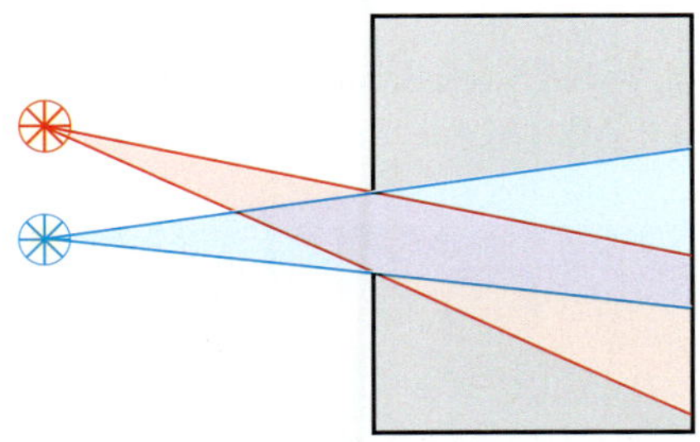
B8 Je größer die Öffnung der Lochkamera ist, desto „dicker" sind die durchgelassenen Lichtbündel. Die Lichtflecke überlagern sich, das Bild wird unscharf.

Merksatz

Für Abbildungsmaßstab A, Bildhöhe B, Gegenstandshöhe G, Bildweite b und Gegenstandsweite g gilt:

$$\mathrm{A} = \frac{B}{G} = \frac{b}{g}.$$

B9 Dieses Foto wurde mit einer Lochkamera gemacht.

B1 Wirkung eines Brennglases

B2 Der Wassertropfen als (natürliche) Linse.

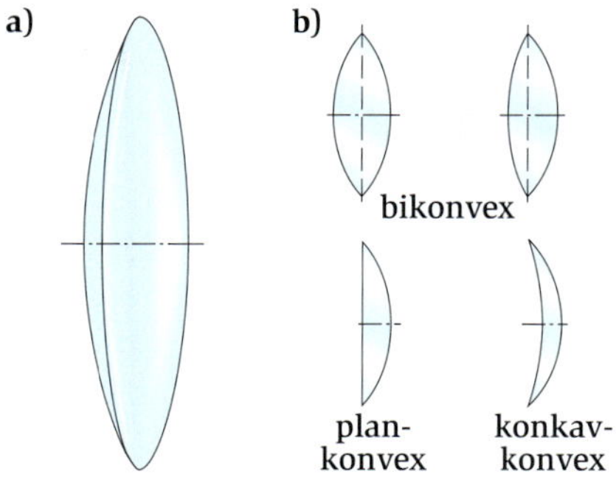

B3 Formen von Sammellinsen:
– – – Mittelebene; –·– optische Achse

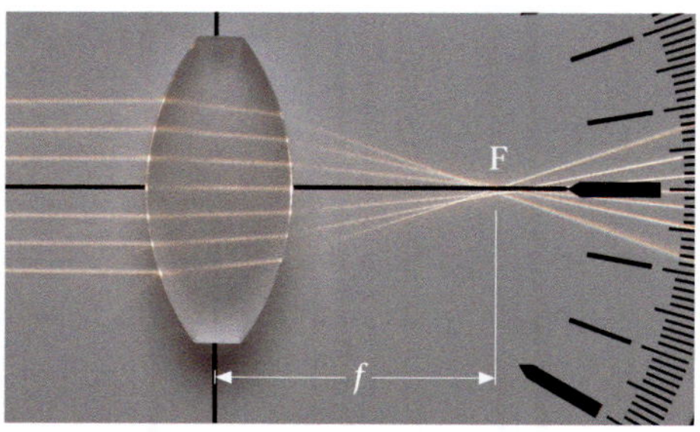

B4 Hier sieht man den Brennpunkt.

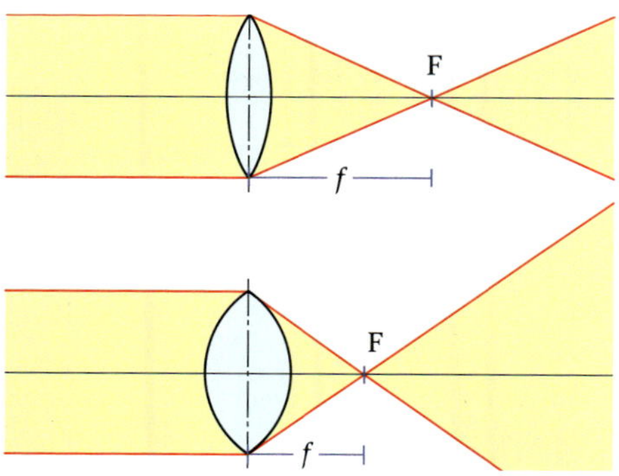

B5 Stärker gekrümmte Linsen haben eine kleinere Brennweite.

Hält man ein Brennglas geschickt in die Sonne, dann kann man damit trockene Holzspäne entzünden **→ B1**. Licht transportiert also Energie. Das Brennglas besteht aus Glas oder klarem Kunststoff und ist so hergestellt, dass die Begrenzungsflächen Teile von Kugeloberflächen sind **→ B3a**. Brenngläser gehören zu den **Sammellinsen.** Den Sammellinsen ist gemeinsam, dass sie in der Mitte dicker als am Rand sind. Im **→ B3b** sind verschiedene Linsenformen dargestellt. Alle haben dieselben optischen Eigenschaften. Somit genügt es, wenn wir uns auf die Linsenform in **→ B3a** beschränken. Eingezeichnet ist jeweils auch die **Mittelebene** und die darauf senkrecht stehende **optische Achse.**

Wassertropfen haben auf Grund ihrer Form ebenfalls linsenähnliche Eigenschaften **→ B2**.

1. Eigenschaften von Linsen

Sammellinsen lenken durch Brechung alle zur Achse parallelen Lichtstrahlen ungefähr durch einen Punkt auf der anderen Seite der Linse. Dieser Punkt liegt auf der Achse und heißt **Brennpunkt,** denn beim Brennglas entzündet sich dort das Papier. Je weiter die Strahlen von der Achse entfernt sind, desto mehr weichen sie von dieser Regel ab. Die Regel, dass **achsenparallele Strahlen** nach der Brechung an der Linse durch den Brennpunkt gehen, gilt also nur **für achsennahe Strahlen.** Der Brennpunkt wird in Zeichnungen mit dem Buchstaben F (lat. focus: Feuerstätte) abgekürzt, sein Abstand von der Mitte der Linse heißt **Brennweite *f*.**

Je größer der Winkel in Luft, desto größer ist bei der Brechung der Winkel in Glas. Beide weichen umso stärker voneinander ab, je größer der Einfallswinkel ist. Dies kann man aus der bekannten Tabelle zur Lichtbrechung ablesen. Nimmt man eine dickere Linse gleichen Durchmessers, so treffen achsenferne Strahlen unter einem größeren Einfallswinkel auf das Glas. Stärkere Ablenkung ist die Folge **→ B5**. Die Brennweite wird kleiner.

2. Konstruktion von Strahlengängen

Wir wollen Versuche mit Linsen durchführen oder optische Geräte beschreiben und erklären. Dabei wäre es mühsam, den Lichtweg durch die Linsen immer mit dem Prismenmodell zu konstruieren. Man hat das Modell folgendermaßen vereinfacht **→ B6**:
Man zeichnet zunächst die **Mittelebene** der Linse und dazu senkrecht die **optische Achse** durch den Mittelpunkt der Linse. Die Lichtstrahlen werden nicht wie in der Wirklichkeit an den Grenzflächen gebrochen. Vereinfachend werden sie ungebrochen bis zur Mittelebene gezeichnet und dort nur einmal geknickt. Bei dünnen Linsen ist dies genau genug.

Setzen wir die Lichtquelle auf die rechte Seite der Linse **→ B7**, dann erkennen wir: Jede Sammellinse hat zwei Brennpunkte F_1 und F_2, die symmetrisch zum Mittelpunkt auf der optischen Achse liegen.

3. Ausgezeichnete Strahlen

Die Brennpunkteigenschaft legt fest:

- **Achsenparallele Lichtstrahlen** gehen nach der Brechung durch den Brennpunkt F **→ B8a**.
- **Brennpunktstrahlen** sind nach der Brechung achsenparallel **→ B8b**. Wir wissen ja, dass achsenparallele Strahlen durch den Brennpunkt gehen. Da der Lichtweg umkehrbar ist, sind umgekehrt Brennpunktstrahlen nach der Brechung achsenparallel. Dies lässt sich am Versuch überprüfen, indem man eine Punktlichtlampe in den Brennpunkt einer Sammellinse bringt.
- Der **Mittelpunktstrahl,** der genau durch die Mitte der Linse geht, verlässt diese in der ursprünglichen Richtung **→ B8c**. Die mittlere Zone der Sammellinse wirkt nämlich auf den Lichtstrahl wie eine planparallele Platte **→ B9**. Bei dünnen Linsen kann man aber die geringfügige Parallelverschiebung vernachlässigen. Man kann deshalb sagen: Der Strahl durch den Mittelpunkt geht ungebrochen durch die dünne Sammellinse hindurch.

Diese drei ausgezeichneten Strahlen spielen später bei der Konstruktion von optischen Bildern eine wichtige Rolle.

Merksatz

Achsennahe und zugleich achsenparallele Lichtstrahlen werden an einer Sammellinse so gebrochen, dass sie die optische Achse im Brennpunkt auf der anderen Seite schneiden. Seine Entfernung von der Mittelebene bezeichnet man als die **Brennweite** der Linse.
Die drei a**usgezeichneten Strahlenverläufe** sind:
a) achsenparalleler Strahl → Brennpunktstrahl
b) Brennpunktstrahl → achsenparalleler Strahl
c) Mittelpunktstrahl bleibt Mittelpunktstrahl

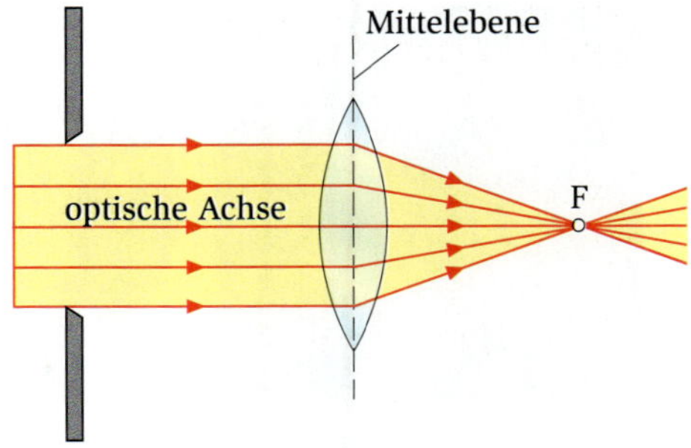

B6 Vereinfachung der Konstruktion

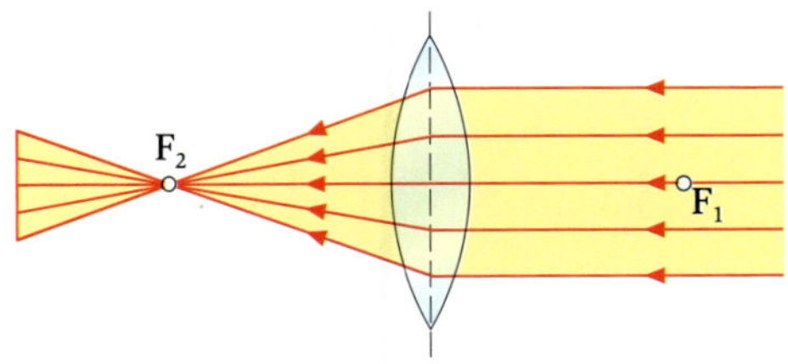

B7 Jede Sammellinse hat zwei Brennpunkte.

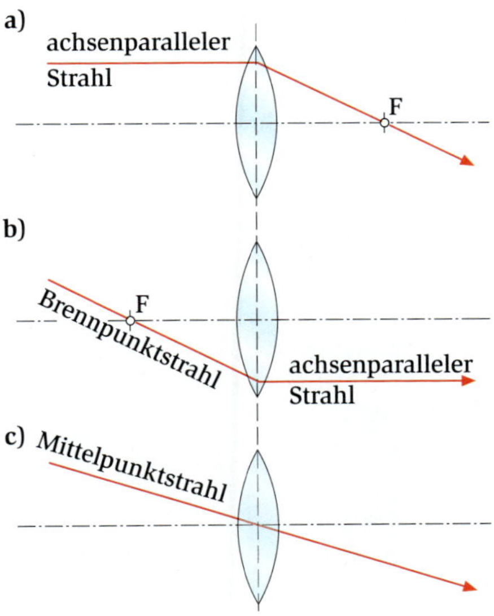

B8 Ausgezeichnete Strahlen

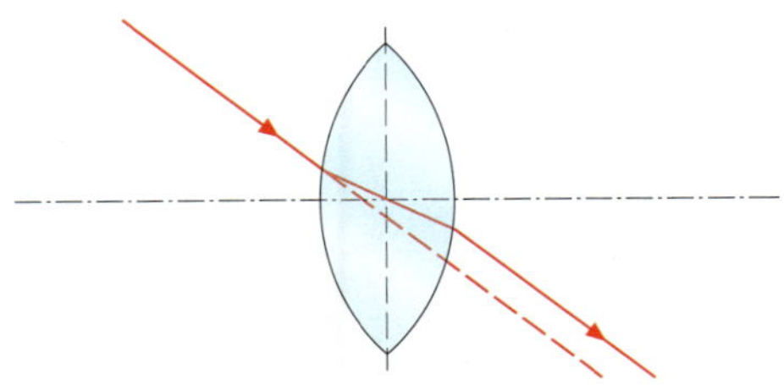

B9 Mittelpunktstrahl durch eine dicke Linse

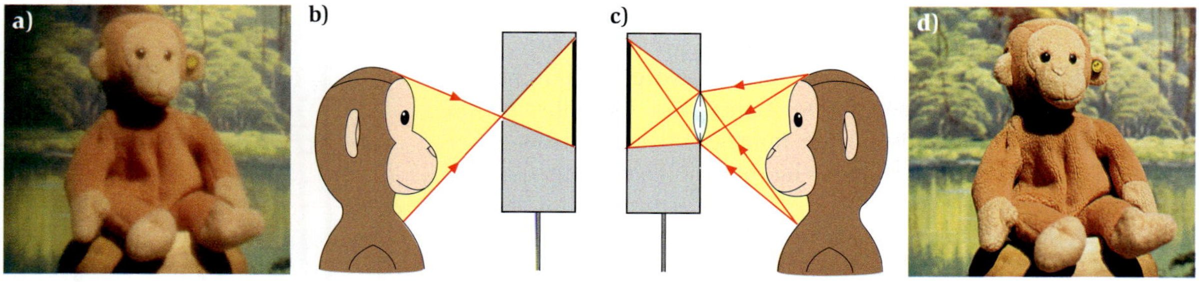

B1 **a)** Foto, aufgenommen mit einer Lochkamera, **b)** Querschnitt durch die Lochkamera, **c)** Querschnitt durch die Linsenkamera, **d)** Foto, aufgenommen mit einer Linsenkamera

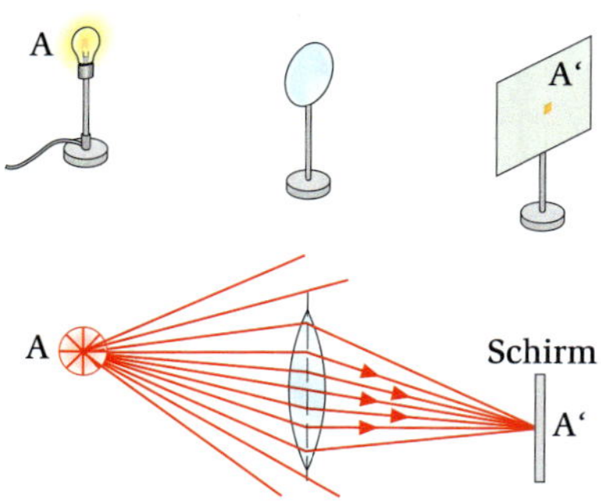

V1 Eine Glühlampe mit einer (fast) punktförmigen Wendel wird so vor einer Linse aufgestellt, dass ihr Abstand größer als die Brennweite der Linse ist. Stellt man einen Schirm hinter der Linse an der richtigen Stelle auf, dann sieht man darauf die leuchtende Wendel der Glühlampe abgebildet.

B2 Abbildung der leuchtenden Eins

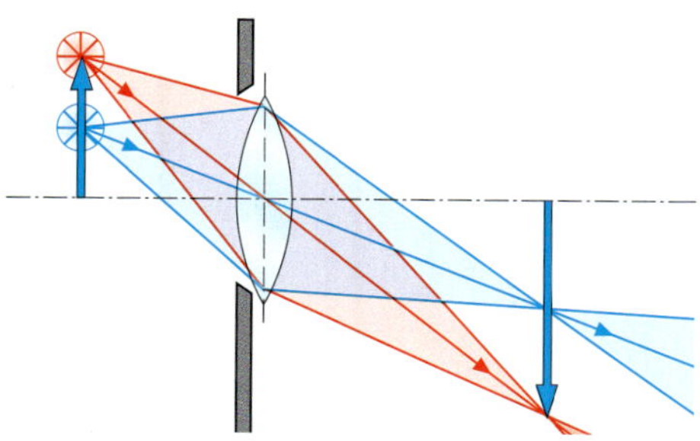

B3 Von jedem Punkt geht Licht aus.

In **→ B1a, 1d** wird gezeigt, dass die Abbildungseigenschaften von Loch- und Linsenkamera durchaus vergleichbar sind. Allerdings hat die Linsenkamera den großen Vorteil, dass durch die größere Öffnung sehr viel mehr Licht zur Verfügung steht **→ B1c**. Damit ist die Belichtungszeit deutlich kürzer. Das Bild ist außerdem bei richtiger Einstellung gestochen scharf.

1. Das Bild eines Punktes

Nach **→ V1** schneiden sich alle von einem Punkt A ausgehenden Lichtstrahlen, die durch die Linse gehen, hinter der Linse in einem Punkt A'. An dieser Stelle muss der Schirm stehen, damit A scharf abgebildet wird. Die maßstäbliche Zeichnung verdeutlicht, dass unter den Lichtstrahlen, die sich im Bildpunkt A‘ schneiden, auch die drei ausgezeichneten Strahlen sind.

2. Vom Punkt zum Bild

Auch eine ausgedehnte, leuchtende Eins **→ B2** wird durch die Linse auf den Schirm hell und scharf abgebildet. Das Bild steht auf dem Kopf und ist seitenverkehrt, wie bei der Lochkamera. Wie kommt diese optische Abbildung zustande? Jeden Punkt der Eins fassen wir als Punktlichtlampe auf. Diese sendet nach allen Seiten Licht aus **→ B3**. Ein Teil dieses Lichts trifft die Linse und wird gebrochen. Es vereinigt sich hinter der Linse wieder zum entsprechenden Bildpunkt. Alle Bildpunkte zusammen liefern das Bild des Gegenstandes.

Zur Konstruktion greifen wir aus der Vielzahl von Lichtstrahlen stellvertretend nur die drei ausgezeichneten Strahlen heraus. Ihren Verlauf kennen wir gut und sie genügen uns, denn sie treffen sich im selben Punkt wie alle Strahlen **→ V1**.

Von einer fernen Turmspitze fallen die Lichtstrahlen nicht achsenparallel, sondern **schiefparallel** auf eine Sammellinse. Auch dann schneiden sich die Lichtstrahlen nach der Brechung in einem Punkt. Er liegt aber nicht auf der optischen Achse **→ B5**.

Um diesen Punkt zu konstruieren, verwenden wir zwei der ausgezeichneten Strahlen: Den Mittelpunktstrahl und den Strahl durch den linken Brennpunkt. Unter welchem Winkel das schiefparallele Bündel auch einfällt, der Schnittpunkt liegt immer im Abstand der Brennweite *f* von der Mittelebene. Man nennt die Ebene, in der diese Schnittpunkte liegen, die **Brennebene.** Zu ihr gehört der Brennpunkt. Er hat ebenfalls den Abstand *f* von der Mittelebene. Da der Strahlengang umkehrbar ist, gilt: Von einem Punkt der Brennebene ausgehende Strahlen sind nach der Brechung schiefparallel.

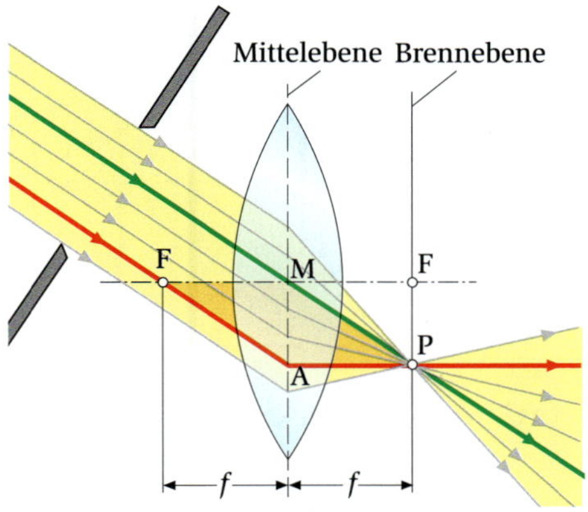

B5 Schiefparallele Lichtbündel

Merksatz

Schiefparallele Lichtstrahlen werden an einer Sammellinse so gebrochen, dass sie sich in einem Punkt der Brennebene schneiden. Von einem Punkt der Brennebene ausgehende Strahlen sind nach der Brechung schiefparallel.

Fotografiert man einen hohen Turm mit einer Kamera, deren Linse 10 mm Durchmesser hat, dann wird klar, dass die Ausdehnung der Linse für die Abbildung von untergeordneter Bedeutung ist. Bei der Konstruktion zeichnet man deshalb nur die Mittelebene und die optische Achse. Die Linse selbst kann man andeuten oder ganz weglassen.

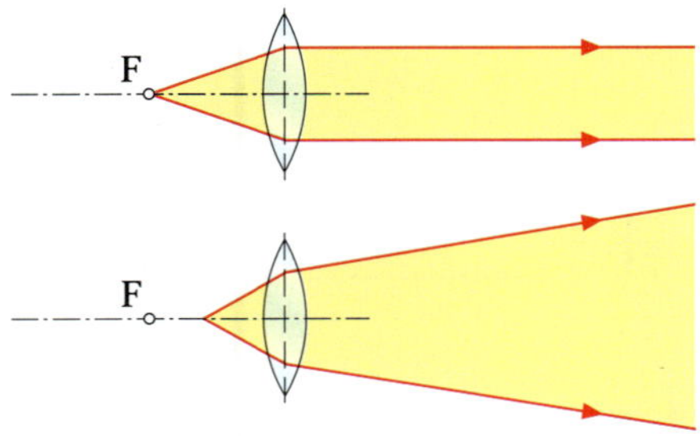

B6 Paralleles und divergentes (auseinanderlaufendes) Lichtbündel

3. Größere und kleinere Bilder

Lage und Größe des Bildes hängen von der Gegenstandsweite *g* ab → **T1**. Steht der Gegenstand G sehr weit links von der Linse, so treffen die von jedem Gegenstandspunkt ausgehenden Lichtstrahlen praktisch parallel bei ihr ein. Das optische Bild liegt dann in der rechten Brennebene. Nähern wir den Gegenstand der Linse, so entfernt sich das Bild B von der Linse und wird dabei immer größer → **B4**. Ist der Gegenstand schließlich bis zur linken Brennebene vorgerückt, so sind die von seinen Punkten ausgehenden Lichtstrahlen nach der Brechung parallel. Rückt der Gegenstand noch weiter vor, dann sind die Lichtstrahlen divergent. In den beiden letzten Fällen kommt kein Bild auf dem Schirm zustande → **B6**.

Gegenstandsweite *g*	Bildweite *b*	Bild
sehr groß	$b \approx f$	stark verkleinert
$g > 2f$	$f < b < 2f$	verkleinert
$g = 2f$	$b = 2f$	gleich groß
$f < g < 2f$	$b > 2f$	vergrößert
$g \approx f$	sehr groß	stark vergrößert

T1 Größenverhältnisse

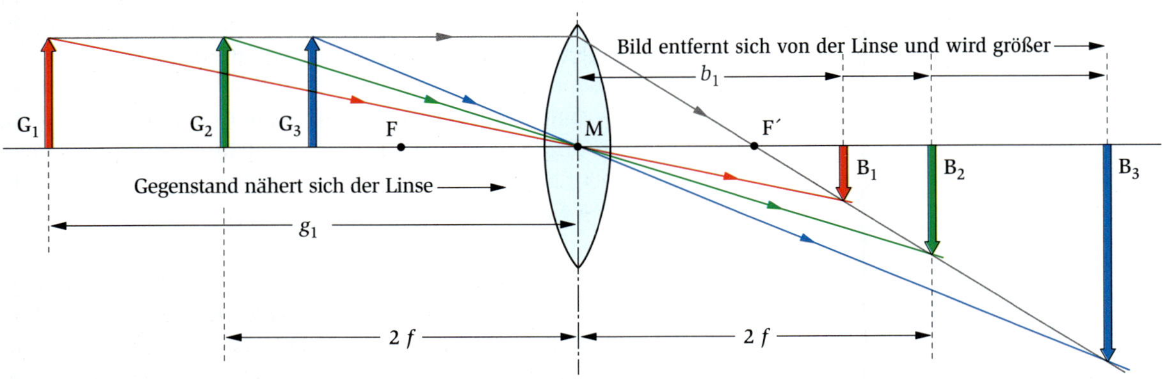

B4 Konstruktion des optischen Bildes an der Sammellinse für verschiedene Gegenstandsweiten

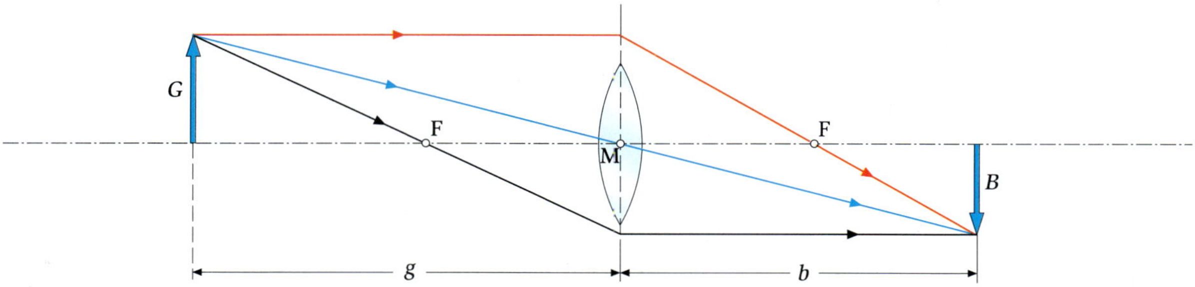

B1 So werden die optischen Bilder konstruiert.

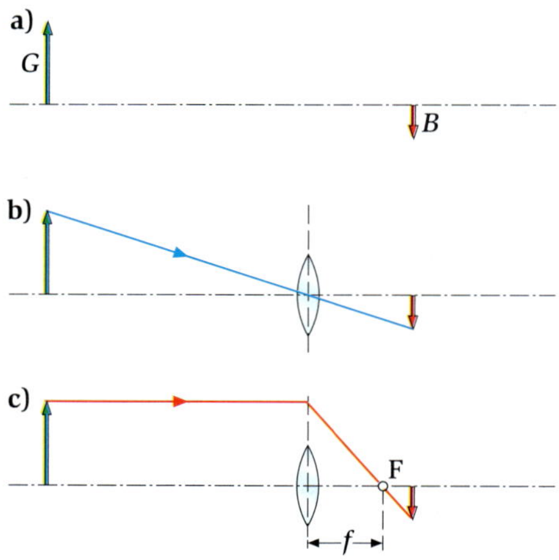

B2 Wenn der Abstand von Gegenstand und Bild sowie die Gegenstands- und die Bildgröße bekannt sind, dann kann man auf die dargestellte Weise die Position der Linse und deren Brennweite konstruieren.

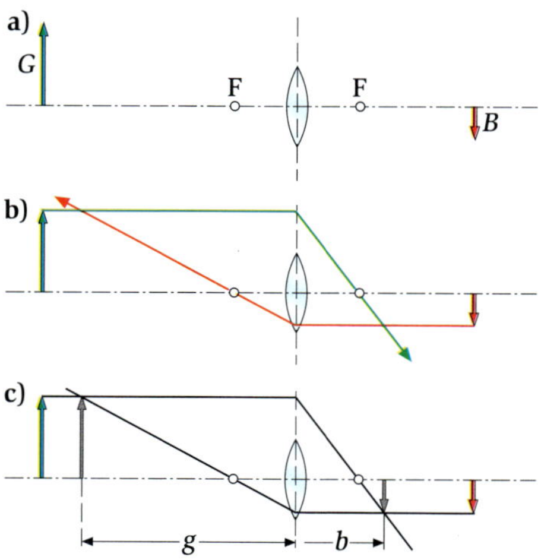

B3 Konstruktion von Bildweite und Gegenstandsweite, wenn Gegenstands- und Bildgröße und Brennweite der Linse bekannt sind.

4. Konstruktion optischer Abbildungen mit Linsen

Oft ist es sinnvoll, ein optisches Experiment vor der Durchführung zu planen. Dazu klärt man zunächst folgende Fragen: Wie muss man die Brennweite wählen? Wo muss man den Gegenstand oder den Schirm aufstellen?

Zum Beispiel:
a) Der Abstand des Gegenstands vom Schirm sei 20 cm. Die Gegenstandshöhe sei 8 cm, die Bildhöhe soll 3 cm sein. Wo muss ich den Standort der Sammellinse wählen und wie groß muss deren Brennweite sein?

- In einer maßstäblichen Abbildung zeichnen wir die optische Achse, den Gegenstandspfeil und den Bildpfeil ein **→ B2a**.
- Der Mittelpunktstrahl durch die Pfeilspitzen liefert die gesuchte Position der Linse **→ B2b**.
- Der achsenparallele Strahl der Gegenstandsspitze wird zum Brennpunktstrahl und liefert nicht nur den Brennpunkt F, sondern auch die gesuchte Brennweite *f* **→ B2c**.

b) Die Gegenstandshöhe sei 8 cm. Der Gegenstand soll mit einer Sammellinse so abgebildet werden, dass das Bild 3 cm hoch wird. Die verfügbare Linse habe eine Brennweite von 5 cm. Wo müssen Gegenstand und Schirm aufgestellt werden?

- Wir zeichnen die optische Achse und die Mittelebene der Linse. In beliebigem Abstand dazu zeichnen wir den Gegenstandspfeil (grün) und den Bildpfeil (rot) ein **→ B3a**.
- Der von der Spitze des Gegenstandspfeils ausgehende achsenparallele Strahl wird nach der Mittelebene zum Brennpunktstrahl (grün). Ebenso können wir von der Spitze des Bildpfeils einen achsenparallelen Strahl zeichnen, der nach der Mittelebene ebenfalls zum Brennpunktstrahl wird (rot) **→ B3b**.
- Die Schnittpunkte von rotem und grünem Strahl rechts und links der Linse zeigen uns, wo die Pfeilspitzen von Gegenstand und Bild liegen. Nun verschieben wir den Gegenstandspfeil und den Bildpfeil an die beiden entstandenen Schnittpunkte. Dann lesen wir die Gegenstandsweite *g* und die Bildweite *b* einfach ab **→ B3c**.

5. Abbildungsmaßstab bei Linsen

Zeichnen wir eine Linse und dazu die Gegenstandshöhe G, Gegenstandsweite g, Bildhöhe B und die Bildweite b ein, dann sieht die Zeichnung ähnlich wie bei der Lochkamera aus → B4.

Durch Abmessen in → B1 finden wir, dass auch bei der Abbildung mit Linsen für den Abbildungsmaßstab A gilt:

$$A = \frac{B}{G} = \frac{b}{g}.$$

Die Bildweite (Entfernung des Schirms von der Linse) kann aber im Gegensatz zur Lochkamera nicht beliebig gewählt werden.

Merksatz

Auch bei der Abbildung mit Linsen gilt die von der Lochkamera bekannte Beziehung:

$$A = \frac{B}{G} = \frac{b}{g}.$$

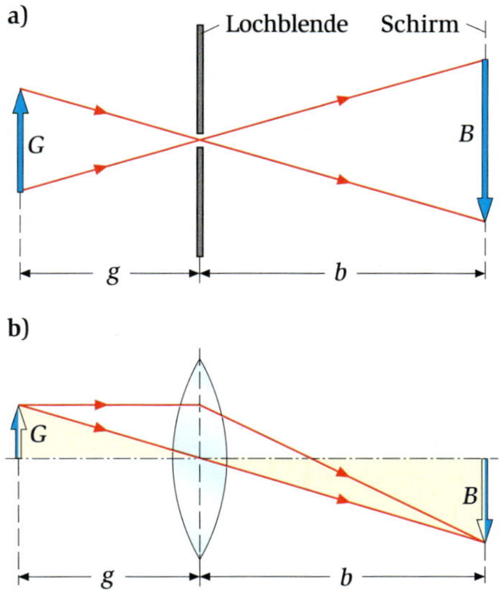

B4 **a)** Abbildung bei der Lochkamera **b)** Abbildung mit einer Linse: Beziehung zwischen B, G, b und g.

Vertiefung

Linsen kann man auch berechnen

Wir wissen schon vom Abbildungsmaßstab, dass bei Linsen gilt:

$$\frac{B}{G} = \frac{b}{g}.$$

Außerdem stellen wir durch Nachmessen in der Zeichnung fest:

$$\frac{B}{G} = \frac{b-f}{f}.$$

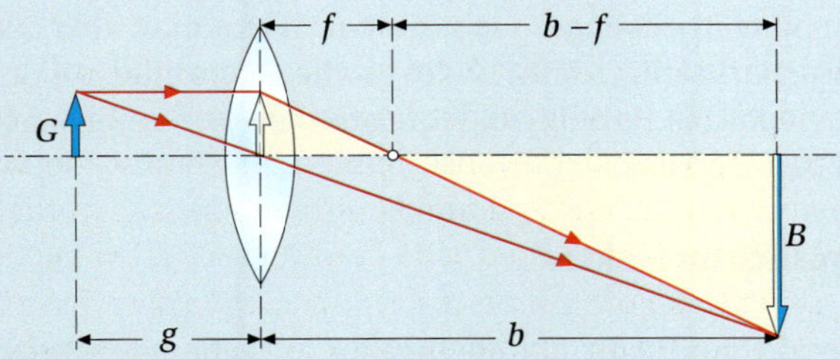

Führt man die beiden Gleichungen zusammen, dann erhält man eine Gleichung, die nur noch die Größen Gegenstandsweite g, Bildweite b und Brennweite f enthält:

$$\frac{b}{g} = \frac{b-f}{f}.$$

Da diese Gleichung sich schlecht merken lässt, zerlegt man den rechten Bruch in zwei Teilbrüche und dividiert die Gleichung durch b. Damit erhält man

$$\frac{1}{g} = \frac{1}{f} - \frac{1}{b} \text{ oder } \frac{1}{g} + \frac{1}{b} = \frac{1}{f}.$$

Dies ist die so genannte Linsengleichung.
Sind zwei Größen gegeben, dann lässt sich damit die dritte Größe ausrechnen.

Mach's selbst

A1 **a)** Erläutere anhand einer Skizze die Überlegungen, die zum Modell „Lichtstrahl" führten.
b) Diskutiere, ob es Vorteile hat, Lichtstrahlen statt Lichtbündel zu verwenden. Betrachte dabei die Konstruktion von Strahlengängen bei Abbildungen.

A2 Ein 4 cm hoher Gegenstand soll mit Linsen unterschiedlicher Brennweite f = 2 cm, 5 cm, 8 cm, 10 cm, oder 12 cm abgebildet werden. Die Gegenstandsweite beträgt jeweils 10 cm. Konstruiere, wenn möglich, den Aufstellungsort des Schirms und die Bildgröße.

A3 Ein 5 cm hoher Gegenstand soll auf einem 18 cm entfernten Schirm ein 7 cm großes Bild erzeugen.
Konstruiere zunächst die Position der Linse. Lies dann die Gegenstandsweite, die Bildweite und die Brennweite ab.

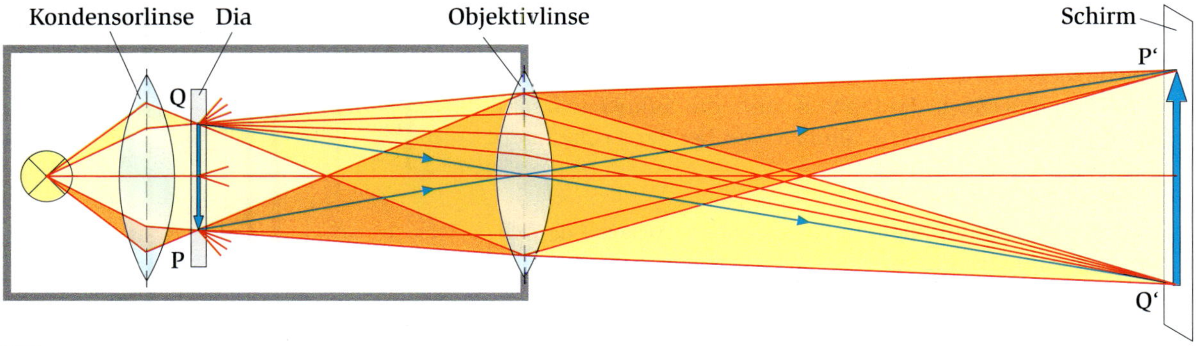

B1 Schematische Darstellung des Diaprojektors

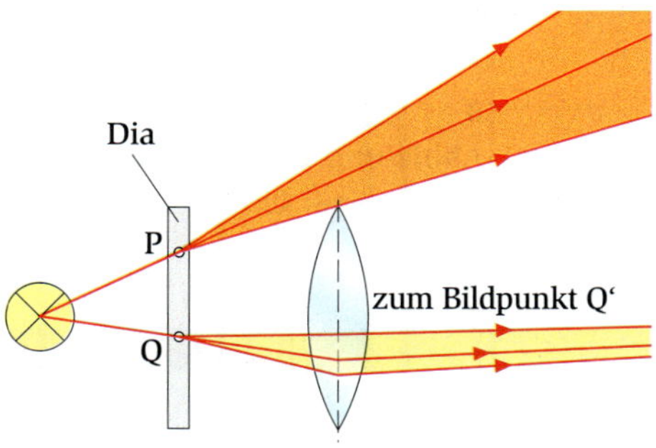

V1 Wir bringen zwischen Lampe und Sammellinse ein Dia und stellen einen Schirm so auf, dass eine scharfe Abbildung entsteht. Leider ist auf dem Schirm nur ein kleiner Teil des Dias sichtbar.

V2 Wir ändern → **V1** ab. Zwischen Lampe und Dia stellen wir eine weitere Sammellinse, den so genannten Kondensor, und zwar so, dass sie auf der bereits vorhandenen Linse das Bild der Lampe erzeugt → **B1**. Jetzt erhalten wir auf dem Schirm ein scharfes Bild des gesamten Dias.

1. Der Diaprojektor

Mithilfe von Sammellinsen kann man helle und scharfe Bilder von Gegenständen auf einem Schirm erzeugen. Bisher haben wir in den Versuchen selbst leuchtende Körper (etwa eine Kerze) oder gut beleuchtete Körper als Gegenstand benutzt. Wir wollen nun ein Dia projizieren. Die Abbildung eines nur mit einer Lampe beleuchteten Dias mit einer Sammellinse ist aber zunächst enttäuschend → **V1**. Woher kommt der Misserfolg?

In → **V1** breitet sich das Licht von der Lampe im Wesentlichen geradlinig aus. Folglich verfehlt der größte Teil des Lichtbündels, der das Dia durchdringt, die Sammellinse *(Objektivlinse genannt)*.
In → **V2** vermeiden wir dies. Eine zusätzliche Linse *(Kondensorlinse)* konzentriert nun alles Licht, welches das Dia durchsetzt hat, auf die Mitte der Objektivlinse; an ihr geht kein Licht mehr vorbei. Zwar streut jeder Diapunkt ein wenig Licht zur Seite in ein enges Lichtbündel. Wenn man aber „das Objektiv scharf stellt", dann bildet es alle Diapunkte auf dem Schirm wieder als Punkte ab. Dort erhalten wir ein scharfes Bild des ganzen Dias.

2. Der Tageslichtprojektor

Der Tageslichtprojektor hat die gleiche Aufgabe wie ein Diaprojektor. Doch soll er statt kleiner Dias große Folien projizieren. Um sie auszuleuchten, muss die Kondensorlinse ungefähr die Größe der Folie haben. Eine übliche Sammellinse diesen Ausmaßes wäre leider relativ dick und schwer. Durch einen einfachen technischen Kniff → **B2** ist es möglich, eine leichte, dünne großflächige Linse herzustellen, mit den gleichen optischen Eigenschaften der ursprünglichen Linse. Man löst eine Glasplatte in ringförmige Zonen auf und gibt ihnen dieselbe Neigung, welche die Kondensorlinse an der gleichen Stelle haben müsste. Die dabei entstandenen Stufen stören kaum. Dass im Innern Glas entfällt, hat auf die Brechung keinen Einfluss.

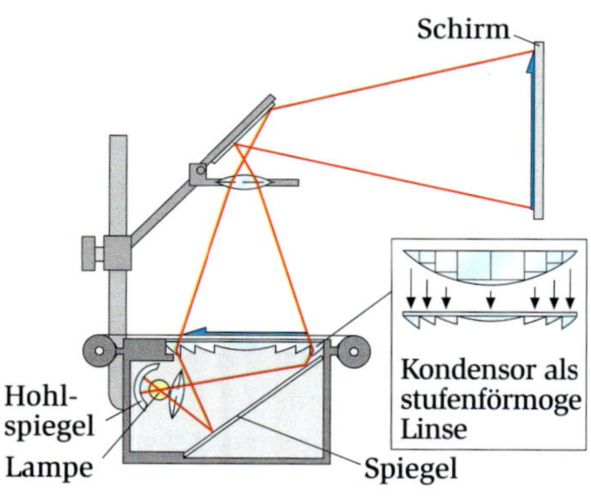

B2 Tageslichtprojektor mit „ausgedünnter" Sammellinse

3. Der Fotoapparat

Im Fotogeschäft gibt es eine ganze Reihe verschiedene Modelle von Fotoapparaten. Das einfachste Modell – die uns bekannte *Lochkamera* – ist nicht dabei.
Warum benutzen wir zum Fotografieren keine Lochkamera? → B3 zeigt wie in der Lochkamera ein Bild entsteht. Auf dem Schirm überlappen sich viele kleine Lichtflecke (alle in Form des Loches) und setzen sich zum Bild zusammen. Da sie nicht punktförmig sind, wird das Bild unscharf. Je kleiner man das Loch macht, umso dunkler wird das Bild. Vergrößert man das Loch, so wird das Bild heller und unschärfer, da die entsprechenden Lichtflecke auf dem Schirm größer werden.

Was ist am technischen **Fotoapparat** besser?
Dort gelangt das Licht durch eine Sammellinse (Objektivlinse genannt, da zum Objekt gerichtet) in das Innere. Da sie eine große Öffnung hat, ist das Bild viel heller; die Belichtungsdauer ist viel kurzer als bei der Lochkamera. Zudem bildet die Linse jeden Punkt der Gegenstandsebene in einen Punkt der zugehörigen Bildebene ab → B4. Bringt man dort den Film an, so entsteht ein scharfes Bild.
Zwei **Vorteile** hat der Fotoapparat gegenüber der Lochkamera: Die Bilder des Fotoapparats sind hell und scharf .

Nachteil: Man muss auf die gewünschte Entfernung scharf stellen.

Was sind die notwendigen Teile eines Fotoapparates?
Die wesentlichen **Bauteile** eines einfachen technischen Fotoapparates → B5 haben folgende Funktionen:

- die **Objektivlinse** (Sammellinse) erzeugt die Bilder;
- die **Blende** (kreisförmige Öffnung) begrenzt die Lichtmenge, die je Sekunde in den Fotoapparat gelangt;
- der **Film** (Schirm) fängt das Bild auf und speichert durch eine chemische Reaktion das Bild;
- der **Verschluss** lässt nur während des Fotografierens Licht auf den Film (beim Betätigen des Auslösers wird zwischen Film und Blende ein Art Vorhang mit schlitzförmiger Öffnung vorbeigezogen).
- das **Gehäuse** verhindert den seitlichen Lichteinfall auf den Film.

Seit der Erfindung des Fotoapparates im Jahre 1837 durch Louis Jacques Daguerre hat sich an diesem Prinzip nichts geändert. Die Weiterentwicklung bestand hauptsächlich in Verbesserungen der Linsenqualität und der Empfindlichkeit der Filme. Außerdem wurden die Fotoapparate handlicher und bedienungsfreundlicher. In **Digitalkameras** wird das Bild nicht mehr durch einen chemischen Prozess auf einem Film festgehalten. Vielmehr wird es in „Punkte" zerlegt, **Pixel** genannt. Ihre Helligkeit speichert man elektronisch als Zahl.

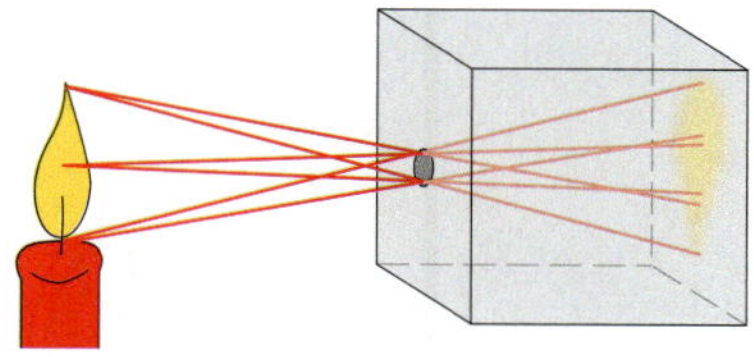

B3 Bildentstehung in der Lochkamera

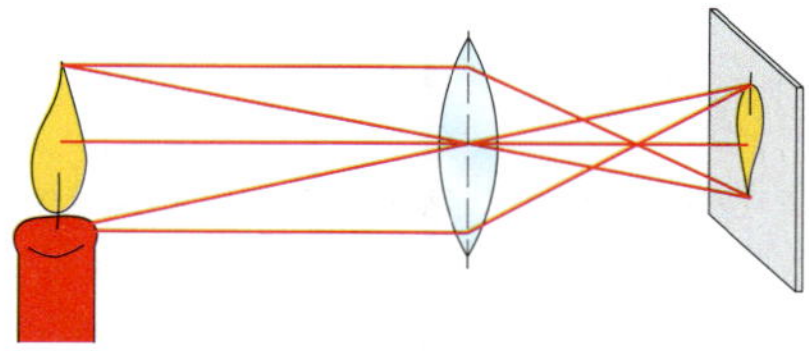

B4 Bildentstehung bei der Sammellinse

B5 Modell eines einfachen Fotoapparats

Mach's selbst

A1 **a)** Lisa will mit ihrem Diaprojektor auf einer Wand möglichst große Bilder erhalten. Gib an, wo sie den Projektor aufstellen muss.
b) Nun führt sie ihre Dias in einem Saal vor. Die Leinwand im Saal ist viel weiter vom Projektor entfernt als in ihrer Wohnung. Die Bilder sollen aber genauso groß gezeigt werden. Begründe, warum Lisa einen Projektor mit einer anderen Objektivlinse braucht. Müsste sie auch an der Kondensorlinse etwas ändern?

A2 Um scharfe Bilder zu erhalten, muss man bei alten Fotoapparaten die Entfernung des Gegenstandes von Hand einstellen, indem man den Abstand zwischen Objektivlinse und Film verändert. Jemand fotografiert erst einen Gegenstand in 3 m Entfernung und anschließend einen in 30 m Entfernung. Bestimme, wie der Abstand Objektivlinse – Film verändert werden muss.

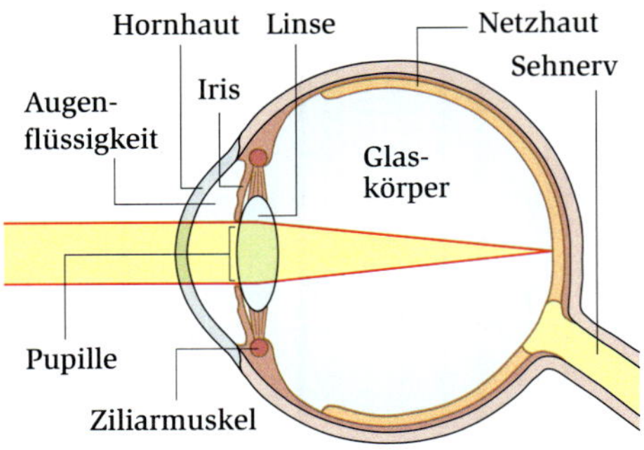

B1 Schnitt durch das menschliche Auge

Fotoapparat	Auge
Objektivlinse	Linse (in Verbindung mit Hornhaut, Augenflüssigkeit und Glaskörper)
Film	Netzhaut
Blendenöffnung	Pupille
Entfernungseinstellung	Akkommodation

T1 Vergleich Fotoapparat – Auge

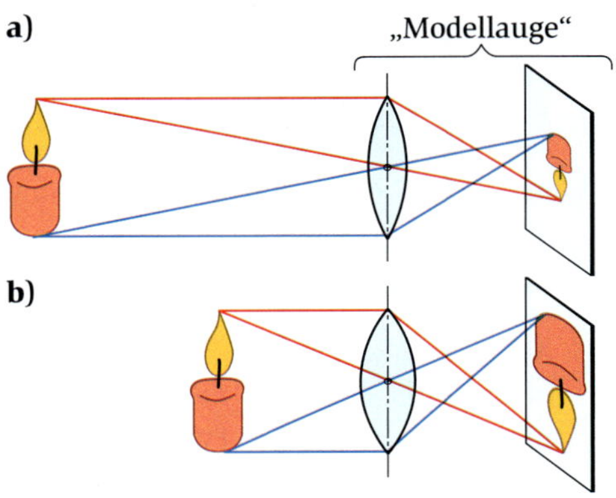

V1 Wir erläutern den Sehvorgang an einem „Modellauge": **a)** Eine Sammellinse der Brennweite 15 cm soll das optische System (Hornhaut, Augenflüssigkeit, Linse und Glaskörper) ersetzen, ein gewöhnlicher Schirm die Netzhaut. Eine Kerze wird in großer Entfernung (etwa 4 m) vor das Modellauge gestellt. Auf dem Schirm in der Brennebene erkennen wir ein scharfes Bild der Flamme: Unser Modellauge blickt entspannt in die Ferne. **b)** Wir schieben nun die Kerze bis auf 30 cm an die Linse heran, das Bild auf dem Schirm wird unscharf. Wir ersetzen die Sammellinse durch eine dickere mit der Brennweite 10 cm und erhalten wieder ein scharfes Bild, ohne den Schirm zu verschieben.

1. Die Optik des menschlichen Auges

Du kennst den Aufbau des menschlichen Auges aus dem Biologieunterricht. **→ B1** zeigt die wichtigsten Bestandteile in vereinfachter Form. Aus physikalischer Sicht ist das Auge vergleichbar mit einem Fotoapparat **→ T1**:

Das Licht durchdringt beim Eintritt ins Auge die *Hornhaut*, die *Augenflüssigkeit*, die *Linse* und den *Glaskörper*. Diese vier Bestandteile bilden das *optische System* des Auges. Sie wirken zusammen wie eine Objektivlinse:
Parallele Strahlen werden so gebrochen, dass sie sich rund 23 mm hinter der Hornhaut in einem Punkt treffen. Dort liegt die *Netzhaut*. Auf ihr entsteht so das optische Bild des Gegenstandes. Die Netzhaut enthält eine große Anzahl feinster, lichtempfindlicher Elemente. Über viele Verästelungen sind sie mit dem *Sehnerv* verbunden, der zum Gehirn führt.

Die *Iris* ist eine farbige Haut mit einer kreisrunden Öffnung: der *Pupille*. Die Öffnung kann mit einem Muskel verkleinert werden. Die Iris wirkt damit wie eine Blende. Das Gehirn steuert mit ihr die Lichtmenge, die in 1 s auf die Netzhaut fällt.

Bei einer Abbildung mit starren Linsen verändert sich die Bildweite mit der Gegenstandsweite. Rückt der betrachtete Gegenstand näher an das Auge, so müsste sich die Netzhaut weiter von der Augenlinse entfernen – das entspräche dem Fotoapparat.

Dies geht aber beim Auge nicht, denn der Abstand Linse – Netzhaut ist durch die Augengröße fest vorgegeben. In **→ V1b** tauschen wir die Linse aus, um bei veränderter Gegenstandsweite wieder ein scharfes Bild zu erhalten. Beim richtigen Auge ist ein Linsentausch nicht möglich und auch nicht nötig. Die Augenlinse besteht nämlich aus einem elastischen Stoff. Sie will sich stets von selbst zusammenziehen. Dem wirken die Aufhängefasern entgegen, die sie flach ziehen, gesteuert vom *Ziliarmuskel*. Bei nahen Gegenständen erlaubt er der Linse, sich so zu wölben, also die Brennweite so zu ändern, dass auf der Netzhaut ein scharfes Bild entsteht. Bei weiter entfernten Gegenständen ist der Ziliarmuskel entspannt, die Linse flach. Die Brennweite ist größer, sodass das Bild auf der Netzhaut wieder scharf ist **→ V1a**. Die Augenlinse ist eine Linse mit variabler Brennweite.
Dieser Anpassungsvorgang heißt **Akkommodation.** Er läuft, vom Gehirn gesteuert, aber unbewusst ab.

Das Auge kann nicht in jede beliebige Nähe akkommodieren. Bei einem Abstand zum Gegenstand von 10 cm, dem so genannten **Nahpunkt,** ist die Grenze erreicht. So nahe Gegenstände zu betrachten ist sehr anstrengend, man ermüdet dabei rasch. Ohne Anstrengung kann man Gegenstände in einer Entfernung von etwa 25 cm betrachten.

2. Wenn man näher rangeht, sieht man mehr

→ V2 zeigt, dass das Sehvermögen des menschlichen Auges Grenzen hat. Eine der Ursachen liegt im Aufbau der Netzhaut: Die Sehzellen sind auf ihr mosaikartig verteilt. Das Auge kann nicht mehr Bildpunkte verarbeiten als Sehzellen vom Bild getroffen werden. Zwei Gegenstandspunkte werden nur dann getrennt wahrgenommen, wenn ihre Bildpunkte auf Sehzellen fallen, zwischen denen eine andere liegt. Treffen zwei Lichtstrahlen unter einem Sehwinkel von weniger als $\frac{1}{60}$ Grad ins Auge, so erfüllen sie diese Bedingung nicht mehr. Man sagt: Das **Auflösungsvermögen** des Auges liegt bei einem Sehwinkel von $\frac{1}{60}$ Grad.

In → B2 ist das optische Bild auf der Netzhaut konstruiert. Wir erkennen sofort, dass dieses Bild umso größer wird, je näher der Gegenstand ans Auge rückt. Beim richtigen Auge ist die Netzhaut zwar gekrümmt, doch am Prinzip der Abbildung ändert sich dadurch nichts. Ein größeres Netzhautbild bedeutet, dass mehr Sehzellen gereizt und so mehr Einzelheiten erkannt werden. Dabei wächst der **Sehwinkel** (im Bild α genannt), den die beiden Mittelpunktsstrahlen bilden, nach → B2 mit der Größe des Bildes auf der Netzhaut.

Merksatz

Je näher ein Gegenstand dem Auge rückt, desto größer werden der Sehwinkel und das Netzhautbild und desto größer erscheint dann auch der Gegenstand. Man erkennt dann mehr Einzelheiten.

3. Wozu braucht man eine Brille?

Die häufigsten Augenfehler sind **Kurzsichtigkeit** und **Übersichtigkeit.**

Beim *kurzsichtigen* Auge liegt die Netzhaut nicht in der Brennebene, sondern etwas dahinter. Auf der Netzhaut ist deshalb das Bild ferner Gegenstände unscharf. Nahe Gegenstände kann das Auge dagegen scharf sehen. → B3a zeigt, wie eine Brille den Mangel beseitigt. Das parallele Lichtbündel, das von einem weit entfernten Gegenstand kommt, wird durch die Brille etwas aufgeweitet, sodass das Auge das Bündel hinter der eigentlichen Brennebene genau auf der Netzhaut bündelt. Brillengläser mit dieser Eigenschaft heißen *Zerstreuungslinsen.* Das vormals verschwommene Bild erscheint jetzt scharf.

Beim *Übersichtigen* liegt die Netzhaut vor der Brennebene. Der Ziliarmuskel muss also zum Blick in die Ferne bereits etwas angespannt werden, was ohne weiteres möglich ist. Bei nahen Gegenständen kann die Linse aber nicht genügend gewölbt werden, das Bild erscheint verschwommen. Abhilfe schafft eine Brille mit geeigneten Sammellinsen → B3b ; sie verkürzen insgesamt die Brennweite und unterstützen die Augenlinsen bei der Lichtbündelung.

V2 Die beiden schwarzen Punkte sind eng nebeneinander gedruckt. Aus großer Entfernung (etwa 10 m) betrachtet gewinnst du den Eindruck, dass es sich auf dem Foto um lediglich einen einzigen schwarzen Fleck handelt.

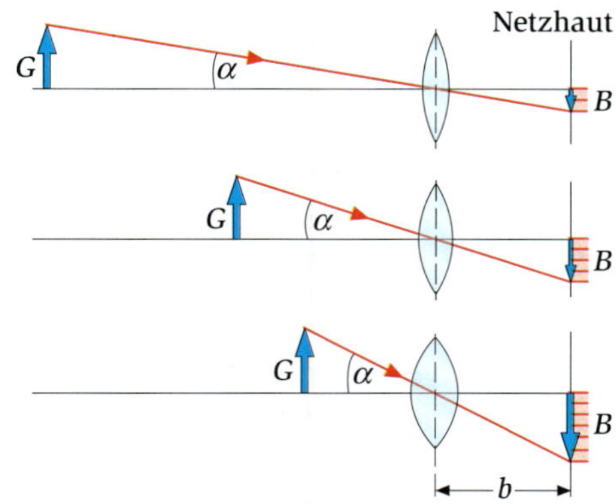

B2 Sehwinkel und Netzhautbild

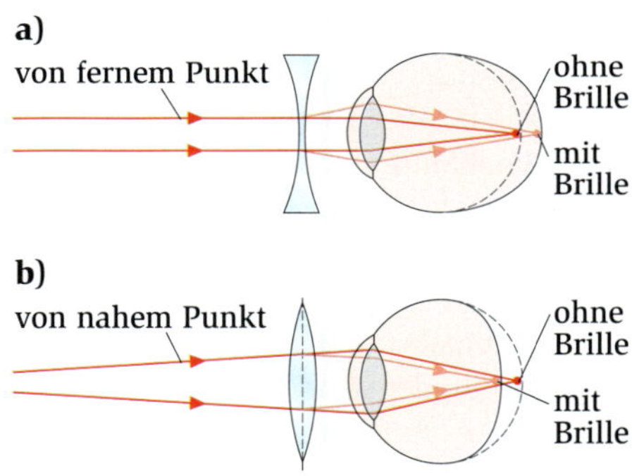

B3 Kurzsichtiges und übersichtiges Auge

Mach's selbst

A1 Mit zunehmendem Alter verringert sich die Elastizität der Linse, der Nahpunkt entfernt sich. Welche Art von Brille hilft, nahe Gegenstände scharf zu sehen? Erkläre dies.

A2 *Hausversuch:* **a)** Bestimme die Brennweite einer Lesebrille mithilfe des Sonnenlichts. Beschreibe dein Vorgehen und fertige eine Skizze an.
b) Erfrage die Dioptrienzahl der Brille und vergleiche sie mit der von dir ermittelten Brennweite. (*Hinweis:* Die Dioptrienzahl ist der Kehrwert der Brennweite.)

Interessantes

A. Steht die Welt auf dem Kopf?

Dir ist sicher aufgefallen, dass die Netzhautbilder wie alle Bilder, die eine Sammellinse von weit entfernten Gegenständen erzeugt, auf dem Kopf stehen und seitenverkehrt sind. Trotzdem sehen wir die Welt doch „richtig". Ist also unsere Vorstellung der Bildentstehung im Auge falsch? Ist das Netzhautbild vielleicht doch seitenrichtig und aufrecht?

Das folgende kleine Selbstexperiment bestätigt unsere bisherige Vorstellung: Die Sehzellen der Netzhaut reagieren auf Lichteinfall oder auf Druck. Schließe beide Augen und versuche dabei auf die Nasenspitze zu sehen. Berühre nun mit dem Zeigefinger der rechten Hand von unten den äußersten Augenwinkel des geschlossenen rechten Auges. Du „siehst" dann helle Ringe – nicht aber an der Druckstelle rechts, sondern links.
Die rechts gereizten Sehzellen lösen also eine Empfindung aus, die wir auf der anderen Seite registrieren. Diese Seitenumkehr bewerkstelligt das Gehirn. Es bleibt also dabei: Die physikalischen Netzhautbilder sind seiten- und höhenverkehrt.

B. Das Gehirn sieht mehr als zwei Augen

In jedem unserer Augen wird ein Netzhautbild erzeugt. Wir „sehen" aber immer nur ein Bild. Das Gehirn empfängt die Bildinformationen von beiden Augen und verarbeitet sie zu einem Bild. Betrachten wir etwa einen Baum aus großer Entfernung (1 km) so empfangen beide Augen identische Bilder – das Gehirn hat eine leichte Aufgabe zu lösen. Betrachten wir jedoch einen Gegenstand, der nahe vor dem Auge ist, so ergibt sich ein größeres Problem:

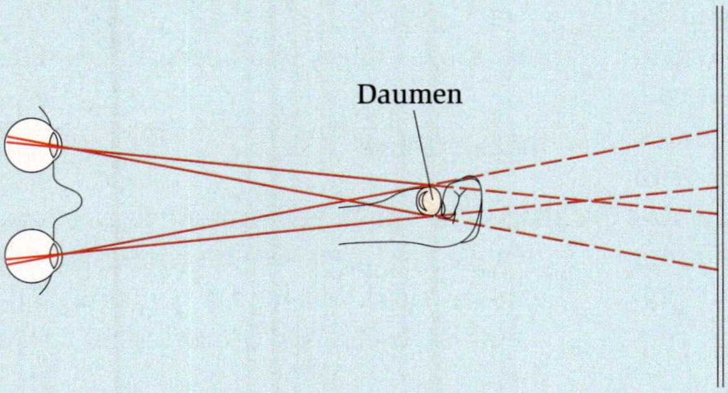

Betrachtest du den Daumen der ausgestreckten Hand zunächst nur mit dem linken Auge, und dann nur mit dem rechten Auge, so erscheint der Daumen vor dem Hintergrund zu springen. Jedes Auge betrachtet ja den Daumen aus einer etwas anderen Richtung.
Betrachtet man den Daumen nun mit beiden Augen, so versagt das Gehirn bei dem Versuch, von diesen zwei verschiedenen Netzhautbildern einen Gesamteindruck zu erzeugen. Fixierst du nämlich dabei den Hintergrund, so siehst du zwei Daumenbilder. Fixierst du allerdings den Daumen, so erkennst du zwei Hintergrundbilder.
Dies fällt im Alltag nicht auf. Betrachten wir nämlich nahe Gegenstände, dann interessiert uns der weit entfernte Hintergrund nicht und wir achten nicht auf das Doppelbild. Gleiches gilt, wenn wir etwa Landschaften betrachten und ein dünnes Hindernis dabei im Wege steht.
Bei diesem beidäugigen Sehen gelingt es dem Gehirn fast immer, einen **räumlichen Eindruck** zu erzeugen, der jedem der beiden Einzelbilder fehlt.

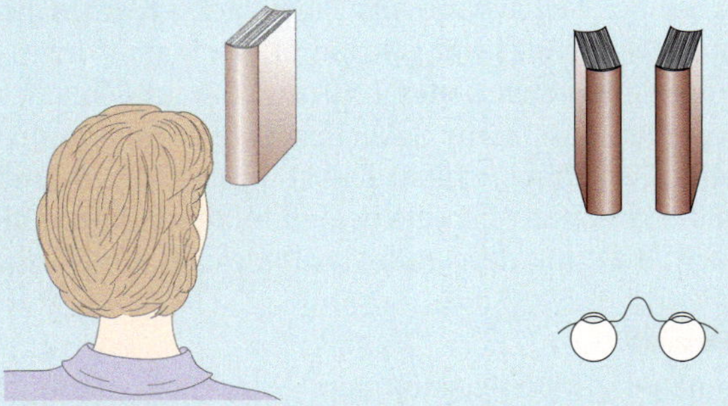

Betrachtest du ein Buch, das mit dem Rücken vor deiner Nase steht, aus 30 cm Entfernung, so siehst du mit dem linken Auge den hinteren Deckel und den Buchrücken, mit dem rechten Auge den Buchrücken und den vorderen Deckel. Betrachtest du nun das Buch mit beiden Augen gleichzeitig, so siehst du tatsächlich den Buchrücken und beide Deckel. Das Gehirn schafft es also, die beiden Netzhautbilder so zu überlagern, dass gleiche Informationen (Buchrücken) sich überlagern und unterschiedliche Informationen (linker und rechter Buchdeckel) sich ergänzen.

Diese Fähigkeit muss das Gehirn aber erst erlernen. Kleinkinder erkennen z. B. noch nicht einmal Gesichter. Erst die zunehmende Erfahrung lehrt es sie. Das beidäugige Bild führt zu dem Eindruck, das betrachtete Buch sei tatsächlich ein dreidimensionaler Gegenstand und nicht etwa nur ein zweidimensionales Foto. Das räumliche Sehen beruht also auf der Zweiäugigkeit und auf einer erlernten Gehirnleistung.

Eine Film- oder Fernsehkamera fotografiert nur mit einem Objektiv. Im Kino oder im Fernsehen kann man daher nicht unterscheiden, ob die Schauspieler z. B. in freier Natur oder nur vor einem gut gemalten Landschaftsbild spielen.

C. Entfernungsbestimmung ...
Die Größe des Netzhautbildes hängt von der Gegenstandsgröße und der Gegenstandsweite ab. Ist der *Sehwinkel* für zwei Objekte gleich groß, so sind auch die Netzhautbilder der beiden Gegenstände gleich groß.
Die beiden Spielzeugautos erscheinen gleich groß. Die Gegenstandsweiten unterscheiden sich aber. Das Gehirn muss also aus Entfernung und Bildgröße auf die Gegenstandsgröße schließen.

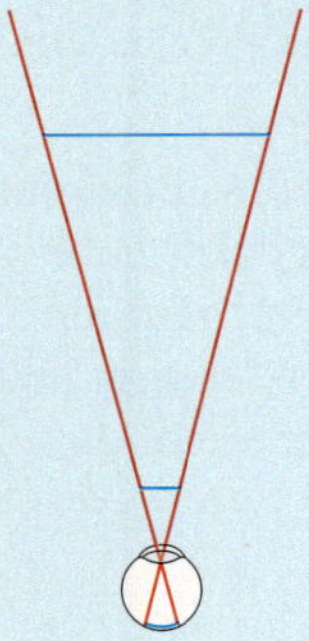

... bei kleinen Gegenstandsweiten ...
Fixieren wir etwa einen Bleistift in einer Entfernung von 50 cm, so müssen sich beide Augen aus der Geradeaussicht drehen.

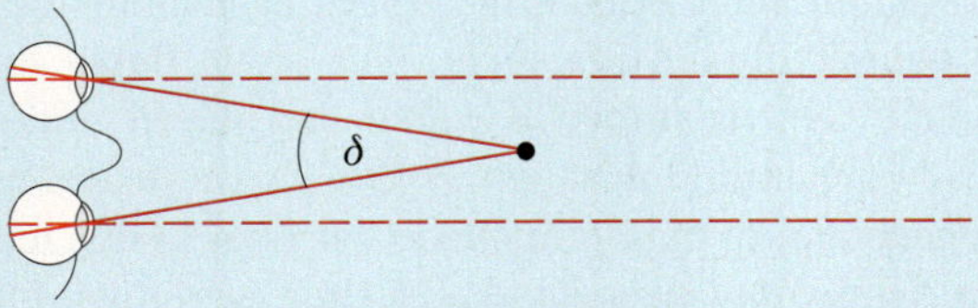

Der Winkel δ verkleinert sich mit zunehmender Gegenstandsweite. Außer der Größe des Netzhautbildes hat das Gehirn auch die Information über die Größe dieses Winkels. Vergrößern wir nun den Abstand zwischen Auge und Bleistift, so deuten wir die Ursache des verkleinerten Netzhautbildes sofort als Vergrößerung der Gegenstandsweite und nicht als eine Verkleinerung des Bleistifts.
Bei einer Entfernung über 3 m ist dieser Effekt so gering, dass das Gehirn die Veränderung des Winkels δ nicht mehr zur Entfernungsmessung verwerten kann.

... und bei großen Gegenstandsweiten
Entfernungsmessungen in der Landschaft gelingen dem Gehirn nur in Verbindung mit aus der Erfahrung gewonnen Größenvergleichen. So kennt jeder Autofahrer die Größe eines Personenwagens. Ein Auto des Gegenverkehrs, das ihm klein erscheint, ist demnach noch weit entfernt.
Aus der Bildgröße von Bäumen leitet man in der freien Landschaft ihre Entfernung ab. Umgekehrt zieht man aus der bekannten Entfernung Rückschlüsse etwa auf die unbekannte Höhe eines Turmes. Die Unterscheidung von Nah und Fern beruht also auf der Wechselbeziehung von bekannter Gegenstandsgröße und bekannter Entfernung.
Fehlt eine Bezugsgröße, so versagt unser Gehirn: Sonne und Mond erscheinen uns beide gleich groß, weil der Sehwinkel jeweils 0,5 ° beträgt. Sind auch beide in Wirklichkeit gleich groß? Ohne weitere Informationen können wir diese Frage nicht beantworten. Durch genaue Beobachtung über mehrere Jahrhunderte und mithilfe der Mathematik fand man heraus, dass die Sonne etwa 390-mal so weit von der Erde entfernt ist wie der Mond und dass sie damit auch einen etwa 390-mal so großen Durchmesser hat wie der Mond.

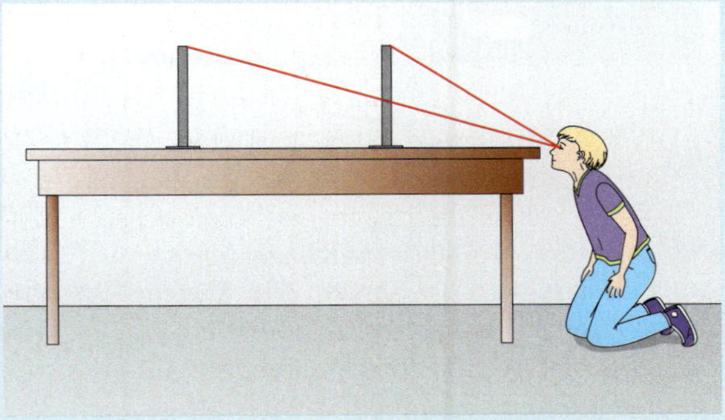

Du kniest so vor einem Tisch, dass du die Tischplatte selbst nicht mehr erkennen kannst. Betrachtest du nun zwei gleiche Stangen aus unterschiedlicher Entfernungen mit einem Auge, so hast du den subjektiven Eindruck, die hintere Stange sei objektiv kleiner und dünner als die vordere. Ursache dieser Fehleinschätzung ist die fehlende Information über die Entfernung.

Wenn der Vollmond bei Mondaufgang dicht über dem Horizont steht, erscheint er uns viel größer, als wenn er einige Stunden später hoch am nächtlichen Himmel steht. Der Mond selbst ist in dieser Zeit nicht wirklich kleiner geworden; auch hat er seine Entfernung zur Erde nicht merklich verändert. Es handelt sich um eine *optische Täuschung*.
Ähnliches kannst du feststellen, wenn du von einem hohen Gebäude aus auf die Straße schaust. Obwohl die Entfernung zu den Autos vielleicht nur 15 m beträgt, erscheinen sie uns viel kleiner als wenn wir sie von der Seite in gleicher Entfernung betrachten würden. Offenbar ist es uns angeboren, Entfernungen in vertikaler Richtung als zu groß wahrzunehmen.

B1 Lupe und Mikroskop erzeugen größere Netzhautbilder.

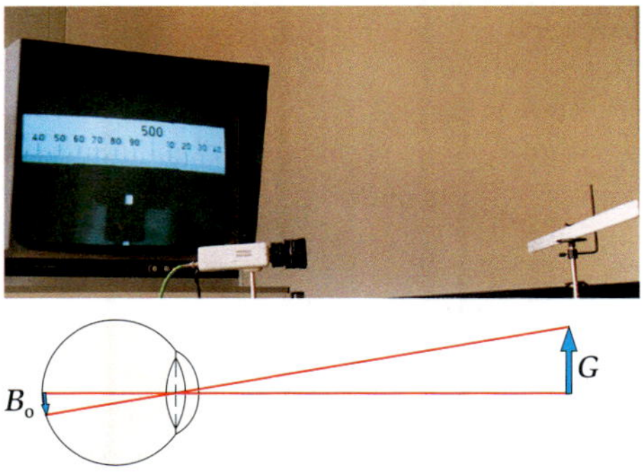

V1 **a)** Eine Videokamera dient als Modellauge. Wir nähern die Kamera dem Gegenstand (Lineal) bis auf 60 cm und stellen am Kameraobjektiv das Fernsehbild scharf. Auf dem Bildschirm erkennen wir das „Netzhautbild“ des Lineals.

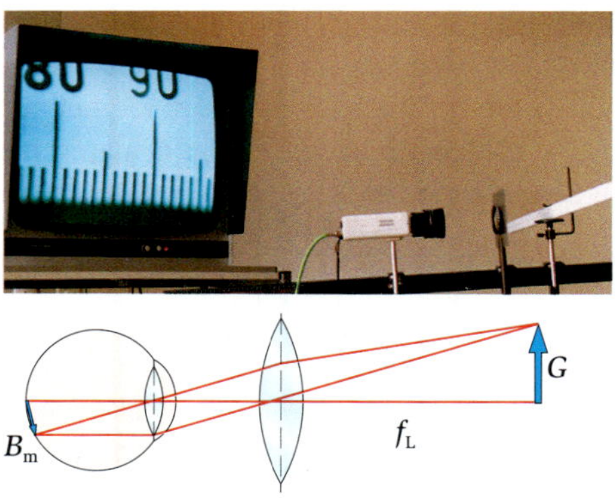

V1 **b)** Als Lupe stellen wir eine Sammellinse der Brennweite $f_L = 10$ cm direkt vor das Modellauge. Wir schieben nun das Lineal in die Brennebene der Lupe. Damit ein scharfes Bild entsteht, müssen wir an der Kamera das Objektiv auf „∞“ stellen. Auf dem Bildschirm entsteht jetzt ein viel größeres „Netzhautbild“ des Lineals als ohne Lupe.

Willst du eine kleine Schrift etwa auf einer Briefmarke entziffern, so hältst du die Briefmarke möglichst nahe vor dein Auge. Wie du weißt, wird dadurch das Netzhautbild ziemlich groß. Es überdeckt jetzt mehr Sehzellen, sodass man mehr Einzelheiten der Briefmarke erkennt. Oft reicht diese Methode aber nicht aus.

1. Die Lupe

25 cm ist die kürzeste Entfernung, in der wir ohne Anstrengung einen Gegenstand über längere Zeit betrachten können. (Bei diesem Abstand muss das Auge nur schwach akkommodieren.) **→ V1a** zeigt ein „Netzhautbild“ des Lineals für unser Modellauge. Ein größeres Bild als bei einer Gegenstandsweite von 25 cm gelingt ohne Hilfe nicht. Mit einer **Lupe** aber können wir die Gegenstandweite weiter verringern und so ein größeres Netzhautbild erhalten **→ V1b**. Dazu stellen wir jetzt den Gegenstand in die Brennebene der Lupe. Alle Lichtstrahlen, die dann vom Gegenstand ausgehen, verlaufen hinter der Lupe parallel. Ein solches paralleles Bündel trifft sonst nur von weit entfernten Objekten ins Auge. Dieses kann jetzt entspannt, ganz ohne Akkommmodation das Lineal betrachten.

Haben wir ohne Lupe in **→ V1a** auf dem Bildschirm eine Bildhöhe $B_o = 2$ mm gemessen, so finden wir in **→ V1b** mit Lupe $B_m = 12$ mm. Die **Vergrößerung** durch die Lupe ist also $V = B_m/B_o = 6$. Das Lineal erscheint also dem entspannten Modellauge mit Lupe 6-mal so hoch und 6-mal so breit wie ohne Lupe. Wir erkennen also 36-mal so viele Einzelheiten.

Merksatz

Liegt das Objekt in der Brennebene der Lupe mit $f_L < 25$ cm, so wird das Netzhautbild größer. Unter der ***Vergrößerung V*** durch ein optisches Instrument versteht man den Quotienten

$$V = \frac{\text{Höhe des Netzhautbildes mit Instrument}}{\text{Höhe des Netzhautbildes ohne Instrument}} = \frac{B_m}{B_o}.$$

2. Das Mikroskop (Diaprojektor plus Lupe)

Der Vergrößerungsfaktor durch Lupen ist höchstens 20. Sehr kleine Gegenstände können mit einem Mikroskop bis zu 800-mal vergrößert werden.

Mit einem **Mikroskop** betrachtet man meist durchsichtige Objekte auf einer Glasplatte. Diese Objektträger erinnern an Dias. Wir wissen bereits, dass ein Diaprojektor vergrößert. Das optische Bild an der Leinwand ist viel größer als das Original. Betrachtet man dieses vergrößerte Bild zusätzlich durch eine Lupe, so erscheint es im Auge nochmals vergrößert. Nach diesem Prinzip der zweimaligen Vergrößerung arbeitet das Mikroskop.
In → V2a setzen wir diese Überlegung um. Das vergrößerte Bild auf dem Schirm kennen wir bereits vom Diaprojektor. Entfernen wir den Schirm, so bleibt das Bild trotzdem erhalten. Es schwebt frei im Raum. Wie ist das möglich?
Die Sammellinse konzentriert die von den Objektpunkten ausgehenden Lichtbündel in Punkten eines *Zwischenbildes.* Ohne Schirm laufen diese Bündel geradlinig und ungeschwächt auseinander. Es ist so, als stünde in der Ebene des Zwischenbildes ein Gegenstand, von dem Licht ausgeht und in unser Auge (in die Kamera) trifft. Man kann dann das helle, *im Raum schwebende Zwischenbild* mit einer Lupe nochmals vergrößert betrachten → V2b. Auf den Schirm in der Bildebene können wir verzichten. Dies bringt den Vorteil, dass das Lupenbild deutlicher und heller erscheint.

→ B3 zeigt die uns bereits bekannten Bauteile des Diaprojektors: Lampe, Kondensor, Dia (Objekt auf Glas), *Objektivlinse* und das Bild (Zwischenbild). Die Lupe heißt beim Mikroskop *Okularlinse.* Das Gehäuse *(Tubus)* dient als Halter der Linsen und verhindert einen seitlichen Lichteinfall.
Um beim Mikroskop ein möglichst großes Zwischenbild zu erzeugen, wird das Objekt nur wenig außerhalb der Brennebene der Objektivlinse gebracht. Die Bildweite für das Zwischenbild ist dadurch recht groß.
Von der Lupe wissen wir: Stellen wir die Okularlinse so, dass das Zwischenbild in ihrer Brennebene liegt, dann wird die optimale Vergrößerung der Lupe erreicht. Außerdem erzeugt sie so parallele Lichtbündel, sodass der Betrachter mit entspanntem Auge beobachten kann. Ein Scharfstellen des Mikroskops ist erforderlich, damit das Zwischenbild immer am gleichen Platz im Tubus liegt. Dazu wird der Abstand zwischen Objekt und Objektivlinse mit Tubus verändert.

Merksatz

Beim Mikroskop befindet sich das Objekt ein wenig außerhalb der Brennebene des Objektivs. Dieses erzeugt durch optische Abbildung ein vergrößertes Zwischenbild, das durch eine Lupe (Okular) betrachtet wird. Dabei wird es nochmals vergrößert.

V2 **a)** Das Objekt (ein leuchtendes „F“) wird 5,5 cm vor eine große Sammellinse mit $f = 5$ cm gestellt. 55 cm hinter der Linse befindet sich ein durchscheinender Schirm. Dort entsteht ein rund 10-fach vergrößertes Bild. Entfernen wir den Schirm und setzen an seine Stelle einen Ring, so erkennen wir, dass das Bild frei im Ring schwebt.
b) Hinter dem Ring wird eine Lupe im Abstand ihrer Brennweite aufgestellt. Schauen wir durch die Lupe, so sehen wir ein nochmals vergrößertes Bild.

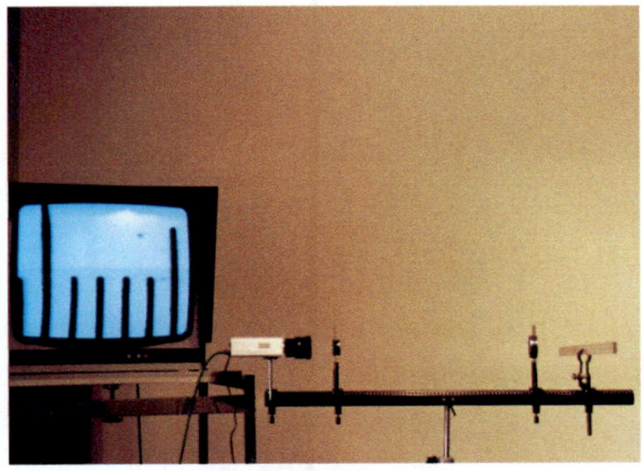

B2 Mikroskopmodell mit Kamera

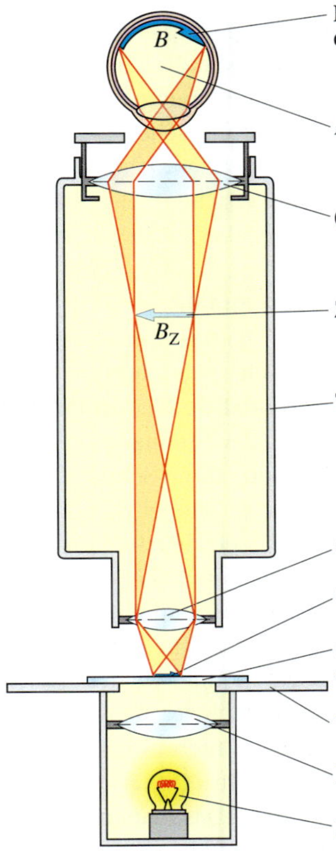

B3 Strahlengang in einem Mikroskop

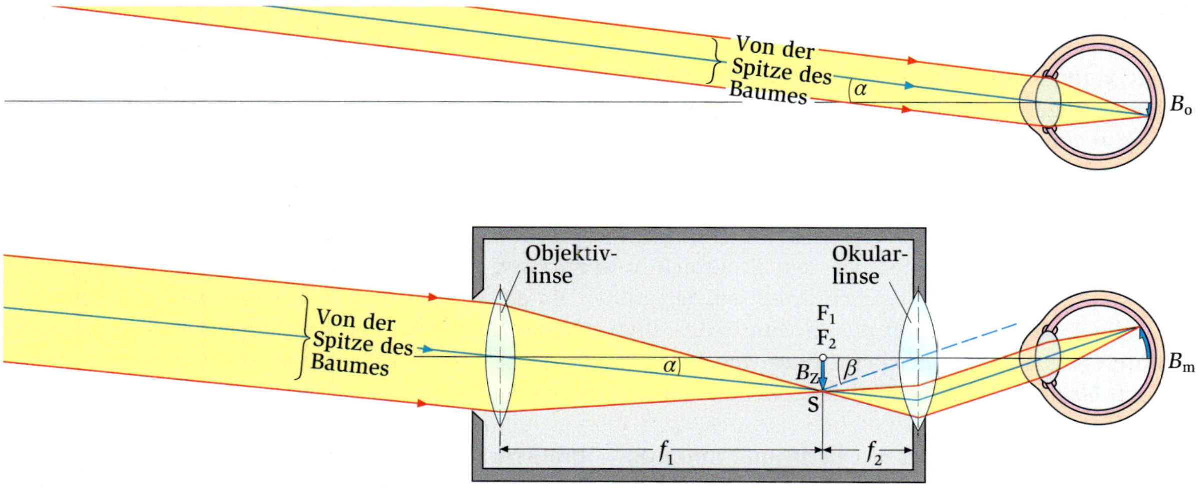

B1 Die von der Baumspitze ausgehenden Strahlen fallen **a**) unmittelbar, **b)** durch ein Fernrohr ins Auge

V1 In die Brennebene einer Sammellinse (f_1 = 100 cm) stellen wir einen durchscheinenden Schirm. Auf diesem Schirm erscheint nun das Bild eines fernen Gegenstandes (z. B. eines Baumes vor dem Fenster). Nun bringen wir hinter den Schirm eine Sammellinse der Brennweite f_2 = 10 cm als Lupe und betrachten durch sie das optische Zwischenbild. Zur Scharfeinstellung regulieren wir den Abstand der Linsen nach. Es stört die milchige Trübung des Schirmes. Wir entfernen ihn und sehen jetzt den fernen Gegenstand viel deutlicher und heller. Der Gegenstand erscheint viel größer als mit bloßem Auge, aber leider auf dem Kopf stehend.
→ B1b zeigt den Strahlenverlauf: Von der weit entfernten Baumspitze gelangt ein praktisch paralleles Lichtbündel in das Objektiv. Schiefparallele Lichtstrahlen werden in der Objektiv-Brennebene, hier im Punkt S, fokussiert. Ohne Schirm läuft das Licht als gespreiztes Bündel weiter. Wieder ist es so, als sei S ein leuchtender Gegenstandspunkt, von dem Lichtstrahlen ausgingen. (Das Zwischenbild schwebt frei im Raum.) Das Okular formt aus dem von S kommenden Lichtbündel wieder ein Parallelbündel, weil es aus der Brennebene des Okulars kommt. Hintere Objektiv-Brennebene und vordere Okular-Brennebene fallen aufeinander. Das entspannte Auge bündelt das Licht dann wieder auf der Netzhaut.

3. Das astronomische Fernrohr (Fotoapparat plus Lupe)

Wir können die Einzelheiten eines Mondkraters nicht erkennen. Ein **Fernrohr** ist ein Hilfsmittel, das uns von weit entfernten Gegenständen größere Netzhautbilder erzeugt. Dadurch werden mehr Sehzellen überdeckt, wir erkennen mehr Einzelheiten.

Mit dem Fotoapparat kann man Bilder von weit entfernten Gegenständen aufnehmen. Wenn das Bild des Gegenstands dann eine Größe von etwa 3 mm hat, sehen wir es in 25 cm Entfernung etwa genau so groß wie den Mond. Betrachtet man ein solches Foto mit der Lupe, dann wird das Netzhautbild viel größer – das kennen wir schon.

Das ist also die Grundidee des Fernrohres: Fotoapparat und Lupe werden hintereinander geschaltet **→ V1**. Das Zwischenbild muss dabei natürlich nicht wie bei einer richtigen Kamera chemisch oder elektronisch gespeichert werden, es wird unvermittelt durch eine Lupe betrachtet. Wie beim Mikroskop, so verzichten wir auch hier wieder auf den durchscheinenden Schirm, weil das Zwischenbild im freien Raum entsteht und ohne Lichtverlust dort beobachtet werden kann.

→ B1 verdeutlicht uns die Vergrößerung des Netzhautbildes. Der Verlauf der Lichtbündel im astronomischen Fernrohr erklärt auch, warum das Bild gegenüber der Betrachtung ohne Fernrohr auf dem Kopf steht; auch die Seiten sind vertauscht.

Merksatz

Prinzip des astronomischen Fernrohres: Eine Objektivlinse erzeugt von einem fernen Gegenstand ein Zwischenbild. Dieses wird durch die Okularlinse wie mit einer Lupe betrachtet.

4. Das Prismenfernglas

Bei astronomischen Beobachtungen stört es nicht, dass man die Objekte durch das Fernrohr umgekehrt und seitenvertauscht sieht. Für Erdbeobachtungen möchte man dagegen ein aufrechtes und seitenrichtiges Bild haben. Man erhält es, wenn man zwei Prismen zwischen die Objektivlinse und die Okularlinse des Fernrohres einbaut → B2; das eine vertauscht bei der Totalreflexion des Lichts an seinen Seitenflächen Rechts und Links, das andere Oben und Unten. Außerdem wird der Strahlengang durch die vier Reflexionen „gefaltet“. Damit braucht der Strahlenverlauf weniger Platz. Ein stark vergrößerndes Fernglas wäre sonst wegen der großen Brennweite der Objektivlinse ziemlich lang und unhandlich.
Ferngläser bestehen meist aus zwei Fernrohren – für jedes Auge eines. Das hat den Vorteil, dass vom Gegenstand mehr Information aufgenommen wird. Durch die zweiäugige Betrachtung erscheinen die Gegenstände plastischer, wenn die Objektivlinsen weiter auseinander liegen als die Okularlinsen.

Zwischen den beiden Fernrohren → B2 befindet sich ein Rad zur Scharfeinstellung. Je kleiner der Abstand zum betrachteten Gegenstand ist, desto größer macht man den Abstand zwischen Objektiv- und Okularlinse.

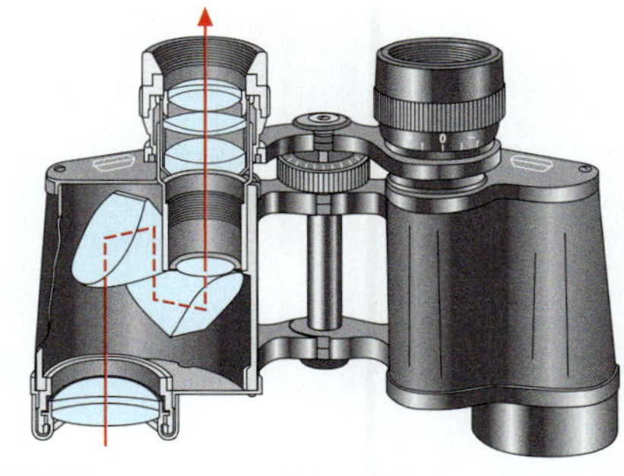

B2 Schnitt durch ein Prismenfernglas

Mach's selbst

A1 Begründe: Die Länge des Fernrohrs beträgt $f_1 + f_2$ (Gegenstände weit entfernt).

A2 Beschreibe Gemeinsamkeiten und Unterschiede von Mikroskop und Fernrohr.

A3 Das Zwischenbild der Sonne ist im Fernrohr so hell, dass man es keinesfalls direkt durch das Okular beobachten darf. Man projiziert es mit dem Okular als reelles Bild auf einen Schirm. Erkläre, warum man das Okular etwas herausziehen muss.

Vertiefung

A. Vergrößerung durch das Fernrohr

In → B1b erkennen wir mithilfe der Mittelpunktstrahlen: Je größer die Brennweite f_1 der Objektivlinse ist, desto größer wird das Zwischenbild. Wir wissen bereits, dass mit abnehmender Brennweite f_2 der Okularlinse die Vergrößerung der Lupe zunimmt. Um starke Vergrößerungen beim Fernrohr zu erzielen, wählt man also f_1 groß und f_2 klein.

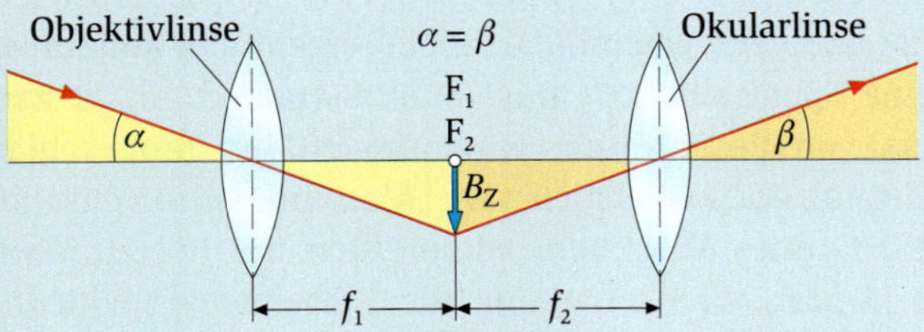

Wir können die Vergrößerung sogar berechnen:
Ist die Brennweite f_1 genauso groß wie die Brennweite f_2, so verlaufen die Mittelpunktstrahlen völlig symmetrisch. In diesem Fall vergrößert das Fernrohr den Sehwinkel a und damit auch das Netzhautbild nicht. Aus $f_1 = f_2$ folgt: $B_m = B_o$.
Verlängern wir nun – von diesem Sonderfall ausgehend – die Brennweite der Objektivlinse auf das n-fache, also $f_1 = n \cdot f_2$, so wird das Zwischenbild und damit auch das Netzhautbild gegenüber vorher n-mal so hoch: Aus $f_1/f_2 = n$ folgt: $B_m/B_o = n\,(= V)$.
Damit gilt für die **Fernrohrvergrößerung:** $\boldsymbol{V = f_1/f_2}$.

B. Die Bildhelligkeit beim Fernrohr

Die Lichtmenge, die ins Auge trifft, wird durch die Pupillengröße bestimmt. Die Durchmesser der Objektivlinsen von Fernrohren sind deshalb so gewählt, dass das parallele Lichtbündel, das ins Auge trifft, mindestens so breit ist wie die Pupillenöffnung → B2. Beim Blick durchs Fernrohr gelangt zwar von jedem Punkt des Gegenstandes mehr Licht ins Auge als beim bloßen Auge. Aber die Lichtmenge wird jetzt auf eine größere Fläche der Netzhaut verteilt – das Bild bleibt gleich hell.

Jäger benutzen so genannte *Nachtgläser.* Weil sich der Pupillendurchmesser in der Dämmerung vergrößert hat, muss auch das Objektiv einen großen Durchmesser haben.

Auf deinem Fernrohr sind deshalb meist zwei Zahlen angegeben. Die Aufschrift „10 × 30“ besagt:
Die Vergrößerung ist 10-fach und der Durchmesser der Objektivlinse beträgt 30 mm, geeignet für einen Pupillendurchmesser von 30 mm/10 = 3 mm.

B1 Farbige Lichter treffen aufeinander.

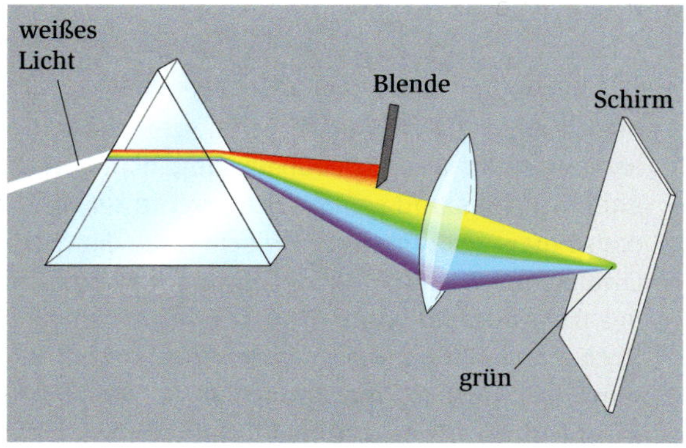

B2 Die Spektralfarben ohne Rot ergeben Grün.

V1 Wir erzeugen zunächst ein Spektrum mit dem Licht einer Glühlampe. Dann entfernen wir daraus die Spektralfarbe Rot mit einem schmalen Hindernis. Die übrigen farbigen Lichter fasst eine Linse zusammen → **B2**. Wir erkennen auf dem Schirm einen grünen Streifen.

V2 Entfernen wir nun statt der roten die grüne Spektralfarbe, so vereinigt sich der Rest zu einem roten Farbeindruck. Entfernen wir nur Orange, so sehen wir Blau.

V3 Wir stellen jetzt so viele Hindernisse auf, dass nur noch das rote und das grüne Licht auf die Sammellinse treffen. Auf dem Schirm sehen wir die Farbe Weiß, so als ob wir alle Spektralfarben vereinigt hätten.

B3 Paare von Komplementärfarben

Wenn Veranstaltungen auf der Bühne stattfinden, werden verschiedenfarbige Scheinwerfer eingesetzt → **B1**. Ihre Lichtkegel kreuzen sich, manchmal beleuchten sie auch die gleichen Gegenstände. Dabei mischen sich die Farben. Wir wollen diese Erscheinungen jetzt näher untersuchen.

1. Farbige Lichter werden addiert

Du weißt, dass ein Prisma das Licht einer Glühlampe in ein Spektrum zerlegt. Wenn wir alle seine farbigen Lichter mit einer Linse auf eine Stelle vereinigen, empfinden wir sie als Weiß. Welchen Farbeindruck erhalten wir, wenn wir nur einen Teil der farbigen Lichter vereinigen?
Wenn wir in → **V1** z. B. Rot entfernen, so vereinigt sich der Rest zu einem grünen Streifen. Das Fehlen von Rot erzeugt also einen grünen Farbeindruck. Blenden wir umgekehrt das grüne Licht aus → **V2**, so sehen wir Rot. Auch Orange und Blau bilden ein solches Farbenpaar. Man nennt die auf diese Weise zugeordneten Farben **Komplementärfarben.** → **B3** zeigt eine Liste solcher Farbenpaare.

„Verhält sich das grüne Mischlicht eigentlich anders als das grüne Spektrallicht?“, fragt Marc staunend, als er zum erstenmal von dieser Naturerscheinung erfährt. Tanja schlägt daraufhin folgenden Versuch vor: „Man muss Grün und Rot addieren. Grünes Mischlicht addiert sich mit Rot zu Weiß. Das ist ja klar, weil wir dann alle Farben des Spektrums wieder vereinen. Was reines grünes Spektrallicht mit reinem Rot ergibt, muss ein Versuch zeigen.“

Das Ergebnis zeigt uns → **V3**: Grünes Mischlicht und grünes Spektrallicht sind für uns bei der Farbaddition nicht unterscheidbar: Grün und Rot addieren sich stets zu Weiß.
Wiederholt man den Versuch mit anderen Komplementärfarben, so erhält man auch immer Weiß als Mischfarbe.

Merksatz
Zwei Komplementärfarben ergeben zusammen Weiß.

Bis jetzt haben wir recht mühevoll stets nur mit den farbigen Lichtern des Spektrums experimentiert. Im → V4 vereinigen wir beliebige farbige Lichter auf bequeme Art.

Aus → V4a erkennen wir: Addieren wir zwei im Spektrum nahe beieinander liegende farbige Lichter, so empfinden wir die im Spektrum dazwischen liegende Farbe. Welcher Farbeindruck ergibt sich, wenn wir zwei im Spektrum weit entfernte Farben addieren?
Rot und Violett ergeben zusammen Purpur, eine Farbempfindung, die reine Spektralfarben nicht auslösen können. Nun ist der Übergang vom roten Ende des Spektrums zum violetten Ende über die Mischfarbe Purpur kontinuierlich möglich. Deshalb können wir die Spektralfarben zusammen mit Purpur in einem Kreis anordnen → B4. Dieser so genannte **Farbenkreis** verhilft uns zu einer einfachen Merkregel für die Addition farbiger Lichter:

Merksatz

Addiert man Lichter, deren Farben
- sich im Farbenkreis gegenüberliegen (es sind Komplementärfarben), so erhält man **Weiß,**
- im Farbenkreis näher beieinander liegen, so empfindet man eine dazwischen liegende Farbe.

Diese **Gesetze der additiven Farbmischung** sind unabhängig davon, ob man spektralreines Licht oder Mischlicht verwendet.

2. Farbenaddition auf dem Bildschirm

Betrachtest du mit einer Lupe mit starker Vergrößerung den Bildschirm eines Röhrenfernsehers, so stellst du fest, dass er aus lauter kleinen bunten Farbscheibchen besteht → B5. Stets sind drei Scheibchen in den Farben Rot, Grün und Blau eng beieinander angeordnet. Der gesamte Bildschirm ist mit diesen Dreierpacks bedeckt.

Auch bei einem LCD-Bildschirm besteht jedes Pixel aus sogenannten Subpixeln in den drei Grundfarben. Diese sehr kleinen Subpixel werden elektronisch angesteuert und leuchten – je nachdem, welcher Farbeindruck entstehen soll – unterschiedlich hell auf.

Leuchten in einem Feld des Bildschirms nur Scheibchen oder Subpixel einer Farbsorte hell auf, so erscheint das Feld einfarbig in dieser Farbe → B6.
Leuchten jedoch zwei Sorten z. B. die roten und die grünen Scheibchen in einem Bildschirmfleck hell auf, so gewinnen wir von diesem Fleck in größerem Abstand vom Bildschirm den Farbeindruck Gelb. Das rote und das grüne Licht der Scheibchen trifft auf denselben Netzhautbereich in unserem Auge und addiert sich zu dem neuen Farbeindruck.

V4 **a)** Wir stellen zwei Diaprojektoren mit vorgesetzten Farbfiltern auf und projizieren beide Lichtflecke auf einen weißen Schirm. Wenn wir rote und gelbe Filter benutzen, erkennen wir: Rot und Gelb addieren sich zu Orange. Mit anderen Filtern sehen wir z. B.: Orange und Hellgrün ergeben zusammen Gelb.
b) Wir setzen einen Rot- und einen Violettfilter in die Diaprojektoren ein. Auf dem Schirm erhalten wir als Mischfarbe Purpur (kommt im Spektrum nicht vor). Je nachdem, ob man in der Addition das Rot oder das Violett intensiver macht, erhält man immer wieder andere Purpurtöne; man kann sie auf diese Weise kontinuierlich von reinem Rot in reines Violett übergehen lassen.

B4 Farbenkreis

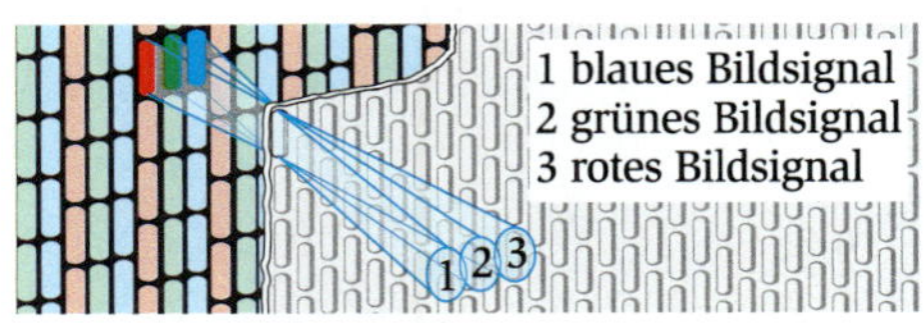

B5 Farbscheibchen auf dem Bildschirm

B6 Farbscheibchen und Farbeindruck

V1 Mit einem Computerprogramm ist es möglich, auf einer bestimmten Bildschirmfläche unterschiedlich viele rote, blaue oder gelbe Scheibchen aufleuchten und die anderen unbeleuchtet zu lassen. Je nach vorgenommener Einstellung entsteht für uns ein einheitlicher Farbeindruck der Fläche (wir dürfen nur nicht zu nahe an den Monitor herangehen).
Überlagern sich zwei dieser einfarbigen Flächen, so addieren sie sich zu einem neuen Farbeindruck. Wir können aber auch drei farbige Flächen überlagern, d. h. drei farbige Lichter addieren. Je nach Helligkeit und Farbe der drei Farbkreise ergibt die Addition einen anderen Farbeindruck. Sind die drei Grundflächen rot, grün und blau, d. h. in der Überlagerungsfläche der drei Farbkreise leuchten alle Farbscheibchen des Bildschirms hell auf, entsteht dort der Eindruck Weiß.

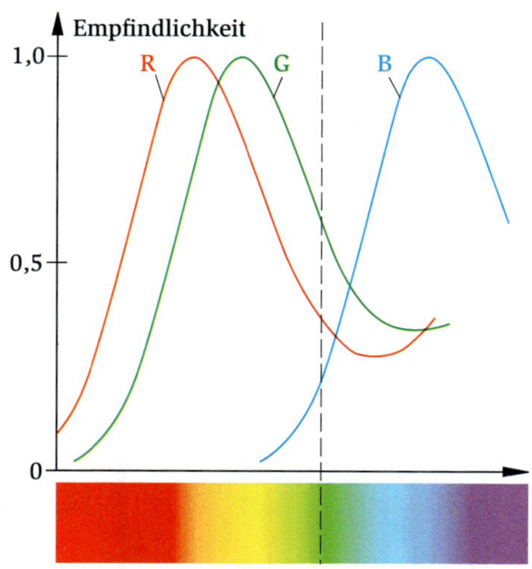

B1 Farbempfindlichkeit der drei Zapfenarten

3. Drei Grundfarben reichen aus

Wir haben beim Aufbau des Bildschirms gesehen, dass dieser nur Scheibchen aus den Farben Rot, Grün und Blau enthält. Wie viele Farbeindrücke lassen sich damit erzeugen?
→ V1 und das Farbfernsehen zeigen uns, dass wir durch Addition der drei Farben Rot, Grün und Blau *alle* Lichter des Farbenkreises herstellen können. Auch die Farbeindrücke Weiß und Purpur lassen sich so erzeugen. Rot, Grün und Blau nennt man deswegen auch **Grundfarben.**

Merksatz
Durch Addieren der drei Grundfarben Rot, Grün und Blau lassen sich alle Lichter des Farbenkreises herstellen.

4. Warum genügen dem Auge die drei Grundfarben?

Das menschliche Auge schafft es, alleine im Spektrum über 150 unterschiedliche Farbtöne zu unterscheiden. Die Natur hat einen „sparsamen" Weg gefunden, dass wir all diese Farben unterscheiden können.
Auf der Netzhaut eines Auges befinden sich 125 Millionen Stäbchen und 7 Millionen Zapfen. Die Stäbchen sind etwas empfindlicher; sie reagieren aber nur auf Hell-Dunkel-Reize. Die Zapfen ermöglichen uns bei genügender Helligkeit das Farbsehen. Es gibt aber nur *drei verschiedene Arten* von Zapfen. Die erste Art (R) spricht nach **→ B1** bevorzugt auf den roten Bereich an, aber auch auf andere Spektralbereiche, wenn auch schwächer. Diese R-Zapfen lösen im Gehirn eine für sie charakteristische R-Empfindung aus. Die zweite Zapfenart (G), die bevorzugt auf die grüne Mitte anspricht, löst eine G-Empfindung aus. Die 3. Art (B) ist für den blauen Teil des Spektrums zuständig.

In **→ B1** ist im grünen Bereich eine Farbe besonders gekennzeichnet. Trifft Licht dieser Farbe auf die Netzhaut, so sprechen die R-Zapfen zu 37 % an, G zu 61 % und B nur zu 22 %. Im Gehirn erzeugen diese drei Empfindungen zusammen den Farbeindruck „Grün". Bei jeder Farbempfindung steuern also drei Zapfenarten ihren Anteil bei. Diese **Dreifarbentheorie des Sehens** entspricht somit den Ergebnissen der Farbaddition. Diese findet also erst in unserem Sehapparat – einschließlich Gehirn – statt, nicht schon auf dem Bildschirm.
Der Farbeindruck Gelb kann z. B. durch Addition der zwei Grundfarben Grün und Rot erzeugt werden. Schauen wir in **→ B1** nach: Die Spektralfarbe Gelb reizt nämlich die R- und G-Zapfen. Dunkelrot reizt nur die R-, Violett nur die B-Zapfen.

Merksatz
In der Netzhaut des menschlichen Auges sind drei Arten farbempfindlicher Zapfen. Sie reagieren bevorzugt auf Rot, Grün bzw. Blau. Sie lösen im Gehirn die Farbempfindung aus.

5. Filter subtrahieren Farben

Das Licht einer Verkehrsampel ist grün, einer anderen rot. Benutzt man verschiedene Lampen mit unterschiedlich farbigen Lichtern? In der Ampel befinden sich oft nur gewöhnliche Glühlampen. Sie strahlen weißes Licht – also alle farbigen Lichter – aus. Erzeugt die vorgesetzte Farbscheibe zusätzlich grünes Licht oder färbt sie gar alle Lichtstrahlen ein? → V2 liefert uns die Antwort. Die grüne Farbscheibe verschluckt fast alle Farben des weißen Glühlichts. Nur grünes Licht lässt sie hindurch. Grün ist deshalb das einzige Farblicht, das wir hinter der Farbscheibe noch sehen können. Es kommt schon aus der Glühlampe. Manchmal lassen Farbfilter aber nicht nur Licht einer Spektralfarbe durch. Mehrere hindurchgelassene Farblichter addieren sich dann zu einer Mischfarbe, die dem Filter seine „Farbe" gibt.

Nimmt man aus dem weißen Licht einen Teil der Spektralfarben heraus, so erhält man als Rest eine Mischfarbe. Dieses Verfahren heißt **subtraktive Farbmischung.** Stellt man einen Farbfilter zwischen Lampe und Schirm, so erscheint auf dem Schirm stets die Mischfarbe der durchgelassenen Spektralfarben.
Was geschieht, wenn man weißes Licht nacheinander durch mehrere Farbfilter schickt? → V3 zeigt uns ein mögliches Ergebnis. Mithilfe von → B2 können wir das Ergebnis verstehen: Der Gelbfilter verschluckt den von Blau bis Violett gehenden Teil des Spektrums; es erscheint in Durchsicht gelb. Ein zweiter Filter sperrt die Spektralfarben Rot bis Gelb. Er erscheint blau. Legen wir beide Filter übereinander auf den Tageslichtprojektor, so sehen wir die einzige durchgelassene Farbe auf dem weißen Schirm – nämlich Grün. Die zusätzliche rote Folie verschluckt auch noch diese Farbe.

Merksatz

Durchsichtige farbige Scheiben lassen nur bestimmte Spektralbereiche durch, während die übrigen gesperrt werden. Die Scheibe erscheint in der Mischfarbe der durchgelassenen Farben.

V2 Wir erzeugen das Spektrum von weißem Glühlicht und bringen zwischen Lichtquelle und Prisma einen grünen Farbfilter: Vom Spektrum bleibt nur noch ein grüner Streifen übrig – genauso hell wie vorher im Spektrum.

V3 Wir legen nacheinander mehrere Farbfolien (farbige Filter) auf einen Tageslichtprojektor. Zunächst den Gelbfilter, dann den Blaufilter. Dort wo sich die Folien überlagern erscheint auf der Leinwand die Farbe Grün. Anschließend legen wir noch eine rote Folie dazu. An der Stelle, an der das Licht durch alle drei Farbfolien hindurch muss, ist es jetzt völlig dunkel geworden.

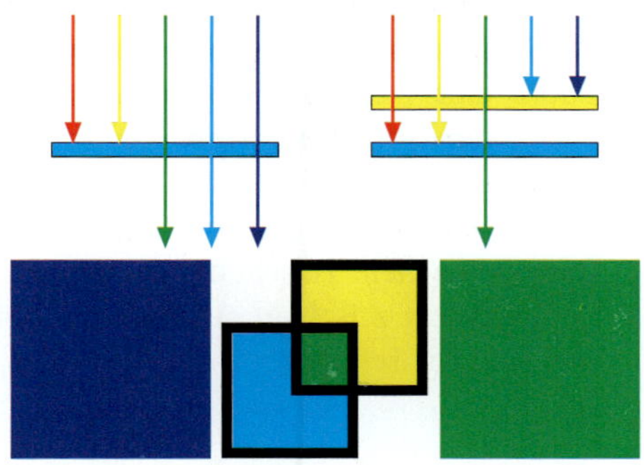

B2 Weißes Licht durchdringt Farbfilter

Mach's selbst

A1 Mische farbige Lichter mithilfe des Farbenkreises: **a)** Blau mit Gelb **b)** Hellgrün mit Orange.

A2 Erkläre mit → B1, warum sich **a)** Rot und Grün zu Weiß aber auch **b)** sich Rot und Grün zu Gelb addieren können.

A3 Entfernt man die Spektralfarbe Violett aus dem Spektrum und addiert die Restfarben, so erhält man Gelb. Erkläre mit → B1.

A4 An einem Farbfernseher tritt plötzlich ein Fehler auf:
Das weiße Hemd des Schauspielers wird blau und seine gelbe Nelke wird grün. Welchen Defekt vermutest du?

A5 Erkläre mit der Dreifarbentheorie des Sehens, warum das Auge nicht nur aus drei Spektralfarben, sondern auch schon durch die Addition von nur zwei spektralreinen Komplementärfarben den Eindruck Weiß erhalten kann.

A6 Wie prüft man, ob man durch ein Farbfilter eine spektralreine oder eine Mischfarbe sieht?

A7 **a)** Begründe: Je mehr Farben additiv gemischt werden, desto heller wird der Farbeindruck.
b) Begründe: Je mehr Farben subtraktiv gemischt werden, desto dunkler wird die Mischfarbe.

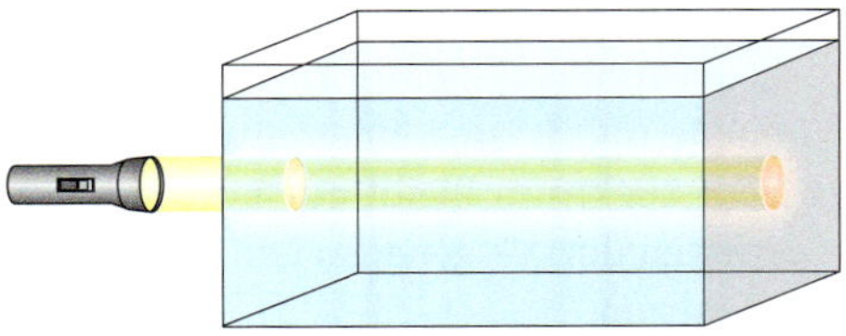

V1 Wir füllen ein kleines Aquarium mit Wasser und rühren einen Teelöffel Milch dazu. Ein Lichtbündel einer Lampe durchstrahlt die Flüssigkeit. Schauen wir von der Seite senkrecht zum Lichtbündel in das Aquarium, so erscheint das Lichtbündel bläulich. Schauen wir jedoch von vorn in das Aquarium durch die Flüssigkeit in die Lampe hinein, so erscheint das auf uns zukommende Licht rötlich.

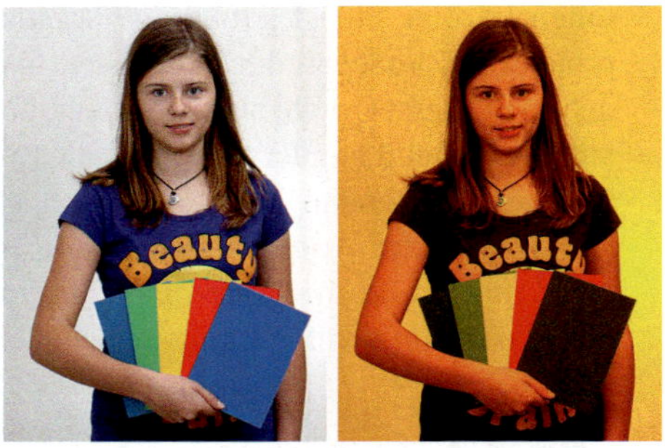

V2 Wir stellen in einem verdunkelten Raum eine Natriumdampflampe auf und bestrahlen mit ihrem Licht verschiedene bunte Pappe. Von den vorher bei Tageslicht wahrgenommenen Farben ist jetzt außer Gelb nichts mehr zu sehen! Ein Karton, der im Tageslicht z. B. blau aussieht, erscheint uns jetzt fast schwarz.

1. Reflektiert eine Rose nur rote Anteile vom weißen Licht, so erscheint sie dunkelrot.
2. Verschluckt eine Rose nur Farben des grünen Bereichs, so erscheint sie hellrot.
3. Streut ein Papier von allen Farben des Spektrums 100 % bis 80 %, so erscheint es uns weiß bzw. hellgrau, bei 25 % dagegen dunkelgrau.
4. Verschluckt ein Körper alle Farben des Spektrums, so erscheint er uns schwarz.

T1 Beispiele für Körperfarben

6. Die rote Abendsonne

Beim Sonnenaufgang und beim Sonnenuntergang erscheint die Sonne meist rot bei Tag dagegen weiß. Doch warum sehen wir morgens und abends die Sonne rötlich?

In → **V1** durchdringt weißes Licht auf kurzer Strecke verdünnte Milch. Die kleinen Schwebstoffe der Milch bilden Hindernisse für das Licht. Es wird an ihnen unregelmäßig nach allen Seiten gestreut. Allerdings werden offenbar Blauanteile des weißen Lichts stärker gestreut als Rotanteile. Licht, das nach dem langen Weg durch die Flüssigkeit übrig geblieben ist, addiert sich im Gehirn zu einem roten Farbeindruck.

Das Sonnenlicht durchdringt über sehr große Entfernungen die Atmosphäre der Erde. Dabei wird Licht an kleinsten Luftpartikeln in der Atmosphäre gestreut. Bei Sonnenauf- und Sonnenuntergang ist der Weg des Lichts durch die Atmosphäre viel länger als bei der hochstehenden Sonne am Tage. Morgens und abends erscheint die Sonne deshalb rot.

7. Die Farbe kommt immer vom Licht

„Ist die Hose blau oder dunkelgrau?“, fragt ein Kunde im Kaufhaus. Der Verkäufer nimmt die Hose und geht damit zum Fenster. Er sagt: „Bei dem Licht unserer Leuchtstofflampen erkennt man die Farben nicht so gut. Die Hose ist blau.“ Beeinflusst das Licht, bei dem wir einen Körper betrachten, wirklich die Farbe, unter der uns der Körper erscheint?

Farbfilter können mehrere Spektralfarben verschlucken, dafür lassen sie andere durch. Sie erscheinen dann in der Mischfarbe der durchgelassenen Farben. Undurchsichtige Körper verschlucken ebenfalls einige Spektralfarben, andere streuen sie. Diese Körper erscheinen dann in der Farbe, die durch additive Mischung des gestreuten Lichts entsteht.

Die Natriumdampflampe in → **V2** erzeugt spektral reines Gelb. Der gelbe Karton reflektiert das Gelb der Lampe – er erscheint gelb. Der blaue Karton hingegen verschluckt gelbes Spektrallicht. Er kann beim Licht der Natriumdampflampe also nichts reflektieren, er erscheint annähernd schwarz.

Fällt dagegen weißes Licht (Licht der Sonne oder einer Glühlampe) auf ihn, so treffen alle Spektralfarben auf. Nur die gestreuten Farben gelangen ins Auge und reizen die Zapfen. Unser Gehirn „berechnet“ daraus die Mischfarbe → **T1**.

Merksatz

Jeden Körper sehen wir in einer bestimmten Farbe. Sie ist meistens eine Mischfarbe. Zu ihr tragen alle Spektralfarben bei, die auf den Körper fallen und von ihm gestreut werden.

Die Aussage des Verkäufers, „Die Hose ist blau“, ist also falsch. Sie *erscheint* lediglich bei Tageslicht in dieser Farbe.

8. Auch beim Farbdruck wird gemischt

Farbige Bilder in Büchern werden mit farbiger Tinte gedruckt. Erstaunlicherweise werden nur drei verschiedene Farbtinten benötigt. Vom Farbdrucker des Computers weißt du vielleicht, dass seine drei Farbpatronen die Farben Magenta (Purpurrot), Cyan (Blaugrün) und Gelb haben. Ein Farbstoff, der alle Rottöne verschluckt, erscheint in Cyan. Verschluckt der Stoff alle Blau- und Violettfarben, so streut er nur Gelb. In Magenta erscheint ein Farbstoff, der alle Farben im mittleren Bereich des Spektrums (Grün) verschluckt. Mischen wir diese drei Farbstoffe, so verschluckt die Mischung alle Spektralfarben – sie erscheint schwarz.

Um Farbtinte zu sparen, verwendet der Farbdrucker auch schwarze Tinte. Wie im Buchdruck werden bei diesem **Vierfarbendruck** nacheinander Bilder des Gegenstandes in den drei Grundfarben und Schwarz gedruckt → B1. Dabei werden die verschiedenen Punkte teils nebeneinander und teils übereinander gedruckt. Übereinander gedruckte Farbpunkte erzeugen subtraktive Farbmischung, nebeneinander gedruckte rufen im Gehirn additive Farbmischung hervor.

9. Farben außerhalb des Farbenkreises

Dir ist sicherlich aufgefallen, dass das Spektrum und der Farbenkreis nur satte leuchtende Farben enthält. Es fehlen Braun und Rosa, die aus Rot abgeleitet werden. Um ein Papier braun zu färben, druckt man viele schwarze Punkte in die zunächst rote Papierfläche → B2. Durch dieses Abdunkeln von Rot ergeben sich Brauntöne bis hin zu Schwarz. In → B1 links wurde dagegen Rot durch viele weiße Punkte aufgehellt. Dabei entsteht Rosa bis hin zu reinem Weiß. In der Mitte des Dreiecks ist Rot teils mit Schwarz abgedunkelt und teils mit Weiß aufgehellt. Die Grundseite des Dreiecks zeigt, wie aus Weiß durch eine zunehmende Anzahl von schwarzen Punkten alle möglichen Grautöne entstehen. Durch Abdunkeln oder Aufhellen anderer Farben kann man weitere Farbeindrücke außerhalb des Farbenkreises erzeugen, wie z. B. Ocker.

10. Farbmischung im Malkasten

Wenn du gelben und blauen Farbstoff im Malkasten verrührst, entsteht ein Farbstoff in der Farbe Grün. Mischst du zwei Farbstoffe zusammen, werden mehr Farben verschluckt, weniger Spektralfarben werden gestreut. Du erhältst das gleiche Ergebnis wie in den Versuchen mit den Farbfiltern. Auch hier handelt es sich um eine *subtraktive* Farbmischung. In der gelösten Farbe schwimmen kleine farbige Körnchen, die einige Spektralfarben schlucken und andere streuen. Farbstoffe erscheinen in der Mischfarbe des gestreuten Lichts.

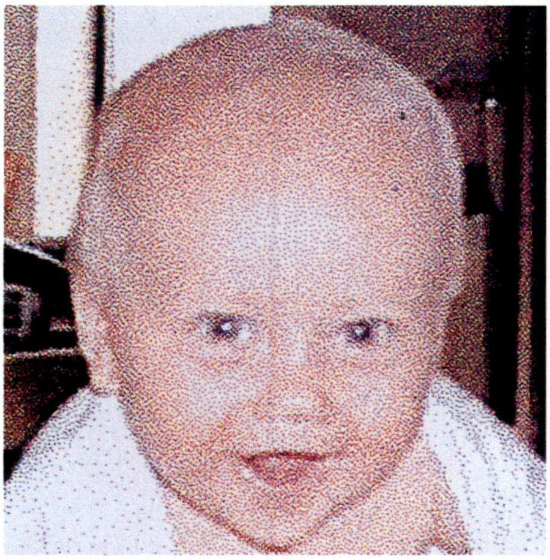

B1 Rasterpunkte eines Vierfarbendrucks

B2 Braun-, Rosa- und Grautöne

Mach's selbst

A1 Gib die Farbe an, die ein bei Tageslicht gelbes Hemd zeigt, wenn es mit weißem Glühlicht, mit gelbem Licht, mit blauem Licht oder mit rotem Licht beschienen wird.

A2 Auch vom Mond aus kann man einen Sonnenuntergang beobachten. Diskutiere, ob die Abendsonne dort auch rötlich erscheint.

A3 1976 ist die Raumsonde „Viking" auf dem Planeten Mars gelandet und hat von der Marsoberfläche Farbbilder zur Erde gesandt. Man hatte damals auf einem Schild der Raumsonde einige Spektralfarben aufgemalt und zusätzlich zur Landschaft mitfotografiert. Erörtere den Zweck dieser Maßnahme. (Beachte: Die Atmosphäre des Planeten Mars hat eine andere chemische Zusammensetzung und eine andere Dichte als die Atmosphäre der Erde.)

Methode – Dokumentieren

Mindmapping

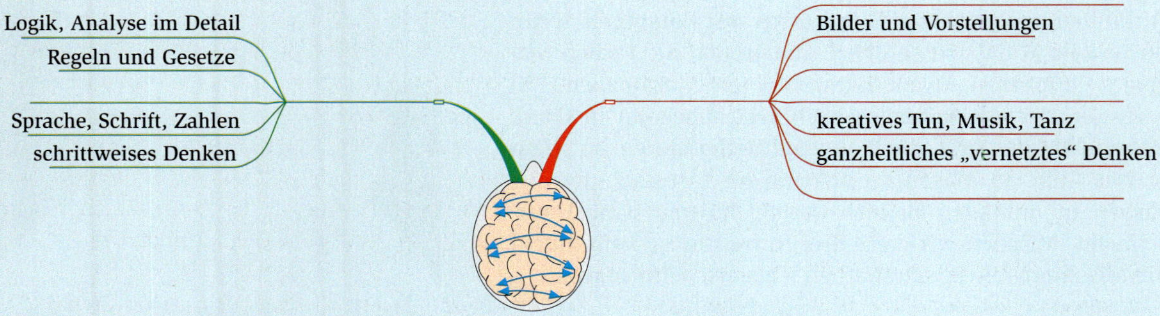

B1 Funktionen der linken und rechten Gehirnhälfte

Die beiden Hälften des Gehirns ...
Dem Bild eines Gehirns kann man es nicht ansehen, aber aus der Hirnforschung weiß man es genau: Die linke und die rechte Gehirnhälfte erfüllen völlig unterschiedliche Aufgaben **→ B1**.

... müssen beim Lernen einbezogen werden . . .
Beim Lernen kommt es auf die Denkleistung des ganzen Gehirns an, beide Gehirnhälften sollen zusammenarbeiten und sich ergänzen. Deshalb müssen wir lernen, auch die rechte Gehirnhälfte zu fordern. Wenn wir Beziehungen zwischen Schlüsselwörtern räumlich darstellen, nutzen wir die besonderen Fähigkeiten der rechten Gehirnhälfte.

... werden beim Mindmapping gefordert.
Beim Mindmapping breitet man seine Gedanken wie eine Landschaft weiträumig aus. Man beginnt mit dem Hauptgedanken als Stichwort in der Mitte des Blattes und lässt die Gedanken ähnlich wie einen Baum organisch wachsen, und zwar
- ausgehend vom Stamm (dem Thema)
- über starke Äste (die wichtigsten Gedanken)
- bis hin zu den Zweigen und kleinen Zweiglein, die die Nebengedanken darstellen.

Das sieht für die linke Gehirnhälfte unordentlich aus, weil es keine Reihenfolge der Gedanken mehr gibt, es entspricht aber genau den Fähigkeiten der *rechten Gehirnhälfte*.
Auch Farben sind eine Angelegenheit der rechten Gehirnhälfte. Deshalb kannst du die einzelnen Stichwörter farblich hervorheben. Jede Farbe ist ein Erkennungszeichen für die rechte Gehirnhälfte, z. B: Rot für den Hauptgedanken, Gelb für Beweis und Information, Grün für die Aufforderung zu künftigem Tun. Die Wahl der Farben ist beliebig.

Die *linke Gehirnhälfte* kommt *ordnend* ins Spiel, wenn du die Äste sortierst und in eine bestimmte Anordnung bringst. Das Ergebnis ist eine Art Landkarte der Gedanken und der Gedankenführung (daher das englische Wort **„mind map"**).
Die linke Hälfte ist der logisch-denkende, die rechte Hälfte ist der kreative Teil deines Gehirns.
Einige der Vorzüge des Mindmappings sind in folgender Mindmap beispielhaft nochmals dargestellt.

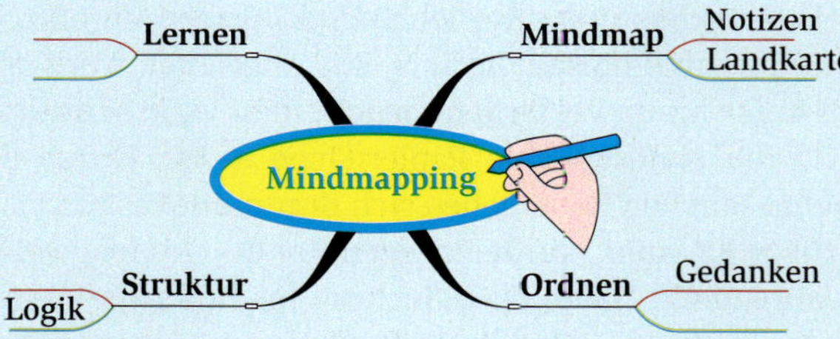

Tipps zum Erstellen einer Mindmap
- Eine Mindmap erfordert viel Platz. Verwende am besten ein DIN-A4- oder DIN-A3-Blatt.
- Fange in der Mitte des Blattes mit dem Stichwort für das Thema an. Entwerfe die Mindmap zunächst mit einem Bleistift. So kannst stets korrigieren.
- Verwende zur besseren Lesbarkeit nur große und kleine Druckbuchstaben.
- Die Gedanken werden zunächst an beliebiger Stelle um das im Mittelpunkt stehende Thema eingetragen, sodass nach und nach ein „Gedankenbaum" mit Ästen, Zweigen und Zweiglein entsteht.
- Für die Reihenfolge bei der Anordnung der Äste gibt es keine feste Regel. Oft ist es günstig, die Äste thematisch im Uhrzeigersinn anzuordnen.
- Ergänze oder ersetze Schlüsselwörter möglichst durch Bilder, Piktogramme oder Symbole.

Interessantes

Die Bedeutung der Optik für die Wissenschaften

Wir nehmen die meisten Informationen unserer Umwelt mithilfe der Augen auf. Sind die Gegenstände jedoch sehr klein oder sehr weit weg, so stoßen wir aufgrund des beschränkten Auflösungsvermögens unseres Auges an Grenzen. Mit der Lupe und erst recht mit dem Mikroskop kann der Mensch sich einen Einblick in den **Mikrokosmos** (Weltordnung im Kleinen) verschaffen.

Das *Mikroskop* wurde etwa um 1600 erfunden. Es wurde zu *dem* Forschungsinstrument der **Biologie.** Ganze Gattungen von Lebewesen konnten zum ersten Mal beobachtet und beschrieben werden.

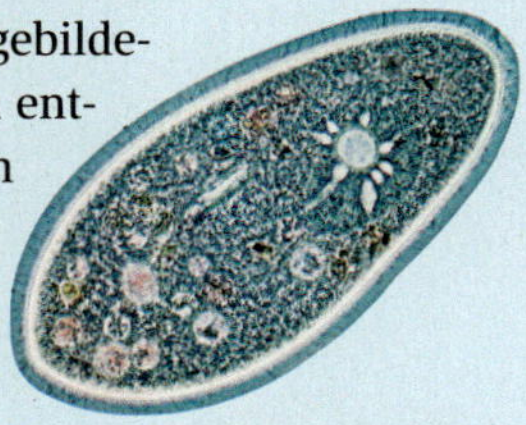

Kleinstlebewesen, wie die abgebildeten Pantoffeltierchen, wurden entdeckt. Aber auch bei größeren Lebewesen wurden viele Entdeckungen gemacht, so z. B. der Aufbau von tierischem Gewebe, oder auch die Struktur von Blättern und Stängeln von Pflanzen. Aus gemeinsamen Strukturen erkannte man auch Artenverwandtschaften und konnte so Klassifikationen ergänzen oder auch frühere Fehler korrigieren.

Auch die Bestandteile unseres Körpers wurden erst mithilfe des Mikroskops überhaupt deutlich. So konnte der zellare Aufbau des Körpers entdeckt und erforscht werden.

Großen Nutzen zog insbesondere auch die **Medizin** von diesen Erkenntnissen. Viele Krankheitserreger, z. B. Bakterien, konnten entdeckt werden. Eine wichtige Konsequenz daraus war eine Erziehung der Bevölkerung zur Hygiene. Die Notwendigkeit, sich öfter die Hände zu waschen, sich regelmäßig zu baden, oder sich die Zähne zu putzen, konnte nun wissenschaftlich begründet werden. Diese Hygienemaßnahmen führten zu einem starken Anstieg der Lebenserwartung. Die Identifizierung bestimmter Bakterien als Krankheitserreger führte dann auch zur Entwicklung von Impfstoffen. Der vielleicht bekannteste Bakteriologe war Robert Koch, der u. a. 1882 den Tuberkulose-Erreger und 1884 den Cholera-Erreger entdeckt hat. In vielen Teilen der Welt konnten durch solche Entdeckungen Seuchen, Elend und Not gelindert werden.

Die Natur des Lichts beschränkt die Mikroskopvergrößerung auf etwa 800. Mithilfe des Wissens über Optik wurde im 20. Jahrhundert das Elektronenmikroskop entwickelt. Damit kann man bis in atomare Abstände der Mikrowelt sehen.

Fernrohre machen es möglich, dass Menschen einen Blick in den **Makrokosmos** (Weltordnung im Großen) werfen können.

Galileo Galilei beobachtete ab 1609 mit seinem selbst gebauten Fernrohr den Sternenhimmel und entdeckte u. a. Mondberge, vier Jupitermonde, die Phasen der Venus und Sonnenflecken. Er hat damit einen riesigen Fortschritt für die **Astronomie** eingeleitet.

Fernrohre waren von diesem Zeitpunkt an das Beobachtungsinstrument für alle Himmelsforscher. Man wollte mit immer besseren Geräten immer weiter in das Weltall hinaus schauen. Dies erforderte immer größere Fernrohre, weil mit steigender Vergrößerung auch die Brennweite der Objektivlinse steigt. Außerdem muss der Durchmesser des Objektivs wegen der Bildhelligkeit mit anwachsen. Das Bild zeigt das größte bewegliche Linsenfernrohr der Welt (Brennweite 21 m). Es steht in der Archenhold-Sternwarte (Berlin).

Spiegelteleskope sind Fernrohre bei denen ein Hohlspiegel die Rolle der Objektivlinse übernimmt. Technisch bedingt lassen sich mit ihnen stärkere Vergrößerungen erzielen. Die dicke Atmosphäre der Erde begrenzt jedoch das Auflösungsvermögen aller irdischen Fernrohre. Durch die Luftunruhe ändert sich nämlich die Brechkraft der Atmosphäre längs des Lichtweges vom Stern zum Fernrohr. 1990 hat man das erste Weltraumteleskop (Hubble-Teleskop) in eine Umlaufbahn um die Erde geschossen. Oberhalb der dichten Erdatmosphäre wurden mit ihm Bilder von fernen Objekten aufgenommen von bis dahin nicht erreichter Schärfe.

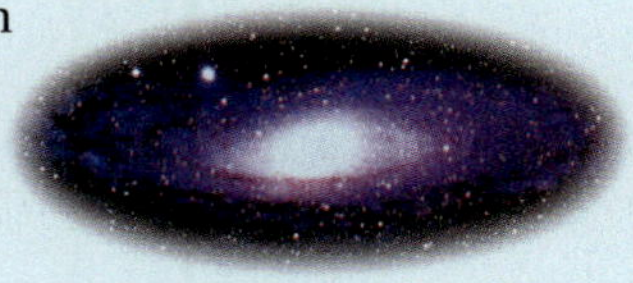

Mithilfe von Fernrohren konnte man herausfinden, dass viele im Fernglas kleine, milchig aussehende Flecke, tatsächlich eine Ansammlung von Milliarden einzelner Sterne sind. Heute weiß man, dass es Milliarden solcher Sternsysteme gibt.

Schickt man das Licht eines Sterns durch ein Prisma, so kann man aus dem Linienspektrum ablesen, dass diese Sterne aus Elementen bestehen, die es auch auf der Erde gibt.

Interessantes

Physik und Medizin

Blick in den Körper mit Licht ...

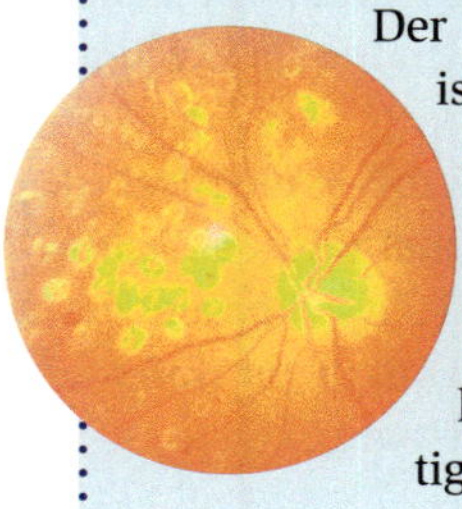

Der Augenhintergrund mit der Netzhaut ist für das Sehen von großer Bedeutung. Er verrät aber auch manche verborgene Krankheit, z.B. eine länger andauernde Diabetes. Die Netzhaut selbst kann ebenfalls in seltenen Fällen bedroht sein. Es ist also sehr wichtig, dass ein Arzt diese betrachten kann.

Schon 1850 entwickelte Hermann v. HELMHOLTZ den **Augenspiegel,** mit dem er den Augenhintergrund beleuchten und das von dort gestreute Licht in sein eigenes Auge lenken konnte. Dieses einfache Instrument gibt es auch heute noch mit einigen Veränderungen in jeder augenärztlichen Praxis.

Der wesentliche Bestandteil des Augenspiegels ist eine Glasscheibe als halbdurchlässiger Spiegel. Sie wird zwischen das Auge des Patienten und das Auge des Arztes gehalten. Trifft ein Lichtstrahl auf diese Scheibe, so wird ein Teil des Lichts reflektiert und durch die Augenlinse des Patienten in sein Auge gelenkt. Der durchgehende Rest des Lichts ist ohne Bedeutung. Vom beleuchteten Netzhautpunkt N → B1 geht gestreutes Licht in alle Richtungen. Strahlen, die durch die Linse gehen, laufen nach der Brechung parallel auf den Spiegel zu. Ein Teil des Lichts wird gespiegelt und ist für die Untersuchung verloren. Der Rest aber läuft zur Augenlinse des Arztes und wird dort gebrochen. Auf seiner Netzhaut entsteht der Bildpunkt N', den der Arzt jetzt wahrnimmt. Für andere Netzhautstellen passiert das Gleiche: Der Arzt sieht die Netzhaut des Patienten.

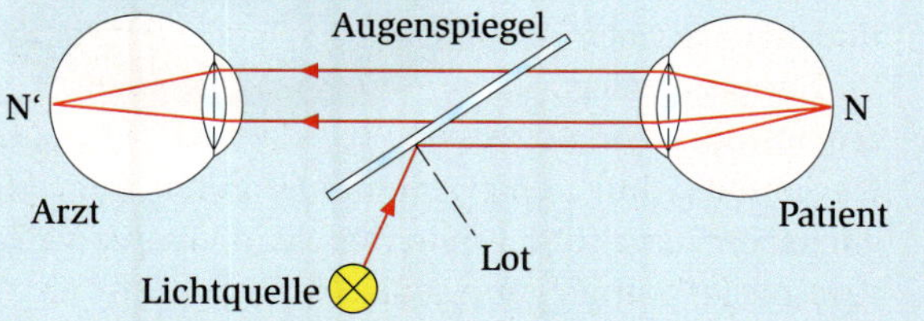

B1 Strahlengang bei der Untersuchung mit einem Augenspiegel. N und N' liegen jeweils in der Brennebene.

... mit Ultraschall

In ein Auge „hineinschauen" können wir, weil Licht aus dem anderen Auge in unser Auge gelangen kann. Um Informationen aus lichtundurchlässigen Teilen des Körpers zu bekommen, hat die Medizintechnik Delfine und Fledermäuse nachgeahmt. Beide orientieren sich mithilfe von Ultraschallsignalen, die sie in die Umgebung aussenden.

In der Medizin nimmt man einen Ultraschallkopf, der kurze Pulse mit z.B. 5 MHz direkt auf der Haut ausstrahlt. Der Schall wird an Muskelfasern, Sehnen und Knochen reflektiert und gelangt wieder in den Schallkopf. Dieser dient in den Sendepausen als Mikrofon. Je später nun ein Echo eintrifft, desto tiefer muss die reflektierende Stelle unter der Haut liegen → B2,3. Ein Computer zeichnet daraus ein Bild.

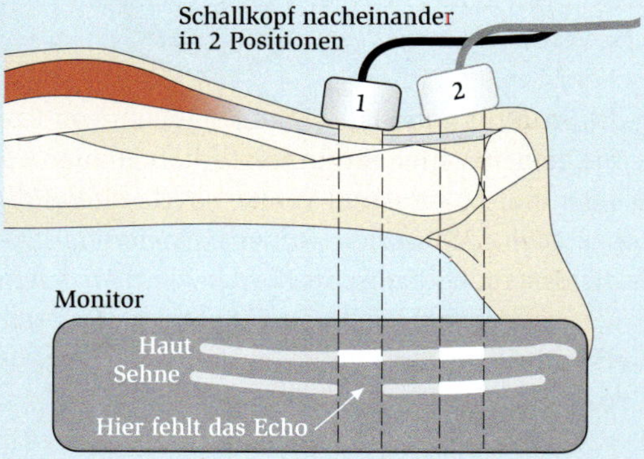

B2 Die nahe Haut liefert das Echo schnell, am oberen Bildschirmrand wird ein heller Fleck gezeichnet. Die Sehne liegt weiter weg, ihr Echo kommt später, der zugehörige helle Fleck wird weiter unten gezeichnet.

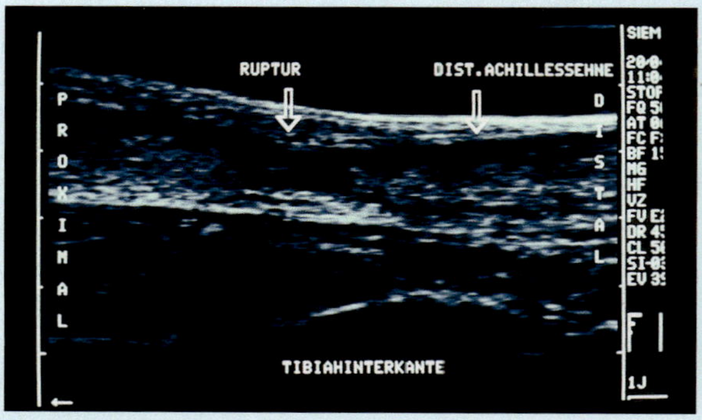

B3 Mithilfe von Ultraschall erkennt der Arzt, dass die Achillessehne gerissen ist (Ruptur = Riss).

Interessantes

Die Natur physikalisch betrachtet

„Physis" heißt Natur. Physik ist also die Lehre von der Natur. Solange es Menschen gibt, haben sie zwangsläufig die Natur in ihrem Lebensbereich betrachtet und nach Erklärungen der Erscheinungen in ihrer Umwelt gesucht. Oft wurden verborgene „Kräfte", unsichtbare Geister und Dämonen als Ursache unerklärlicher Vorgänge wie z. B. Blitz und Donner herangezogen.
Um 1600 entwickelte sich die moderne Arbeitsweise der Naturwissenschaften. Galileo GALILEI gab sich nicht mit Nachdenken über die Natur zufrieden. Wenn er meinte, eine Erklärung (Hypothese) für einen Vorgang gefunden zu haben, plante er ein Experiment, mit dem er diese testen konnte. Auch ihr macht es so im Physikunterricht. Und genauso arbeiten ausgebildete Physikerinnen und Physiker auf der ganzen Welt.
Was macht diese Vorgehensweise, diese physikalische „Methode" so stark? Genügt es nicht, dass jeder die Natur so beschreibt, wie er sie wahrnimmt?

Subjektive Wahrnehmung …
Unsere Sinne sind die Brücken zur Außenwelt. Wir sehen, hören, riechen, schmecken und tasten. *Laut* und *leise, hell* und *dunkel,* aber auch *hoher Ton, tiefer Ton* und *grün, rot* beschreiben z. B. solche Empfindungen. Wir sind wahrnehmende Lebewesen, **Subjekte.** Subjektive Empfindungen sind großartige Leistungen des Zusammenspiels von Sinnesorganen und Gehirn. Dieses hatte hunderttausende von Jahren Zeit, uns solche eindrucksvollen Bilder von der Außenwelt zu ermöglichen.

Andere Lebewesen besitzen auf ihre Bedürfnisse angepasste Schnittstellen zur Außenwelt. *Ein Beispiel:* Eine Schlange sieht mit ihren Augen schlecht – erst recht in dunklen Höhlen. Sie hat aber zwischen Augen und Mund zusätzlich zwei *Lochkameras,* die „Grubenorgane". Ihr Hintergrund ist mit besonderen Sinneszellen ausgekleidet, mit denen sie die *Temperaturstrahlung* (Infrarotstrahlung) eines möglichen Beutetieres wahrnimmt. Dafür reichen sogar Temperaturunterschiede von wenigen tausendstel Grad aus. Im geeigneten Augenblick kann sie so ihr Beutetier packen und ihr Überleben sichern.
Ein weiteres Beispiel: Die Fledermaus kann mit ihren kleinen Augen im Dunkeln nicht viel sehen. Wichtig für sie ist es, bei Nacht im Fluge Insekten zu orten. Sie „bestrahlt" dazu die Umgebung mit (für uns unhörbarem) *Ultraschall.* Ein Hindernis wirft den Schall zurück. An diesem Echo erkennt die Fledermaus Ort und Größe des schmackhaften Insekts.

Subjektive Wahrnehmungen erzeugen also ein lebenswichtiges Abbild der Umwelt. Für diesen Zweck sind die Empfindungen der Lebewesen jeweils ausgezeichnet geeignet. Die lange Zeit des Überlebens beweist es. Zur gegenseitigen exakten Verständigung der Menschen über Gesetzmäßigkeiten der Natur reichen subjektive Eindrücke aber nicht aus. In der Wissenschaft brauchen wir eine von unseren Empfindungen oder gar den Empfindungen anderer Lebewesen unabhängige Methode zur Beschreibung der Natur, wir brauchen eine **objektive** Beschreibung.

… und objektive Messung
Ein physikalisches Experiment aus der Optik ermöglicht es, jedem intelligenten Wesen im Universum mitzuteilen, welche Lichtsorte wir beschreiben möchten. Dazu lassen wir ein Lichtbündel mit allen Lichtern einer hellen Lampe (Empfindung „weiß") durch ein bestimmtes Prisma laufen. Die verschiedenen *farbigen* Lichter werden jetzt zweimal gebrochen, jede Sorte unter einem anderen Winkel. Mit einer Fotozelle kann jeder die einzelnen Positionen dieses Spektrums abtasten und das Licht elektrisch nachweisen – auch unser Außerirdischer. Dem *Rot* z. B. ist ein bestimmter Ablenkungswinkel zugeordnet, dem *Blau* ein größerer. Selbst die Infrarot- (IR) und Ultraviolettstrahlen (UV) sind von den anderen getrennt. Die vorgefundenen Ablenkungswinkel sind **objektive** Messergebnisse.

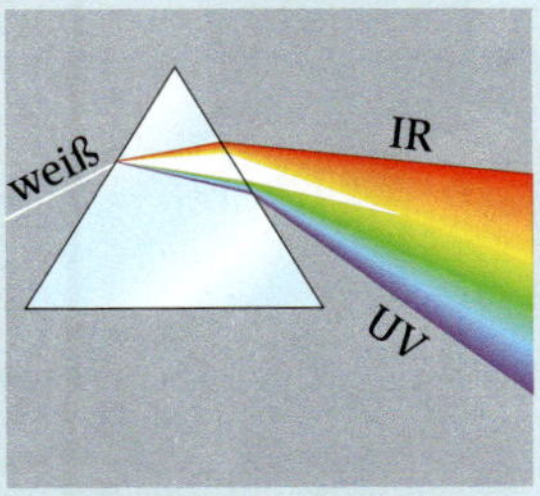

Objektive Messergebnisse ermöglichen auch die eindeutige Verständigung über akustische Phänomene.

B1 Zwei Personen nehmen einen Ton unterschiedlich wahr.

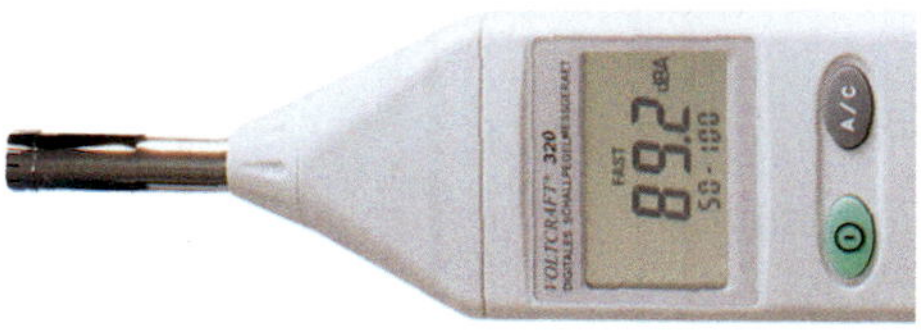

B2 Schallpegelmessgerät

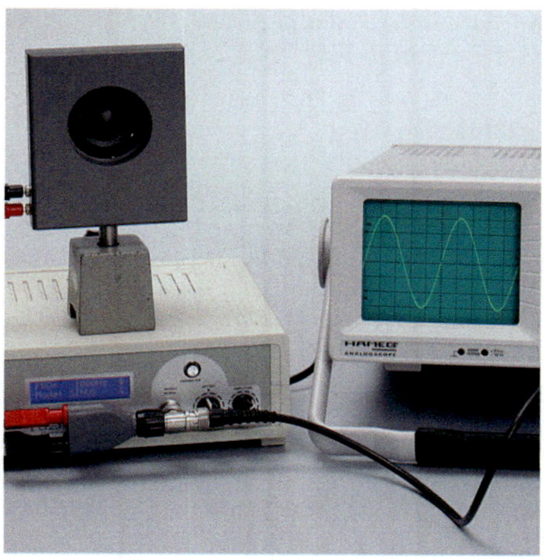

V1 Wir schließen einen Tongenerator an einen Lautsprecher an. Wir verändern am Generator die Frequenz, aber nicht die Amplitude. So erzeugen wir Töne mit unterschiedlichen Tonhöhen, aber gleicher Lautstärke. Wir wählen dabei Töne aus dem gesamten Hörbereich aus z.B.: 25 000 Hz, 10 000 Hz, 5 000 Hz, 1 000 Hz, 500 Hz und 50 Hz. Wir nehmen diese Töne unterschiedlich laut wahr. Am lautesten erscheinen uns Töne bei mittleren Frequenzen zwischen 1 000 Hz und 5 000 Hz

1. Subjektive Wahrnehmung

Im Kapitel Akustik hast du schon gelernt, dass ein Ton, den wir hören, die subjektive Wahrnehmung von Schall ist. Völlig unabhängig davon, ob wir einen Ton wahrnehmen, entsteht Schall durch die Schwingung eines Schallerregers. Wie wir einen bestimmten Ton wahrnehmen – z. B. den Kammerton a', können wir niemandem vermitteln. Zudem können zwei verschiedene Personen sogar bei derselben Tonhöhe sehr unterschiedliche Empfindungen haben **→ B1**.

Auch welche Farbe wir wahrnehmen, ist subjektiv. Wir wissen nicht, ob jeder Mensch das Gleiche wahrnimmt, wenn er z. B. die Farbe Rot sieht. Wir verwenden zwar dasselbe Wort „Rot", aber Wissenschaftler sagen: „Der Sinneseindruck Farbe entsteht erst in unserem Gehirn, das heißt jeder Mensch macht sich seine eigenen Farben."

2. Laut oder leise?

Nicht nur wie wir Töne wahrnehmen, sondern auch wie laut wir Töne empfinden ist subjektiv. „Die Musik ist viel zu laut" ruft der Vater. „Ich finde sie leise" entgegnet Katharina. Katharina und ihr Vater empfinden dieselbe Musik unterschiedlich.

Möchte man jedoch unabhängig von dieser subjektiven Wahrnehmung unterscheiden, was „laut" und was „leise" ist, benötigt man eine Skala für objektive Lautstärkewerte. Ein „Schallpegelmessgerät" **→ B2** misst den Lautstärkewert mit der Dezibelskala. Diese Skala deckt einen weiten Bereich ab, ohne dass die Maßzahlen zu groß werden. Angepasst an das menschliche Gehör hat man dem Schall, den man gerade noch hören kann, den Schallpegel 0 dB zugeordnet. Bei einem Schallpegel von über 130 dB entstehen schon unerträgliche Schmerzen und irreversible Schädigungen im Innenohr. Eine Gefährdung des Gehörs tritt schon bei einem Schallpegel von über 90 dB auf.

In **→ V1** untersuchen wir die Lautstärkeempfindung noch genauer. Wir stellen fest, dass wir Töne unterschiedlicher Frequenz unterschiedlich laut wahrnehmen. Töne zwischen 1 000 Hz und 5 000 Hz nehmen wir lauter wahr als andere. Dass unser Ohr in diesem Freuquenzbereich besonders sensibel ist, hat einen biologischen Grund: Diese Tonhöhen liegen im Frequenzbereich unserer Sprache.

3. Hell oder dunkel?

Eine gute Beleuchtung am Arbeitsplatz steigert die Konzentrationsfähigkeit, fördert die Gesundheit und senkt die Fehlerquote. Daher gibt es Richtlinien, die besagen, dass ein Arbeitsplatz gut beleuchtet sein muss.

Doch was ist eine „gute Beleuchtung“? Du weißt, dass unsere Augen Helligkeit unterschiedlich wahrnehmen. Auch zur Beurteilung der Beleuchtungsstärke ist also eine Messung notwendig – unabhängig von unserer Helligkeitsempfindung.
Mit einem Messgerät, das die Beleuchtungsstärke in der Einheit Lux (lx) misst, untersuchen wir jetzt das Helligkeitsempfinden noch genauer.
In → V2 stellen wir fest, dass wir verschiedene Farben unterschiedlich hell wahrnehmen. So empfinden wir zum Beispiel einen gelben Körper bei gleicher Beleuchtung heller als einen blauen Körper. Damit haben wir festgestellt: So wie unsere Ohren besonders empfindlich auf einen für uns wichtigen Frequenzbereich reagieren, sind auch unsere Augen für bestimmte Farben besonders empfindlich. Unser Auge hat sich im Laufe der Evolution optimal an die vorherrschende Farbe frischer Pflanzen angepasst und ist daher im Farbbereich von Grün bis Gelb besonders empfindlich (→ B3).

Merksatz

Objektive Messungen ermöglichen die eindeutige Verständigung über subjektive Wahrnehmungen. So misst man z. B. objektiv die Schallstärke und die Beleuchtungsstärke.

V2 Auf dem Tisch stehen verschieden farbige Gegenstände. Wir dunkeln den Raum vollständig ab. Nun erleuchten wir den Raum nach und nach, indem wir den Dimmer an der 100 W – Lampe langsam aufdrehen. Dabei nehmen wir die Gegenstände nach und nach deutlicher wahr. Ihre Farben nehmen wir unterschiedlich hell wahr.

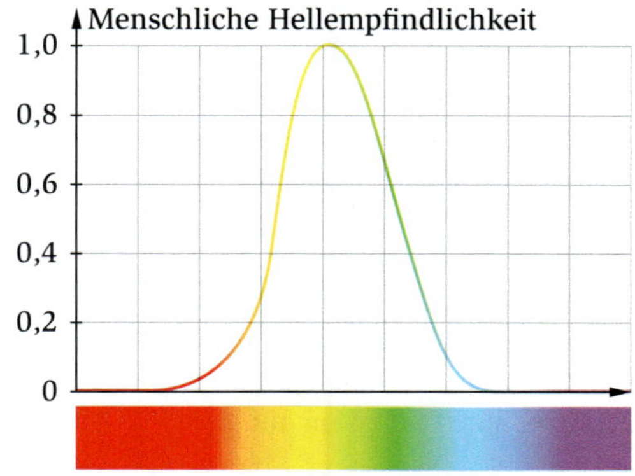

B3 Relative Hellempfindlichkeit des Menschen für verschieden farbiges Licht

Praktikum

A. Schallstärke messen

Untersucht den Schallpegel eines MP3-Players im Ohr. Dazu baut ihr ein Modellohr aus einer Papprohre und dem Mikrofon des Schallpegelmessers. Das Rohr (d ≈ 1 cm) soll die Länge des Gehörgangs zwischen Ohrmuschel und Trommelfell haben (etwa 2,5 cm).

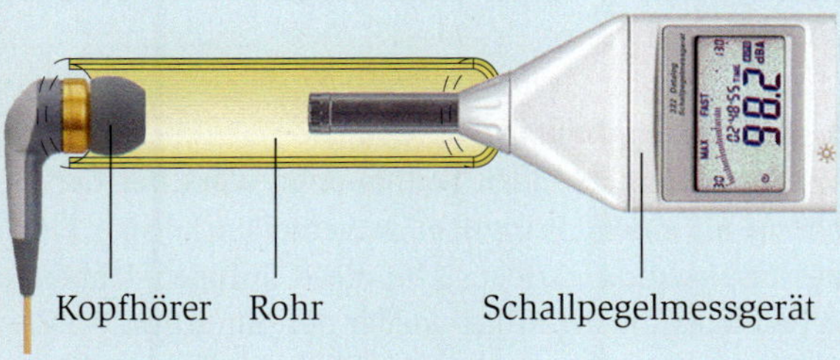

Ein Schüler stellt einen MP3-Player auf die Lautstärke, mit der er normalerweise hört. Legt den Kopfhörer des MP3-Players in die offene Seite des Rohrs. Nun messt ihr die Schallpegelstärke am „Trommelfell“. Wiederholt die Messung mit Lautstärkeeinstellungen verschiedener Schüler.

Laute Musik schädigt das Gehör. Informiert euch welche Lautstärkegrenze es bei MP3-Playern gibt. Diskutiert ob diese Grenze sinnvoll ist. Ermittelt im Versuch eine eigene Grenze für die maximale Lautstärke

B. Beleuchtungsstärke messen

Untersucht die Beleuchtungsstärke in der Schule. Das Messgerät zur Messung der Beleuchtungsstärke nennt man auch Luxmeter.

Messt mit einem solchen Luxmeter in verschiedenen Klassenzimmern die Beleuchtungsstärke. Messt in den Klassenzimmern auf unterschiedlichen Tischen. Messt jeweils bei ein- und ausgeschalteter Beleuchtung.

Diskutiert vor jeder Messung, ob die Beleuchtung zum konzentrierten Arbeiten ausreicht. Schreibt eure Ergebnisse im Protokoll auf.

Legt mithilfe der gemessenen Werte eine Grenze für die Beleuchtungsstärke in Klassenzimmern fest.
Für Klassenräume in Schulen wird als Empfehlung eine Mindestbeleuchtungsstärke von 300 lx angegeben. Vergleicht den von euch ermittelten Wert mit diesem Wert.

Das ist wichtig

1. Lichtstrahl, geradlinige Ausbreitung

Lichtbündel breiten sich geradlinig aus und durchdringen sich ungestört. Lichtstrahlen sind *Denkmodelle* für sehr feine Lichtbündel.

Reflexionsgesetz: Trifft ein Lichtstrahl auf eine spiegelnde Oberfläche, so wird der Lichtstrahl reflektiert. Dabei liegen einfallender Lichtstrahl, Lot und reflektierter Strahl in einer Ebene. Einfallswinkel und Reflexionswinkel sind gleich groß.

2. Die Brechung des Lichts

Trifft ein Lichtstrahl auf ein Medium mit anderer optischer Dichte, dann wird der Lichtstrahl gebrochen. Einfallender, gebrochener Strahl und Lot liegen in einer Ebene. Der Lichtstrahl wird beim Übergang vom optisch dünneren ins dichtere Medium zum Lot hin gebrochen. Zusätzlich tritt Reflexion auf.

3. Optische Abbildung

Bei der **Lochkamera** sondert eine kleine Öffnung aus dem Licht, das von einem Gegenstand ausgeht, enge Lichtbündel aus. Diese erzeugen auf einem Schirm Lichtflecke, die sich zu einem optischen Bild zusammenfügen. Eine **Sammellinse** erzeugt aus dem Lichtbündel jedes Gegenstandspunktes in ganz bestimmter Bildweite jeweils einen Bildpunkt. Voraussetzung ist, dass sich die Gegenstandspunkte außerhalb der Brennweite der Linse befinden.

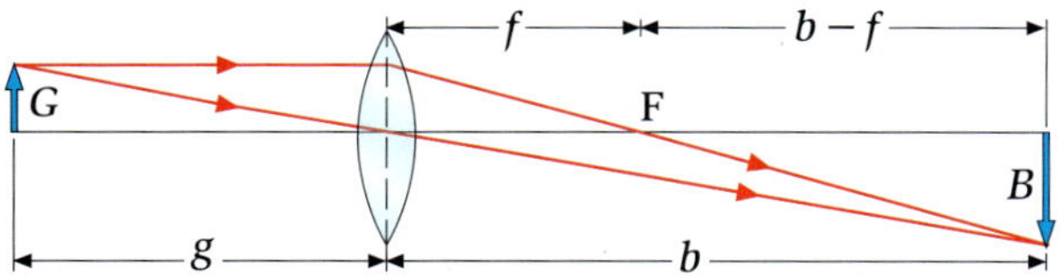

Zur Bildkonstruktion benutzt man den **Mittelpunktstrahl** (er geht ungebrochen durch die Linsenmitte) und den **achsenparallelen** Strahl (er geht nach der Brechung durch den Brennpunkt der Linse).
Für den **Abbildungsmaßstab** A bei Lochkamera und Linse gilt:

$$A = \frac{B}{G} = \frac{b}{g}.$$

Dabei ist B **die Bildhöhe,** G die Gegenstandshöhe, b die **Bildweite** und g die **Gegenstandsweite.**

Die Bilder der Sammellinse weit entfernter Gegenstände liegen in der Brennebene; rückt der Gegenstand zum Brennpunkt der Linse hin, so rückt das Bild von der Brennebene weg und wird größer.

Im technischen **Fotoapparat** wird das optische Bild unter Verwendung einer Sammellinse erzeugt. Es wird elektronisch oder chemisch gespeichert.

Das menschliche **Auge** ist physikalisch gesehen ähnlich aufgebaut wie ein Fotoapparat. Das optische Bild wird hier auf der Netzhaut von Sinneszellen aufgefangen. Nerven leiten die Informationen dann zum Gehirn.

4. Optische Instrumente

Unter der **Vergrößerung** V durch ein optisches Instrument versteht man den Quotienten

$$V = \frac{\text{Höhe des Netzhautbildes mit Instrument}}{\text{Höhe des Netzhautbildes ohne Instrument}}.$$

Eine Sammellinse, deren Brennweite kleiner als die deutliche **Sehweite** von 25 cm ist, wirkt als **Lupe.** Bringt man einen Gegenstand in ihre Brennebene, so erhält man mit entspanntem Auge ein vergrößertes Netzhautbild.

Die Objektivlinse des **Mikroskops** erzeugt ein vergrößertes Zwischenbild eines Gegenstandes, der sich etwa in der Brennweite des Objektivs befindet. Mit einer Lupe (Okularlinse) betrachtet man dieses Zwischenbild.
Beim **astronomischen Fernrohr** erzeugt die Objektivlinse (Brennweite f_1) von einem fernen Gegenstand ein Zwischenbild. Dieses wird durch die Okularlinse (Brennweite f_2) wie mit einer Lupe betrachtet. Die Vergrößerung ist

$$V = \frac{f_1}{f_2}.$$

5. Farbwahrnehmung

Weißes Glühlicht oder Sonnenlicht wird bei der Brechung an einem Prisma in verschieden farbige Lichter des **Spektrums** zerlegt. Alle diese farbigen Lichter ergeben zusammengeführt wieder den Eindruck Weiß.
Treffen gleichzeitig einige verschieden farbige Lichter auf den gleichen Bereich unserer Netzhaut, so entsteht im Gehirn durch **Farbaddition** ein neuer Farbeindruck. Es genügen die drei Grundfarben Rot, Grün und Blau, um durch Addition alle Lichter des Farbenkreises herzustellen.

Nimmt man aus dem weißen Licht einen Teil der Spektralfarben heraus, so erhält man als Rest eine Mischfarbe. Dieses Verfahren heißt subtraktive Farbmischung. Die Oberflächen von Körpern verschlucken manche farbigen Lichter. Wir sehen sie im Licht der Farbe, die der Körper streut.

Kennst du dich aus?

A1 Leuchttürme senden ein Lichtbündel aus. Beschreibe die Wetterbedingungen, unter denen man das Lichtbündel um das Laternenhaus kreisen sieht. Beschreibe, wann man nur ein Aufblinken des Lichtbündels sieht.

A2 Steht man am Abend vor einer Schaufensterscheibe, so sieht man in der Regel die Auslagen nur, wenn das Schaufenster beleuchtet ist. Ist es dagegen hinter dem Fenster dunkler als außen, dann sieht man nichts. Erkläre dies.

A3 Ermittle, wo sich die Lichtquelle befindet. Begründe deine Antwort.

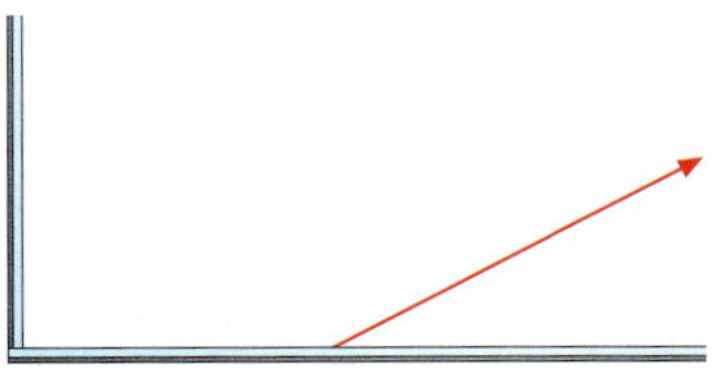

A4 In einem Juweliergeschäft sollen Spiegel zur Überwachung einer Vitrine mit wertvollen Schmuckstücken installiert werden.
Übertrage den verkleinerten Grundriss in dein Heft (zähle dazu die Kästchen). Zeichne die Spiegel so ein, dass der Juwelier die Vitrine sehen kann, wenn er Kunden im Nebenraum bedient. Zeichne auch den Verlauf der Lichtstrahlen sowie bei den Spiegeln das Lot ein.

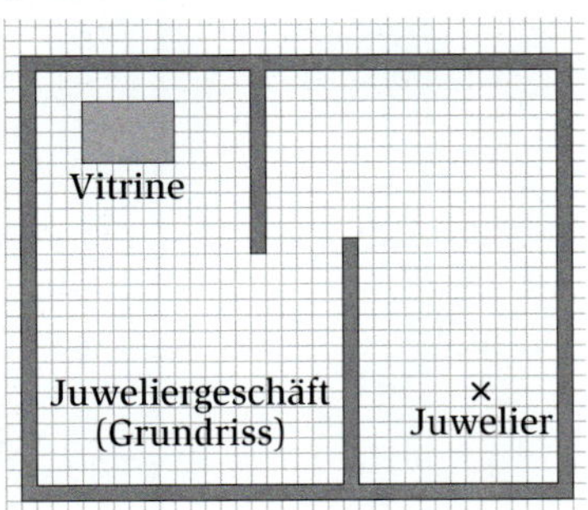

A5 Übertrage das hier verkleinerte Bild in dein Heft.

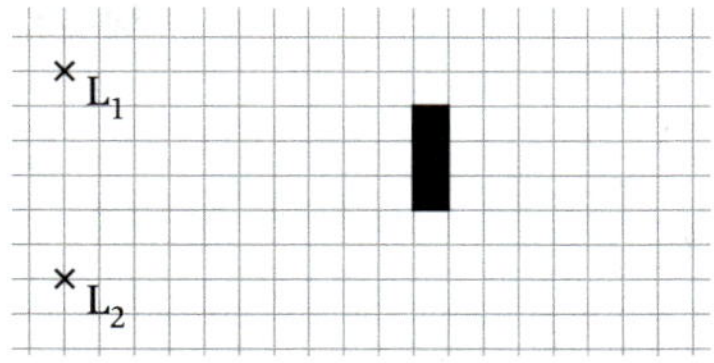

a) Zeichne die Schattengebiete ein. Schraffiere das Schattengebiet der Lichtquelle L_1 rot, das von L_2 grün.
b) Gib jeweils für die drei unterschiedlich schraffierten Flächen an, von welcher Lichtquelle Licht in das Gebiet gelangt.

A6 Schaut ein Taucher von unten an die Wasseroberflache, so sieht er einen hellen Kreis, und bei günstigen Bedingungen in diesem hellen Kreis die ganze Überwasserwelt. Erkläre dies (Skizze!).

A7 Erkläre: Totalreflexion kann nur beim Übergang vom optisch dichteren zum optisch dünneren Medium auftreten. Diskutiere, ob dies im Widerspruch zur Umkehrbarkeit des Lichtweges steht.

A8 Auf der Einstiegsseite dieses Kapitels siehst du einen Brillanten. Erkundige dich und erkläre, warum solche Brillanten so schön in allen Farben funkeln. Erläutere, warum dies mit Glas nicht so gut gelingt.

A9 Wenn ein stark kurzsichtiger Mensch eine kleine Schrift lesen möchte, nimmt er seine Brille ab und hält das Buch dicht vor die Augen. Erkläre, warum er sich dadurch eine Lupe erspart.

A10 Gib die Himmelsrichtung an, in die man blicken muss, wenn abends ein Regenbogen zu sehen ist. Begründe deine Angabe.

A11 Ein Amateurastronom hat ein Fernrohr mit der Objektivbrennweite $f_1 = 2$ m.
a) Das Zwischenbild der Vollmondscheibe hat einen Durchmesser von etwa 1,8 cm. Berechne den Durchmesser des Mondes, wenn seine Entfernung von der Erde 380 000 km beträgt.
b) Berechne den Vergrößerungsfaktor des Fernrohres, wenn die Okularlinse die Brennweite $f_2 = 30$ mm hat.

A12 Konstruiere in einer einzigen Zeichnung die optischen Bilder von 2 cm hohen Pfeilen, die in 9 cm, 8 cm und 4 cm Abstand vor einer Sammellinse der Brennweite 3 cm stehen. Bestimme jeweils die Bildhöhe und die Bildweite. Überprüfe jeweils den Abbildungsmaßstab.

A13 Amelie hat ein neues Fernrohr. Sie betrachtet damit den Vollmond. Ihr Bruder will sie ärgern und klebt in die Mitte der Objektivlinse einen kleinen runden Papieraufkleber. Beschreibe, wie sich der Aufkleber bei der Mondbeobachtung bemerkbar macht.

A14 Bei einer Sammellinse ergibt sich bei rotem Licht eine andere Lage des Brennpunktes als bei blauem Licht.
a) Begründe, warum dies so ist.
b) Begründe, zu welchem Licht die kleinere Brennweite gehört.

A15 Eine Sängerin auf der Bühne wird gleichzeitig mit einemgrünen und einem roten Scheinwerfer angestrahlt.
a) Beschreibe in welcher Farbe ihr weißes Kleid erscheint.
b) Gib die Farben ihrer beiden Schatten auf dem hellen Bühnenboden an.

Kräfte und ihre Wirkungen

Das kannst du in diesem Kapitel erreichen:

- Du kannst einfache Bewegungen beschreiben und Kräfte messen.
- Du weißt, dass zu einer physikalischen Größe Zahlenwert und Einheit gehören.
- Du kannst erläutern, warum zu einigen physikalischen Größen die Richtungsangabe gehört – z. B. zur Kraft.
- Du kannst an einfachen Beispielen einen Zusammenhang zwischen zwei physikalischen Größen erkennen.
- Du kannst einen Zusammenhang zwischen zwei physikalischen Größen in einem Diagramm darstellen und solche Diagramme deuten.
- Du kannst deine Kenntnisse über Kraft zum Verstehen von mechanischen Geräten nutzen.

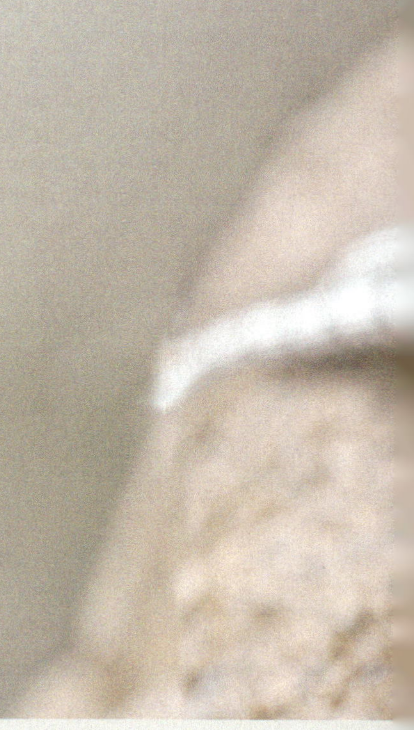

Geschwindigkeit

B1 Bild eines Zieleinlaufs

B2 ICE

Bahnhof	Fahrweg in km	Fahrzeit in min
Stuttgart	–	–
Mannheim	107	39
Flughafen Frankfurt	77	31
Frankfurt	11	11
Kassel	193	81
Göttingen	44	18
Hannover	99	32

T1 ICE 574 „Lessing" unterwegs von Stuttgart nach Hannover.

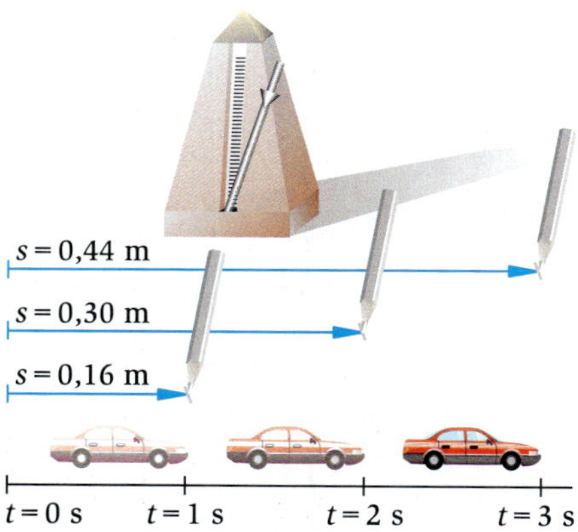

V1 **a)** Während ein Modellauto über einen Tisch fährt, gibt ein Metronom Taktschläge in Sekundenabständen. Zu jedem Schlag wird der jeweilige Ort des Modellautos markiert. Das gelingt mit etwas Übung.
b) Der Versuch wird wiederholt. Das Modellauto fährt dabei langsamer. Mithilfe der Ortsmarken bestimmen wir die zurückgelegten Wege.

1. Schnell, schneller, ...

Einen 100 m-Lauf hat gewonnen, wer zuerst im Ziel ankommt, d. h. wer für diesen vorgegebenen Weg die geringste Zeit braucht. In manchen Fällen ist ein Foto nötig, um Siegerin oder Sieger zu ermitteln. In → B1 wurde der 100 m-Weg in 13,7 s vom Sieger zurückgelegt. Der Zweite benötigt 13,9 s. Das Bild zeigt den Lauf etwa 13,7 s nach dem Start. Also zeigt es, welchen Weg jeder Läufer in dieser Zeit zurückgelegt hat. Der Sieger hat in 13,7 s 100 m bewältigt. Der Zweite erreichte in dieser Zeit die Marke von 98,5 m; der Dritte 96,4 m.

Merksatz

Schneller ist, wer einen vorgegebenen Weg *s* in der kleineren Zeit *t* zurücklegt.
Schneller ist, wer in einer vorgegebenen Zeit *t* den längeren Weg *s* zurücklegt.

Der ICE 574 „Lessing" verkehrt zwischen Stuttgart und Hamburg. Die → T1 gibt einen Überblick über Fahrwege und Fahrzeiten.

Die Frage, zwischen welchen Halteorten dieser ICE am schnellsten ist, lässt sich mit der Zeitangabe allein nicht beantworten, denn die Wege zwischen den Haltebahnhöfen sind unterschiedlich lang. Es sind z. B. 107 km von Stuttgart nach Mannheim und 99 km von Göttingen nach Hannover. Auch die einzelnen Fahrzeiten zwischen den Bahnhöfen sind unterschiedlich lang. Für die beiden ausgesuchten Wege braucht der ICE 39 Minuten bzw. 32 Minuten reine Fahrzeit. Die Merksätze reichen hier zur Beantwortung der Frage nicht aus.

2. Bewegung mit konstanter Geschwindigkeit

Beim → V1 wurde festgehalten, an welchen Orten sich das Modellauto in Sekundenabständen befand. Für die Auswertung bleibt der Abstand zwischen den ersten zwei Marken unberücksichtigt, da er die Anfahrphase widerspiegelt.

Mit der zweiten Marke beginnt die Zeit- und Wegmessung. Die → T2 (2. Zeile) zeigt, welche Wege in 1 s, 2 s, 3 s, … zurückgelegt wurden: in einer Sekunde etwa 0,15 m. Wenn wir von Ungenauigkeiten beim Messen absehen, legt das Modellauto in jeder Sekunde gleich lange Wege zurück. Wir sagen: Das Modellauto bewegt sich **gleichförmig.**

Dann gilt zudem: In 2 s hat sich der Weg verdoppelt, in 3 s verdreifacht. Die Wege s sind den Zeiten t proportional. Dies bestätigen die grafische Darstellung der Messwerte in → B3 (hellgrüne Ursprungsgerade) sowie die Berechnung der Quotienten s/t (→ T2, 3. Zeile).

Zeit t in s	0	1	2	3	4
Weg s in m	0	0,16	0,30	0,44	0,61
s/t in m/s	–	0,16	0,15	0,15	0,15
Weg s in m	0	0,09	0,20	0,32	0,39
s/t in m/s	–	0,09	0,10	0,11	0,10

T2 Messwerte zu → V1a und → V1b

Merksatz

Gleichförmige Bewegungen sind an folgenden Merkmalen erkennbar:
- In der doppelten (dreifachen, …) Zeit t wird der doppelte (dreifache, …) Weg s zurückgelegt.
- Das t-s-Diagramm zeigt eine Ursprungsgerade.
- Die Quotienten zugeordneter Wertepaare (t, s) sind konstant.

Man sagt, ***s* und *t* sind proportional.**
Alle Merkmale sind gleichwertig; bei einer bestimmten Bewegung genügt es, ein Merkmal nachzuweisen.
(Sonderfall mit $s = 0$ m zur Zeit $t = 0$ s.)

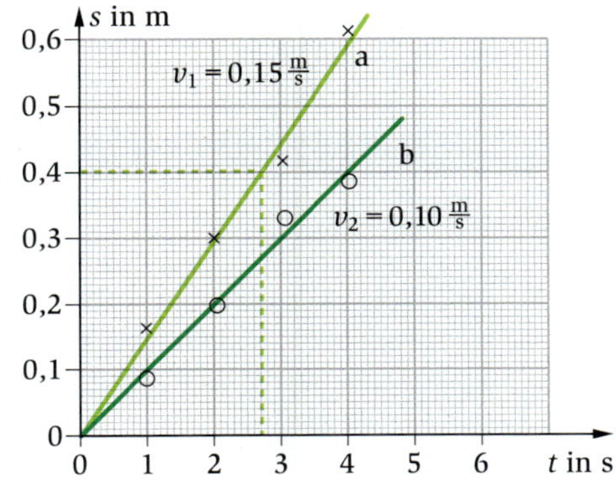

B3 Diagramm zu → V1

Bei → V1b fährt das Modellauto im Vergleich zum → V1a in jeder Sekunde weniger weit; es fährt langsamer. Die Bewegung ist im Diagramm durch die dunkelgrüne Ursprungsgerade dargestellt → B3. Sie verläuft weniger steil als die hellgrüne Gerade, die zu Versuch 1 a gehört.

Die → T2 zeigt, dass die Quotienten s/t zwar bei jeder dieser gleichförmigen Bewegung untereinander gleich sind, dass sich aber für jede Bewegung verschiedene Werte ergeben. Der Quotient s/t für das schnellere Modellauto ist größer. Der Quotient s/t gibt an, wie schnell das Auto ist. Man nennt ihn dessen Geschwindigkeit v.

Merksatz

Bei einer **gleichförmigen Bewegung** nennen wir den Quotienten aus dem zurückgelegten Weg s und der dazu benötigten Zeit t die **Geschwindigkeit** v:

$$v = \frac{s}{t}.$$

Die Frage, zwischen welchen Halteorten der ICE „Lessing" am schnellsten ist, lässt sich nun beantworten. Gehen wir vereinfachend von einer gleichförmigen Bewegung aus, so ermitteln wir für den Weg Göttingen – Hannover eine *mittlere* Geschwindigkeit v = 99 km/32 min = 3,09 km/min. Für den Weg Stuttgart – Mannheim ergibt sich so v = 107 km/39 min = 2,74 km/min.

Mach's selbst

A1 **a)** Berechne für den ICE „Lessing" → T1 die mittleren Geschwindigkeiten (in km/h) zwischen den Bahnhöfen und zwischen Stuttgart und Hannover.

b) Beschreibe den tatsächlichen Bewegungsablauf des ICE zwischen zwei Halteorten.

c) Zeichne ein t-v-Diagramm für die Fahrt von Stuttgart nach Hannover.

d) Gib Gründe für die unterschiedlichen mittleren Geschwindigkeiten zwischen den Halteorten an. (Beschaffe die notwendigen Informationen aus geeigneten Quellen).

A2 In einem dritten Versuch mit dem Modellauto wird für den Quotienten s/t der Wert 0,25 m/s ermittelt. Übertrage das Diagramm → B3 in dein Heft und zeichne die Gerade für diesen dritten Versuch hinein. Wo liegt diese Gerade?

A3 Bestimme die Geschwindigkeiten für die drei Läufer aus → B1. Vergleiche deren Geschwindigkeiten mit der des Weltrekordlers auf der 100 m-Strecke.

B1 Die Eisenbahnfahrt zu → **V1**

V1 Die Lok einer Modelleisenbahn fährt mit konstanter Geschwindigkeit, wird dann verlangsamt, bleibt stehen und wird anschließend zurückgeschickt. So erhalten wir eine Fahrt mit vier unterschiedlichen Geschwindigkeiten → **B2**.

Vertiefung

Geschwindigkeit

Berechnung der Geschwindigkeit im Intervall I: Im ersten Zeitintervall von 0 s bis 2 s liegt die größte Geschwindigkeit vor → **B2**, die t-s-Gerade hat die größte Steigung mit $v_{\mathrm{I}} = s/t = 0{,}60\,\mathrm{m}/(2\,\mathrm{s}) = 0{,}30\,\mathrm{m/s}$.

Die Berechnung der Geschwindigkeit im Intervall II kann mit s/t nicht gelingen. Dieser Quotient liefert nur bei einer Ursprungsgeraden den richtigen Steigungswert. Mit dem Differenzenquotienten aus Werten dieses Intervalls bekommen wir den Wert:

$$v_{\mathrm{II}} = \frac{s_2 - s_1}{t_2 - t_1} = \frac{1{,}20\,\mathrm{m} - 0{,}60\,\mathrm{m}}{6\,\mathrm{s} - 2\,\mathrm{s}} = 0{,}15\,\frac{\mathrm{m}}{\mathrm{s}}.$$

Aber auch mit den Wertepaaren eines anderen Steigungsdreiecks ergibt sich derselbe Wert:

$$v_{\mathrm{II}} = \frac{s_2 - s_1}{t_2 - t_1} = \frac{1{,}05\,\mathrm{m} - 0{,}75\,\mathrm{m}}{5\,\mathrm{s} - 3\,\mathrm{s}} = 0{,}15\,\frac{\mathrm{m}}{\mathrm{s}}.$$

Ein Sonderfall ist die Geschwindigkeit im Abschnitt III. Der Zug steht. Der Zähler des Differenzenquotienten ist null, da der Ort sich nicht ändert. Damit ist die berechnete Geschwindigkeit ebenfalls null – wie der Versuch es verlangt.

Geschwindigkeit im Intervall IV:

$$v_{\mathrm{IV}} = \frac{s_2 - s_1}{t_2 - t_1} = \frac{0{,}40\,\mathrm{m} - 1{,}20\,\mathrm{m}}{12\,\mathrm{s} - 8\,\mathrm{s}} = -0{,}20\,\frac{\mathrm{m}}{\mathrm{s}}.$$

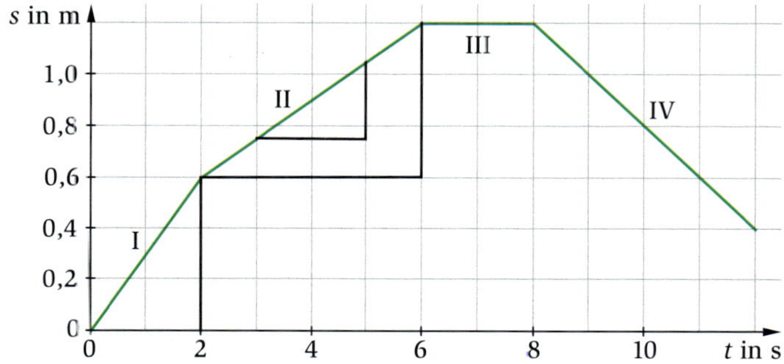

B2 Zeit-Ort-Diagramm der Fahrt einer Spielzeugeisenbahn

3. Fahrt mit wechselnden Geschwindigkeiten

Bisher haben wir nur einfache Bewegungen betrachtet. Ort und Zeit waren proportional, das t-s-Diagramm war eine Ursprungsgerade, ihre Steigung s/t die Geschwindigkeit v. Was aber, wenn sich die Geschwindigkeit während der Fahrt ändert? Wie bestimmt man sie dann?

Wir betrachten die Spielzeugeisenbahn in → **V1**. Sie durchläuft vier Bewegungsphasen. Im ersten Zeitintervall von 0 s bis 2 s liegt die größte Geschwindigkeit vor, die t-s-Gerade hat die größte Steigung mit $v_{\mathrm{I}} = 0{,}30\,\mathrm{m/s}$.

Im Zeitabschnitt II zwischen 2 s und 6 s ist die Lok langsamer als vorher. Der zurückgelegte **Weg** ist hier die **Ortsdifferenz** 1,2 m – 0,6 m, die verflossene Zeit die Zeitdifferenz 6 s – 2 s. Die Geschwindigkeit berechnen wir wieder aus dem Quotienten von Weg und Zeit, also aus „späterer Ortswert minus früherer Ortswert" durch „spätere Zeit minus frühere Zeit". Dieser *Differenzenquotient* ist die Steigung der t-s-Geraden. Wir erhalten $v_{\mathrm{II}} = 0{,}15\,\mathrm{m/s}$ – gleichgültig, welches Steigungsdreieck wir für unsere Rechnung benutzen (→ **Vertiefung**).

Nach kurzem Stillstand ($v = 0$) im Intervall III kommt die Lok zurück, sie nähert sich wieder dem Ausgangspunkt. Mit zunehmender Zeit werden die Ortswerte s kleiner. Der Differenzenquotient liefert jetzt den negativen Wert $-0{,}20\,\mathrm{m/s}$. Wir sehen, in unserer Definition der Geschwindigkeit steckt mehr Information als nur die „Schnelligkeit", also der Betrag der Geschwindigkeit. Das Vorzeichen der Steigung teilt uns sogar mit, ob die Lok vorwärts oder rückwärts fährt. Aus dem Geschwindigkeitsbetrag wird der Geschwindigkeitswert.

Merksatz

Eine gleichförmige Bewegung ist gekennzeichnet durch eine Gerade oder einen beliebigen Geradenabschnitt im t-s-Diagramm. Deren Steigung ist der Geschwindigkeitswert v.

In jedem Geradenabschnitt gilt: Der Weg (die Ortsdifferenz) wächst proportional zur Zeitdifferenz.

Interessantes – Hausversuch

Geänderte Geschwindigkeit – selbst gemessen

In einer Versuchsreihe soll zu Hause eine Bewegung mit wechselnder Geschwindigkeit untersucht werden. Dies geht – wie im Lehrtext – mit einer Spielzeugeisenbahn. Evtl. kann euch die Schule auch einen kleinen Elektromotor mit Untersetzungsgetriebe ausleihen. Ähnlich wie in → B3 angedeutet kann das Versuchlabor ausgestattet sein.

Benötigtes Material

- Elektromotor mit Getriebe
- Batterie 4,5 V
- Glühlampe z.B. 6 V; 2 W
- Lampenfassung E10
- vier Experimentierkabel mit Krokodilklemmen
- ein leichter Gegenstand, z.B. ein Frühstücksbrettchen mit Loch im Griff
- Faden zum Aufwickeln (ungefähr 1,5 m)
- evtl. eine Digitalkamera (am besten auf einem Stativ) und Videoanalysesoftware (z.B. Viana)
- ersatzweise Legosteine als Markierungspunkte und Stoppuhr für Sekundentakt

Vorbereitung des Versuchs

Den Versuch führt ihr am besten auf einem Tisch mit glatter Oberfläche durch (z.B. einem Küchentisch).

- Fixiert zunächst den Motor an einer Tischkante.
- Bindet ein Ende des Fadens an die Getriebeachse, das andere Ende an das Brettchen.
- Batterie, Lampe, Motor in Reihe → B3 schalten.
- Ein weiteres Kabel überbrückt nach kurzer Zeit die Lampe, der Motor läuft dann schneller, das Brettchen erhält eine größere Geschwindigkeit.

Arbeitsaufträge:

1 Führt zunächst eine „Probefahrt" durch.

2 Startet dann eure Messung. Markiert während der Fahrt jeweils die Stellen, die der Gegenstand nach jeweils einer Sekunde erreicht hat oder filmt den ganzen Vorgang mit der Kamera.

3 Übertragt Zeit- und Ortswerte in eine Tabelle (z.B. Excel) und zeichnet ein *t*-*s*-Diagramm (ähnlich → B4). Bestimmt anschließend die Geschwindigkeit des „Fahrzeugs" in den beiden Abschnitten.

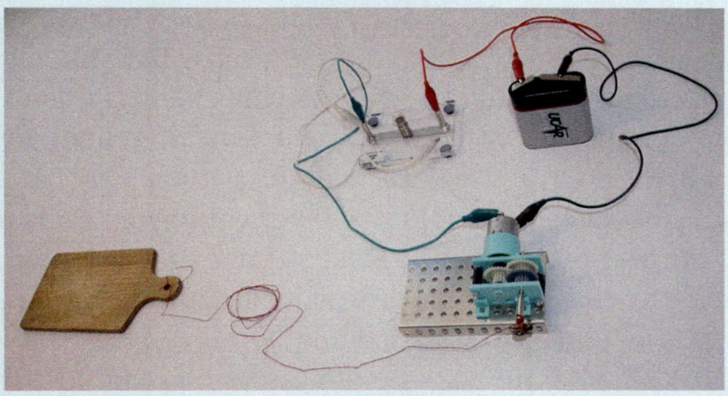

B3 Versuchsanordnung für zwei Geschwindigkeiten

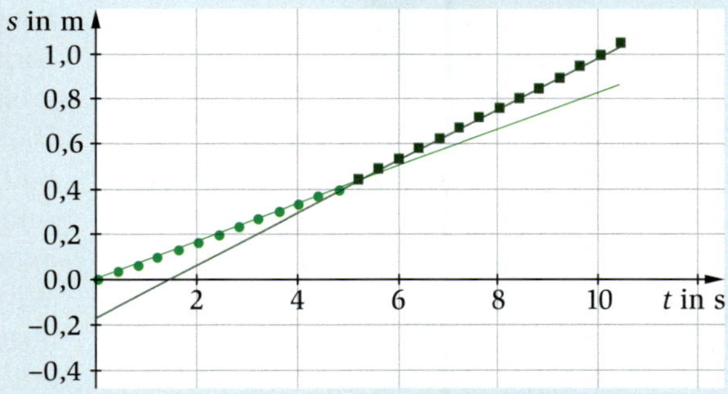

B4 Beispiel einer Fahrt mit zwei Geschwindigkeiten

Mach's selbst

A1 **a)** Erfinde eine Geschichte zur Grafik. **b)** Skizziere begründet ein passendes *t*-*v*-Diagramm.

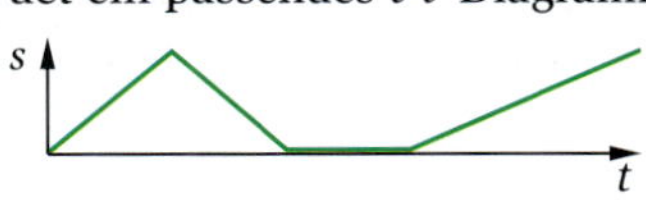

A2 Ein Auto fährt 15 s mit v_1 = 72 km/h, plötzlich 24 s mit v_2 = 36 km/h weiter. Es bleibt dann 10 s lang stehen. Schließlich fährt es mit v_3 = −54 km/h an den Ausgangspunkt zurück.

a) Zeichne dazu ein *t*-*s*- und ein *t*-*v*-Diagramm (*v* in der Einheit m/s). **b)** Bestimme die Rückfahrzeit.

A3 **a)** Interpretiere das Diagramm. Berechne die Ortsänderungen in den einzelnen Intervallen und insgesamt daraus den „Zielort". Zeichne das zugehörige *t*-*s*-Diagramm (s(0 s) = 0 m).

b) Ein anderes Fahrzeug fährt mit konstanter Geschwindigkeit direkt zum Zielort. Beide kommen gleichzeitig an. Bestimme die Geschwindigkeit des zweiten Fahrzeugs.

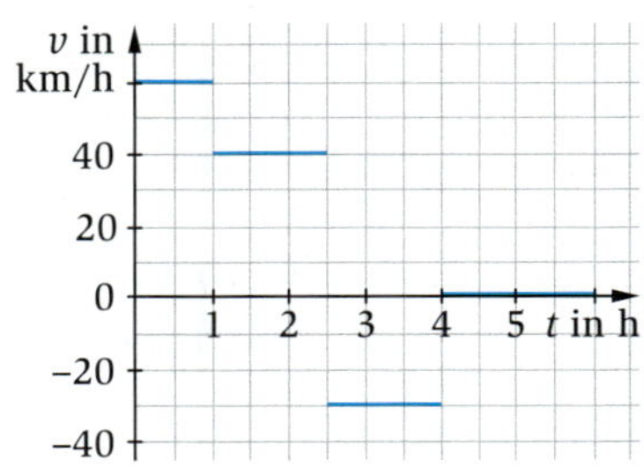

B1 Mit voller Kraft!

B2 Kraftwirkungen beim Kopfball

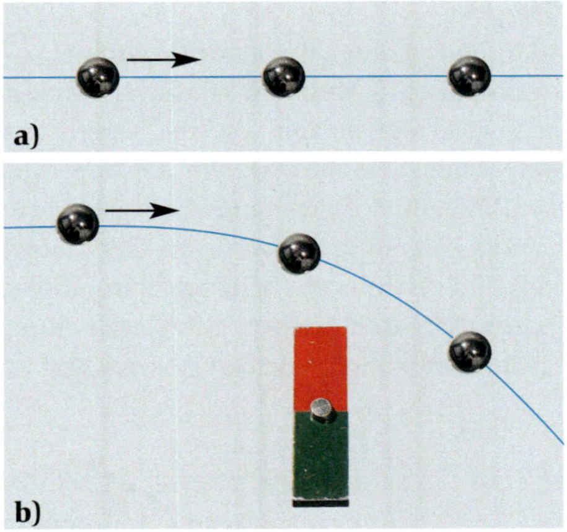

V1 **a)** Wir rollen eine Stahlkugel über eine Glasplatte. Die Bahn der Kugel ist geradlinig; die Kugel wird nicht beschleunigt.
b) Nun legen wir zusätzlich einen Magneten auf die Glasplatte. Wenn die Kugel in die Nähe des Magneten kommt, wird sie beschleunigt oder verzögert. Die Kugel scheint einer Kreisbahn zu folgen.

Vertiefung

Eine Fähigkeit ist noch keine Kraft
Magnete haben die Fähigkeit, Eisen oder Stahl anzuziehen. Ist kein Eisen in der Nähe eines Magneten, so führt diese Fähigkeit zu keiner Kraft. Insbesondere dürfen wir *dem Magneten allein* noch keine Kraft zuordnen. Der Magnet kann sich z.B. nicht mit magnetischen Kräften von selbst in Bewegung setzen. Von einer Kraft können wir nur dann sprechen, wenn sie an einem Körper angreift und durch Kraftwirkungen erfahrbar wird.

1. Kräfte ändern die Bewegung eines Körpers

Der Sportler in → B1 wirft den Ball auf das Handballtor. Dabei spürt er die Anspannung seiner Muskeln. In der Sprache der Physik heißt das: *Der Spieler übt auf den Ball eine Kraft aus.* Die Zuschauer können die Muskelanspannung nur eingeschränkt beobachten. Sie sehen aber, wie stark und in welche Richtung der Ball beschleunigt wird. Dies sind *Wirkungen der Kraft,* die auch ein Zuschauer wahrnehmen kann.

Fliegt z.B. der Ball auf das Tor zu, ist es die Aufgabe des Torhüters, ihn zu „halten". Dazu muss er den Ball mit einer großen Kraft abbremsen. Der Torhüter spürt die Kraft an den Händen oder am Körper. Wenn es dem Torwart gelingt, den Ball so abzulenken, dass dieser am Tor vorbeifliegt, hat er seine Aufgabe auch erfüllt. Um die Flugrichtung des Balls zu ändern, muss er ebenfalls eine Kraft auf ihn ausüben.
Wirkt eine Kraft auf den Ball, so wird dieser beschleunigt, abgebremst oder seine Flugrichtung wird verändert. Wir erkennen Kräfte daran, dass sie die *Bewegung* von Körpern *ändern.*

Die Stahlkugel aus → V1a rollt – einmal in Bewegung gesetzt – mit konstanter Geschwindigkeit über die Glasplatte; sie ändert ihre Bewegung nicht. Es wirkt parallel zur Glasplatte keine Kraft auf die Stahlkugel. Ein Magnet dagegen kann die Kugel beschleunigen bzw. verzögern; er kann auch ihre Bewegungsrichtung ändern → V1b. Er kann nämlich auf die Kugel eine Kraft ausüben. In jedem Fall wird die Bewegung der Kugel geändert. Die **Kraft** des Magneten auf die Stahlkugel ist die **Ursache** dafür.

2. Kräfte verformen Körper

Das → B2 zeigt eine weitere Kraftwirkung: Der Kopf des Fußballspielers übt auf den Ball eine Kraft aus. Dadurch wird der Ball zunächst langsamer und dann wieder schneller.

Neben diesen Änderungen der Bewegung wird der Ball durch die Kraft verformt, wie das Foto eindrucksvoll zeigt. Mit den Händen können wir diese Verformung nachempfinden, indem wir den Ball etwas zusammendrücken. Jetzt wirken auf ihn zwei Kräfte in verschiedene Richtungen. Diesmal wird der Ball nur verformt und nicht beschleunigt.

Merksatz

Werden Körper verformt oder wird ihre Bewegung geändert, so greifen Kräfte an ihnen an.
Das Ändern der Bewegung eines Körpers bedeutet:
Der Körper wird durch die Kraft schneller, langsamer oder in eine Kurve gezwungen.

3. Das Prinzip der Kraftmessung

Wer misst, vergleicht eine Größe mit den Vielfachen einer Einheit. So kann die Länge eines Tisches z.B. mit $3 \cdot 1$ m (Einheit) bestimmt werden. Diese allgemeine Aussage über das Messen wollen wir nun auf die Situation zweier Mädchen übertragen, die „ihre Kräfte messen wollen". Wie ermittelt man die Stärkere? Wievielmal so stark ist sie wie die andere?

Man könnte beim Schlagballweitwurf oder beim Kugelstoßen Kräfte vergleichen. Doch spielen dabei auch Geschicklichkeit und Übung eine Rolle. Also lassen wir die Schülerinnen nach → B3 nacheinander an einem Expander ziehen. Ein Ende des Expanders ist an der Wandtafel sicher befestigt. Der Ort des rechten Griffes wird an der Tafel durch eine Kreidemarkierung festgehalten.
Wird der Expander von zwei Schülerinnen jeweils bis zur gleichen Marke verlängert, dann sagen wir, beide üben gleich große Kräfte aus. In der Sprache der Physik ist damit die *Maßgleichheit* für Kräfte festgelegt. Zum Messen brauchen wir aber auch noch eine *Einheit*. Wir legen als vorläufige Einheit die Kraft, die die Schülerin Ina ausübt, mit der Bezeichnung „1 Ina" fest.
Was sollen aber „2 Ina" sein? Jetzt brauchen wir Inas gleich starke Mitschülerin. Wir vereinbaren: Wenn beide am Expander in die gleiche Richtung ziehen, üben sie zusammen die Kraft „2 Ina" aus. Drei Schülerinnen, die sich als gleich stark erwiesen haben, üben gemeinsam in gleicher Richtung die Kraft „3 Ina" aus. So erzeugen wir eine Kräfteskala. Wenn wir sie zusammen mit dem Expander aufbewahren, können wir später die Kraftmessungen weiterführen.
Die meisten Expander liefern eine ungleichmäßige Kräfteskala. Wir werden bald bessere Kraftmesser kennen lernen.

Merksatz

Zwei Kräfte, die denselben Körper gleich stark verformen, sind gleich groß.
Wenn Kräfte, die in einem Punkt eines Körpers angreifen, die gleiche Richtung haben, addieren sie sich.

B3 Expander als „Maßstab" für Kräfte

Mach's selbst

A1 **a)** Nenne alltägliche Vorgänge zu den Wirkungen einer Kraft.
b) Stelle eine Liste mit alltagssprachlichen Begriffen zusammen, die jeweils das Wort „Kraft" enthalten.
c) Nenne die Begriffe der Liste in b), die „Kraft" im physikalischen Sinne verwenden.

A2 **a)** Beschreibe anhand von → B1 den Ablauf eines Wurfes. Beschreibe ihn zunächst aus der Sicht des Werfers und dann aus der Sicht einer Zuschauerin.
b) Der Ball kommt auf das Tor – der Torwart hält. Beschreibe aus seiner Sicht.

A3 Ein Boxer schlägt im Training viele Male auf einen schweren Sandsack. Beschreibe den Vorgang und verwende dabei die Begriffe aus dem ersten Merksatz.

A4 Das Bild zeigt einen Tennisball im Augenblick des Kontaktes mit den Schlägersaiten. Beschreibe den Vorgang. Nenne die auftretenden Kräfte und ihre Wirkungen.

A5 Ein Fußballreporter ruft, ein Spieler habe den Ball gehalten, abgewehrt bzw. verlängert. Gib an, was der Spieler hätte tun müssen, wenn das wörtlich gemeint wäre? Beschreibe physikalisch den jeweiligen Vorgang und die Wirkung.

B1 Sir Isaac NEWTON, engl. Physiker (1643 – 1727)

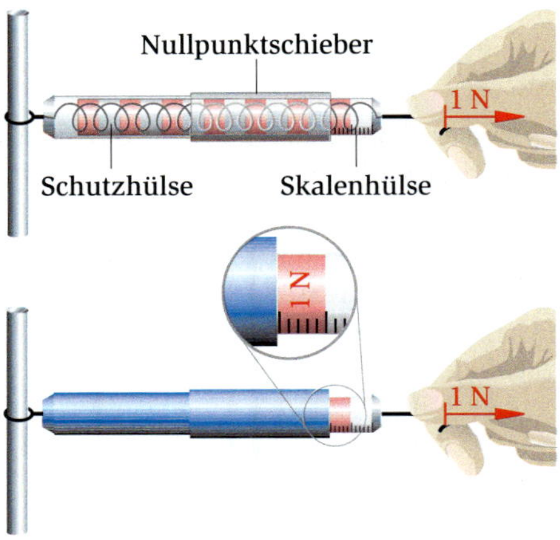

B2 Am Kraftmesser zieht rechts eine Hand mit der Kraft 1 Newton.

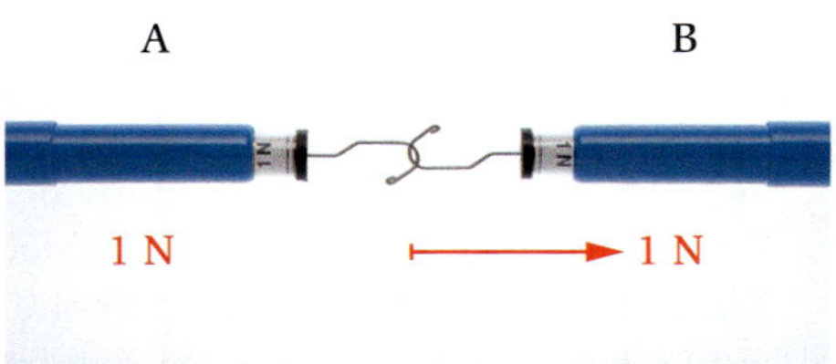

B3 Ein linker Partner hält Kraftmesser A nur fest, während ein rechter an Kraftmesser B mit der Kraft 1 N zieht.

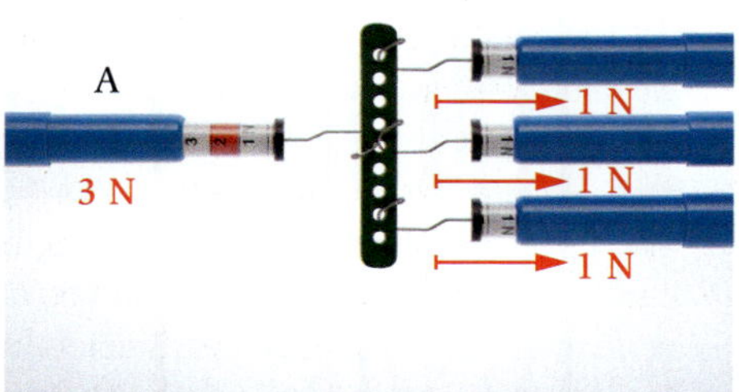

B4 Die Kräfte von je 1 N (rechts) addieren sich am linken Kraftmesser zu 3 N.

4. Kraftmesser und die Krafteinheit Newton

Kraftmesser sind kleine, aber präzise Expander. Sie enthalten nach **→ B2** eine hochwertige Stahlfeder. Kraftmesser sind in der international vorgeschriebenen Krafteinheit, dem **Newton** (Abkürzung **N**) geeicht, zu Ehren des englischen Physikers Isaac NEWTON **→ B1**.

Merksatz

Die **Einheit der Kraft** ist **1 N (Newton).**

Unsere vorläufige Krafteinheit „1 Ina" hatte ihren Sinn bei den prinzipiellen Überlegungen zur Kraftmessung. Regionale oder individuelle Maßeinheiten sind hinderlich, deshalb gibt es weltweit einheitliche Maßeinheiten wie das Newton.

Der Kraftmesser in **→ B2** besteht aus einer Schraubenfeder aus Stahldraht, einer Plastikhülse mit Skala und einer Schutzhülse. Das linke Ende der Feder ist mit der Schutzhülse verbunden, das rechte mit der Skalenhülse. Diese kann reibungsfrei aus der Schutzhülse gezogen werden. Wenn keine Kraft wirkt, stellen wir den Nullpunktschieber (dritte Hülse) auf den Skalenwert 0 N. Verlängert dann eine Kraft die Feder, so taucht ein Teilstrich mit 1 N auf. Verlängern wir die Feder bis zum Teilstrich 5, so üben wir eine Kraft von 5 N aus. Je nach Härte der Federn haben Kraftmesser verschiedene Messbereiche: von 0 N bis 0,1 N oder von 0 N bis 5 N usw.

5. Versuche mit Kraftmessern

→ B3 zeigt, dass beide Kraftmesser die gleiche Kraft anzeigen, unabhängig davon, an welchem Ende man zieht. Kraftmesser messen also die Kraft, die sie erfahren, aber auch die, die sie auf einen anderen Körper ausüben. Betrachten wir den waagerechten Draht in **→ B3** zwischen den Kraftmessern A und B. Er überträgt die Kraft 1 N von links nach rechts oder auch umgekehrt. Im Draht, also unterwegs, nimmt die Kraft weder zu noch ab, sie beträgt überall 1 N. Dieses gilt auch dann, wenn wir den Draht durch einen langen Faden, ein Gummiband oder mehrere Federn ersetzen.

→ B4 zeigt rechts drei Kraftmesser, die parallel zueinander liegen. An jedem Kraftmesser wird mit 1 N nach rechts gezogen. Als „Resultat" zeigt der linke Kraftmesser (A) die Kraft 3 N an. Die drei gleichgerichteten Kräfte von je 1 N haben sich zur der **resultierenden Kraft** 3 N addiert. Wenn die gleichgerichteten Kräfte unterschiedlich sind (z. B. 3 N, 7 N und 5 N) und wieder am gleichen Körper angreifen, dann addieren sie sich auch (hier: 15 N).

Merksatz

Wenn mehrere gleichgerichtete Kräfte am gleichen Körper angreifen, dann addieren sich ihre Beträge.

6. Kräfte sind Vektorgrößen

Die Wirkung einer Kraft ist mit ihrem Betrag und ihrer Richtung allein noch nicht eindeutig bestimmt. Stellen wir uns vor, dass eine bestimmte Kraft (Betrag und Richtung sind fest gewählt) auf eine geöffnete Tür wirkt. Greift die Kraft in der Nähe der Türangel an, so wird die Tür kaum gedreht. Greift sie aber in der Nähe des Griffes an, so bewegt sich die Tür leicht. Die Wirkung einer Kraft wird also von ihrem *Angriffspunkt* bestimmt.

Merksatz

Die Wirkung einer Kraft hängt ab:
- vom Angriffspunkt der Kraft,
- von der Richtung der Kraft,
- vom Betrag der Kraft.

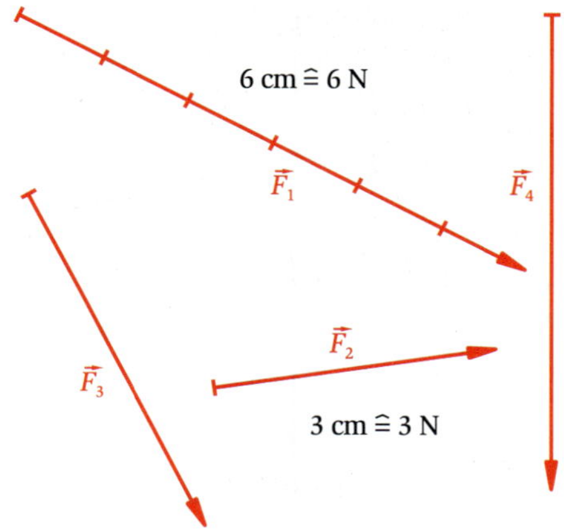

B5 Kraftpfeile zeigen Richtung, Angriffspunkt und Betrag der Kraft an.

Kräfte stellen wir in physikalischen und technischen Zeichnungen symbolisch als **Pfeile** dar.
- Den Pfeil heften wir meist an den Punkt des Körpers, an dem die Kraft angreift, also an den Angriffspunkt.
- Die Spitze des Pfeils weist in die Kraftrichtung.
- Den Betrag der Kraft können wir durch die Länge des Pfeils kennzeichnen. Dazu vereinbaren wir für seine Länge einen Kräftemaßstab, z.B. 1 cm ≙ 1 N. Dann stellt in ➜ B5 ein 3 cm langer Pfeil eine Kraft vom Betrag $F = 3$ N dar.

Mit dem Buchstaben *F* kennzeichnen wir Kräfte (engl.: force = Kraft).
Physikalische Größen, die wir durch Pfeile darstellen können, denen also eine Richtung zukommt, nennen wir **Vektorgrößen.** Eine solche ist auch die *Geschwindigkeit.* Wir bezeichnen sie durch einen Pfeil über dem Buchstabensymbol: z.B. $\vec{F}$ oder $\vec{v}$. Sprechen wir nur vom Betrag, so schreiben wir den Buchstaben ohne Pfeil ($F = 30$ N, $v = 2$ m/s). Wenn man sagt, eine Kraft oder Geschwindigkeit sei doppelt so groß wie eine andere, so meint man, sie habe den doppelten Betrag (unabhängig von der Richtung).
Es gibt auch Größen, denen keine bestimmte Richtung zukommt, wie Volumen *V* und Zeit *t*. Es sind **skalare Größen.**

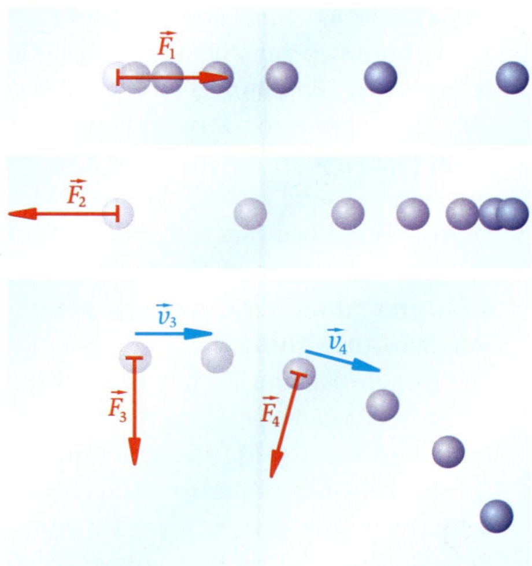

B6 Bewegungen einer Kugel auf einer Glasplatte. Oben: Kraft $\vec{F}_1$ in Bewegungsrichtung, Mitte: Kraft $\vec{F}_2$ gegen die Bewegungsrichtung, Unten: Kräfte wie $\vec{F}_3$, $\vec{F}_4$ immer senkrecht zur Bewegungsrichtung (Momentbilder in gleichen Zeitabständen).

Mach's selbst

A1 Denke dir vier Situationen aus, bei denen Kräfte wirken. Gib an, wer die Kraft ausübt und bestimme Angriffspunkt und Kraftwirkung.

A2 **a)** Mia sagt: „Der Magnet hat eine große Kraft". Nimm zu dieser Aussage Stellung.
b) Beschreibe einen Versuchsaufbau, bei dem du eine magnetische Kraft beobachten und messen kannst. Erörtere, wovon die Kraftgröße abhängt.

A3 **a)** In ➜ B6 sind Momentbilder von Kugelbewegungen auf der Glasplatte dargestellt. Auf die Kugel wirkt eine Kraft. Sie ist durch die roten Pfeile in einigen Punkten dargestellt, die blauen Pfeile stehen für die momentane Bewegungsrichtung. Beschreibe die Bewegungen.
b) Übertrage die Zeichnungen in dein Heft und ergänze sie durch weitere Kraft- und Bewegungspfeile.

A4 Nenne mögliche Wirkungen einer Kraft. Diskutiere, ob eine Kraft am gleichen Körper verschiedene Wirkungen ausüben kann.

A5 Max übt die Kraft 300 N aus. Erläutere, wie man sie mit 100 N-Kraftmessern messen kann.

Körper erfahren Gewichtskräfte

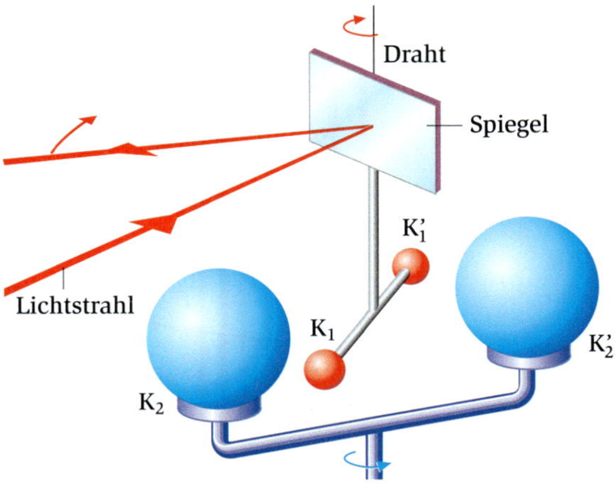

B1 Anziehungskräfte zwischen Kugeln

B2 Die Gewichtskraft zieht immer nach unten.

V1 Das → **B1** zeigt einen schematischen Versuchsaufbau zur Untersuchung der Kräfte zwischen den Bleikugeln K_1 und K_2.
Die Kräfte kann man im täglichen Leben nicht beobachten. Wenn es sie gibt, dann müssen sie sehr klein sein. Man könnte sie mit Federkraftmessern nicht messen. Um sie aufzuspüren, benutzen wir deshalb eine raffinierte, sehr empfindliche Versuchsanordnung.
Die Kugeln K_1 und K_1' hängen mit ihrem waagerechten Verbindungsbalken an einem dünnen Draht. Dieser Draht dient als Kraftmesser. Bereits ein schwacher Luftzug würde die Anordnung mitsamt dem Spiegel in Drehung versetzen. Deshalb ist diese Anordnung in einem geschlossenen Gehäuse untergebracht, das hier der Einfachheit halber nicht gezeichnet wurde.
Zunächst sei alles in Ruhe. Der am Spiegel reflektierte Lichtstrahl bewegt sich nicht. Nun drehen wir die beiden großen Kugeln K_2 und K_2' auf der blau gezeichneten Auflage außerhalb des Gehäuses. Dabei nähert sich K_2 der vorderen kleinen Kugeln K_1 von links. Kugel K_2' nähert sich der hinteren kleinen Kugel K_1' von rechts. Wenn es richtig ist, dass sich diese Kugeln anziehen, dann kommt K_1 nach links und gleichzeitig K_1' nach rechts in Bewegung. Der Draht und der daran befestigte Spiegel drehen sich. Der am Spiegel reflektierte Lichtstrahl (rot) dreht sich mit. Dies geschieht tatsächlich, wenn auch sehr langsam.

1. Was sind Gewichtskräfte?

Lassen wir einen Gegenstand los, so fällt er nach unten. Dabei wird er immer schneller. Der Gegenstand erfährt also eine nach unten wirkende Kraft. Man nennt sie **Gewichtskraft** oder auch **Schwerkraft.** An allen Orten der Erde fallen die Gegenstände zu Boden, deshalb sind in → **B2** die Pfeile für die Gewichtskräfte zur Erdmitte gezeichnet.

Aber nicht nur die Erde kann solche Kräfte ausüben. Astronauten erfuhren nämlich auch auf dem Mond eine Gewichtskraft, die allerdings viel kleiner war als auf der Erde. Also zieht auch der Mond Körper an. Er ist wie die Erde ein großer Materiebrocken. Wir fragen deshalb: Zieht vielleicht *jedes* Materiestück *jedes* andere an – wenn auch nur schwach?

Der → **V1** gibt auf diese Frage eine Antwort: Zwischen den Kugeln bestehen Anziehungskräfte. Im Versuch sind die Kräfte sehr klein, die Anziehungskräfte sind bei der „riesigen Kugel" Erde viel größer. Um magnetische Kräfte kann es sich nicht handeln, da auch unmagnetische Stoffe wie Blei, Wasser oder Holz Anziehungskräfte erfahren.

Merksatz
Beliebige Körper ziehen sich gegenseitig an.

Es ist also irreführend zu sagen, die Körper sind *schwer.* Jeder Körper erfährt nämlich eine Gewichtskraft erst von der Erde als Anziehungskraft. Diese kann also kein unveräußerlicher „Besitz" eines Körpers sein. Hielten wir uns nämlich in einem Raumschiff weit weg von allen Himmelskörpern auf, so würden wir keine merkliche Gewichtskraft erfahren. Für sich allein haben Körper keine Gewichtskraft. Sie erfahren diese erst als Anziehungskraft, etwa von der Erde, dem Mond oder von anderen Himmelskörpern. Man spricht von einer Wechselwirkung zwischen dem Körper und der Erde.

2. Ist die Gewichtskraft überall gleich?

Die Gewichtskraft zeigt nach → B2 zur Erdmitte; sie hat also am Äquator eine ganz *andere Richtung* als an den Polen. Sind dann wenigstens die Beträge überall gleich? Wir wissen, dass die Erde keine exakte Kugel ist; die Pole liegen etwas näher am Erdmittelpunkt als der Äquator. Sehr genaue Kraftmesser zeigen, dass ein und derselbe Körper an den Polen eine etwas größere Gewichtskraft erfährt als bei uns. Unabhängig vom Material sind alle Körper an den Polen um 0,5 % schwerer als am Äquator und um 0,25 % schwerer als in Mitteleuropa.

Wenn ein Körper sich von der Erde entfernt, nimmt die Anziehungskraft auf ihn ab. Im doppelten Abstand vom Erdmittelpunkt, also in 6370 km Höhe über dem Boden, ist sie auf den vierten Teil gesunken, im dreifachen Abstand gar auf den neunten Teil.

Der Mond hat einen kleineren Radius und eine geringere Masse als die Erde. Er zieht alle Körper auf seiner Oberfläche nur mit dem 6. Teil der Gewichtskraft an, die sie auf der Erde erfahren würden → B3. Zieht also die Erde einen Körper mit $F = 6$ N an, so würde er an der Oberfläche des Mondes von diesem nur die Gewichtskraft 1 N erfahren. Deshalb konnten Raumfahrer auf dem Mond mit der gleichen Muskelkraft viel höher springen als bei uns. Dagegen ist auf dem größten Planeten des Sonnensystems, dem Jupiter, die Gewichtskraft, die ein Körper erfährt, 2,6-mal so groß wie bei uns.

Merksatz

Die Gewichtskraft, die auf einen Körper wirkt, hängt vom Ort ab. Dieses gilt für Betrag und Richtung.

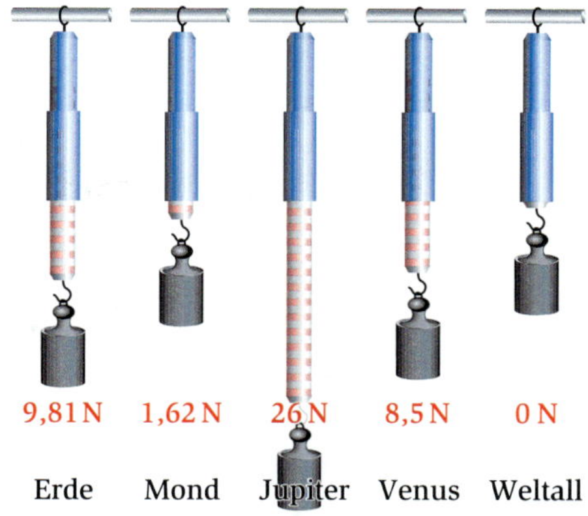

B3 Der Betrag der Gewichtskraft ein und desselben Körpers hängt vom Ort ab.

Kräfte auf die kleinen Kugeln in → B1	$1/10^9$ N
Gewichtskraft eines Normalbriefs	0,2 N
Gewichtskraft einer Schokoladentafel	1 N
Gewichtskraft von 1 l Wasser	10 N
Gewichtskraft eines Menschen	700 N
Zugkraft eines Pkw	5000 N
Zugkraft einer Lokomotive	15000 N
Kraft der Erde auf den Mond	$2 \cdot 10^{20}$ N

T1 Verschiedene Kräfte

Mach's selbst

A1 Nach → B2 ist die Gewichtskraft, die Körper am Äquator erfahren, anders gerichtet als an den Polen. Ein Weitgereister sagt: „Überall, wo ich war, zeigte sie nach unten." Erkläre den scheinbaren Widerspruch.

A2 **a)** Wir haben mit dem Expander waagerechte Zugkräfte der Größe „1 Ina", „2 Ina" usw. gemessen. Entwickle ein Experiment, um zu prüfen, ob „1 Ina" auch die Gewichtskraft von Ina auf der Erde ist.
b) Begründe, dass die Gewichtskraft auf der Erde nicht überall gleich groß ist.

A3 **a)** Hänge einen Knetklumpen an ein Gummiband und markiere die Verlängerung. „1 Knet" heißt deine eigene Krafteinheit. Erzeuge anschließend die Kräfte 2 und 3 Knet. Überlege, ob die Verlängerung des Bandes unbedingt doppelt bzw. dreifach sein muss.
b) Beschreibe, wie man die Kraft 0,5 Knet erhält.
c) Bestimme, wie viel Newton einem „Knet" entsprechen.

A4 Ein Laborant misst mit einem Kraftmesser täglich die Gewichtskraft von weißen Mäusen. Eines Tages gibt er sie in cm statt in N an. Führe mit deinem Nachbarn über diese Idee eine Pro-und-Kontra-Diskussion. Protokolliere die verschiedenen Argumente.

A5 Diskutiere die Aussagen:
a) Die Ananas ist 30 N schwer.
b) Eine Kiste mit Tomaten wiegt 150 kg.

Körper haben Masse

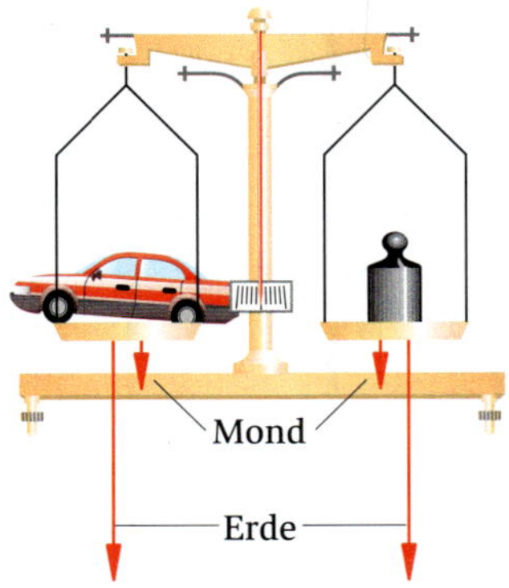

B1 Die Balkenwaage zeigt auf der Erde wie auf dem Mond an, ob zwei Massen gleich sind.

B2 Astronaut J. IRVIN trägt auf dem Mond einen Tornister mit 84 kg Masse.

V1 Wir legen auf jede Schale einer Balkenwaage ein gleichartiges Spielzeugauto. Stehen beide Schalen in gleicher Höhe, so erfahren beide Autos die gleiche Gewichtskraft. Wir ersetzen ein Auto durch Wägestücke aus einem Wägesatz, sodass die Schalen wieder in gleicher Höhe stehen. Nun erfahren Auto und Wägestücke die gleiche Gewichtskraft. Dieser Vergleich ist viel genauer als bei der Benutzung von Federkraftmessern. Die tatsächliche Größe der Kräfte zeigt die Balkenwaage nicht an.

Vertiefung

Wägesätze

Ein Standardwägesatz enthält folgende Stücke: 500 g, 200 g, 200 g, 100 g, 50 g, 20 g, 20 g, 10 g, 5 g, 2 g, 2 g, 1 g.
Damit lassen sich alle Massen zwischen 1 g und 1110 g bestimmen, z. B.
768 g = 500 g + 200 g + 50 g + 10 g + 5 g + 2 g + 1 g.
Unterhalb der Grenze von einem Gramm gibt es auch Milligrammstücke.

Ein Wägesatz aus folgenden Stücken: 1 g, 2 g, 4 g, 8 g, 16 g, 32 g, 64 g, 128 g, 256 g, 512 g ermöglicht das Bestimmen von Massen bis 1023 g. Dieser Wägesatz umfasst zwar weniger Stücke, ist aber unpraktisch bei gebräuchlichen Massen:
100 g = 64 g + 32 g + 4 g bzw.
500 g = 256 g + 128 g + 64 g + 32 g + 16 g + 4 g.

1. Die Masse als „Besitz" eines Körpers

Eine Schokoladentafel (ohne Verpackung) erfährt auf der Erde die Gewichtskraft vom Betrag $G = 1$ N, auf dem Mond dagegen nur $\frac{1}{6}$ N. Dort zeigt ein Kraftmesser erst bei sechs Tafeln 1 N an. Daraus folgt nicht, dass ein Raumfahrer die sechsfache Menge an Schokolade braucht, um seinen Bedarf an Süßigkeiten zu erfüllen. Dass die Tafel Schokolade leichter geworden ist, liegt am Mond und nicht an der Schokolade.

Kaufleute benutzen keine Federkraftmesser, um ihre Warenmengen zu ermitteln, sondern Balken- oder Tafelwaagen, die ohne Federn auskommen → **B1**.
Worin liegt nun der Vorteil dieser Waagen gegenüber einem Federkraftmesser? Der → **V1** legt nahe, dass Balkenwaagen genauere Ergebnisse liefern als Kraftmesser. Gehen wir nun aber in Gedanken auf den Mond. Dort belasten Warenmenge wie Wägestücke die Waagschalen je nur mit $\frac{1}{6}$ der Kraft → **B1**. Die Abnahme der Gewichtskraft wirkt sich allerdings auf beide Schalen gleich aus. Die Waagschalen sind auch auf dem Mond in gleicher Höhe, wenn sie es vorher auf der Erde waren. Balkenwaagen registrieren also Änderungen der Gewichtskraft durch Ortswechsel nicht; sie sind folglich *keine* Kraftmesser.

Balkenwaagen reagieren aber sehr empfindlich, wenn wir vom zu wiegenden Körper etwas wegnehmen oder etwas hinzufügen. Wir sagen, dabei ändere sich die **Masse** des Körpers. Deshalb schreiben wir zwei Körpern, die eine Waage zum Einspielen (Schalen in gleicher Höhe) bringen, die gleiche *Masse m* zu, selbst dann, wenn sie aus verschiedenen Stoffen bestehen (z. B. Spielzeugauto und Wägestücke). Mit Balkenwaagen werden also Massen *verglichen*. – An jedem Ort gilt: Körper gleicher Massen erfahren die gleiche Gewichtskraft. Somit können wir mit Balkenwaagen
- Massen bestimmen,
- Gewichtskräft $\vec{G}$ (Beträge G) aber nur vergleichen.

2. Die Einheit der Masse

Normale Schokoladentafeln tragen die Aufschrift 100 g. Mit 1 g oder 1 kg bezeichnen wir nämlich die **Einheit der Masse** m. Wie wir wissen, ist die Masse etwas anderes als die Kraft. Deshalb gibt es verschiedene Einheiten. **1 kg** ist die Masse eines bestimmten Normkörpers (aus Edelmetall), des so genannten *Urkilogramms;* es wird in Paris aufbewahrt. Zwei solche Körper erfahren am gleichen Ort die doppelte Gewichtskraft; sie haben die Masse 2 kg → B3.

Eine Balkenwaage spielt sich auf der Erde wie auf dem Mond ein, falls in der einen Schale eine Tafel Schokolade und in der anderen ein 100 g-Wägestück liegen. Beide haben unabhängig vom Ort die Masse 100 g. Die Angabe 100 g auf der Tafel bleibt bei der Reise auf den Mond gültig, nicht aber die Angabe $G = 1$ N. Die Masse kennzeichnet einen „Besitzstand" des Körpers, der im Gegensatz zur Gewichtskraft **nicht vom Ort abhängt.** Der Aufbewahrungsort für das Urkilogramm ist also beliebig.

Merksatz

Die Masse eines jeden Körpers bleibt beim Ortswechsel erhalten.
Die Grundeinheit der Masse ist das Kilogramm (kg).
Körper, die am gleichen Ort die gleiche Gewichtskraft erfahren, haben die gleiche Masse. Erfährt ein Körper am selben Ort die n-fache Gewichtskraft wie ein anderer, so besitzt er überall die n-fache Masse.

Weitere Masseeinheiten sind:
1 kg = 1000 g; 1 g = 1000 mg (Milligramm);
1 t (Tonne) = 1000 kg.

3. Welche Gewichtskraft erfährt ein 1 kg-Stück?

Hängen wir einen Körper mit der Masse $m = 1$ kg an einen Kraftmesser, so zeigt dieser uns – wie überall in Mitteleuropa – die Gewichtskraft vom Betrag G = 9,8 N an. Also gehört die Gewichtskraft 1 N zur Masse $m = 1$ kg/9,8 = 102 g ≈ 0,1 kg. Das entspricht ziemlich genau einer Tafel Schokolade *mit* Verpackung.
Ein Grammstück erfährt in Mitteleuropa die Gewichtskraft 1 N/102 ≈ 0,01 N = 1 cN **(Zenti-Newton).**
Umgangssprachlich wird oft der Begriff „Gewicht" verwendet, wenn eigentlich die Masse gemeint ist. Wir sprechen z. B. vom Körper„gewicht" und geben es mit 45 kg an. Physikalisch korrekt wäre es, von der Körpermasse zu sprechen.

Merksatz

Ein Körper der Masse 1 kg erfährt in Mitteleuropa die Gewichtskraft vom Betrag 9,8 N ≈ 10 N.

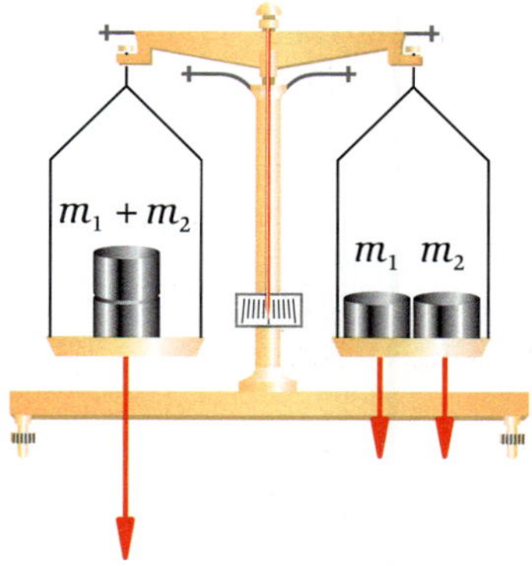

B3 Masse und Gewichtskraft

Mach's selbst

A1 **a)** Man gab dem Urkilogramm so genau wie möglich die Masse von 1 l (1 dm^3) Wasser (bei 4 °C). Prüfe diesen Zusammenhang – wenn möglich – zu Hause nach.
b) Nenne die Masse von 1 l Wasser auf dem Mond und die Gewichtskraft, die diese Wassermenge dort erfährt.

A2 **a)** Gib die Bedingung an, unter der man Massen auch mithilfe der Verlängerung von Federn vergleichen kann.
b) Begründe, warum man der Skala von Kraftmessern nicht die Einheit kg gibt.

A3 **a)** Gib die Masse m des Urkilogramms auf dem Mond und den Betrag der Gewichtskraft, die es dort erfährt, an.
b) Stücke der Wägesätze tragen die Aufschrift 1 kg und 1 g. Erläutere, ob diese Aufschriften durch 1 N und 1 cN ersetzt werden können oder nicht!

A4 Begründe, warum man sagt: Körper *haben* Masse und *erfahren* Gewichtskräfte.

A5 Das Urkilogramm wird in Paris aufbewahrt. Erläutere, ob dies für seine Gültigkeit als Normkörper von Bedeutung ist.

A6 Anni benutzt einen alten Wägesatz, dessen kg-Stück mit einer Kruste überzogen ist. Damit wiegt sie Zucker ab und sagt, wegen der Kruste liege die Masse des Zuckers unter 1 kg. Susi widerspricht ihr. Diskutiere.

A7 **a)** Erläutere, warum man zusätzlich zum Begriff „Gewichtskraft" noch den Begriff „Masse" eingeführt hat.
b) Erläutere, warum in der Alltagssprache die Begriffe „Gewichtskraft" und „Masse" nur selten verwendet werden.

Masse m in kg	Betrag G der Gewichtskraft in N	$g = \frac{G}{m}$ in $\frac{N}{kg}$
Auf der Erde		
1,000	9,80	9,8
0,500	4,90	9,8
0,300	2,94	9,8
0,200	1,96	9,8
0,102	1,00	9,8
Auf dem Mond		
1,00	1,60	1,6
0,50	0,80	1,6
0,30	0,50	1,7
0,20	0,32	1,6
0,10	0,16	1,6

T1 Ortsfaktoren auf Erde und Mond

Mitteleuropa	9,81	**Sonne**	274
Äquator	9,78	**Jupiter**	26
Pole der Erde	9,83	**Venus**	8,5
Mond	1,6	**Mars**	3,7

T2 Ortsfaktoren g in N/kg

Beispiel

Wenn deine Masse 60 kg beträgt, so erfährst du die Gewichtskraft
$G = m \cdot g = 60\ \text{kg} \cdot 9{,}8\ \text{N/kg} = 588\ \text{N}$
auf der Erde,
$G = m \cdot g = 60\ \text{kg} \cdot 1{,}6\ \text{N/kg} = 96\ \text{N}$
auf dem Mond und
$G = m \cdot g = 60\ \text{kg} \cdot 3{,}7\ \text{N/kg} = 222\ \text{N}$
auf dem Mars (theoretisch).

4. Wir berechnen die Gewichtskraft weltweit

→ T1 zeigt den Betrag G der Gewichtskräfte von Wägestücken der Masse m auf Erde und Mond. Ein Stück mit der halben Masse erfährt am gleichen Ort auch nur die halbe Gewichtskraft.

Merksatz

Betrag G der Gewichtskraft und Masse m sind am gleichen Ort einander proportional.

Zwei Größen sind dann proportional, wenn ihre Quotienten konstant sind. In der dritten Spalte der → T1 sind die Quotienten G/m errechnet. Diese Quotienten haben die Einheit N/kg. Die errechneten Quotienten sind tatsächlich für alle Messwertepaare gleich: Der Wert für die Erde beträgt 9,8 N/kg. Wir kürzen ab: $g = G/m = 9{,}8\ N/kg$.
Die Einheit N/kg zeigt: Am Quotienten $g = G/m$ können wir insbesondere ablesen, wie groß die Gewichtskraft G (in N) ist, die ein Körper der Masse 1 kg erfährt. Der Quotient liefert bei uns 9,8 N je kg, und zwar unabhängig vom Körper, seinem Volumen und seinem Material.
Auf dem Mond sind die Gewichtskräfte kleiner als auf der Erde, aber auch dort sind die Quotienten G/m für alle Körper konstant. Der Wert beträgt $g = 1{,}6$ N/kg. Ein Körper der Masse 1 kg erfährt auf dem Mond nur die Gewichtskraft 1,6 N.

Der Quotient $g = G/m$ hängt also vom Ort ab; wir nennen ihn **Ortsfaktor** g. Die → T2 gibt Werte für mehrere Orte an. Das Wort „Faktor“ zeigt eine weitere Bedeutung von g an:
Aus $G/m = g$ folgt nämlich $G = m \cdot g$.

Merksatz

Wir erhalten den Betrag G der Gewichtskraft eines Körpers an einem bestimmten Ort, wenn wir die nur vom Körper abhängige Masse m mit dem nur vom Ort abhängigen Ortsfaktor g multiplizieren: $\boldsymbol{G = m \cdot g}$.
All dies zeigt, dass Gewichtskraft und Masse zwei physikalische Größen sind, die wir streng voneinander unterscheiden müssen.

Vertiefung

Wie definiert man Größen?

Kräfte erkennt man daran, dass sie Körper verformen oder ihren Bewegungszustand ändern. Mit Kräften beschreiben wir also mechanische Einwirkungen auf Körper. Wenn wir einen Körper beleuchten, so wirken wir optisch auf ihn ein, nicht aber mechanisch; wir üben keine Kraft auf ihn aus, die ihn beschleunigen oder verformen würde.

Mit Balkenwaagen können wir weder die Helligkeit von Lampen noch die Größe von Flächen messen. Balkenwaagen und Wägesätze sind auf den Begriff Masse spezialisiert und grenzen diesen von anderen Größen – auch von Kräften – ab. Für „abgrenzen“ sagen wir auch „definieren“. Das Messverfahren mit Balkenwaage und Wägesatz definiert für uns den physikalischen Begriff Masse.

Mach's selbst

A1 **a)** Personenwaagen enthalten wie Kraftmesser meist Federn. Trotzdem tragen sie die Maßbezeichnung kg. Gib die Voraussetzungen an, unter denen die Anzeige stimmt.
b) Hans steigt auf die Waage und stellt fest, dass er „Übergewicht" hat.
Angenommen, Hans könnte auf dem Mond auf dieselbe Waage steigen. Stellt er dort dasselbe Übergewicht fest?
Begründe!
c) Begründe, dass der Gesetzgeber zum Kennzeichnen von Warenmengen das Kilogramm und nicht das Newton vorschreibt.

A2 Beim Sportunterricht wirft Lukas zunächst eine Kugel → B1a, dann einen Fußball → B1b und anschließend einen Speer → B1c.
Seine Mitschüler unterhalten sich über Lukas und seine Wurfsituationen:
- Lukas übt beim Abwurf des Speeres eine Kraft auf ihn aus.
- Beim Auftreffen auf den Boden üben Kugel, Fußball und Speer eine Kraft auf diesen aus.
- Lukas braucht viel Kraft, um den Fußball zu werfen.
- Lukas Kugel fliegt weit und hat deshalb viel Kraft.
- Der Speer hat ein Gewicht von 600g.
- Der Fußball ist viel leichter als die Kugel.
- Kugel und Speer sind etwa gleich schwer.

Begründe, welche dieser Aussagen physikalisch korrekt formuliert sind, und stelle physikalisch nicht korrekt formulierte Aussagen richtig.

A3 Man wiegt in Mitteleuropa mit einem Federkraftmesser Erbsen ab, die eine Gewichtskraft von 10 N erfahren.
Derselbe Versuch würde an den Polen, am Äquator und auf dem Mond durchgeführt.
Erhält man die gleiche Anzahl Erbsen? Begründe deine Aussage.

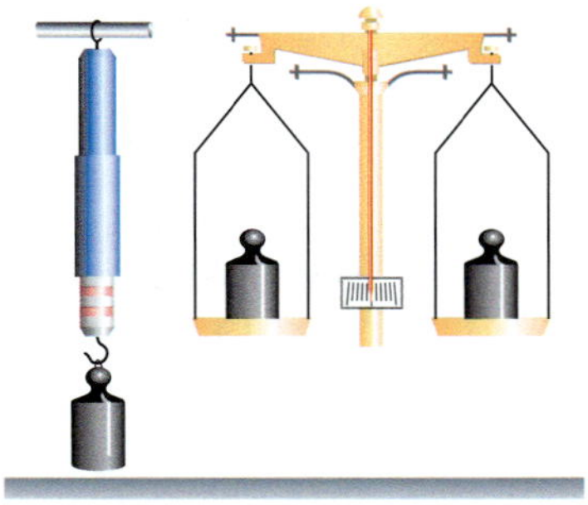

B1 Werfen von Kugel, Ball und Speer im Sportunterricht.

A4 Ein Körper hat die Masse 100,0 kg. Bestimme die Änderung der Gewichtskraft bei einer Reise vom Nordpol über Mitteleuropa bis hin zum Äquator.

A5 **a)** Auf der Venus erfährt ein Körper die Gewichtskraft 43 N. Berechne seine Masse.
b) Bestimme die Gewichtskraft des Körpers auf der Erde und in 6370 km Höhe über der Erde.
c) Bestimme die Gewichtskraft, die du auf dem Mars erfahren würdest.

A6 Astronauten landen auf einem unbekannten Planeten des Sonnensystems. Sie bestimmen die Gewichtskraft eines Körpers der Masse 20 kg zu 74 N.
a) Erläutere, welche Messgeräte sie benutzt haben.
b) Gib einen möglichen Aufenthaltsort der Astronauten an.

A7 *Hausversuch:* Bohre ein Loch in den Boden eines Joghurtbechers und steige auf eine Haushaltsleiter. Verschließe mit einem Finger das Loch und fülle Wasser in den Becher. Lasse den Becher dann in einen größeren Eimer fallen.

a) Dokumentiere schriftlich Deine Beobachtungen während des Falls des Bechers.
b) Versuche für deine Beobachtungen eine Begründung zu finden.

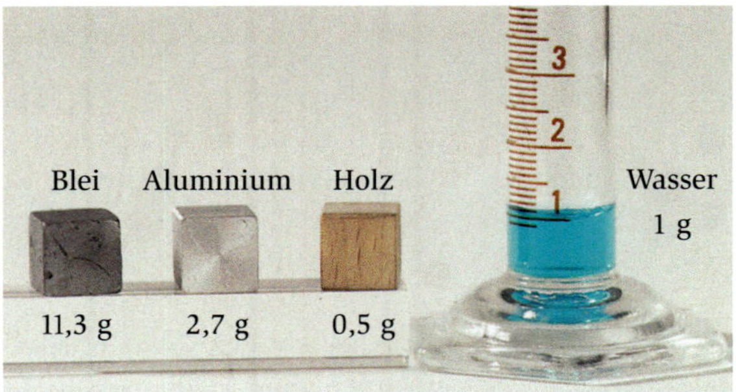

B1 Die Masse von 1 cm^3 verschiedener Stoffe

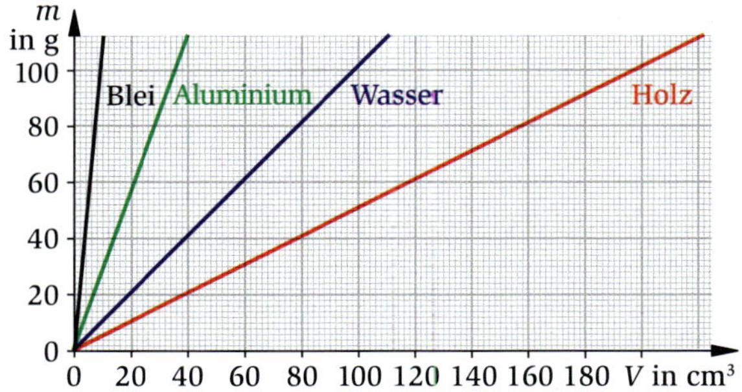

B2 Bei homogenen Stoffen ist m proportional zu V.

V1 Wir bestimmen von einigen Bleikügelchen die Masse mit einer Balkenwaage und das Volumen mithilfe eines Überlaufgefäßes. So finden wir für ein Kügelchen z. B. $m = 3{,}4$ g und $V = 0{,}3$ cm^3.

V2 Bestimme die Masse von 5 cm^3 Wasser (in g). Was fällt dir beim ermittelten Zahlenwert auf?

V3 Ermittle die Masse m und das Volumen V mehrerer Aluminiumstücke. → T1 enthält mögliche Messwerte.

***V* in cm³**	10	20	30	40
***m* in g**	27	54	80	110
***m*/*V* in g/cm³**	2,7	2,7	2,67	2,75

T1 Messwerte für m/V für Aluminium

V4 Wir bestimmen die Massen von Holzquadern. Ihr Volumen berechnen wir als das Produkt aus den drei Kantenlängen. Die Tabelle zeigt einige Messwerte.

***V* in cm³**	30	60	90	90	45
***m* in g**	15	31	44	60	29
***m*/*V* in g/cm³**	0,5	0,52	0,49	0,67	0,64

V5 Die Masse der Luft in einer Glaskugel lässt sich mit einer sehr genauen Waage bestimmen, indem wir die Glaskugel einmal mit und ein weiteres Mal ohne Luft (Kugel mit einer Vakuumpumpe auspumpen) auf die Waage legen. Ein Liter (1 dm^3) der uns umgebenden Luft hat die Masse 1,29 g. Der Quotient m/V hat also den Wert 0,00129 g/cm^3.

1. Ist Blei schwerer als Aluminium?

Ein Bleikügelchen ist leichter als ein Aluminiumtopf. Trotzdem sagen wir, Blei ist schwerer als Aluminium. Das ist kein Widerspruch. In → B1 sind die Massen von 1 cm^3-Würfeln aus verschiedenen Stoffen angegeben. Danach beträgt die Masse eines solchen 1 cm^3-Würfels aus Blei 11,3 g, eines Würfels aus Aluminium aber nur 2,7 g.

In → V1 werden die Masse und das Volumen einiger Bleikügelchen bestimmt. Um die Masse von 1 cm^3 dieser Bleikügelchen zu ermitteln, müssen wir keinen neuen Versuch durchführen, uns genügt eine einfache Rechnung:

$$\frac{m}{V} = \frac{3{,}4\ \text{g}}{0{,}3\ \text{cm}^3} = 11{,}3\ \frac{\text{g}}{\text{cm}^3}.$$

Das Ergebnis zeigt: Die Masse von 1 cm^3 Blei ist 11,3 g.

Der Quotient m/V ist auch für die übrigen Stoffe sinnvoll → V2, 3, 4. → V3 zeigt, dass zum n-fachen Volumen V auch die n-fache Masse m gehört. Die entsprechenden Messpunkte liegen auf einer Ursprungsgeraden → B2. Also gilt bei Körpern aus einheitlichem Stoff: **Die Masse *m* ist dem Volumen *V* proportional.**

Für Holz ist der Quotient m/V keine Konstante. Holz ist ein Naturprodukt, und besteht nicht aus einheitlichem Stoff. Deshalb kann man nur eine Bandbreite für m/V angeben → V4. Der Quotient m/V beschreibt offensichtlich den jeweiligen Stoff. Wir führen für den Quotienten als Bezeichnung $\varrho = m/V$ ein. ϱ heißt **Dichte** des Stoffes (ϱ (rho): griech. Buchstabe). Die Dichte ist eine **Stoffkonstante.** Sie hängt nicht von den Maßen des Körpers ab. Die Dichte von Blei ist 11,3 g/cm^3, von Aluminium 2,7 g/cm^3 und von Wasser 1,0 g/cm^3. Da die Masse vom Ort nicht abhängt, gelten die Dichtewerte überall, auch z.B. auf dem Mond.

Merksatz

Unter der **Dichte** ϱ eines Körpers verstehen wir den Quotienten aus der Masse m und dem Volumen V: $\boldsymbol{\varrho = m/V}$.
Die Dichte kennzeichnet den Stoff eines Körpers.

2. Wozu können wir die Dichte benutzen?

Welcher Stoff ist das? Masse und Volumen von zwei ähnlich aussehenden Metallstücken betragen
$m_1 = 120$ g; $V_1 = 44{,}5\,\text{cm}^3$ und $m_2 = 113$ g; $V_2 = 65\ \text{cm}^3$.
Ihre Dichten sind also $\varrho_1 = m_1/V_1 = 2{,}70\ \text{g/cm}^3$ und
$\varrho_1 = m_2/V_2 = 1{,}74\ \text{g/cm}^3$.
Nach → T2 handelt es sich um Aluminium und Magnesium.

Welche Masse liegt vor? Es sollen 2 m³ Sand transportiert werden. Ein Lkw mit 3 t (= 3000 kg) Nutzlast ist verfügbar. Reicht eine Fahrt aus? An einer kleinen Sandprobe wird die Sanddichte ermittelt: $\varrho = 1{,}7\ \text{kg/dm}^3$. Da $2\ \text{m}^3 = 2000\ \text{dm}^3$ sind, beträgt die Sandmasse
$m = \varrho \cdot V = 2000\ \text{dm}^3 \cdot 1{,}7\ \text{kg/dm}^3 = 3400$ kg.
Eine Fahrt reicht also nicht.
Betrachten wir das gleiche Volumen ($V = 2\ \text{m}^3$) aus Styropor® ($\varrho = 0{,}017\ \text{kg/dm}^3$). Es hat nur die Masse
$m = 0{,}017\ \text{kg/dm}^3 \cdot 2000\ \text{dm}^3 = 34$ kg.
Styropor® ist ein Schaumstoff und enthält viel Luft.
Ein Zimmer, dessen Grundfläche 40 m² und dessen Höhe 2,5 m beträgt, hat das Volumen $V = 100\ \text{m}^3$.
Die Masse seiner Luft beträgt:
$m = \varrho \cdot \text{V} = 0{,}0013\ \text{kg/dm}^3 \cdot 100 \cdot 10^3\ \text{dm}^3 = 130$ kg.

Welches Volumen? Geht 1 kg Quecksilber mit der Dichte $\varrho = 13{,}6\ \text{g/cm}^3$ in ein 100 cm³-Becherglas? Sicherheitsbestimmungen verbieten ein Ausprobieren. Wir müssen rechnen und lösen die Gleichung $m = \varrho \cdot V$ nach V auf:
$V = m/\varrho = 1000\ \text{g}/(13{,}6\ \text{g/cm}^3) = 73{,}5\,\text{cm}^3$.
Das Becherglas wäre groß genug.

Merksatz
Berechnung der Masse: $m = \varrho \cdot V$.
Berechnung des Volumens: $V = m/\varrho$.

Luft	≈0,0013	**Glas, Marmor**	≈2,5
Kork	≈0,2	**Aluminium**	2,70
Holz	0,3–1,1	**Eisen**	7,86
Benzin	0,70	**Kupfer**	8,93
Alkohol	0,79	**Silber**	10,5
Wasser	1,00	**Quecksilber**	13,55
Magnesium	1,74	**Gold**	19,3

T2 Dichte in g/cm³ bei 20 °C

a) m_0, V_0 **b)** $2m_0$, $2V_0$ **c)** $2m_0$, V_0 **d)** m_0, $\frac{1}{2}V_0$

B3 Dichte von Tafelschwämmen

Mach's selbst

A1 In → V4 gibt eine Tabelle die Masse und das Volumen verschiedener Holzstücke an. Trage die Messwerte entsprechend → B2 auf. Begründe, ob es sich hierbei stets um die gleiche Holzsorte handelt.

A2 **a)** Du willst in → B2 die Massen ablesen, die jeweils zum Volumen 40 cm³ gehören. Zeichne ins V-m-Diagramm ein, wie du vorgehst.
b) Ermittle die Volumina der verschiedenen Stoffe, die jeweils zur Masse 50 g und 100 g gehören. Zeichne ins V-m-Diagramm ein, wie du vorgehst.

A3 Diese Skulptur von Jens Trimpin ist aus Marmor und fast ein Quader (79 cm x 68 cm x 56 cm). Schätze die Masse ab und berechne sie anschließend. Bestimme zusätzlich die Gewichtskraft.

A4 Von zwei volumengleichen Körpern hat der eine die dreifache Masse. Zwei andere Körper haben die gleiche Masse, der eine hat jedoch das fünffache Volumen. Bestimme jeweils das Verhältnis der Dichten beider Körper.

A5 → B3 zeigt modellhaft vier „Tafelschwämme". Vergleiche deren Dichten.

A6 **a)** Berechne das Volumen einer Styropor®-Scheibe mit der Masse 100 g ($\varrho = 0{,}017\ \text{g/cm}^3$).
b) Styropor® besteht aus einem Stoff, der luftfrei die Dichte 1,7 g/cm³ hat. Macht man ihn flüssig und mischt Luft in feinen Bläschen hinzu, so entsteht nach dem Erhärten der „Schaumstoff". Berechne die Menge an Luft, die 1 cm³ Styropor® enthält. Von der Masse der Luft sehe man ab.

A7 Ermittle die Masse der Luft im Physiksaal. Erläutere, ob sie täglich gleich groß ist.

Kräftegleichgewicht

B1 Tauziehen – Kräfte im Vergleich

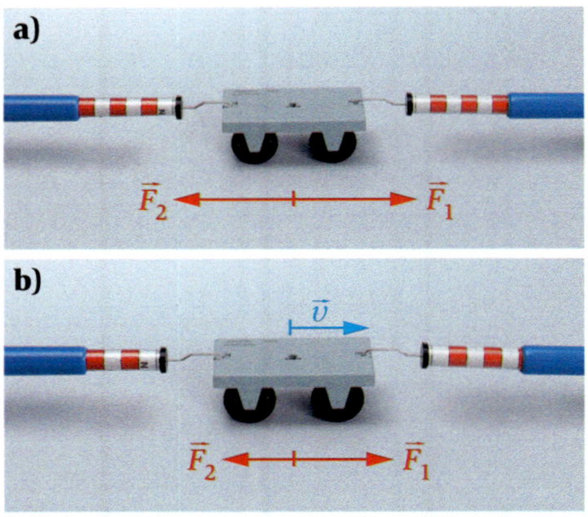

V1 Wir ziehen an der ruhenden Walze mit Federkraftmessern in entgegengesetzte Richtungen. Zugleich messen wir die Beträge F_1 bzw. F_2 der beiden Kräfte.
a) Wenn wir mit gleich großen Kräften ziehen, dann bleibt die Walze in Ruhe.
b) Ziehen wir dagegen mit verschieden großen Kräften, so setzt sich die Walze in Bewegung – und zwar in Richtung der größeren der beiden Kräfte.

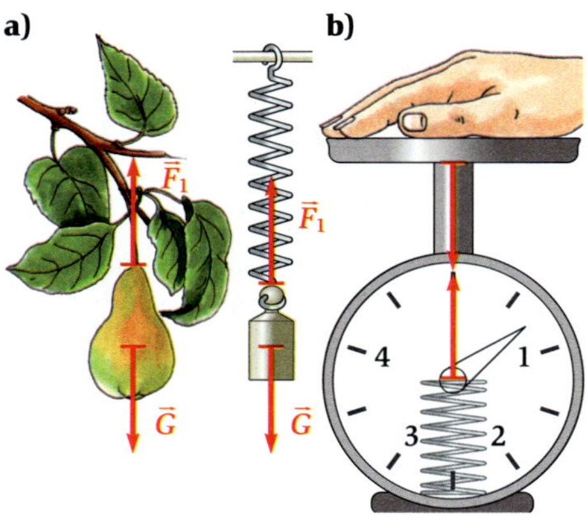

B2 Kräftegleichgewicht an
a) einem Zweig, **b)** einer Druckfeder

1. Kräfte wirken – und doch keine Bewegung

Beim Tauziehen kommt es auf die rote Marke in der Mitte an → **B1**: Jede Gruppe versucht mit großer Kraft, sie auf die eigene Seite zu ziehen. Wenn sich die Marke aber trotzdem nicht bewegt, was können wir dann folgern?

Mit → **V1** untersuchen wir einen solchen Fall, indem wir die beteiligten Kräfte messen. Es zeigt sich: Bei kleinen wie bei großen Kräften bleibt die Walze in Ruhe, sofern folgende Bedingung erfüllt ist:
Die Beträge der entgegengesetzt gerichteten Kräfte sind gleich groß, d. h. es gilt: $F_1 = F_2$. Man sagt dann: Die beiden Kräfte befinden sich im **Kräftegleichgewicht.**

Wenn dagegen die Beträge dieser Kräfte nicht gleich, sondern verschieden groß sind, wenn also z. B. $F_1 > F_2$ gilt, so setzt sich die Walze in Bewegung – in Richtung der größeren Kraft. Dann sind die Kräfte nicht im Kräftegleichgewicht.
Bei einem Körper in Ruhe *kann* es sein, dass gar keine Kraft an ihm angreift. Es ist aber auch möglich, dass an dem Körper zwei Kräfte angreifen, die sich im Kräftegleichgewicht befinden.

Was gilt nun für eine Birne, die in Ruhe an einem Zweig hängt? An der Birne zieht die Gewichtskraft nach unten → **B2a**. Der Zweig wurde dadurch *gekrümmt* – und aufgrund dieser Verformung bringt der Zweig eine Kraft nach oben auf. Je größer die Verformung ist, desto größer ist die Kraft des Zweiges – ganz ähnlich wie die Kraft einer Druckfeder. Der Zweig hat sich genau so weit verformt, dass sich die nach oben gerichtete Kraft (Betrag F_1) und die nach unten, also entgegengesetzt gerichtete Gewichtskraft (Betrag G) im Kräftegleichgewicht befinden: $G = F_1$.

Eine *gegengleiche* Kraft bringt auch die Druckfeder in → **B2b** auf, wenn z. B. eine Hand auf sie drückt. Wieder sind die Kräfte im Kräftegleichgewicht. Je mehr sich diese Feder verkürzt, desto größer ist die Kraft, die an der Feder angreift.

2. Eine Kraft als Ersatz für zwei

→ B3a zeigt zwei Kinder, wie sie Kräfte auf einen Einkaufswagen ausüben: Der Wagen wird in Bewegung gesetzt. Also sind die Kräfte nicht im Kräftegleichgewicht. Die beiden Kräfte sind von *gleichem Betrag* und *gleicher Richtung*, sie sind also nicht gegengleich. Den Wagen kann sogar *ein* Kind allein genau so in Bewegung bringen. Dazu muss es jedoch die zwei Kräfte durch *eine* den beiden gleichwertige Kraft ersetzen, die so genannte **Ersatzkraft,** auch die **Resultierende** der Einzelkräfte genannt. Haben diese gleiche Richtung, so ist der Betrag der Ersatzkraft gleich der Summe der Einzelbeträge. Nur dann gilt mit $F_1 = F_2 = 30\ \text{N}$:

$$F_{\text{Ersatz}} = F_1 + F_2 = 30\ \text{N} + 30\ \text{N} = 60\ \text{N}.$$

In **→ B3b** üben die Kinder in entgegengesetzten Richtungen Kräfte aus. Der Wagen setzt sich auch diesmal in Bewegung. Es gibt also wieder kein Kräftegleichgewicht. Die eine Kraft ist größer als die andere ($F_1 > F_2$). Weiter gilt: Der Wagen setzt sich umso stärker in Bewegung, je größer der Unterschied zwischen den beiden Kräften, je größer also die Differenz $F_1 - F_2$ ist. Wenn die Kraftrichtungen entgegengesetzt sind, dann liefert diese Differenz der Einzelbeträge den Betrag der Ersatzkraft. Gemäß **→ B3b** erhalten wir:

$$F_{\text{Ersatz}} = F_1 - F_2 = 30\ \text{N} - 20\ \text{N} = 10\ \text{N}.$$

Auch in **→ B3c** wirken die Kräfte der beiden Kinder in entgegengesetzten Richtungen, nun aber mit gleichen Beträgen. Der Wagen bleibt in Ruhe stehen, die Kräfte befinden sich im Kräftegleichgewicht. Das Ergebnis ist so, als ob gar keine Kraft auf den Wagen wirken würde. Für die Ersatzkraft gilt nun:

$$F_{\text{Ersatz}} = F_1 - F_2 = 30\ \text{N} - 30\ \text{N} = 0\ \text{N}.$$

Merksatz

Die Kräfte an einem Körper lassen sich durch *eine* **Ersatzkraft** (Resultierende) ersetzen. Ist die **Ersatzkraft null,** so sind die Kräfte im Gleichgewicht. Ein ruhender Körper bleibt dann in Ruhe. Ist die **Ersatzkraft** an einem ruhenden Körper **ungleich null,** dann wird er in Bewegung gesetzt.

Statt zu sagen: „Die Kräfte sind im Kräftegleichgewicht“, ist es auch üblich zu sagen: „Die Kräfte heben sich *in ihrer Wirkung* auf“. Die Kräfte sind aber keineswegs verschwunden, sie sind weiterhin vorhanden. Wir erkennen sie manchmal daran, dass sie einen Körper *verformen* **→ B4** oder *drehen* **→ B5**.

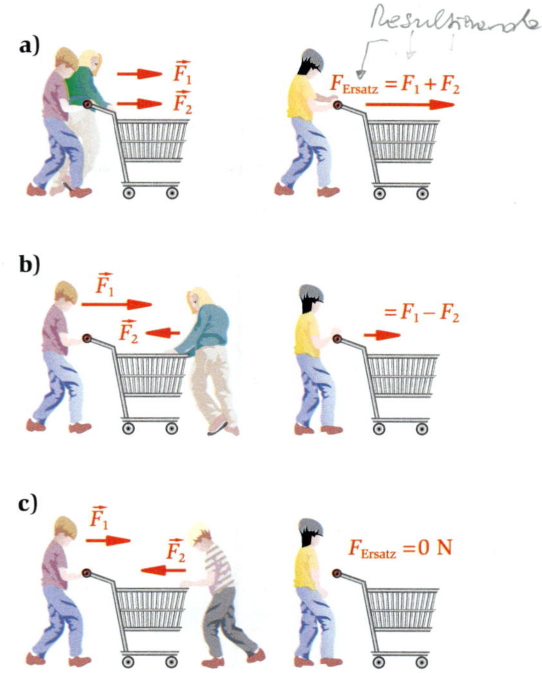

B3 Wie groß ist jeweils die Ersatzkraft?

B4 Verformung bei Kräftegleichgewicht

B5 Drehung bei Kräftegleichgewicht

Mach's selbst

A1 In **→ B1** wirken sechs Kräfte (Beträge: 335 N, 320 N, 315 N, 280 N, 295 N, 305 N) nach rechts. Bei Kräftegleichgewicht sind fünf der nach links wirkenden Kräfte bekannt (Beträge: 285 N, 325 N, 280 N, 305 N, 290 N). Bestimme die zwölfte Kraft.

A2 Zwei gleich große Kräfte können einen Körper verformen. Nenne Beispiele, bei denen man dies erkennt.

Bewegte Körper haben Impuls

B1 Was unterscheidet die fliegenden Bälle?

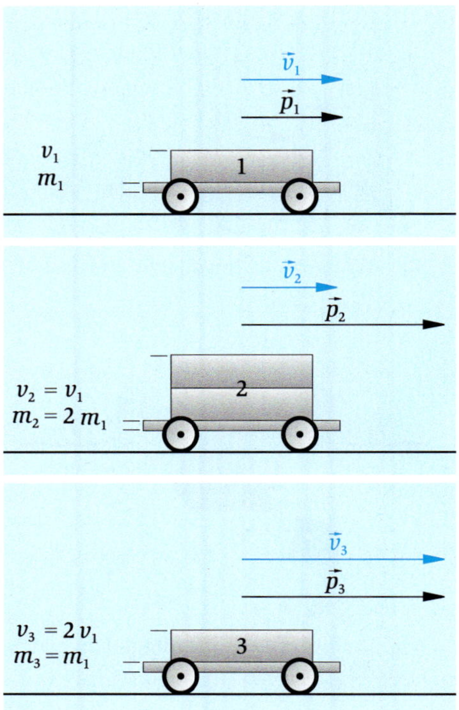

B2 Der gleich schnelle Wagen 2 hat die doppelte Masse, der gleich schwere Wagen 3 hat die doppelte Geschwindigkeit von Wagen 1. Die beiden Impulspfeile von Wagen 2 und 3 sind doppelt so lang wie der von Wagen 1.

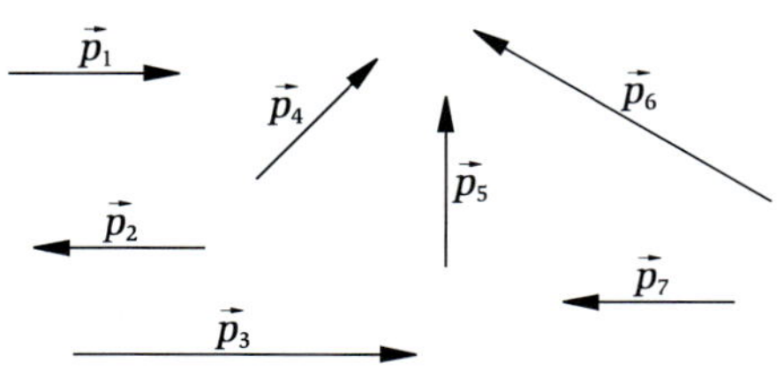

B3 Impulspfeile unterschiedlicher Beträge oder Richtungen

Ein Medizinball großer Masse wird dir zugeworfen (→ **B1**, links). Du weichst ihm aus, weil du fürchtest, dass er dich umwirft. Den gleich schnellen Handball fängst du jedoch, ohne ins Wanken zu geraten (→ **B1**, Mitte). Erst wenn er sehr viel schneller wäre als der Medizinball, könnte der Handball kleiner Masse dich umwerfen. Geschwindigkeit *und* Masse kennzeichnen die Bewegung eines Körpers und deren mögliche Folgen. Was der leichtere Handball an Masse gegenüber dem Medizinball zu wenig hat, kann er durch eine größere Geschwindigkeit wettmachen.

Diese in der Bewegung des Körpers steckende Eigenschaft beschreibt man in der Physik mit den Begriff **Impuls.** Man sagt, ein Körper besitze dann viel Impuls, wenn seine Geschwindigkeit und seine Masse groß sind. Diesen neuen Begriff wollen wir nun verdeutlichen.

1. Die Größe Impuls vereint Masse und Geschwindigkeit

Wir beschreiben die Größe Impuls durch einen Pfeil, der wie der Geschwindigkeitsvektor $\vec{v}$ in Bewegungsrichtung zeigt und beschriften ihn mit $\vec{p}$. Seine Länge soll sowohl die Geschwindigkeit v als auch die Masse m des Körpers berücksichtigen. $\vec{p}$ ist – so wie auch $\vec{v}$ und $\vec{F}$ – eine *Vektorgröße*.

In → **B2** fahren Wagen 1 und 2 gleich schnell in dieselbe Richtung. Ihre Geschwindigkeitspfeile $\vec{v}_1$ und $\vec{v}_2$ stimmen also überein. Doch hat Wagen 2 die doppelte Masse. Physikerinnen und Physiker sagen, der Impuls $\vec{p}_2$ des Wagens 2 ist doppelt so groß wie der Impuls $\vec{p}_1$ des Wagens 1. Also zeichnen sie den Impulspfeil $\vec{p}_2$ von Wagen 2 doppelt so lang wie $\vec{p}_1$ von Wagen 1.

Wagen 1 habe die Masse 1 kg und fahre mit der Geschwindigkeit 1 m/s. Das sei unsere Impulseinheit. Dafür zeichnen wir wie bei der Geschwindigkeit einen Pfeil von z. B. 1 cm Länge. Diese Längeneinheit LE = 1 cm ist unser Impulsmaßstab. Wagen 2 fährt ebenfalls mit 1 m/s in dieselbe Richtung, hat aber die Masse 2 kg. Sein Impulspfeil ist 2 cm lang, das sind zwei Impulseinheiten.

Wagen 3 hat dieselbe Masse 1 kg wie Wagen 1, ist aber mit 2 m/s doppelt so schnell. Sein Impulspfeil bekommt deshalb 2 LE, das sind wieder zwei Impulseinheiten. Wagen 2 und 3 haben also gleich lange Impulspfeile $\vec{p}_2$ und $\vec{p}_3$, kurz gesagt: gleich große Impulse. Ihre Geschwindigkeiten wie auch ihre Massen sind jedoch verschieden. Die nur halb so große Geschwindigkeit wird bei Wagen 2 durch seine doppelt so große Masse wettgemacht.

Gleiche Impulse müssen sowohl in der Richtung als auch im Betrag übereinstimmen. Wenn nur ihre Beträge übereinstimmen, sagt man vereinfacht, sie seien gleich *groß*. In → B3 haben z. B. die Impulspfeile $\vec{p}_1$ und $\vec{p}_4$ gleiche Beträge.

Merksatz

Ein bewegter Körper hat **Impuls.** Der Impuls $\vec{p}$ ist eine **Vektorgröße.** Er zeigt in dieselbe Richtung wie der Geschwindigkeitsvektor $\vec{v}$.
Je größer Geschwindigkeit und Masse des Körpers sind, umso größer ist auch der Betrag p seines Impulses.

Mach's selbst

A1 Ein Pkw überholt einen anderen mit doppelter Geschwindigkeit. Diskutiere, ob beide Pkws einen gleich großen Impuls haben können.

A2 Nenne Impulspfeile in → B3, die
a) gleich große Beträge haben,
b) gleiche Impulse beschreiben.

A3 Vergleiche den Impulspfeil eines 1 m/s schnellen 1 kg-Wagens mit dem eines
a) 40 m/s schnellen Golfballs (40 g),
b) 3,6 km/h schnellen Fußgängers (70 kg).

A4 Beim olympischen Biathlon verlässt das 2,5 g-Geschoss den Gewehrlauf etwa mit 300 m/s (fast Schallgeschwindigkeit). Schätze erst und bestimme dann die Länge des Impulspfeils (1 Impulseinheit = 1 cm). Wie schnell müsste ein 1 kg-Wagen mit gleich großem Impuls sein?

Beispiel **Wir vergleichen Impulse**

Wer hat mehr Impuls: ein geworfener Medizinball oder ein scharf geschossener Fußball? Der Fußball hat eine Anfangsgeschwindigkeit von etwa 20 m/s, der Medizinball ist nur etwa 4 m/s schnell. Dieser hat aber mit 5 kg die 12,5 fache Masse eines 0,4 kg schweren Fußballs. Wessen Impulspfeil ist länger?

Lösung:
Wir lösen die Aufgabe in drei Schritten am Wagenmodell. Zunächst bestimmen wir die Pfeillänge für den Fußball (→ B4 oder → T1). Wir beginnen mit dem 1 m/s schnellen 1 kg-Wagen und zeichnen einen Pfeil von 1 LE. Bei der Geschwindigkeit 20 m/s erhält der 1 kg-Wagen einen Impulspfeil von 20 LE. Für einen 20 m/s schnellen aber leichteren 0,4 kg-Wagen hat der Impulspfeil 0,4 · 20 LE = 8 LE.

Der Fußball mit 0,4 kg Masse ist 20 m/s schnell. Sein Impulspfeil hat also 8 LE.

Nun zum Medizinball. Er ist 4-mal so schnell wie unser 1 m/s schneller 1 kg-Wagen. Außerdem hat er die 5 fache Masse. Bei 4 m/s erhält der 1 kg-Wagen einen Impulspfeil der Länge 4 LE. Ein ebenso schneller 5 kg-Wagen hat einen Impulspfeil mit 5 · 4 LE = 20 LE.

Der Medizinball bekommt also einen Impulspfeil von 20 LE. Der Impuls des Medizinballs ist **mehr als doppelt so groß** wie der des scharf geschossenen Fußballs.

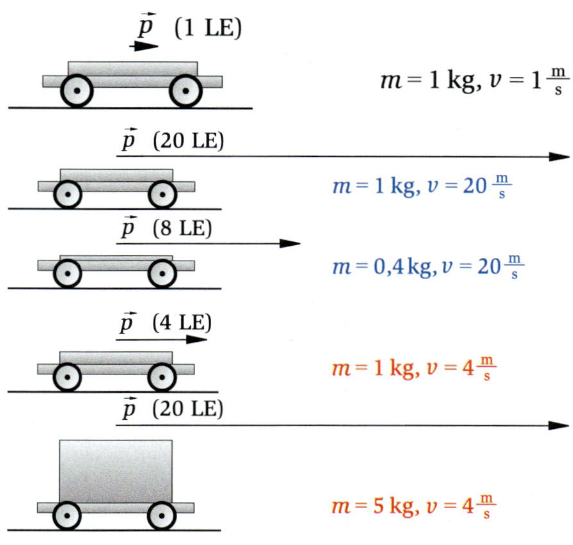

B4 In drei Schritten zum Impulspfeil des Fußballs (oben) und des Medizinballs (unten)

m	u	Länge des Impulspfeils
1 kg	1 m/s	1 LE
1 kg	20 m/s	20 LE
0,4 kg	20 m/s	8 LE
1 kg	1 m/s	1 LE
1 kg	4 m/s	4 LE
5 kg	4 m/s	20 LE

T1 Die drei Schritte aus → B4 in Tabellenform

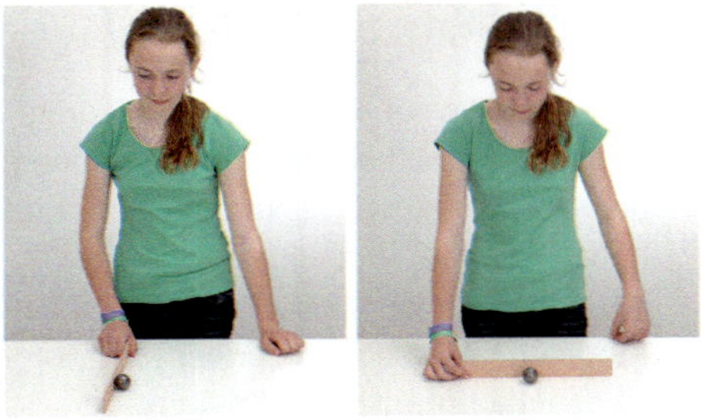

B1 Lisa ändert den Impuls einer Kugel.

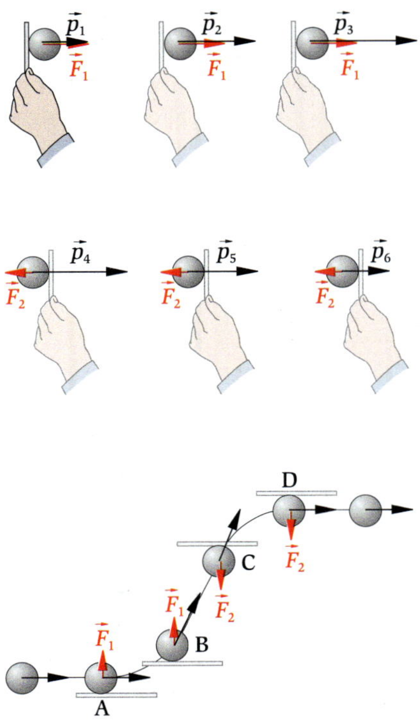

V1 Was muss Lisa tun, damit die Kugel auf dem waagerechten Tisch **a)** zuerst schneller, dann langsamer wird oder **b)** auch ihre Richtung ändert? Betrachte die Kräfte (rote Pfeile) und die Impulse (schwarze Pfeile) und führe den Versuch nach Bild a) und b) aus.

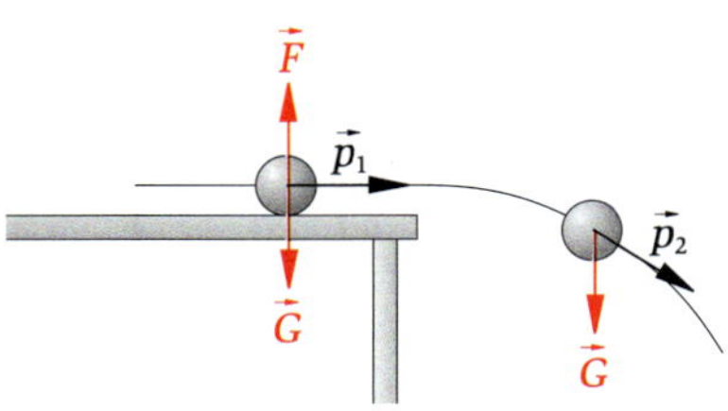

B2 An der Tischkante endet das Kräftegleichgewicht an der Kugel.

2. Nur Kraft ändert den Impuls

Beim Spiel mit einem Ball wird dessen Impuls ständig geändert. Das geht nicht ohne Kraft. Der Betrag des Impulses wird dabei größer oder kleiner. Mit deiner Kraft kannst du ihm auch eine andere Flugrichtung geben, ohne dass er schneller oder langsamer wird. Meist änderst du jedoch beides, nämlich sowohl den Betrag als auch die Richtung des Impulses. Beobachte beim Spiel mit einer Kugel, wie sich der Impuls während der Einwirkung der Kraft verändert → **B1**.

a) In → **V1a** wird mit einem Lineal eine große Stahlkugel auf einem waagerechten, ebenen Tisch angeschoben. Die Kraft $\vec{F}_1$ behält dabei ihre Richtung bei. Die Kugel gewinnt Impuls. Dessen Pfeil zeigt jeweils genau in Richtung der Kraft $\vec{F}_1$. Seine Länge nimmt zu, umso mehr, *je größer die Kraft ist* und *je länger diese Kraft wirkt.*

Wird das Lineal entfernt, so rollt die Kugel auf dem waagerechten ebenen Tisch geradlinig weiter. Ihr Impulspfeil ändert sich dabei nicht. Die Kugel wird nun mit dem Lineal wieder abgebremst, ohne ihre Bewegungsrichtung zu ändern. Die Kraft $\vec{F}_2$ muss dazu entgegengesetzt zur Impulsrichtung wirken. Je rascher wir die Kugel zum Stillstand bringen wollen, desto größer muss die Kraft sein.

b) In → **V1b** zwingt Lisa die Kugel auf eine Slalombahn. Von A an übt sie mit dem Lineal die Kraft $\vec{F}_1$ auf die Kugel aus, bis diese bei B ist. Der Impulspfeil ändert dabei ständig seine Richtung, da der Kraftpfeil nicht in Bewegungsrichtung zeigt. Außerdem wird die Kugel schneller, der Betrag des Impulses also größer. Bei B entfernt Lisa das Lineal und überlässt die Kugel sich selbst. Nun behält sie ihren Impuls nach Betrag und Richtung bei, auf sie wirkt keine Kraft mehr. Von C an übt Lisa die Kraft $\vec{F}_2$ entgegengesetzt zu $\vec{F}_1$ aus. Nach D schließlich hat die Kugel wieder den Impuls, den sie zu Beginn (vor A) hatte.

Entfernt man in → **V1** an einer beliebigen Stelle das Lineal, so fehlt dessen Kraft und die Kugel behält von diesem Augenblick an ihren momentanen Impuls. Auch ihre Gewichtskraft ändert ihn nicht, denn die Kraft der Tischplatte auf die Kugel sorgt für ein Kräftegleichgewicht. Rollt sie jedoch über die Kante des Tisches, so endet das Kräftegleichgewicht → **B2**. Durch die Erdanziehung werden nun Richtung und Betrag ihres Impulses ständig geändert.
Würde sich die Kugel wie ein Raumschiff weit entfernt von allen Himmelskörpern durch das All bewegen, gäbe es so gut wie keine Kräfte auf die Kugel. Ihr Impuls bliebe erhalten.

Merksatz

Impulserhaltung eines Körpers: Ein Körper, an dem keine Kraft angreift oder der sich im Kräftegleichgewicht befindet, behält seinen Impuls nach Betrag und Richtung bei.

3. Wo und wie erleben wir die Erhaltung des Impulses?

Wird ein Auto plötzlich abgebremst, so behalten die Insassen und die Ladung zunächst ihren Impuls bei. Sie bewegen sich mit gleicher Geschwindigkeit weiter. Ein Insasse erfährt erst dann eine Kraft in entgegengesetzter Richtung, wenn sich sein Sicherheitsgurt an ihm spannt. Dann erst wird er ohne Schaden zu nehmen abgebremst. In einer Kurve ändert zwar das Fahrzeug die Bewegungsrichtung – Insassen und Ladung dagegen nicht, solange keine Kraft auf sie wirkt (→ B3, oben).

Die Impulserhaltung eines Körpers scheint unserer täglichen Erfahrung zu widersprechen. Denken wir nur an einen Wagen, den wir mit Kraft in Bewegung gesetzt haben. Wenn wir dann keine Kraft mehr auf ihn ausüben, wird er langsamer und kommt bald zur Ruhe. Wie lösen wir den Widerspruch auf? Da der Wagen langsamer wird, muss es eine Kraft geben, die ihn abbremst. Hier entsteht diese Bremskraft durch Reibung in den Radlagern und durch die rollende Bewegung auf der Tischfläche. Die bremsende Kraft wirkt von außen auf den Wagen, so wie unsere Kraft beim Anschieben. Sie hat jedoch die entgegengesetzte Richtung.
Man kann diese Kräfte ausschalten, wenn man den Wagen auf einem Luftpolster gleiten lässt (→ B3, unten). Nun bremst nur noch die umgebende Luft – allerdings so wenig, dass man eine Änderung der Geschwindigkeit kaum erkennen kann.

B3 Kräftefreie Körper behalten ihren Impuls bei. Der Wagen im Bild unten gleitet fast reibungsfrei auf einem Luftkissen.

Interessantes

Von ARISTOTELES bis NEWTON

Vor etwa 2300 Jahren lehrte der griechische Philosoph ARISTOTELES, dass alle Körper, die in Bewegung gesetzt werden, anschließend *ganz von selbst* wieder zum Zustand der Ruhe streben. Diese Auffassung entspricht durchaus der alltäglichen Erfahrung. Denn Körper, die sich bewegen, ohne dass Reibung im Spiel ist, kommen ja in unserer Wahrnehmung nicht vor. Soll eine Bewegung in unserer Umgebung unverändert erhalten bleiben, braucht man dazu ständig eine Kraft. Sie gleicht die unvermeidlichen Reibungskräfte aus (Kräftegleichgewicht).
Erst NEWTON hat im Jahr 1686 für alle Körper das grundlegende physikalische Gesetz ausgesprochen: *Ein Körper verharrt im Zustand der Ruhe oder der gleichförmig geradlinigen Bewegung, wenn er nicht durch einwirkende Kräfte gezwungen wird, diesen Zustand zu ändern.*
Danach bewegt sich ein Körper mit konstanter Geschwindigkeit geradlinig in dieselbe Richtung weiter, sofern an ihm Kräftegleichgewicht herrscht oder überhaupt keine Kraft auf ihn wirkt. Kurz: *Der Impuls eines kräftefreien Körpers bleibt nach Betrag und Richtung erhalten.* Nur eine *Kraft* kann Betrag, Richtung oder beides ändern. Die Bewegung eines Körpers mit unveränderter Geschwindigkeit und Richtung, also mit unverändertem Impuls, ist ebenso ein Normalzustand wie der Zustand der Ruhe. Ist der Impuls null, so bleibt er es, wenn keine resultierende Kraft wirkt.
Diese neue Denkweise leitete eine Revolution in der Naturbetrachtung ein. NEWTON gelangte schließlich zu der Erkenntnis, dass die Impulserhaltung eines Körpers sowohl auf der Erde wie auch im gesamten Weltraum Gültigkeit hat.

Mach's selbst

A1 Suche Beispiele für Kräfte, die **a)** nur den Betrag **b)** nur die Richtung des Impulses ändern. Beschreibe die Bewegungen.
c) Jemand sagt, Impuls sei nur ein anderes Wort für Kraft. Erörtere diese Aussage.

A2 Beschreibe deine Impulsänderungen und die erlebten Kräfte bei einer Fahrt in einem Aufzug.

A3 Auf einem Wasserglas liegt eine Postkarte und darauf eine Münze. Ziehe die Karte erst langsam, dann schnell weg. Beschreibe deine Beobachtung. Erkläre.

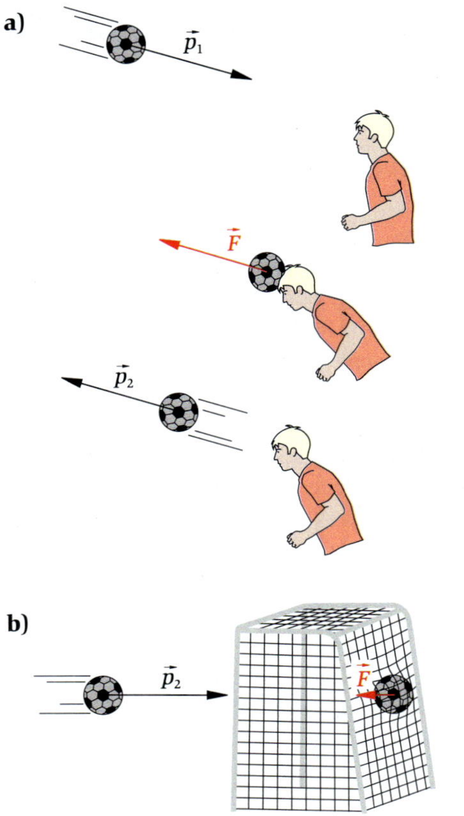

B1 Impulsänderungen durch große und kleine Kräfte bei **a)** kurzer und **b)** langer Einwirkzeit

B2 Wer tief in die Knie geht, gibt der Kraft Zeit und schont die Wirbelsäule.

4. Impulsänderungen – mal schnell, mal langsam

Wir erfahren täglich, dass bei Impulsänderungen neben der Kraft auch deren *Einwirkzeit* eine Rolle spielt. Betrachten wir einige Beispiele:

a) Beim Kopfball nach → **B1a** ändert der Fußball seinen Impuls schlagartig. In wenigen hundertstel Sekunden wird der scharf geschossene Ball praktisch abgebremst – etwa diesen Moment zeigt das → **B1a** *(Mitte)*. Er prallt sogar vom Kopf zurück in die Richtung, aus der er kam. Sein Impulspfeil schrumpfte also nicht nur auf die Länge null, sondern nimmt anschließend sogar wieder in umgekehrter Richtung zu. Dies geschieht in weniger als 1/10 Sekunde. Entsprechend groß ist die Kraft, wie die starke Verformung des Balls zeigt.
Geht der Ball dagegen ins Tor, so gibt dessen Netz nach, der Ball wird kaum verformt → **B1b**. Die Impulsänderung geschieht weniger abrupt. Entsprechend kleiner sind die Kräfte auf den Ball.

b) Wer von einer Mauer springt, geht beim Auftreffen auf den Boden weit in die Knie → **B2**. Dieses „Abfedern" verringert die bremsende Kraft und schont die Wirbelsäule. Je kleiner die Kraft ist, desto länger dauert das Abfedern. Mit durchgedrückten Knien darf man nicht auf den harten Boden springen, nur auf ein Trampolin. Ein Zirkusakrobat fällt „weich" in das Sicherheitsnetz, das seinen Impuls einigermaßen gemächlich verringert.

c) In → **B3** wird Gabi auf ihrem Fahrrad von Hans aus dem Stand angeschoben. Nach vier Sekunden hat Gabi samt Fahrrad den Impuls $\vec{p}_2$ erhalten. Hans lässt Gabi ein Stück geradeaus rollen. Der Impuls ändert in dieser Zeit weder seine Richtung noch seinen Betrag. Es fehlt dazu eine Kraft. Da die Bremsen nicht funktionieren, muss Hans das Rad schnell wieder zum Stillstand bringen. Er schafft es in nur zwei Sekunden, aber mit größerer Kraft als beim Anschieben.
Hans überlegt, ob diese Kraft nun *doppelt* so groß wie beim Anschieben war, denn er hat den Impuls in der *halben* Zeit wieder zu null gemacht. Darüber erfährst du mehr in der → **Vertiefung**.

Merksatz
Große Kräfte ändern den Impuls eines Körpers schneller als kleine.

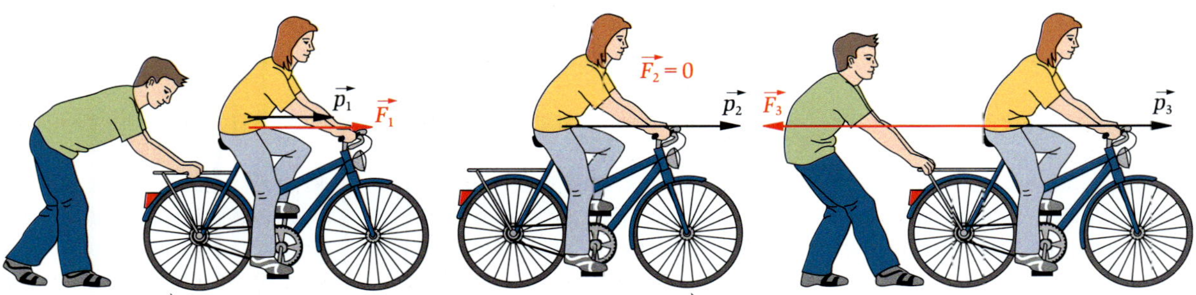

B3 Die Kraft $\vec{F}_1$ in Bewegungsrichtung vergrößert den Impuls, $\vec{F}_3$ in entgegengesetzte Richtung verringert ihn.

Vertiefung

Die Definition des Impulses in der Physik

Wir haben den Impuls eines Körpers durch einen Pfeil (Vektor) veranschaulicht. Er zeigt in die gleiche Richtung wie der Geschwindigkeitsvektor. Die Impulseinheit wird durch einen Wagen mit $m = 1$ kg und $v = 1$ m/s verkörpert. Wir zeichnen dafür einen Pfeil von 1 LE (z. B. 1 LE = 1 cm).
Auch Kraft und Geschwindigkeit sind Vektoren. Für ihre Beträge schreiben wir z. B. $F = 6$ N oder $v = 3$ m/s. Was schreiben wir für den Betrag p des Impulses? Welche Einheit erhält er?
Die Pfeillänge eines 2 kg schweren und 3 m/s schnellen Körpers berechnen wir in drei Schritten (Spalte 1 bis 3 der → Tabelle):

Masse	Geschwindigkeit	Pfeillänge	Impuls
1 kg	1 m/s	1 LE	1 kg m/s
2 kg	1 m/s	2 LE	2 kg m/s
2 kg	3 m/s	6 LE	6 kg m/s

Das Ergebnis in Zeile 3 zeigt, dass nur die Zahlenwerte von Masse und Geschwindigkeit miteinander zu multiplizieren sind. Der Ergebnispfeil hat dann die Länge 2 · 3 LE = 6 LE.
Den Betrag p des Impulses berechnen wir ebenso. Wie bei anderen Größen setzt sich der Betrag aus *Zahlenwert* und *Einheit* zusammen. Als Zahlenwert wählen wir für das Beispiel aus der Tabelle das Produkt der Zahlenwerte von Masse und Geschwindigkeit, also 2 · 3 = 6. Als Einheit für den Impulsbetrag schreiben wir ebenfalls die Einheiten als Produkt (Spalte 3 der Tabelle). Demnach ist

$$\boldsymbol{p = m \cdot v = 2\,\text{kg} \cdot 3\,\text{m/s} = 2 \cdot 3\,\text{kg m/s} = 6\,\text{kg m/s}.}$$

Dabei achten wir darauf, dass die Masse in kg und die Geschwindigkeit in m/s angegeben ist.

Definition: Der Impulsbetrag p eines Körpers ist das Produkt aus seiner Masse und seinem Geschwindigkeitsbetrag: $p = m \cdot v$. Seine Einheit ist 1 kg m/s.

Die Krafteinheit 1 N

Der 1 kg-Wagen → Bild unten wird aus der Ruhe durch die konstante Kraft 1 N in Bewegung gesetzt. Er erreicht nach einer Sekunde die Geschwindigkeit $v = 1$ m/s. Er hat dann den Impuls $p = 1$ kg m/s.
Wir merken uns: Die Kraft 1 N gibt dem 1 kg-Wagen in 1 s den Impuls 1 kg m/s.

Die konstante Kraft 1 N erzeugen wir mit einem viele Meter langen Gummiband. Es wird so weit gespannt, bis es mit der Kraft 1 N an dem Wagen in Fahrtrichtung zieht. Mit einem Kraftmesser prüfen wir, ob die Kraft auf der Strecke vom Start (oberes Bild) bis zum Stopp (Metallbügel schließt die Kontakte) der Uhr ausreichend konstant ist.
Wir starten die Uhr und geben gleichzeitig den Wagen frei. Die Uhr wird gestoppt, sobald der Metallbügel auf die zwei gebogenen Halter trifft und dort hängen bleibt. Damit befreit sich der Wagen vom Gummizug und fährt mit konstanter Geschwindigkeit weiter. Diese bestimmen wir mit Stoppuhr und Meterstab. Den richtigen Startpunkt wählen wir durch Probieren so, dass die Uhr vom Start bis zum Stopp 1 s anzeigt.

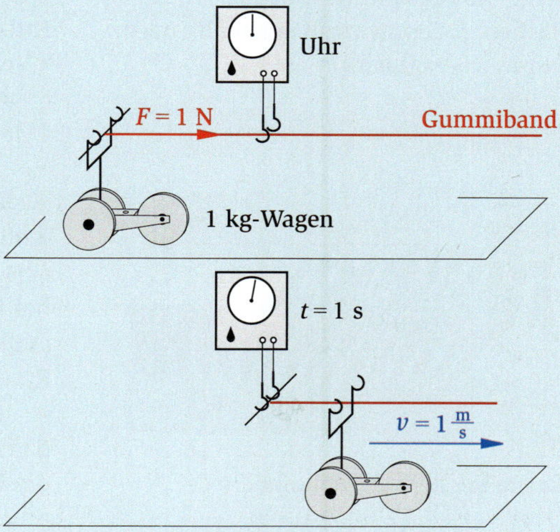

Mach's selbst

A1 Beim Abschleppen eines Fahrzeugs darf man nur langsam anfahren. Begründe.

A2 Ein Glas zerbricht, wenn es auf einen Steinboden fällt, jedoch nicht beim Fall auf einen Teppich. Begründe.

A3 Gabi wiegt 40 kg. Sie rollt auf einem 18 kg-Fahrrad mit 10 m/s. Vergleiche die Länge der Impulspfeile von Gabi und Rad mit der Länge des Impulspfeils eines Wagens, der 1 m/s schnell und 1 kg schwer ist.

A4 → **Vertiefung** Mit der Kraft $F = 2$ N (zwei Gummibänder), erreicht der Wagen die Geschwindigkeit $v = 1$ m/s schon nach 0,5 s.
Übertrage dies auf die Überlegung von Hans zu → B3.

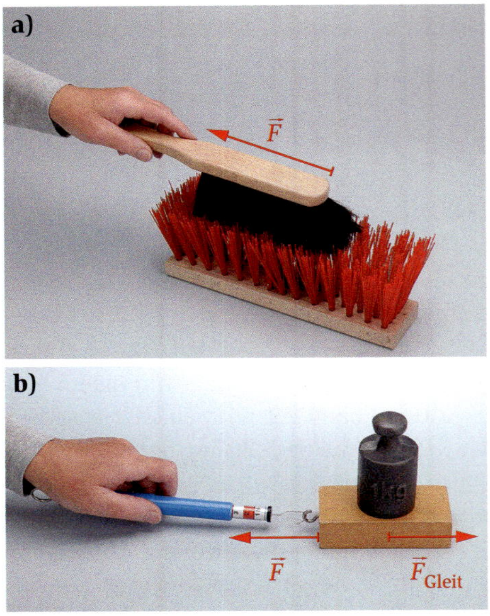

V1 **a)** Wir legen zwei Bürsten aufeinander, ziehen die obere Bürste mit einer Kraft nach rechts und beobachten, wie sich die Borsten verbiegen.
b) Wir messen die Gleitreibungskraft an einem Holzklotz mit einem Kraftmesser. Wir ändern die *Anpresskraft* durch verschiedene Auflagekörper und die *Art* der Gleitflächen, indem wir z. B. auch Filz oder Sandpapier verwenden.

Die Angriffspunkte AA u. AB sind an 2 unterschiedlichen Bürsten von A

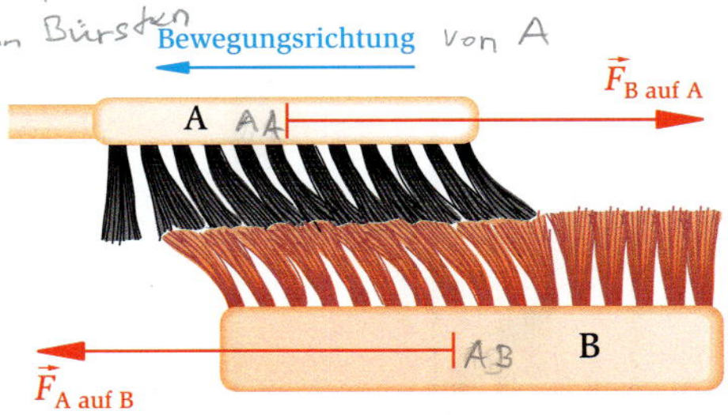

B1 Kräfte bei der Gleitreibung

1. Die Gleitreibungskraft bremst Bewegungen

Wenn man seine Hand fest auf einen Tisch oder auf einen Pappkarton presst und sie dabei wegzieht, dann spürt man eine bremsende Kraft. Um Genaueres über solche Reibungsvorgänge zu erfahren, führen wir zunächst den Versuch mit zwei Bürsten **→ V1** durch.

Die Verformungen, die wir in **→ V1a** beobachten, verdeutlicht **→ B1**: Die Bürsten wirken mit Kräften gegenseitig aufeinander. Die Borsten der oberen Bürste A biegen die der unteren Bürste B mit der Kraft $\vec{F}_{\text{A auf B}}$ nach rechts. Die Verbiegung von Bürste A zeigt aber auch, dass zugleich B mit der entgegengesetzt gerichteten Kraft $\vec{F}_{\text{B auf A}}$ zurückwirkt, also nach links. Dies wirkt der Gleitbewegung entgegen. Man spricht von **Gleitreibungskräften $\vec{F}_{\text{Gleit}}$**.

Die Oberflächen von Körpern, die z. B. aus Holz oder Metall bestehen, sind alle mehr oder weniger rau, auch wenn sie dem Augenschein nach glatt und eben aussehen. **→ B2** zeigt ein Beispiel in starker Vergrößerung. Dass sich diese Unebenheiten der beiden Gleitflächen miteinander verzahnen, ist für die Gleitreibungskraft eine mögliche Erklärung. Für genauere Angaben braucht man erst präzise Forschungen zum Aufbau der Materie.

→ V1b zeigt uns: Die Gleitreibungskraft $\vec{F}_{\text{Gleit}}$ ist von Fall zu Fall unterschiedlich groß. Im Allgemeinen ist sie umso größer,
- je größer die Kraft ist, mit der die beiden Körper aneinander gepresst werden,
- je rauer die Gleitflächen sind.

Wenn wir schwere Getränkekisten im Keller weiterschieben wollen, ist die Reibung für uns sehr *nachteilig*. Überaus *nützlich* dagegen ist uns die Gleitreibung z. B. beim Bremsen. Dabei ist es auch wichtig, dass man sowohl sehr weiches als auch hartes Bremsen bewirken kann. Je kräftiger man beim Radfahren die Bremsklötze auf die Felge drückt, desto größer ist dort die Gleitreibungskraft und desto stärker wird dann das Rad abgebremst **→ B3**. Für eine gute Bremswirkung muss die Felge sauber sein.

B2 Metalloberfläche im Mikroskop

B3 Die Felgenbremse gibt Sicherheit durch Gleitreibung.

2. Die Haftkraft hält die Körper fest

Damit das Abrutschen an einer Kletterstange nicht zu schnell geschieht, nutzen wir die Gleitreibungskraft. Wenn wir sehr kräftig zupacken, dann können wir die Abwärtsbewegung ganz verhindern, obwohl nach wie vor die Gewichtskraft an uns angreift. Über Kräfte, die bei Stillstand wirken können, gibt uns → V2 Auskunft. In diesem Versuch steigern wir die Kräfte langsam.
Bei kleiner Zugkraft zeigt sich eine **Haftkraft.** Die Kraft, mit der man gerade noch ziehen kann, bevor der Körper gleichförmig zu gleiten beginnt, ist so groß wie die *maximale* Haftkraft $\vec{F}_{\text{Haft}}$. Für viele Körper gilt: Solange ein Körper ruht, verzahnen sich die Unebenheiten der Oberflächen stärker als beim raschen Hinweggleiten. Die Haftkraft wird ähnlich der Gleitreibungskraft im Allgemeinen umso größer, je rauer die Oberflächen sind und je stärker die beiden Körper aufeinander gepresst werden.
Wenn Schleifen und Knoten schlecht geknüpft sind, dann lösen sie sich, sobald die Belastung zu groß wird. Die maximale Haftkraft ist dann zum Halten zu gering. Die Schlingen von gut geknüpften Knoten pressen umso stärker aufeinander, je größer die Zugbelastung ist. Die Haftkraft nimmt bei diesen Knoten mit der Belastung zu: Sie halten gut.

3. Die Rollreibungskraft ist besonders klein

→ V3 zeigt, dass eine Rollbewegung nur sehr wenig gehemmt wird – von der **Rollreibungskraft $\vec{F}_{\text{Roll}}$**. Die Unebenheiten der Oberflächen können sich nun ähnlich wie die Zähne von Zahnrädern aufeinander abwälzen. Das gilt ebenso für die Laufflächen bei Rädern. Setzt man ein Rad mit seiner Nabe auf den Zapfen der Achse, so tritt hier jedoch Gleitreibung auf. Auch die meisten Türscharniere bilden solche Gleitlager. Bei Fahrzeugrädern setzt man Rollen- oder *Kugellager* ein → B5. Dann wird auch an der Achse das Gleiten durch ein Abrollen ersetzt.

4. Schmieren verkleinert die Reibungskräfte

Befindet sich zwischen den festen Körpern eine Flüssigkeitsschicht, so wird die Reibungskraft zumeist ganz erheblich verringert. Achslager werden deshalb geölt. – Beim Schlittschuhlaufen bildet sich zwischen Kufen und Eis sehr schnell eine Wasserschicht, auf der man fast reibungsfrei gleitet → B6.

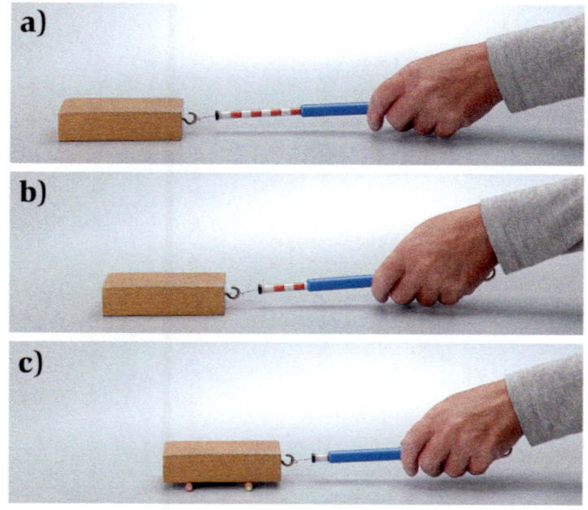

B4 Kräftevergleich: $F_{\text{Haft}} > F_{\text{Gleit}} > F_{\text{Roll}}$

V2 Wir versuchen, einen Klotz mit ganz allmählich zunehmender Kraft in Bewegung zu setzen → B4a. Solange der Klotz noch in Ruhe ist, zeigt der Kraftmesser einen größeren Wert als nachher.

V3 Wir legen den Klotz auf runde Stäbe und ziehen ihn mit einem Kraftmesser weg → B4c. Die Kraft ist extrem klein.

B5 Kugellager und Rollenlager

B6 Wasserschmierung beim Schlittschuh

Mach's selbst

A1 Ein Holzschrank wird nach und nach über unterschiedliche Fußböden geschoben. Beschreibe die Reibungskräfte.

A2 Teppiche auf einem glatten Untergrund benötigen zur Sicherheit Gleitschutzunterlagen. Erläutere dies.

A3 Beschreibe Vor- und Nachteile der Reibung beim Laufen im Gras, auf Asphalt, auf nassen Fliesen und auf Eis.

Wellrad und Hebel

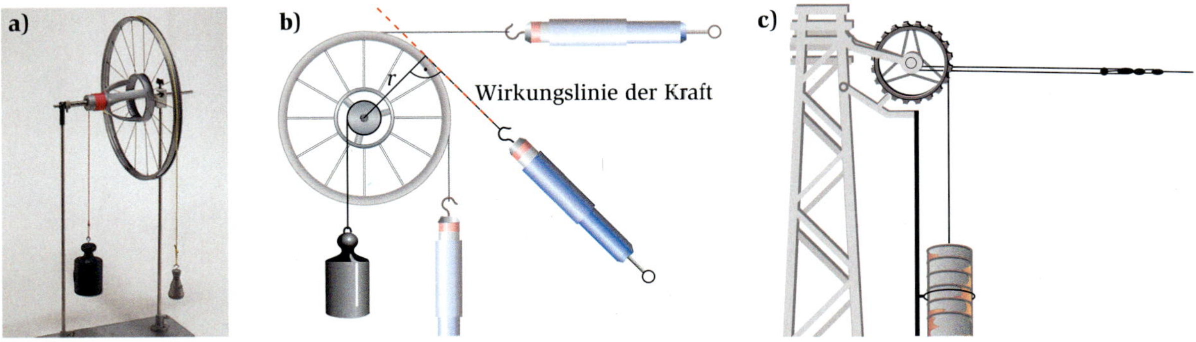

B1 Das Wellrad: Eine Last wird mit der Seilwinde gehoben – ein Oberleitungsdraht der Bahn wird gestrafft.

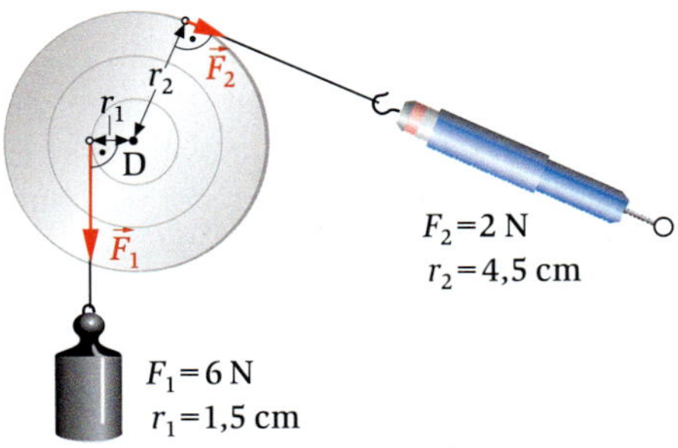

B2 Größerer Radius r_2 – kleinere Kraft $\vec{F}_2$

V1 Wie → **B2** zeigt, ist in der innersten der drei Rillen das Lastseil befestigt, der Radius beträgt $r = 1{,}5$ cm. Links zieht tangential zu dieser Rille die Last (Masse $m = 600$ g) nach unten, und zwar mit der Gewichtskraft $\vec{F}_1$, deren Betrag $F_1 = 6{,}0$ N ist. Diese Kraft würde – allein – das Rad gegen den Uhrzeigersinn drehen.

a) An einem zweiten Seil setzen wir eine Zugkraft $\vec{F}_2$ ein, die auf das Rad im Uhrzeigersinn wirkt. Wenn das Seil in derselben Rille wie das Lastseil liegt ($r_2 = r_1$), dann ist die Kraft zum Halten des Rades so groß wie die Kraft am Lastseil: $F_2 = F_1$.

b) Wenn das Zugseil in einer Rille mit größerem Radius r_2 liegt, dann ist der Betrag F_2 der Zugkraft kleiner → **T1**.

Radius r_2 in cm	Zugkraft F_2 in N	Produkt $F_2 \cdot r_2$ in Ncm
1,5	6,0	9,0
3,0	3,0	9,0
4,5	2,0	9,0

T1 Es gilt stets: $F_1 \cdot r_1 = 9{,}0 \text{ Ncm} = F_2 \cdot r_2$.

1. Kräfte, die Räder drehen

→ **B1** zeigt eine Seilwinde im Modell. Nicht nur bei alten Brunnen findet man Seilwinden, sie werden auch in Kränen zum Heben von Lasten eingesetzt. Statt direkt am Seil zu ziehen, wickelt man es um eine drehbare Welle; daran ist ein großes Rad befestigt. Die Welle mit dem Rad – das so genannte **Wellrad** – wird mit einer am Umfang angreifenden Kraft in Bewegung gesetzt. Dazu genügt eine Kraft, die kleiner ist als die Last! In einem Kran ist das Rad zumeist als Zahnrad geformt, an dem der Motor – oft über mehrere Zahnräder – angreift. Wir erkunden den Zusammenhang der Kräfte mit → **V1**. Dazu benutzen wir ein Rad mit insgesamt drei Rillen, so können wir mit verschiedenen Radien experimentieren.

Die Last am linken Seil hat eine Drehwirkung auf das Rad gegen den Uhrzeigersinn, die sich aber völlig ausgleichen lässt – durch die Drehwirkung einer Zugkraft im Uhrzeigersinn! Solange das Seil der Zugkraft in derselben Rille wie das Lastseil liegt, ist die zum Halten nötige Zugkraft ebenso groß wie die Kraft am Lastseil. Falls $r_2 = r_1$ ist, dann gilt auch $F_2 = F_1$. Auch wenn wir das Rad gleichmäßig drehen, ist die Zugkraft nicht größer als beim Halten (abgesehen von Reibung). – Die erforderliche Zugkraft ändert sich jedoch, wenn wir für ihr Seil eine Rille mit anderem Radius verwenden. Mit verschieden großer Kraft wird mit dem zugehörigen Radius stets dasselbe zuwege gebracht: Jedesmal gleicht die Kraft die entgegengesetzte Drehwirkung der Last aus; jede dieser Kräfte hat ein gleich großes *Drehvermögen*.

2. Das Drehmoment – ein nützliches Produkt

Das Drehvermögen der Zugkraft wird sowohl von ihrem Betrag F_2 als auch von dem zugehörigen Radius r_2 bestimmt. *Dieser Radius ist zugleich der Abstand des Seils von der Drehachse.* Das geradlinige Seilstück gibt die Linie an, längs der die Kraft wirkt. Sie wird die **Wirkungslinie** der Kraft genannt. Der Radius, also der Abstand der Drehachse von der Wirkungslinie, heißt der Kraftarm r der Kraft. Er ist

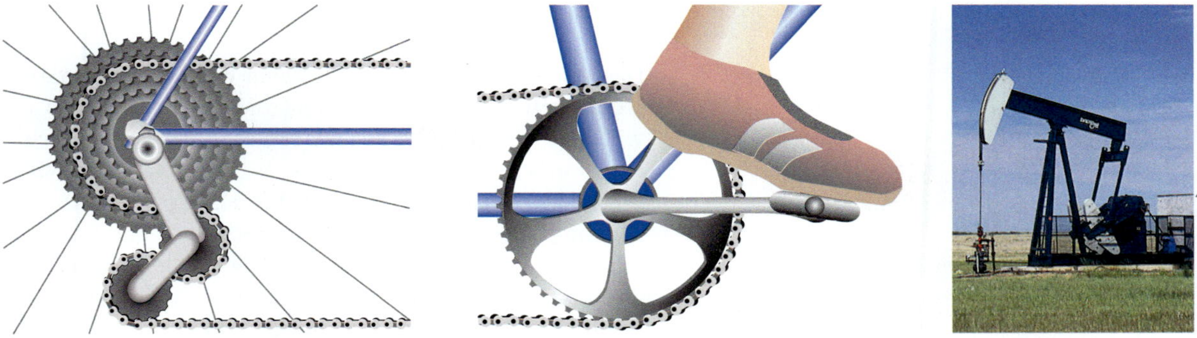

B3 Radfahrer „fahren Wellrad“. – Tretkurbel und Erdölpumpe zeigen: Wellräder und Hebel sind eng verwandt.

rechtwinklig zur Kraft gerichtet. **→ T1** zeigt: Alle Produkte $F_2 \cdot r_2$ aus F_2 und r_2 sind gleich groß, nämlich 9 Ncm. Das Produkt aus dem Betrag der Kraft und dem Kraftarm ist also geeignet, das Drehvermögen einer Kraft an einem Rad zu beschreiben. Dieses Produkt heißt das **Drehmoment *M*** der Kraft mit dem Betrag F und dem Kraftarm r; $M = F \cdot r$ („das Moment“ – das Bewegende). Die bevorzugte **Einheit** des Drehmoments folgt aus dem Produkt: 1 N · 1 m = 1 Nm.

Merksatz

Der **Kraftarm *r*** einer Kraft, die an einem drehbaren Körper angreift, ist der Abstand der Drehachse von der **Wirkungslinie** der Kraft. Er bildet mit der Kraft einen rechten Winkel. Das **Drehmoment *M*** einer Kraft ist das Produkt aus ihrem Betrag F und ihrem Kraftarm r:

$$\boldsymbol{M = F \cdot r.}$$

Das Drehmoment beschreibt das Drehvermögen der Kraft mit dem Betrag F, die mit dem Kraftarm r wirkt.
Die **Einheit** des Drehmoments ist **1 Nm.**

Die Last mit $F_1 = 6$ N wirkt im **→ V1** stets mit demselben Kraftarm r_1. Die Last allein dreht das Rad gegen den Uhrzeigersinn. Ihr Drehvermögen kann also auch als Drehmoment angegeben werden: $M_1 = F_1 \cdot r_1 = 6{,}0\ \text{N} \cdot 1{,}5\ \text{cm} = 9{,}0\ \text{Ncm}$. Es ist nach **→ T1** ebenso groß wie das entgegengesetzte Drehmoment M_2, das die andere Kraft ($\vec{F}_2$) mit ihrem Kraftarm r_2 ausübt. – Sind die Drehmomente nicht gleich groß, setzt sich das Rad im Sinne des größeren Moments in Bewegung.

Merksatz

An **Wellrädern** gilt beim Halten wie beim gleichförmigen Heben einer Last: Das Drehmoment der Last wird durch ein gleich großes, entgegengesetztes Drehmoment der Kraft ausgeglichen.
Mit dem n-fachen Kraftarm ergibt der n-te Teil der Kraft ein gleich großes Drehmoment:

$$\boldsymbol{M = F \cdot r = (\tfrac{1}{n} \cdot F) \cdot (n \cdot r).}$$

Interessantes

Drehmomente in der Technik

→ B1c zeigt, wie Oberleitungen der Bahn straff gehalten werden: Dazu vergrößert man die Zugkraft mit einem Wellrad.

→ B3a verdeutlicht: Die Kettenräder eines Fahrrades bilden zusammen mit dem Hinterrad ein Wellrad. Die „Übersetzung“ der Kraft wird, z. B. für eine Bergfahrt, durch Umlegen der Kette auf ein Kettenrad mit anderem Radius verändert.

→ B4 zeigt ein Messgerät für Drehmomente an einem Werkzeug: Schrauben müssen mit einem bestimmten Drehmoment festgedreht werden. Sind z. B. $M = 100$ Nm verlangt, dann braucht man an einem Griff mit $r = 0{,}40$ m eine Kraft mit $F = 250$ N, an einem Griff mit $r = 1{,}25$ m nur $F = 80$ N.

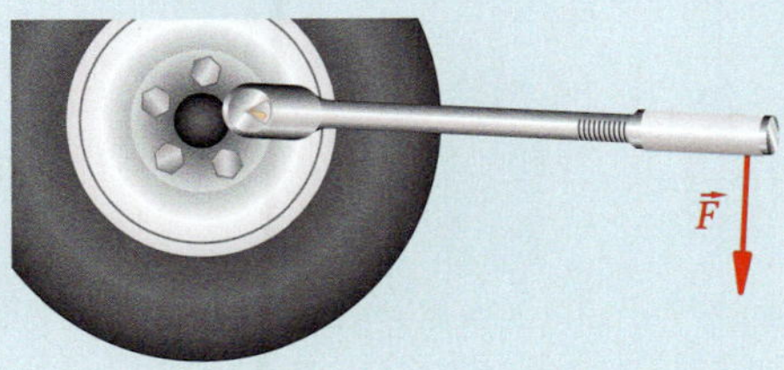

B4 Drehmomente werden gemessen.

Mach's selbst

A1 Ermittle zu dem Drehmoment gemäß **→ T1**: $M_2 = 9{,}0\ \text{Ncm} = 0{,}090\ \text{Nm}$ drei Wertepaare mit anderen Radien.

A2 **→ B1b** zeigt zum Ausgleich der Drehmomente verschiedene Möglichkeiten. Beschreibe, worauf es dabei an kommt, worauf nicht.

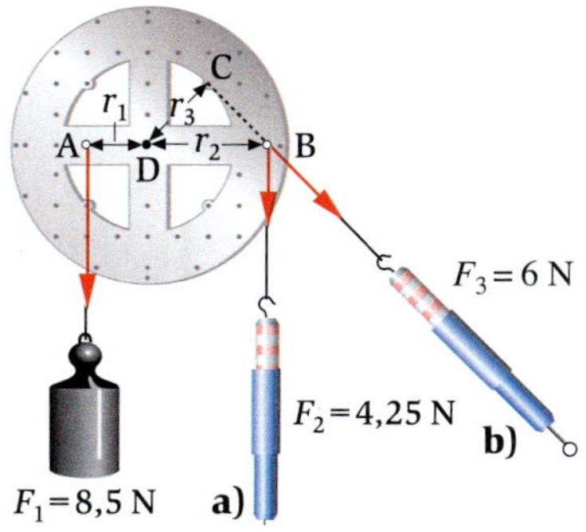

V1 An dem Rad zieht links am Stift A eine Kraft mit F_1 = 8,5 N nach unten. Das Seil verläuft dabei so, als käme es von einer Rille mit dem Radius DA = r_1 = 6 cm. Mit dem waagerechten Kraftarm DA erzeugt die Kraft das Drehmoment M_1 = 51 Ncm im Gegenzeigersinn.

a) Zum Ausgleich liefert am Stift B die halb so große Kraft F_2 = 4,25 N mit dem doppelt so großen Kraftarm r_2 = 12 cm das Drehmoment im Uhrzeigersinn M_2 = 51 Ncm.

b) Bringen wir den Kraftmesser nach rechts in die schräge Richtung, beginnt das Rad eine Drehung gegen den Uhrzeiger. Um es in der alten Lage zu halten, brauchen wir jetzt eine größere Kraft mit F_3 = 6,0 N.

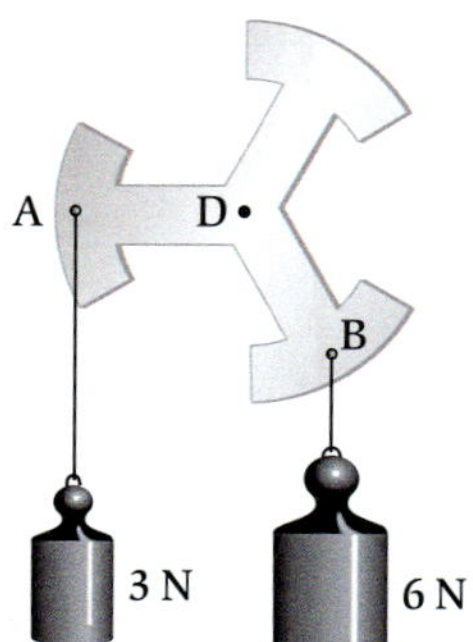

B1 Wo sind hier die Kraftarme?

3. Den Kraftarm muss man oft erst suchen

Das kennen wir vom Fahrrad: Wenn wir auf die Pedale senkrecht nach unten treten, dann erhalten wir die volle Drehwirkung nur bei etwa waagerechter, nach vorn gerichteter Pedalkurbel. Weist sie z. B. nach oben, so brauchen wir eine veränderte Kraftrichtung. Im → **V1a** lassen wir zunächst die beiden Kräfte senkrecht an den Stiften einer Radscheibe angreifen, dann bringen wir gemäß → **V1b** den Kraftmesser in die Schräglage: Jetzt richtet er das Seil so aus, als käme es (gestrichelt gezeichnet) von einem anderen Kreis mit dem kleineren Radius DC = r_3 her. Nun liegt ein Kraftarm in der Luft – die „Luftstrecke" DC! Ein Kraftarm muss nicht aus Material bestehen; messen können wir ihn trotzdem. Mit dem neuen Kraftarm DC = r_3 = 8,5 cm erhalten wir für die nun vergrößerte Kraft (Betrag F_3 = 6,0 N) das Drehmoment $M_3 = F_3 \cdot r_3$ = 51 Ncm. Es gleicht das Drehmoment M_1 = 51 Ncm aus. Zur Kontrolle können wir den Angriffspunkt der Kraft ($\vec{F}_3$) vom Stift B wegnehmen und ihn längs ihrer Wirkungslinie zurück zu einem Stift im Punkt C verlegen. Das Rad bleibt dann in Ruhe.

Wenn wir die Kraft $\vec{F}_1$ allein wirken lassen, dann dreht sie das Rad – es sei denn, ihre Wirkungslinie verläuft durch die Achse D. Dann ist der Kraftarm r_1 = 0 m, dabei verschwindet das Drehmoment völlig, wie groß die Kraft auch sei. Ihr Angriffspunkt liegt nun im „Totpunkt". Sie kann das Rad nicht drehen.

Bei der *Drei-Speichen-Scheibe* → **B1** sind die Drehmomente ausgeglichen, obwohl AD = DB ist. Aber der Kraftarm der größeren Kraft ist der Abstand der Drehachse D von deren Wirkungslinie, also DC und nicht DB! Es ist DC = $\frac{1}{2}$ DB!

Merksatz

Der **Kraftarm** steht immer rechtwinklig zur Wirkungslinie der Kraft, er zeigt oft nicht zum Angriffspunkt der Kraft.
Das **Drehmoment** $\boldsymbol{M} = F \cdot r$ einer Kraft bleibt gleich, wenn man ihren Angriffspunkt längs ihrer Wirkungslinie verschiebt. Der Kraftarm r ändert sich dabei nicht. Wenn die Wirkungslinie einer Kraft durch die Drehachse verläuft, ist der Kraftarm 0 m und daher das Drehmoment 0 Nm.

Vertiefung

Wie Drehmomente sich automatisch einstellen

Die Drehmomente der zwei Kräfte bei der Drei-Speichen-Scheibe in → **B1** haben sich selbsttätig ausgeglichen. In diese Lage dreht sich die Scheibe – wenn wir sie um einige Grad in beliebiger Richtung ausgelenkt haben – auch wieder zurück. Aber wieso? Bei einer Drehung um 5 ° wird der linke Kraftarm etwas kürzer – bei jeder Drehrichtung: War er anfangs 10,0 cm lang, so ist die neue Länge 9,95 cm.

Zugleich verändert sich der rechte Kraftarm von anfangs 5,0 cm auf 4,2 cm bzw. 5,7 cm je nach Drehrichtung (Werte zeichnerisch ermitteln). Mit den Beträgen F_1 = 3 N, F_2 = 6 N berechnen wir die jeweiligen Drehmomente für die Lagen B_{links}-$B_{Original}$-B_{rechts}:
$M_1 = M_{\text{gegen Uhrzeigersinn}}$: 29,9 Ncm; 30,0 Ncm; 29,9 Ncm,
$M_2 = M_{\text{im Uhrzeigersinn}}$: 25,2 Ncm; 30,0 Ncm; 34,2 Ncm.
Bei jeder Auslenkung überwiegt also dasjenige Drehmoment, welches das Rad wieder zurücktreibt.

4. Der Hebel – Teilstück eines Wellrades

Bei der Erdölpumpe (➔ B3c , zwei Seiten zuvor) dreht sich der Querbalken um eine Achse – hin und zurück. Man kann ihn sowohl als Hebel, aber auch als Wellrad ansehen. Auf der einen Seite, am „Pferdekopf", liegt das Lastseil in einer kreisförmigen Rille – anstelle eines vollen Kreises genügt hier jedoch ein Teilstück davon. Auf der anderen Seite zieht an einem Bolzen die Kraft des Motors. Ein Hebel ist häufig stabförmig, und die Kräfte greifen an ihm über Stifte, Haken oder Bohrungen an. Es ist hilfreich, sich einen Hebel in Gedanken zu einem Rad zu ergänzen.

5. Hebelgesetze sind Drehmomentgesetze

Mit ➔ V2 überprüfen wir an einem Hebel für beide Seiten die Produkte aus Kraft und zugehörigem Kraftarm. Ein Kraftarm, also der Abstand zwischen Drehachse und Wirkungslinie der Kraft, steht immer rechtwinklig zur Kraft. Falls – wie bei diesem Versuch – die Kräfte senkrecht wirken, sind die Kraftarme also waagerecht. Solange dann der Hebel auch waagerecht liegt, sind die Kraftarme auf dem Hebel selbst zu finden. Die von uns gemessenen Wertepaare von Kraftarm und Kraft enthält ➔ T1 . Sie bestätigen das *Drehmomentengesetz* auch an Hebeln.

Merksatz

Hebel und Wellräder sind **Kraftwandler.** Zum Halten und zum gleichförmigen Heben einer Last gilt: Eine Kraft vom Betrag F, die mit dem Kraftarm r wirkt, erzeugt ein Drehmoment M; es wird durch ein gleich großes, entgegengesetztes Drehmoment ausgeglichen. Mit n-fachem Kraftarm ergibt der n-te Teil der Kraft ein gleich großes Drehmoment:

$$\boldsymbol{M = F \cdot r = (\tfrac{1}{n} \cdot F) \cdot (n \cdot r).}$$

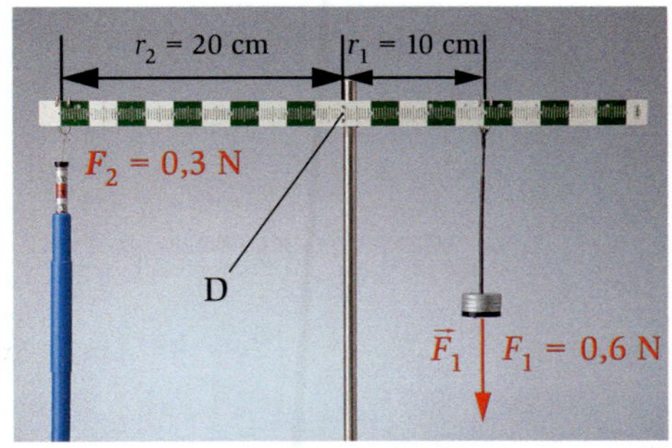

V2 An dem Hebel erzeugt die Kraft $\vec{F}_1$ auf der rechten Seite mit ihrem Kraftarm r_1 = 10 cm ein Drehmoment im Uhrzeigersinn. Für dieses Drehmoment gilt:
$M_1 = F_1 \cdot r_1$ = 0,6 N · 0 cm = 6 Ncm.
Um es auszugleichen, schaffen wir links das nötige Drehmoment $M_2 = F_2 \cdot r_2$ gegen den Uhrzeigersinn. Dazu wählen wir unterschiedliche Kraftarme r_2 aus; der Kraftmesser gibt uns den Betrag F_2 der jeweils zugehörigen Kraft an (➔ T1).

Kraftarm r_2	Kraftbetrag F_2	Drehmoment $M_2 = F_2 \cdot r_2$
4 cm	1,5 N	6,0 Ncm
6 cm	1,0 N	6,0 Ncm
10 cm	0,6 N	6,0 Ncm
12 cm	0,5 N	6,0 Ncm
20 cm	0,3 N	6,0 Ncm

T1 Im ➔ V2 ist rechts immer M_1 = 6,0 Ncm, also gilt: $M_1 = M_2$.

Mach's selbst

A1 Mit dem Ende einer 2,00 m langen Latte soll ein Schrank angehoben werden. Die Hebelwirkung soll die Kraft auf ein Viertel ihres Wertes herabsetzen. Bestimme, wo der Drehpunkt sein muss.

A2 **a)** Zeichne ein r_2-F_2-Diagramm für Kraftarm r_2 und Kraftbetrag F_2 von ➔ T1 .
b) Zu jedem Wertepaar r_2, F_2 gehört ein Drehmoment M_2. Erläutere, welche Bedeutung M_2 im r_2-F_2-Diagramm hat.

A3 Begründe und erläutere: Wenn sich die Drehmomente ausgleichen, dann gilt die Verhältnisgleichung: $F_1 : F_2 = r_2 : r_1$.

A4 Pia und Ria haben eine symmetrische Wippe ausbalanciert. Die eine sitzt 3,0 m, die andere 2,6 m von der Drehachse entfernt. Die leichtere Pia kennt ihre Masse: m_{Pia} = 52 kg. Bestimme die Masse von Ria ohne die Gewichtskräfte vorher auszurechnen.

A5 Beim Hebel in ➔ V2 wird der Kraftmesser durch ein Wägestück mit G = 0,3 N ersetzt und dadurch der Hebel in eine 60 °-Schräglage gebracht. Bestimme die veränderten Kraftarme durch Zeichnung und daraus die Drehmomente.

A6 An der Klinke einer geöffneten Tür greift eine Kraft an und zwar:
a) rechtwinklig zur Tür,
b) in Richtung der Tür,
c) schräg zur Tür.
Erkläre jeweils die Wirkungen.

A7 Ermittle zu ➔ V1 Lage und Länge des Kraftarms für den Fall, dass der Kraftmesser zum Momentenausgleich im Punkt C angreift – aber waagerecht (statt unter 45 °) zieht.

B1 Eine Holzlatte als einseitiger Hebel: Kraft und Last wirken auf derselben Seite.

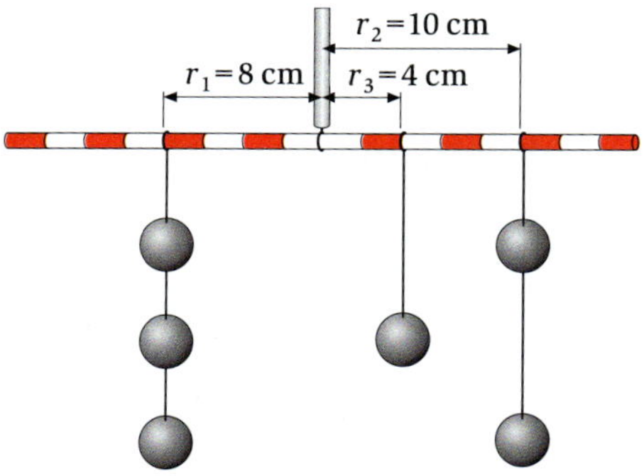

V1 Mit mehreren gleich großen Kugeln, deren Gewichtskraft je 0,3 N beträgt, soll ein Mobile gebaut werden. Obwohl die Dreiergruppe einen kleineren Kraftarm ($r_1 = 8$ cm) hat als die Zweiergruppe ($r_2 = 10$ cm), ist das Drehmoment gegen den Uhrzeigersinn größer; die Drehmomente sind noch nicht ausgeglichen. Mit dem Drehmoment der zusätzlichen Einzelkugel, deren Kraftarm $r_3 = 4$ cm beträgt, kommt der Momentenausgleich zustande.

6. Einseitige Hebel – vielseitiger Nutzen

→ **B1** zeigt, wie ein Kanaldeckel angehoben wird. Der Monteur benutzt dazu eine Latte als Hebel. Die Drehachse befindet sich am Ende des Hebels. – Last und Kraft greifen auf derselben Seite von der Achse an. Dieser Hebel ist also nicht mehr zweiseitig, er heißt **einseitiger Hebel.** Die Last des Deckels ergibt mit dem kleinen Kraftarm ein Drehmoment gegen den Uhrzeigersinn – es wird ausgeglichen von einem gleich großen Drehmoment im Uhrzeigersinn. Dazu wirkt der Monteur mit einem größeren Kraftarm, aber mit kleinerer Kraft – und die ist nach oben gerichtet. Weitere Beispiele für einseitige Hebel sind Schubkarre und Unterarm → **B2**.

7. Darf's ein Drehmoment mehr sein?

In → **B1** ergibt die Dreiergruppe der Kugeln mit ihrem Kraftarm das Drehmoment $M_1 = 7{,}2$ Ncm gegen den Uhrzeigersinn – die Zweiergruppe bringt dagegen trotz des größeren Kraftarms nur das Drehmoment $M_2 = 6{,}0$ Ncm im Uhrzeigersinn auf. Für den Drehmomentenausgleich fehlen also 1,2 Ncm im Uhrzeigersinn. Ein Drehmoment mit diesem Wert wird von einer einzelnen, gleich schweren Kugel aufgebracht, falls wir sie rechts mit dem Kraftarm $r_3 = 4$ cm zur Wirkung kommen lassen. Ob zusammen mit diesem dritten Drehmoment M_3 sich der Ausgleich auch wirklich einstellt, können wir aber *nicht voraussagen.* Denn wir haben eine Zusammensetzung von Drehmomenten mit gleichem Drehsinn noch nie untersucht. Aber der Versuch zeigt: Die Drehmomente mit gleichem Drehsinn dürfen wir wie Zahlen addieren: $M_2 + M_3 = M_1$. Weitere Versuche bestätigen dies.

Merksatz

Drehmomente mit gleichem Drehsinn werden wie Zahlen addiert. Ein Drehmoment kann aus einzelnen Drehmomenten zusammengesetzt sein.

Vertiefung

Archimedes dachte weiter

„Gib mir einen festen Punkt – und ich werde die Erde anheben.“ Dieser Ausspruch des ARCHIMEDES wurde uns überliefert. Der berühmte griechische Gelehrte – er lebte mehr als zweihundert Jahre vor Christus – brachte die Mechanik durch viele Entdeckungen weit voran. Ihn wegen seines Ausspruchs als überheblich anzusehen, wäre sicher unberechtigt. Wer will es ihm übelnehmen, wenn er – der zum Wellrad und zum Hebel das zugehörige Gesetz gefunden hat – in sehr drastischer Weise auf die Konsequenzen hinwies:
Denn mit dem Hebelgesetz wird es dem Menschen ermöglicht, seine von Natur aus begrenzten Kräfte beliebig vergrößert zur Wirkung zu bringen. In dem Verständnis der Antike konnte man so die Natur überlisten; Gebrauchsanweisung: Hebelgesetz!
ARCHIMEDES war von der Gültigkeit des Hebelgesetzes überzeugt. Was er aufgrund von vielen Beobachtungen feststellte, hat er in eine verallgemeinerte Form gebracht und schließlich auf ein Gedankenexperiment ausgedehnt. – Nach einer Legende wurde er von seinem König zu einer Probe seines Könnens aufgefordert. Es sollte genügen, den „festen Punkt“ auf einem Schiffsbauplatz zu wählen und ein riesiges Schiff landauf zu ziehen. ARCHIMEDES schaffte es ganz allein – mit einer Seilwinde und Seilrollen.

8. Hebel als Werkzeuge – die Vorteile sind handgreiflich

Mit Hebeln kann man nicht nur heben. Beim Nüsseknacken z. B. spielt die Gewichtskraft keine Rolle. Hier wird eine große Kraft gegen die Zusammenhangskräfte der Teilchen in der Schale gebraucht. Dazu setzt man einen Nussknacker als *Kraftwandler* ein → B3a. Die Kraft der Hand benutzt einen langen Kraftarm; sie ergibt eine vergrößerte Kraft an dem kurzen Kraftarm der Nuss. Das Umwandlungsverhältnis für die Kräfte folgt aus dem Verhältnis der Kraftarme.
Wie du aus → B3a selbst feststellen kannst, beträgt bei diesem einseitigen Hebel das Verhältnis $\text{Kraftarm}_{\text{Hand}} : \text{Kraftarm}_{\text{Nuss}}$ etwa 5 : 1, das Kräfteverhältnis ist also entsprechend 1 : 5.
Die Kneifzange stellt einen zweiseitigen Hebel dar → B3b. Bei ihr liegen die Angriffspunkte für das Werkstück bzw. für die Hand auf verschiedenen Seiten von der Drehachse. Die Hand wirkt mit fünffacher Kraft.

Werkzeuge sind je nach ihrem Anwendungszweck anders geformt. Besonders auffällig ist ein Vergleich zwischen einer Blechschere und einer Papierschere. Bei der Blechschere sind die Schneiden deutlich kürzer als die Handgriffe, bei der Papierschere ist es umgekehrt. Zum Blechschneiden braucht man eine große Kraft, also gibt man der Schere auf der Seite des Werkstücks einen kleineren Kraftarm als auf der Seite mit den Handgriffen. – Für den Vorteil einer *vergrößerten* Kraft nimmt man den damit verbundenen Nachteil in Kauf: Die Hand muss dann einen *längeren* Weg ausführen. Bei der Blechschere hat das zur Folge, dass dafür die jeweiligen Schnittlängen nur kurz sind. Bei der Papierschere dagegen kommt es nicht auf eine Vergrößerung der Kräfte an – lange Schneiden ergeben große Schnittlängen.

Für alle Kraftwandler – ob Wellrad, Hebel, Flaschenzug – gilt:
Kraft mal *Kraftweg* = *Last* mal *Lastweg*.

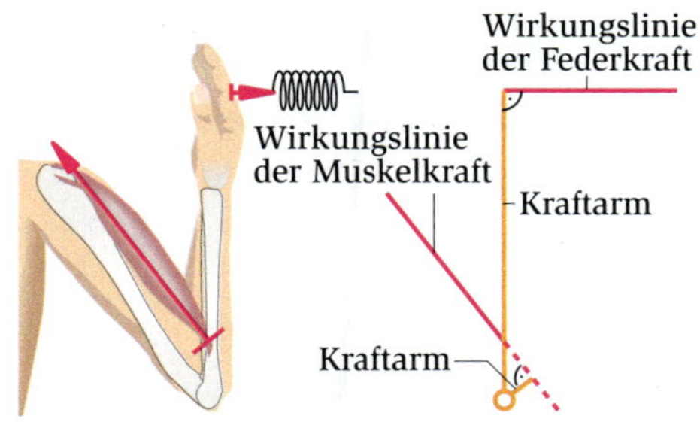

B2 Angewinkelter Unterarm – Kraftarme

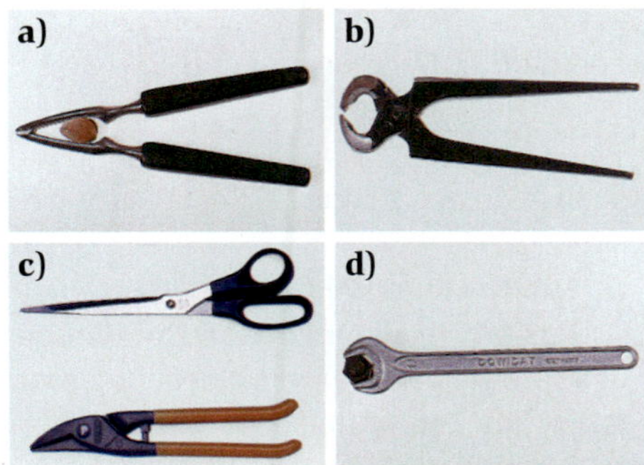

B3 Werkzeuge als Kraftwandler

B4 Mit Drehmomenten wird gelenkt.

Mach's selbst

A1 Zum Festhalten von Werkstücken benutzt jemand eine Pinzette bzw. eine Zange. Vergleiche die Werkzeuge hinsichtlich der Kraftarme und der Kraftumwandlung (Skizze).

A2 Beim Schneiden eines Kartonstreifens mit einer langen Papierschere wird die Hand umso mehr angestrengt, je mehr sich die Handgriffe einander nähern. Erläutere dies.

A3 Zerbrich ein Streichholz in immer kürzere Stücke. Beobachte – berichte – begründe.

A4 Paul sagt von dem Mobile in → V1, es befinde sich „im Gleichgewicht", *weil* auf beiden Seiten gleich viele Gewichte hängen. Anna meint: „Nicht *weil*, sondern *obwohl*". Begründe, wer Recht hat.

A5 → B2 zeigt den Unterarm als Hebel. Schätze das Verhältnis der Kraftarme ab und folgere daraus das Verhältnis der Kraft des Beugemuskels zu der Kraft, mit der die Hand zieht. Begründe, warum diese Bauweise äußerst sinnvoll ist.

A6 Eine Radmutter am Fahrrad wird durch einen Schraubenschlüssel (Kraftarm r_1 = 12 cm) von einer Kraft mit F_1 = 45 N festgezogen. Eine Flügelmutter, die insgesamt 6 cm breit ist, soll genauso fest sitzen. Bestimme dazu die Beträge der Kräfte F_2 und F_3, die auf die beiden Flügelenden einwirken.

A7 Beim Lenken eines Autos sollen die Hände das Lenkrad stets außen und seitlich greifen. Das hat physikalische und biologische Gründe. Erläutere!

Interessantes

Fahrrad – Übersetzung – Gangschaltung

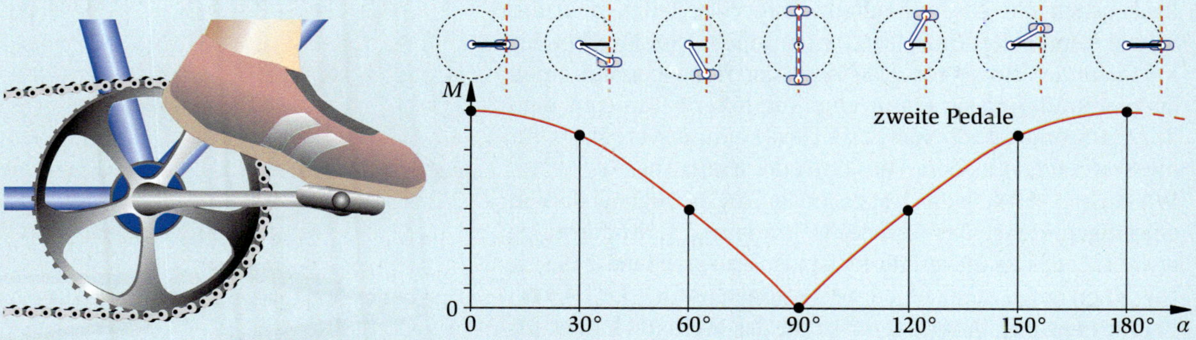

B1 An der Tretkurbel ändert sich das Drehmoment ständig – obwohl die Kraft mit F = 100 N stets gleich bleibt.

A. Die Kraft am Pedal und das Wechselspiel des Drehmoments

Beim Fahrrad werden verschiedene Zwischenstufen benutzt, um die antreibende Kraft weiterzugeben. Zunächst wird die *Abwärtsbewegung* des Fußes am Pedal in eine *Drehbewegung* der Tretkurbel umgewandelt. Ganz ähnlich ist es im Diesel- oder im Benzinmotor: Dort wird die Kraft des hin und her gleitenden Kolbens auf das Gelenk der Kurbelwelle übertragen; der Verbindungsstab ist die *Pleuelstange.*

Das Fahrradpedal erfährt von dem Fuß eine *senkrecht* nach unten gerichtete Kraft (von Ausnahmen abgesehen). An dem Angriffspunkt erzeugt diese Kraft ein Drehmoment $M = F \cdot r$. Weil sich dieser Angriffspunkt mit dem Pedal aber auf einem Kreis bewegt, bleibt der Kraftarm r nicht gleich: Der Abstand zwischen der senkrechten *Wirkungslinie* der Kraft und der Drehachse des Tretlagers hängt vom Drehwinkel α ab **➔ B1**.

Wir starten mit waagerechter Tretkurbel – sie liegt also rechtwinklig zur Kraft. Jetzt stimmt der Kraftarm r mit der Kurbellänge überein. Er hat seinen größtmöglichen Wert und folglich auch das Drehmoment M. Dies ist jedoch bei jedem Umlauf nur zweimal der Fall. Wenn der Winkel α um 30° davon abweicht, haben Kraftarm und Drehmoment nur noch 87 % ihres Höchstwertes. Für α = 60° bleibt genau die Hälfte ihres Maximalwertes übrig. Danach verkleinern sich Kraftarm und Drehmoment noch weiter, sie werden sogar null **➔ B1**. – Verschwindet der Kraftarm, so kann die Kraft überhaupt nichts zu einer Drehung beitragen. Über einen solchen *Totpunkt* kommt ein Rad, das bereits in Bewegung ist, mithilfe der Trägheit hinweg. Wir können zwar mit unseren Beinmuskeln auch eine waagerechte Kraft aufbringen, aber die Rücktrittsbremse lässt sich nicht wirkungsvoll benutzen.

B. Die Fahrradübersetzung – die „Verkettung“ von zwei Wellrädern

Beim Fahrrad sitzen auf derselben Drehachse die Tretkurbel und das mit ihr verbundene große Kettenrad **➔ B2**. Beide zusammen bilden also ein *Wellrad.* Ein Wellrad lässt das Drehmoment unverändert, aber es ist ein Kraftwandler. Wenn die Tretkurbel waagerecht liegt, ist ihr Kraftarm doppelt so groß wie der Radius des großen Kettenrades. Treten wir nun das Pedal z. B. mit der Kraft vom Betrag F = 100 N, so erfährt dadurch die Kette in ihrem oberen Teil die doppelt so große Kraft 200 N **➔ T1**. Dafür legt die Kette nur eine halb so große Weglänge zurück – z. B. nur 5 cm, wenn das Pedal um die Weglänge s = 10 cm getreten wird.

Die Kette reicht – so, wie ein Seil oder ein Riemen – die ihr übertragene Kraft vom Betrag F = 200 N und den Weg s = 5 cm unverändert vom vorderen Kettenrad weiter an das hintere Kettenrad, das einen kleineren Radius hat. Daher erzeugt die Kraft in der Kette bei diesem Rad ein verändertes, kleineres Drehmoment. *Der Kettentrieb ist also ein Drehmomentwandler.* Dieses kleinere Kettenrad bildet mit dem Hinterrad wieder ein Wellrad, und zwar mit dem Radienverhältnis 3 cm : 30 cm = 1 : 10. Also tritt am Reifen des Hinterrades nur noch die Kraft 200 N/10 = 20 N auf. Und: Bei 10 cm Pedalweg ergeben sich 50 cm Weglänge für das Fahrrad.

Die **➔ T1** zeigt für diese Übersetzung alle Übergänge in ihrem Zusammenhang: Zur Fortbewegung des Rades steht folglich insgesamt nur zweimal ein Zehntel, also ein Fünftel der Kraft zur Verfügung, mit der die Übertragungen anfingen. Andererseits ist die Weglänge des Rades $\frac{1}{2}$-mal zehnmal, also fünfmal so groß wie der Weg der Füße an den Pedalen.

Die Kraft wird mit dem Faktor $\frac{1}{n}$ verkleinert, dafür wird die Weglänge mit dem Faktor n vergrößert.

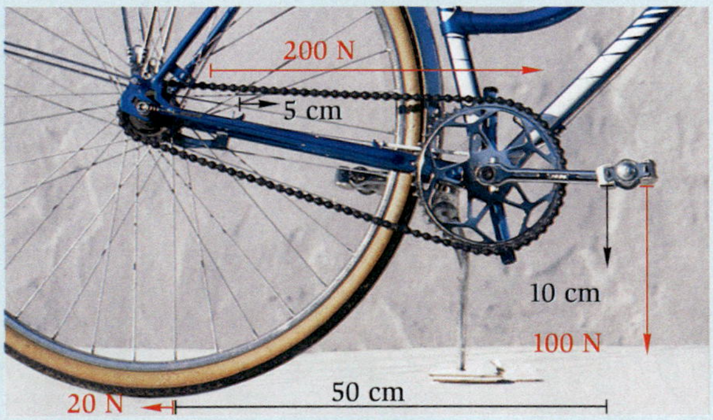

B2 Die Kraft am Pedal wird bei der Übertragung auf den Reifen verkleinert – ihr Weg vergrößert.

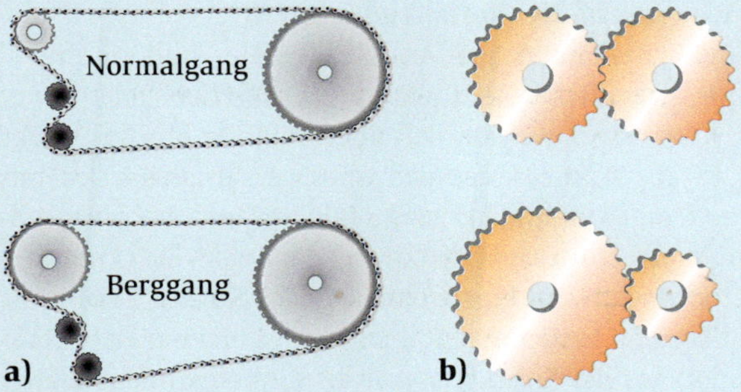

B3 Mit der Gangschaltung wird die Übersetzung gewechselt: **a)** Kettenschaltung **b)** Zahnradschaltung

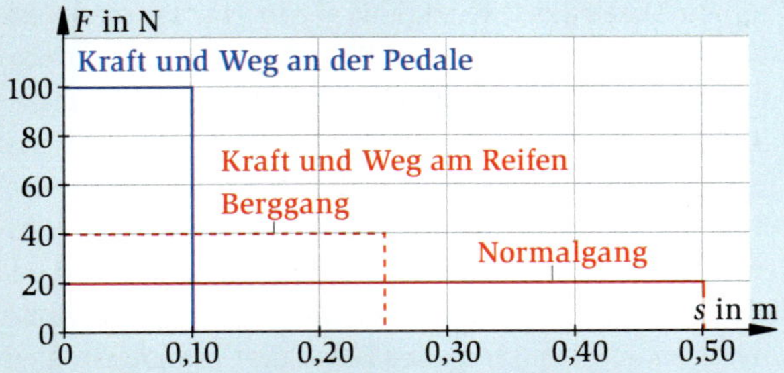

B4 Kraftbetrag *F* und Weg *s* an der Pedale und am Reifen im Vergleich – je nach Übersetzung

C. Die Gangschaltung – verschiedene Übersetzungen zur Auswahl

Wenn wir das Pedal um den Weg *s* weiter bewegen und wir dadurch mit dem Fahrrad um den Weg $n \cdot s$ voran kommen, so geschieht das in derselben Zeit. Wir folgern: Aus der *Geschwindigkeit* an der Pedale wird eine n-mal so große *Geschwindigkeit* des Fahrrades.

Beim Kettentrieb wird die Geschwindigkeit, mit der sich die Zähne des vorderen Kettenrades bewegen, unverändert auf die Zähne des hinteren Kettenrades weitergegeben. Wenn dessen Radius ein Drittel des vorderen beträgt, dann ist auch sein Umfang nur ein Drittel des vorderen. Folglich ist die Anzahl der Umdrehungen pro Zeit, also die Drehfrequenz, für beide Kettenräder verschieden: Unser Kettentrieb verdreifacht die *Drehfrequenz*, während er das Drehmoment auf ein Drittel verkleinert.

Der „Muskelmotor" unserer Beine funktioniert am besten, wenn er die Kurbelwelle mit einer nicht zu großen, aber auch nicht zu kleinen Drehfrequenz antreibt. Sehr ähnlich verhält sich ein Diesel- oder Benzinmotor: Je weiter er außerhalb eines bestimmten Drehfrequenzbereichs arbeiten müsste, umso schlechter würde er laufen, und umso schädlicher wäre es für ihn und ebenso für die Umwelt.

Wenn die Fahrt bergan führt, wünschen wir uns, dass wir mit unserer Kraft ein *größeres* Drehmoment erhalten, dafür sind wir bereit, dass sich – trotz gleicher Drehfrequenz der Tretkurbel – die Räder *langsamer* drehen. Wer eine Gangschaltung hat, der wechselt dann die Übersetzung. Dazu kann die Kette auf ein anderes Kettenrad versetzt werden. Bei einer Zahnradschaltung, die in der Hinterradnabe eingebaut ist, kann eine unterschiedliche Kombination von zwei Zahnrädern zwischengeschaltet werden → B3.

Die → T1 zeigt zum Vergleich die Werte bei einer Übersetzung für Bergfahrt, → B4 veranschaulicht die Kräfte und Wege in einem Diagramm.

Angriffspunkt der Kraft	Kraftarm *r*	Kraftbetrag *F*	Drehmoment *M*	Weglänge *s*	Maschinenart
Pedal	18 cm	100 N	1800 Ncm	10 cm	**Wellrad** (Kraftwandler)
Kettenrad (vorn)	9 cm	200 N	1800 Ncm	5 cm	
					Kettentrieb (Drehmomentwandler)
Kettenrad (hinten)	3 cm **6 cm**	200 N **200 N**	600 Ncm **1200 Ncm**	5 cm **5 cm**	**Wellrad** (Kraftwandler)
Reifen (Straße)	30 cm **30 cm**	20 N **40 N**	600 Ncm **1200 Ncm**	50 cm **25 cm**	

T1 Zwischenstufen bei der Kraftübertragung. Fettgedruckte Werte: Übersetzung für Bergfahrt (Gangschaltung).

Sport und Physik

B1 Auf dem Zielfoto sind alle Laufzeiten ablesbar.

B3 Der Stab wird in vollem Lauf weitergegeben.

Kampf um Bruchteile von Sekunden

Von Laufwettkämpfen erhalten wir häufig eine Fernsehübertragung. Aber trotz des besten Kamerastandortes können wir oft nicht über die Reihenfolge der Läufer entscheiden. Eine eingeblendete Stoppuhr zeigt uns hundertstel Sekunden an. Wie viel Zentimeter muss ein Sprinter einem anderen voraus gewesen sein, der 0,01 Sekunden später die Ziellinie erreichte?

Das können wir abschätzen: Ein guter Sprinter läuft die 100 Meter in knapp 10 Sekunden, also ist sein zurückgelegter Weg für 1 s etwa 10 m; in 0,01 s ist er nur etwa 10 cm weiter! Da müssen dann Schiedsrichter das Zielfoto → B1 auswerten. Dabei lassen sie nicht den vorgebeugten Kopf, sondern den Oberkörper gelten. Das Zielfoto entsteht mit einer Spezialkamera, die mit den einlaufenden Sprintern zugleich Zeitmarken registriert. Bei Schwimmwettkämpfen verlässt man sich dagegen auf eine Druckplatte in der Beckenwand, mit der jeder Schwimmer „seine" elektrische Uhr selbst abschaltet → B2. Es hat schon Sieger wegen einer tausendstel Sekunde gegeben. – Deren „Vorsprung"? – Weniger als 5 mm! Da fragt man sich, ob das Schwimmbecken auch millimetergenau gebaut war.

Was macht die Staffeln so schnell?

Bei Staffelläufen über 4-mal 100 Meter sind die Ergebnisse deutlich besser als bei Einzelläufen über 400 m → B3. Zwar werden bei einer Staffette immer wieder „frische" Läufer eingesetzt, aber wenn man die Gesamtzeit eines 4-mal-100 m-Staffellaufs auf die vier Teilnehmer zurückrechnet, also jedem ein Viertel der Zeit zuordnet, dann ergeben sich noch kürzere Zeiten, als dieselben Läufer im 100 m-Sprint erreichen! Dabei laufen zwei der Sprinter sogar auf Kurvenbahnen. Woher kommt dieser Widerspruch? Betrachten wir es genauer: Nur der Startläufer hat Bedingungen wie ein Einzelsprinter; die ersten Meter werden zum Beschleunigen bis zur Dauergeschwindigkeit gebraucht. Die anderen Läufer übernehmen den Stab nach ihrem Anlaufweg bereits mit voller Geschwindigkeit → B4. Wir müssen also unterscheiden zwischen Bewegungen mit zunehmender und solchen mit gleich bleibender Geschwindigkeit. → B4 zeigt die verschiedenen Bewegungen in einer Zeichentrickfolge mit einem Zeitabstand von einer Sekunde. Beachte die Weglängen von drei Sekunden Anlauf gegenüber drei Sekunden mit maximaler Geschwindigkeit! In → B6 ist derselbe Vorgang in Gestalt eines Zeit-Weg-Diagramms wiedergegeben.

B2 Schwimmer schalten ihre Stoppuhr selber ab.

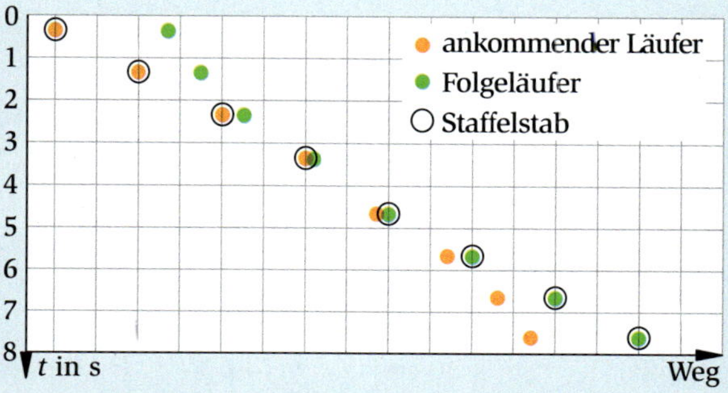

B4 Stabwechsel in einer Zeichentrickfolge

B5 Der Körperschwerpunkt liegt in Nähe der Latte.

B7 Warum ist die Außenbahn so unbeliebt?

Mit List geht's besser über die Latte

Im Hochsprung erreichen wir Menschen trotz aller Anstrengungen noch nicht einmal das Eineinhalbfache unserer eigenen Körperhöhe – Heuschrecken sind uns da weit überlegen!

Dabei müssen wir außerdem erst einen Anlauf nehmen, damit wir zusammen mit dem Absprung möglichst schnell sind und viel Schwung erhalten. Vor allem durch diesen Schwung können wir dann an Höhe gewinnen. Jedes Masseteilchen unseres Körpers ist mit einem kleinen Betrag daran beteiligt. Die gesamte Masse des Körpers können wir uns in seinem Schwerpunkt vereinigt denken.

Wie hoch dieser Schwerpunkt nun gelangt, das wird – außer von der Masse – von dem verfügbaren Schwung bestimmt. Sieger im Hochsprung wird jedoch nicht, wer nur für die größtmögliche Höhe seines Schwerpunktes sorgt. Bei gleicher Schwerpunktshöhe kann man in flacher statt in aufrechter Körperhaltung eine höhere Latte überspringen. Den größten Erfolg bringt aber eine gekrümmte Körperhaltung: Der Rücken wird dazu wie ein Kleiderbügel geformt, und dabei werden der Kopf sowie Arme und Beine rechtzeitig nach unten abgewinkelt, wie → B5 es zeigt.

Ungerechte Sportrekorde?

Damit die einzelnen Bahnen zum 400 m-Lauf in dem Oval innen wie außen gleiche Länge haben, starten die Läufer nicht nebeneinander, sondern entsprechend versetzt → B7. Dennoch ist die Außenbahn unbeliebt: Dort kann man die Mitläufer nur schlecht beobachten. Daher werden die Bahnen zumeist ausgelost. – Wie es dagegen um die Gerechtigkeit z. B. für Teilnehmer geringer Körpergröße steht, danach fragt niemand. Dies gilt besonders krass beim Hochsprung. Für kleine Hochspringer ist es durchaus noch kein hinreichender Ausgleich, dass ihre „Hochsprungarbeit" in der Regel mit einer kleineren Masse erfolgt.

Beim Gewichtheben werden hingegen genau die Massen bewertet, die die Sportler „zur Hochstrecke" bringen, und diese Höhe ist bei kleinen Sportlern geringer. Aber ist denn ein Rekordwert aus Sydney mit einem aus Mexiko gleichwertig? Der Kraftaufwand wird vom Ortsfaktor mitbestimmt und dieser ändert sich mit dem Ort. In Sydney ist z.B. der Ortsfaktor (g) um rund 0,2 % größer als in Mexiko, d.h. in Sydney erfordern rund 399 kg die gleiche Kraft ($F = m\,g$) wie 400 kg in Mexiko! In Helsinki kann man mit gleicher Kraft sogar nur 398 kg heben.

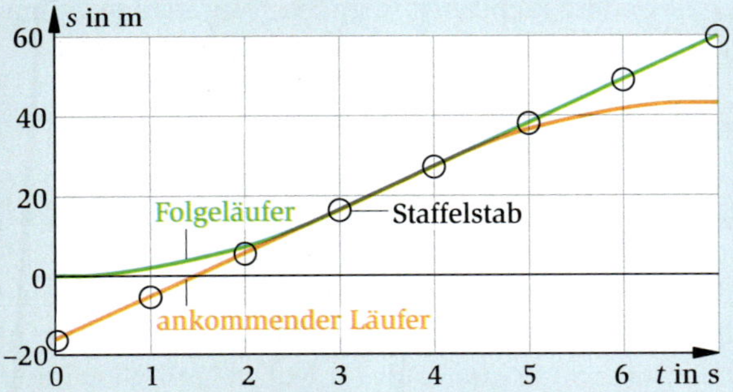

B6 So sieht ein Stabwechsel im *t-s*-Diagramm aus.

B8 Geschafft: Die Kraft ist groß genug.

B1 Eine große Last hängt an vielen Seilen.

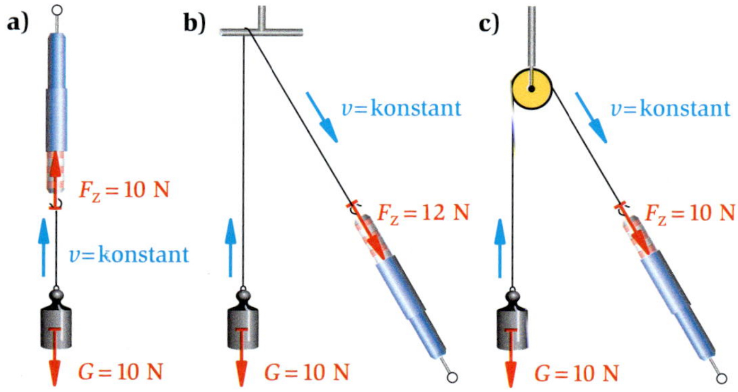

B2 Eine Last wird mit einem Seil gehoben.

V1 a) Wir ziehen einen Körper der Masse m = 1 kg an einem Seil gleichförmig nach oben → **B2a**. Der Kraftmesser zeigt den Betrag der Zugkraft $F_Z = G$ = 10 N.
b) Das Seil wird über einen Metallstab gelegt und abgewinkelt weitergeführt → **B2b**. Wir müssen nun mit der größeren Zugkraft vom Betrag F_Z = 12 N ziehen. Der Unterschied kommt von der Reibungskraft: F_{Reib} = 12 N – 10 N = 2 N.
c) Wir ersetzen den Stab durch eine Rolle → **B2c**. Die Zugkraft beträgt dann kaum mehr als F_Z = 10 N.

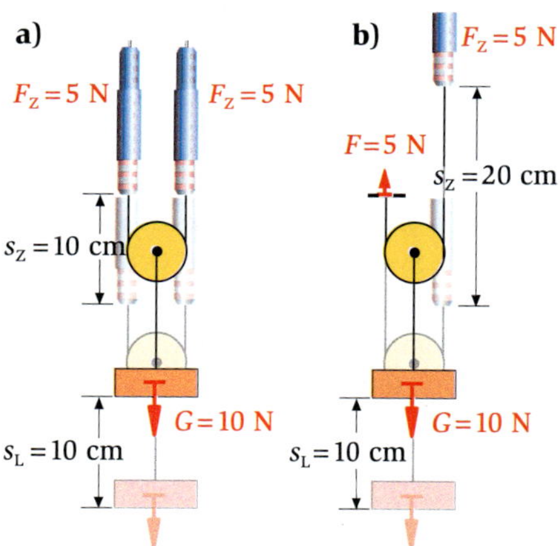

V2 a) Wir hängen einen Klotz mithilfe von Rolle und Seil an zwei Federkraftmessern auf → **Ba**. Die Last, also Klotz und Rolle zusammen, erfährt eine Gewichtskraft vom Betrag G = 10 N. Jeder der beiden Kraftmesser zeigt eine Kraft F_Z = 5 N an. Wenn wir nun an jedem der beiden Seilenden zugleich längs des Kraftweges s_Z = 10 cm ziehen, dann wird auch die Last um $s_L = s_Z$ = 10 cm gehoben.

1. Eine Kraft wird umgelenkt

Seile und Rollen sind Hilfsmittel, mit denen sich viele Tätigkeiten erleichtern lassen – vor allem das Heben von Lasten: Anstelle der eigentlich erforderlichen Kräfte bringen Seile und Rollen „mit List" *veränderte* Kräfte zum Einsatz. Von dem altgriechischen Wort für List: „mechane" stammt unser Wort „Maschine".

Im → **V1a** haben wir mithilfe eines Seils den *Angriffspunkt* der Kraft verlagert – trotz unverändertem Betrag und unveränderter Richtung der Kraft ist das oft von Nutzen, z. B. bei tiefen Baugruben.
Im → **V1b** haben wir die *Richtung* der Kraft an einem Stab umgelenkt. Auch das ist oft hilfreich. Der Stab ergibt aber für uns zugleich eine Erschwernis: Die Zugkraft wird größer. Die Ursache kennen wir: Zwischen Seil und Stab tritt zusätzlich eine entgegengerichtete Kraft auf, die Reibungskraft.

Im → **V1c** wird die Kraft mit einer Rolle umgelenkt. Dabei tritt nur eine kaum merkliche Reibungskraft auf. Solche Rollen werden **feste Rollen** genannt, wenn ihre Achsen **ortsfest** sind.

Merksatz
Mit **Seil** und **fester (d. h. ortsfester) Rolle** kann man eine Kraft in eine andere Richtung umlenken. Wenn keine Reibung auftritt, ändert sich dabei der Betrag der Kraft nicht.

2. Eine Kraft wird halbiert

Im → **V2a** hängt der Klotz an der Rolle, und die Last wird nun von *zwei* Seilabschnitten getragen. Die Gewichtskraft $\vec{G}$ teilt sich dabei gleichmäßig, d. h. je zur Hälfte auf die beiden tragenden Seilabschnitte auf. Läuft das Seil über eine reibungsfreie Rolle, so ist die Kraft im Seil überall gleich groß. Ein Anheben der beiden Seilenden ergibt ein gleich hohes Anheben der Last.

Mit → V2b wandeln wir die bisherige Anordnung an einer Stelle ab. Das eine Seilende wird an einem Haken befestigt. Es zeigt sich: Zum Halten der Last oder zum Heben mit gleich bleibender Geschwindigkeit ist jetzt nur noch eine halb so große Kraft nötig. Das ist ein bedeutender *Vorteil*. Aber dafür müssen wir zugleich auch einen *Nachteil* in Kauf nehmen: Zum Heben der Last um einen Lastweg s_L ist es nun notwendig, einen doppelt so großen Weg $s_Z = 2 \cdot s_L$ für die Zugkraft aufzuwenden. Denn da der Haken das eine Seilende nur hält, aber nicht hebt, müssen wir auf der anderen Seite den Kraftweg seines Seilabschnitts mit übernehmen. – Macht der Nachteil nun den Vorteil wertlos? Nein, denn ohne Hilfsmittel könnten wir viele Hebevorgänge gar nicht ausführen!

Während sich die Rolle dreht, hebt sich zugleich ihre Achse mit der Last; die Achse ist nun also nicht ortsfest. In solchen Fällen werden die Rollen daher **lose,** d. h. **ortsveränderliche Rollen** genannt. Das Ziehen wird zumeist noch bequemer, wenn eine zusätzliche ortsfeste Rolle die Zugkraft wie in → B3 umlenkt.

Merksatz

Eine **lose Rolle** verteilt die Kraft $\vec{F}_L$ gleichmäßig auf zwei Seilabschnitte. In jedem Abschnitt gilt für den Betrag der Zugkraft $F_Z = \frac{1}{2} \cdot F_L$.
Ist ein Seilende fest, so wird der Weg s_Z der Zugkraft doppelt so groß wie der Lastweg s_L. Es gilt $s_Z = 2 \cdot s_L$.

3. Der Flaschenzug

Zu einem Flaschenzug gehört eine Gruppe von festen und eine Gruppe von losen Rollen. Die Rollen sind drehbar in Haltevorrichtungen gelagert, die *Flaschen* genannt werden. Der Name rührt von den früher üblichen, flaschenähnlichen Bauformen her.

In → V3 hängt die Last jetzt an vier Seilabschnitten. Folglich übt jeder Seilabschnitt nur eine Zugkraft mit $F_Z = \frac{1}{4} G$ nach oben aus. Die beiden oberen Rollen sind ortsfest und lenken die Seilkräfte um. Wie zu erwarten, zeigt sich:
Wenn alle Rollen nur eine verschwindend kleine Reibung haben, so müssen wir am freien Seilende nur mit der Zugkraft $F_Z = \frac{1}{4} G$ ziehen; für G = 12 N folgt $F_Z = 3$ N. Der Vorteil der verkleinerten Zugkraft beim Heben der Last muss aber auch hier mit einem Nachteil erkauft werden: Damit alle vier Seilabschnitte um den Lastweg s_L verkürzt werden, muss der Weg s_Z der Zugkraft nun viermal so groß sein.

Merksatz

Wenn ein Flaschenzug die Kraft $\vec{F}_L$ auf n tragende Seilabschnitte verteilt, so gilt:
- Die erforderliche Zugkraft hat den Betrag $F_Z = \frac{1}{n} \cdot F_L$;
- der erforderliche Kraftweg beträgt $s_Z = n \cdot s_L$.

V2 **b)** Wir befestigen das linke Seilende an einem Haken → Bb. Er hält nun die Hälfte der Last. Daher müssen wir jetzt nur noch eine halb so große Zugkraft mit $F_Z = \frac{1}{2} G = 5$ N ausüben. Damit die Last um 10 cm angehoben wird, müssen wir am freien Ende 2 · 10 cm = 20 cm weit ziehen.

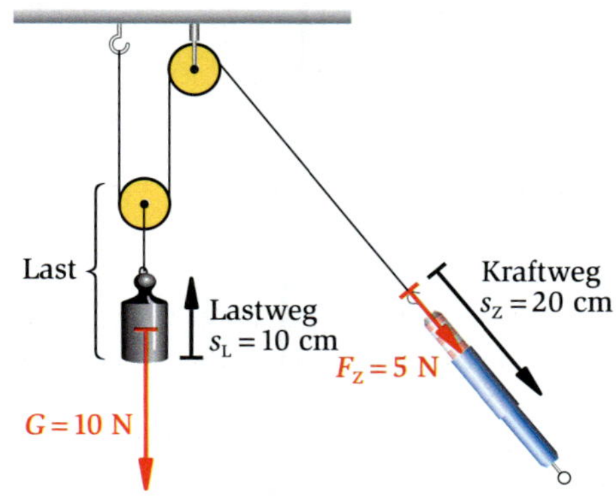

B3 Die lose Rolle halbiert die Kraft, und die feste Rolle ändert die Richtung.

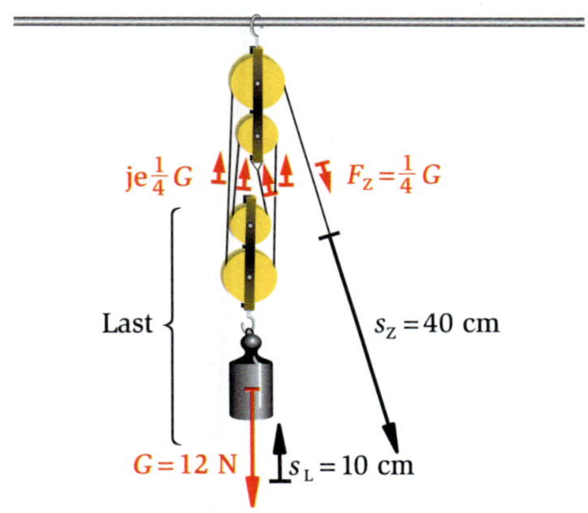

V3 Wir ziehen einen Klotz mit einem Flaschenzug um 10 cm hoch. Der Betrag der Gewichtskraft der gesamten Last ist 12 N. Wir messen die Zugkraft von etwa 3 N und den Weg der Zugkraft von 40 cm.

Mach's selbst

A1 Katrin kann eine Kraft von 400 N aufbringen. Bestimme die Gewichtskraft der Last, die sie damit an einer festen Rolle, an einer losen Rolle oder an dem Flaschenzug → V3 hochziehen könnte.

A2 Eine Kiste wird mit einer losen Rolle hochgezogen. Der Betrag der Zugkraft ist 270 N. Bestimme die Gewichtskraft des Kisteninhalts ($G_{Rolle} + G_{leere\ Kiste} = 130$ N).

Das ist wichtig

1. Physikalische Größen und Einheiten

Jede physikalische Größe – z. B. der Weg s, das Volumen V, die Zeit t, die Geschwindigkeit v – bezeichnet ein **messbares physikalisches Merkmal.** Zum Beispiel kennzeichnet das Volumen eines Körpers seine Raumerfüllung. Um den Betrag einer Größe anzugeben, teilt man mit, wievielmal so groß sie im Verhältnis zu einer vereinbarten Einheit ist:

physikalische Größe = Zahlenwert mal **Einheit.**

Beispiele:
Weg = 2,5 mal 1 Meter; $s = 2{,}5 \cdot 1\ \text{m} = 2{,}5\ \text{m}$
Volumen = 0,2 mal 1 Kubikmeter;
$V = 0{,}2 \cdot 1\ \text{m}^3 = 0{,}2\ \text{m}^3$;
Geschwindigkeit = 15 mal 1 m/s;
$v = 15 \cdot 1\ \text{m/s} = 15\ \text{m/s}$
(Die Einheit 1 m/s ist zusammengesetzt gemäß der Definition: *Geschwindigkeit* = *Weg/Zeit.*)

Wenn bei der Angabe einer Größe von einer Einheit zu einer anderen Einheit gewechselt wird, so gilt:
Zu einer **kleineren (größeren) Einheit** gehört stets ein **größerer (kleinerer) Zahlenwert.**
Dabei wird die auszutauschende Einheit durch einen Term ersetzt, der ihren Wert mithilfe der gewünschten Einheit angibt.

Beispiele:
Umrechnung von Kubikmeter auf Liter:
$V = 0{,}01\ \mathbf{m^3} = 0{,}01 \cdot \mathbf{(1000\ l)} = (0{,}01 \cdot 1000)\ \text{l} = 10\ \text{l}.$
Umrechnung von Sekunde auf Stunde:
$t = 900\ \mathbf{s} = 900 \cdot \mathbf{(1\ h/3600)} = (900/3600)\ \text{h}$
$= 1/4\ \text{h} = 0{,}25\ \text{h}.$
Umrechnung von (km/h) auf (m/s):
$v = 36\ \text{km/h} = 36 \cdot (1000\ \text{m})/(3600\ \text{s}) = 10\ \text{m/s}.$
Es ist nützlich, sich zu merken: **10 m/s = 36 km/h.**
(Die mittlere Geschwindigkeit eines Sprinters – 100 m in 10 s – ist etwa gleich der Mopedgeschwindigkeit.)

Durch Zusatzfaktoren können größere oder kleinere Einheiten gebildet werden:

Giga	G	Milliarde
Mega	M	Million
Kilo	k	Tausend
Zenti	c	Hundertstel
Milli	m	Tausendstel
Mikro	µ	Millionstel

Die im Folgenden aufgeführten Einheiten sind (von vielen möglichen) stets die *bevorzugten.*

2. Kraft

Symbol: $\vec{F}$ (Betrag: F); Einheit: 1 N (NEWTON);
Messgerät: Federkraftmesser (nutzt die Verformung)

Kräfte können ...
- ... Körper verformen *und/oder*
- ... die Bewegung (den Impuls) der Körper ändern.

Es gibt verschiedene Kraftarten: z. B. Muskelkraft, Magnetkraft, Federkraft, Gewichtskraft, ...

Zur vollständigen Angabe einer Kraft gehören ihr **Betrag** wie auch ihre **Richtung.** Oft ist außerdem ihr **Angriffspunkt** wichtig.

Größen mit Richtungseigenschaften heißen **Vektorgrößen** (z. B. Kraft) – im Gegensatz zu **Skalaren** (z. B. Volumen, Zeit).
Vektorgrößen lassen sich durch Pfeile darstellen, für Skalare genügt der Betrag, also Zahlenwert mal Einheit (z. B. $V = 3\ \text{m}^3$).

Auch die **Geschwindigkeit** ist eine Vektorgröße mit Betrag und Richtung.
Symbol: $\vec{v}$ (Betrag v); Einheit: 1 m/s

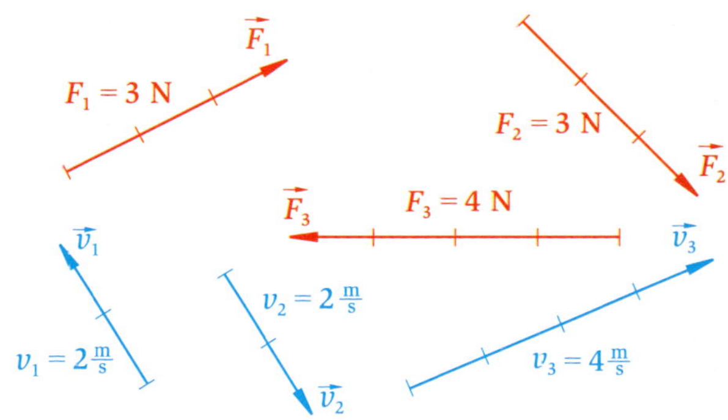

Kraft und Geschwindigkeit sind Vektorgrößen.

Die **Gewichtskraft** $\vec{G}$, die Körper auf der Erde oder auf anderen Himmelskörpern erfahren, rührt von deren Anziehungskraft. Sie hängt vom jeweiligen Ort ab und wird kleiner, wenn man sich vom Himmelskörper entfernt. Fernab von allen Himmelskörpern gibt es keine Gewichtskraft. Je größer der Abstand vom Erdmittelpunkt, desto kleiner ist die Gewichtskraft.

3. Masse

Symbol: m; Einheit: 1 kg (Kilogramm);
Messgerät: Balkenwaage und Wägesatz

Die Massen zweier Körper sind gleich, wenn beide am gleichen Ort eine gleich große Gewichtskraft erfahren.

4. Ortsfaktor
Symbol: g; Einheit: 1 N/kg;
Definition: $g = G/m$

Der Ortsfaktor g gibt den Zusammenhang zwischen der Gewichtskraft $\vec{G}$, die ein Körper an einem bestimmten Ort erfährt, und seiner Masse m als Quotient an. Der Ortsfaktor hängt nicht vom Körper ab; er ist an einem Ort für alle Körper gleich groß, für verschiedene Orte im Allgemeinen verschieden.
In Mitteleuropa gilt: $g = 9{,}8$ N/kg. Dort erfährt jeder Körper der Masse 1 kg die Gewichtskraft $G = 9{,}8$ N.

5. Dichte
Symbol: ϱ; Einheit: 1 g/cm³ = 1 kg/dm³;
Definition: $\varrho = m/V$

Die Dichte ϱ eines Stoffes gibt den Zusammenhang von Masse m und Volumen V eines Körpers als Quotient an. Eisen hat die Dichte 7,9 g/cm³ bedeutet also: 1 cm³ Eisen hat die Masse 7,9 g.
Die Dichte ist unter normalen Bedingungen (→ Tabelle im Anhang) für einen Stoff konstant. Verschiedene Stoffe haben im Allgemeinen verschiedene Dichten.
Unter Normalbedingungen gilt …

- … für Wasser: $\varrho = 1{,}00$ g/cm³ = 1,00 kg/dm³,
- … für Luft: $\varrho = 0{,}00129$ g/cm³ = 1,29 g/dm³.

6. Ersatzkraft und Kräftegleichgewicht
Mehrere am gleichen Körper angreifende Kräfte können durch eine **Ersatzkraft** $\vec{F}_{\text{Ersatz}}$ gleicher Wirkung ersetzt werden. Man nennt sie auch **Resultierende.** Für die Beträge von z. B. $\vec{F}_1$ und $\vec{F}_2$ gilt:

- bei gleicher Kraftrichtung: $F_{\text{Ersatz}} = F_1 + F_2$,
- bei entgegengesetzter Richtung: $F_{\text{Ersatz}} = F_1 - F_2$, für $F_1 > F_2$; dann zeigt F_{Ersatz} in Richtung von $\vec{F}_1$.
- Haben die entgegengesetzt gerichteten Kräfte $\vec{F}_1$ und $\vec{F}_2$ den gleichen Betrag,
  dann ist $F_{\text{Ersatz}} = F_1 - F_2 = 0$ N.
  Es besteht **Kräftegleichgewicht.** $\vec{F}_1$ und $\vec{F}_2$ sind nicht verschwunden; sie können den Körper verformen oder kurzzeitig drehen.

7. Impuls und Impulserhaltung
Der Impuls eines bewegten Körpers ist ein Vektor $\vec{p}$ in Richtung der Geschwindigkeit $\vec{v}$. Er ist proportional zum Betrag v der Geschwindigkeit und der Masse m.

Ein Körper, an dem keine Kraft angreift oder der sich im Kräftegleichgewicht befindet, behält seine Geschwindigkeit $\vec{v}$ und damit auch seinen Impuls $\vec{p}$ nach Betrag und Richtung bei. Ist er in Ruhe, so bleibt er in Ruhe. Dies ist der **Impulserhaltungssatz.**

Der Impuls $\vec{p}$ kann nur durch Kräfte geändert werden, die von außen auf den Körper wirken. Diese Kräfte ändern den Impuls sofort, ohne Verzögerung.

8. Hebel und **Wellrad** sind um eine Achse drehbar. Eine angreifende Kraft $\vec{F}$ kann sie in Drehung versetzen, wenn die Drehachse nicht auf der *Wirkungslinie* der Kraft liegt. Dann wäre der Kraftarm $r = 0$ m.
Der **Kraftarm** ist der Abstand der Drehachse von der Wirkungslinie der Kraft $\vec{F}$, steht also senkrecht zu $\vec{F}$.

Das **Drehmoment** M beschreibt die Drehwirkung der Kraft vom Betrag F mit Kraftarm r. Es gilt:

$\boldsymbol{M = F \cdot r}$ mit der Einheit 1 Nm.

An drehbar gelagerten Körpern besteht Gleichgewicht, wenn die Summe der Drehmomente im Uhrzeigersinn so groß ist wie deren Summe im Gegenzeigersinn.
Am n-fachen Kraftarm braucht man nur den n-ten Teil der Kraft, um Gleichgewicht zu halten.
Hebel und Wellräder sind **Kraftwandler.** Es gilt:

Kraft mal Kraftarm = Last mal Lastarm.

9. Seilmaschinen bestehen aus Rädern und Seilen (Ketten) und sind Kraftwandler, sie ändern Kräfte:

- *Feste* Rollen (Rollen mit ortsfester Achse) ändern nur die Richtung einer Seilkraft.
- *Bewegliche* Rollen (mit ortsveränderlicher Achse) können eine Last auf zwei tragende Seilstücke verteilen. Dann braucht man zum Halten nur die halbe Kraft. Beim Heben ist der Kraftweg doppelt so groß wie der Lastweg.
- An Flaschenzügen mit n tragenden Seilstücken braucht man zum Halten einer Last den n-ten Teil an Kraft. Beim Heben ist der Kraftweg n-fach.

Kennst du dich aus?

A1 In einem Gespräch über ein Auto werden die folgenden Merkmale genannt: lang, schnell, alt, schön, geräumig, schwer, teuer, silbergrau, schnittig.
Ordne ihnen – soweit möglich – physikalische Größen und geeignete Einheiten zu. Begründe, warum dies nicht für alle Merkmale möglich ist.

A2 Für eine Fahrt zu einem Termin an einem anderen Ort plant jemand mit dem Auto eine feste Geschwindigkeit ein und fährt rechtzeitig los. Wegen eines Unwetters kann er jedoch die erste Hälfte des Weges nur mit halb so großer Geschwindigkeit durchfahren. Ermittle die Chance, die der Autofahrer nun hat, mit erhöhter Geschwindigkeit dennoch pünktlich zu sein. Bilde ein Beispiel und verallgemeinere.

A3 Antonia, Sofie und Lotta wohnen an einer langen Straße in verschiedenen Häusern. Sie unternehmen viel gemeinsam. In → **B1** ist der Ort *s* der Mädchen als Funktion der Zeit *t* an einem Nachmittag, an dem sie um 17 Uhr zu Hause sein müssen, angegeben.

a) Bestimme die Entfernung der Häuser, in denen die drei Mädchen wohnen.

b) Bestimme die Geschwindigkeiten von Sofie in der Zeit von 14 Uhr bis 17 Uhr 20 min in m/s und in km/h.

B2 Zu → **A4**: Usain Bolts Weltrekordlauf über 100 Meter bei der Leichtathletikweltmeisterschaft 2009 in Berlin

c) Schreibe eine aufgrund des Diagramms mögliche Geschichte auf, die den Ablauf des Nachmittags für die drei Mädchen erzählt.

A4 Während des 100-m-Weltrekordlaufs von Usain Bolt → **B2** wurden in Abständen von 10 m die Zwischenzeiten gemessen:

s in m	*t* in s	*s* in m	*t* in s
10	1,89	60	6,31
20	2,89	70	7,12
30	3,79	80	7,92
40	4,64	90	8,75
50	5,47	100	9,58

a) Stelle die Messwerte in einem *t*-*s*-Diagramm dar. Diskutiere, ob es eine gleichförmige Bewegung ist.

b) Bestimme näherungsweise die Geschwindigkeiten von Bolt zwischen zwei Messpunkten. Stelle diese in einer Tabelle und einem Diagramm dar.

c) Beschreibe mithilfe deiner gewonnenen Erkenntnisse den Rennverlauf möglichst genau.

d) Präsentiere deinen Mitschülern die Ergebnisse.

A5 In der Seeschifffahrt wird 1 kn (Knoten) als Einheit der Geschwindigkeit benutzt: 1 kn = 1852 m/h. Leite die Umrechnungsgleichungen her: 1 kn = ??? m/s und 1 m/s = ??? kn.

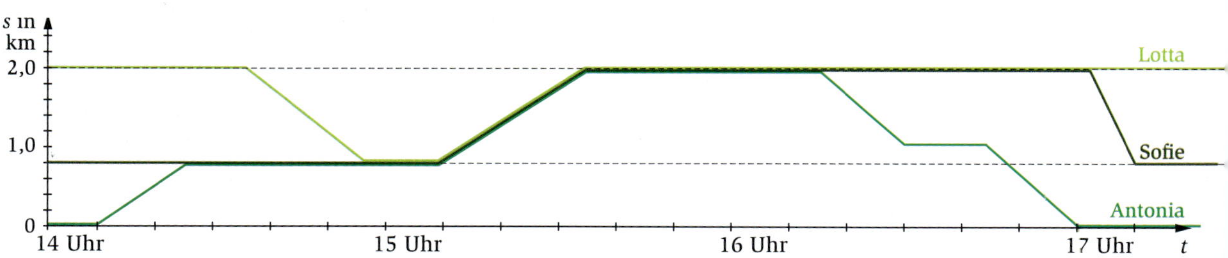

B1 Zu → **A3**: Ort *s* als Funktion der Zeit *t* für Antonia, Sofie und Lotta zwischen 14 h und 17 h 20 min.

A6 Linus hält seinen Trompetenkasten in der einen Hand und einen Geigenkasten in der anderen. Er behauptet, die Kästen sind gleich schwer. Erörtere diese Aussage.

A7 **a)** Zehn-Cent- und Zwanzig-Cent-Münzen sehen äußerlich so aus, als seien sie aus dem gleichen Stoff. Plane ein Experiment, mit dem du dies überprüfen kannst.
b) Führe das geplante Experiment zu Hause durch. Dokumentiere schriftlich die Durchführung und die Ergebnisse deines Experimentes.
c) Vergleiche die Ergebnisse Deines Experimentes mit den Daten aus einer Internet-Recherche.

A8 **a)** Bestimme zu Hause die Dichte eines rohen und eines gekochten Eies.
b) Begründe, ob man aus den Ergebnissen in a) erkennen kann, dass das Ei überwiegend nur aus einem Stoff besteht.

A9 Die Dichte von frisch gefallenem Schnee beträgt 0,2 g/cm^3. Berechne die Masse und die Gewichtskraft einer 50 cm hohen Schneeschicht auf einem flachen Terrassendach (20 m^2).
Bewerte das Ergebnis.

A10 Auf einem Billardtisch wird eine ruhende Kugel in A mit einem Billardqueue (Spielstock) leicht angestoßen. Sie rollt daraufhin über den Tisch, wird langsamer und fällt bei C in eine Tasche.
a) Beschreibe die Bewegung der Kugel mit Hilfe der Begriffe Kraft und Impuls.
b) Zeichne an den Stellen A, B und C der Bewegung Kraft- und Impulspfeile ein.

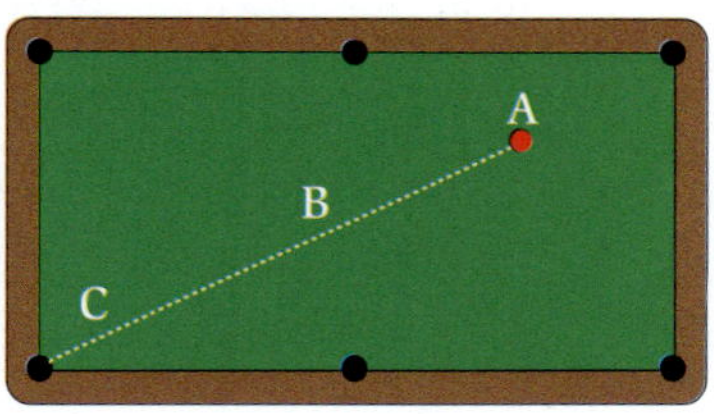

A11 **a)** Erläutere die Aussage: „Ein Körper, der sich im Kräftegleichgewicht befindet, behält seinen Impuls nach Betrag und Richtung bei."
b) Begründe mit dem Satz von der Impulserhaltung, dass man im fahrenden Auto einen Sicherheitsgurt anlegen muss.

A12 Hans überlegt, wie er am leichtesten mit der Seilrolle sein Boot ein kleines Stück weit auf die Uferböschung hochzieht.
a) Begründe, für welche der zwei skizzierten Lösungen du dich entscheiden würdest.
b) Angenommen du hättest zwei Rollen zur Verfügung. Skizziere und begründe, wie du sie am geschicktesten einsetzen würdest.

Praktikum

Bestimmung der Dichte

Ihr benötigt Gegenstände aus verschiedenen Stoffen, z. B. Eisen, Aluminium, Messing, Kupfer, Glas, Styropor, Glycerin, Ethanol (Achtung, brennbar).

Arbeitsaufträge:

1 Schätzt ab, welche Dichte die Stoffe haben könnten. Notiert diese Schätzwerte schriftlich.

2 Bestimmt dann experimentell die Dichte dieser Stoffe und vergleicht sie mit eurem Schätzwert.

3 Plant und beschreibt ein Verfahren zur Dichtebestimmung der Luft. Recherchiert in Fachbüchern und im Internet, befragt eure Lehrerin oder euren Lehrer.

Energie

Das kannst du in diesem Kapitel erreichen:

- Du lernst, wie man den Begriff Energie in der Physik verwendet.
- Du wendest die Idee der Energieerhaltung an, um Vorhersagen zu machen und Beobachtungen zu erklären.
- Du kannst Umwandlung und Übertragung in Energie-Übertragungsketten bildlich darstellen.
- Du wendest bei alltäglichen Beispielen Formeln für Energie und Leistung an.
- Du kannst die Größenordnungen für Energie und Leistung bei alltäglichen Vorgängen abschätzen.
- Du entdeckst, dass bei allen wirklichen Vorgängen Energie in die Umgebung abgegeben wird und von uns nicht mehr genutzt werden kann.
- Du kannst die Unterschiede zwischen Energie und Impuls benennen.
- Du unterscheidest zwischen Kraft und Energie und kannst erklären, warum ein Kraftwerk kein „Kraft"-Werk ist.

B1 Keines dieser Autos kommt ohne Energiezufuhr in Bewegung.

B2 Energie begegnet dem Zeitungsleser bei vielen Themen. Wer mitreden will, braucht Wissen über physikalische Grundlagen.

V1 **a)** Wir lassen den Schlitten A in → **B3**, von links kommend, gegen den ruhenden Schlitten B prallen. A hält an und B fährt weiter. Die Abstände im Stroboskopbild von B sind die gleichen wie bei A. Schlitten hat die Geschwindigkeit, die wir vor dem Stoß bei A beobachteten.

b) Schlitten B stößt am Ende der Bahn auf eine dort befestigte Feder. Sie wird kurzzeitig gespannt. Dann fährt B zurück, genau so schnell wie er hingefahren ist.

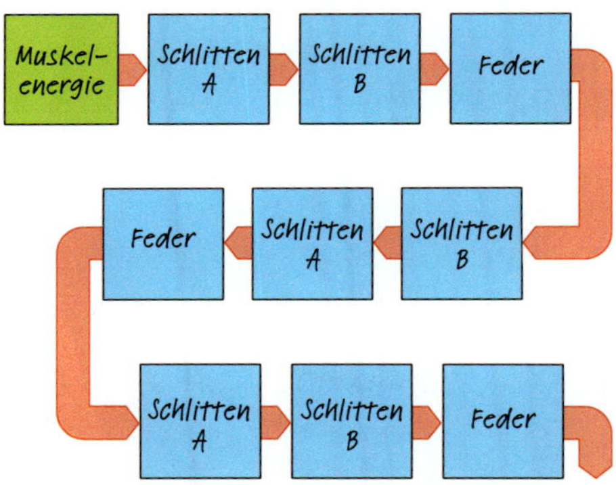

B3 Energie-Übertragungskette für → **V1a**, → **V1b**. Ohne Reibung gäbe es kein Ende.

1. Bewegte Körper, gespannte Federn

Bevor sich die Spielzeugautos in → **B1** bewegen, muss man den Federmotor aufziehen oder eine Batterie anschließen. Man gibt dabei dem Auto einen Energievorrat. Bei der Feder ist es **Spannenergie,** bei der Batterie **elektrische Energie.** Gespannte Federn und Batterien liefern Energie. Ist das Auto in Bewegung, sagen wir: Es hat **Bewegungsenergie.** Was dies bedeutet, sehen wir besonders deutlich im → **V1a** mit der Luftkissenbahn. Einmal angestoßen, gleitet ein Schlitten mit konstanter Geschwindigkeit über die Bahn. Dann braucht man *keinerlei Kraft mehr,* um seine Bewegung zu erhalten, er gleitet ja *reibungsfrei.* Dem Schlitten wird durch den Anstoß mit der Hand Energie zugeführt, die er als Bewegungsenergie übernimmt und ohne Weiteres nicht wieder abgibt. Die konstante Geschwindigkeit sagt uns, dass die Bewegungsenergie sich nicht ändert.

Ist Energie etwa das Gleiche wie Kraft? Nein, der Versuch mit der Luftkissenbahn zeigt dies deutlich: Der Schlitten behält seine Bewegungsenergie, *obwohl* nach dem Anstoß keine Kraft mehr auf ihn wirkt. Auch auf deinem Fahrrad trittst du in die Pedalen und führst dir mittels der Kraft deiner Beine Bewegungsenergie zu. Hörst du auf zu treten, behältst du sie. Sie nimmt langsam ab, weil bei einem Fahrrad Reibungskräfte unvermeidlich sind.

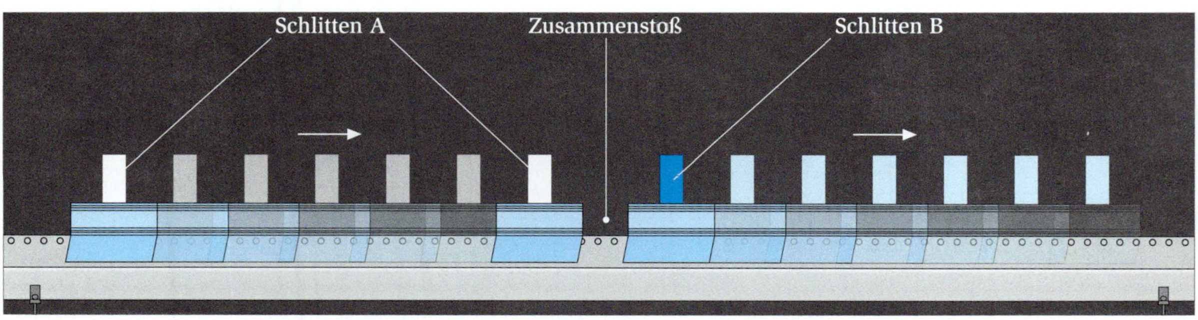

B4 Ein Luftstrom hebt die Schlitten von der Schiene. Nach kurzem Anschub gleiten sie reibungsfrei, die von Hand zugeführte Bewegungsenergie bleibt erhalten. Die konstanten Abstände im Stroboskopbild bestätigen dies.

In → V1a gibt der Schlitten A mit einem Stoß seine Bewegungsenergie an den Schlitten B weiter. Für kurze Zeit wirken zwei Kräfte. Schlitten A wird gestoppt, Schlitten B in Bewegung gesetzt. Am Ende der Fahrbahn übernimmt in → V1b eine Feder die Energie des Schlittens als Spannenergie und gibt sie wieder zurück. Ganz kurz ist der Schlitten B in Ruhe – ohne Bewegungsenergie. Die *Energie-Übertragungskette* in → B3 zeigt, wie es mit einer *zweiten Feder am Anfang der Bahn* weitergeht. Ohne Reibung kann man viele Wiederholungen beobachten.

2. Gehobene Körper haben Höhenenergie

Im → V2 setzt ein Wägestück über Faden und Rolle den Schlitten in Bewegung. Nur solange das Wägestück an Höhe verliert, wird der Schlitten schneller, seine Bewegungsenergie nimmt zu. Sie kann nur vom Wägestück stammen; es liefert so lange Energie, wie es an Höhe verliert. Wir sagen: Das Wägestück hat *Höhenlage-Energie,* kurz **Höhenenergie.** Die Höhenenergie eines Körpers nimmt ab, wenn er an Höhe verliert. Aber die Energie verschwindet dabei nicht. Im → V2 ist sie auf den Schlitten übertragen worden. Dazu war die Zugkraft des Fadens nötig. Wieder wird der Unterschied zwischen Kraft und Energie deutlich: Bei *konstanter* Kraft hat die Bewegungsenergie auf Kosten der Höhenenergie zugenommen.

Wo kam die Höhenenergie her? Jemand hob das Wägestück an und hängte es an den Faden. So gewann es an Höhe. Wer Energie hat (in den Muskeln), kann einem Körper nicht nur Bewegungsenergie, sondern auch Höhenenergie verschaffen.

3. Was kann mit Energie geschehen?

- *Energie kann übertragen werden:* Bei der Wippe im → B5 wurde Ulrike gerade auf den linken Sitz gehoben; er hat ihre Höhenenergie vergrößert. Jens, auf dem rechten Sitz unten, erfährt die gleiche Gewichtskraft wie Ulrike, hat aber weniger Höhenenergie. Er bekommt sie nach leichtem Abstoß: Während Jens an Höhe gewinnt, gibt Ulrike von ihrer Höhenenergie ab. Umgekehrt geht es weiter: Ulrike bekommt Höhenenergie, diesmal auf Kosten von Jens.
- *Energie kann die Form wandeln, ohne den Besitzer zu wechseln:* Der Skater in der Halfpipe hat beim Start nur Höhenenergie und im Tal nur Bewegungsenergie (→ B6). Unterwegs wächst seine Bewegungsenergie auf Kosten der Höhenenergie.

Merksatz

Energie gibt es in **verschiedenen Formen:** Bewegte Körper haben **Bewegungsenergie,** verformte elastische Körper haben **Spannenergie,** gehobene Körper **Höhenenergie.**
Energie kann von einem Körper auf einen anderen **übertragen** werden. Energie kann ihre **Form wandeln.**

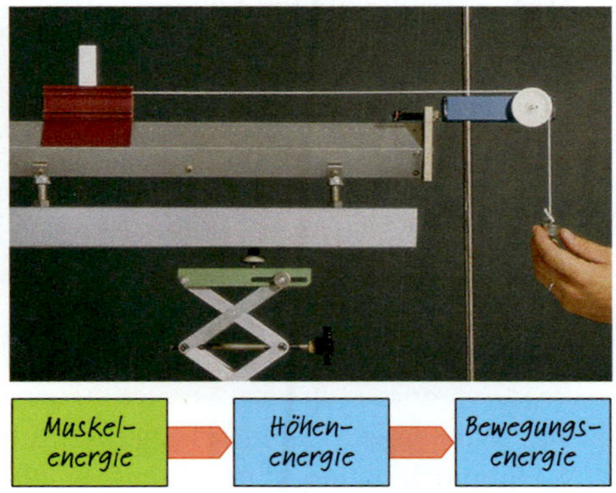

V2 Das Wägestück wird mit der Hand gehoben und an den Faden gehängt. Wenn es losgelassen wird, setzt sich der Schlitten in Bewegung. Wenn das Wägestück den Tisch erreicht, hört der Antrieb auf, der Schlitten fährt weiter.

B5 Die Wippe überträgt Höhenenergie, die mal dem einen Partner, mal dem anderen gehört. – Hin und her!

B6 In der Halfpipe bleibt die Energie bei einem Besitzer, mal als Höhenenergie, mal als Bewegungsenergie und unterwegs teils teils! Die zu wandelnde Energie wird bereitgestellt, wenn der Skater sich in die Höhe des Startplatzes begibt.

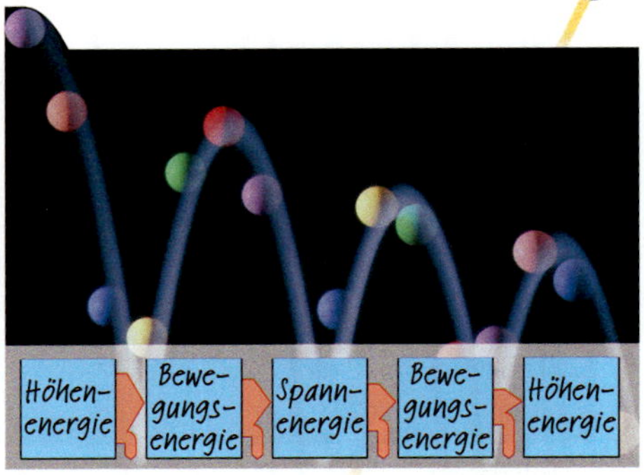

V1 Wir lassen eine elastische Kugel („Flummi") auf eine harte Unterlage fallen. Das Bild zeigt die Spur der Bewegung. Die Energie-Übertragungskette zeigt, wie aus Höhenenergie nacheinander Bewegungsenergie, Spannenergie (der verformten Kugel), Bewegungsenergie, Höhenenergie, ... wird. Die Höhe nimmt immer mehr ab, daher die dünne Abzweigung der Energie in die Umgebung.

V2 Die an einem langen Draht aufgehängte kiloschwere Kugel startet dicht an der Nasenspitze. Sie bewegt sich nach dem Loslassen nur sehr langsam. Die Reibung spielt also kaum eine Rolle. Irgendwann kehrt sie um. Wer traut sich stillzuhalten, wenn sie auf dem Rückweg näher kommt? Die Energiebetrachtung gibt Sicherheit: Auf dem Rückweg schafft es die Kugel genau bis zur Nasenspitze. Es sei denn, jemand hat ihr heimlich Energie zugeblasen.

Vertiefung

In der Mechanik betrachten wir Höhenenergie, Bewegungsenergie und Spannenergie. Außer diesen Formen kennen wir **chemische Energie,** die in Benzin, Dieselöl, Heizöl, in Pflanzen und in Kohle gespeichert ist. Seit Jahrmillionen wird **Sonnenenergie** von Pflanzen in chemische Energie umgewandelt. Auch haben heiße Körper mehr **innere Energie** als kalte.
Reibung ist in der Mechanik fast immer unvermeidlich. Dabei steigt die Temperatur der beteiligten Körper. Wir müssen also in der Mechanik auch immer die innere Energie in Rechnung stellen.

B1 Nervenkitzel mit Energieumwandlung

1. Energieerhaltung bei Energieumwandlung

Wenn die Wagen in → B1 im Freilauf bergab fahren, werden sie schneller. Ihre Bewegungsenergie nimmt zu, die Höhenenergie nimmt ab. Beides sorgt für den Nervenkitzel einer Achterbahn. In der Talsohle haben die Wagen größte Bewegungsenergie und kleinste Höhenenergie. Mit voller Fahrt geht es weiter, bergauf und ohne Hilfe; der Höhengewinn geschieht auf Kosten der Bewegungsenergie. Wenn die Bewegungsenergie „verbraucht" ist, muss der nächste Berg erklommen sein oder aber ein fremder Antrieb muss Energie zuführen.
Man kann Energie gut mit Geld vergleichen, mit verschiedenen Besitzern und verschiedenen Konten. Mancher Mensch hat mehrere Konten. Wenn er Geld nur zwischen den eigenen Konten überweist, wird er weder ärmer noch reicher (solange die Bank nichts abzweigt oder – als Zinsen – hinzutut), die Summe seiner Kontostände bleibt konstant.
Die in → V1 hüpfende Kugel hat drei Energiekonten: für Höhenenergie, für Bewegungsenergie und für Spannenergie (während sie beim Aufprall auf die harte Unterlage verformt wird). Immer wenn die Kugel am oberen Punkt ihrer Bahn umkehrt, sind die Konten für Bewegungsenergie und Spannenergie leer. Die **Gesamtenergie** der Kugel besteht nur noch aus Höhenenergie. Im Versuch fällt und steigt die Kugel viele Male. Nach jedem Durchlauf der Energie-Übertragungskette *Höhenenergie → Bewegungsenergie → Spannenergie → Bewegungsenergie → Höhenenergie* ist aber die maximale Höhe und damit die Gesamtenergie etwas kleiner geworden. Ob dies an der Luftreibung liegt?
Die Kugel von → V2 schwingt viele Male, ohne dass die Umkehrpunkte merklich an Höhe verlieren. Ihre Gesamtenergie nimmt nur ganz langsam ab. Im Idealfall, d. h. ohne Reibung, *bleibt die Gesamtenergie der schwingenden Kugel erhalten.*

Merksatz

Die **Gesamtenergie** eines Körpers kann auf verschiedene Energieformen verteilt sein. – Ohne Energieübertragung von oder zu anderen Körpern bleibt die Gesamtenergie des Körpers konstant.

2. Energieerhaltung bei Energieübertragung

Die Trampolinspringerin in → B2 hat im höchsten Punkt ihrer Bahn keine Bewegungsenergie, aber maximale Höhenenergie. Beim anschließenden Fall wird Höhenenergie zu Bewegungsenergie. Im tiefsten Punkt der Bahn gibt es wieder einen Augenblick ohne Bewegung. Die verlorene Höhenenergie steckt dann in den nun stärker gespannten Federn *des Trampolins*. Beim Entspannen geben sie *der Springerin* die Energie zurück. Oben hat sie dann wieder nur Höhenenergie.

Für die Gesamtenergie muss man mehrere Konten beobachten: Bewegungs- und Höhenenergie *der Springerin* und die Spannenergie in den Federn *des Trampolins*.

Die Trampolinspringerin würde von Mal zu Mal weniger Höhe erreichen, wenn sie sich nicht jedes Mal ein wenig abstoßen würde. Es liegt an der Reibung, dass sich ständig Energie in die Umgebung „verkrümelt" und durch die Springerin ersetzt werden muss. *Ohne Reibung* bliebe die Gesamtenergie, also die Summe aus Bewegungs-, Spann- und Höhenenergie immer konstant.

Merksatz

Sind bei Energieübertragung und -umwandlung *ohne* Reibung mehrere Körper beteiligt, so bleibt die Summe aus Bewegungs-, Spann- und Höhenenergie all dieser Körper erhalten.

3. Energieerhaltung auch bei Reibung

Der Schlitten in → V3 bleibt liegen, wo er zur Ruhe gekommen ist. Wo ist die Bewegungsenergie geblieben, mit der er sich auf dem Luftkissen noch ungebremst bewegt hat? Er bewegt sich nicht mehr, er hat keine Höhe gewonnen, und er wurde auch nicht verformt; es gibt auch keinen anderen Körper, der in Bewegung geraten, gehoben oder verformt worden wäre. Gilt auch hier die Energieerhaltung? Genauere Beobachtungen liefern einen Hinweis: Dort wo Schlitten und Fahrbahn ohne Luftkissen aneinander gerieben haben, ist die Temperatur der Materialien gestiegen – wie bei jeder Reibung.

In der Wärmelehre wirst du erfahren, dass mit der Temperatur eines Körpers seine **innere Energie** zunimmt. Die Bewegungsenergie des Schlittens ist nicht verloren gegangen; sie hat sich in das Innere der beteiligten Körper verkrochen. Anschließend fließt sie in die kältere Umgebung und erhöht deren Temperatur. Wenn Reibung im Spiel ist, gehört zur Energiebetrachtung ein Konto für die innere Energie.

Merksatz

Tritt Reibung auf, so gehört zur Energiesumme die innere Energie der beteiligten Körper und der Umgebung.

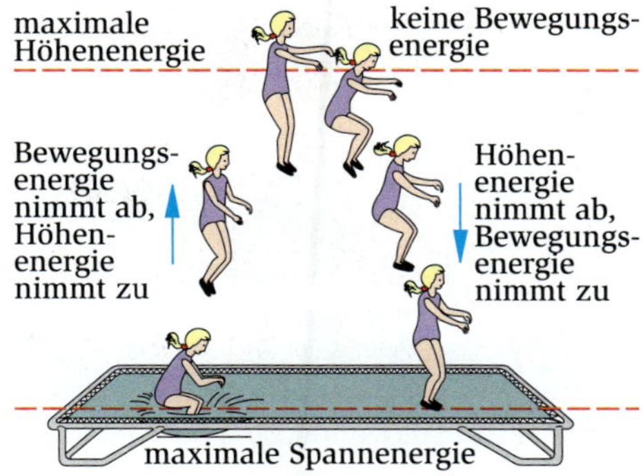

B2 Auch beim Trampolinspringen findet ständig Energieumwandlung statt. Neben Höhen- und Bewegungsenergie der Springerin ist aber auch Spannenergie des Trampolins im Spiel.

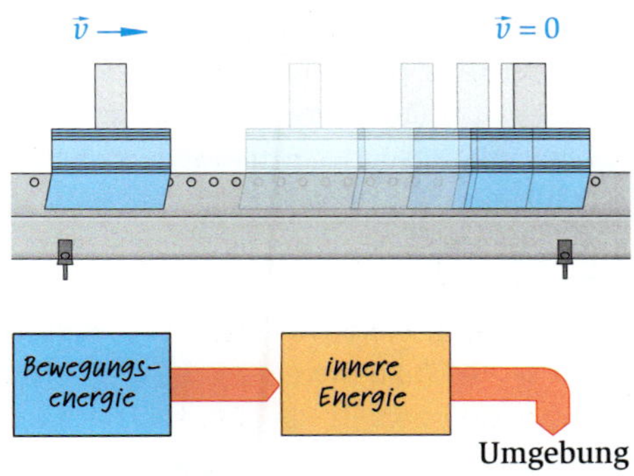

V3 Auf den letzten 20 cm der Luftkissenfahrbahn sind die Luftaustrittslöcher mit Klebestreifen verschlossen. Ohne das Luftpolster tritt eine Reibungskraft auf, die den Schlitten bremst. Seine Geschwindigkeit nimmt schnell ab.

Mach's selbst

A1 Mit einem Tennisschläger wird ein „scharfer" Ball geschlagen. Beschreibe die Energieumwandlungen und -übertragungen, die dabei stattfinden.

A2 Beschreibe die Energieübertragungen beim Stabhochsprung mit flexiblem Stab.

A3 Beschreibe die Energieerhaltung für einen „Flummi", den du so in die Höhe wirfst, dass er gerade eben bis zur Zimmerdecke kommt.

A4 Wenn du mit dem Fahrrad einen Berg hinunterrollst, kannst du erreichen, dass dabei die Geschwindigkeit gleich bleibt. Beschreibe den Vorgang und erkläre die Abnahme der Höhenenergie.

B1 Zwei Schwimmkräne beim Einbau der Bohrinselplattform „Schwedeneck-See“. Die Schwimmkräne haben die hunderte von Tonnen schwere Last (Gewichtskraft $\vec{G}$) um einige Meter angehoben.
Mit der nach oben gerichteten Hubkraft (Betrag $F_s = G$) haben die Kräne der Last längs des Weges s Energie zugeführt und ihr den Höhengewinn $h = s$ verschafft. Energie aus dem Energievorrat der Kräne ist so zu Höhenenergie der Last geworden. Beim Abtransport zur Baustelle ziehen die Schlepper die Schwimmkräne mit der gehobenen Last viele Seemeilen weit in horizontaler Richtung. Schleppkraft $\vec{F}_s$ und Schleppweg s haben jetzt nichts mehr mit $\vec{G}$ und h zu tun.

V1 Ein kleiner Stoß genügt, und schon liefert Körper A durch Höhenverlust Energie. Körper B bekommt sie. Er könnte sie später wieder abgeben.

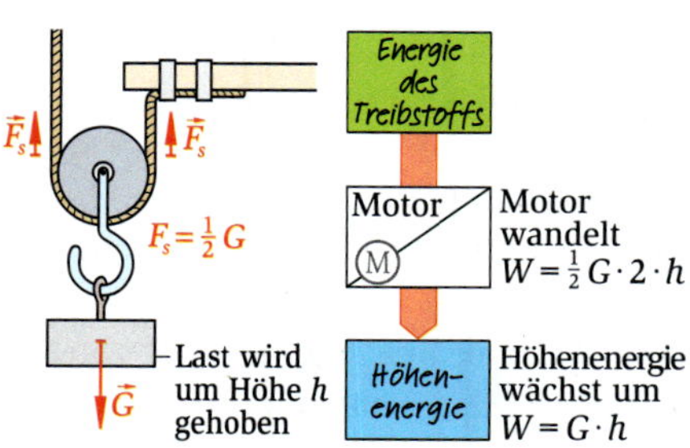

B2 Energieübertragung mit einer losen Rolle – ohne Reibung

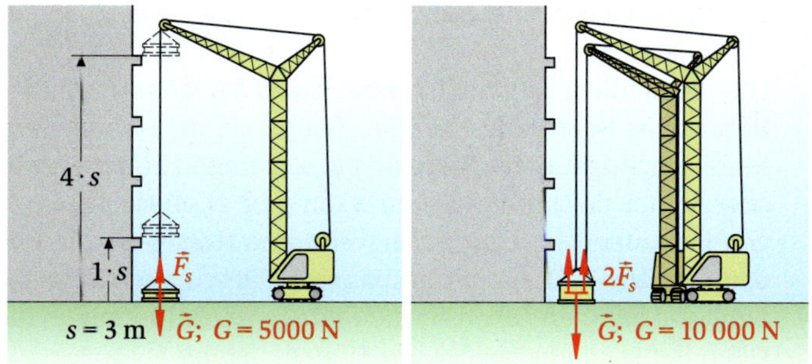

B3 Kräne übertragen Energie und vergrößern die Höhenenergie **a)** einzeln, **b)** gemeinsam.

1. Energieübertragung beim Heben

Die Schwimmkräne im → **B1** arbeiten mit Dieselmotoren. Als Treibstoff wird Öl zugeführt, also Energie in chemischer Form. Diese Energie wird beim Heben auf die Last übertragen. Die verbrauchte Ölmenge ist für uns ein Maß für die *beim Heben übertragene Energie* und damit auch für die *Zunahme der Höhenenergie der Last*. Wir suchen Gleichungen, um diese Energiemengen zu berechnen.

- → **B3a** hebt ein Kran allein eine Last in die erste Etage eines Hauses. Wir bezeichnen die dabei übertragene Energieportion mit W (von dem englischen Wort „work“: Arbeit).
- Hebt nun der Kran die gleiche Last bis in die vierte Etage, dann ändert sich nichts an der Kraft, mit der die Last gehoben wird. Aber: Der Kran verbraucht für den vierfachen Weg die *vierfache* Menge Öl. **Die übertragene Energie ist also proportional zum Weg s.**
- → **B3b** soll die *doppelte Last* in die erste Etage gehoben werden. Zwei Kräne sorgen gemeinsam für die *doppelte Hubkraft*, sie verbrauchen *zusammen* die *doppelte Menge* Öl. **Also ist die abgegebene Energie proportional zum Betrag F_s der längs des Weges s ausgeübten Kraft.** Es gilt $W \sim F_s$.
- Bei vierfachem Weg und doppelter Hubkraft wird viermal die doppelte, also die achtfache Energie geliefert: **Die Energie ist dem Produkt $F_s \cdot s$ *proportional:*** $W \sim F_s \cdot s$.

Statt das verbrauchte Öl abzumessen, verwenden wir künftig das Produkt $W = F_s \cdot s$ als Maß für die vom Kran gelieferte Energie.

Wir wissen jetzt, dass beim Heben einer Last die Energie $W = F_s \cdot s$ „unterwegs“ ist. Wenn bei einer Banküberweisung 100 Euro den Besitzer wechseln, dann wissen wir, wie sich die Kontostände ändern (wenn die Bank keine Gebühren „abzweigt“). Für die *Energiebuchhaltung* muss das Gleiche gelten: Wir erwarten, dass die vom Kran aufgewendete Energie voll und ganz als Höhenenergie bei der Last ankommt.

Die beim Heben wirkende Kraft $\vec{F}_s$ *und die Gewichtskraft* $\vec{G}$ der Last haben gleiche Beträge: $F_s = G$. Der Hubweg s ist gleich dem Höhengewinn h. *Die Höhenenergie der Last nimmt also beim Heben um* $W = G \cdot h$ *zu.*

In → V1 gibt einer der Körper von seiner Höhenenergie ab, er hebt dabei den anderen und verschafft ihm Höhenenergie. Der Höhengewinn des Körpers B ist gleich dem Höhenverlust des Körpers A. Deshalb nimmt beim absinkenden Körper die Höhenenergie um den gleichen Betrag $W = G \cdot h$ ab.

2. Kraft längs eines Weges bedeutet Energieübertragung

Wenn die Schwimmkräne in → B1 samt gehobener Last von Schleppern an einen anderen Ort geschleppt werden, wird wieder Öl verbraucht und Energie übertragen. Wegen der Reibung im Wasser müssen die Schlepper längs des ganzen Schleppweges s die Schleppkraft $\vec{F}_s$ aufbringen. *Die mithilfe einer Kraft* $\vec{F}_s$ *längs eines Weges s gelieferte Energie wird immer mit* $W = F_s \cdot s$ berechnet. Man nennt sie auch **Arbeit.**

Die Einheit der mit $W = F_s \cdot s$ gemessenen Energieportion erhält man aus der Einheit 1 N für die Kraft und 1 m für den Weg: 1 N · 1 m = 1 Nm. Für diese aus Newton und Meter *zusammengesetzte Einheit* ist **Joule (J)** ein anderer Name: 1 J = 1 Nm.

Merksatz

Die mithilfe einer Kraft vom Betrag F_s längs des Weges s übertragene Energie beträgt

$$W = F_s \cdot s. \qquad (1)$$

Dabei ist $\vec{F}_s$ die Kraft, die längs der Wegstrecke s wirkt.

Hebt man einen Körper mit der Gewichtskraft vom Betrag G um die Höhe h, so steigt dessen Höhenenergie um

$$W = G \cdot h. \qquad (2)$$

Beim Absenken um h verringert sich die Höhenenergie des Körpers um $W = G \cdot h$.

Einheit der Energie: 1 N · 1 m = 1 Nm = 1 J; 1 kJ = 1000 J.

3. Halbe Kraft aber doppelter Weg – gleiche Energie

Wir haben mit *Flaschenzügen* Kräfte vergrößert – etwa auch die Energie? Sind *Kraftverstärker* Energieerzeuger?

In → B2 hängt der Haken an einer **losen Rolle.** Ein Ende des Seils ist am Ausleger befestigt, das andere wird vom Kranmotor gezogen. Die Gewichtskraft $\vec{G}$ ist auf zwei Seilstücke verteilt. Zum Heben der Last reicht also $F_s = \frac{1}{2}G$. Beide Seilstücke müssen aber je um die Hubhöhe h kürzer werden; der Kranmotor wickelt die Seilstrecke $s = 2\,h$ auf.

$W = F_s \cdot s = \frac{1}{2}G \cdot 2h = G \cdot h$ ist die gelieferte Energie. Um diesen Wert wächst auch die Höhenenergie der Last. Die lose Rolle hat an der Energie nichts geändert.

Vertiefung

Energiebuchhaltung: Die Übertragung der Höhenenergie von einem Körper auf einen anderen → V1 gleicht der Überweisung eines Geldbetrages von einem Bankkonto auf ein anderes: Wird nichts abgezweigt, geht nichts verloren. Überweist dir deine großzügige Patentante zum Geburtstag 50 € auf dein Taschengeldkonto, dann weiß sie, dass der Kontostand auf deinem Konto um 50 € wachsen wird. Sie kennt aber nicht den Kontostand. Bei der Höhenenergie eines Körpers geht es uns wie der Patentante: Wir können nur die Zunahme und die Abnahme berechnen, nicht die Höhenenergie selbst. – Trotzdem reden wir oft von *der Höhenenergie.* Dies dürfen wir nur tun, wenn wir vorher eine Höhe festgelegt haben, wo der Kontostand null sein soll. Zum Beispiel in der Höhe des Experimentiertisches im Physikraum. *Alle* Körper, die dort liegen, haben dann die Höhenenergie null.

Zum Halten braucht man keine Energie

Die Kräne in → B3 können die angehobene Last tagelang halten. Die Hubvorrichtung ist an einer Sperrklinke eingerastet. Die Gewichtskraft der Last spannt das Seil. An der Höhenenergie ändert sich nichts. Hältst du, *ohne Bewegung,* mit der Hand eine Last in konstanter Höhe, so lieferst du ihr keine Energie. Trotzdem strengt es dich an, deine Kräfte lassen nach. Muskeln haben nämlich keine „Sperrklinke". In einem gespannten Muskel finden ständig Energieumwandlungen statt. Kontraktionswellen laufen hin und her. Der Mensch ermüdet. *Unser Körper verhält sich nicht wie eine Maschine.*

Mach's selbst

A1 Berechne die gelieferte Energie, wenn die Kräne in → B1 zusammen eine 600 t-Last 15 m hoch heben.

A2 Dein Herz pumpt jede Minute etwa 5 l Blut ($m \approx 5$ kg) durch deinen Körper. Es muss dabei so viel Energie liefern, als ob es das Blut 1 m hoch heben würde. Berechne die in einem Tag gelieferte Energie.

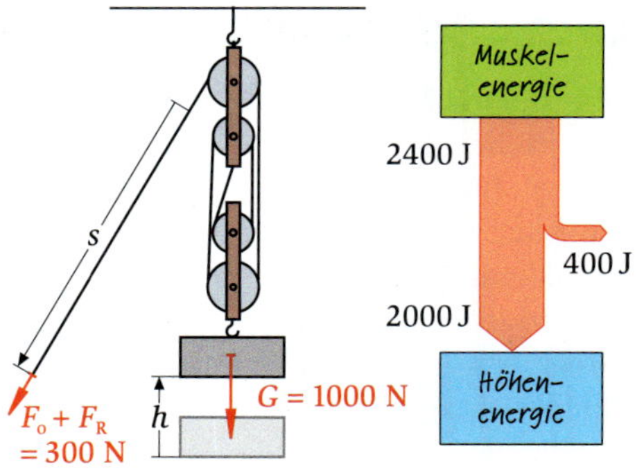

B1 Ein Teil der Energie wird durch Reibung entwertet. Zu viel Reibung macht den Flaschenzug nutzlos.

B2 Die Notfallspur ist die letzte Chance, nach der Gefällstrecke vor der Brücke zum Stehen zu kommen.

V1 Wenn man gelernt hat, sich an der glatten Kletterstange Stück um Stück hoch zu arbeiten, kann man es auch genießen herunterzurutschen. Erst gewinnt man Höhe und bekommt Höhenenergie, dann verliert man Höhe und gibt die Energie wieder ab. Zwischen Händen, Füßen und Kletterstange geschieht alles zugleich: Energieübertragung, Energiewandlung und Energieentwertung. Wer nicht aufpasst, verbrennt sich.

V2 Mit der Videokamera wird ein vertrauter Vorgang aufgezeichnet. Man wird sehen, wie Steffi nach dem Loslassen langsam „ausschaukelt". Ohne Energiezufuhr geht es nicht mehr weiter. Es sei denn, man lässt den Videofilm rückwarts laufen.

1. Bei Reibung wird Energie abgezweigt

Eine Kiste mit 100 kg Masse (G = 1000 N) soll um h = 2 m gehoben werden. Wir berechnen die beim Heben zu liefernde Energie: $W = G \cdot h$ = 1000 N · 2 m = 2000 J.

Die Hubkraft 1000 N ist etwas für Gewichtheber; weniger kräftige Leute nehmen wie im **→ B1** einen Flaschenzug zu Hilfe. Bei zwei losen Rollen und vier tragenden Seilstücken würde man ohne Reibung am Seilende nur F_o = 1000 N/4 = 250 N benötigen. Für eine Hubhöhe von h = 2 m hat man 4 Seilstücke um je 2 m zu verkürzen. Man muss also längs des Weges 4 · 2 m ziehen.

- *Ohne Reibung* werden am Seil 250 N · 8 m = 2000 Nm = 2000 J übertragen, die Höhenenergie wächst um 2000 J.
- *Mit Reibung* ist der Weg der Gleiche: s = 8 m. Als Kraft ist jetzt aber $F_s = F_o + F_R$ = 300 N aufzubringen **→ B1**.
  Dabei führt man dem Flaschenzug die Energie
  $W = F_s \cdot s$ = 300 N · 8 m = 2400 J zu. Die Höhenenergie der Kiste wird aber nur um 2000 J vergrößert.

Durch Reibung wird also die Energie $W_R = F_R \cdot s$ = 50 N · 8 m = 400 J abgezweigt. Sie fehlt auf dem Höhenenergie-Konto, weil sie als Wärme in die Umgebung geht. Kraftverstärkung mit losen Rollen ist ohne Verluste bei der Energieübertragung nicht zu haben.

2. Mit Reibung wird man Energie los

In **→ V1** klettert Lena an einer Kletterstange nach oben. Sie muss dazu längs des Weges von unten nach oben eine Kraft entsprechend ihrer Gewichtskraft aufwenden. Runter geht es einfacher: Lena lässt beim Hinunterrutschen ihre Höhenenergie zu Bewegungsenergie werden und regelt die Geschwindigkeit mit der Reibungskraft zwischen Händen, Füßen und Kletterstange. Lena spürt, dass die Temperatur der reibenden Flächen steigt. Dort wird Energie umgewandelt. Kommt Lena unten an, ist sie ihre Höhenenergie los und in der Umgebung ist die Temperatur etwas gestiegen.

Bergab kontrolliert man die Geschwindigkeit eines Fahrzeugs mit der Bremse. Was auf dem Konto der Höhenenergie verschwindet, darf nicht auf dem Konto der Bewegungsenergie landen, sondern soll innere Energie der Umgebung werden. Die richtige Energieumwandlung schafft so Verkehrssicherheit! – Manchmal sieht man an Gefällstrecken Notausfahrten für Lkw → B2. Wenn die Bremsen versagen, kann der Fahrer sein Fahrzeug in einem Kiesbett zum Stehen bringen. Hier ist die Rollreibungskraft der Räder größer als auf der normalen Fahrbahn, der Anhalteweg entsprechend kürzer.

3. Reibung bedeutet Energieentwertung

Bei der Schaukel in → V2 wird die Energie-Übertragungskette Höhenenergie → Bewegungsenergie → Höhenenergie → Bewegungsenergie → usw. viele Male durchlaufen. Die maximale Höhe nimmt dabei stetig ab, weil wegen der Reibung Energie in innere Energie der beteiligten Körper und der Umgebung gewandelt wird. Bei allen Vorgängen in der Mechanik landet die für den Antrieb aufgewendete Energie spätestens beim Anhalten als innere Energie in der Umgebung. Leider kann man den dort entstehenden Energievorrat nicht einfach anzapfen. Oder kannst du dir vorstellen, dass die Schaukel sich von alleine in Bewegung setzt, sie Steffi von Mal zu Mal höher hinaus trägt und die Umgebung der Schaukel dabei kälter wird? An dem rückwärts vorgeführten Video zu → V2 erkennt jeder, wie naturwidrig solch ein Gedanke ist. Die *Energieübertragung bei Vorgängen mit Reibung ist nicht umkehrbar,* die **Energie wird entwertet.** Innere Energie der Umgebung ist weniger wertvoll als Höhen- oder Bewegungsenergie.

Mit den wertvollen mechanischen und chemischen Energieformen kann man mehr anfangen als mit der in der Luft und im Wasser der Weltmeere gespeicherten inneren Energie. Die dort gespeicherten Energievorräte nützen uns nichts, weil sie sich nicht *von selbst* in wertvollere Formen umwandeln. So entsteht unser **Energieproblem.** Wenn wir Energie „verbrauchen", so vernichten wir sie nicht, wir übertragen sie in weniger wertvolle Formen. Wir lassen Vorgänge ablaufen, die man nicht zurückspulen kann. **Energiekrise** bedeutet einen drohenden Mangel an wertvoller Energie, **Energiesparen** ist der sorgfältige Umgang mit wertvoller Energie. Im Alltag spielt *elektrische Energie* eine wichtige Rolle, weil sie sehr leicht in andere Energieformen umgewandelt werden kann.

Merksatz

Mechanische, chemische und elektrische Energie ist wertvoll, weil sie leicht in andere Energieformen umgewandelt werden kann. In der Mechanik ist Reibung bei Umwandlung und Übertragung von Energie unvermeidlich, immer fließt ein Teil der Energie in die Umgebung. Diese Energie ist für nützliche Anwendungen verloren, sie ist entwertet, aber nicht verschwunden.

Vertiefung

Wie sich die Energie verkrümelt

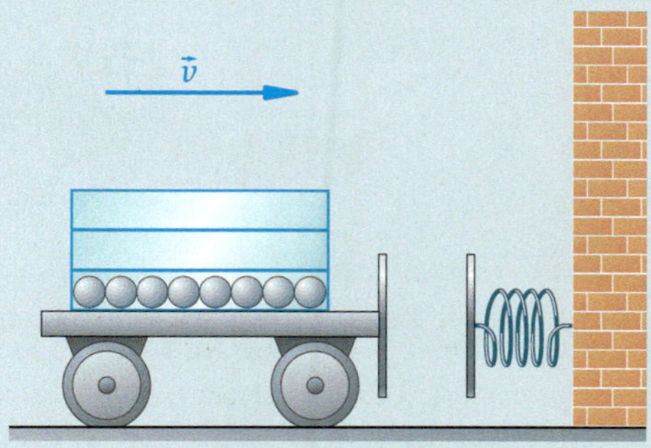

Auf einem leichten Wagen sind drei durchsichtige Schalen übereinander befestigt. Die zwei obersten sind leer, die unterste ganz mit Kugeln gefüllt, sodass diese sich nicht bewegen können. Stößt man den Wagen auf einer ebenen Unterlage an, ist er nach der Reflexion an der Wand mit Feder genau so schnell wie vorher. Seine Bewegungsenergie hat sich nicht verändert.
Verteilt man dagegen die Kugeln gleichmäßig auf die drei Schalen und stößt den Wagen wieder an, ist er nach der Reflexion viel langsamer als vorher. Wir sagen, seine Bewegungsenergie hat abgenommen. Dafür schwirren die Kugeln im Innern, in den Schalen, regellos herum, haben also einen Teil der Energie des Wagens übernommen. Du wirst bald lernen, dass alle Körper aus kleinsten unsichtbaren Teilchen aufgebaut sind, die auch in festen Körpern Zitterbewegungen ausführen können. Tritt Reibung auf, wird diese Zitterbewegung stärker und die Teilchen erhalten mehr Energie. Die **innere Energie** der Körper wird größer.

Mach's selbst

A1 Beim Flaschenzug in → B1 betrage die Reibungskraft 750 N. Zeichne die Energie-Übertragungskette.

A2 Beschreibe für einen hüpfenden Flummi die Energieumwandlungen und -übertragungen ohne und mit Reibung. Erkennt man, ob eine Video-Aufzeichnung für diesen Vorgang rückwärts vorgeführt wird?

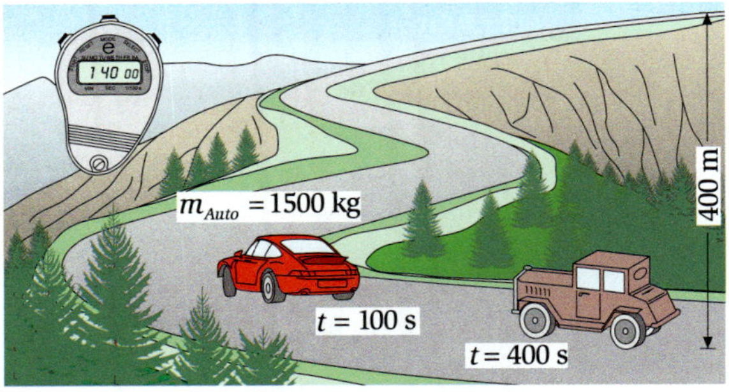

B1 Gleicher Energiezuwachs – verschiedene Zeiten

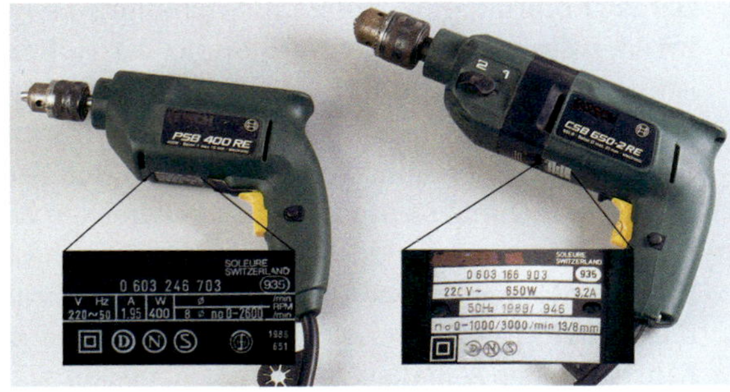

B2 Leistungsangaben: Wie viel Joule je Sekunde?

Taschenrechner	0,02 W
Fahrraddynamo	3 W
Haushaltsglühlampe	25–100 W
Mensch (dauernd)	80 W
kleiner Tauchsieder	300 W
Heizung einer Wohnung	20 kW
mittlerer Automotor	50 kW
Diesellokomotive	3 MW
ICE	8 MW
Dampfturbine	1000 MW

T1 Leistungen verschiedener Größenordnung; 1 MW (Megawatt) = 10^6 W. Für eine Glühlampe z. B. bedeutet 60 W: Sie nimmt je Sekunde 60 J elektrische Energie auf und gibt sie als Licht und Wärme (leider, zum größeren Teil) wieder ab.

Interessantes

Die Leistung von Automotoren wurde früher in PS („Pferdestärke") statt in kW angegeben. 1 PS war an der Leistung eines Pferdes orientiert („Hafermotor"); es gilt 1 PS ≈ 0,75 kW = 750 W.

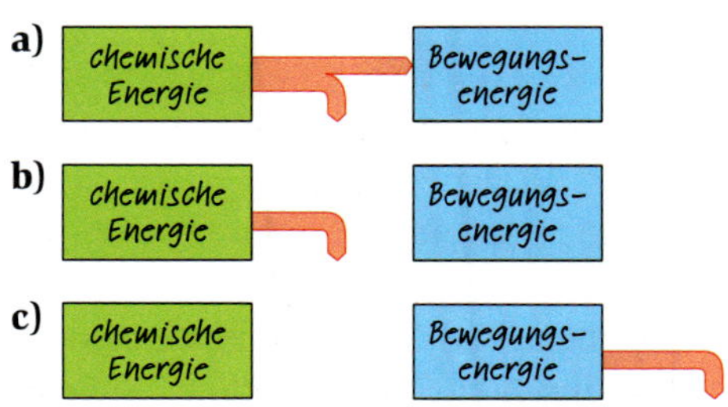

B3 Energieflussdiagramme für die Autofahrt. Gebogene Pfeile bedeuten Energieübertragung in die Umgebung: **a)** in der Beschleunigungsphase, **b)** bei freier Fahrt mit konstanter Geschwindigkeit, **c)** am Ende der Fahrt.

1. Wie schnell wird Energie übertragen?

Ein Sportauto und ein Oldtimer mit gleicher Masse 1500 kg fahren die gleiche Bergstrecke und gewinnen beide 400 m Höhe → **B1**. Oben angekommen sagt der Fahrer des Oldtimers: „Unsere Autos haben beide die Höhenenergie 15 000 N · 400 m = 6000 kJ bekommen. Die Motoren der Autos sind gleich stark!"

Darf man so folgern? Sicher nicht, denn es kommt auch darauf an, wie lange die beiden Wagen für ihre Bergfahrt brauchen. Das sportliche Auto schafft es in 100 s, das „Schnauferl" ist dagegen erst nach 400 s oben. Will man die beiden Motoren vergleichen, so fragt man besser nach der Energie, die sie jeweils in der gleichen Zeit liefern.
Vergleichen kann man erst, wenn man vorher die umgesetzte Energie durch die dafür benötigte Zeit geteilt hat. Man hat dann die *Schnelligkeit der Energieübertragung* berechnet. Diesen Quotienten W/t aus übertragener Energie und dafür benötigter Zeit nennt man **Leistung *P*.**

Merksatz

Der Quotient aus der übertragenen Energie W und der dazu benötigten Zeit t ist die **Leistung** $P = W/t$.
Die Einheit der Leistung ist 1 J/s = 1 W (Watt);
1000 W = 1 kW (Kilowatt).

Die Leistung des Sportwagens im obigen Beispiel ist
$P = W/t$ = 6 000 000 J/100 s = 60 000 J/s = 60 000 W (Watt) = 60 kW (Kilowatt),
die des Oldtimers P = 15 000 J/s = 15 kW.

2. Leistung mal Zeit ist übertragene Energie

Oft kennt man die Leistung eines elektrischen Gerätes → **B2** und möchte die Energie berechnen, die in einer bestimmten Zeit geliefert wird. Multipliziert man beide Seiten von $P = W/t$ mit t, so erhält man $W = P \cdot t$. Beträgt die Leistung z. B. 80 W und wird das Gerät 10 s lang betrieben, so ist die umgesetzte Energie $W = P \cdot t$ = 80 W · 10 s = 800 Ws. = 800 J

Die in der Rechnung auftretende Einheit Ws (Wattsekunde) wird häufig statt der Einheit Joule benutzt:
$1\,\text{Ws} = 1\,\text{W} \cdot 1\,\text{s} = 1\,(\text{J/s}) \cdot 1\,\text{s} = 1\,\text{J}$.
In der Praxis misst man die Energie auch in Kilowattstunden:
$1\,\text{kWh} = 1000\,\text{W} \cdot 3600\,\text{s} = 3\,600\,000\,\text{J}$.

Merksatz

Wattsekunde (Ws) und Kilowattstunde (kWh) sind praktische Einheiten für die Energie.
Es gilt: 1 Ws = 1 J und 1 kWh = 3 600 000 J.

Für eine Kilowattstunde elektrischer Energie bezahlt man etwa 0,15 € und bekommt dafür 1 Stunde lang in jeder Sekunde 1000 J „aus der Steckdose". Mit der Dauerleistung 100 W (Fahrrad fahren) hättest du 10 Stunden zu tun, ehe für 0,15 € Energie übertragen wäre! Die bequem und in großen Mengen verfügbare elektrische Energie verführt dazu, Energie verschwenderisch zu entwerten. Viele sagen deshalb, Energie sei zu billig.

3. Kilowatt auch beim Auto

Die Energie, die der Motor eines Autos umsetzt, hängt von der Menge des verbrauchten Benzins ab. Beim Fahren braucht man viel Leistung, gibt also viel Gas bei großer Geschwindigkeit und wenn man die Bewegungsenergie vergrößern will. Man nimmt Gas weg, wenn die gewünschte Reisegeschwindigkeit erreicht ist, wenn man nicht weiter beschleunigen will. Der Motor liefert dann nur noch die Energie, die durch Reibung an der Luft, in den Lagern und den Reifen in innere Energie gewandelt wird. Von dort geht sie von alleine – entwertet – in die kältere Umgebung → B3.

Bei einem Auto mit 50 kW nimmt man auf der Autobahn etwa 25 kW als Dauerleistung in Anspruch. Der Motor setzt damit Sekunde für Sekunde die Energie 25 000 J um, in einer Stunde $W = P \cdot t = 25\,000\,\text{W} \cdot 3600\,\text{s} = 90\,\text{MJ}$. Das Auto fährt dabei mit 6 l Benzin 100 km weit. 6 l Benzin liefern bei der Verbrennung aber die Energie 250 MJ. Wir sehen: Etwa zwei Drittel der mit dem Benzin gekauften Energie werden schon im Motor entwertet; sie erhöhen die Temperatur des Kühlwassers und schließlich die der Umgebung.
Die Umsetzung von Energie gelingt auch bei allen anderen Energiewandlern nie zu 100 %. Der **Wirkungsgrad η** gibt an, wie gut ein Wandler funktioniert. Er ist der Quotient aus **Nutzleistung** und **Eingangsleistung** der Maschine:

$$\eta = \frac{P_{\text{Nutz}}}{P_{\text{Ein}}}.$$

Der Wirkungsgrad η ist immer kleiner als 1. Er wird oft in Prozent angegeben, z. B.:

Benzinmotor:	$\eta = 0{,}35$ (oder 35 %)
Elektromotor:	$\eta = 0{,}95$ (oder 95 %)
Glühlampe (Lichterzeugung):	$\eta = 0{,}05$ (oder 5 %)

Vertiefung

Beim Bergwandern ist ein Höhengewinn von 300 m stündlich „eine gute Leistung". Rechnet man mit 750 N (m = 75 kg) für die Gewichtskraft, so erhält man

$$P = 750\,\text{N} \cdot 300\,\text{m}/3600\,\text{s} = 750/12\,\text{Nm/s} \approx 62\,\text{W}.$$

Nur gut trainierte Leute halten dies stundenlang durch.

Beim Rad fahren kann mit dieser Tretkurbel die momentane Leistung bestimmt werden: Während der Fahrt werden die vom Sportler an den Pedalen ausgeübten Kräfte und deren Geschwindigkeit gemessen: Ein Computer berechnet mit

$$F \cdot v = F \cdot s/t = Fs \cdot s/t = W/t = P$$

die momentan aufgebrachte Leistung. Für einen trainierten Sportler hat man so eine Dauerleistung von 375 W bei einer (Fahr-)Geschwindigkeit von 45 km/h bestimmt. Die Herzfrequenz lag bei 165 Schlägen in der Minute.
Mit der **Gangschaltung** stellt der Rennfahrer F und v am Pedal so ein, dass er bei wechselnden Fahrgeschwindigkeiten maximale Leistung abgeben kann.

Mach's selbst

A1 Bestimme die Leistung, wenn stündlich 3,6 Mio. J (= 1 kWh) übertragen werden.

A2 Ein Löschfahrzeug kann pro Minute 1600 l Wasser ca. 75 m hoch pumpen. Berechne die Leistung der Pumpe.

A3 Eine Solaranlage mit 1 kW Spitzenleistung liefert pro Jahr W = 850 kWh. Jemand rechnet nach: $P = W/t$. Nimm dazu Stellung.

A4 In einem Mikrowellengerät mit der Leistung 700 W wird ein Tellergericht in 1,5 min erhitzt. Berechne die übertragene Energie in kWh und in Joule.

Was unterscheidet die Energie vom Impuls?

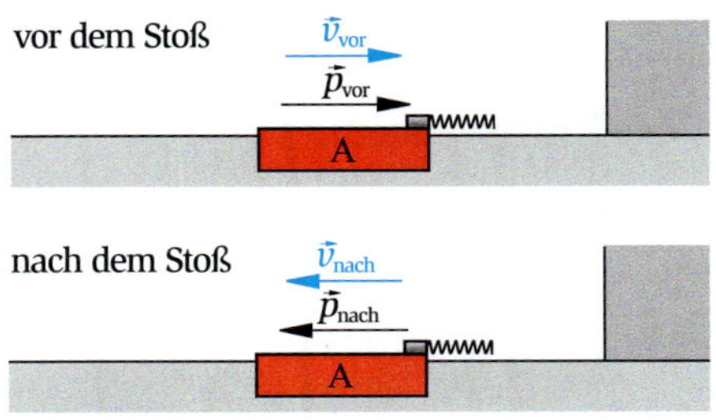

B1 Nach dem Stoß ist der Impulspfeil $\vec{p}$ des Schlittens um 180° gedreht. Die Bewegungsenergie ist unverändert.

B3 Der Energie kann man keine Richtung, keinen Vektorpfeil zuschreiben. Die Impulspfeile $\vec{p}_1$ und $\vec{p}_2$ der beiden Autos sind aber entgegengesetzt gerichtet.

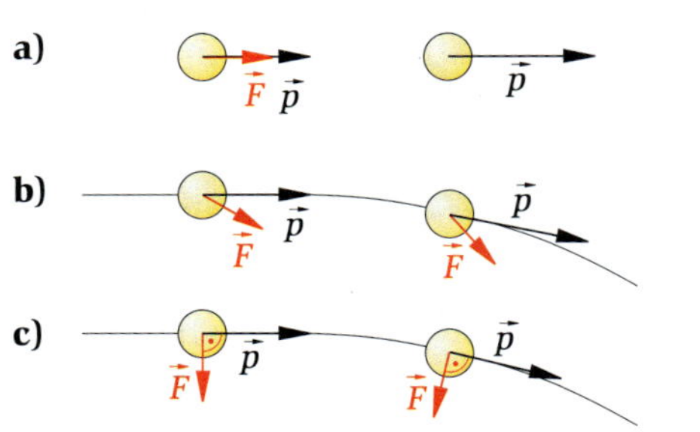

B2 **a)** Die Kraft $\vec{F}$ in Bewegungsrichtung macht den Ball schneller, erhöht seine Bewegungsenergie; der Impulspfeil $\vec{p}$ wird länger, behält aber die Richtung.
b) $\vec{F}$ steht schräg zum Impulspfeil $\vec{p}$ und ändert dessen Richtung und Länge, auch die Energie.
c) $\vec{F}$ steht stets senkrecht zu $\vec{p}$. Energie und Betrag von $\vec{p}$ bleiben gleich, nicht aber die Richtung von $\vec{p}$.

Vertiefung

Energie und Impuls auf getrennten Wegen

Beim Bremsen verliert ein Auto seine Bewegungsenergie. Sie ist aber nicht verschwunden, sondern verkrümelt sich vollständig als innere Energie in den reibenden Flächen und erhöht deren Temperatur.

Das bremsende Auto verliert auch seinen Impuls $\vec{p}$. Ihn erhält die Fahrbahn, also die Erde. Sie erfährt ja die Kraft $\vec{F}$ der bremsenden Reifen in Fahrtrichtung. Der Impuls des Autos verteilt sich über die ganze Erde. Diese wird aber wegen ihrer riesigen Masse nur unmerklich schneller. Anders als die Energie verkrümelt sich der Impuls nicht in den Reibflächen.

1. Energie ist ein Skalar, Impuls ist ein Vektor

Wird Energie aus Benzin in Bewegungsenergie gewandelt, so kommt es nicht darauf an, ob das Auto nach rechts oder links fährt. Gleich schnell – gleich teuer → **B3**. Der Energie schreibt man keine Richtung zu. Energie ist eine *skalare* Größe – wie Geld. Dagegen zeigen die Impulspfeile in Richtung der jeweiligen Geschwindigkeit $\vec{v}$.

In → **B1** stößt der nach rechts gleitende Schlitten mit seiner Feder auf den Klotz und prallt gleich schnell zurück. Der Impulspfeil $\vec{p}$ kehrt seine Richtung um, behält aber seine Länge. Auch die Bewegungsenergie bleibt.

Merksatz

Bei der **Vektorgröße** Impuls $\vec{p}$ muss man die Richtung beachten. Energie ist dagegen eine **skalare,** ungerichtete Größe.

2. Welche Rolle spielen Kräfte?

In → **B2a** zeigt die Kraft $\vec{F}$ *genau in* Bewegungsrichtung. Der Ball wird schneller, er gewinnt Impuls und Bewegungsenergie; der Impulspfeil $\vec{p}$ wird länger, behält aber seine Richtung.
In → **B2b** steht die Kraft $\vec{F}$ *schräg* zur Bewegungsrichtung. Sie macht den Ball nicht nur schneller und erhöht seine Bewegungsenergie. Hier ändert der Impulspfeil $\vec{p}$ Länge und Richtung. Die schräg zu $\vec{p}$ stehende Kraft $\vec{F}$ zwingt den Ball in die Kurve.
In → **B2c** steht die Kraft $\vec{F}$ stets *senkrecht* (quer) zur Bewegungsrichtung. Als reine Querkraft macht sie den Ball weder schneller noch langsamer. Sie ändert die Bewegungsenergie nicht. In dieser Kurve ändert der Impulspfeil $\vec{p}$ nur die Richtung, nicht die Länge. Wir sehen also:

Merksatz

Kräfte ändern immer den Impulsvektor $\vec{p}$ von Körpern.
Kräfte ändern aber nicht immer die Energie.

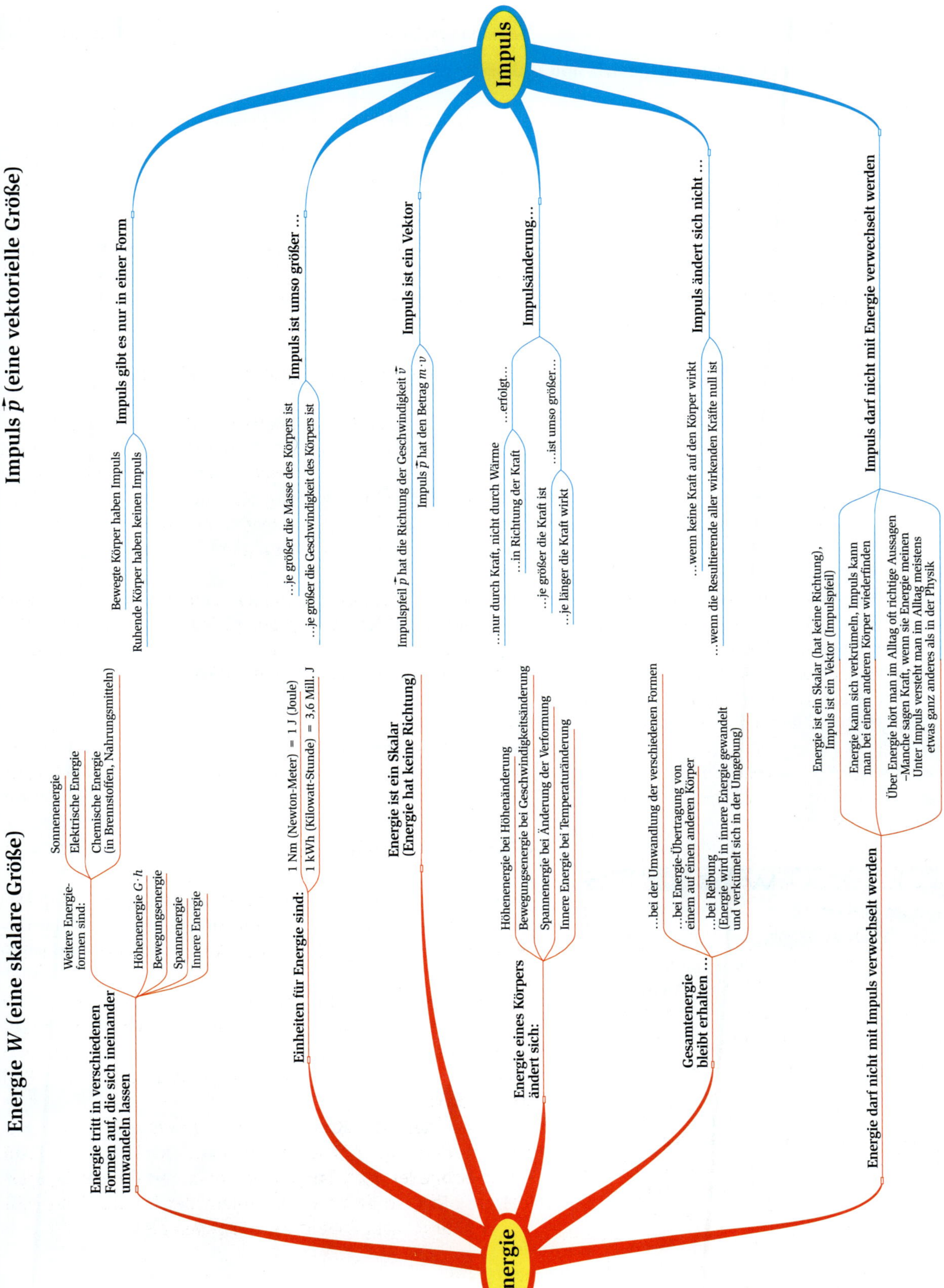

B4 Mindmap zu Energie und Impuls

Energie und ihre Wege in Umwelt, Medizin und Technik

A. Energiespeicher in der Erde

Die großen Energievorräte Öl, Gas und Kohle unserer Erde bildeten sich vor langer Zeit in vielen Millionen Jahren. Pflanzen und Lebewesen speicherten die für ihr Wachstum unentbehrliche Sonnenenergie und konservierten sie teilweise in den für uns heute so wertvollen fossilen Energieträgern. Davon verbrauchen wir Menschen jeden Tag so viel, wie damals im Laufe von einigen 1000 Jahren entstand. Wir nutzen sie zum Heizen der Häuser, als Benzin für die Fahrt im Auto oder zur Erzeugung von Elektrizität.

B. Speicher für Höhenenergie

Schnee und Regen erneuern Gletscher und füllen Stauseen. In ihnen schlummert Höhenenergie des Wassers. In Flüssen nimmt diese dagegen auf dem Weg zum Meer ständig ab und wird durch Reibung im Flussbett weitgehend aufgezehrt. So schufen die gewaltigen Wassermassen des Colorado das Naturwunder des Grand Canyon. Das strömende Wasser zusammen mit Geröll schnitt sich tief in die Gesteinsschichten → B1.

B1 Höhenenergie des Colorado hinterlässt tiefe Spuren.

Wasserkraftwerke wandeln die Höhenenergie in wertvolle elektrische Energie, die durch Stromleitungen in unsere Wohnung gelangt. Das auf die Turbinenschaufeln eines Kraftwerks hinabstürzende Wasser gewinnt auf Kosten der Höhenenergie zunächst Bewegungsenergie. Diese wird ihm fast vollständig von den Turbinen entzogen und an die Generatoren zur Erzeugung elektrischer Energie übertragen.
Um Schwankungen im Energiebedarf oder den Ausfall eines Kraftwerks kurzzeitig auszugleichen, geht man auch den umgekehrten Weg. Norddeutschlands größtes Pumpspeicherwerk in Geesthacht speichert Höhenenergie, indem es Wasser aus der Elbe etwa 85 m hoch in ein 3,3 Millionen m³ Wasser fassendes Wasserbecken pumpt. Dazu werden auch Wind- und Sonnenenergie eingesetzt → B2. Die gespeicherte Höhenenergie steht jederzeit zur Umwandlung in elektrische Energie bereit. Bei Bedarf lässt man es 85 m tief auf die Turbinen des Elektrizitätswerks am Elbufer fallen. Europas größtes Pumpspeicherwerk ging 2004 bei Goldisthal in Thüringen in Betrieb.

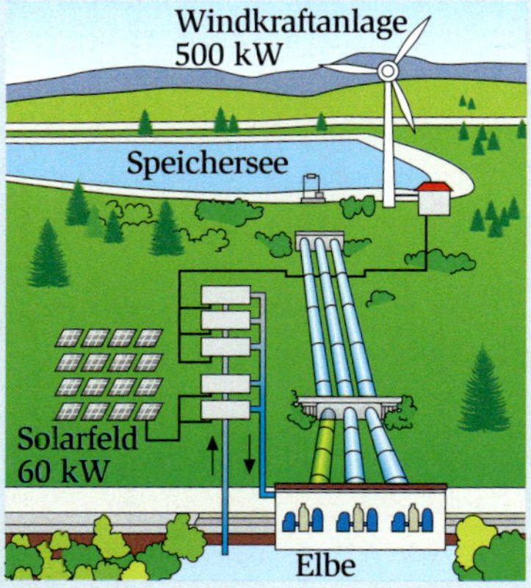

B2 Pumpspeicherwerk Geesthacht; auch Sonnenlicht und Wind verhelfen Wasser zur Höhenenergie.

C. Speicher für Bewegungsenergie

Ein Kernfusions-Experiment in Garching (München) benötigt für die Dauer von zehn Sekunden die Energie 140 MJ. So viel Energie kann man dem Stromnetz in der kurzen Zeit nicht entnehmen. Deshalb wird Energie in einem Schwungrad nach und nach „angesammelt" → B3. Ein Motor versetzt es dazu im Laufe von 25 Minuten zunehmend in Rotation bis in ihm 140 MJ als Bewegungsenergie (hier als Rotationsenergie) gespeichert sind. Dann wird der Motor als Generator geschaltet und die im Schwungrad gespeicherte Energie in nur zehn Sekunden wieder in die benötigte elektrische Energie umgewandelt.

B3 Schwungrad-Generator als Energiespeicher

D. Schall und Licht – Energie mit Information

Vom Fernseher gelangt Licht von Millionen farbig leuchtenden Bildpunkten in unser Auge. Wir sehen eine Sängerin und hören zugleich aus dem Lautsprecher ihre Stimme.

An die Rolle der Energie als Transportmittel für Information denkt man dabei natürlich nicht. Getragen von Energie gelangen „Bild und Ton“ vom Sender (dem Bildschirm oder Lautsprecher) zum Empfänger (dem Auge oder Ohr). Wer blind oder gehörlos ist, kann diese geringen Energiemengen selbst nicht bemerken. Doch Augen und Ohren sind für Licht und Schall hoch empfindliche Sensoren. Sehr laute Diskomusik kann sogar ein Gehörloser warnehmen, wenn diese z. B. seinen Magen in Schwingung versetzt. Ebenso spürt ein Blinder das Licht der Sonne auf seiner Haut. Hier wird viel Energie transportiert.

E. Schall und Licht kodiert

Einen Ton kannst du mit den Begriffen Frequenz und Amplitude beschreiben; das Licht bis jetzt nur durch seine Farbe und Helligkeit. So wie bei Musik Töne unterschiedlicher Höhe und Lautstärke das Ohr erreichen, gelangt von einem bunten Bild Licht verschiedener Farben und Helligkeit in unser Auge.

Man kann Schall und Licht auch digital durch Ein- und Ausschalten kodieren. Mit dem von Samuel MORSE geschaffenen Morsealphabet wurden so im Jahre 1837 die ersten Texte übertragen.

F. Schall- und Lichtenergie gezielt gelenkt

Mit einem Spiegel lässt sich das auftreffende Licht in eine gewünschte Richtung lenken. In → B4a konzentriert ein Hohlspiegel das einfallende Licht auf dieselbe Stelle. Dort kann die gebündelte Lichtenergie sogar Stahl zum Schmelzen bringen.

Die Reflexion von Schall hast du sicher schon als Echo erlebt. Eine Satellitenschüssel sammelt die vom Satelliten eintreffenden Wellen in einen Punkt, zweckentfremdet aber auch Schall irdischer Quellen. Mit ihr kann man Tiergeräusche aus großer Entfernung noch gut hören → B4b.

Die Wände von Theater- oder Konzertbühnen sind nach Möglichkeit so geformt, dass sie den Schall gut ins Publikum reflektieren. Mit den zu einem Trichter geformten Händen am Mund versucht man Schall eine bevorzugte Richtung zu geben, ähnlich wie der Reflektor der Taschenlampe beim Licht.

G. Schall- und Lichtleiter

Kinder benutzen gerne leere Wasserschläuche als Rohrtelefone → B5a. Auf manchen Schiffen ruft der Kapitän noch heute durch ein (nur mit Luft gefülltes Rohr) seine Befehle in den Maschinenraum.

Die in einem Schlauch eingeschlossene Luft leitet den Schall besonders gut vom einen Ende zum anderen. Die Schallenergie kann nicht entweichen. Im Freien verteilt sich Schall in einem großen Raumbereich, nur wenig erreicht das Ohr.

Lichtleiter bestehen aus dünnen biegsamen Kunststoff- oder Glasfasern → B5b. Das an einem Ende der Faser eingestrahlte Licht wird in ihm nahezu verlustfrei viele Kilometer weit transportiert. Die Datenströme des Internet gelangen an vielen Schulen bereits durch Glasfasern, getragen vom Licht, zu den Computern in den Klassenräumen.

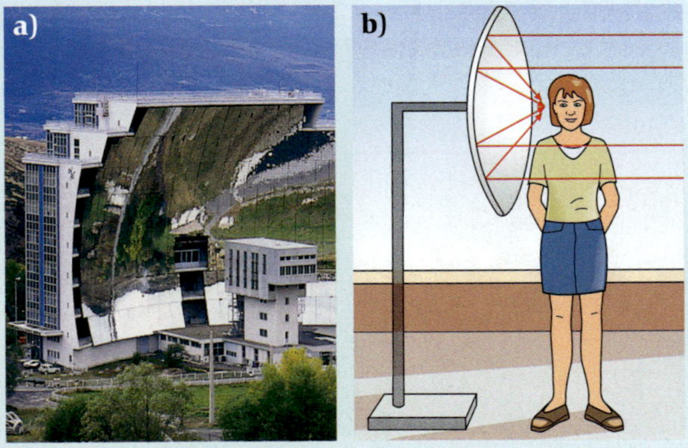

B4 Licht und Schall werden auf einen Punkt fokussiert.

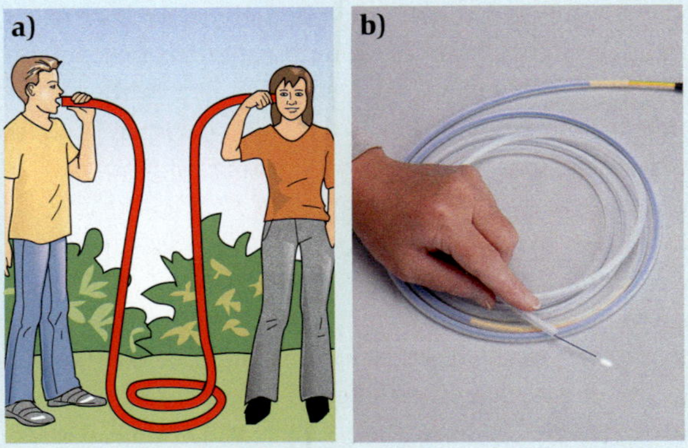

B5 **a)** Schall- und **b)** Lichtleiter (verwendet zur Zertrümmerung von Nierensteinen → Ziffer I.)

Interessantes

H. Mit „Blitz und Donner“ gegen Nierensteine

Ein zuckender Blitz, ein peitschender Knall. Gewaltige Energie wird bei der elektrischen Entladung der Gewitterwolken frei und erhitzt schlagartig die den Blitz umgebende Luft, unüberhörbar am Knall. Die Scheiben vibrieren. Doch gehen sie meist nicht zu Bruch.
Durch elektrische Entladungen erzeugte Stoßwellen werden jedoch in der Medizin gezielt zur Zertrümmerung von Nieren- und Gallensteinen eingesetzt. Das erspart einen operativen Eingriff. Auf welchem Weg gelangt dabei die Energie gezielt an den Ort des Übels?

In der „Funkenpatrone“ → B1 wird in kurzen zeitlichen Abständen eine kräftige elektrische Entladung erzeugt. Die so abgegebene Energie erhitzt schlagartig die Flüssigkeit um den Funken in der „Patrone“. Deren plötzliche Ausdehnung lässt eine Stoßwelle entstehen. Diese wird vom Reflektor punktgenau auf die Nierensteine gebündelt. Die Energie von 1 000 bis 3 000 Stoßwellen zertrümmert Stück um Stück einen Stein der Festigkeit von Gips und der Größe einer Haselnuss. Jede Stoßwelle transportiert auf den Stein die Energie von etwa 0,03 mJ. Das ist wenig, aber der Druck steigt schlagartig an und wirkt wie ein kleiner Hammerschlag auf den Stein.

Der Reflektor ist ein Teil eines Ellipsoids, in dessen einem Brennpunkt die Zündpatrone sitzt. Er wird so in Stellung gebracht, dass sich der Nierenstein im zweiten Brennpunkt befindet. Dessen Position wird mithilfe von Ultraschallwellen oder Röntgenstrahlung genau kontrolliert.

Auf dem Weg von der Zündpatrone zum Nierenstein verläuft die Stoßwelle praktisch nur in Flüssigkeiten, zunächst im Wasserkissen des Schallkopfs → B2 mit seinem Reflektor, dann durch Kontaktgel in den Körper auf den zuvor genau lokalisierten Stein. Ohne Kontaktgel würde der Schall weniger gut in den Körper übergehen, sondern zum Teil an der Grenzfläche des Schallkopfs reflektiert.

Mach's selbst

A1 Zeichne auf Papier mit der Fadenmethode eine Ellipse. Markiere die beiden Brennpunkte. Biege aus einem Blechstreifen einen ellipsenförmigen Bogen und stelle ihn in eine möglichst große flache Wasserschale. Lasse in den Brennpunkt Wassertropfen fallen und beobachte die Ausbreitung der Stoßwelle.

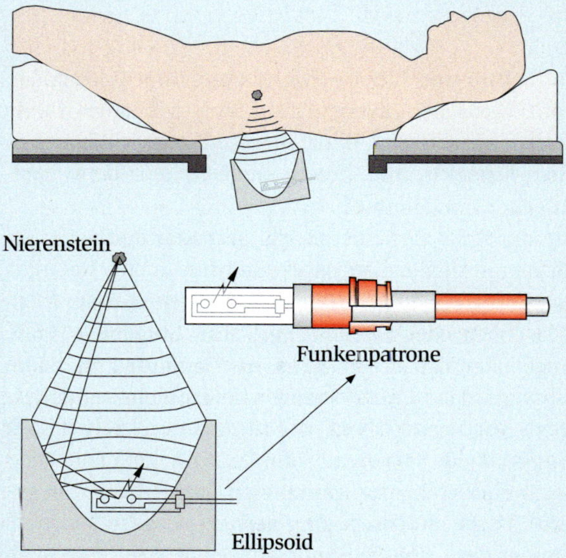

B1 Stoßwellenlithotripsie: Zertrümmern von Gallen- und Nierensteinen

B2 Der Schallkopf wird durch eine Öffnung in der Liege von unten an den Patienten herangeführt.

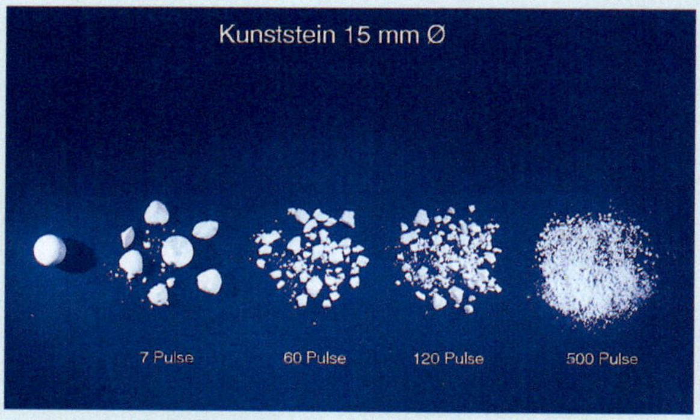

B3 Zertrümmerung eines Kunststeins mit unterschiedlicher Anzahl von Stoßwellen

I. Lichtenergie auf verschlungenen Wegen

Licht wird nicht nur zur Übertragung von Daten durch kilometerlange Lichtleiter geschickt. In → B5 gelangen Lichtblitze eines Lasers durch eine dünne Glasfaser bis in die Niere. Dort treffen sie gezielt einen schmerzenden Nierenstein und zertrümmern ihn in kleine Bruchstücke → B6. Diese werden anschließend durch Harnleiter und Blase entfernt. Wie aber können Lichtblitze einen Nierenstein zerstören?

Die Energie des Lichtblitzes dringt konzentriert in die oberste Schicht des Steins ein und heizt diese explosionsartig innerhalb einer Millionstel Sekunde auf. Kleine Bruchstücke werden dort bereits abgesprengt. Gleichzeitig wird eine kräftige mechanische Schockwelle ausgelöst, die im Stein zunächst Risse erzeugt und ihn nach und nach zerbricht. Mit bis zu zehn Lichtblitzen pro Sekunde rückt der Arzt dem Stein zu Leibe. Haselnussgroße Steine können so in wenigen Minuten zertrümmert werden → B4. Die Energie des absorbierten Lichtblitzes beträgt zwar nur 120 mJ. Diese wird aber in der sehr kurzen Zeit von nur 1,2 μs auf einer Fläche von weniger als 0,1 mm^2 bis in eine Tiefe von etwa 0,1 mm wirksam.

Lichtblitze, die ungewünscht auf weiches Gewebe treffen, dringen in dieses wesentlich tiefer als in den Stein ein. Dadurch verteilt sich die Energie auf einen größeren Bereich. Die Temperaturerhöhung ist geringer und schädigt so das Gewebe nicht. Der Arzt führt jedoch den Lichtleiter mithilfe des Endoskops genau an den Stein heran und setzt ihn auf diesen auf. Durch das Endoskop beobachtet er den Fortgang der Zertrümmerung → B6.

Mach's selbst

A2 Berechne die Leistung eines einzelnen auf den Stein treffenden Lichtblitzes und die mittlere Leistung bei zehn Blitzen pro Sekunde.

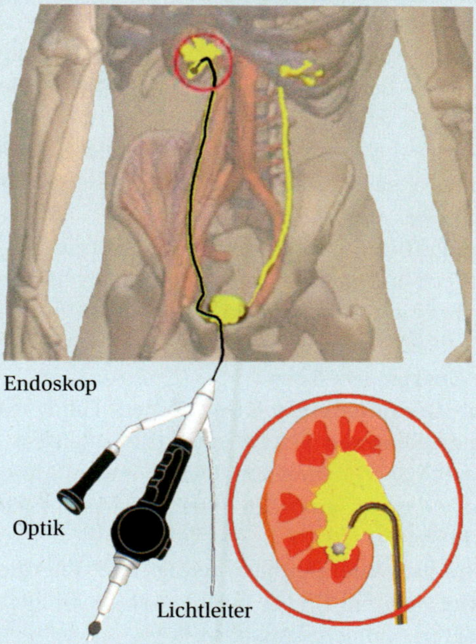

B5 Der Arzt sieht durch das Endoskop den Nierenstein. Der Lichtleiter wird durch eine Öffnung im Endoskop bis zum Stein geführt und auf diesen aufgesetzt.

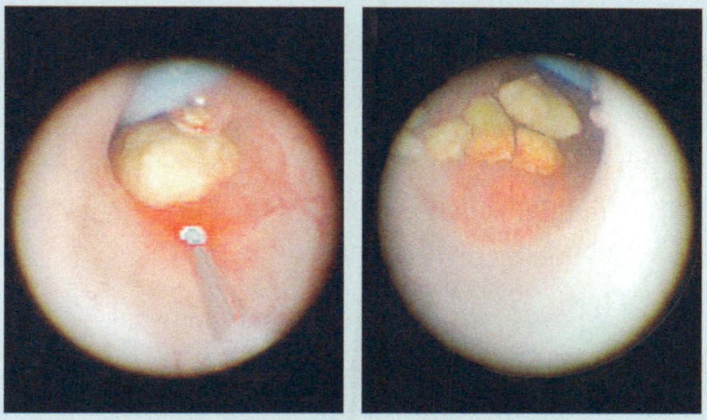

B6 Blick durch das Endoskop; der Stein (links) wurde durch Lichtblitze zertrümmert (rechts)

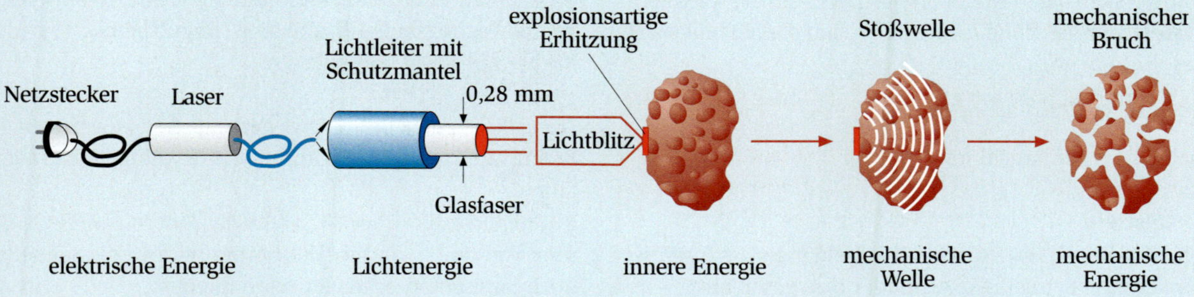

B4 Wege und Umwandlungen der Energie bei der Nierensteinzertrümmerung

Das ist wichtig

1. Mechanische Energieformen
Mechanische Energie begegnet uns als **Höhenenergie** (andere Bezeichnung: Lageenergie), als **Bewegungsenergie** oder als **Spannenergie.** Wir erkennen die Änderung der mechanischen Energie eines Körpers an Änderungen seiner Höhe, seiner Geschwindigkeit oder an seiner elastischen Verformung.
Bei **Reibung** nimmt die **innere Energie** der beteiligten Körper und der Umgebung zu. Man erkennt es an der Temperaturerhöhung.

2. Energieerhaltung
Die **Gesamtenergie** eines Körpers kann **auf mehrere Energieformen** verteilt sein. Ohne Reibung und ohne Energieübertragung von oder zu anderen Körpern bleibt die Summe aus den mechanischen Energieformen konstant.
Sind bei **Energieübertragung** und **Energieumwandlung** mehrere Körper beteiligt, so bleibt auch dann die Energiesumme erhalten.

3. Energiemenge
Eine mithilfe einer Kraft übertragene **Energiemenge** wird manchmal auch als Arbeit bezeichnet; deshalb werden für Energie und Arbeit gleiche Formelzeichen und gleiche Einheiten benutzt:
Symbol: W
Einheit: 1 J (Joule)
1 J = 1 Nm.

Für die mithilfe einer Kraft vom Betrag F_s längs des Weges s übertragene Energiemenge W gilt

$$\boldsymbol{W = F_s \cdot s.}$$

Bei mechanischen Vorgängen gilt:
- Kraft überträgt Energie nur mit Bewegung,
- Kräfte, die senkrecht zur Bewegung wirken, übertragen keine Energie.

Ändert sich die Höhe eines Körpers mit der Gewichtskraft $\vec{G}$ um die Höhe h, so ändert sich die Höhenenergie des Körpers um

$$\boldsymbol{W = G \cdot h = m \cdot g \cdot h.}$$

Dabei ist g der Ortsfaktor.

4. Leistung
Oft ist nicht die übertragene Energiemenge von Interesse, sondern die Schnelligkeit, mit der dies geschieht.
Die **Leistung P** ist der Quotient aus der übertragenen Energie W und der dafür benötigten Zeit t.

Symbol: P
Definition: $\boldsymbol{P = \frac{W}{t}}$
Einheit: 1 W (Watt); $1\ \text{W} = 1\ \frac{\text{J}}{\text{s}}$.

5. Wattsekunden und Kilowattstunden
Wird die Energie W während der Zeit t mit der Leistung P übertragen, so gilt

$$W = P \cdot t.$$

Daraus folgt die Energieeinheit Wattsekunde (Ws):

$$1\ \text{J} = 1\ \text{W} \cdot 1\ \text{s} = 1\ \text{Ws}.$$

Wird die Leistung in kW (Kilowatt) und die Zeit in h (Stunden) gemessen, dann benutzt man für die Energie auch die Einheit 1 kWh **(Kilowattstunde)**.

$$1\ \text{kWh} = 1000\ \text{W} \cdot 3600\ \text{s} = 3\,600\,000\ \text{Ws} = 3\,600\,000\ \text{J}.$$

6. Energieentwertung
Mechanische, chemische und elektrische Energie sind wertvoll, weil sie sich in jede andere Energieform umwandeln lassen.
Bei Energieumwandlung und Energieübertragung in der Mechanik ist Reibung unvermeidlich, immer fließt ein Teil der Energie in die Umgebung und erhöht deren innere Energie. Dieser Teil ist für nützliche Energieanwendungen verloren, er ist entwertet aber nicht verschwunden.

7. Impuls und Energie
Alle Formen der **Energie** sind **skalare Größen,** ohne Richtung, auch die Bewegungsenergie.
Der **Impuls** $\vec{p}$ eines Körpers ist ein **Vektor** in Richtung des Geschwindigkeitsvektors $\vec{v}$.
Bewegt sich der Körper geradeaus, so macht ihn eine Kraft, die genau in Bewegungsrichtung wirkt, schneller. Sie vergrößert die Bewegungsenergie und den Impulsbetrag. Der Impulspfeil wird länger, behält aber seine Richtung bei.
Eine genau entgegengesetzt gerichtete Kraft verkleinert die Bewegungsenergie und den Impulsbetrag (bis der Körper zur Ruhe kommt).

Auf gekrümmter Bahn zeigt der Impulsvektor $\vec{p}$ stets in Richtung von $\vec{v}$, in Richtung des jeweiligen Bahnverlaufs.
Kräfte, die exakt quer dazu stehen, ändern nur die Richtung von und $\vec{v}$ und $\vec{p}$. Der Körper wird weder schneller noch langsamer; er behält seine Energie.
Schräg zur Bahn wirkende Kräfte ändern Richtung *und* Betrag des Impulsvektors $\vec{p}$, also auch die Energie.

A1 Nach steiler Abfahrt sind die Bremsen des Mountainbikes glühend heiß. Beschreibe die Abfahrt in der Energiesprache und zeichne dazu die Energiewandlungskette.

A2 Du steigst vier Stockwerke die Treppe hinauf. Berechne die dabei aufgewendete Energie.

A3 Weltrekord im Treppensteigen 2008: Auf die Spitze des *Empire State Building* (448 m hoch) in knapp 10 Minuten. Ist das glaubwürdig?

Für Radrennfahrer findest du im Internet Angaben über mögliche Spitzenleistung.

A4 Zeichnet ein „Daumenkino“: Ein Kind sitzt auf einer Schaukel, wird angehoben und schaukelt dann aus. Schaut euch den „Film“ im Rückwärtsgang an. Beschreibt, was zu sehen ist. Nennt Gründe, warum so etwas in der Wirklichkeit nicht beobachtet wird.

A5 Ein Jo-Jo kommt nach einigen Auf- und Abbewegungen zur Ruhe. Der geschickte Jo-Jo-Spieler hält das Ab und Auf in Gang. Probiert es aus, beobachtet genau und erklärt den Trick.

A6 Ein Fahrzeug fährt mit konstanter Geschwindigkeit. Der Motor schiebt das Fahrzeug mit der Kraft 1200 N gegen die Luftwiderstandskraft voran. Berechne die dafür nach 100 km Fahrtstrecke aufgewendete Energie.

A7 Informiert euch über den Bau von Mausefallenautos. Präzisiert und bewertet die folgende Aussage: „Ein ideales Mausefallenauto fährt mit einer Federspannung unendlich weit.“

A8 Wer aus der Höhe eines Tisches auf den Fußboden springt, muss die gewandelte Bewegungsenergie wieder loswerden. Beobachtet und beschreibt das geschickte Verhalten beim Erreichen des Fußbodens.

A9 Nimm Stellung zu der folgenden Aussage: *Wer Bungee springt, setzt sich dem Energieerhaltungssatz aus.*

A10 Der Elektromotor eines Elektrokrans liefert Energie mit der Leistung 5 kW und hebt dabei eine Last mit der Masse 2,5 t in einer Minute um 8,2 m an. Berechne und vergleiche die vom Motor gelieferte Energie mit der als Höhenenergie gespeicherten.

A11 Jeder Prellbock im Kopfbahnhof Frankfurt ist so konstruiert, dass er einen Zug mit der Masse 950 t und der Geschwindigkeit 15 km/h längs des Weges von 9,8 m zum Stehen bringt.

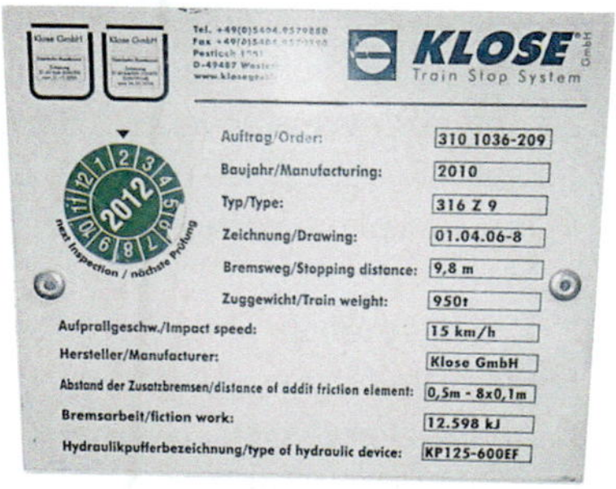

a) Beschreibe für diesen Vorgang die Beziehungen zwischen Bewegungsenergie, Impuls und Kraft.
b) Für die Bewegungsenergie der aufprallenden Eisenbahnfahrzeuge hat der Hersteller Werte in einer Tabelle angegeben. Sie sind mit der Formel $W_{bew} = \frac{1}{2} mv^2$ berechnet worden. Rechne einen der Tabellenwerte nach und bestimme die Bewegungsenergie für 15 km/h und 950 t.

Geschwindigkeit		Masse der aufprallenden Eisenbahnfahrzeuge in t		
v (km/h)	v (m/s)	200	600	1000
~10	2,8	784	2352	3920
~15	4,2	1764	5292	8820

c) Berechne die Kraft, mit der längs des Weges s = 9,8 m die Bewegungsenergie des 950-Tonnen-Zuges gewandelt wird. Vergleiche das Ergebnis mit der Gewichtskraft des Zuges.

Kennst du dich aus?

A1 An einem Zinken einer Stimmgabel wird ein Stift befestigt. Wird die Stimmgabel nun über eine berußte Glasplatte gezogen, so schreibt diese auf der Glasplatte eine Spur.

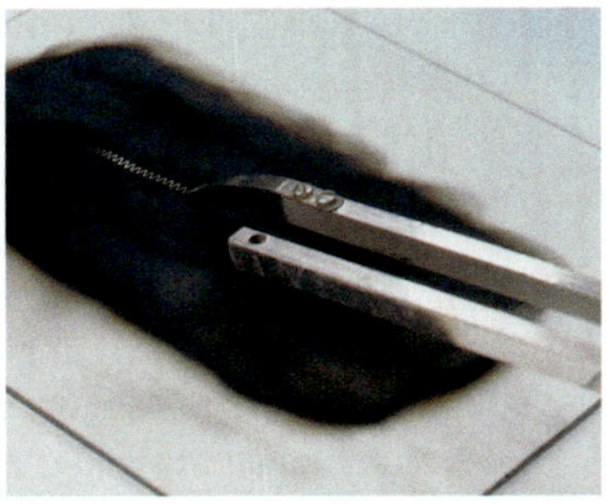

Folgende Abbildungen zeigen die Spuren verschiedener Stimmgabeln, die gleich schnell über die Glasplatte gezogen wurden.

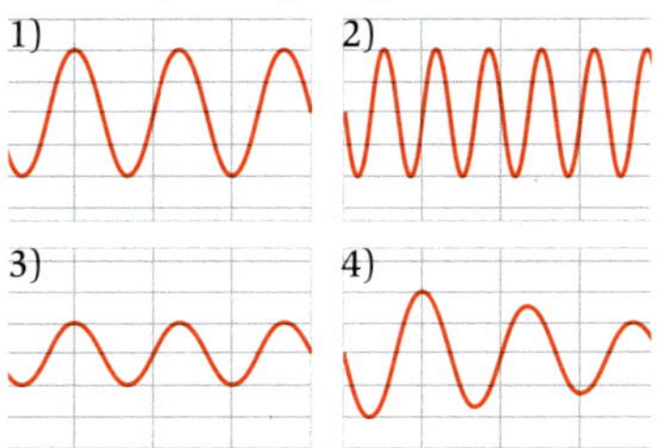

Erläutere, wie die subjektive Wahrnehmung und die physikalischen Beschreibung von Schwingungsbild 1 sich jeweils von nachfolgenden Schwingungsbildern unterscheiden:

a) Schwingungsbild 2,
b) Schwingungsbild 3,
c) Schwingungsbild 4.

A2 Eine Linse mit Brennweite 1 m bildet in ihrer Brennebene die Sonne als Kreis mit ca. 1 cm Durchmesser ab. Schätze den Durchmesser der Sonne mithilfe der Linsengleichung ab. Vergleiche mit dem Tabellenwert.

A3 Griechen stellten sich in der Antike vor, dass vom Auge Sehstrahlen ausgehen würden, die die Umgebung abtasten. Man sieht nach dieser Theorie einen Körper, wenn Sehstrahlen von ihm zurückgeworfen werden und ins Auge treffen. Führe zu dieser Theorie mit einem Mitschüler eine Pro- und Kontradiskussion durch. Dokumentiere Argumente und zugehörige Versuche.

A4 Die Lichtausbeute einer elektrischen Glühlampe ist relativ gering im Vergleich zu Energiesparlampen. Gib dafür Gründe an. (Hinweise findest du im Kapitel „Farbzerlegung“ des Buches).

A5 **a)** Konstruiere die Bilder eines 2 cm hohen Pfeils, der in 9 cm, 8 cm, 6 cm, 5 cm und 4 cm Abstand vor einer Sammellinse der Brennweite 3 cm steht.
b) Formuliere für Bildweite und Bildgröße Sätze wie z. B.: „Je kleiner die Gegenstandsweite ist, desto … ist die Bildweite (Bildgröße)“.
c) Erläutere, was sich bei der Konstruktion für 2 cm Abstand von der Linse zeigt.

A6 *Hausversuch:* Bestimme den Nahpunkt deiner Augen und den deiner Familienangehörigen. Gib dabei an, ob er für beide Augen gleich ist und ob er vom Alter abhängt.

A7 Erfinde zu nachfolgendem Diagramm von einem Schulweg eine passende Geschichte.

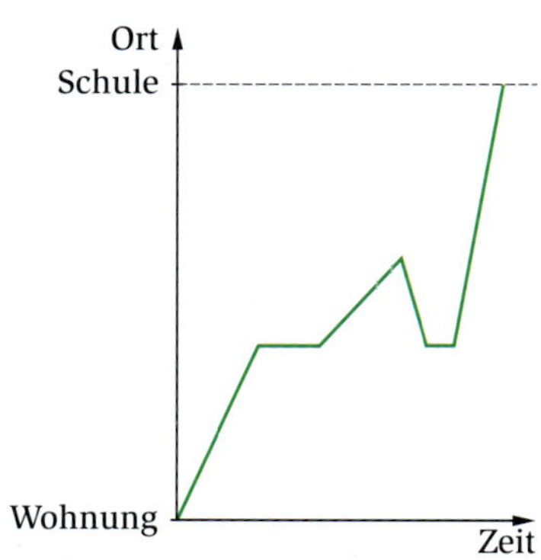

A8 Die Anwohner einer Wohnstraße wollen prüfen, ob die vorgeschriebene Höchstgeschwindigkeit von 30 km/h eingehalten wird.
a) Überlege, wie sie vorgehen könnten.
b) Berechne, welche Zeit gestoppt würde, wenn ein Fahrzeug auf einer 15 m langen Messstrecke genau mit 30 km/h fahren würde.

A9 **a)** Gib die Bedeutung der Größe s auf der vertikalen Achse im folgenden Diagramm an.
b) Beschreibe die Bewegung des Fahrzeugs in den vier verschiedenen Zeitabschnitten qualitativ. Begründe jeweils.
c) Ermittle jeweils die Geschwindigkeit in den ersten beiden Zeitabschnitten.
d) Zeichne das t-s-Diagramm so, wie es der Kilometerzähler im Auto anzeigen würde.

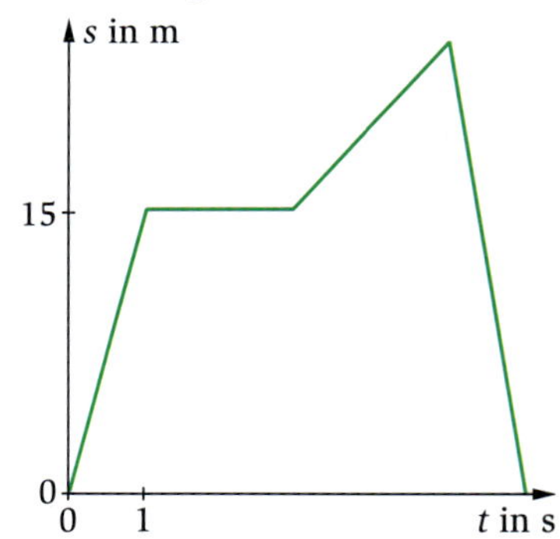

A10 Du interessierst dich dafür, welche mittlere Dichte dein Körper hat.
Beschreibe, wie du vorgehen könntest und skizziere die zugehörigen Experimente.
Erläutere, ob du aus der ermittelten Dichte schließen kannst, aus welchem Stoff dein Körper besteht.

A11 Erläutere, ob die Dichte eine Eigenschaft eines Stoffes oder ob sie – wie z. B. die Gewichtskraft – ortsabhängig ist.

A12 **a)** Erläutere, welche anschauliche Vorstellung du mit dem physikalischen Begriff „Dichte“ verbindest.
b) Diskutiere, ob Formulierungen der Alltagssprache wie „die Dichte der Bäume im Wald“ oder „die Zuschauer standen dicht am Straßenrand“ etwas mit dem physikalischen Begriff „Dichte“ zu tun haben.

A13 Fasse alle deine Kenntnisse über die Trägheit von Körpern zusammen. Schreibe für jede Aussage eine Begründung bzw. ein Beispiel auf.

A14 Die Bahn eines Raumschiffes weit ab von allen Gestirnen siehst du unten.
Überlege und begründe, ob im Verlauf der Bahn eine Kraft auf das Raumschiff wirkt. Die senkrechten Striche auf den geraden Stücken der Bahn sind Zeitmarken. Sie sind im Sekundenabstand gesetzt.

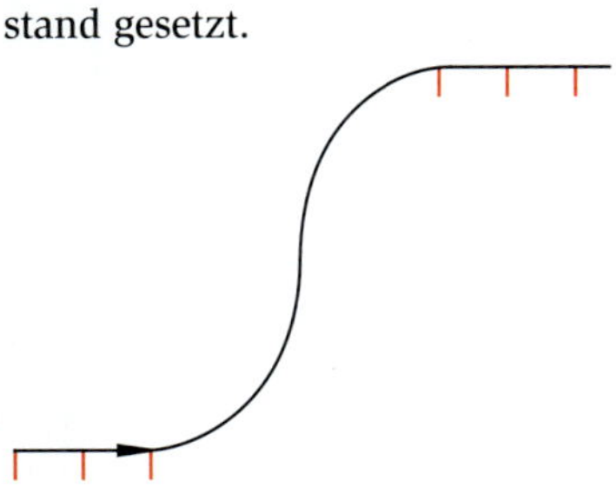

A15 In einem Aufzug ist an der Decke ein Kraftmesser befestigt. Daran hängt eine Kugel der Masse 1 kg. Der Kraftmesser zeigt beim Stillstand 10 N, beim Anfahren 12 N und beim Abbremsen 8 N an.
Begründe, ob der Aufzug nach oben oder unten fährt.

A16 Im Cockpit eines Autos ist ein Becher befestigt, der mit Wasser gefüllt ist. Das Auto bewegt sich nach rechts.
Die Wasseroberfläche stellt sich ein, wie unten gezeigt.

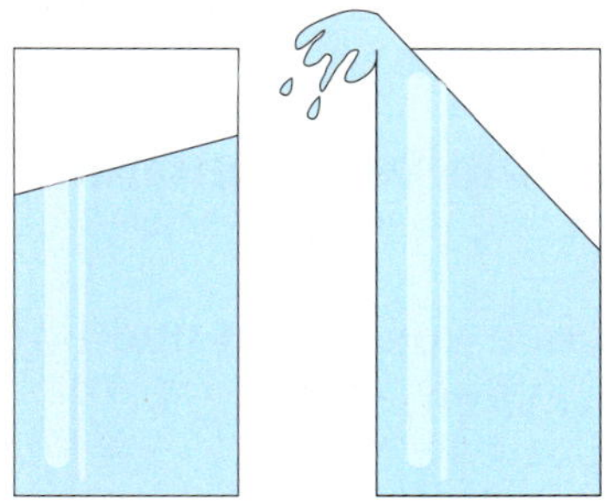

Erläutere, ob du aus der Darstellung auf mögliche Bewegungszustände des Autos zurückschließen kannst.

A17 Du isst 150 g Naturjoghurt. Der Becher enthält die Aufschrift 303 kJ je 100 g“.
a) Berechne die Höhe, die du z. B. auf einen Berg hochsteigen müsstest, um nicht zuzunehmen.
b) Überlege, ob die von dir berechnete Höhe realistisch ist. Wenn dies nicht der Fall sein sollte, gib dafür Gründe an.

A18 **a)** Für 1 Euro-Cent erhält man aus dem elektrischen Netz angenähert die Energie 150 000 J. Jemand verfügt über einen Bergsee mit einem 5 m hohen Wasserfall. Ermittle den Geldwert, den jeder Kubikmeter Wasser aufgrund der Höhenenergie hat (vorausgesetzt, er kann verlustlos genutzt werden).
b) Berechne das Wasservolumen, das pro Stunde für den Betrieb von zehn 18 W-Lampen nötig wäre.

A19 Der Aufzug eines Fernmeldeturms (Höhe 325 m) ist ausgefallen. Ein Arbeiter steigt mit Ausrüstung (Gesamtmasse 102 kg) eine senkrechte Leiter hinauf. Berechne die Zeit, die er bis zur Spitze benötigt, falls er im Mittel eine Leistung von 60 W erbringt.

A20 Zeige durch Umformen dir bekannter Gleichungen, dass für die mechanische Leistung bei konstanter Geschwindigkeit v gilt: $P = F_s \cdot v$ ($\vec{F_s}$ ist die Kraft in Wegrichtung).

A21 Skizziere Gemeinsames wie auch Unterschiedliches der Begriffe „Masse“ und „Gewichtskraft“. Fertige dazu jeweils eine Mindmap an.

A22 Suche in einem Wörterbuch die Worte „Kraft“, „Energie“ und „Leistung“. Dort findest du vielleicht: „Energie = Tatkraft“ oder „Energie = Grundkraft aller Dinge“ oder das Wort „krafterfüllt“. Bewerte dies physikalisch.
Erstelle drei Mindmaps, um die Bedeutung von „Kraft“, „Energie“ und „Leistung“ sowie deren Unterschiede klar herauszustellen.

A23 **a)** Suche in einem Wörterbuch den Begriff „Impuls“ und vergleiche mit dessen physikalischer Bedeutung. Erläutere, ob man damit in der Physik den gegenwärtigen „Zustand“ eines Körpers beschreiben will, oder aber den „Vorgang“, mit dem man den Körper in diesen Zustand (aus der Ruhe heraus, etwa durch einen Stoß) gebracht hat.
b) Gib an, wie der Impulsvektor $\vec{p}$ mit dem Vektor $\vec{F}$ der Kraft, die ihn erzeugt oder verändert hat, zusammenhängt.

A24 Übertrage das zu Aufgabe 14 gehörige Bild in dein Heft. Zeichne an mehreren Orten die Pfeile für Impuls $\vec{p}$ und mutmaßliche Kraft $\vec{F}$ ein. Beachte dabei die Abstände der roten Marken. Erläutere, ob $\vec{F}$ für die Aufrechterhaltung des jeweiligen Impulses zuständig ist oder nur für dessen Änderung.

Teilchenmodell und Druck

Das kannst du in diesem Kapitel erreichen:

- Du kannst viele Eigenschaften von Gasen und Flüssigkeiten mit einem einfachen Modell erklären.
- Du weißt, was man unter der Größe Druck versteht und wie man sie berechnen kann.
- Du weißt, dass der Luftdruck und der Druck im Wasser durch die Gewichtskraft von Luft und Wasser zustande kommen.
- Du erkennst, dass Druckunterschiede die Ursache für Strömungen sein können.

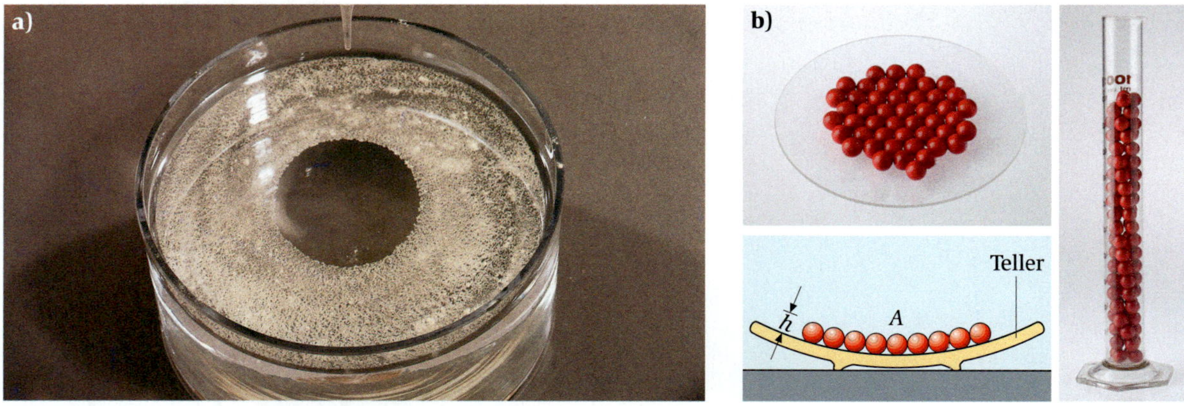

B1 **a)** Ein Öltropfen wird zum Ölfleck. **b)** Eine Modellflüssigkeit

V1 *Ölfleckversuch:*
Wir füllen eine Schale mit Wasser und stauben auf die Wasseroberfläche hauchdünn Bärlappsporen. Aus einer Bürette lassen wir einen Tropfen einer Ölsäure-Benzin-Lösung (1 : 1000) auf das Wasser fallen. Es bildet sich ein Ölfleck (das Benzin verdunstet schnell), dessen Fläche wir bestimmen.
Wir ermitteln in einem weiteren Versuch mit der gleichen Bürette, welches Volumen ein einzelner Tropfen der Ölsäure-Benzin-Lösung hat.
Dazu lassen wir 1 cm^3 der Lösung langsam aus der Bürette tropfen und zählen z. B. 60 Tropfen.
Ein Tropfen hat also das Volumen 1/60 cm^3 und enthält die Ölmenge

$$V = \frac{1}{60}\,\mathrm{cm}^3 \cdot \frac{1}{1000} = \frac{1}{60\,000}\,\mathrm{cm}^3.$$

Im Versuch entsteht aus einem solchen Tropfen eine Ölschicht mit der Fläche $A = 160\,\mathrm{cm}^2$. Die Dicke der Ölschicht erhalten wir mit der Gleichung $h = V/A$:

$$h = \frac{\left(\frac{1}{60\,000}\right)\mathrm{cm}^3}{160\ \mathrm{cm}^2} = \frac{1\ \mathrm{cm}^3}{60\,000 \cdot 160\ \mathrm{cm}^2}$$

$$h = 0{,}000\,000\,1\ \mathrm{cm}.$$

Wir können annehmen, dass die Ölmoleküle wie Kügelchen nebeneinander liegen, da von der doppelten Menge auch die doppelte Fläche bedeckt wird.
Die Dicke der Ölschicht ist also gleich dem Durchmesser eines Moleküls. Der Durchmesser eines Ölmoleküls beträgt demzufolge etwa ein millionstel Millimeter.

1. Eine Modellflüssigkeit

Geben wir einige Kochsalzkristalle in eine Suppe, so schmeckt die ganze Suppe salziger als vorher. Das Kochsalz muss sich also ganz fein in der Suppe verteilt haben.
Die kleinsten Bestandteile („Teilchen") der Materie sind wegen ihrer geringen Größe unserer Anschauung entzogen. Demokrit nannte sie Atome. Heute unterscheiden wir **Atome** und **Moleküle.** Vereinfacht stellen wir uns diese Teilchen als Kügelchen vor. Wir wollen die Größe dieser Kügelchen bestimmen.
Die Idee des Experiments verdeutlichen wir durch Kunststoffkügelchen, die wir in einen Messzylinder füllen. So können wir deren Gesamtvolumen bestimmen. Einige dieser Kügelchen schütten wir so auf eine flachgewölbte Schale, dass die Kügelchen in einer Schicht nebeneinander liegen. Sie bilden ungefähr eine Kreisfläche, deren Durchmesser wir messen können. Aus Volumen und Kreisfläche lässt sich der Kügelchendurchmesser berechnen. Mit einer Schieblehre kontrollieren wir das Ergebnis.
Die Kügelchen bilden eine **Modellflüssigkeit:** Sie lassen sich gegeneinander verschieben, bilden in etwa eine waagerechte Oberfläche und weichen aus, wenn ein Gegenstand eintaucht.

2. Wie groß ist ein Ölmolekül?

Mit dem Ölfleckversuch können wir die Größe realer Moleküle abschätzen → **V1**. Ein Tropfen einer Ölsäure-Benzin-Lösung auf das Wasser ergibt einen runden Fleck, dessen Fläche wir messen können → **B1a**. Der Benzinanteil verdunstet und nur das Öl breitet sich auf der Wasseroberfläche aus; es schwimmt dort. Ein zusätzlicher zweiter Tropfen der Lösung ergibt einen Kreis mit der doppelten Fläche. Daraus schließen wir, dass die Ölmoleküle in einer Schicht nebeneinander liegen – wie die Kügelchen der Modellflüssigkeit. Unsere Messung zeigt: Der Durchmesser eines Ölmoleküls beträgt etwa 10^{-9} m.

Vertiefung

Die brownsche Molekularbewegung

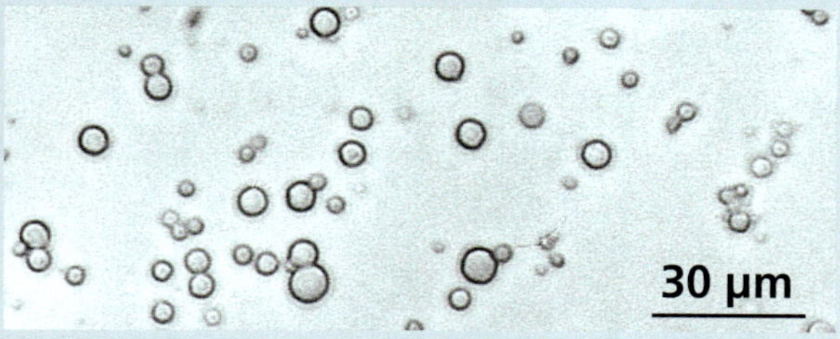

B1 Fetttröpfchen der Milch unter dem Mikroskop

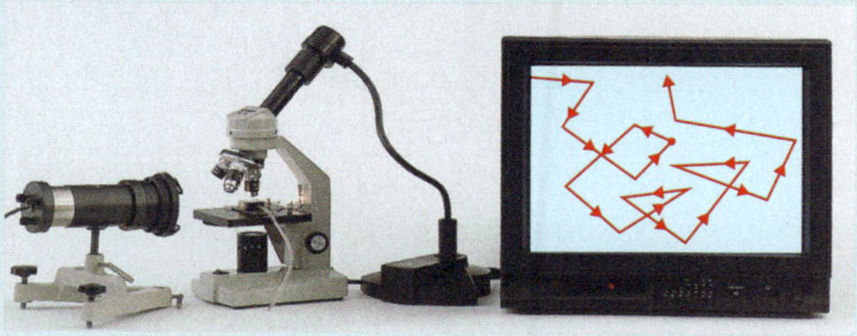

B2 Rauchkammer und Bahn eines Rußteilchens

Wir beobachten einen Tropfen verdünnter Milch bei 1000-facher Vergrößerung unter dem Mikroskop und sehen zahlreiche Kügelchen → B1. Sehen wir etwa Moleküle? Leider nein, denn Objekte dieser Größe (10^{-8} m) kann man mit einem Lichtmikroskop nicht mehr erkennen. Verdünnt man die Milch weiter, werden die Abstände zwischen den Tröpfchen größer – unsichtbare Wassermoleküle haben sich zwischen die Fetttröpfchen geschoben. Der Versuch hält eine große Überraschung bereit: Die Fetttröpfchen zittern ständig und unregelmäßig hin und her. Je kleiner die Fetttröpfchen sind, desto heftiger zittern sie.

Der schottische Botaniker Robert BROWN beobachtete diese Erscheinung 1827 als Erster, man nennt sie nach ihm **brownsche Bewegung.** Albert EINSTEIN konnte 1905 zeigen, dass auch so kleine Teilchen wie Moleküle diese Temperaturbewegung mitmachen, nur entsprechend schneller. Die beobachtete Zitterbewegung der Tröpfchen entsteht durch unregelmäßige Stöße aller Teilchen untereinander. Erhöht man die Temperatur der Milch, wird das Zittern heftiger, da alle Teilchen dann eine größere Geschwindigkeit haben. Man nennt die ständige Bewegung der Moleküle daher auch *thermische Bewegung.*

Wenn man eine Flüssigkeit mit einem Löffel umrührt, kommt die makroskopische Bewegung, bei der sich sehr viele Moleküle langsam in die gleiche Richtung bewegen, durch Reibung bald zum Erliegen. Nicht so die thermische Bewegung der Moleküle: Sie hört nie auf, sie hängt von der Temperatur und der Masse der Teilchen ab. Bei Raumtemperatur beträgt die mittlere Geschwindigkeit von Wassermolekülen etwa 600 m/s.

→ B2 zeigt eine Rauchkammer unter einem Mikroskop. Bläst man Rauch in das Innere des Glaswürfels, so sieht man, dass die Rauchteilchen in ständiger zitternder Bewegung sind, wie die Fetttröpfchen in obigem Versuch.

Die Zitterbewegung der Rußteilchen ist der sichtbare – und behäbigere – Teil der gemeinsamen Bewegung mit den Luftteilchen. Sie bleibt auf Dauer erhalten und ändert sich erst, wenn die Temperatur verändert wird.

Beide Experimente zeigen, dass die Moleküle in Flüssigkeiten und Gasen in ständiger Bewegung sind.

Auch die Atome oder Moleküle eines Festkörpers sind in ständiger Bewegung: Sie schwingen um ihre Ruhelage. Die Amplitude dieser Schwingung hängt von der Temperatur ab. Bei genügend hoher Temperatur wird die Schwingung so heftig, dass das Kristallgefüge des Festkörpers zusammenbricht, er schmilzt.

Eine Kaliumpermanganatlösung, die vorsichtig auf den Boden eines mit Wasser gefüllten Glases geleitet wird, verteilt sich im Laufe von Tagen ganz gleichmäßig darin → B3. Aufgrund der ständigen thermischen Bewegung der Moleküle kommt es zu einer Durchmischung von Wasser und Kaliumpermanganat. Bei höherer Temperatur erfolgt die Durchmischung schneller.

Auch dieser Versuch bestätigt unsere Vorstellung von der brownschen Bewegung.

B3 Diffusion bei Flüssigkeiten

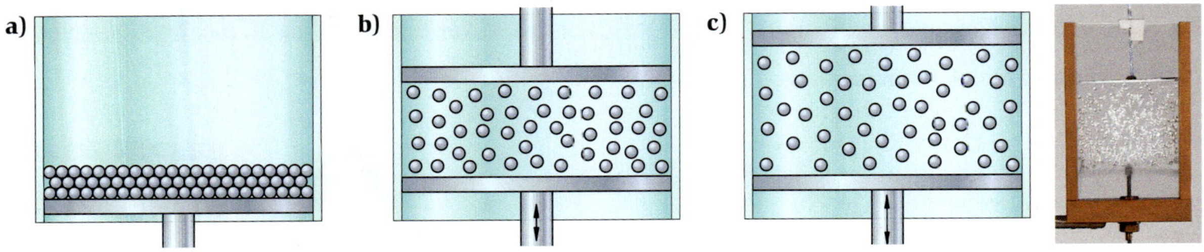

B1 **a)** Fester Körper und **b)**, **c)** gasförmiger Zustand im Modell

V1 Mit dem Gerät in → B1 können wir modellhaft feste und gasförmige Körper darstellen. Der Gefäßboden ist ein beweglicher Kolben, der von einem Motor auf und ab bewegt wird.
Bewegt sich der Motor kaum, bleiben die Glaskügelchen im Gefäß nahezu in Ruhe: Es liegt ein Festkörper vor.
Bewegt sich der Motor schneller, so fliegen die Kügelchen ungeordnet durcheinander: Nun wird ein Gas dargestellt.

V2 Wir nehmen eine Glasspritze und schließen darin ein bestimmtes Luftvolumen ein. Wir erhöhen vorsichtig die Temperatur des Gases und sehen, dass sich der Kolben nach außen schiebt. Das Volumen des Gases hat sich also vergrößert.

V3 Wir ziehen den Kolben einer Fahrradpumpe ganz heraus und verschließen mit dem Daumen die Öffnung der Pumpe. Jetzt lässt sich der Kolben nur mit großer Kraft hineinschieben. Nach dem Loslassen bewegt er sich zurück. Die Luft in der Pumpe lässt sich also weiter zusammendrücken. Sie nimmt das ursprüngliche Volumen wieder ein, wenn die zusätzliche Kraft auf den Kolben nicht mehr wirkt.

B2 In der Schneeflocke herrscht Ordnung.

3. Ein Modellgas

In → B1 fliegen kleine Glaskügelchen ungeordnet umher. Der Gefäßboden wird durch einen Motor schnell auf und ab bewegt. Dabei werden die Kügelchen hoch geschleudert, stoßen gegeneinander und gegen die Wände.

In → B1b, → B1c sieht man einen beweglichen Gefäßdeckel. Durch den Aufprall der Kügelchen wird er hochgehoben und in einer bestimmten Höhe gehalten. Läuft der Motor schneller, bewegen sich die Kügelchen heftiger, der Deckel wird weiter angehoben.

Die schnelleren Kügelchen beanspruchen ein größeres Volumen.

Ein reales Gas verhält sich genauso → V2: Die Luft in der Glasspritze schiebt bei Erhitzung den Kolben nach außen und vergrößert so sein Volumen.

Durch die Erhöhung der Temperatur werden die Gasteilchen schneller, sie haben mehr Energie.

Wenn man den Gefäßdeckel nach unten drückt, verkleinert man das Volumen des Modellgases. Gibt man den Deckel wieder frei, so hebt sich dieser wieder in die Anfangslage. Die Luft in einer Radpumpe verhält sich genauso → V3.

4. Ein Festkörpermodell

In → B1a liegen die Glaskügelchen nebeneinander, eine Bewegung ist zunächst nicht zu erkennen. Bei genauerer Betrachtung wäre eine leichte Bewegung festzustellen; einige Glaskügelchen drehen sich, weil der Boden durch den Motor leicht vibriert.

Ist Wasser zu Eis gefroren, verschieben sich die Moleküle nicht mehr, sondern sie haften fest aneinander. Die regelmäßige Form von Kristallen → B2 lässt vermuten, dass sich beim Kristallisieren die Moleküle ordnen und so eine feste Struktur bilden. Diesen Prozess können wir im → V4 beim Abkühlen des geschmolzenen Fixiersalzes beobachten.

Merksatz

Moleküle eines **Gases** sind ständig in schneller Bewegung. Sie haben so große Abstände, dass Anziehungskräfte zwischen ihnen keine Rolle spielen.
Für die Moleküle einer **Flüssigkeit** gilt:
- Sie sind in ständiger, unregelmäßiger Zitterbewegung.
- Sie lassen sich leicht verschieben.
- Zwischen den Molekülen wirken Anziehungskräfte.

In **Festkörpern** haben die kleinsten Teilchen einen festen Platz, um den sie eine Zitterbewegung ausführen.

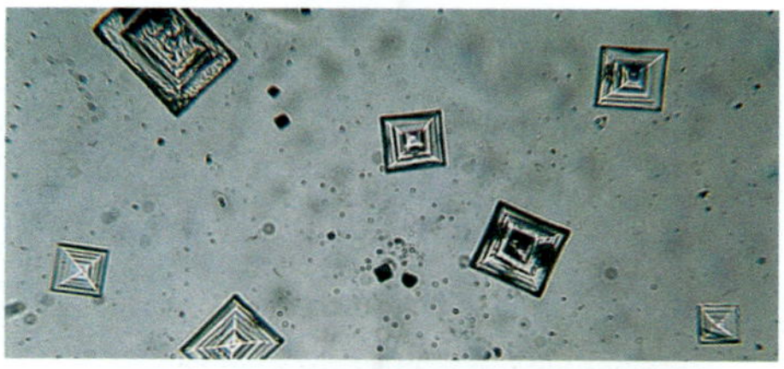

V4 Wir gießen geschmolzenes Fixiersalz auf eine kalte Glasplatte. Beim Abkühlen sehen wir regelmäßige Kristalle entstehen.

Vertiefung

Die Idee von den kleinsten Teilchen

Der Aufbau der Materie beschäftigte bereits ca. 500 Jahre vor unserer Zeitrechnung im antiken Griechenland die hellsten Köpfe dieser Zeit.

Die griechischen Philosophen DEMOKRIT (er lebte bis 360 v. Chr.) und ARISTOTELES (384–322 v. Chr.) kamen dabei zu völlig entgegengesetzten Antworten:
DEMOKRIT lehrte, alle Stoffe seien aus kleinsten Teilchen zusammengesetzt, er nannte sie Atome (griech. *atomos:* unteilbar).
ARISTOTELES dagegen behauptete, man könne Materie immer weiter teilen, ohne je auf kleinste Teilchen zu stoßen.
DEMOKRIT orientierte sich bei seiner Position an festen Stoffen, wie z. B. Sandstein, während ARISTOTELES sich auf das Wasser bezog.

In der Antike gab es keine Klärung dieser widersprüchlichen Positionen. Das lag unter anderem daran, dass die Möglichkeit, ein Entscheidungsexperiment durchzuführen, der antiken Philosophie fremd war.
Über 2000 Jahre gab es in dieser Frage keinen Fortschritt, bis zu Beginn des 19. Jahrhunderts DALTON eine Atomvorstellung entwickelte.

DEMOKRIT

ARISTOTELES

Mach's selbst

A1 Beschreibe mithilfe der modellhaften Vorstellung, die das Gerät aus → B1 nahe legt, den Übergang von einem Festkörper zu einer Flüssigkeit bzw. von einer Flüssigkeit zu einem Gas. Gehe dabei auf die Bewegung des Stempels ein.

A2 Ein Gasgemisch besteht aus verschiedenen Gasen. Die enthaltenen Molekülarten können unterschiedliche Masse haben. Beschreibe die möglichen Beobachtungen in einem Modellgas aus zwei unterschiedlichen Molekülarten.

A3 Beschreibe anhand der Vorstellung von kleinsten Teilchen aus → B3 die drei Zustandformen: fest – flüssig – gasförmig.
Gehe dabei auf die Bewegungsmöglichkeiten ein.

B3 Fest – flüssig – gasförmig (Modellvorstellung)

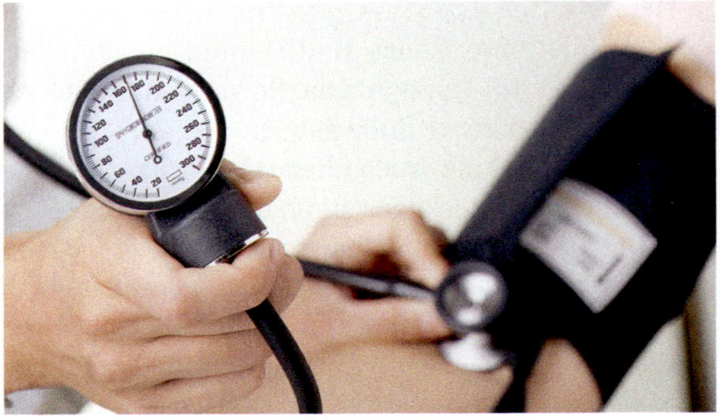

B1 Geräte zur Messung des Druckes heißen Manometer.

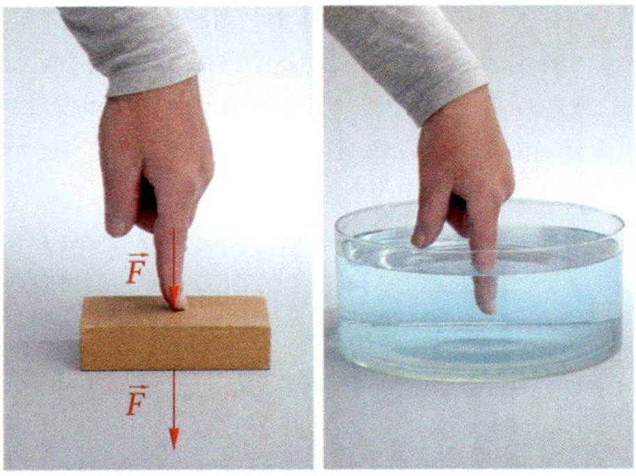

V1 Übe auf einen Holzklotz, einen Schaumstoffquader und auf eine Wasseroberfläche mit dem Finger eine Kraft aus. Der Versuch, auf eine Wasseroberfläche eine Kraft auszuüben, scheitert, weil das Wasser ausweicht: Man erfährt keine Gegenkraft.

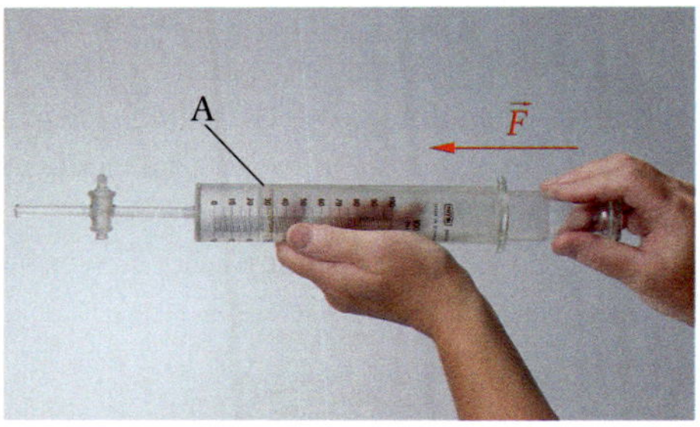

V2 Die Glasspritze ist mit Wasser gefüllt. Durch den Kolben kann man eine Kraft auf die eingeschlossene Wassermenge ausüben. Die Kraft $\vec{F}$ wirkt jetzt im Bereich der ganzen Kolbenfläche A auf das Wasser ein. Die Wirkung der Kraft bleibt gering. Das Wasser lässt sich nur minimal zusammendrücken. Ist der Zylinder mit Luft gefüllt, lässt sich jetzt der Kolben mit der gleichen Kraft viel weiter hineinschieben.

1. Druck in Alltagssituationen

Phänomene, die durch Druck verursacht werden, begegnen uns täglich. Schon das allmorgendliche Füllen des Zahnputzbechers mit Wasser sollte uns an den Druck in der Wasserleitung erinnern. Dieser wird besonders anschaulich bei dem Versuch, den Wasserhahn mit dem Finger zuzuhalten. Die Fahrradfahrt zur Schule wird leichter, wenn der Reifendruck stimmt. Mit hohem Blutdruck steigt das Risiko für Herz-Kreislauf-Erkrankungen.
Diese Beispiele beziehen sich auf den Druckbegriff der Physik, im Alltag jedoch verwenden wir diesen Begriff z. T. in ganz anderen Zusammenhängen: Druck als erlebte Form des Stresses, z. B. bei Klassenarbeiten, oder im Sinne von einengenden Vorschriften durch Eltern und Schule; Linoldruck als künstlerische Form, Buch- bzw. Zeitungsdruck stehen für einen ganz anderen Aspekt des Begriffes. Diese Aufzählung muss unvollständig bleiben.

Der Fahrradreifen und der Blutkreislauf der Menschen haben als Gemeinsamkeit einen abgeschlossenen Behälter, der mit einer Flüssigkeit oder einem Gas gefüllt ist. An solchen Beispielen wollen wir den physikalischen Druckbegriff zunächst erarbeiten. Dazu müssen wir vorab einige Einschränkungen vornehmen:

Die folgenden Überlegungen beziehen sich nur auf Flüssigkeiten und Gase, die in Ruhe sind oder sich nur sehr langsam bewegen. Die Widerstandskräfte, die z. B. eine schnelle Schwimmerin im Wasser spürt oder die bei schnellen Bewegungen in der Luft erfahrbar sind, interessieren uns augenblicklich nicht.
Manche Türen in öffentlichen Gebäuden tragen den auffordernden Schriftzug „Drücken". Also drücken wir gegen die Tür, um sie zu öffnen. Diese Beschreibung ist physikalisch ungenau, denn wir üben eigentlich auf die Tür eine Kraft aus, die sie in Bewegung setzt. Was ist eigentlich der Unterschied zwischen Druck und Kraft? Dieser Frage wollen wir uns genauer widmen.

2. Druckzustand in Flüssigkeiten

Bei → V1 werden mit dem Finger auf verschiedene Körper Kräfte ausgeübt. Ein Holzklotz als fester Körper gibt die ausgeübte Kraft unmittelbar an seine Unterlage weiter. Verformungen sind nicht feststellbar. Eine Kraft auf den Schaumstoffkörper bewirkt eine Verformung. Eine Kraft auf eine Wasseroberfläche bewirkt dagegen wenig. Sogar Wasser in einer Glasspritze zeigt bei einer Kraft $\vec{F}$ *auf die Kolbenfläche* A kaum Wirkung → V2, der Kolben bewegt sich nur wenig. Das Wasservolumen bleibt nahezu unverändert. Flüssigkeiten lassen sich bekanntlich (fast) nicht zusammendrücken. Hat denn die Kraft auf einen Kolben überhaupt keine Folgen?

Weitere Versuche geben auf diese Frage eine Auskunft. Der → V3 mit dem spritzenden Rundkolben zeigt, dass aufgrund der Kraft auf den Kolben vom Wasser Kräfte auf alle begrenzenden Wandflächen ausgeübt werden. Die Wände üben eine Gegenkraft auf die Wasserfläche aus. Wo diese Gegenkraft fehlt – an den Öffnungen –, fliegt das Wasser hinaus.

Aber nicht nur auf die Außenwände wirken solche Kräfte. Vielmehr wirkt auch im Inneren senkrecht zu jeder Fläche eine Kraft. Dies zeigt → V4 mit der luftgefüllten Gummiblase im Inneren eines wassergefüllten Rundkolbens.

Die Kraft auf den Kolben versetzt das Wasser in einen **Druckzustand.** Dieser sorgt dafür, dass auf jede Begrenzungsfläche und auf jede Fläche im Inneren eine Kraft wirkt. Diese steht immer senkrecht zur Fläche.

3. Das Teilchenmodell hilft weiter

Durch die Kraft des Kolbens wirkt auf alle inneren und äußeren Begrenzungsflächen eine Kraft, die vorher nicht da war. Um das zu verstehen, ziehen wir das Teilchenmodell für eine Flüssigkeit heran. Dazu stellen wir uns ein mit reibungsfreien kleinen Kugeln dicht gefülltes Gefäß vor. Die Kugeln stellen die leicht gegeneinander verschiebbaren Moleküle dar.

Das → B2 veranschaulicht dies an einem noch etwas weiter vereinfachten Modell mit Münzen. Der rechte Kolben übt (auf die Münzen) eine Kraft nach links aus. Jede Münze versucht, sich zwischen andere zu schieben und sie zur Seite zu drängen. So setzt sich die Wirkung der Kolbenkraft in alle Richtungen durch die Modellflüssigkeit fort. Die drei anderen Kolben werden nach außen bewegt.

Durch die Kolbenkraft wird die Flüssigkeit in einen besonderen Zustand versetzt. Man sagt, es herrsche in ihr ein Druckzustand oder kurz ein **Druck.** Als Folge davon wirkt aufgrund der leichten Verschiebbarkeit der Moleküle auf *jede* Begrenzungsfläche eine Kraft.

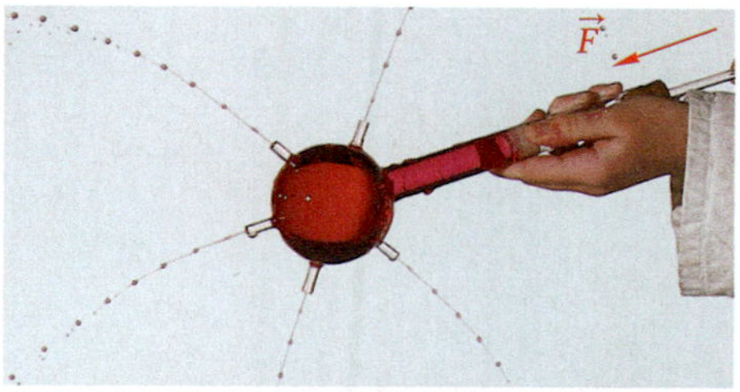

V3 Ein Rundkolben, der in der Wand mehrere Löcher hat, wird mit Wasser gefüllt. Übt man mit dem Kolben eine Kraft auf das Wasser aus, so spritzt es in alle Richtungen, sogar nach hinten. Wie lässt sich diese Beobachtung erklären? Durch die Kraft auf den Kolben übt das Wasser auf alle begrenzenden Wandflächen Kräfte aus. Wo die Wandflächen fehlen, spritzt das Wasser heraus.

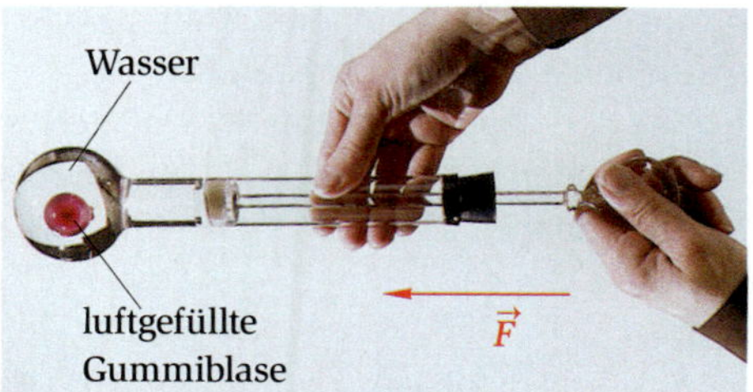

V4 Der Rundkolben enthält neben Wasser auch eine luftgefüllte Gummiblase. Nun wird der Kolben vorsichtig nach links geschoben. Die Luft in der Gummiblase wird zusammengedrückt. Die Gummiblase wird deshalb kleiner, bleibt aber rund. Dies zeigt, dass auf allen Seiten Kräfte entstanden sind, die jeweils senkrecht auf die Blasenhaut einwirken. Wiederholt man diesen Versuch mit einem luftgefüllten Rundkolben, so wird die Luftblase nur leicht zusammengedrückt.

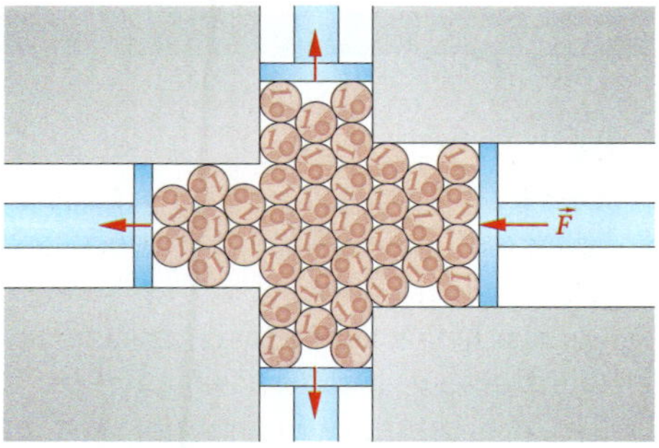

B2 Die Münzen drücken sich nach allen Seiten weg, wenn auf den rechten Kolben eine Kraft wirkt.

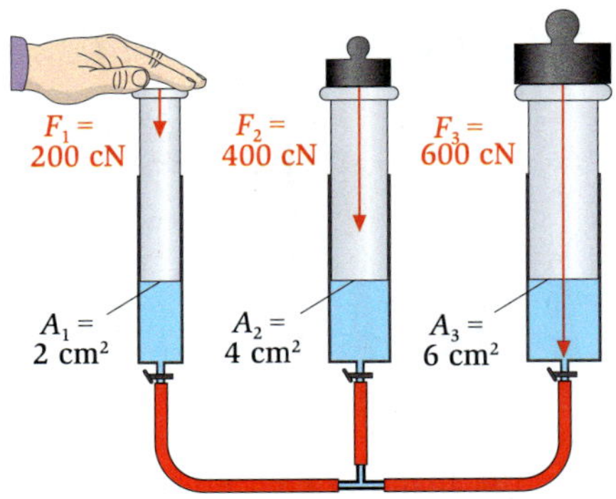

V1 Wird auf einen Kolben eine Kraft ausgeübt, so heben sich die anderen. Gleichgewicht herrscht erst, wenn auch die anderen Kolben mit passend großen Kräften auf die Flüssigkeit einwirken.
Drückt Kolben 1 mit der Querschnittsfläche $2\ \mathrm{cm}^2$ mit der Kraft $F_1 = 200$ cN auf die Flüssigkeit, so findet man im Gleichgewicht am Kolben 2 ($4\ \mathrm{cm}^2$) die Kraft 400 cN, am Kolben 3 ($6\ \mathrm{cm}^2$) die Kraft 600 cN.
Bei der doppelten Kraft $F_1 = 400$ cN sind die anderen Kräfte 800 cN und 1200 cN auch doppelt so groß.

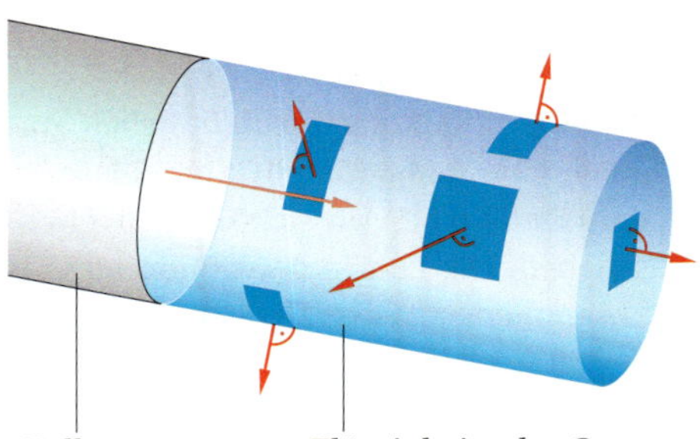

B1 Besteht Druck, so wirken auf die Wandflächen Kräfte ein. Diese stehen senkrecht auf den Wandflächen.

4. Der Druck und seine Messung

Im ➜ **V1** wird die Flüssigkeit durch die Kraft F_1 auf Kolben 1 unter Druck gesetzt. Dann wirkt sie selbst auf die Gefäßwände mit Kräften ein. Der Versuch lehrt uns zweierlei:
a) Wir beobachten: Am Kolben mit doppelter bzw. dreifacher Querschnittsfläche A wirkt die Flüssigkeit mit der doppelten, bzw. dreifachen Kraft *F.* Wir schließen: Die auf die Fläche *A* wirkende Kraft F ist der Größe der Fläche *A proportional.* Der Quotient F/A ist also konstant.

b) Nun erhöht man die Kraft F_1 am Kolben 1, der den Druck erzeugt. Dann muss man bei den anderen Kolben die Kräfte entsprechend vergrößern, um Kräftegleichgewicht zu erzeugen. Der Quotient F/A wird dann größer, ist aber wieder bei allen Kolben gleich. Die Flüssigkeit steht nun unter einem größeren Druck; sie wirkt mit stärkeren Kräften auf die Gefäßwände. Es ist daher sinnvoll, die physikalische Größe **Druck *p*** mit dem Quotienten aus *F* und *A* zu definieren:

$$p = \frac{F}{A} \text{ mit der Maßeinheit } 1\ \frac{\mathrm{N}}{\mathrm{m}^2} = 1\ \mathrm{Pa}.$$

Pa ist die Abkürzung für Pascal (Blaise PASCAL, franz. Physiker, 17. Jahrhundert). Hier bezeichnet *p* nicht den Impuls, sondern steht für den Druck (**p**ressure).

Merksatz
Wirkt eine Flüssigkeit (oder ein Gas) auf eine Wandfläche *A* mit der Kraft vom Betrag *F*, so sagen wir, es herrscht dort der Druck *p*. Für ihn gilt:

$$p = \frac{F}{A} \text{ mit der Einheit } 1\ \mathrm{Pa} = 1\ \frac{\mathrm{N}}{\mathrm{m}^2}$$

Kennt man in einer Flüssigkeit oder in einem Gas den Druck *p*, so kann man die Kraft *F* auf eine bekannte Fläche *A* berechnen:

$$F = p \cdot A.$$

Der Druck 1 Pa ist ein kleiner Druck. Große Drücke, etwa im Autoreifen, gibt man in Bar an: **1 bar = 100 000 Pa.**

Interessantes

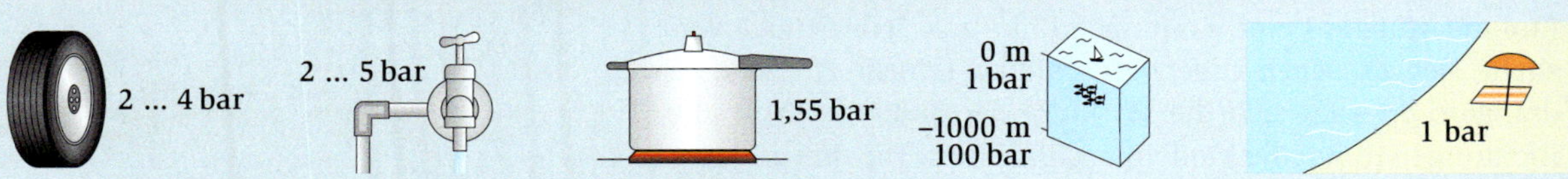

Die meisten **Manometer** (Druckmesser) geben den **Überdruck** gegenüber dem äußeren Luftdruck an. Zeigt der Luftdruckprüfer beim Autoreifen 2 bar an, bedeutet das: Im Reifen ist der Druck um 2 bar größer als der Luftdruck von ca. 1 bar in der Umgebung, der absolute Reifendruck beträgt also 3 bar.
Unser Körper ist dem Luftdruck von etwa 1 bar ausgesetzt. Davon merken wir aber nichts, weil auch das Innere unseres Körpers (auch die Lunge) unter dem gleichen Druck steht.

Interessantes

A. Blutdruckmessung

„Der Blutdruck beträgt 140 zu 90.“ Was ist mit dieser Aussage gemeint?

In der medizinischen Praxis wird der Druck noch in mmHg (Millimeter Quecksilbersäule) gemessen. Es gilt: 1 mmHg = 133,322 Pa. Der Blutdruck wird nun durch die Werte 140 mmHg und 90 mmHg beschrieben.

Um die Bedeutung dieser beiden Werte zu verstehen, ist ein kleiner Ausflug in die Medizin erforderlich. Wenn sich die Herzkammern zusammenziehen und entleeren (*Systole*), wird das Blut durch den raschen Druckanstieg weitertransportiert. Es entsteht eine Art Druckwelle, die wir als Pulsschlag an vielen Körperstellen ertasten können.

Wenn der Herzmuskel sich entspannt (*Diastole*), strömt Blut in die Herzkammer nach.

Der Wert 140 mmHg bezeichnet den *systolischen* und 90 mmHg den *diastolischen* Wert des Blutdrucks (jeweils am Arm gemessen).

Medizinisches Personal verzichtet oft auf moderne elektronische Blutdruckmessgeräte und verwendet den Messapparat mit Gummimanschette und Quecksilbermanometer, der vom italienischen Kinderarzt Scipione Riva-Rocci (1863–1937) erfunden wurde.

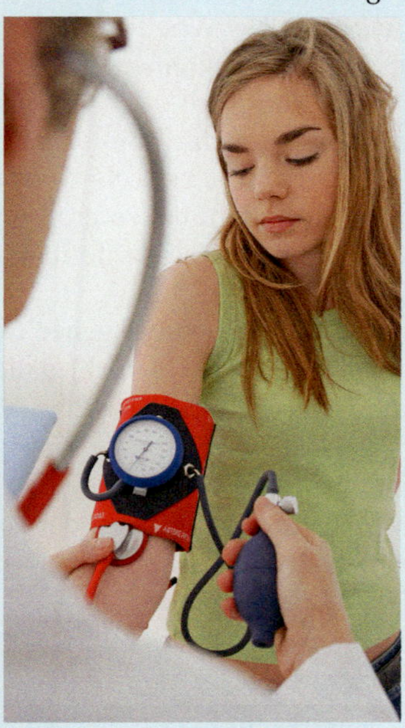

Wie wird der Blutdruck korrekt gemessen? Der Blutdruck sollte immer in Ruhe, z.B. nach längerem Sitzen, gemessen werden. Der Ellenbogen soll sich dabei in gleicher Höhe mit dem Herzen befinden.

Die Armmanschette des Messgerätes wird einige Zentimeter oberhalb der Ellenbeuge um den Oberarm gelegt. Die Manschette wird zügig bis zu einem Wert von etwa 30 mmHg oberhalb des zu erwartenden systolischen Wertes aufgepumpt. Durch die Arterie des Armes fließt nun kein Blut mehr. Ein Stethoskop wird in die Ellenbeuge gelegt und die Luft langsam abgelassen. Beim ersten hörbaren Pulsgeräusch wird der systolische Wert abgelesen, beim Verschwinden des Geräusches wird der diastolische Wert bestimmt. Dieser lässt insbesondere Rückschlüsse auf die Elastizität der Gefäße zu.

B. Überprüfung eines Druckmessgerätes

Das rechte Foto zeigt den Versuchsaufbau: Eine vertikal eingespannte Glasspritze mit einem Dreiwegehahn ist über einen Schlauch mit einem Differenzdruckmessgerät verbunden. Ohne Kolben zeigt das Messgerät 0,0 hPa an. Nun werden mit dem Kolben, auf dem sich ein Wägestückteller befindet, nach und nach 50 g-Wägestücke aufgelegt. Damit steigt F und die zugehörigen Druckwerte werden von der Anzeige abgelesen. Die Messwerte sind im *F*-*p*-Diagramm als Kreise dargestellt. Aus der Kolbenquerschnittsfläche A und den bekannten Kraftbeträgen F können wir nach der Definition $p = F/A$ die Druckwerte berechnen; das Ergebnis dieser Rechnungen (rote Linie im Diagramm) stimmt gut mit den Messwerten überein. Das Differenzdruckmessgerät ist somit ein geeignetes Instrument zur Druckbestimmung.

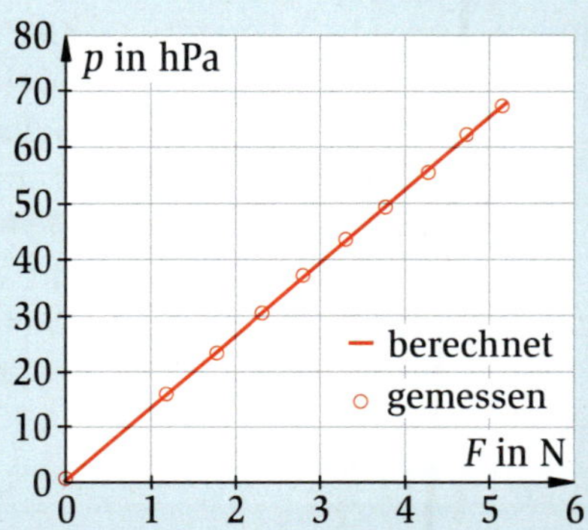

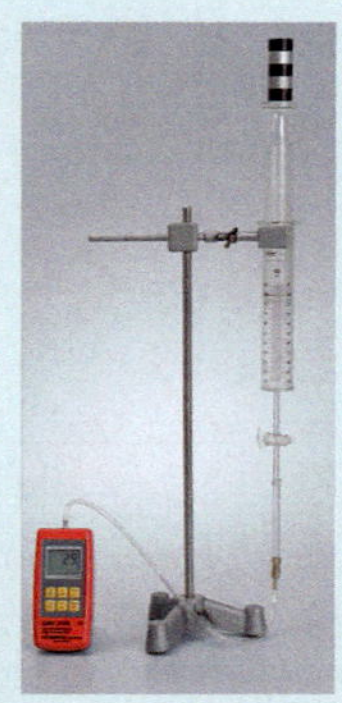

Mach's selbst

A1 In einer Wasserleitung herrscht ein Druck von 3 bar. Berechne die Kraft, die du brauchst, um die Öffnung eines Wasserhahns ($A = 1{,}4\ \text{cm}^2$) zuzuhalten.

A2 Die Scheibenbremsen eines Autos sollen mit $F = 10$ kN angepresst werden. Der Druck in der Bremsleitung erreicht 200 bar. Berechne die Fläche, die der Bremskolben haben muss.

A3 Erdgasleitungen werden mit einer Wandstärke von 2 cm für einen Betriebsdruck bis zu 170 bar ausgelegt. Bestimme die Kraft, die in der Leitung auf eine Begrenzungsfläche von 2 cm² wirkt.

A4 In → V1 sollen links 300 cN statt 200 cN wirken. Berechne den Druck, der dann in der Flüssigkeit herrscht.

Der Schweredruck im Wasser und im „Luftmeer"

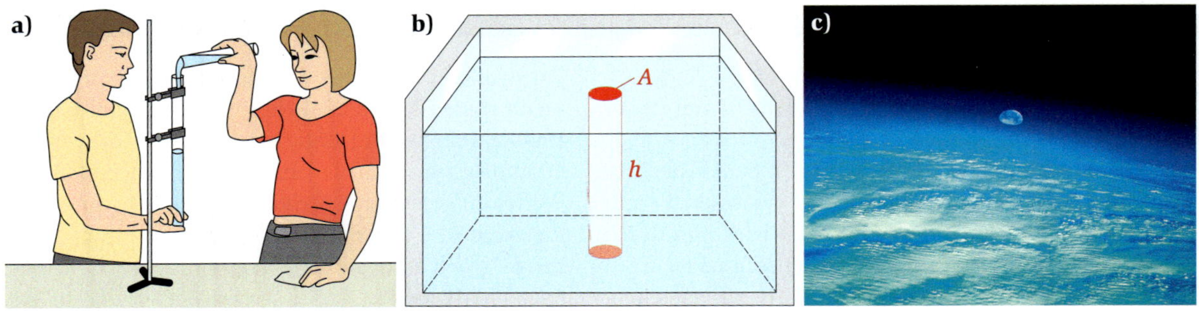

B1 **a)** Das Wasser „drückt" auf den Daumen. **b)** Wassersäule als drückender Kolben **c)** Die Erde von oben

V1 Ein Schüler dichtet mit seinem Daumen das vertikale Glasrohr in → **B1a** ab. Es wird zur Hälfte mit Wasser gefüllt. Er spürt eine Kraft an seinem Daumen und schließt auf einen Druck – wie beim Zuhalten einer geöffneten Wasserleitung. Der Druck steigt, wenn das Rohr höher gefüllt wird. Warum nimmt der Druck mit der Höhe der Wassersäule zu? Auf den Daumen wirkt die Gewichtskraft G der Wassersäule ein. Verdoppeln wir die Höhe der Säule, so verdoppelt sich deren Gewichtskraft G und damit die Kraft $F = G$ auf den Daumen.
Nach $p = F/A$ verdoppelt sich auch der Druck in der untersten Wasserschicht, denn die Fläche A bleibt konstant.

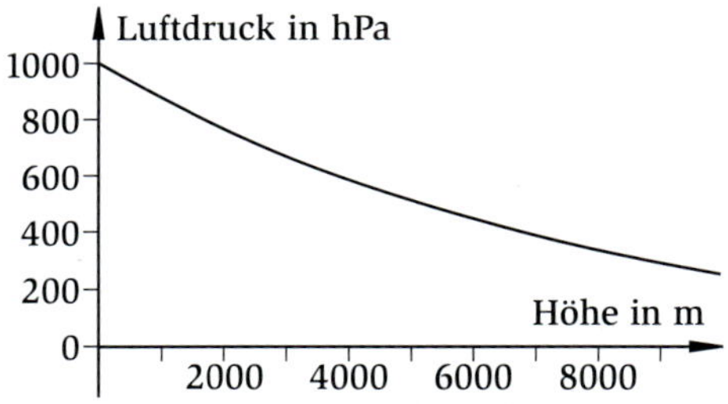

B2 Der Luftdruck hängt von der Höhe ab.

1. Warum schmerzen beim Tauchen die Ohren?

Beim Tauchen spürst du eine Kraft am Trommelfell. Sie nimmt mit der Tiefe rasch zu. Zu Recht sagst du, dass du einen starken „Druck" spürst. So haben wir den Druck ja kennen gelernt: Auf jede Grenzfläche wirkt die Luft mit einer Kraft. Das Trommelfell ist eine solche Grenzfläche.
Da wir im Unterricht nicht tauchen können, führen wir → **V1** durch. Er zeigt uns, dass der Druck mit der Höhe der Wassersäule zunimmt. Auch beim Tauchen übt eine Wassersäule eine Kraft auf das Trommelfell aus. Die Wassersäule wird höher, je tiefer man taucht. Aus → **V1** können wir also schließen:
Der Druck ist der Eintauchtiefe *proportional.*

In 5 m Tiefe ist der Druck des Wassers fünfmal so groß wie in 1 m Tiefe, also übt es auf dein Trommelfell die fünffache Kraft aus wie in 1 m Tiefe.
Der Druck in einer Flüssigkeit wird von deren eigener Gewichtskraft verursacht. Man nennt diesen Druck daher **Schweredruck.**

Merksatz
Im Wasser herrscht ein Schweredruck. Er wird von der Gewichtskraft des Wassers erzeugt.
Je größer die Tiefe, desto größer ist dieser Druck.
In 10 m Tiefe beträgt er 1 bar.

Interessantes

Bei Bergfahrten spürst du Druck in den Ohren

Der Druck der uns umgebenden Luft kommt auf ähnliche Weise wie in Wasser zustande: Wir leben nämlich am Boden eines „Luftmeeres" → **B1c**. Die Luft über uns wird von der Erde angezogen, sie erfährt eine Gewichtskraft. Diese erzeugt den Luftdruck, den wir täglich messen können. Er beträgt in Meereshöhe etwa 1 bar und nimmt mit steigender Höhe ab → **B2**.

Je nach Wetterlage schwankt der Luftdruck etwas: Bei *Hochdruckwetter* ist der Himmel meist klar, bei *Tiefdruckwetter* ist er wolkenverhangen, es regnet oft.
Der Luftdruck wird in *Hektopascal* (hPa) angegeben:

$$1\ \text{hPa} = 100\ \text{Pa} = \frac{1}{1\,000}\ \text{bar}.$$

A1 Du fährst auf einen Berg. Wölben sich dabei die Trommelfelle nach außen oder innen? Begründe!

Interessantes

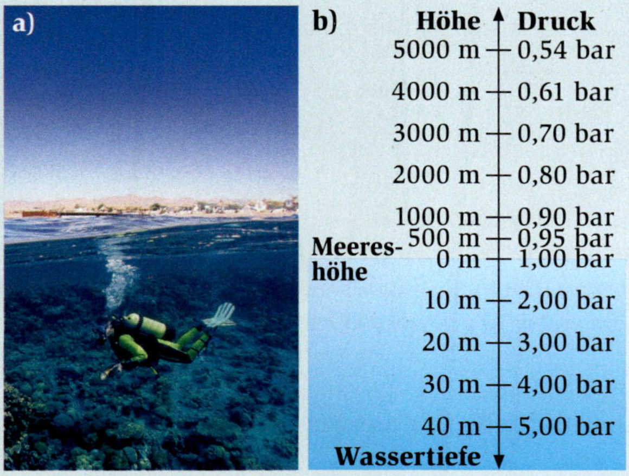

B3 **a)** Taucher mit Pressluftflasche **b)** Druck in verschiedenen Höhen und Tiefen

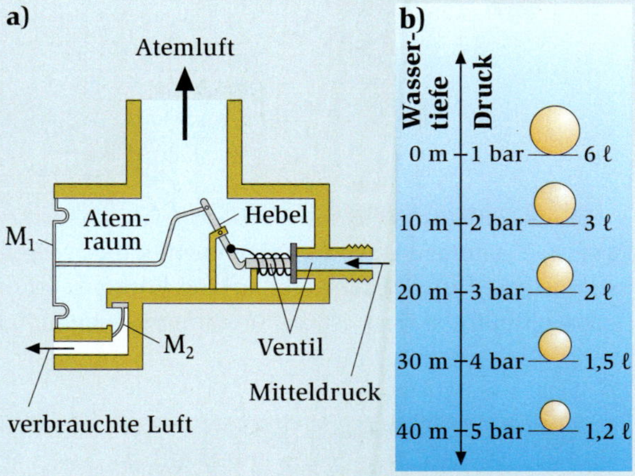

B4 **a)** Schnittbild der 2. Stufe eines Lungenautomaten **b)** Änderung des Lungenvolumens mit der Tiefe

Vom Tauchen

Im Schwimmbad hast du sicher schon einmal die Erfahrung gemacht, dass beim Tauchen aus einem leichten Druckempfinden mit zunehmender Tiefe ein Schmerz im Ohr wurde. Das ist leicht erklärbar, denn der zusätzliche Schweredruck des Wassers steigt proportional mit der Tiefe. In 10 m Wassertiefe beträgt er ungefähr 10 N/cm^2 = 1 bar; in 20 m Wassertiefe 2 bar usw. Mit je 10 m Wassertiefe steigt der Schweredruck um 1 bar → **B3b**.

Dem Tauchen ohne Hilfsmittel sind dadurch natürliche Grenzen gesetzt. Wenn der Schweredruck steigt, sind alle Körperhöhlen gefährdet, die Luft enthalten oder eine empfindliche Oberfläche besitzen. So wird z. B. die Lunge zusammengedrückt und in ihrer Funktion beeinträchtigt.

Tauchen in größeren Tiefen erfolgt deshalb nur mit Geräten und Hilfsmitteln: mit Pressluft, in Taucherglocken oder Tauchkugeln → **B3a**. Zusätzlich müssen verschiedene die Gesundheit schützende Regeln beachtet werden. Taucher werden z. B. durch den dauernden Aufenthalt in Druckkammern auf den Einsatz in größeren Tiefen vorbereitet.

Gerättaucher führen ihre Atemluft in Flaschen unter Druck mit. Damit die Luft geatmet werden kann, muss der Druck auf den jeweils herrschenden Umgebungsdruck in der Tauchtiefe angepasst werden. Das geschieht in zwei Stufen:

In der 1. Stufe des Atemreglers wird der Pressflaschendruck auf einen einstellbaren Mitteldruck reduziert. Diese 1. Stufe ist vergleichbar mit dem Druckminderer an den Gasflaschen in der Chemie.

Der **Lungenautomat** (2. Stufe → **B4a**) regelt den Mitteldruck auf den jeweilig herrschenden Umgebungsdruck herunter. Beim Einatmen entsteht im Atemraum Unterdruck gegenüber der Umgebung. Die Membran M_1 gibt dem Wasserdruck nach. Sie betätigt einen Hebel, der das Ventil öffnet. Luft strömt in den Atemraum. Das geschieht, solange Luft aus dem Atemraum in die Lungen strömt. Ist das Einatmen beendet, steigt der Druck im Atemraum, bis die Membran M_1 in ihre Ausgangsstellung zurückkehrt und das Ventil schließt. Beim Ausatmen entsteht Überdruck im Atemraum. Die Membran M_2 öffnet. Die verbrauchte Atemluft entweicht ins Wasser.

Beim Tauchen sorgt der erhöhte Druck der eingeatmeten Luft aus den Flaschen dafür, dass die Lunge nicht zusammengedrückt wird. → **B4b** zeigt wie ein Lungenvolumen von 6 l mit zunehmender Tiefe verkleinert wird. Bei einem Volumen von etwa 1,5 l verliert die Lunge ihre Funktionsfähigkeit.

Das Auftauchen schon aus geringeren Tiefen erfolgt in Intervallen mit so genannten *Dekompressionszeiten*, damit sich der Körper an die geänderten Druckverhältnisse anpassen kann.

Durch zu schnelles Auftauchen kann in der Lunge ein Überdruck entstehen, der zunächst asthmaähnliche Atemprobleme bereitet und sogar zur Lungenembolie führen kann. Außerdem kann es zum Ausperlen von Gasen (Stickstoff) in Blut und Gewebe kommen – wir kennen diesen Vorgang vom Öffnen einer Mineralwasserflasche. Das Gas verursacht Schmerzen unter der Haut und an den Gelenken; in extremen Fällen wird das gesamte Nervensystem beeinträchtigt mit lebensbedrohenden Folgen.

B1 **a)** Bei hohem Verkehrsaufkommen ist die „Verkehrsstromstärke" groß. **b)** Zu Beginn der Pause ist die „Schülerstromstärke" am Schultor groß. **c)** Bei Konstanz ist die Stromstärke im See und im weiterführenden Fluss gleich, etwa 100 000 l/s. Doch ist die Strömungsgeschwindigkeit im engen Rhein viel größer als im weiten Bodensee.

V1 Nur wenn der Schweredruck an den Enden des Verbindungsrohres verschieden groß ist, strömt das Wasser.

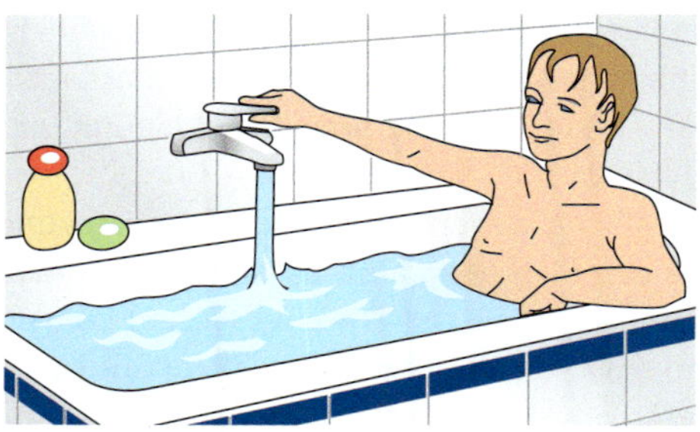

B2 Zum Füllen der Badewanne (120 l) braucht man 10 Minuten. Die Stromstärke ist dabei 120 l/600 s = 0,2 l/s.

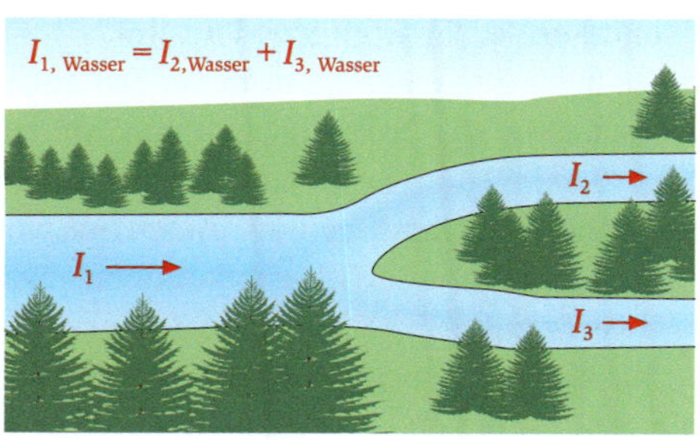

B3 Beim Verzweigen des Flusses ändert sich die Gesamtmenge des strömenden Wassers nicht.

1. Druckunterschiede bringen Wasser zum Strömen

Am Grund eines tiefen Brunnens ist der Wasserdruck groß, trotzdem ruht dort das Wasser. Das Gleiche gilt für Luft: Im Autoreifen herrscht großer Druck, trotzdem strömt in ihm die Luft nicht.

In → V1 zeigt das Rädchen erst dann eine Strömung an, wenn die Zylinder verschieden hoch mit Wasser gefüllt sind. Dann ist der Schweredruck an beiden Enden des waagerechten Verbindungsrohres verschieden groß.

Öffnet man den Hahn einer Wasserleitung, so fließt Wasser. Der **Druckunterschied** zwischen Leitung (4 bar) und Umgebung (1 bar) ist die Ursache, der Antrieb für das Strömen. Das Gleiche gilt für die Luft im Reifen, wenn man das Ventil öffnet.

Merksatz

Flüssigkeiten und Gase strömen in waagerechten Leitungen von Orten hohen Drucks zu Orten niedrigeren Drucks. Druckunterschiede sind *Antriebe* für **Strömungen.**

Die auf Wasser wirkende Schwerkraft kann aber auch Antrieb für das Strömen sein, z. B. bei einem bergab fließenden Bach.

2. Die Stromstärke

Im Verkehrsfunk wird starker Verkehr gemeldet. Wie könnte man die Stärke des Verkehrs genauer fassen? Jan zählt die Autos, die in der Zeit t unter ihm auf einer Spur durchfahren → B1a. Zählt er z. B. 40 Autos in 5 Minuten, so sagt er, im Mittel fuhren 40/5 = 8 Autos je Minute. Also bildet er den Quotienten aus Autozahl n und der Messzeit t. Er erhält die

$$\textbf{Verkehrsstromstärke} = \frac{\textbf{Anzahl der Autos}}{\textbf{Zeit}}, \text{ kurz: } I = \frac{n}{t}.$$

Auf zwei Fahrspuren zählt Jan in gleicher Zeit (bei gleicher Geschwindigkeit der Autos) zusammen etwa doppelt so viele Autos. Folglich ist dann die Verkehrsstromstärke doppelt so groß, obwohl die Geschwindigkeit der Autos gleich ist.

Bei strömendem Wasser kann man die einzelnen Wasserteilchen nicht sehen. Trotzdem kann man die Stromstärke des Wassers bestimmen. Man misst z. B. die Menge des Wassers, das in einer frei gewählten Zeit *t* aus einem Wasserhahn fließt:

$$\textbf{Wasserstromstärke} = \frac{\textbf{Wasservolumen}}{\textbf{Zeit}} \textbf{ in } \frac{\textbf{l}}{\textbf{s}}.$$

Beim Füllen der Badewanne drehst du den Hahn voll auf, du sorgst dafür, dass möglichst viel Wasser pro Minute fließt, das heißt, dass die Wasserstromstärke groß ist → B2.
Du weißt aus Erfahrung, dass das Wasser eines Flusses an Engstellen schneller fließt als im breiten Flussbett. Trotzdem ist die Wasserstromstärke des Flusses an beiden Stellen gleich groß → B1c. Verwechsle also nicht Stromstärke und Strömungsgeschwindigkeit!

3. Stromverzweigungen

Im → B3 verzweigt sich ein Wasserstrom. Da bei der Verzweigung kein Wasser verloren geht und kein Wasser dazu kommt, fließt genau soviel Wasser auf die Verzweigung zu wie von ihr weg. In der Physik nennt man solche Verzweigungen **Knoten.** Im Straßenverkehr nennt man solche Stellen Verkehrsknotenpunkte. In → B4 fließt aus dem linken Rohr in jeder Sekunde so viel Wasser zur Verzweigung hin wie durch die anderen Rohre insgesamt abfließt. Es gilt die **Knotenregel:**

Merksatz

Die zu einem Knoten hin fließenden Ströme sind zusammen so stark wie die vom Knoten weg fließenden Ströme.

4. Wovon hängt die Stromstärke ab?

- Je größer der Druck in einem Radreifen ist, desto lauter zischt es beim Öffnen des Ventils. → V1 zeigt, dass das Wasser umso schneller fließt, je größer der Druckunterschied zwischen den Enden des Verbindungsrohres ist.
- In → V2 erkennt man, dass der Schlauch das Strömen des Wassers verlangsamt. Er setzt der Strömung **Widerstand** entgegen. → V3 zeigt, wovon der Widerstand abhängt: Mit einem kurzen, dicken Trinkhalm ist der Becher schnell geleert. Bei einem langen, dicken Halm dauert es deutlich länger. Bei einem langem, dünnen Halm gibt der Schüler auf.

Diese Beispiele zeigen:

Merksatz

- Je größer der Druckunterschied (der Antrieb) bei einer Strömung ist, desto größer ist die Stromstärke.
- Eine Leitung setzt der Strömung von Flüssigkeiten und Gasen einen Widerstand entgegen: Je länger und je dünner die Leitung, desto größer der Widerstand, umso kleiner die Stromstärke.

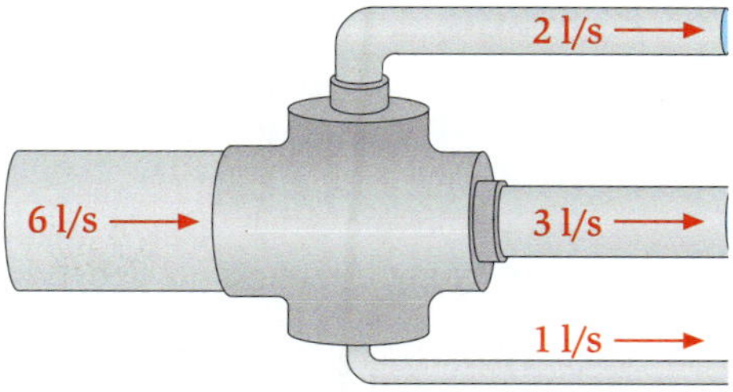

B4 Die Stromstärke im linken Rohr ist 6 l/s. Die Stromstärken des durch die anderen Rohre abfließenden Wassers betragen 2 l/s, 3 l/s und 1 l/s – zusammen also auch 6 l/s. In jeder Sekunde fließen auf den Knoten 6 l Wasser zu, insgesamt aber auch 6 l ab.

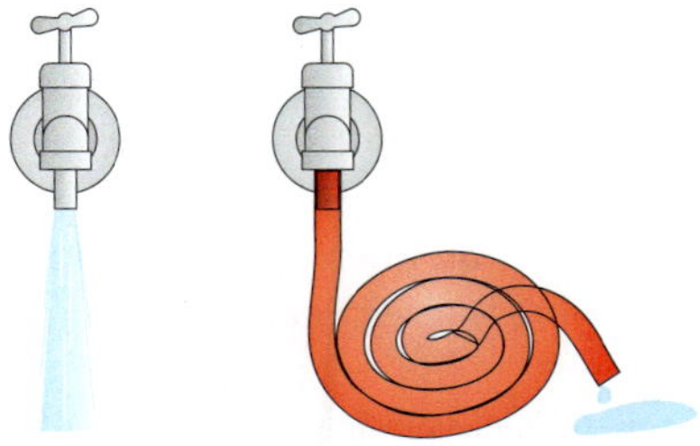

V2 Aus dem Wasserhahn ohne Schlauch spritzt das Wasser mit großer Geschwindigkeit heraus. Muss es einen langen Schlauch durchfließen, ist der Strahl deutlich schwächer, die Stromstärke kleiner.

V3 Je länger und dünner das Rohr, umso größer der Strömungswiderstand.

Mach's selbst

A1 Die Brunnen eines Wasserwerks fördern maximal 400 l/s und 300 l/s. Damit werden eine Stadt (Bedarf 500 l/s) und ein Dorf (100 l/s) versorgt. Eine Neubausiedlung würde 80 l/s verbrauchen. Kann auch sie noch versorgt werden?

A2 Eine Badewanne (140 l) wird in 20 min gefüllt. Bereche die Wasserstromstärke.

Das ist wichtig

1. Viele Beobachtungen an Gasen, Flüssigkeiten und Festkörpern lassen sich durch das **Teilchenmodell** erklären: Die Moleküle eines **Gases** sind in ständiger schneller Bewegung. Bei Zusammenstößen verhalten sie sich wie (ideale) Tennisbälle. Da ihr mittlerer Abstand groß ist, lassen sich Gase komprimieren.

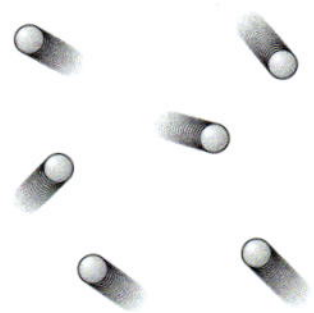

Die Moleküle einer **Flüssigkeit** sind so dicht gepackt, dass sie mit anziehenden Kräften aufeinander einwirken. Ihr mittlerer Abstand lässt sich kaum verkleinern – man kann Flüssigkeiten nicht zusammendrücken. Teilchen einer Flüssigkeit sind leicht gegeneinander verschiebbar, dadurch bildet eine Flüssigkeit eine waagerechte Oberfläche und passt sich der Gefäßform an.

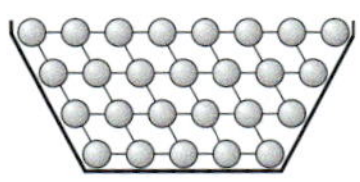

Die Moleküle von **Festkörpern** sind an ihren Ort gebunden. Sie führen um diesen Schwingungen aus.

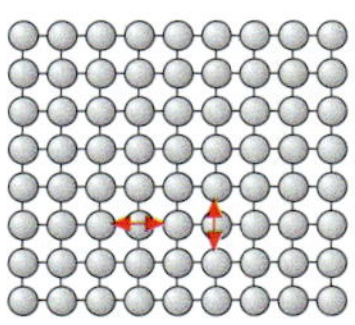

Durch den Ölfleckversuch erkannten wir: Der **Durchmesser eines Ölmoleküls** beträgt $\frac{1}{1\,000\,000}$ mm.

2. Steht eine ruhende Flüssigkeit oder ein ruhendes Gas unter Druck, so gilt:

- Auf jede Begrenzungsfläche A wirkt eine Kraft F. Es gilt: $\boldsymbol{F \sim A}$
- Die Kraft steht senkrecht auf der Fläche.

3. Der **Druck** $\boldsymbol{p}$ ist definiert durch

$$p = \frac{F}{A}.$$

Einheiten des Drucks sind **1 Pa (Pascal)** und **1 bar.**

$$1 \text{ Pa} = 1\,\frac{\text{N}}{\text{m}^2};\ 1 \text{ hPa} = 100 \text{ Pa} = 1\,\frac{\text{cN}}{\text{cm}^2}$$

$$1 \text{ bar} = 100\,000 \text{ Pa} = 10\,\frac{\text{N}}{\text{cm}^2}.$$

4. In einer Flüssigkeit herrscht ein **Schweredruck.** Er nimmt mit der Tiefe zu. In Wasser wächst der Schweredruck je 10 m um 1 bar.

5. Druckunterschiede sind Ursache von **Strömungen.**

$$\text{Wasserstromstärke } I = \frac{\text{Wassermenge}}{\text{Zeit}} \text{ in } \frac{\text{l}}{\text{s}}$$

- Je größer der **Druckunterschied** (Antrieb), umso größer die Stromstärke.
- Je kleiner der **Widerstand** der Leitung, umso größer die Stromstärke. – Je länger und je dünner die Leitung, umso größer ihr Widerstand.

Kennst du dich aus?

A1 Nimm eine Plastiktüte, erzeuge durch Aufblasen im Innern einen Überdruck und sauge dann alle Luft heraus.
Beschreibe die Veränderungen der Plastikhaut als Grenze zwischen Innen und Außen. Erkläre die Veränderungen mit den Kräften an der Grenze.

A2 *Für scharfe Denker:*
In Wasser ist der Schweredruck der Eintauchtiefe proportional. Die Druckkurve (Druck in Abhängigkeit der Tiefe) ist also eine Gerade. Woran mag es liegen, dass die Druckkurve in Luft (siehe Abschnitt *Schweredruck*) gekrümmt ist?

A3 Füllt man in eines der miteinander verbundenen Gefäße Wasser, so strömt das Wasser so lange in die anderen, bis der Wasserspiegel überall gleich hoch ist.

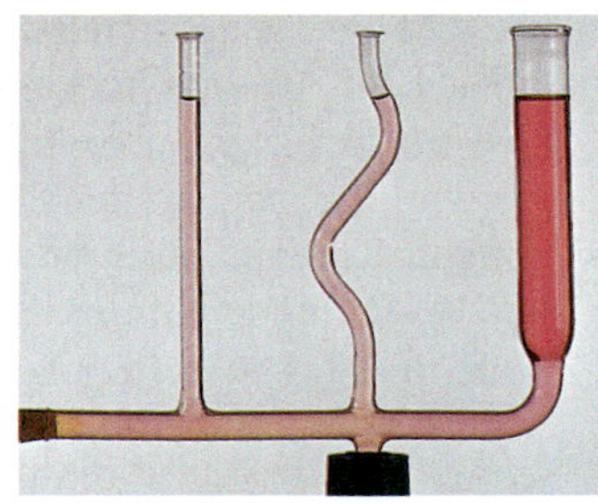

a) Erkläre die Beobachtung.
b) Unser Wasserleitungssystem besteht im Prinzip auch aus verbundenen Rohren. In manchen Städten gibt es noch Wassertürme. Welche Funktion haben sie? Erkundige dich nach dem Aufbau des Wasserleitungssystems in deiner Stadt. Wie wird der nötige Druck hergestellt?

A4 In einem großen Autoreifen beträgt der Luftdruck 2 bar, in einem Fahrradreifen 4 bar. Beide Reifen werden mit einem Schlauch so verbunden, dass Luft strömen kann. In welche Richtung strömt die Luft?

A5 In Passau fließen Inn und Ilz in die Donau. Beim Jahrhunderthochwasser 2002 betrugen ihre Stromstärken: Donau 2 100 000 l/s, Inn 5 600 000 l/s, Ilz 310 000 l/s. Wie groß war die Wasserstromstärke der Donau unterhalb des Zusammenflusses?

A6 In eine Ausfallstraße münden drei Einbahnstraßen. Die Tabelle zeigt das Verkehrsaufkommen:

Straße	1	2	3
Geschwindigkeit	30 km/h	50 km/h	60 km/h
Autos pro min	20	15	10

Mit wie vielen Fahrzeugen pro Minute ist auf der Ausfallstraße zu rechnen, wenn dort 80 km/h zugelassen sind? Braucht man zum Lösen alle Angaben?

A7 Auf manchen Verpackungen von Lebensmitteln steht *„vakuumverpackt"*.

a) Begründe, weshalb Firmen diese Art der Verpackung wählen.

b) Überlege, weshalb so verpackte Speisen sich hart anfühlen.

c) Stellt man ein Paket vakuumverpackten Kaffees unter die Glocke einer Pumpe und pumpt

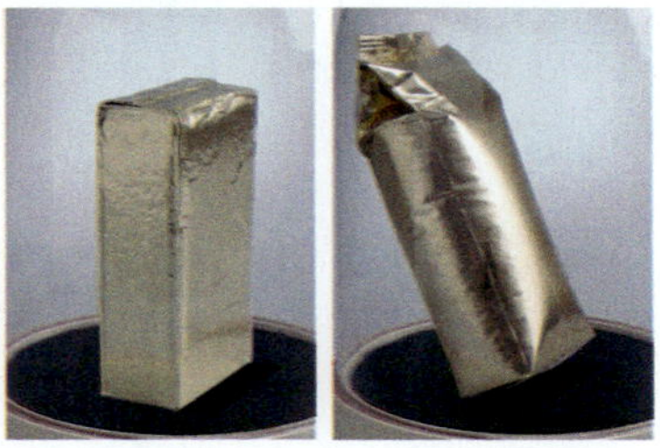

die Luft ab, so ändert sich die Form der Packung.
Erkläre die Veränderung.
Was meinst du nun zum Werbeslogan *„vakuumverpackt"*?

A8 Du hast sicher schon oft Flüssigkeiten mithilfe eines Trinkhalms getrunken.

a) Erkläre, weshalb die Flüssigkeit beim „Saugen" hochsteigt.

b) Gedankenversuch: Wie lange dürfte der Halm höchstens sein, damit das „Saugen" klappt.

c) Ein Gärtner will mit seiner Elektropumpe Wasser aus einem Brunnen holen. Es gibt Saugpumpen, die oben im Trockenen stehen und Druckpumpen, die unten im Wasser angebracht sind.
Von welchen Bedingungen hängt die Wahl der Pumpe ab? Begründe deine Aussage.

Interessantes

Der Luftdruck

A. Die Magdeburger Halbkugeln

Ein berühmtes Experiment:
1650 ließ Otto von GUERICKE zwei große kupferne Halbkugeln anfertigen. Er setzte sie luftdicht zusammen und pumpte den Innenraum mit der von ihm konstruierten Kolbenpumpe leer. Zur Verblüffung der Zuschauer konnten erst zweimal acht Pferde die Halbkugeln auseinander reißen. Pumpen und Halbkugeln sind heute noch im Deutschen Museum in München zu sehen. In jener Zeit stritten die Gelehrten, ob es einen von Materie freien Raum gibt. GUERICKE wies diesen durch sein eindrucksvolles Experiment nach.

B. Nun messen wir den Luftdruck

Legt in einen wassergefüllten Eimer einen etwa 12 m langen, durchsichtigen, dickwandigen Plastikschlauch. Sorgt dafür, dass der zusammengerollte Schlauch mit Wasser gefüllt ist. Das untere, offene Ende bleibt im Wasser. Verschließt das obere Ende mit einem Gummistopfen. Mit diesem Ende steigt einer von euch das Treppenhaus hoch.

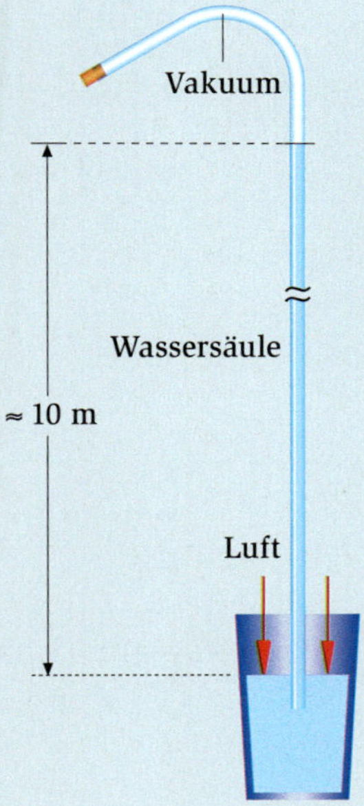

Arbeitsaufträge:

1 Beobachtet das Wasser im Schlauch. Wie hoch wird die Wassersäule?

2 Das Wasser steigt nur bis zu einer bestimmten Höhe. Überlegt, was sich dann oberhalb des Wasserspiegels befindet.

3 Die Luft drückt auf das Wasser und presst das Wasser in den hochgezogenen Schlauch. Berechnet aus der Höhe der Wassersäule den Luftdruck.

Temperatur und Energie

Das kannst du in diesem Kapitel erreichen:

- Du kannst zwischen gefühlt „warm“ oder „kalt“ und messbarer Temperatur unterscheiden.
- Du kannst in einem Experiment eine Celsius-Temperaturskala herstellen.
- Du kannst die Begriffe innere Energie und Temperatur richtig verwenden.
- Du verstehst mit dem Teilchenmodell, wie Energie durch die Wand gelangt.
- Du verstehst, wie der Energiestrom in der Wand durch Dämmung vermindert wird. Der Vergleich mit einem Wasserstrom wird dir dabei helfen.

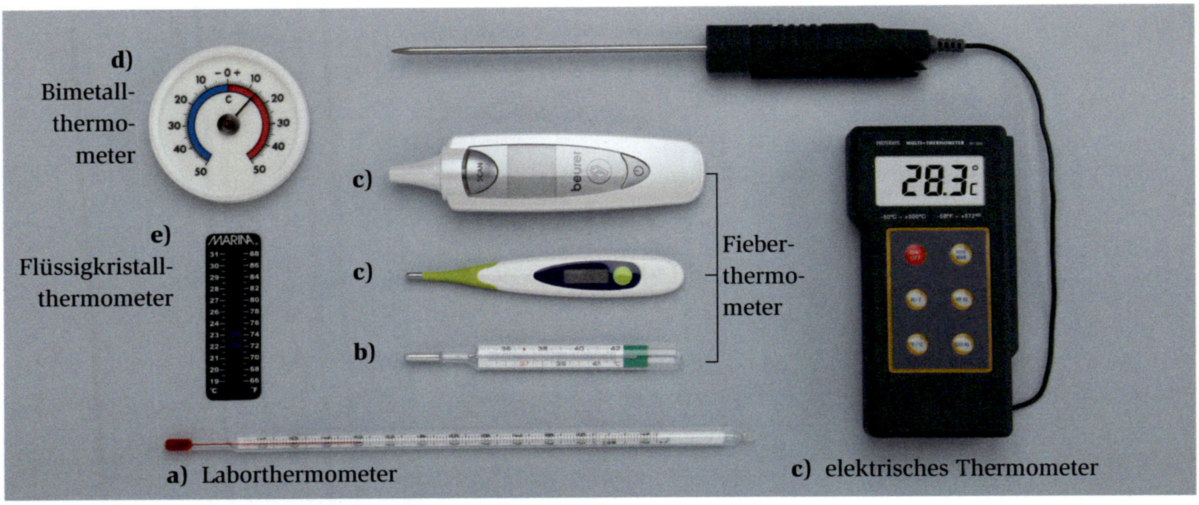

B1 Verschiedene Ausführungen von Thermometern

V1 Wir füllen einen Glaskolben mit Wasser. Dann verschließen wir den Glaskolben mit einem Stopfen mit Steigrohr und erhitzen ihn (z. B. mit einer Gasflamme). Der Wasserspiegel im Rohr beginnt nach einiger Zeit zu steigen. Lassen wir dann das Wasser im Kolben abkühlen, so sinkt auch der Wasserspiegel im Rohr wieder. Damit haben wir ein Flüssigkeitsthermometer (noch ohne Skala) gebaut.

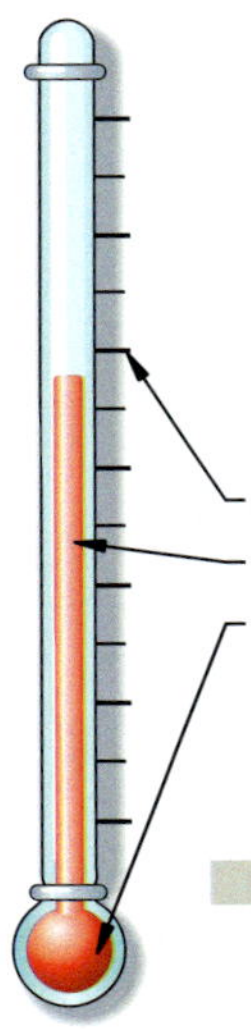

V2 Wir tauchen ein Flüssigkeitsthermometer, das noch keine Skala hat → **B2**, in ein Gefäß mit „Eiswasser" (Wasser mit zerkleinertem Eis) und rühren vorsichtig um. Die Flüssigkeitssäule sinkt. Ihre Kuppe bleibt schließlich an einem bestimmten Punkt stehen. Man nennt diesen so erhaltenen „Fixpunkt" den Schmelzpunkt und schreibt ihm die Temperatur 0 °C zu (sprich: null Grad Celsius). Anschließend tauchen wir das Gerät in siedendes Wasser. Die Flüssigkeitssäule stellt sich nun auf einen anderen Fixpunkt ein, den Siedepunkt des Wassers. Man schreibt ihm die Temperatur 100 °C zu (bei normalem Druck von 1013 hPa).

1. Thermometer

Sicher hast du vor dem Schwimmen schon einmal heiß geduscht. Nach dem Sprung ins Wasser hast du gefroren, obwohl deine Körpertemperatur schon höher als normal war. „Frieren" ist keine objektive Temperaturangabe. Es ist eine Empfindung als Folge eines Reizes aus der Umgebung, der den Körper veranlasst, wieder die richtige Temperatur einzuregeln. Auch der „Schüttelfrost" ist kein objektives Anzeichen einer zu niedrigen Temperatur. Er ist der Trick der Natur, die zur Abwehr einer Infektion benötigte höhere Körpertemperatur zu erzielen.

Wollen wir die **Temperatur** eines Gegenstandes objektiv messen, benutzen wir in der Physik Messgeräte. Sie heißen **Thermometer** und sind unabhängig von den Empfindungen des Menschen.

Flüssigkeiten dehnen sich beim Erhitzen aus. In → **V1** nutzen wir dies zum Bau eines einfachen Flüssigkeitsthermometers aus. Die Flüssigkeit befindet sich in einem dünnen Glasrohr. Dehnt sie sich aus, braucht sie mehr Platz und steigt deshalb in dem Glasrohr hoch. So zeigt die Flüssigkeit ihre eigene Temperatur an, die Temperatur des Thermometers.

Will man die Temperatur eines *anderen* Körpers bestimmen, so muss man das Thermometer in Kontakt mit diesem Körper bringen. Dann geht Energie von selbst vom heißeren zum kälteren Körper über, bis die Temperaturen sich angeglichen haben. Danach ändert sich die Höhe der Flüssigkeitssäule im Steigrohr nicht mehr. Das dauert beim Fiebermessen etwa drei Minuten. Die Thermometerflüssigkeit hat dann die gleiche Temperatur wie der Kranke. Die Flüssigkeit zeigt also auch dessen Temperatur an.

2. Wie gewinnt man eine Skala?

Der Abstand zwischen **Schmelzpunkt 0 °C** und **Siedepunkt 100 °C** → V2 wird nach einem Vorschlag von Anders CELSIUS (1701–1744) in hundert gleiche Teile, **Grade** genannt, eingeteilt. Damit können wir die **Temperatur** eines Körpers angeben. Unscharfe Begriffe wie „kalt“ und „heiß“ werden so durch exakte Zahlenwerte mit Einheit präzisiert. Wir sind heute damit vertraut und übersehen leicht, dass der Begriff „Temperatur“ erst mit der Erfindung des Thermometers geschaffen worden ist. Davor konnte man z. B. der Körpertemperatur keinen bestimmten Wert zuordnen.
Die an der **Celsius-Skala** gemessene Temperatur bezeichnen wir mit dem griechischen Buchstaben ϑ (sprich: Theta). Um auch tiefere Temperaturen als 0 °C messen zu können, setzt man die Celsius-Skala unter 0 °C fort und trägt dort negative Celsius-Grade (–1 °C, –2 °C usw.) ein. Für Temperaturen über 100 °C verlängert man die Celsius-Skala entsprechend über 100 °C hinaus → T1. Man muss zwischen Temperaturpunkten ϑ_1 oder ϑ_2 (Angabe in °C) und Temperatur*differenzen* $\Delta\vartheta = \vartheta_2 - \vartheta_1$ unterscheiden. Die Differenzen geben wir in der **Einheit K (Kelvin)** an (nach dem englischen Physiker William Lord KELVIN; 1824–1907). Die neue Einheit hilft uns, Verwechslungen zu vermeiden. Steigt z. B. die Temperatur von $\vartheta_1 = -2$ °C auf $\vartheta_2 = +9$ °C, so beträgt die Temperaturdifferenz $\Delta\vartheta = \vartheta_2 - \vartheta_1 = 11$ K.

3. Thermometer für verschiedene Zwecke

Ein Thermometer an der Außenwand eines Hauses sollte Temperaturen zwischen –50 °C und +50 °C messen können → B1d, innerhalb des Hauses genügt ein Messbereich von +10 °C bis +30 °C. Bei einem Fieberthermometer reicht sogar der Bereich von +36 °C bis +42 °C, aber dafür sollen noch Temperaturunterschiede von 0,1 K ablesbar sein. Beim früher gebräuchlichen Quecksilberthermometer → B1b ist deshalb der Innendurchmesser des Steigrohres sehr klein und gleichzeitig das Thermometergefäß an seinem unteren Ende groß. Schon eine geringe Temperaturerhöhung lässt dann die Flüssigkeitssäule erheblich steigen.
Nicht nur das Volumen, auch andere physikalische Größen hängen eindeutig von der Temperatur ab. Jede dieser Größen kann man zur Temperaturmessung benutzen → **Interessantes**.

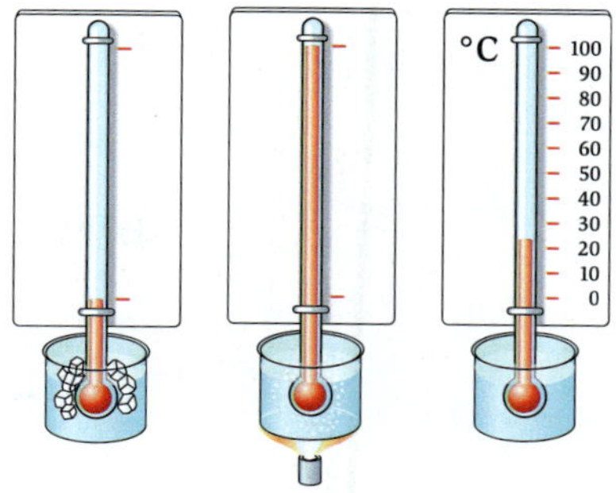

B2 Wir stellen eine Thermometerskala her

Tiefste im Labor erzeugte Temperatur	–273 °C
Tiefste Temperatur in der Antarktis	–94 °C
Körpertemperatur des Menschen etwa	37 °C
Höchste Temperatur in Wüsten	59 °C
Temperatur einer Gasflamme etwa	1 600 °C
Temperatur eines Glühlampendrahtes	2 000 °C
Temperatur der Sonnenoberfläche ca.	6 000 °C
Temperatur im Sonneninneren	~ 10^7 °C

T1 Einige bemerkenswerte Temperaturen

Interessantes

Thermometerarten

Flüssigkeitsthermometer sind einfach aufgebaut, jedoch leider nur in einem kleinen Temperaturbereich verwendbar. Quecksilber wird bei –39 °C fest und siedet bei +357 °C. Reiner Alkohol ist zwischen etwa –70 °C und +60 °C verwendbar.
In *elektrischen Thermometern* → B1c nutzt man die Temperaturabhängigkeit der elektrischen Eigenschaften, z. B. des Widerstands, vieler Leiter aus. Bei elektrischen Thermometern kann der Messfühler weit vom Anzeigegerät entfernt sein. Sie eignen sich gut als *Fernthermometer*. Die Messwerte können als elektrische Größen leicht vom Computer verarbeitet werden.

Mach's selbst

A1 Dein Bruder sagt, er traue dem Flüssigkeitsthermometer nicht mehr, es scheine falsch anzuzeigen. Wie kann man es prüfen?

A2 Erläutere: Für welchen Zweck werden die in → B1 gezeigten Thermometer benutzt? Welche Thermometer sind Flüssigkeitsthermometer? Bei welchen Thermometern ist eine Temperaturanzeige fern von der Messstelle möglich → **Interessantes**?

A3 CELSIUS hatte anfangs den Schmelzpunkt mit 100 °C, den Siedepunkt mit 0 °C bezeichnet. Diskutiere, ob die Empfindung „heißer“ auch zwingend „höhere Temperatur“ bedeutet.

Die thermische Ausdehnung

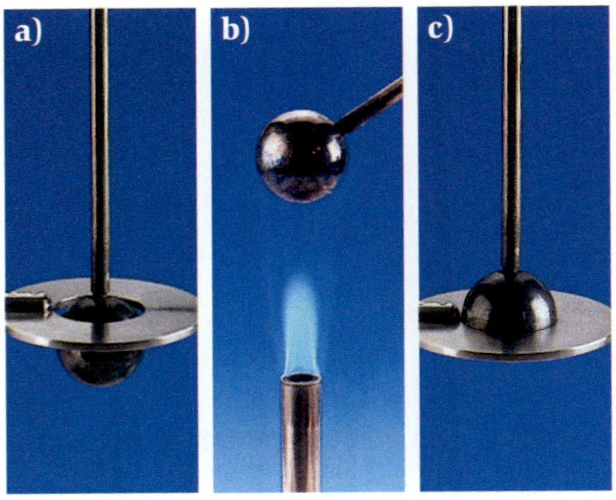

V1 **a)** Eine Messingkugel geht bei Zimmertemperatur nur knapp durch einen Messingring hindurch. **b)** Nun wird sie mit einem Bunsenbrenner erhitzt. **c)** Die erhitzte Kugel bleibt stecken. Offensichtlich hat sie sich ausgedehnt.

V2 Wir spannen ein Eisenrohr am linken Ende fest ein **→ B3**. Das andere Ende liegt auf einem beweglichen Steg. Jede Längenänderung des Rohres kippt den Steg ein wenig um D und wird so von der Spitze eines langen Zeigers vergrößert angezeigt. Wir leiten nun Wasser durch das Rohr, zunächst kaltes und dann solches mit jeweils etwas höherer Temperatur. Jedes Mal bestimmen wir die eintretende Längenzunahme.

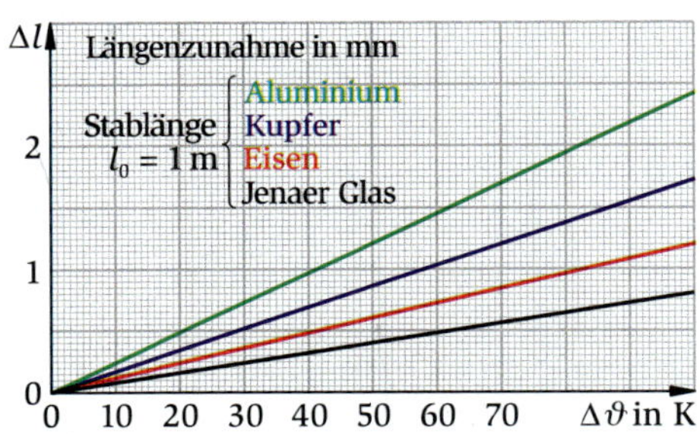

B1 Längenzunahme in Abhängigkeit von der Temperaturerhöhung

B2 Herstellung eines Hohlspiegels

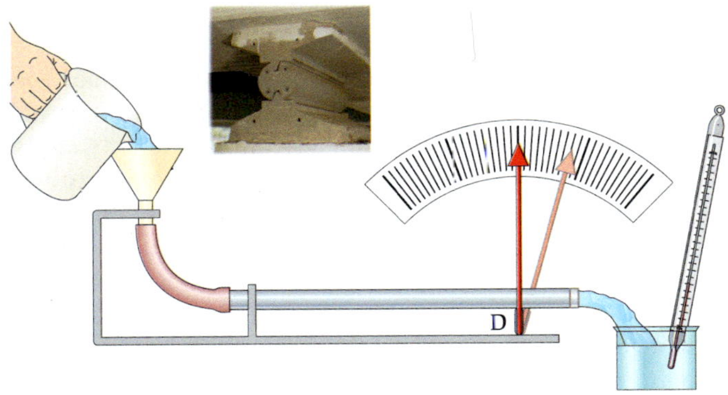

B3 So können wir die thermische Ausdehnung messen.

1. Wie dehnen sich feste Körper aus?

Die *thermische* (durch Temperaturerhöhung bewirkte) Ausdehnung fester Körper hat in der Praxis große Bedeutung. Du weißt sicher, dass eine Brücke aus Stahl im Sommer länger ist als im Winter. Ingenieurinnen und Ingenieure müssen sogar berechnen können, wie groß diese Längendifferenz ist.

Um diese Frage schon *vor* dem Bau der Brücke beantworten zu können, untersucht man ein kleines Modell aus dem gleichen Material. In **→ V2** nehmen wir zur Vereinfachung ein Eisenrohr von 1,00 m Länge. Nacheinander leiten wir Wasser mit immer höherer Temperatur durch dieses Rohr und messen jedes Mal die Längenzunahme.

Tragen wir in einem Diagramm die Längenzunahme Δl über der Temperaturerhöhung $\Delta\vartheta$ auf, so erhalten wir eine Ursprungsgerade **→ B1**. Für die thermische Ausdehnung gilt also $\Delta l \sim \Delta\vartheta$.

Für Rohre aus anderem Material ergeben sich ebenfalls Geraden, aber mit jeweils anderen Steigungen **→ B1**. Eine größere Steigung bedeutet, dass bei gleicher Temperaturzunahme die Längenzunahme vergleichsweise stärker ist. Die thermische Ausdehnung hängt also auch vom Material ab.

Für einige Materialien findest du Werte in **→ T1**. Für spezielle Anwendungen wurden Glaskeramiken entwickelt, die praktisch keine thermische Ausdehnung zeigen, z. B. Ceran® für Kochfelder von Küchenherden oder Zerodur® für die Herstellung der großen Spiegel astronomischer Teleskope **→ B2**.

Merksatz

Im Allgemeinen dehnen sich feste Körper bei Temperaturerhöhung aus, bei Temperaturerniedrigung ziehen sie sich zusammen.
Die Stärke der Ausdehnung hängt bei gleicher Temperaturerhöhung vom Material ab.

2. Versuch im Kleinen – Vorhersage fürs Große

Wird die thermische Ausdehnung eines Körpers behindert, können sehr große Kräfte auftreten. In → V3 wird dadurch ein fingerdicker Eisenbolzen zerbrochen. Im Großen kann durch solche Kräfte sogar eine Brücke zerstört werden! Dicke Eisenbahnschienen sind schon bei großer sommerlicher Hitze verbogen worden, als wären sie Spaghetti.

Es ist deshalb sehr wichtig, schon vor dem Bau großer Bauwerke vorhersagen zu können, mit welchen Ausdehnungen man rechnen muss. Eine solche Vorhersage wollen wir nun gemeinsam versuchen. → T1 entnehmen wir:

- Ein 1 m langer Eisenstab dehnt sich bei einer Temperaturerhöhung von $\Delta\vartheta = 100$ K um 1,2 mm aus.
- Eine 80 m lange Brücke würde sich (wieder bei $\Delta\vartheta = 100$ K) dann 80-mal so stark, also um $80 \cdot 1{,}2$ mm $= 96$ mm, ausdehnen.
- In Mitteleuropa wird eine Brücke Temperaturschwankungen zwischen $\vartheta_1 = -20\,°\text{C}$ und $\vartheta_2 = +30\,°\text{C}$ ausgesetzt. Man muss also mit einer Temperaturdifferenz von nur $\Delta\vartheta = 50$ K rechnen und nicht mit 100 K.
  $\Delta\vartheta = 50$ K führt zu $96\text{ mm} \cdot 50\text{ K}/100\text{ K} = 48$ mm Verlängerung.

Bei der Konstruktion wird dies berücksichtigt. Ein Brückenende wird dazu auf stabilen Stahlrollen beweglich gelagert. Du kannst es im Hintergrund von → B3 erkennen. In die Fahrbahn wird eine Dehnungsfuge eingelassen, damit sie nicht aufreißt.

3. Bimetallstreifen

Zwei Blechstreifen, z. B. aus Messing und Eisen, die man fest miteinander verschweißt oder vernietet hat, bilden einen so genannten Bimetallstreifen → B4. Beim Erhitzen biegt er sich zu der Seite, an der sich das Metall weniger ausdehnt. Versieht man das Ende des Bimetallstreifens mit einem Zeiger über einer Skala, erhält man ein *Bimetallthermometer.* Ist der Streifen lang genug, führt schon eine mäßige Temperaturänderung zu einer deutlichen Auslenkung des Zeigers. Wickelt man ihn zu einer Spirale, so passt er sogar in ein kleines Gehäuse.

Bringt man an einen Bimetallstreifen elektrische Kontakte an, so erhält man einen *Bimetallschalter.* Dieser kann beim Überschreiten einer bestimmten Temperatur automatisch Feueralarm auslösen. Aber nicht immer muss es so dramatisch sein. Im Bügeleisen schaltet er die Heizung aus, wenn eine bestimmte Temperatur überschritten wird. Kühlt sich das Bügeleisen danach ab, so schließt sich der Kontakt (man hört ein leises Klicken), und die Heizung arbeitet wieder. So wird der Bimetallschalter zu einem Regler, der als **Thermostat** die Temperatur des Bügeleisens nahezu konstant hält.

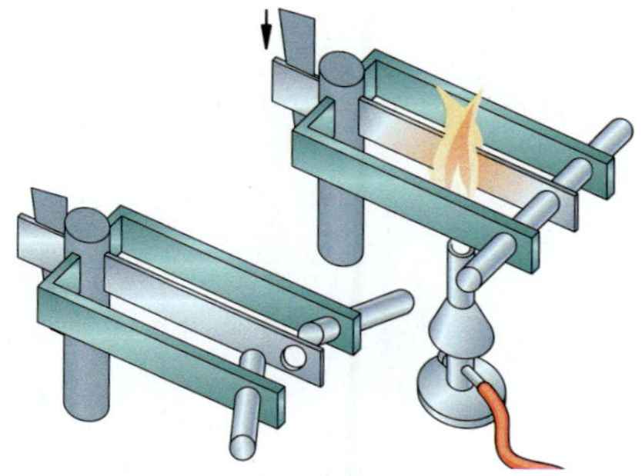

V3 In eine stabile Haltevorrichtung wird ein Eisenstab mit einer Querbohrung eingesetzt. Ein durch diese Bohrung geschobener gusseiserner Bolzen hält ein Ende des Stabes; ein Keil am anderen Ende spannt den Stab fest ein. Erhitzt man den Stab, so dehnt er sich aus. Man kann jetzt den Keil weiter hineintreiben. Kühlt sich der Stab wieder ab, so zieht er sich zusammen und zerbricht den Bolzen. (Vorsicht vor wegfliegenden Bruchstücken!)

Material	Dehnung Δl in mm	Material	Dehnung Δl in mm
Zink	2,6	Chrom	0,9
Alumin.	2,4	Jenaer Glas	0,8
Messing	1,9	Porzellan	0,3
Kupfer	1,7	Invarstahl	0,15
Eisen	1,2	Quarzglas	0,06
Beton	1,2	Glaskeramik	< 0,01

T1 Ein Stab mit der Ausgangslänge $l_0 = 1$ m dehnt sich bei einer Temperaturerhöhung von 0 °C auf 100 °C um Δl aus.

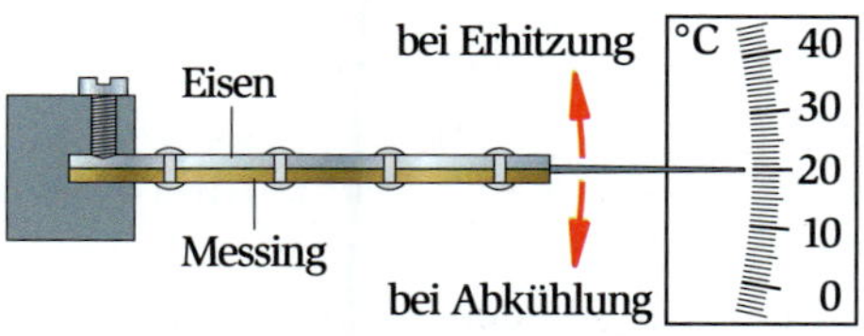

B4 Dieser Bimetallstreifen biegt sich bei Erhitzung nach oben, denn Messing dehnt sich stärker aus als Eisen.

Mach's selbst

A1 Warum kann man Stahlbeton zum Hausbau benutzen → T1? Begründe.

A2 In → V1 fällt die steckengebliebene Kugel nach einiger Zeit wieder durch die Öffnung. Suche nach Gründen hierfür. Diskutiere deine Vermutung mit der Klasse.

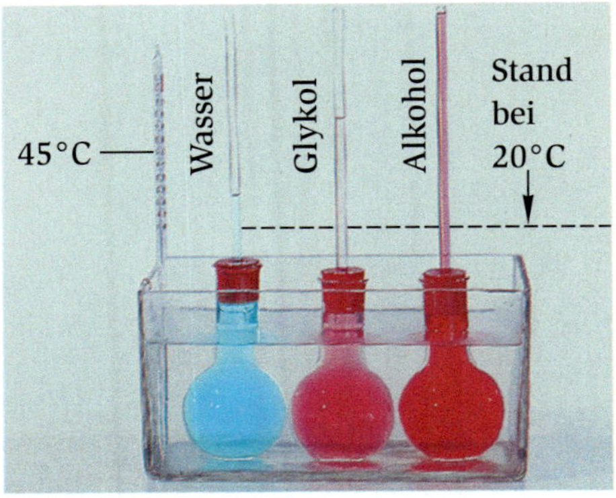

V1 Wir füllen einen Glaskolben mit *Wasser,* einen zweiten mit *Glykol* und einen dritten mit *Alkohol* (jeweils $V = 250\ \text{cm}^3$ und $\vartheta = 20\ °\text{C}$). Die drei Kolben versehen wir mit Steigrohren gleicher Weite und tauchen sie dann in Wasser von etwa 45 °C. Nach kurzer Zeit steigen die Flüssigkeitssäulen in allen drei Rohren beträchtlich. Sie erreichen schließlich verschiedene Höhen.

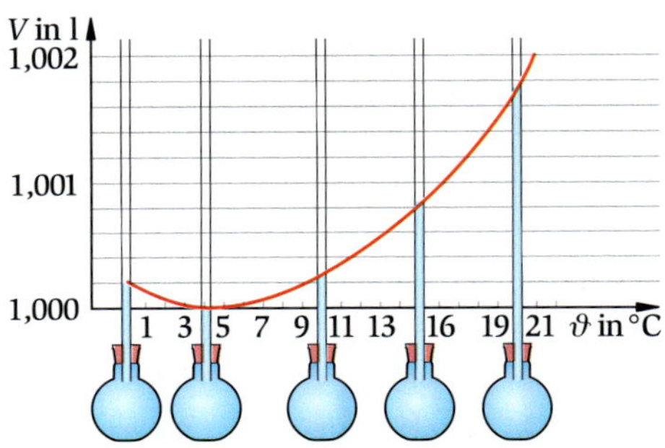

V2 Mithilfe eines sehr dünnen Steigrohres messen wir die Ausdehnung von Wasser im Bereich von 0 °C bis etwa 20 °C. Es ergibt sich die dargestellte Kurve. Die Dichte des Wassers verhält sich *anomal.*

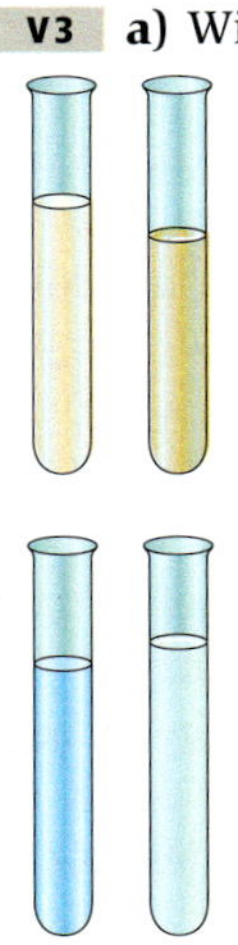

V3 **a)** Wir erhitzen ein mit *Wachs* gefülltes Reagenzglas im Wasserbad, bis das Wachs geschmolzen ist. Dann lassen wir das Wachs abkühlen und erstarren. Dabei senkt sich die Oberfläche.

b) Nun füllen wir *Wasser* in ein Reagenzglas und tauchen es dann in eine so genannte Kältemischung (eine Mischung aus Eis und Salz, mit der Temperaturen unter 0 °C erreicht werden). Das Wasser gefriert und bildet einen Eiszylinder. Er ist höher als die Wassersäule.

4. Wir untersuchen nun Flüssigkeiten genauer

Wir haben nachgewiesen, dass feste Körper sich bei einer Temperaturerhöhung ausdehnen. Wie stark die Ausdehnung ist, hängt neben der Temperaturdifferenz auch vom Material ab. Auch Flüssigkeiten benötigen mehr Platz, wenn die Temperatur steigt. Diese Eigenschaft haben wir ja schon früher ausgenutzt, um ein Thermometer zu bauen. (Die Teilchen tanzen bei hoher Temperatur eine Art „Teilchen-Rock'n-Roll". Dazu brauchen sie mehr Platz als beim „Tango" der tiefen Temperatur.) **→ V1** zeigt nun, dass sich auch verschiedene Flüssigkeiten beim Erhöhen der Temperatur unterschiedlich stark ausdehnen.

Merksatz

Verschiedene Flüssigkeiten dehnen sich bei gleicher Temperaturerhöhung unterschiedlich stark aus.

5. Wasser ist ein Außenseiter

Untersucht man, wie das Volumen von 1 kg Wasser von der Temperatur abhängt, so erhält man bei sehr genauen Messungen die Kurve aus **→ V2**. (Jede noch so kleine thermische Ausdehnung des Glasgefäßes würde das Ergebnis des Versuches verfälschen. Man nimmt deshalb einen Kolben aus „Nullausdehnungs"-Material.) Der Versuch zeigt, dass sich Wasser bei einer Temperaturerhöhung von 0 °C bis 4 °C zunächst zusammenzieht. Erst wenn man es über 4 °C erhitzt, dehnt es sich wieder aus. Dies ist im Vergleich zu anderen Stoffen ein ungewöhnliches Verhalten. Man nennt es die **Anomalie des Wassers** (anomal, regelwidrig). Wenn Wasser aber bei 4 °C das kleinste Volumen hat, dann ist seine Dichte ($\varrho = m/V$) bei dieser Temperatur am größten.

Merksatz

Wasser hat bei 4 °C seine größte Dichte.

Schau dir noch einmal die Messkurve in **→ V2** an: Beim Dichtemaximum ändert eine kleine Temperaturabweichung fast nichts an der Dichte des Wassers. Deshalb gab man 1799 dem Urkilogramm möglichst genau die Masse von $1\ \text{dm}^3$ Wasser bei 4 °C.

6. Warum schwimmt Eis?

Kühlt man eine Flüssigkeit immer mehr ab, so wird sie schließlich fest. Denke dabei z. B. an Kerzenwachs. Wachs zieht sich beim Erstarren zusammen **→ V3a**. Den meisten anderen Stoffen geht es genauso. Wasser dagegen verhält sich auch hier anomal, es dehnt sich beim Erstarren aus und zwar um etwa 9 % seines Volumens bei 0 °C **→ V3b**. Eis hat folglich eine geringere Dichte als Wasser, deshalb geht es in Wasser nicht unter, sondern schwimmt wie ein Schiff. Der unter Wasser liegende Teil eines Eisbergs entspricht dabei etwa 9/10 des Gesamtvolumens!

Interessantes

A. Die Anomalie im Teilchenbild

Eis besteht wie flüssiges Wasser aus H_2O-Molekülen. Diese lassen sich im Wasser gegeneinander verschieben, im Eis dagegen sitzen sie ziemlich fest, sie bilden ein geordnetes Kristallgitter. Dort nehmen sie einen größeren Abstand voneinander ein und beanspruchen deshalb mehr Platz als im flüssigen Zustand. Kleine, sperrige Eiskristallklümpchen („Cluster") bilden sich schon unterhalb etwa +9 °C. Je weiter die Temperatur sinkt, desto mehr Cluster bilden sich. Ihr größerer Raumbedarf wirkt dem abnehmenden Wasservolumen entgegen – und gewinnt schließlich.

Wenn das Eis schmilzt, wird diese sperrige Ordnung nach und nach wieder aufgegeben, und die Moleküle rücken dichter zusammen. (Wenn man einen Haufen dünner Zweige zerkleinert und dadurch ihre sperrige Anordnung zerstört, wird der von der Holzportion benötigte Raum ebenfalls geringer.) Erhöht man die Temperatur des Schmelzwassers, werden nach und nach auch die noch verbliebenen Molekülgruppen zerkleinert, sodass sich das Volumen noch etwas verringert. Oberhalb von 4 °C überwiegt die normale thermische Ausdehnung des flüssigen Wassers. Ab hier verhält sich das Wasser „normal".

B. Die Anomalie des Wassers in der Natur

a) Im Frühjahr und Sommer wird das Wasser eines Sees von oben her erwärmt, z. B. durch die wärmere Luft oder durch die Sonneneinstrahlung. Es bildet sich eine Temperaturschichtung, bei der die Temperatur von oben nach unten abnimmt, denn das Wasser mit der höchsten Temperatur hat die geringste Dichte und bildet deshalb die oberste Schicht.

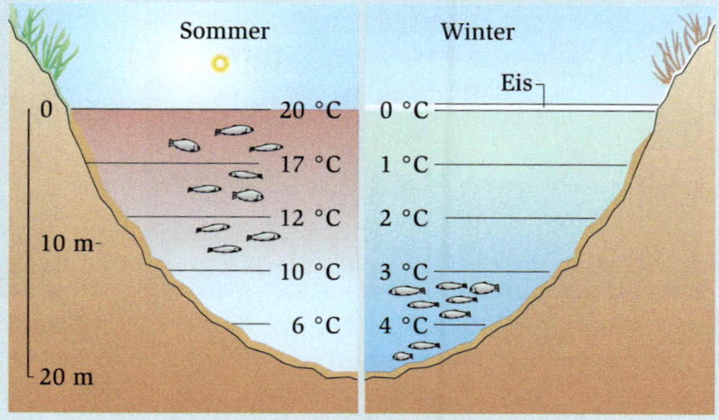

b) Im Herbst und Winter bildet sich eine andere Temperaturschichtung. Kühlt sich das Wasser an der Oberfläche ab, so nimmt zunächst seine Dichte zu; es sinkt nach unten. Dabei mischt es sich mit dem kälteren Wasser oder verdrängt dieses.

Die Umschichtung endet, wenn unten die Temperatur 4 °C erreicht ist. Wird das Oberflächenwasser noch kälter, so bleibt es oben, denn seine Dichte ist jetzt wieder kleiner als die in der darunterliegenden Schicht.

Stehende Süßwasserseen gefrieren deshalb stets von oben. In tieferen Schichten haben sie fast das ganze Jahr hindurch angenähert die Temperatur 4 °C. (In Salzwasser liegen andere Bedingungen vor.)

c) Bildet sich an der Oberfläche des Sees Eis, so schwimmt es wegen seiner geringeren Dichte. Eine geschlossene Eisdecke verzögert die Abkühlung tieferer Wasserschichten. Daher können dort Fische den Winter überstehen.

Mach's selbst

A1 Warum ist Wasser als Thermometerflüssigkeit ungeeignet, um Temperaturen unter +9 °C zu bestimmen? Nenne Gründe.

A2 Tauche ein zuvor erhitztes Thermometer in kaltes Wasser. Erkläre, weshalb der Flüssigkeitsfaden dabei zunächst etwas ansteigt.

A3 Eine Wasserportion (eine Wachsportion) wird von 90 °C auf 1 °C abgekühlt. Beschreibe, wie sich dabei die Teilchen verhalten.

A4 Spanne zwei dünne Glasrohre an einem Ende ein, sodass sie senkrecht parallel und dicht zusammen stehen. Halte dann in der Nähe der Befestigungsstelle eine Streichholzflamme dazwischen. Beobachte die freien Enden der Glasrohre und erkläre, weshalb sie ihren Abstand ändern.

A5 Begründe, weshalb man einen Kupferdraht nicht ohne Probleme in Glas einschmelzen kann.

A6 Jemand misst eine Strecke mit einem Stahllineal, das in der Sonne gelegen hat. Werden die Messwerte zu groß oder zu klein?

A7 Die Temperatur eines 120 cm langen Kupferdrahtes steigt von 0 °C auf 40 °C. Bestimme die Verlängerung des Drahtes.

A8 Um wie viel ist der aus Eisen erbaute Eiffelturm (Höhe 300 m) an einem Sommertag bei +30 °C höher als im Winter bei –20 °C?

A9 Die Metalllegierung INVAR (65 % Fe, 35 % Ni) dehnt sich beim Erhitzen nicht aus. Warum ist dies für Pendeluhrbauer wichtig? Suche im Internet nach Antworten.

B1 Eine glühende Bremsscheibe

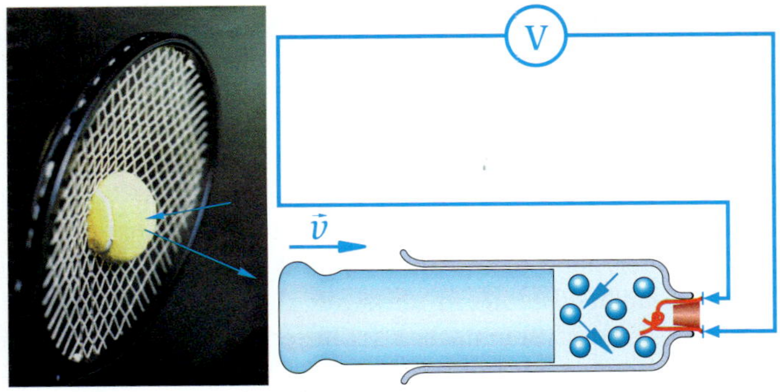

B2 Teilchen werden schneller gemacht – höhere Temperatur

V1 **a)** Wir setzen in die Öffnung einer Glasspritze ein elektrisches Thermometer, das mit einem so genannten Thermoelement Temperaturen sehr schnell messen kann. Pressen wir nun die Luft zusammen, so steigt sofort ihre Temperatur → B2. Beim Verschieben bewegt sich der Kolben den anprallenden Teilchen entgegen (wie ein Tennisschläger dem anfliegenden Ball). Die dabei mechanisch übertragene Energie verstärkt die *ungeordnete* Teilchenbewegung des komprimierten Gases und erhöht damit dessen Temperatur.
b) Lassen wir den Kolben zurückweichen, so zeigt das Thermometer eine Temperaturabnahme.

V2 Wir füllen zwei Bechergläser gleicher Größe mit Wasser von 20 °C sowie von 80 °C. Dann geben wir in die Gläser jeweils ein Stück Würfelzucker. Im heißen Wasser zerfällt der Würfelzucker schnell, im kalten Wasser dagegen dauert es viel länger.
Wir erklären das so: Die Wasserteilchen sind bei hoher Temperatur viel schneller und damit energiereicher als bei niedriger Temperatur. Dadurch können sie bei ihren Stößen mit dem Zucker die Zuckermoleküle leichter von den festen Zuckerkörnern losschlagen.

Auch in festen Stoffen bewegen sich die einzelnen Teilchen. Sie führen um einen festen Platz herum winzige Schwingungen aus. Diese werden mit steigender Temperatur heftiger. Zum heftigeren Schwingen benötigen die Teilchen mehr Platz. Deshalb dehnen sich feste Körper bei Temperaturerhöhung aus.

1. Temperatur und Teilchenbewegung

Nach dem Teilchenmodell bewegen sich die Teilchen eines Gases ständig in alle Richtungen. In dichter Folge und unregelmäßig prallen sie dabei auf Gefäßwände. Damit halten sie sogar den beweglichen Kolben einer Glasspritze in der Schwebe. Erhöhen wir die Temperatur des eingeschlossenen Gases, so wird der Kolben weiter angehoben. Sind die Teilchen schneller geworden?
Zur Überprüfung gehen wir nun einmal umgekehrt vor und machen die Gasteilchen durch Anstoßen schneller. Tatsächlich messen wir jetzt eine höhere Temperatur. Machen wir sie langsamer, sinkt die Temperatur wieder → V1.
Dies bestätigt unsere Vorstellung, dass *Gas aus Teilchen besteht, die mit steigender Temperatur im Mittel schneller werden.* Diese Gasteilchen stoßen sich während ihres schnellen Fluges auch gegenseitig und bewegen sich völlig regellos in alle Richtungen.

Auch in Flüssigkeiten und festen Stoffen bewegen sich Teilchen ungeordnet. Dies haben wir bei unseren Überlegungen zum *Teilchenmodell* untersucht und in Flüssigkeiten an der *Diffusion* bestätigt. Und auch für Flüssigkeiten und feste Körper gilt, dass Teilchenbewegung und Temperatur eng zusammenhängen: Je höher die Temperatur, desto größer ist die mittlere Geschwindigkeit der Teilchen. → V2 bestätigt dies für eine Flüssigkeit.

Merksatz

Je höher die **Temperatur** eines Körpers ist, desto größer ist die **mittlere Geschwindigkeit** der einzelnen Teilchen bei ihrer ungeordneten Bewegung.

2. Ungeordnete Teilchenbewegung und innere Energie

Fahrende Autos haben Bewegungsenergie, so auch winzige Teilchen, die sich ungeordnet bewegen. Jedes einzelne Teilchen hat zwar wenig Energie, es sind aber sehr viele Teilchen. Insgesamt kann deshalb die Energie hoch sein.

Die Gesamtenergie aller Teilchen eines Körpers nennt man seine **innere Energie** (die „Gewimmel"-Energie heißt auch **thermische Energie**). Die doppelte Teilchenmenge (z. B. zweier Backsteine gleicher Temperatur) hat bei gleicher Temperatur die doppelte innere Energie. Die *mittlere Energie je Teilchen* ist jedoch gleich. Sie ist ein Maß für die Temperatur. Will man die innere Energie erhöhen, so muss man den Teilchen von außen Energie zuführen, bei einem Gas z. B. durch Kompression, bei festen Körpern z. B. durch *Reibung*. Dabei rutscht ein Körper auf seiner Unterlage. Winzige Unebenheiten der Berührungsflächen verzahnen sich miteinander. Reißen sie sich los, geraten ihre Teilchen in stärkere Schwingungen. So „verkrümelt" sich die Bewegungsenergie der aneinander gleitenden Körper in ungeordnete Teilchenbewegung der Reibflächen und erhöht deren innere Energie. Wird dabei viel Energie umgesetzt, treten sehr hohe Temperaturen auf. Bremsen werden bei übermäßiger Beanspruchung glühend heiß → B1, sodass sie versagen können.

Merksatz

Die **innere Energie** eines Körpers ist die Summe der Energien all seiner Teilchen. Sie steigt mit der Temperatur.

3. Innere Energie kann strömen

Das kennst du: Man legt einen Silberlöffel in die heiße Suppe. Nach kurzer Zeit will man ihn wieder am Griff anfassen – doch jetzt ist auch dieses Ende des Löffels unangenehm heiß geworden. Es muss Energie von selbst aus der Suppe durch den Löffel bis zur Hand gewandert sein. Man spricht in einem solchen Fall von **Wärmeleitung.** Was passiert bei diesem unsichtbaren, von selbst ablaufenden Energietransport durch einen Metallstab?

Nach dem Teilchenmodell schwingen die Teilchen bei hoher Temperatur heftig (→ B3, jeweils links). Im noch kalten Teil des Metallstabes schwingen die Teilchen nur schwach. Sie erhalten aber von schnellen Nachbarn Energie und werden deshalb schneller. Auch in ihrem Bereich steigt nun die Temperatur. Der Vorgang setzt sich nach rechts weiter fort. Stets strömt dabei Energie *von schnellen Teilchen zu langsamen Teilchen, von höherer zu niedrigerer Temperatur, nie umgekehrt.* Je heftiger die Teilchen links im Vergleich zu denen auf der rechten Seite schwingen, desto mehr Energie wird je Sekunde von links nach rechts durchgereicht, desto größer ist die **Energiestromstärke $I = W/t$.** Deren Maßeinheit ist 1 J/s = 1 W (Watt). Die Temperaturdifferenz ist Ursache des inneren Energiestroms, ohne sie versiegt er → B4.

Merksatz

Innere Energie fließt von selbst von Heiß nach Kalt, von hoher zu niedriger Temperatur. Man spricht von Wärmeleitung.
Die Energiestromstärke ist der Quotient Energie/Zeit: $I = W/t$.
Ihre Einheit ist 1 J/s = 1 Watt.

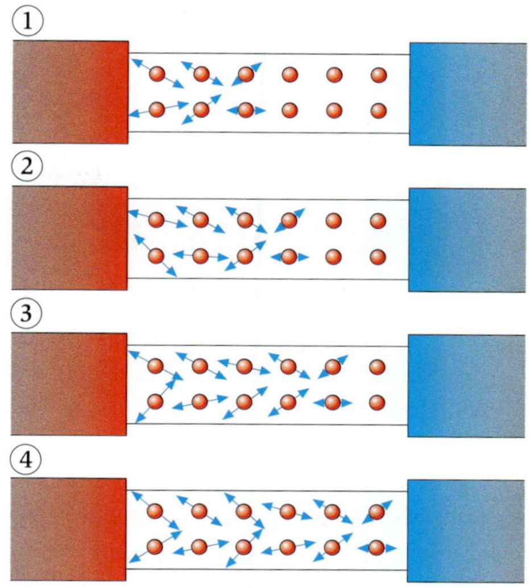

B3 Nach und nach wird Energie durch einen Metallstab von links (heißer Körper) nach rechts (kalter Körper) weitergeleitet. Zu Beginn ① schwingen die Teilchen auf der linken Seite stark. Sie reichen Energie an langsamere Nachbarteilchen weiter, diese, nun schneller geworden, an ihre rechten Nachbarn usw. ②, ③. Nach einiger Zeit wird die von links übernommene Energie nur noch durchgereicht ④. Dann kommt im kalten Körper rechts in jeder Sekunde genauso viel Energie an wie links vom heißen Körper hineingegeben wird.

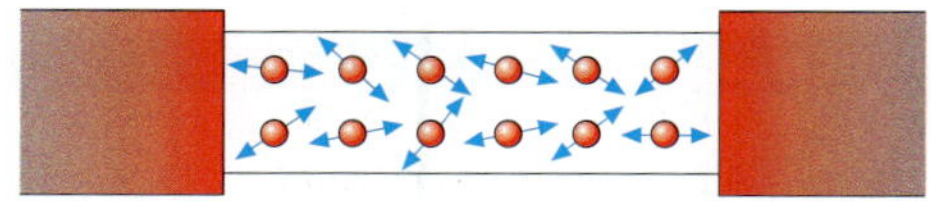

B4 Hier kann keine Energie fließen. Links und rechts sind die Teilchen im Mittel gleich schnell, Energie wird nicht weitergereicht. Ohne Temperaturunterschied fehlt die Ursache, der „Antrieb" für den inneren Energiestrom.

Mach's selbst

A1 Presse deine Hände fest gegeneinander und reibe sie kräftig. Was spürst du? Erkläre den Vorgang.

A2 Ein Schmied kann ein Hufeisen von normaler Temperatur mit dem Hammer bearbeiten, bis es rot glüht. Erkläre dies.

A3 Nenne Beispiele für Energieströmung bei Temperaturdifferenzen. Erläutere, wann die Energieströmung jeweils endet.

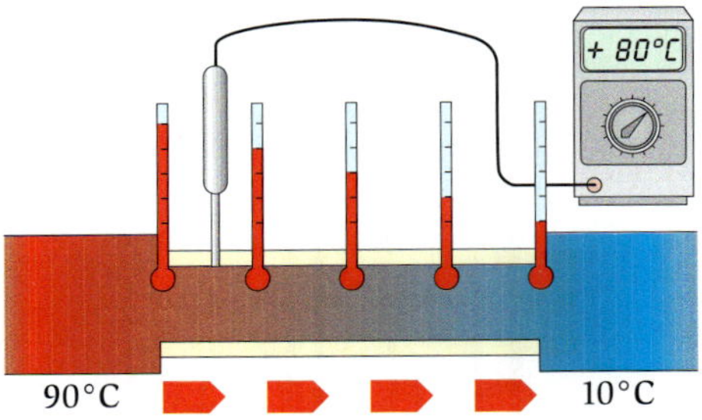

B1 Die Temperatur nimmt längs des Energie führenden Stabes von links nach rechts kontinuierlich ab. Dies können wir durch eine Messung nachweisen oder einfach ertasten. In jedem Abschnitt sorgt eine kleine Temperaturdifferenz für die Energieströmung. Wichtiger Unterschied zum Wasserstrom: Hier wird nur das Gewimmel der Teilchen als Energie weitergereicht, die Teilchen selbst bleiben an ihrem Ort.

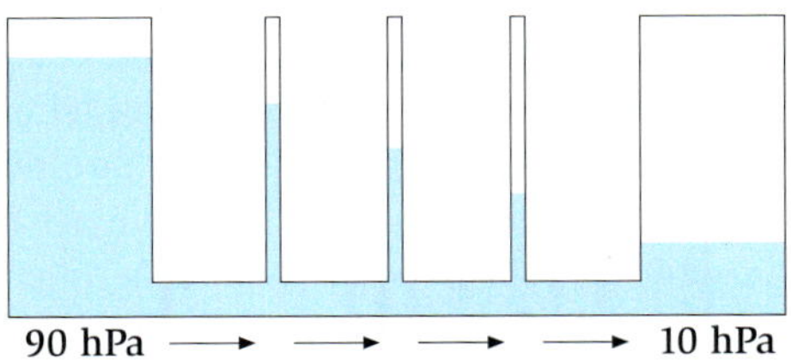

B2 Der Druck nimmt längs des Wasser führenden Rohres vom hohen Druck zum tiefen Druck kontinuierlich ab.

4. Strömungen und Widerstand

Die Erfahrung zeigt: Je größer die Temperaturdifferenz zwischen den Stabenden ist, desto größer ist die Energiestromstärke. Beim Wasserstrom in waagerechten Rohren fanden wir Vergleichbares: Je größer die Druckdifferenz als „Antrieb“ ist, desto größer ist die Wasserstromstärke. Gibt es noch weitere Gemeinsamkeiten?

Der Energiestrom in → **B1** ist überall gleich stark. Die Temperatur nimmt ab, macht aber nicht plötzlich an einer Stelle des Stabes einen Sprung von 90 °C auf 10 °C. Vielmehr nimmt sie gleichmäßig längs des Stabes von links nach rechts ab. In jedem der vier Längenabschnitte von z. B. 5 cm besteht deshalb eine kleine Temperaturdifferenz von 80 K/4 = 20 K. Diese reicht als Antrieb für den Energiestrom auf dieser kurzen Strecke aus. Beim kürzeren Stab braucht man für dieselbe Energiestromstärke also einen kleineren Antrieb. Der Stab hat einen kleineren Widerstand. Mit der gleichen Argumentation und → **B2** verstehst du, warum der Widerstand für den Wasserstrom umso kleiner wird, je kürzer das Rohr ist.
Eine weitere Gemeinsamkeit finden wir beim Querschnitt des Leiters: Eine großflächige Außenwand (dies ist ein dicker Stab) lässt ein Zimmer im Winter schneller auskühlen als eine kleinflächige Wand. Je dicker also der Stab (beim Wasser das Rohr), desto kleiner ist der Widerstand.
Der Wärmewiderstand hängt auch noch vom Material ab. Metalle leiten die Energie sehr gut. Kunststoff, Glas, Luft sind schlechte Wärmeleiter. Ein Kochtopf hat deshalb Griffe aus Kunststoff, Dämmstoffe schließen viel Luft ein.

Interessantes

Energiestrom in der Hauswand

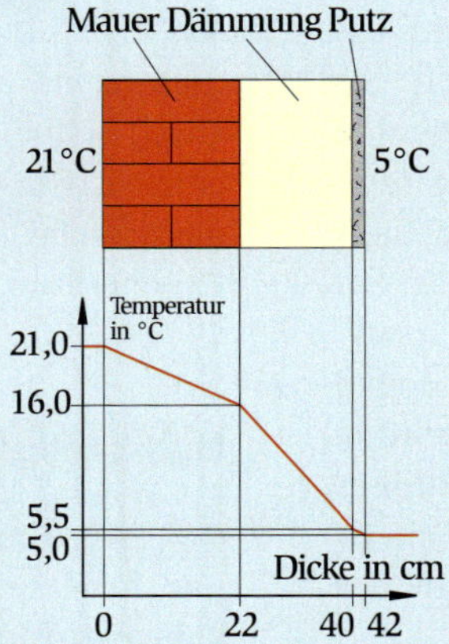

Stein und Beton sind gute Wärmeleiter. Luft und Materialien mit eingeschlossenen Luftbläschen leiten die Energie dagegen schlecht. Man nimmt sie als Dämmmaterial beim Hausbau, damit die Heizenergie nur langsam entkommen kann. So muss die Heizung nur wenig Energie in jeder Sekunde nachliefern. Wenn z. B. die Raumtemperatur 21 °C und die Außentemperatur 5 °C schon längere Zeit vorliegen, dann gibt es durch die Wand hindurch einen gleichmäßigen Energiestrom. Wegen des großen Widerstandes der Dämmschicht ist der Energiestrom schwach. Die Dämmschicht benötigt selbst dafür schon eine große Temperaturdifferenz (in der Zeichnung beträgt sie (16 – 5,5) K = 10,5 K). Die Steinmauer benötigt für dieselbe Energiestromstärke nur eine kleine Temperaturdifferenz (in der Zeichnung sind dies 5 K). Die Temperaturdifferenz an der Steinmauer allein wäre 16 K.

Mach's selbst

A1 Erarbeite ein Referat zum Thema „Wärmedämmung“. Mache die Funktionsweise deutlich.
Plane ein Experiment zum Nachweis der Dämmung. Wie dick müsste in der Zeichnung die Mauer allein sein, wenn der Energiestrom genau so klein sein soll wie bei der gedämmten Mauer?
Überlege dir für den Energiestrom durch die ungedämmte und die gedämmte Wand jeweils ein Vergleichsexperiment mit Wasserströmung.

Analogie

Strömung von Wasser

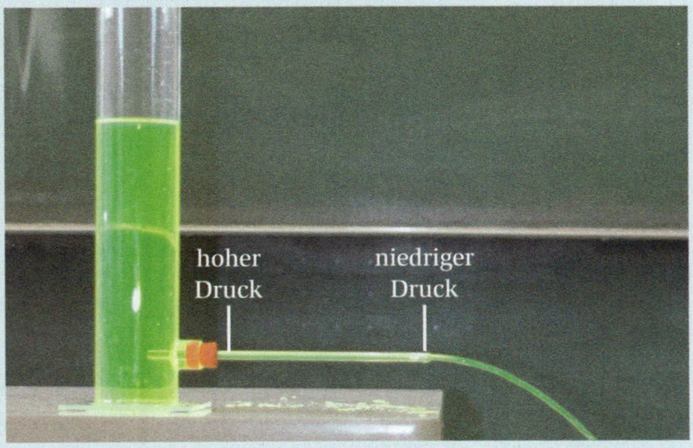

B3 Zwischen den Enden des Ausflussrohres besteht ein Druckunterschied. Dieser ist Ursache (Antrieb) für die Wasserströmung.

- In dem Ausflussrohr (→ **B3**) strömt Wasser nach rechts, von Stellen hohen Drucks zu Stellen niedrigen Drucks.

- Die Wasserstromstärke ist gegeben durch:
  $$I = \frac{\text{Volumen}}{\text{Zeit}} = \frac{V}{t}.$$
  Ihre Einheit ist: $1\ \frac{\text{l}}{\text{s}}$.

  Beispiel:
  Am Boden eines halb gefüllten Wassertanks ist ein Leck. In jeder Minute entweichen 0,6 l Wasser. Die Wasserstromstärke beträgt also
  $$I = \frac{V}{t} = \frac{0{,}6\ \text{l}}{1\ \text{min}} = 0{,}01\ \frac{\text{l}}{\text{s}}.$$

- Je größer der Druckunterschied, also der Antrieb, desto größer ist die Wasserstromstärke.

  Beispiel:
  Bei vollgefülltem Tank ist der Druckunterschied zwischen Innen und Außen doppelt so groß. Die Wasserstromstärke steigt also auf 0,02 l/s.

- Je größer der Strömungswiderstand des Rohres ist, desto kleiner ist die Wasserstromstärke.

  Je kürzer und je dicker das Rohr ist, desto kleiner ist der Strömungswiderstand, desto größer ist die Wasserstromstärke.

Strömung von Energie

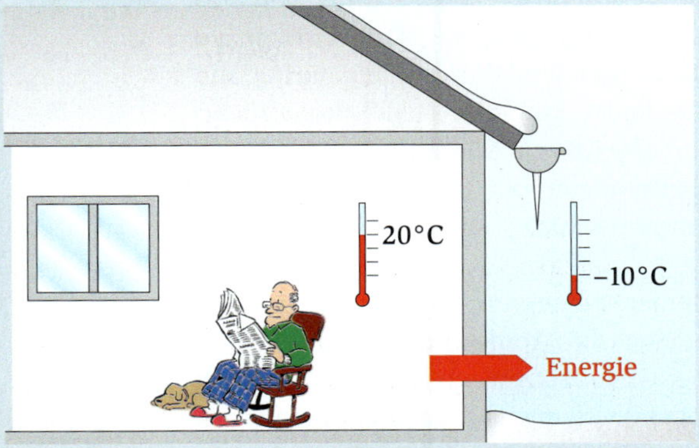

B4 Die Zimmertemperatur beträgt 20 °C, außen ist die Temperatur −10 °C. Der Temperaturunterschied von 30 K ist die Ursache (Antrieb) für die Wärmeströmung (Energieströmung) nach außen.

- In der obigen Wand (→ **B4**) strömt Energie (Wärme) nach rechts, von Stellen hoher Temperatur zu Stellen niedriger Temperatur.

- Die Energiestromstärke ist gegeben durch:
  $$I = \frac{\text{Energie}}{\text{Zeit}} = \frac{W}{t}.$$
  Ihre Einheit ist: $1\ \frac{\text{J}}{\text{s}} = 1$ Watt.

  Beispiel:
  Durch 1 m^2 der Außenwand eines Hauses fließt in einer Sekunde die Energie 15 J. Die Energiestromstärke beträgt also
  $$I = \frac{W}{t} = \frac{15\ \text{J}}{1\ \text{s}} = 15\ \text{W}.$$

- Je größer der Temperaturunterschied, also der Antrieb, desto größer ist die Energiestromstärke (Wärmestromstärke).

  Beispiel:
  Nachts nimmt die Außentemperatur auf −20 °C ab, die Temperaturdifferenz steigt von 30 K auf 40 K. Die Energiestromstärke pro m^2 wächst auf 20 W.

- Je besser die Wärmedämmung der Wand ist, also je größer der Strömungswiderstand der Wand ist, desto kleiner ist die Energiestromstärke.
  Je dünner und je großflächiger die Wand ist, desto kleiner ist der Strömungswiderstand, desto größer ist die Energiestromstärke.

Das ist wichtig

1. Temperatur

Die **Temperatur** kennzeichnet den Zustand eines Körpers. Das **subjektive Empfinden** wird durch ungenaue Begriffe wie „kalt“, „lau“ oder „heiß“ ausgedrückt. Zur **objektiven Messung** benutzen wir Thermometer mit der nach Celsius benannten Skala.

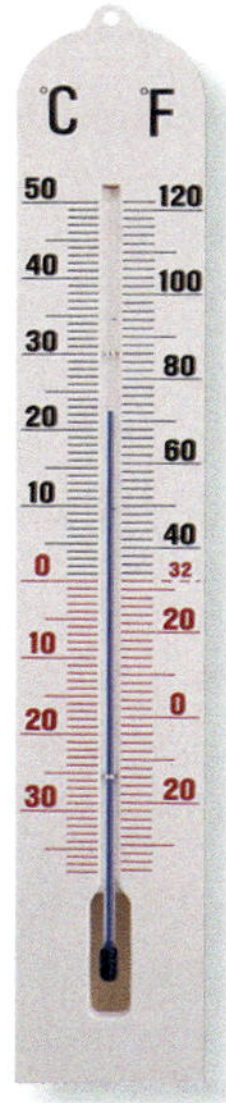

Mit der Temperatur ändern sich im Allgemeinen die Abmessungen aller Körper (bei Gasen setzen wir konstanten Druck voraus). Kennt man das Verhalten eines Probekörpers, so kann man auf das eines beliebigen Körpers aus gleichem Stoff schließen.

2. Körper dehnen sich beim Erhitzen aus

Bei höherer Temperatur brauchen praktisch alle Körper mehr Platz. Dabei gilt für alle Körper: Je größer die Temperaturerhöhung ist, desto stärker dehnt sich der Körper aus.

- Bei flüssigen Körpern wächst mit zunehmender Temperatur das Volumen. Passt eine bestimmte Flüssigkeitsmenge bei tiefer Temperatur genau in ein Gefäß, so läuft das Gefäß über, wenn die Temperatur der Flüssigkeit steigt.
  Die Zunahme des Volumens hängt auch von der Flüssigkeitsmenge und der verwendeten Flüssigkeit ab.
- Bei festen Körpern nehmen mit steigender Temperatur Länge, Breite und Höhe zu - das Volumen wächst. Die Verlängerung in jeder Richtung hängt auch ab von der Anfangslänge und dem Material. Je größer die Ausgangslänge ist, desto stärker verlängert sich der Körper (bei gleicher Temperaturzunahme).

3. Wasser verhält sich anomal

Beim Abkühlen von Wasser nimmt sein Volumen ab – wie erwartet. Bei etwa 4 °C erreicht die Wasserportion ihr kleinstes Volumen (die größte Dichte). Bei weiterer Abkühlung nimmt das Volumen wieder zu. Im festen Zustand – als Eis – ist das Volumen noch einmal größer.

4. Innere Energie ist etwas anderes als Temperatur

Die **Teilchen** eines Körpers bewegen sich unregelmäßig. Ihre mittlere Geschwindigkeit ist ein Maß für die Temperatur.

Je größer die mittlere **Teilchengeschwindigkeit**, desto höher ist die Temperatur.

Bringt man zweimal je 1 kg Wasser gleicher Temperatur zusammen, so haben

- die 2 kg danach dieselbe Temperatur, denn die mittleren Geschwindigkeit der Teilchen hat sich nicht geändert,
- die 2 kg danach die doppelte Energie, denn die doppelte Teilchenmenge hat die doppelte Bewegungsenergie.

5. Erhöhen der inneren Energie

Wenn wir die **innere Energie** (und Temperatur) eines Körpers erhöhen wollen, müssen wir die Geschwindigkeit, mit der sich seine Teilchen ungeordnet bewegen, erhöhen. Dies geschieht

- bei **mechanisch zugeführter Energie,** wenn also Energie mit einer Kraft längs eines Weges übertragen wird. Dies ist der Fall z. B. bei Reibungsvorgängen (bei Gasen auch bei der Kompression).
  Die Energie der geordneten Bewegung des Körpers geht so über in die Energie der sich ungeordnet bewegenden Teilchen.
- durch Berühren mit einem anderen Körper höherer Temperatur. Dessen schnellere Teilchen geben durch Stöße Energie an die Teilchen des kälteren Körpers ab. Die Temperatur des heißeren Körpers sinkt. Die Temperatur des kälteren Körpers steigt.
  Die Ursache (Antrieb) für den Energieübergang ist hierbei allein der **Temperaturunterschied** der beiden Körper.

6. Energieströmung

Energie kann durch verschiedene Vorgänge von einem Ort zu einem anderen übertragen werden. Sind Stöße bei der ungeordneten Teilchenbewegung die Ursache des Energiestroms, so sprechen wir von **Wärmeleitung.** Die Teilchen des Wärmeleiters selbst wandern nicht mit.

Die **Energiestromstärke** $I = W/t$ (Einheit 1 J/s = 1 Watt) gibt an, wie viel Energie je Sekunde durch den Wärmeleiter weitergereicht wird. Sie ist umso größer, je größer die Temperaturdifferenz der angrenzenden Körper ist. Die Energiestromstärke ist umso kleiner, je dünner und länger der Wärmeleiter ist. Fast alle Metalle sind gute Wärmeleiter. Alle (nicht strömenden) Gase leiten die Energie sehr schlecht weiter. Dämmstoffe enthalten deshalb viel Luft.

Kennst du dich aus?

A1 Bei einem Thermometer ist die Skala gegenüber dem Steigröhrchen etwas verrutscht. Erläutere, wie du die Temperatur von 0 °C wieder richtig einstellen kannst.
Beschreibe auch die Überprüfung der 100 °C-Marke.

A2 Miss eine Woche lang täglich jeweils zur gleichen Zeit (z. B. immer um 14 Uhr) die Außentemperatur. Fertige ein Zeit-Temperatur-Diagramm an. Vergleiche deine Messergebnisse mit den Daten des Wetterberichts.

A3 **a)** Hohe, schlanke Fernsehtürme werden oft aus aufeinandergesetzten Betonrohren gebaut. Beschreibe die Wirkung der einseitigen Sonnenbestrahlung auf sie.
b) Welche Kurve beschreibt die Spitze eines solchen Turms während eines sonnigen Sommertages (von oben gesehen)?

A4 Erkläre den physikalischen Hintergrund der Zeichnung. Aus welchen Materialien könnte der Bimetallstreifen gebaut worden sein? (Hinweis: Die zwei Farben kennzeichnen verschiedene Metallsorten.)

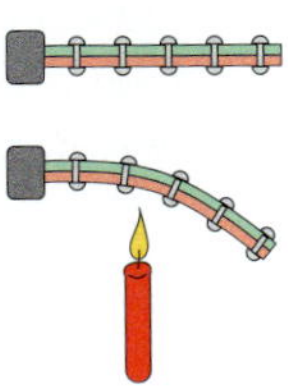

A5 Anna hat den Versuch zur Ausdehnung von Flüssigkeiten nachgebaut. Das Glasvorratsgefäß ist vollständig mit Wasser gefüllt und im Steigrohr steht es auch schon einige Zentimeter. Nun erhitzt sie das Vorratsgefäß mit einer Flamme. Zu ihrem Erstaunen sinkt der Wasserspiegel im Steigrohr zunächst ein wenig ab, bevor er wie erwartet nach oben klettert. Erkläre Annas Beobachtung.

A6 **a)** Deine Hände werden heiß, wenn du an einem Kletterseil schnell herabrutschst. Nenne den Grund. **b)** „Die Erhaltung der Energie verbietet nicht, dass die Hände sich abkühlen und du am Kletterseil nach oben schwebst.“ Nimm begründet Stellung zu dieser Aussage.

A7 In einem randvoll gefüllten Becher schwimmen einige Eiswürfel in kaltem Wasser. Die Eiswürfel ragen über den Becherrand hinaus. Beurteile, wie groß die Gefahr ist, dass beim Auftauen der Eiswürfel Wasser überläuft. Schreibe ein Gutachten.

A8 **a)** Das Stahlseil eines Skiliftes ist etwa 1500 m lang. Bestimme die Längenänderung des Seils im Verlauf eines Tages, wenn die tiefste Temperatur –20 °C und die höchste –5 °C beträgt.
b) Skizziere, wie man mit Umlenkrollen und einem schweren Betonklotz eine immer gleiche Spannung des Seiles erreichen kann.

A9 Erkläre am Beispiel von fünf heißen Würstchen den Unterschied von „Temperatur“ und „innerer Energie“.

A10 Der Eiffelturm besteht aus Eisen (Gustave EIFFEL erbaute ihn 1889 zur Pariser Weltausstellung). Er ist im Winter bei –20 °C etwa 300 m hoch.

a) Bestimme seine Höhe für einen Sommertag bei + 30 °C.
b) Berechne den Unterschied für den Fall, dass der Turm aus Messing bestünde.

A11 In welchem der drei gezeichneten Fälle ist die Energiestromstärke im Stab am größten, in welchem am kleinsten? Begründe deine Antwort. Zeichne mindestens einen weiteren Fall mit noch kleinerem Energiestrom.

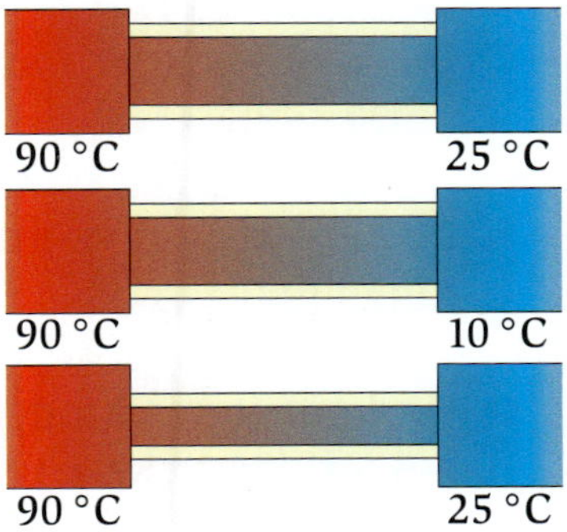

A12 Fabian hatte im kalten Nebenraum gerade seine Gitarre so schön gestimmt. Jetzt sitzt er im mollig warmen Orchesterraum und hat das Gefühl, dass die Gitarre sich schon wieder verstimmt hat. „Schreibe“ ihm, was du vermutest und wie er seine Gitarre nachstimmen muss.

A13 Beurteile folgende Aussage einer Internetseite:
„Das Alpaka ist eine Kamelart, die in den südamerikanischen Anden beheimatet ist. Die Wolle wird durch Schur gewonnen und gehört weltweit zu den edelsten Naturfasern mit besten Trageeigenschaften. Das innen hohle Alpakahaar speichert Wärme besser als jede andere Wolle und ist dabei angenehm leicht.“

Magnetismus

Das kannst du in diesem Kapitel erreichen:

- Du kennst Experimente, mit denen man die Wirkung von Magneten untersucht.
- Du weißt, dass es nur magnetische Dipole gibt, aber keine magnetischen Einzelpole.
- Du kennst das Modell der Elementarmagnete und kannst damit z.B. erklären, warum Eisen von Magneten angezogen wird.
- Du weißt, dass jeder Magnet von einem Magnetfeld umgeben ist.
- Du kennst das Magnetfeld der Erde und verstehst, warum du dich mit einem Kompass orientieren kannst.

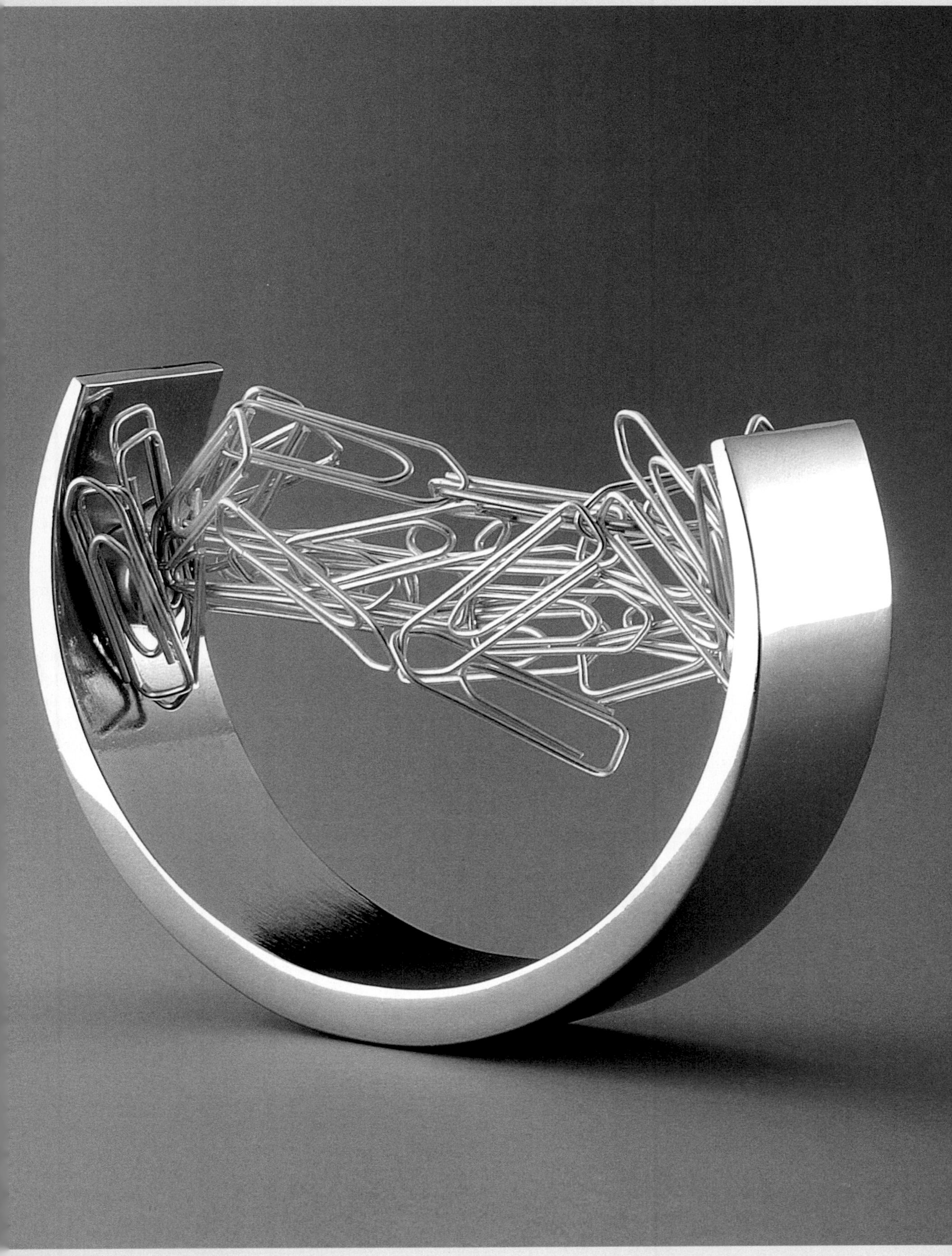

Magnetische Kräfte – Elementarmagnete

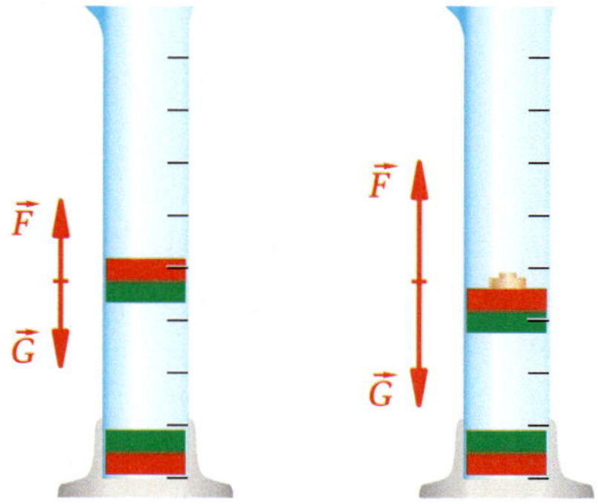

V1 Schiebe zwei ringförmige Magnete in einen Messzylinder, sodass sich gleichnamige Pole gegenüber liegen. Der obere Magnet schwebt dann über dem unteren. Markiere den Abstand der beiden Magnete. Lege auf den oberen Magnet nacheinander Messingstücke mit 50 g, 100 g, 200 g und 250 g. Miss jeweils die Abstände der Magnete. Vergleiche sie mit den Gewichtskräften, die der Magnet und der Zusatzkörper erfahren.

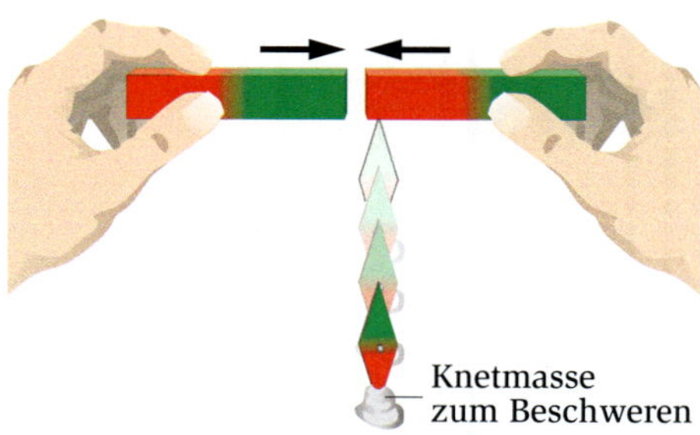

B1 Nordpol und Südpol schwächen sich in ihrer Wirkung.

Interessantes

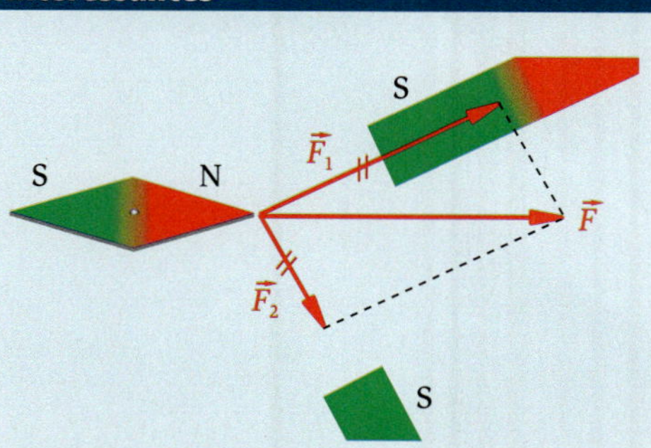

Nähert man dem Nordpol einer Kompassnadel die Südpole zweier Magnete aus verschiedenen Richtungen, so zeigt die Nadel in Richtung der resultierenden Kraft. Je nach Abstand wendet sie sich mehr dem einen oder dem anderen Magnetpol zu.

1. Magnete und ihre Pole – nichts Neues

Aus Erfahrungen mit Kompassnadeln und versteckten Magneten in Spielzeug weißt du:

- Magnete haben verschiedene *Pole.*
- Gleichnamige Pole verschiedener Magnete stoßen sich ab, ungleichnamige ziehen sich an.
- Die frei bewegliche Kompassnadel zeigt mit ihrem Nordpol nach Norden.

2. Die Wirkung magnetischer Kräfte

Zwei ringförmige Magnete befinden sich in einem Messzylinder, in dem sie leicht beweglich sind **→ V1**. Der obere schwebt über dem unteren. Ist er etwa schwerelos?

Du weißt die Antwort: Bei den beiden Magneten stehen sich *gleichnamige Pole* gegenüber. Sie stoßen sich ab. Am oberen Magneten besteht Kräftegleichgewicht zwischen der Gewichtskraft und der nach oben wirkenden magnetischen Kraft. Nähert man ihn dem unteren Magneten, so nimmt die Abstoßungskraft zu. Magnetische Kräfte werden größer, wenn der Abstand der Pole kleiner wird.

Wenn „zwei am gleichen Strang ziehen", so ist ihre gemeinsame Kraftwirkung größer. Gilt das auch für Magnetpole?

Auf dem Tisch steht ein Magnet mit dem Südpol nach oben. Wir versuchen, ihn mit dem Nordpol eines kleinen Stabmagneten anzuheben. Es gelingt. Nun beschweren wir den Magneten mit einem Stück Knetmasse so, dass die Kraft eines *einzelnen* Nordpols nicht mehr ausreicht, beide – Magnet und Knete zusammen – anzuheben.

Drücken wir jedoch *zwei* gleich gebaute Stabmagnete so zusammen, dass ihre Nordpole nebeneinander liegen, dann ist ihre gemeinsame Kraftwirkung groß genug, den beschwerten Magneten anzuheben. *Gleichnamige Pole* stoßen sich zwar ab, verstärken jedoch ihre magnetische Wirkung nach außen.

Halten wir aber einen Nordpol und einen Südpol nebeneinander, **→ B1**, dann ist ihre gemeinsame Kraftwirkung sehr gering. Sie sind nicht einmal fähig, den Magneten ohne Knete anzuheben. Wir sehen also: *Ungleichnamige Pole* schwächen sich in ihrer Wirkung nach außen.

Merksatz

Die Kräfte zwischen den Polen verschiedener Magnete nehmen mit kleiner werdendem Abstand der Pole zu.
Nach außen hin ist die magnetische Wirkung gleichnamiger Pole verstärkt, die von ungleichnamigen dagegen abgeschwächt.

3. Gibt es magnetische Einzelpole?

Ein Magnet zieht ein Stück Eisen an. Wie ist das möglich? Wir wissen, dass sich ungleichnamige Magnetpole anziehen. Gibt es in dem Eisenstück vielleicht auch einen Magnetpol? Kann man einen solchen sogar erzeugen? – Wir streichen mit dem *Nordpol* eines starken Magneten über eine lange Eisennadel. Diese testen wir anschließend mit einer Kompassnadel **→ V2**. Ein Ende der Nadel stößt den Nordpol der Kompassnadel ab. Beim Überstreichen wurde tatsächlich ein Nordpol erzeugt. Nähern wir das *andere* Ende dem *Südpol* der Kompassnadel, so wird *dieser* abgestoßen. Obwohl nur mit einem Nordpol überstrichen, hat die Eisennadel *zwei* Pole bekommen, einen Nordpol und einen Südpol. Sie verhält sich jetzt wie ein Stabmagnet. Wir sagen, sie wurde dabei **magnetisiert.** Durch das Überstreichen mit einem Magneten gelingt es uns nicht, einen *einzelnen* Nordpol zu erzeugen. Versuchen wir die Pole zu trennen, indem wir die Nadel zerbrechen **→ V2b**, dann erhalten wir keine getrennten Nord- und Südpole. Vielmehr entsteht an der Bruchstelle auf der einen Seite ein neuer Nordpol und auf der anderen Seite ein neuer Südpol. Jede Hälfte hat einen Nord- und einen Südpol, sodass beide Nadelhälften zwei vollständige Stabmagnete sind. Brechen wir die beiden Hälften erneut auseinander, so erhalten wir an jeder Bruchstelle wieder einen Nord- und einen Südpol. Jedes Bruchstück ist ein Magnet mit zwei verschiedenen Polen – man sagt **magnetischer Dipol.** Magnetische Einzelpole hat bislang niemand gefunden.

Merksatz

Es gibt nur **magnetische Dipole,** keine magnetischen Einzelpole.

4. Ein Denkmodell – Elementarmagnete

Nehmen wir einmal an, man könnte die Teilung einer magnetisierten Eisennadel fortsetzen, bis man zu kleinsten, nicht weiter teilbaren Bestandteilen – sozusagen den „Elementen" des Magneten – käme. Diese **Elementarmagnete** müssten wiederum **Dipole** sein. Sie müssten ferner an ihrem Ort drehbar gelagert sein, sodass man sie beim Überstreichen mit einem starken Magneten in einen geordneten Zustand überführen kann. **→ V3** stützt unsere Vorstellung. Wir bringen Eisenpulver in ein Reagenzglas und überstreichen es mit dem Nordpol eines starken Magneten. So werden die Elementarmagnete der Eisenteilchen ausgerichtet. Manche Eisenteilchen drehen sich sichtbar mit. An den Enden des Reagenzglases entstehen magnetische Pole.

Merksatz

Beim Magnetisieren richtet man die im Eisen vorhandenen **Elementarmagnete** aus. Sie sind im nicht magnetisierten Eisen ungeordnet.

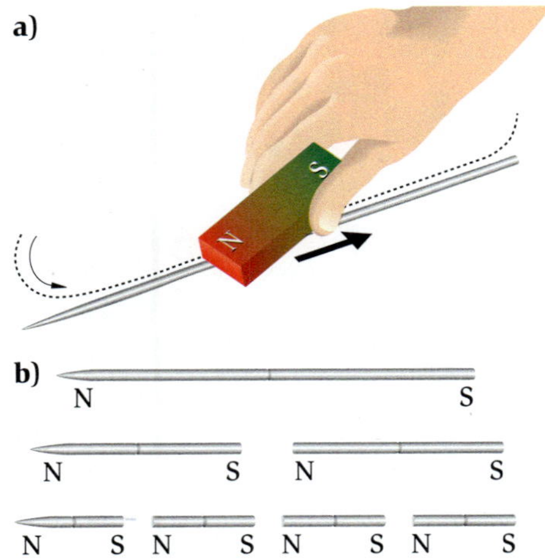

V2 **a)** Wir streichen mit dem *Nordpol* eines starken Magneten mehrmals *von links nach rechts* über eine 20 cm lange Eisennadel. Dann bringen wir die Nadel in die Nähe einer Kompassnadel. An der Abstoßung erkennen wir, dass am *rechten Ende* der Nadel ein *Südpol* und am *linken Ende* ein *Nordpol* entstanden ist.
b) Wir zerbrechen die Eisennadel in der Mitte. Eine Kompassnadel zeigt, dass sich an der linken Bruchstelle ein Süd- und an der rechten Bruchstelle ein Nordpol neu gebildet haben. Zerbrechen wir die Stücke nochmals, so beobachten wir das Gleiche.

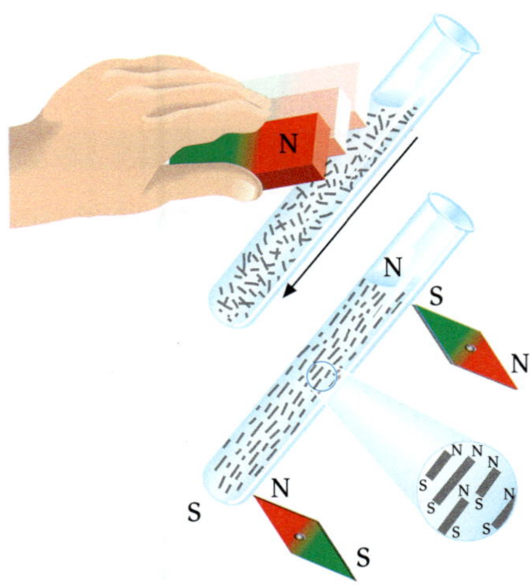

V3 In einem Reagenzglas befindet sich Eisenpulver. Mit dem Nordpol eines starken Magneten streichen wir an dem Glas mehrmals entlang. Eine Kompassnadel zeigt an, dass an den Enden des mit Eisenpulver gefüllten Glases magnetische Pole entstanden sind. Schütteln wir das Reagenzglas, so verschwinden die Pole wieder.

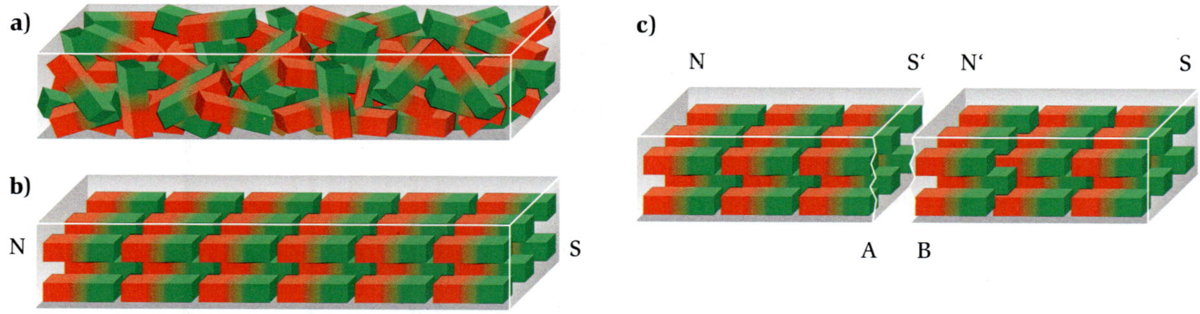

B1 Elementarmagnete **a)** ungeordnet **b)** geordnet **c)** in der Mitte getrennt

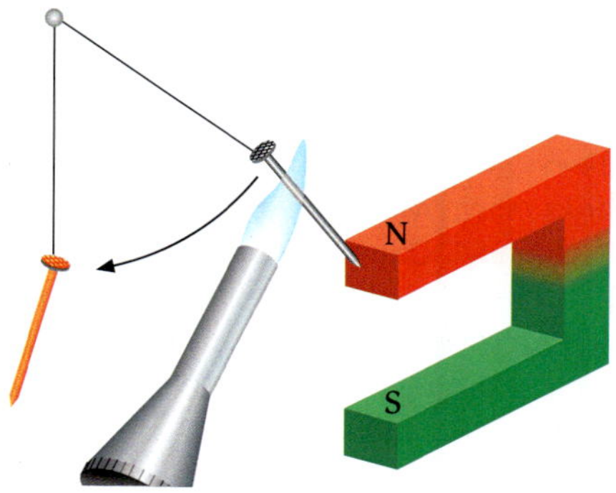

V1 Ein magnetisierter Nagel wird vom Nordpol eines Hufeisenmagneten angezogen. Erhitzen wir ihn bis zur Rotglut (770 °C), so fällt er vom Magneten ab. Die Ordnung der Elementarmagnete ist zerstört. Ab dieser Temperatur verhindert die heftige Bewegung der kleinsten Teilchen eine Ausrichtung der Elementarmagnete.

Interessantes

Digitale Information durch Magnetisieren
Magnetische Dipole eignen sich optimal für die Digitaltechnik. Ihr genügen zwei Zustände zur Informationsverarbeitung. Einen magnetischen Dipol kann man mit genau zwei Orientierungen längs einer Spur anordnen. Das genügt zur Informationsspeicherung auf einer Diskette.
Sie besteht aus einer biegsamen dünnen Polyesterfolie, die z. B. mit Eisenoxid-Pulver beschichtet ist. Beim Speichervorgang magnetisiert der Schreibkopf kleine Abschnitte der rotierenden Diskette in, andere gegen die Laufrichtung. So entstehen charakteristische Magnetisierungsmuster entsprechend der ursprünglichen Information.

5. Das Elementarmagnetmodell erklärt ...

... das Magnetisieren einer Eisennadel

Mit der Vorstellung von *Elementarmagneten* wollen wir nun das Magnetisieren einer Eisennadel verständlich machen. Stark vereinfacht zeichnen wir sie als kleine Stabmagnete → B1. Sie sollen drehbare magnetische Dipole im Eisen veranschaulichen. Wir stellen uns die Elementarmagnete in einer Eisennadel zunächst völlig ungeordnet vor → B1a. Überstreichen wir die Eisennadel mit dem *Nordpol* eines starken Magneten, dann „sehen" wir – in Gedanken –, wie sich der Reihe nach die *Südpole der Elementarmagnete* nach dem starken Nordpol ausrichten und in langen Ketten hintereinander zu liegen kommen → B1b.
Im Inneren der Eisennadel liegen jeweils die Nord- und Südpole der Dipole in einer Reihe hintereinander. Am einen Ende der Eisennadel weisen alle Südpole der dort liegenden Dipole nach außen. Sie bilden gemeinsam den starken Südpol der Eisennadel. Am anderen Ende bilden alle Nordpole zusammen einen starken Nordpol der Eisennadel. Im *Mittelbereich* der Nadel schwächen sich die *Nord- und Südpole* der aufeinander folgenden Dipole in ihrer Wirkung nach außen ab.
Starke Temperaturerhöhung kann zum Verlust der Magnetisierung führen → V1. Mit wachsender Temperatur geraten die Elementarmagnete zunehmend in Unordnung. Schließlich verschwindet ihre Ausrichtung vollständig. Auch ein starker Magnet kann sie nicht mehr ordnen (bei Eisen z. B. oberhalb 770 °C).

... das Entstehen neuer Pole

Wir können nun auch verstehen, warum beim Zerbrechen der Eisennadel neue Pole entstehen. Man kann nämlich die Elementarmagnete selbst nicht zerreißen, da sie nicht weiter unterteilbar sind. Man kann nur aufeinander folgende Dipole voneinander trennen. Deshalb zeigen sich in → B1c an der Bruchstelle AB neue Pole N' und S'. Fügt man jedoch ihre Teile wieder zusammen, so heben sich die entgegengesetzten Pole N' und S' nach außen hin in ihrer Wirkung wieder auf. Die Bruchstelle erscheint dann wieder unmagnetisch, obwohl die Eisennadel durchgängig magnetisiert ist.

... das Magnetisieren aus der Ferne

Wir können Schrauben magnetisieren, indem wir mit einem starken Magneten über sie streichen. Wir beobachten aber auch gelegentlich, dass zunächst unmagnetische Schrauben schon aus einiger Entfernung auf den Pol eines Magneten zuhüpfen → **V2**. Wir wissen, dass dies nur möglich ist, wenn die Schrauben selbst magnetische Pole besitzen. Wie wurden sie aber ohne Überstreichen magnetisiert?

Betrachten wir in Gedanken einen einzelnen quer liegenden Elementarmagneten *unterhalb* des *Nordpols* eines anderen Magneten → **V2**. Der *Nordpol* des Elementarmagneten erfährt *vom Nordpol* des anderen Magneten eine *abstoßende Kraft, der Südpol eine anziehende Kraft.* Beide Kräfte zusammen drehen den Elementarmagneten. Die anderen Elementarmagnete in einer Schraube werden ebenso gedreht, denn ihre Pole erfahren entsprechende Kräfte. Durch die Ausrichtung aller Elementarmagnete wird aus der Schraube selbst ein Magnet, deren Südpol nach oben und deren Nordpol nach unten weist. Die starke Anziehungskraft zwischen dem oben liegenden Südpol und dem Nordpol des Stabmagneten siegt – wegen des geringeren Abstands – über die kleinere abstoßende Kraft, die der unten liegende Schraubennordpol erfährt. Schraubenmagnet und Stabmagnet ziehen sich gegenseitig an.
Der neue, kleine Magnet wirkt zusammen mit dem großen Magneten auf die Elementarmagnete der nächsten Schraube. Auch sie erfahren die schon beschriebene Drehwirkung und richten sich aus: Die zweite Schraube wird ebenso zum Magneten und bleibt an der ersten Schraube hängen. Dieser Vorgang wiederholt sich bei allen weiteren Schrauben.

Merksatz

Ein Magnetpol in der Nähe eines Körpers aus Eisen richtet dessen **Elementarmagnete** aus. Das so magnetisierte Eisenstück und der Magnet ziehen sich gegenseitig an.

... Magnetisierung von kurzer oder langer Dauer

Zwei Nägel werden vertikal aufgehängt. Nähert man den Nordpol eines Magneten von unten, so werden beide Nägel magnetisiert → **V3**. Die Elementarmagnete der beiden Nägel werden in gleicher Weise angeordnet. Beide erhalten unten einen Süd- und oben einen Nordpol. Daher stoßen sich die Nägel ab.
Sobald wir den Magneten, der die Ordnung der Elementarmagnete bewirkte, entfernen, kehrt die alte Unordnung wieder ein. Die Magnetisierung und damit die Abstoßung verschwinden. Eisennägel sind **weichmagnetisch.** Nadeln aus Stahl behalten ihre Magnetisierung bei. Solche **hartmagnetischen Stoffe** erhält man aus Eisen durch Zusätze von Aluminium, Nickel und Cobalt (AlNiCo). Diese Zusätze behindern das Drehen der Elementarmagnete. Eine einmal erreichte Magnetisierung bleibt dauerhaft erhalten **(Dauermagnete).**

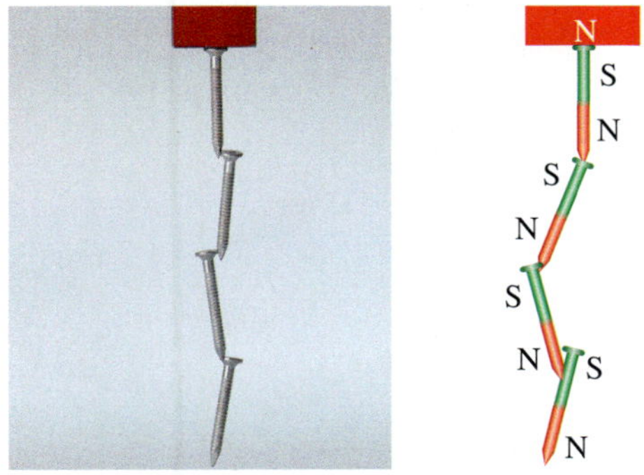

V2 Auf dem Tisch liegen einige Schrauben. Wir nähern ihnen von oben den Nordpol eines Stabmagneten. Die nächstgelegene Schraube hüpft an den Nordpol des Magneten und bleibt daran hängen. Wir heben nun den Magneten langsam an und beobachten, wie eine zweite Schraube sich an die erste anhängt, eine dritte an die zweite usw. Am Ende hängt eine ganze Schraubenkette an dem Magneten. Lösen wir die Kette mit der Hand oben vom Magneten, so fällt die ganze Kette auseinander.

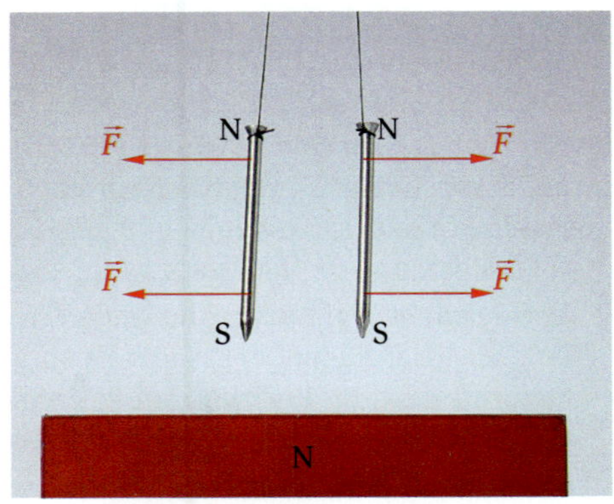

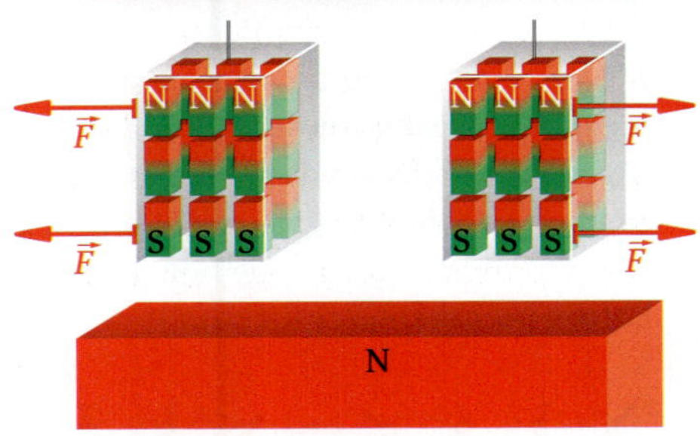

V3 Wir hängen zwei Nägel an Fäden nebeneinander auf und nähern ihnen von unten den breiten Nordpol eines starken Magneten. Die Fäden straffen sich. Gleichzeitig gehen die Nägel untereinander „auf Abstand". Entfernen wir den Magneten, so nehmen die Nägel wieder ihre alte Stellung ein.

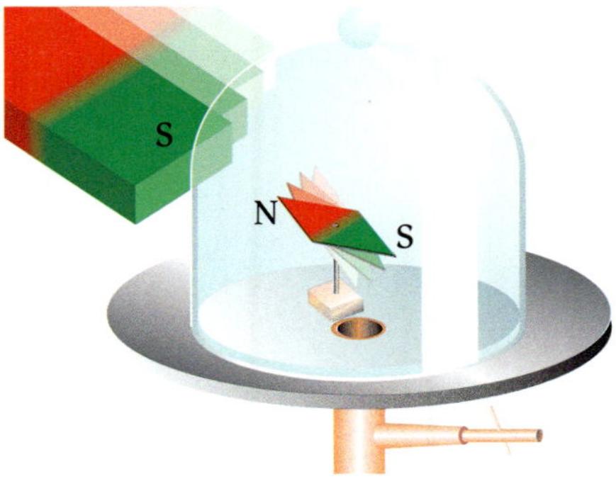

V1 Wir stellen eine Magnetnadel unter eine Glasglocke. Ihr Nordpol wird vom Südpol eines Stabmagneten angezogen, den wir von außen nähern. Daran ändert sich nichts, wenn wir die Luft aus der Glasglocke herauspumpen.

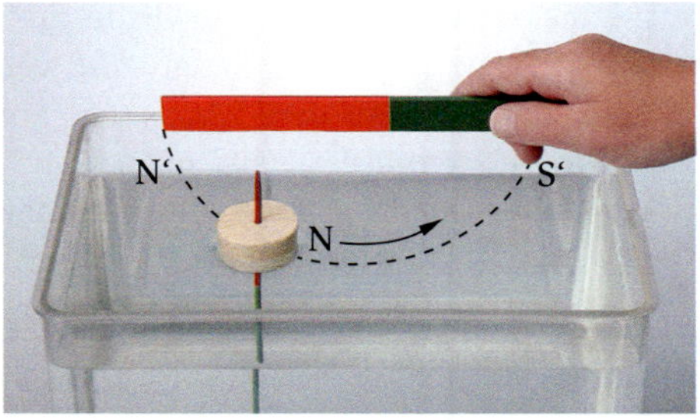

V2 Wir lassen eine magnetisierte Stricknadel mit ihrem Nordpol N nach oben an einem Korkstück schwimmen. Bringen wir sie in die Nähe des Nordpol N‘ eines langen Magneten, so stoßen sich die beiden Nordpole ab. (Der Südpol der Nadel ist so weit entfernt, dass die Kraftwirkung auf ihn in dem Versuch keine Rolle spielt). Der Nordpol N setzt sich in Bewegung und beschreibt die im Bild gestrichelte Bahn von N‘ nach S‘. Wenn wir ihn unterwegs anhalten, startet er wieder längs dieser Bahn. Er folgt der Kraft, die auf ihn an dieser Stelle wirkt. Stecken wir den Südpol der Nadel in den Korken, so bewegt sich die Nadel auf dieser Bahn in umgekehrter Richtung.

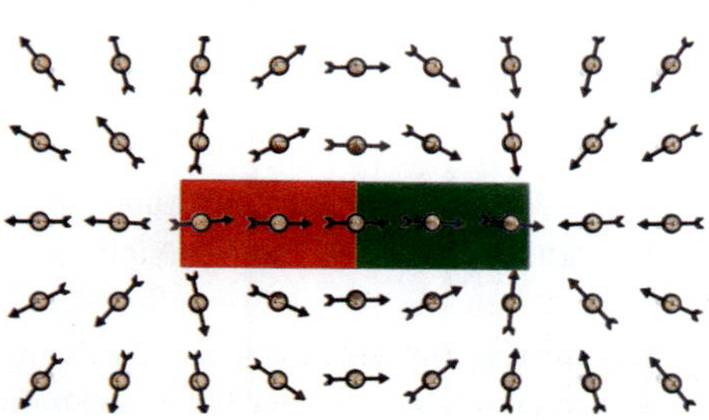

B1 Das Feld eines Stabmagneten

1. Wie wirken magnetische Kräfte?

Mit einem gespannten Seil kannst du eine Kraft auf einen entfernten Gegenstand ausüben und so den Wirkungsbereich deiner Hände erweitern. Der *Wirkungsbereich* eines Magneten reicht weit in den Raum hinein. Es zeigt sich, dass magnetische Kräfte sogar durch den luftleeren Zwischenraum hindurch wirken **→ V1**.

Eine magnetisierte Stricknadel schwimmt mit ihrem Nordpol N nach oben in Wasser **→ V2**. Ein Stabmagnet wirkt mit seinen beiden Polen N‘ und S‘ von außen auf den schwimmenden Nordpol N. Beim Start in der Nähe von N‘ besteht eine große Abstoßungskraft zwischen den beiden Nordpolen N‘ und N. Die anziehende Wirkung von S‘ auf N ist sehr gering. Die Stricknadel wird in bestimmter Richtung von N‘ weggestoßen und läuft nicht auf dem kürzesten Weg zum Südpol S‘ hin.

In jedem Punkt der Umgebung des Stabmagneten N‘S‘ besteht zwischen den Polen N und N‘ eine Abstoßung und zwischen N und S‘ eine Anziehung. Diese Kräfte ändern von Ort zu Ort ihre Richtungen. Ihre Beträge ändern sich ebenfalls; sie hängen ja von der Entfernung der Pole ab. Ihre resultierende Kraft auf N ist somit von Ort zu Ort verschieden.

Der Nordpol N folgt in jedem Punkt seiner Bahn der resultierenden Kraft. Er beschreibt einen Bogen, der bei N‘ beginnt und bei S‘ endet. Die resultierende Wirkung lässt sich mithilfe einer einfachen Linie beschreiben. Verschieben wir den Startpunkt von N geringfügig, so beschreibt N einen anderen Bogen. Nach diesem und weiteren „Läufen" ergibt sich schließlich eine überschaubare, geordnete Struktur von Linien in der Umgebung des Magneten. Startet N an einer beliebigen Stelle im Wasser, so wird er entlang einer Linie dieser Struktur geführt.

Man nennt diese Struktur ein **magnetisches Feld.** Die **Feldlinien** beschreiben die Richtung der resultierenden Kraft, die ein *Test-Nordpol* in der Umgebung eines Magneten erfährt.

Merksatz

Der Wirkungsbereich eines Magneten heißt **magnetisches Feld.** Feldlinien geben die Richtung der Kraft an, die ein Test-Nordpol im Feld eines Magneten erfährt.

2. Feldlinien auf einen Blick

Ein *Test-Nordpol* erfährt in der Umgebung eines Magneten eine Kraft in Richtung der Feldlinien. Ein *Test-Südpol* erfährt dort eine entgegengesetzt gerichtete Kraft. Das gilt auch für die beiden Pole einer kleinen Magnetnadel. Die Kräfte drehen die Nadel und stellen sie in Feldlinienrichtung.

Reihen wir viele solcher Magnetnadeln aneinander, so bilden sie eine Kette entlang einer Feldlinie → B1. Mit mehreren nebeneinander liegenden Ketten erkennt man die Struktur eines Magnetfeldes auf einen Blick. Wir entdecken zum Beispiel in → B2 parallele Feldlinien zwischen den Schenkeln eines Hufeisenmagneten. Mit Eisenpulver erhalten wir ein noch feineres Bild magnetischer Feldlinien → V3. Eisenfeilspäne werden im Feld selbst zu Dipolen. Wie Kompassnadeln bilden sie eine Vielzahl von Ketten und vermitteln ein übersichtliches Bild der Feldstruktur.

Wir erkennen in den Feldlinienbildern auch den Kontrast von Anziehung und Abstoßung → B3. Stehen sich Nordpol und Südpol gegenüber, so sehen wir zwischen den Polen *Brücken* aus Eisenpulver. Die Anziehung könnte man als *Zug* einer Feldlinie symbolisch beschreiben. Ganz im Gegensatz dazu steht die Abstoßung gleichnamiger Pole: Es sieht so aus, als wollten sich die Feldlinien wegdrängen. Auch in → V3 kann man bei parallelen Feldlinien die Tendenz erkennen, sich wegzudrängen.

Merksatz

Feldlinien verlaufen in der Umgebung eines Magneten vom Nordpol zum Südpol. In der Nähe der Pole laufen die Feldlinien dicht zusammen. Dort ist das Feld am stärksten.

B2 Homogenes Feld im Hufeisenmagnet

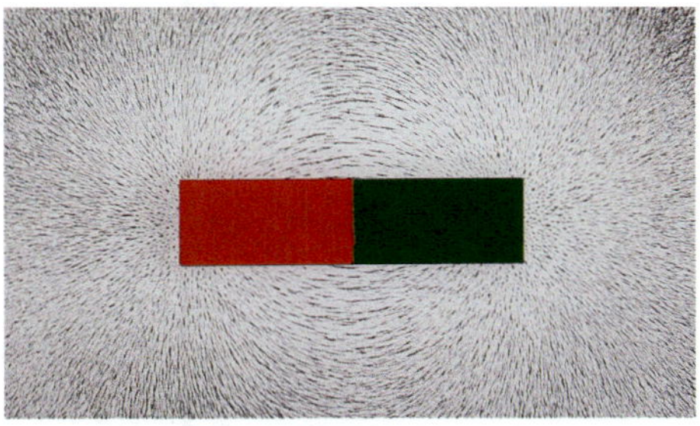

V3 Wir legen eine Glasplatte über einen Stabmagnet und streuen Eisenpulver darauf. Das Pulver ordnet sich von selbst zu Ketten aus kleinen Dipolen.

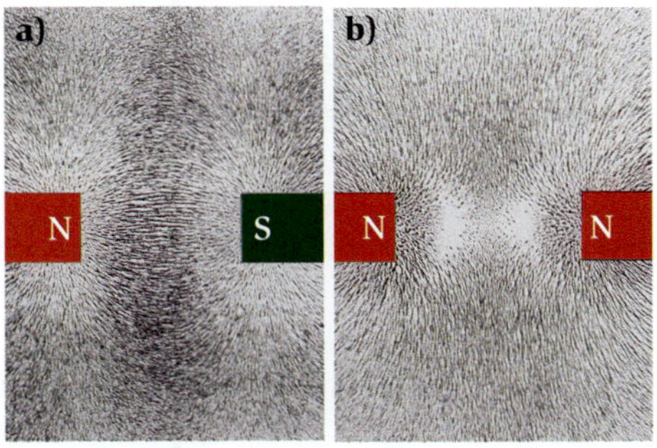

B3 **a)** Anziehung ungleichnamiger Pole **b)** Abstoßung gleichnamiger Pole

3. Im Magnetfeld ist Energie gespeichert

Wir wissen, dass man eine bestimmte Portion Energie zuführen muss, um einen Körper gegen die Anziehungskraft der Erde zu heben. Die Energie steckt hinterher in der Lage des Körpers als vergrößerte Höhenenergie. Trennen wir einen Magneten von einem anderen unter Kraftaufwand, so müssen wir ebenfalls Energie zuführen → B4. Wo bleibt diese Energie?

Im Inneren der Magnete, also an den Elementarmagneten, hat sich nichts geändert. Diese waren ja schon vorher ausgerichtet, sodass hierzu jetzt keine weitere Energie benötigt wurde. Etwas hat sich aber doch verändert. Die Eisenfeilspäne in → B4 zeigen, dass zwischen den Magneten ein vorher nicht vorhandenes Magnetfeld entstanden ist. Lässt man die Magnete wieder los, so werden sie aufeinander zu beschleunigt, und das Feld verschwindet wieder. Dies ist ein Hinweis darauf, dass Energie in einem magnetischen Feld in einer für uns neuartigen Form gespeichert werden kann. Da ein Magnetfeld ja auch im Vakuum existiert, kann Energie im materiefreien Raum gespeichert werden.

Merksatz

In einem Magnetfeld ist Energie gespeichert – sogar im Vakuum. Sie kann beim Verschwinden des Feldes in anderer Form genutzt werden.

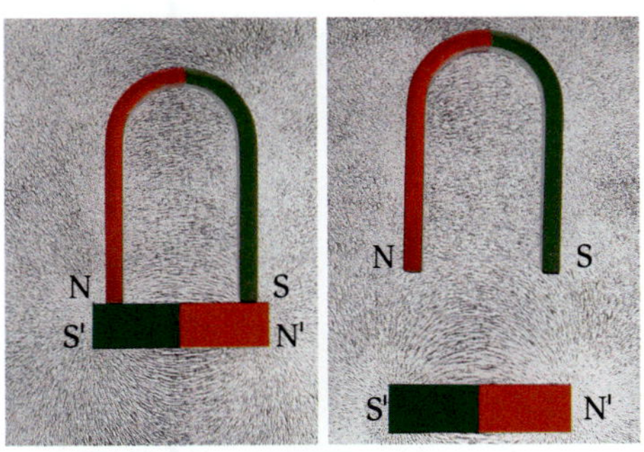

B4 Unter Energieaufwand wurden die Magnete voneinander getrennt. Jetzt ist die Energie im Magnetfeld gespeichert.

Interessantes

Das Magnetfeld der Erde

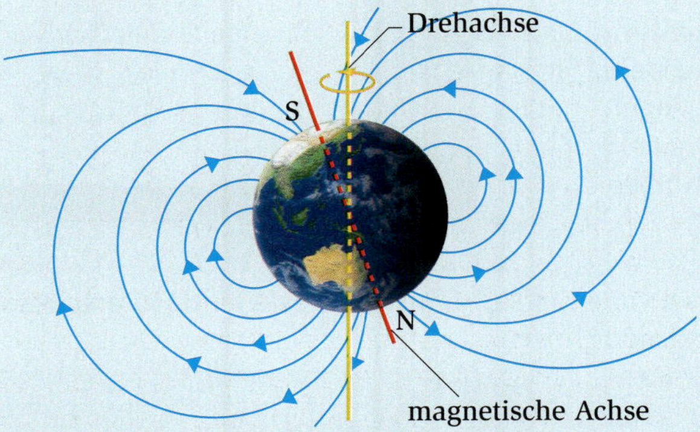

B1 Das Magnetfeld der Erde

A. Unsere Erde – auch ein Magnet?

Du weißt, dass eine Kompassnadel immer nach Norden zeigt. Warum tut sie das? Sie ist ein magnetischer Dipol und richtet sich entlang der Feldlinien eines Magnetfeldes aus. Offensichtlich ist es das *Magnetfeld der Erde,* das sie in die Nord-Süd-Richtung dreht. Das haben die Menschen schon sehr früh erkannt und den Kompass als Orientierungshilfe auf der Erde benutzt.

B. Die magnetischen Pole der Erde

Der Nordpol einer Kompassnadel weist in die Richtung des *magnetischen Südpols.* Dieser liegt somit in der Nähe des *geographischen Nordpols* der Erde → **B1**. Dort weist die Kompassnadel senkrecht nach unten. Umgekehrt liegt der *magnetische Nordpol* der Erde in der Nähe des geographischen Südpols. Die Magnetpole und die *geographischen Pole* der Erde fallen nicht zusammen.

Messungen haben ergeben, dass die Magnetpole der Erde unabhängig voneinander ihre Lage ändern. Sie verschieben sich langsam. Ihre Verbindungslinie geht nicht durch den Erdmittelpunkt.

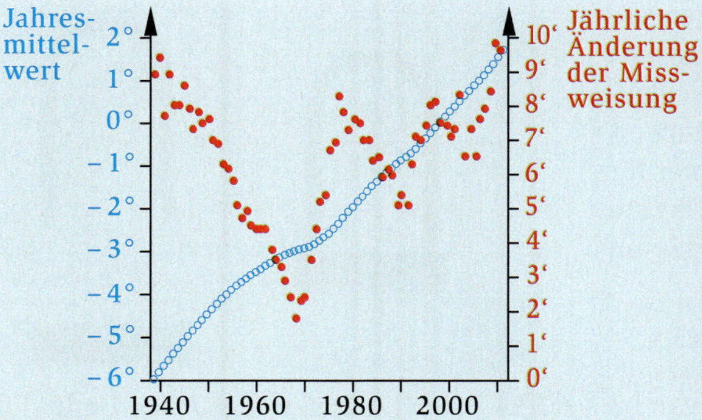

B2 Änderung der Missweisung im Lauf der Zeit

C. Die Deklination

Da der magnetische Südpol der Erde nicht mit dem geographischen Nordpol zusammenfällt, zeigt eine Kompassnadel nicht genau nach Norden. Diese **Missweisung (Deklination)** ist von Ort zu Ort verschieden und verändert sich ständig. Messungen zeigen, dass sich an einem bestimmten Ort in Deutschland (z. B. Wingst) die Missweisung von –5 ° im Jahr 1938 auf 0 ° im Jahr 1998 gleichmäßig verändert hat → **B2**.

Die Deklination in Deutschland ist von Ort zu Ort verschieden, Karte → **B3**. Auf der Linie Hannover–Kassel–Stuttgart hat sie zurzeit den Wert null.

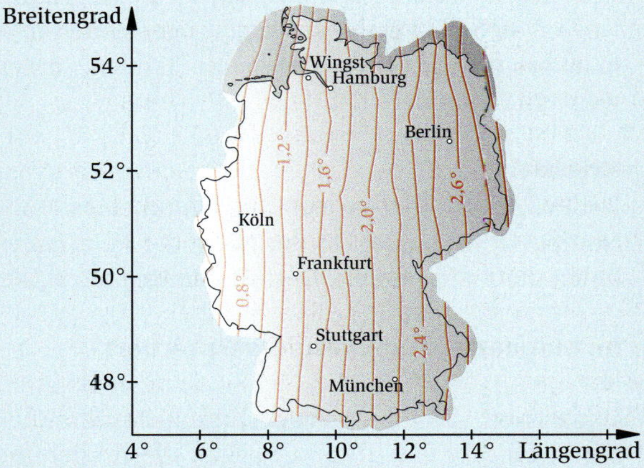

B3 Deklination in Deutschland 1998

D. Der Inklinationswinkel

Die magnetischen Feldlinien verlaufen schräg zur Erdoberfläche. Sie bilden mit der Horizontalen den *Inklinationswinkel.* In Deutschland beträgt er 63 ° bis 70 °. Wir messen ihn mit einer *Inklinationsnadel* → **B4**. Sie ist eine Kompassnadel, die sich um eine waagerechte Achse drehen kann.

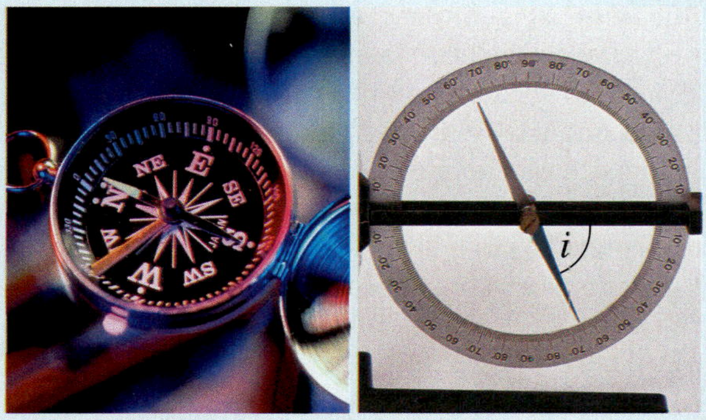

B4 Deklination und Inklination

E. Woher rührt das Erdmagnetfeld?

Das Erdmagnetfeld rührt nicht von einem Dauermagneten, denn bei Eisen wird jede Magnetisierung schon ab etwa 770 °C beseitigt. Das Innere der Erde ist mit Temperaturen über 3000 °C glühend flüssig.

Man weiß, dass elektrische Ströme Magnetfelder erzeugen. Geophysiker vermuten daher starke elektrische Ströme im dünnflüssigen Eisen des äußeren Erdkerns (in etwa 3000 km Tiefe). Auf diese Ströme führt man das Erdmagnetfeld zurück. Wegen der *Erdrotation* verlaufen die Magnetfeldlinien im Inneren der Erde annähernd in Richtung der Drehachse.

F. Die Orientierung des Erdmagnetismus im Laufe der Erdgeschichte

Das Magnetfeld der Erde hat sich in Zeiträumen von Millionen von Jahren gewandelt und sogar seine Polung geändert. Davon zeugen eisenhaltige Gesteinsschichten vulkanischen Ursprungs, die von dem jeweiligen Magnetfeld der Erde magnetisiert und entsprechend orientiert wurden. Beim Abkühlen behielt das Gestein seine Ausrichtung dauerhaft bei.

Untersuchungen zeigen, dass sich die Richtung des Erdmagnetfeldes etwa alle 500 000 Jahre umgekehrt hat - Zeitdauer für diesen Vorgang: ca. 5000 Jahren.

G. Das Magnetfeld schützt die Erde

Das Magnetfeld der Erde reicht über die Atmosphäre hinaus. Es lenkt von der Sonne kommende elektrisch geladene Teilchen hoher Energie *(Sonnenwind)* ab und schützt so Menschen, Tiere und Pflanzen vor dieser gefährlichen Strahlung.

H. Die Geschichte des Magnetismus

Seit mehr als 2500 Jahren kennt man magnetische Erscheinungen. Um 585 v. Chr. beschrieb THALES die Anziehung von kleinen Eisenstückchen durch gewisse Eisenerze. Etwa 200 Jahre später ließ PLATON in einer Schrift seinen Lehrer SOKRATES berichten, dass Magneteisensteine ihre Kraft über mehrere Eisenringe hinweg auf andere Ringe übertragen können.

Praktische Bedeutung gewann der Magnetismus durch die Einführung des Kompasses, der aus China stammt. Er wurde von den Arabern nach Europa gebracht. Hier diente er schon im 13. Jahrhundert insbesondere in den nördlichen Breiten als Navigationshilfsmittel auf hoher See. Ohne den Kompass sind die Entdeckungsreisen über die Weltmeere im 15. Jahrhundert und die damit verbundenen kulturellen und wirtschaftlichen Veränderungen schwer vorstellbar.

Pierre DE MARICOURT (1269) kannte bereits die unterschiedlichen Pole eines Magneten und deren wechselseitige Anziehung und Abstoßung. Ihm war auch bekannt, dass beim Auseinanderbrechen eines Magneten wieder Dipole entstehen.

Der bedeutendste Gelehrte des Magnetismus seiner Zeit war der Londoner Arzt William GILBERT (De Magnete, 1600). Er stellte Kugeln aus Magneteisenstein her und markierte die mit einer Kompassnadel gefundenen Meridiane. Er wies die Inklination auf einer Eisenkugel nach. So vermutete er, dass das Innere der Erde aus Magneteisenstein besteht.

I. Das Magnetfeld als Navigationshilfe für Tiere

Wie Zugvögel aus Tausenden von Kilometern Entfernung ihr Brutgebiet ansteuern können und anschließend wieder zurückfinden → B5, war lange Zeit ein Geheimnis der Natur. Inzwischen weiß man, dass auch das Magnetfeld der Erde Navigationshilfe leistet. Ihr *„Kompass“* ist ein *magnetischer Sensor*, der sich in der Haut oberhalb des Schnabels befindet. Dort sind magnetische Eisenoxid-Kristalle in Sinneszellen eingebettet. Die Zellen reagieren auf mechanische Reize. Vermutlich drücken die Kristalle je nach Ausrichtung des Kopfes im Magnetfeld auf verschiedene Nervenmembranen, die den Reiz an das Gehirn weiterleiten.

Der Kompass der Vögel kennt keinen Norden oder Süden. Seine Richtungsangaben lauten *polwärts* oder *äquatorwärts*. Im Gegensatz zum üblichen Kompass, der die Nordrichtung anzeigt, zeigt der Vogelkompass den Inklinationswinkel an, der sich von null am Äquator bis 90 ° an den Polen ändert.

Weitere wichtige Orientierungshilfen der Zugvögel sind *Sonnenstand* und *Sternenhimmel*.

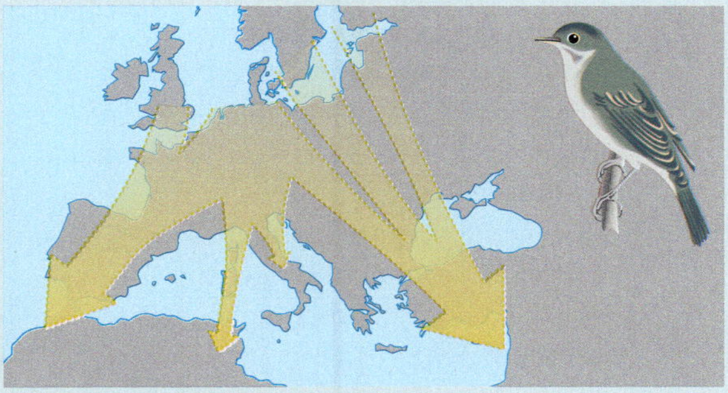

B5 Vogelflugkarte

Methode

Planarbeit

Ziel einer **Planarbeit** kann sein, dass du ein neues Thema selbstständig erarbeitest. Für eine Planarbeit erhältst du eine Anleitung, die nachfolgend erläutert wird. Planarbeit hat den Vorteil, dass du die zur Verfügung stehende Bearbeitungszeit nach deinem Lern- und Arbeitstempo einteilen kannst. So kannst du dich ausführlich und intensiv solchen Sachverhalten widmen, die dir Schwierigkeiten bereiten oder die dich interessieren. Planarbeit kannst du allein oder auch in einer Kleingruppe durchführen.

Eine **Anleitung zur Planarbeit** enthält dabei:
- das zu bearbeitende Thema
- die zur Verfügung stehende Zeit
- die zur Verfügung stehenden Hilfsmittel (Bücher, Experimentiermaterial)
- die zu erledigenden Aufträge
- die Art der Dokumentation
- Kontrollaufgaben, mit denen du überprüfen kannst, ob du den Stoff verstanden hast.

Planarbeit zum Thema „Magnete und ihre Pole"

Zeit:
2 Schulstunden und Nacharbeit zu Hause;
Präsentation in der folgenden Schulstunde

Ziele;
- Auffrischen und Ergänzen der Vorkenntnisse aus dem Fach Naturphänomene
- Erarbeiten des Themas „Magnetische Kräfte" anhand des Schulbuchs
- Vorbereiten einer Versuchspräsentation

Arbeitsaufträge:
1. Schreibe Stichworte auf, die dir zum Thema „Magnete" aus dem Unterricht Naturphänomene und aus dem Alltag einfallen.
2. Ordne deine Stichworte zum Thema „Magnete" und erstelle dazu eine Mindmap (Schulbuch Seite 73)
3. Versehe deine Stichworte zum Thema „Magnete" mit Inhalt.
4. Überlege dir zu deinen Stichworten geeignete Versuche, mit denen du den jeweiligen Sachverhalt verdeutlichen kannst. Führe einige der Versuche durch (Lehrer stellt Material aus der Physiksammlung zur Verfügung).
   Dokumentiere die von dir durchgeführten Versuche:
   - Fertige eine Versuchsskizze mit Beschreibung an.
   - Erläutere die Versuchsdurchführung.
   - Schreibe deine Beobachtungen auf.
   - Ziehe aus deinen Beobachtungen entsprechende Folgerungen.
   - Erkläre - falls möglich - die Versuchsergebnisse.
5. Schreibe eine Zusammenfassung, die du auch für die nächste Klassenarbeit verwenden kannst. Bei deiner Zusammenfassung sollst du auf folgende Stichworte eingehen:
   - magnetische und nichtmagnetische Stoffe
   - Magnetpole:
     - Was versteht man unter einem Magnetpol?
     - Unterscheidung von Arten von Magnetpolen
     - Gibt es magnetische Einzelpole?
     - Namensgebung: Nordpol und Südpol
   - Kräfte zwischen Magnetpolen
   - Wirkung gleichnamiger bzw. ungleichnamiger Magnetpole nach außen hin

Hilfsmittel
- Schulbuch Seite 164 und 165
- Internetrecherche mit einer Suchmaschine (überlege dir hierzu geeignete Suchbegriffe)

Präsentation eines Versuchs
- Den Versuch musst du so gut ausarbeiten, dass du ihn vor der Klasse durchführen und erklären kannst.
- Fertige für die Präsentation dieses Versuchs eine Folie mit den wichtigsten Inhalten an. Fasse die Ergebnisse deines Versuchs in wenigen Sätzen zusammen. Formuliere wenn möglich einen Merksatz.
- Fertige dazu für deine Mitschüler ein Handout an.

Aufgaben
- Bearbeite Schulbuch Seite 172, Aufgabe A 3, S. 201, Aufgabe A 5.
- Denke dir zum Thema „Magnete" eine Aufgabe für die Klasse aus.

Methode

Wie lernt man Physik?

Viele sagen „Physik habe ich in der Schule nie verstanden ..." und hängen gerne an: „... weil mein Lehrer nicht erklären konnte!" Diese bequeme Ausrede dürfte heute nicht mehr gelten. In allen Fächern wirst du herausgefordert, dich alleine oder in der Gruppe mit den zu lernenden Inhalten selbstständig auseinanderzusetzen. Dabei hilft es dir, wenn du bestimmte Dinge von Anfang an gut einübst:

- **Einen Physiktext lesen:** Wie das *Haus der Physik* entstanden ist und wie es fertig aussieht, kann man in Physikbüchern nachlesen. Im *Inhaltsverzeichnis* sucht man das Thema, über das man sich informieren will. Im *Register* sucht man Begriffe und Wörter, deren Bedeutung unklar ist. *Bilder* vermitteln Anschaulichkeit, *Tabellen* liefern Überblicke.
  Es hilft dir beim Lesen, wenn du dir klar machst, was du vom Buch wissen willst: In diesem Buch z.B. steht in der breiten Hauptspalte immer, wie es *im Haus der Physik* aussieht. Den Hinweisen auf die Außenspalte gehst du nach, wenn du wissen willst, wie *das Haus gebaut* worden ist.
- **Verständnisfragen stellen und beantworten:** Manchmal stößt du beim Lesen auf Fragen, bei denen dir Inhaltsverzeichnis und Register nicht weiterhelfen. Bei *gemeinsamem Lernen* hilft und fordert man sich gegenseitig. Du musst dem Lernpartner deine Frage erklären und erfährst mit der Antwort eine andere Sicht auf die Dinge. Wenn beim Erklären von Fragen und Erklären von Antworten neue Fragen auftauchen, darf dies euch nicht entmutigen.
- **Im Zusammenhang darstellen und präsentieren:** Sollst du z.B. ein Referat halten oder ein Wandplakat anfertigen, so brauchst du einen Plan. Versetze dich in die Situation deiner Zuhörer oder Leser, die vielleicht zum ersten Mal in diesem Teil des „Gebäudes" sind. Überlege genau, welche Medien (Experimente, Bilder) du einsetzen willst, damit alle dort ankommen, wo du sie hinführen möchtest.

Wie betreibt man Physik?

Vieles, was in Physikbüchern steht, kannst du selber herausfinden. Im Unterricht ist oft die Zeit knapp; die Lehrerin oder der Lehrer kann nur helfen, den nicht immer leichten Weg des Lernens und Entdeckens zu gehen. Vom Ziel aus kann er rückblickend als direkter Weg erkannt werden. Das ist wie nach dem Anstieg auf einen Berggipfel: Erst von dort überblickt man zum ersten Mal den mit Mühe gegangenen Weg.

- **Mit Experimenten Theorie voranbringen:** Experimente werden in der Physik nicht gemacht, um zu zeigen, „wie es ist". Man erforscht vielmehr, ob etwas so ist, wie man vermutet oder wie es theoretische Überlegungen behaupten. Man weiß schon etwas und stößt auf eine Frage. Man vermutet eine Antwort und plant ein Experiment, um die Vermutung zu prüfen. Dabei ist Kreativität gefordert.
- **Experimente sorgfältig durchführen:** Jedes physikalische Experiment ist eine Frage an die Natur. Auch dabei gilt: Je mehr man schon weiß, desto präzisere Fragen kann man stellen. Man führt das Experiment durch und notiert alle Beobachtungen (nicht nur die zur vermuteten Antwort passenden!). Die Auswertung soll dann die Antwort auf die gestellte Frage liefern; sie kann aber auch Zweifel wecken und die Theorie in Frage stellen.
- **Ergebnisse präzise beschreiben:** Lange vor Telefon und Internet haben Physikerinnen und Physiker Ergebnisse ausgetauscht, verglichen und kontrolliert. Die Beschreibung des Hauses der Physik ist in allen Sprachen gleich. Dabei helfen Verabredungen über Begriffe, Fachsprache und Mathematik.
- **Schwierigkeiten aushalten:** Weil Physik als Theorie im Kopf entsteht und in Experimenten ständig an der realen Natur überprüft werden muss, sind Widersprüche und Rückschläge unausweichlich. Erfolgreiche Physikerinnen und Physiker sind solche, die ihre Ideen selbstkritisch, geduldig und hartnäckig verfolgen.

Das ist wichtig

B1 Eisenpulver an einem Stabmagneten

1. Die Pole eines Magneten

Jeder Magnet besitzt einen **magnetischen Nordpol** und einen **magnetischen Südpol.** Gleichnamige Pole zweier Magnete stoßen sich ab, ungleichnamige ziehen sich an. Gleichnamige Pole verstärken sich, ungleichnamige Pole schwächen sich in ihrer Wirkung nach außen.

2. Elementarmagnete

Der Magnetismus von Eisen lässt sich mithilfe der **Elementarmagnete** beschreiben. Es sind magnetische Dipole, die auch in – nach außen unmagnetischem Eisen – schon enthalten sind. Sie werden also beim **Magnetisieren** nicht erzeugt, sondern geordnet. In **weichmagnetischen Stoffen** lassen sie sich leicht ausrichten, gehen aber ebenso leicht wieder in den ungeordneten Zustand über. In **hartmagnetischen Stoffen** wie Stahl und speziellen Legierungen behalten die Elementarmagnete nach dem Magnetisieren ihre Ordnung bei. Aus solchen Stoffen fertigt man **Dauermagnete.**

3. Das Zusammenwirken magnetischer Kräfte

Bei der Halbierung einer magnetisierten Nadel entstehen wieder zwei vollständige Magnete. Das liegt daran, dass an der Bruchstelle auf der einen Seite alle Nordpole, auf der anderen Seite alle Südpole der dort nebeneinander liegenden Elementarmagnete zusammenwirken und jeweils einen starken Magnetpol bilden. Vor der Trennung schwächten sich die aneinander liegenden Nord- und Südpole gegenseitig in ihrer Wirkung nach außen. Daher erscheint die Mitte der magnetisierten Nadel unmagnetisch.

4. Das magnetische Feld

Der Wirkungsbereich eines Magneten heißt **magnetisches Feld.** In ihm ist Energie gespeichert. Die Erde ist von einem Magnetfeld umgeben. Eine Magnetnadel stellt sich in Richtung der **magnetischen Feldlinien** ein. Eine Kompassnadel weist nach Norden in Richtung des magnetischen Südpols. Eine Inklinationsnadel zeigt den Winkel an, den die Feldlinien mit der Horizonalen bilden.

Kennst du dich aus?

A1 Eine Schülerin überlegt Folgendes: In einem Nagel befinden sich ungeordnete Elementarmagnete. Sie besitzen genauso viele Nordpole wie Südpole. Nähert man den Nordpol eines Stabmagneten, so werden die Südpole der Elementarmagnete angezogen, aber ebenso viele Nordpole abgestoßen. Trotzdem heben sich die Kräfte nicht auf: Der Nagel wird von dem Nordpol angezogen. Wie kann man das verstehen?

A2 Zeichne das untere Bild in dein Heft.

a) Am Punkt A befindet sich ein Test-Nordpol (linkes Bild). Zeichne einen Kraftpfeil $\vec{F}$, der die auf ihn einwirkende Kraft kennzeichnet. Begründe seine Lage. Skizziere die beiden Kraftpfeile $\vec{F}_1$ und $\vec{F}_2$, welche die Kraft der einzelnen Magnete auf den Test-Nordpol beschreiben. Erkennst du einen Zusammenhang zwischen den drei Kraftpfeilen?

b) Erläutere, welche Pole sich im rechten Bild gegenüber stehen. Zeichne in dein Bild ein, wie sich eine Kompassnadel im Punkt C ausrichtet.

c) Erkläre, woran man die gegenseitige Wechselwirkung der Magnete erkennen kann, auch wenn die Polbezeichnungen bei beiden Bildern fehlt.

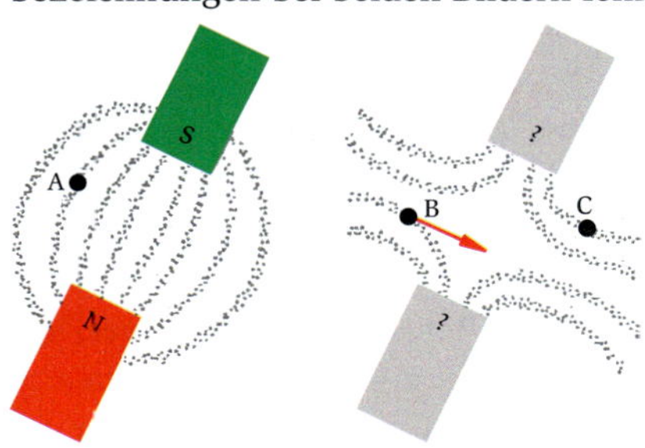

A3 Ein Stabmagnet und ein Stab aus unmagnetisiertem Weicheisen sollen völlig gleich aussehen.

a) Lege dar, wie du mit einem weiteren Magnet feststellen kannst, welcher Stab aus Weicheisen ist.

b) Erläutere, wie du diese Entscheidung treffen kannst, wenn kein zweiter Magnet zur Verfügung steht.

A4 **a)** Der Polarstern steht für uns über dem Nordpunkt des Horizonts. Erkläre, wie man auf der Nordhalbkugel der Erde an jedem Ort die Deklination bestimmen kann.

b) Gib an, wo sich auf der Erde Orte mit der Deklination 180° befinden.

c) Erläutere, welchen Sachverhalt man mit der Deklination, welchen mit der Inklination beschreibt. Erläutere welche Folgerung man ziehen kann, wenn man an einem Ort Deklination und Inklination kennt.

A5 Erläutere, warum man die beiden verschiedenen Pole eines Magneten „Nordpol“ und „Südpol“ genannt hat.

A6 Der unterste Ringmagnet zeigt mit seinem rot bemalten Nordpol nach unten. Zeichne die Skizze in dein Heft und färbe alle Pole der Ringmagnete mit der richtigen Farbe. Begründe deine Farbgebung.

A7 Entwirf einen Apparat, mit dem du Cent- und Euromünzen mit Hilfe eines Magneten sortieren kannst. Erprobe von der Ein-Cent-Münze bis zur Zwei-Euro-Münze, welche Sortierung sich ergeben wird.

A8 Beschreibe und erkläre den Versuch, der im Unterricht zur Modellvorstellung „Elementarmagnet“ geführt hat. Fertige dazu auch geeignete Skizzen an!

A9 Erkläre mit dem Modell der Elementarmagnete ein von dir ausgewähltes Phänomen.

A10 In einer Anleitung zum Entmagnetisieren findest du zwei Methoden: Erschüttern oder Erhitzen. Vergleiche beide Methoden nach Vor- und Nachteilen.

A11 Ein magnetischer „Probepol“ befindet sich in einem Magnetfeld. Auf ihn wirkt eine Kraft in Richtung des eingezeichneten Pfeils.

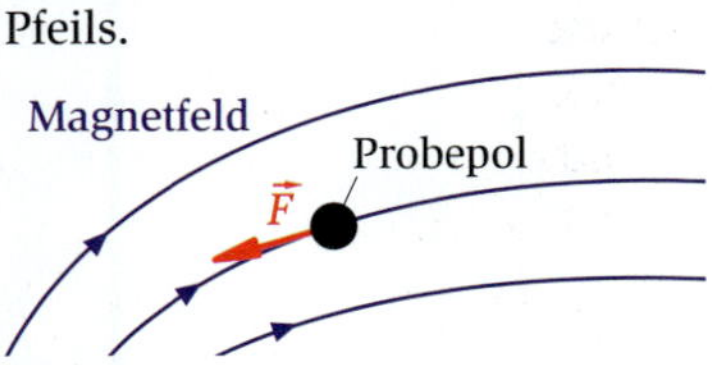

Erkläre, um welche Art von magnetischem Pol es sich handelt.

A12 Eine drehbare Magnetnadel stellt sich in der Nähe eines Stabes ein, wie in der Skizze gezeichnet.

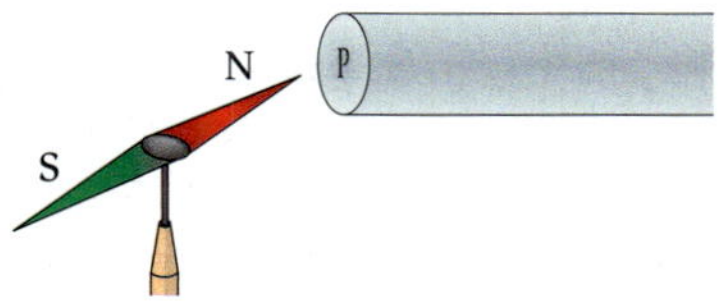

Begründe, welche der Aussagen über das mit P bezeichnete Ende des Stabes richtig und welche falsch sind. Das Ende P kann
a) nur der Nordpol eines Dauermagneten sein,
b) nur der Südpol eines Dauermagneten sein,
c) sowohl der Nordpol als auch der Südpol eines Dauermagneten sein,
d) der Südpol eines Dauermagneten oder das Ende eines Eisenstabes sein,
e) nur das Ende eines Eisenstabes sein.

A13 **a)** Halte eine Kompassnadel zuerst oben und dann unten an einen Heizkörper. Beschreibe deine Beobachtung. Erkläre deine Beobachtung mit Hilfe der Feldlinien des Erdmagnetfeldes.
b) Erläutere, ob du im Winter, wenn die Heizung in Betrieb ist, die gleiche Beobachtung machst.

A14 Gib mindestens drei Dinge des täglichen Lebens an, bei denen Magnete verwendet werden. Erläutere dabei die jeweilige Funktion der Magnete.

A15 Um Ressourcen und die Umwelt zu schonen hat jemand die Idee, auf der Nord-Süd-Route für große Containerschiffe eine neuartige Antriebstechnik einzusetzen. Im Norden werden die Schiffe mit einem starken magnetischen Südpol, im Süden mit einem starken magnetischen Nordpol beladen. Diskutiere, ob diese Idee durchführbar ist.

A16 Erörtere, ob magnetische Feldlinien sich kreuzen können.

A17 Rindern kann ein sogenannter „Kuhmagnet“ in den Magen gegeben werden. Recherchiere über die Verwendung solch eines Magneten und stelle das Wesentliche schriftlich dar.

A18 Ordne das Thema Magnetismus mit einer geeigneten Mindmap, die dir auch beim Lernen auf die Klassenarbeit hilft.

A19 **Projekt:** Untersuche, wie die Stärke der gegenseitig ausgeübten magnetischen Kraft vom Abstand der Magneten abhängt.
Materialien:
2 Stabmagnete,
1 Wägelchen,
1 Kraftmesser,
1 Lineal.
Stelle zunächst eine Hypothese zum Thema auf: „Wenn der Abstand doppelt so groß ist, dann …“
Skizziere den Versuchsaufbau, beschreibe die Versuchsdurchführung und protokolliere die Ergebnisse (Messtabelle und Diagramm). Vergleiche das Ergebnis mit deiner Hypothese.

A20 **Projekt:** Untersuche, mit welchen Materialien du die Wirkung eines Magneten abschwächen (abschirmen) kannst. Schreibe deine Vorgehensweise auf, fertige eine Skizze an, formuliere deine Erwartungen. Stelle deine Ergebnisse in einer Tabelle dar.

Material	Abschirmung		
	gut	mittel	schlecht

Ladung – Strom – Spannung

Das kannst du in diesem Kapitel erreichen:

- Du kannst einfache Stromkreise aufbauen.
- Du weißt, dass elektrischer Strom bewegte Ladung bedeutet.
- Du kennst Eigenschaften elektrischer Ladungen.
- Du erkennst, dass man Energie mithilfe eines Stromkreises übertragen kann.
- Du kannst die Stärke des Stromes in Stromkreisen bestimmen.
- Du verstehst auf Grund deiner Kenntnis über Stromkreise die Schaltung von elektrischen Geräten im Haushalt.
- Du kennst Gefahren der Elektrizität.

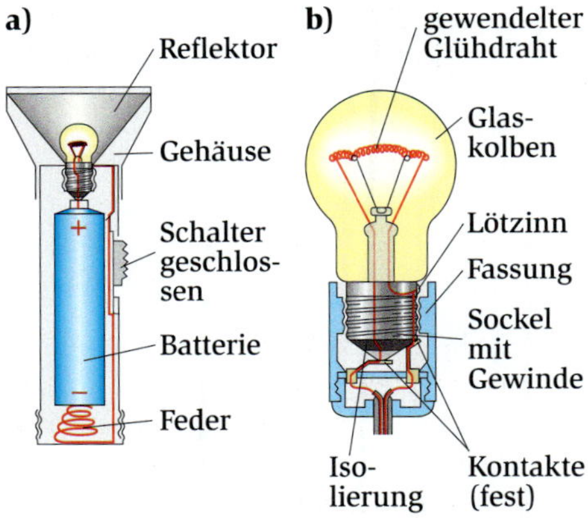

B1 **a)** Bei Stabtaschenlampen ist das Gehäuse Teil des Stromkreises. **b)** Glühlampe

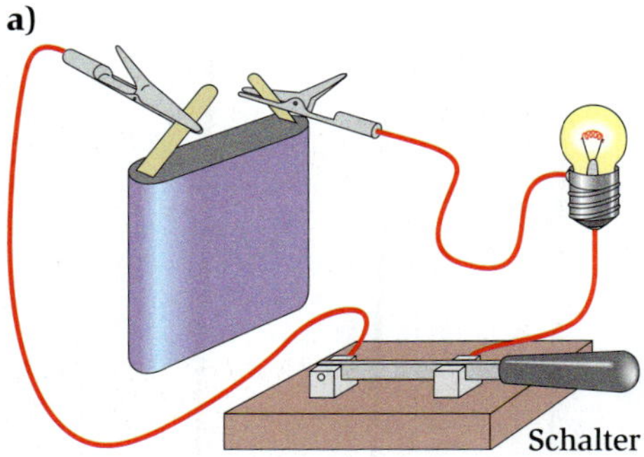

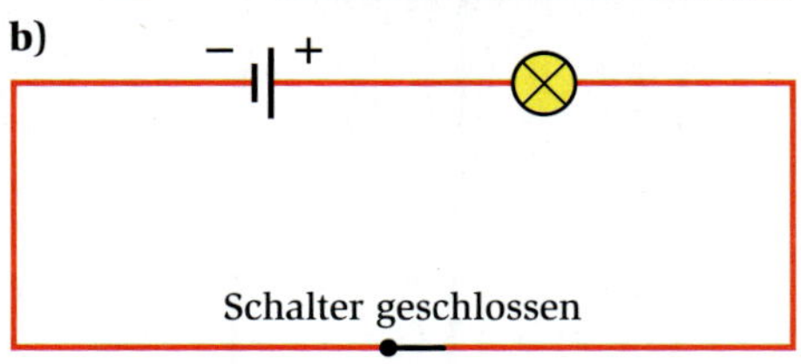

B2 **a)** Stromkreis mit Schalter und langen Kupferleitungen **b)** Schaltplan

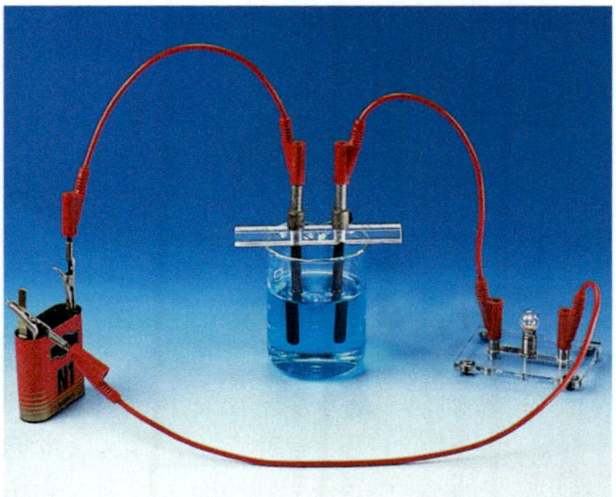

V1 In ein Glasgefäß geben wir zwei Kohlestäbe. Dann wird das Gefäß mit verschiedenen Flüssigkeiten gefüllt. Das Leuchten des Lämpchens zeigt, ob die Flüssigkeit ein Leiter ist oder nicht.

1. Was gehört zu einem Stromkreis?

Der Umgang mit „Strom aus der Steckdose" bringt Gefahren. Um zu verstehen, wie man sich davor schützt, experimentieren wir mit den Teilen einer ungefährlichen Taschenlampe.

Das Lämpchen einer Taschenlampe leuchtet, wenn wir seinen unteren metallischen Kontaktknopf mit dem **Pluspol** (+) der Stabbatterie und zusätzlich sein Lampengewinde durch einen Draht mit dem **Minuspol** (–) verbinden **➜ B1a**. Eine solche *metallische Verbindung* besorgt das Gehäuse der Taschenlampe in seinem rot gezeichneten Teil. Das Lämpchen wird mit der Batterie als **Stromquelle** in einen **geschlossenen Stromkreis** einbezogen.
Wenn man dagegen die beiden Anschlüsse des Lämpchens unmittelbar mit einem Draht verbindet, liegt zwar ein geschlossener Leiterkreis vor. Trotzdem leuchtet das Lämpchen nicht. Hier fehlt nämlich die Stromquelle, sei es eine Batterie, ein Fahrradgenerator oder ein Akkumulator (kurz Akku).
Wir legen nach **➜ B2a** zwischen die Batterie und das Lämpchen lange **Leitungen** aus Kupferdraht. Dann leuchtet das Lämpchen auch weitab von der Batterie. Zudem können wir mit dem **Schalter** den Stromkreis an einer beliebigen Stelle unterbrechen und wieder schließen.
Man nennt die Anschlüsse einer Stromquelle **Pole** und unterscheidet sie durch **Plus-** oder **Minuszeichen.** Sie haben nichts mit magnetischen Polen zu tun. Pole nennt man allgemein Stellen, die durch einen Gegensatz gekennzeichnet sind: Pole der Erde, einer Batterie, eines Magneten.
Die uns noch nicht genauer bekannte „Elektrizität" braucht einen Rückweg zur Stromquelle, sie führt einen Kreislauf aus. Wir sprechen davon, dass **Elektrizität strömt** und denken an den Blutkreislauf mit dem Herzen als Pumpe und den Körperorganen als Durchlaufstationen. Gas dagegen strömt zum Küchenherd und verbrennt dort; es braucht keine Rückleitung.

Der **Schaltplan** nach **➜ B2b** stellt die Teile des Stromkreises in ihrer *physikalisch wesentlichen Zuordnung* dar. Die **Schaltzeichen** bezeichnen die benutzten Bestandteile. Die Linien symbolisieren die verbindenden Leitungen.

2. Leiter und Isolatoren

Wir entfernen den Schalter in **➜ B2a** und überbrücken die entstandene Lücke durch verschiedene Materialien. Benutzen wir dazu Metalle oder Grafitminen aus Bleistiften, so leuchtet das Lämpchen hell auf. Man sagt, diese Stoffe seien **gute Leiter.** Bei Gegenständen aus Glas, Porzellan, Kunststoff, Gummi usw. dagegen leuchtet das Lämpchen nicht. Sie sind **Isolatoren.** Auch Luft unterbricht als guter Isolator den Stromkreis, etwa in Schaltern.
In Bädern und anderen Feuchträumen muss man besonders vorsichtig sein. Leitet also auch Wasser?

Nach → V1 leitet Wasser besonders gut, wenn ihm verdünnte Säuren, Basen (Laugen) oder Salzlösungen beigefügt sind. Destilliertes Wasser dagegen leitet nicht.
Wir schütten Kochsalz in ein neues Gefäß zwischen die Kohlestäbe. Das Lämpchen bleibt dunkel. Gießen wir destilliertes Wasser dazu, leuchtet das Lämpchen umso stärker, je mehr Salz sich gelöst hat. Die schwache Leitfähigkeit von Leitungswasser und von feuchtem Erdreich rührt von gelösten Stoffen her.
Auch unser Körper leitet den Strom, besonders gut die Blutbahnen, Muskeln und Nervenstränge. Trockene Haut dagegen leitet nur schlecht. Wenn die Haut aber durch Regen, Schweiß oder im Bad feucht geworden ist, wird die Gefahr elektrischer Schläge größer. Man darf deshalb keine elektrischen Geräte anfassen, wenn man sich im Badewasser befindet oder mit feuchten Füßen auf dem Boden steht. Nimm solche **Gefahrenhinweise,** die wir auch im Folgenden geben, sehr ernst!

Merksatz

Der **elektrische Stromkreis** enthält eine **Stromquelle** und ist durch **Leiter** geschlossen. **Leiter** sind Metalle, Graphit, Säuren, Basen und Salzlösungen. **Isolatoren** sind Luft, Bernstein, Glas, Gummi, Keramik und die meisten Kunststoffe.

3. Gase leuchten, wenn sie leiten

Beim Blitz wird Luft kurzzeitig leitend; dabei leuchtet sie. Auch in Neonröhren für Reklamezwecke und in Leuchtstoffröhren leiten Gase (bei niedrigem Druck). Wir untersuchen jetzt dieses Leuchten von Gasen, wenn sie Strom leiten.

- In → V2 schließt man die Drähte einer **Glimmlampe,** *Elektroden* genannt, an ein Netzgerät. Dann leuchtet das Gas um die Elektrode, die mit dem Minuspol verbunden ist, hellrot auf. Das sonst gut isolierende Gas Neon wird leitend. Vertauscht man die Anschlüsse an der Glimmlampe oder an der Stromquelle, so leuchtet das Gas um die andere Elektrode. Diese ist jetzt mit dem Minuspol verbunden. Mit einer Glimmlampe kann man also (+)- und (–)-Pol unterscheiden.
- Zwei baugleiche, in Reihe geschaltete Glühlampen leuchten gleich hell → V3a. Sie führen einen Strom gleicher Stärke. Jetzt ersetzt man eine durch eine Glimmlampe → V3b. Die Glühlampe leuchtet kaum, die Glimmlampe dagegen hell. Die Glimmlampe bleibt dabei kalt. Sie setzt also weniger Energie um als die Glühlampe. Glimmlampen sind beim Stromnachweis empfindlicher als Glühlampen.

Merksatz

Unter besonderen Umständen leiten auch Gase. Dann senden sie Licht aus. In Glimmlampen leuchtet das Gas nur um die Elektrode, die mit dem **Minuspol** der Stromquelle verbunden ist.

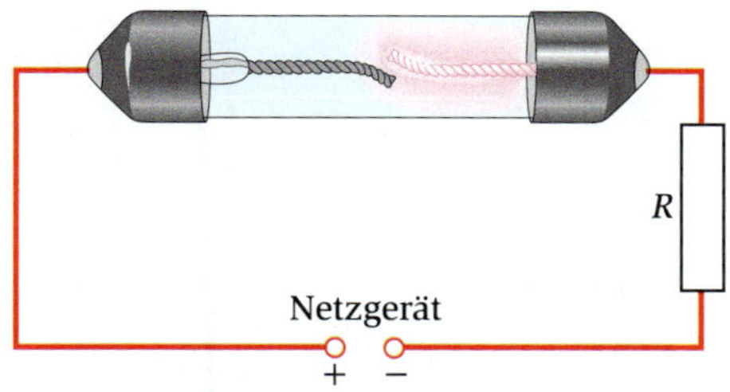

V2 Eine Stabglimmlampe besteht aus zwei Drähten, die in ein Glasröhrchen eingeschmolzen sind und sich nicht berühren. Das Röhrchen enthält das Edelgas Neon unter vermindertem Druck. Schließt man die Glimmlampe an ein Netzgerät, so leuchtet das Gas um eine Elektrode.

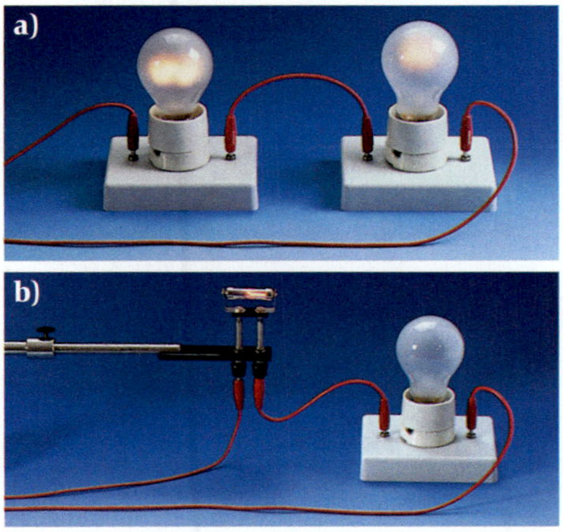

V3 **a)** Reihenschaltung von zwei 15 Watt-Glühlampen: Beide leuchten gleich hell. **b)** Reihenschaltung einer Glimmlampe und einer 15 Watt-Glühlampe. Wird die Quelle stärker gemacht, so leuchtet die Glimmlampe vor der Glühlampe auf.
Vorsicht: Versuch ist nur für Lehrer!

Mach's selbst

A1 Vergleiche die rot gezeichnete Stromführung im Lämpchen einer Taschenlampe und in einer großen Glühlampe → B1. Gib an, welche Drähte nur zum Halten des dünnen Glühfadens dienen. Erkläre, warum das Lampengewinde und der untere Kontaktpunkt gegeneinander isoliert sind.

A2 Erkläre die Funktion der Feder unten am Schraubgewinde bei Stabtaschenlampen. Prüfe deine Erklärung an einer Taschenlampe. Erläutere die Stromführung bei einer Taschenlampe mit Kunststoffgehäuse.

B1 Ein Fluss, der eine Straße unterbricht, wird mit einer Autofähre bzw. einer Brücke überbrückt.

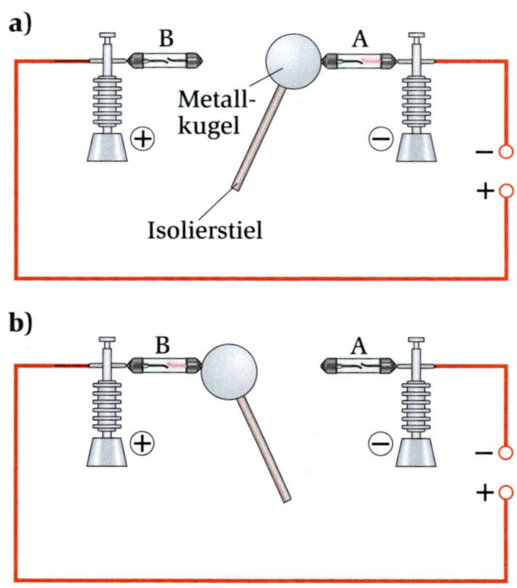

V1 Der Stromkreis zwischen den Glimmlampen A und B ist unterbrochen. **a)** Wir berühren die rechte Glimmlampe A mit einer Metallkugel, die auf einem Isolierstiel sitzt. Sie blitzt kurz an dem der Metallkugel abgewandten Ende auf. **b)** Anschließend bringen wir die Metallkugel von A zur linken Glimmlampe B. Diese blitzt beim Berühren kurz an dem der Metallkugel zugewandten Ende auf.

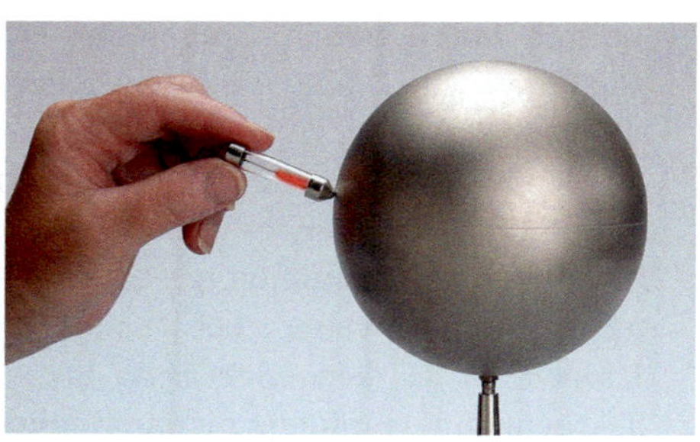

B2 Ein geladener Konduktor wird mit einer Glimmlampe berührt. Sie blitzt auf.

1. Im Stromkreis fließt Ladung

Wir haben uns schon mit Strömungen von Wasser und von der Energie (bei Wärmeleitung) beschäftigt. Könnte nicht auch in einem elektrischen Stromkreis etwas strömen? Dass Stromkreise geschlossen sein müssen, damit elektrische Geräte funktionieren, nehmen wir als ersten Hinweis dafür, dass in den Leitungen eine Art elektrische Substanz strömt.

Gibt es noch deutlichere Hinweise? Betrachten wir zum Vergleich eine Straße, die durch einen Fluss unterbrochen wird → B1. Der Verkehrsstrom kann durch eine Fähre aufrecht erhalten werden, die Autos portionsweise über den Fluss transportiert. Man kann aber auch eine Brücke über den Fluss bauen, die einen kontinuierlichen Verkehrsstrom ermöglicht.

Gibt es etwas Ähnliches auch beim elektrischen Stromkreis? Lässt sich vielleicht eine elektrische Substanz an den Polen einer Quelle abzapfen und wie mit einer Fähre „portionsweise" über eine Unterbrechungsstelle im Stromkreis transportieren?
Tatsächlich: Berührt man in → V1a mit einer Metallkugel die rechte Glimmlampe A, so blitzt sie kurz auf. Man schließt daraus, dass ein kurzer Stromstoß erfolgt ist. Berührt man anschließend mit der Metallkugel die linke Glimmlampe B, so blitzt diese auch kurz auf → V1b.
Wir berühren mit der Metallkugel nochmals die Glimmlampe A. Berühren wir sie dann an irgendeinem Ort im Physiksaal mit einer anderen Glimmlampe, so blitzt diese kurz auf → B2. Die Metallkugel hat offenbar bei A etwas von der vermuteten elektrischen Substanz abgezapft, das sie jetzt mit einem kleinen Stromstoß wieder abgibt. Man sagt, *die Kugel war elektrisch geladen.* Diese **elektrische Ladung** haben wir in → V1b mit der Kugel („Ladungsfähre") portionsweise über die Lücke im Stromkreis von A nach B transportiert – analog zur Autofähre.

Elektrischer Strom bedeutet also: Es *fließt elektrische Ladung.* Man betrachtet diese Ladung als Substanz, die an elektrischen Vorgängen beteiligt ist.

In einem zweiten Versuch berühren wir mit einer geladenen Kugel eine zweite ungeladene Kugel. Anschließend leuchtet die Glimmlampe an jeder der beiden Kugeln auf, aber jeweils schwächer als zuvor. Die Ladung wurde also auf beide Kugeln aufgeteilt.
Ist bei dieser Aufteilung die eine der beiden Kugeln kleiner, so blitzt an ihr die Glimmlampe schwächer auf als an der größeren. Die kleinere Kugel kann also weniger Ladung aufnehmen als die größere. Elektrische Ladung lässt sich aufteilen, ähnlich wie eine Wassermenge. Man sagt deshalb, die elektrische Ladung habe **Mengencharakter.**

Auf geladenen Kugeln besteht kein „Strom“; sie tragen **ruhende Ladungen.** Das Wort „elektrischer Strom“ benutzt man nur für das Strömen von elektrischer Ladung. Unsere Sinne nehmen ruhende Ladung nicht unmittelbar wahr, auch nicht die in den Leitungen fließende. Wohl aber sehen wir ihr Abfließen in Luft an einem kleinen „Blitz“, besonders deutlich in der Glimmlampe. Das dabei zu hörende Knistern ist ein schwacher Donner. Dabei wird etwas Energie freigesetzt.

Merksatz

Mit einer isolierten Metallkugel kann man elektrische Ladung portionsweise transportieren. Elektrischer Strom ist fließende Ladung.

2. Geht im Stromkreis Ladung verloren?

Bei einem Verkehrsstrom über einen Fluss gehen keine Autos verloren. Gilt Entsprechendes auch für den Transport elektrischer Ladungen? Wir überbrücken die Unterbrechungsstelle AB in → V1 durch einen guten Leiter, z. B. einen Kupferdraht. Er entspricht der Brücke beim Verkehrsstrom über einen Fluss. Nun leuchten beide Glimmlampen ständig, und zwar diejenige am Ende des Kupferdrahtes genauso hell wie die am Anfang. In der ersten Glimmlampe und im Draht geht also von der kontinuierlich fließenden Ladung nichts verloren.

Jetzt überbrücken wir die Unterbrechungsstelle AB mit einer Schnur, die nur wenig angefeuchtet ist. Wieder leuchten beide Glimmlampen gleich hell, aber viel schwächer als beim Kupferdraht. Die feuchte Schnur ist nämlich ein schlechterer Leiter als der Kupferdraht. Dennoch bleibt auch darin keine Ladung hängen. Dies spricht für folgende Vorstellung:
In unserem Stromkreis fließt an jeder Stelle immer gleich viel Ladung. Eine Stromquelle erzeugt keine Ladung. Sie ist nur eine *Ladungspumpe.* Sie führt dem Draht an einem Ende nur so viel Ladung zu, wie dieser am anderen Ende an die Stromquelle zurück gibt. Einen Stromkreis kann man also durch einen Wasserstromkreis veranschaulichen; der Stromquelle entspricht die Wasserpumpe, die den nötigen Druckunterschied als Antrieb herstellt. → B3 veranschaulicht unsere Vorstellung.
Zum Pumpen braucht man **Energie.** Wenn man z. B. einen Fahrradgenerator nicht in Bewegung hält, ihm also keine Energie zuführt, so pumpt er keine Ladung. Eine „leere“ Batterie hat ihre zum Pumpen nötige Energie an den Stromkreis abgegeben. Dort wurde die Energie z. B. von einer Lampe in Licht und innere Energie gewandelt.

Merksatz

In einem geschlossenen Stromkreis fließt ständig elektrische Ladung im Kreis. Die Stromquelle pumpt sie unter Aufwand von Energie hindurch, erzeugt die Ladung aber nicht. Auch wird Ladung nirgendwo vernichtet.

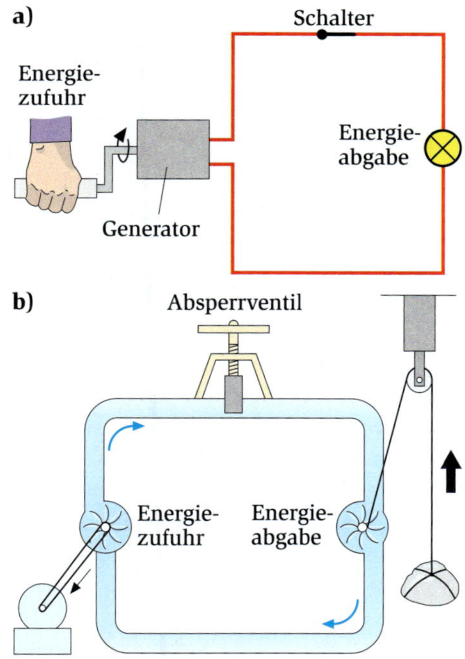

B3 Vergleich von **a)** elektrischem Stromkreis und **b)** Wasserstromkreis

Mach's selbst

A1 Vergleiche Wasserstromkreis und elektrischen Stromkreis → B3.
a) Gib an, was im elektrischen Stromkreis Wasserpumpe, vom Wasser angetriebener Turbine und Absperrventil entspricht.
b) Erläutere, warum Pumpe und Turbine je zwei Wasseranschlüsse brauchen.
c) Diskutiere, ob man das Absperrventil auch in die Rückleitung legen kann.
d) Diskutiere, was beim Wassermodell einem schlechten elektrischen Leiter entsprechen könnte.
e) Vergleiche die Formulierungen: Der Schalter ist geöffnet (geschlossen); das Ventil ist geöffnet (geschlossen).
f) Man muss der Wasserpumpe ständig Energie zuführen. Erläutere, wohin die Energie gelangt und ob sie und Wasser verloren gehen. Vergleiche mit einem Stromkreis.

A2 **a)** Vergleiche die oft gehörten Redensarten „es fließt Strom“ und „der Wind weht“. Beantworte die Frage: Was macht der Wind, wenn er nicht weht?
b) Diskutiere, ob korrekt formuliert ist: „es fließt Strom“, „in einer Steckdose sei Strom, auch wenn kein Gerät angeschlossen ist“, „auf einer isolierten Metallkugel ist Strom“.

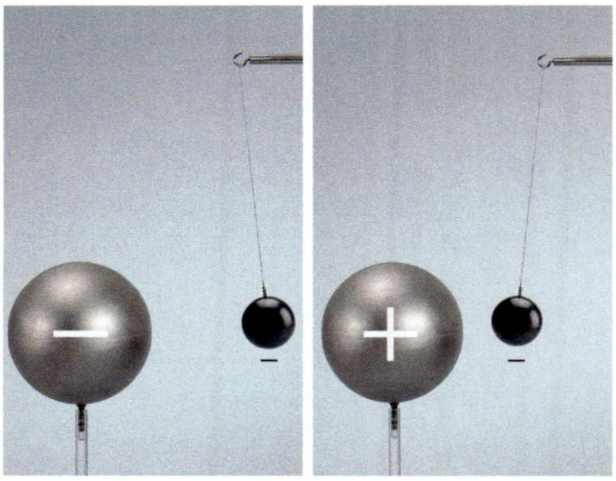

V1 **a)** Wir hängen ein leichtes, leitendes Kügelchen an einem dünnen, isolierenden Faden auf. Zunächst laden wir es am Minuspol des Bandgenerators. Eine ebenfalls am Minuspol geladene Kugel stößt dieses Kügelchen ab. Wenn wir Kugel und Kügelchen mit dem Pluspol berührt haben, stoßen sich beide ebenfalls ab.
b) Nun laden wir die Kugel am Pluspol, das Kügelchen jedoch am Minuspol (oder umgekehrt). Jetzt ziehen sich beide Kugeln an.

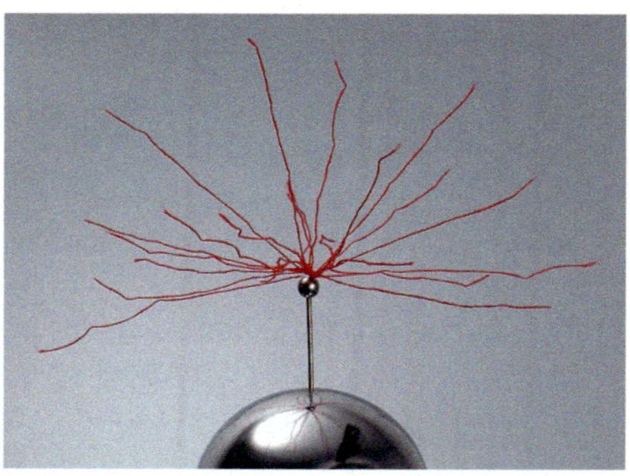

V2 Auf einem Pol eines Bandgenerators hängen an einem Stab lange Papierstreifen. Bei laufenden Bandgenerator wird der Pol aufgeladen. Die *gleichnamigen* Ladungen stoßen sich ab, ein Teil der Ladung fließt auf die Streifen. Diese spreizen sich.

Vertiefung

Neutralisation von Ladungen
Man bezeichnet die elektrische Ladung mit dem Buchstaben Q. Die Neutralisation beschreibt man durch die Gleichung

$$(+Q) + (-Q) = +Q - Q = 0.$$

Wir gehen hier vor wie bei Zahlen z.B. $+3 + (-3) = 0$.

1. Gibt es nur eine Art von Ladung?

Bisher wurde die Kugel am Minuspol der Quelle geladen. Könnte man sie auch am Pluspol laden? In → V1a lädt man eine Metallkugel und ein Kügelchen am Minuspol des Bandgenerators auf. Beide stoßen sich ab. Sie stoßen sich aber auch gegenseitig ab, wenn man mit ihnen den Pluspol berührt hat. Also trägt auch der Pluspol Ladung. – In → V1b lädt man die Kugel am Pluspol, das Kügelchen jedoch am Minuspol (oder umgekehrt). Beide ziehen sich jetzt an. Folglich sind die Ladungen an Plus- und Minuspol verschiedenartig. Man nennt sie **positive** bzw. **negative Ladung.** Es gibt nur diese zwei Arten elektrischer Ladung (Verwechsle sie nicht mit Nord- und Südpol beim Magneten!).

Verkleinert man den Abstand zwischen der geladenen Kugel und dem **gleichnamig** geladenen Kügelchen, so wird das Kügelchen stärker ausgelenkt, die Kraft zwischen den Ladungen also stärker. Die Abstoßung gleichnamiger Ladung zeigen auch die beiden folgenden Versuche: In → V2 spreizen sich die Papierstreifen, wenn der Bandgenerator angeschaltet wird. Die auf seinem Pol sitzenden gleichnamigen Ladungen stoßen sich untereinander ab, ein Teil fließt auf die Streifen und erzeugt dort Abstoßungskräfte. In → V3 berührt man den Kopf eines **Elektroskops** mit einer geladenen Kugel. Die Ladung verteilt sich auf Kopf und Zeiger. Weil gleichnamige Ladungen sich abstoßen, spreizt sich der Zeiger ab. Die *Art* der Ladung erkennt man so aber nicht! Dies gelingt, wenn man das Elektroskop mit einer *Glimmlampe* berührt. Bei *negativer* Ladung blitzt das Gas um die anliegende Elektrode auf, bei *positiver* Ladung um die abgewandte.

Merksatz
Es gibt **positive** und **negative Ladungen. Gleichnamige** Ladungen stoßen sich ab, **ungleichnamige** ziehen sich an. Die Kräfte zwischen Ladungen nehmen mit sinkendem Abstand zu.

2. Entgegengesetzte Ladungen neutralisieren sich

Zwei gleiche Elektroskope sind bis *zum gleichen Ausschlag* geladen, eines positiv, das andere negativ. Die Ladungen üben in diesem Fall gleiche Kräfte auf die Zeiger aus. Die Ladungen sind also *gleich groß.* Verbindet man die Elektroskope mit einem isoliert gehaltenen Leiter, so verschwindet der Ausschlag. Von den entgegengesetzten Ladungen geht keine Wirkung mehr aus. Man sagt, sie haben sich **neutralisiert.**

Merksatz
Bringt man **entgegengesetzte Ladungen** in gleichen Mengen zusammen, so üben sie nach außen hin keine Wirkungen mehr aus. Sie **neutralisieren sich.**

3. Gibt es Ladung auch in neutralen Leitern?

Im Stromkreis wird Ladung *nicht* vernichtet. Haben sich also beim Neutralisieren die entgegengesetzten Ladungen nur vermischt? Kann man die Ladungen in einem neutralen Leiter wieder trennen? Um dies zu prüfen, nutzt man die Kraft einer Ladung, die von außen auf den Leiter einwirkt. Nähert man die positive Ladung Q_+ von oben einem ungeladenen Elektroskop, so schlägt es aus → V4. Es zeigt also Ladung an, obgleich keine Ladung von Q_+ übergesprungen ist. Diese überraschende Erscheinung heißt **Influenz.** Während die von oben genäherte Ladung Q_+ noch wirkt, nimmt man die Kugel K vom Elektroskop. Das Aufblitzen einer Glimmlampe zeigt, dass die Kugel K *negative Influenzladung* Q_{i-} trägt, das Elektroskop dagegen *positive Influenzladung* Q_{i+}.

Wir wiederholen den Influenzversuch, nehmen jedoch die Kugel K nicht vom Elektroskop. Entfernen wir nun die Ladung Q_+, so geht der Ausschlag wieder zurück. Die in Kugel und Elektroskop influenzierten Ladungen Q_{i+} und Q_{i-} neutralisieren sich wieder; sie waren also entgegengesetzt *gleich groß*. Dies zeigt:

- Beim Neutralisieren vermischen sich die elektrischen Ladungen nur; sie vernichten sich nicht gegenseitig.
- Ungeladen erscheinende Leiter können gleich viel an positiver und negativer Ladung enthalten.

Merksatz

Neutrale elektrische Leiter haben gleich viel positive wie negative Ladung. Bei der **Influenz** trennt man sie teilweise, indem man eine andere Ladung nähert.

Bei Wasser strömt nur eine Sorte von Wasserteilchen von Orten hohen zu Orten niedrigen Drucks. In Kugel und Elektroskop sind positive und negative Ladung zunächst gleichmäßig verteilt und neutralisieren sich deshalb gegenseitig. Welche der beiden Ladungsarten wird nun bei der Influenz verschoben? Es gibt drei *Vermutungen*, von denen nur aber *eine richtig* sein kann:

(A) In Metallen ist *nur* die *negative* Ladung beweglich: Sie wird von Q_+ nach oben gezogen und die Kugel negativ aufladen. Die positive Ladung bleibt im Elektroskop zurück. Hier entsteht ein Mangel an negativer, also ein Überschuss an positiver Ladung.

(B) Nur die *positive* Ladung ist beweglich: Diese Ladung wird nach unten gedrückt. Das Elektroskop wird positiv aufgeladen. Oben entsteht ein Überschuss an negativer Ladung.

(C) *Positive* und *negative* Ladungen sind beweglich.

Warum sollten Ladungen verschieden beweglich sein? Vielleicht sind sie nicht für sich beweglich, sondern sind stets an *Träger* geheftet. Positive Ladungsträger könnten sich anders verhalten als negative. Dies wollen wir im Folgenden klären.

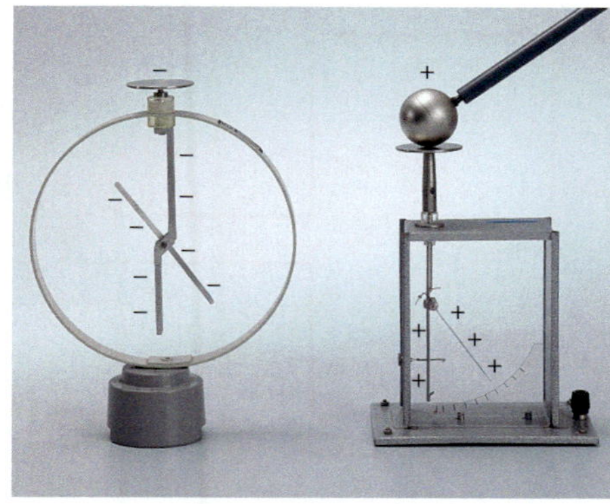

V3 In ein Metallgehäuse ist gut isoliert ein Metallstab geführt. Er trägt einen leichten Zeiger aus Aluminium. Wir berühren den Kopf des Metallstabs mit einer geladenen Kugel. Der Zeiger spreizt sich ab.

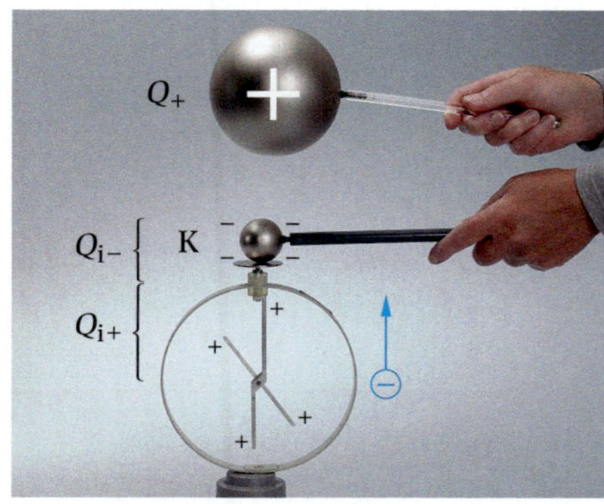

V4 **a)** Eine isoliert gehaltene, ungeladene Kugel K berührt den Kopf des Elektroskops. Nähern wir von oben die positive Ladung Q_+, so schlägt es aus. Beim Entfernen von Q_+ geht der Ausschlag wieder zurück.
b) Wir nähern nun die Ladung Q_+ wieder und entfernen dann die Kugel K vom Kopf des Elektroskops. Eine Glimmlampe zeigt, dass die Kugel K negativ geladen (Q_{i-}) ist, das Elektroskop dagegen positiv (Q_{i+}).

Mach's selbst

A1 Auf einem elektrisch neutralen Elektroskop sitzt eine Metallkugel.
a) Wir nähern von oben eine positiv geladene Kugel. Erkläre, wie sich die Ladungsträger im Elektroskop nach *Vermutung* (A), (B), (C) verhalten würden. Fertige jeweils eine Skizze an.
b) Erkläre, was sich ändern würde, wenn wir eine negativ geladene Kugel nähern. Fertige auch Skizzen an.

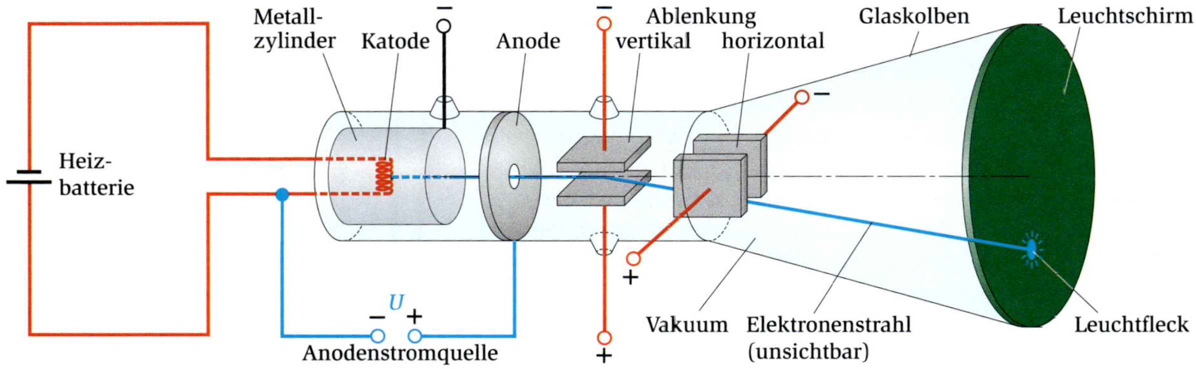

B1 Braunsche Röhre mit zwei Ablenkplattenpaaren

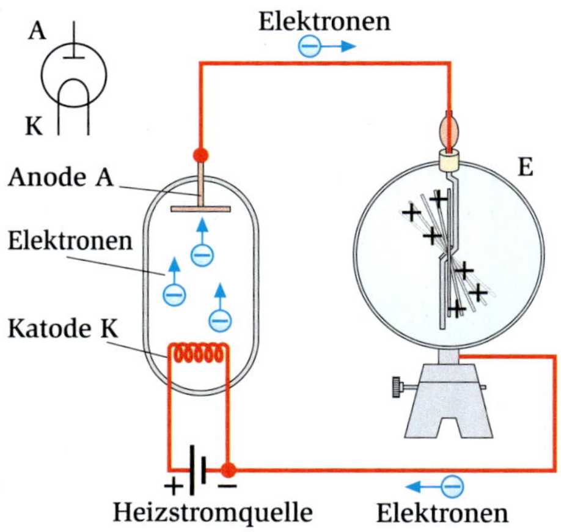

V1 In den luftleeren Glaskolben der Röhre sind ein Glühdraht (Katode K) und eine Anode A eingeschmolzen. Die Anode verbinden wir mit dem Elektroskop. **a)** Wir laden das Elektroskop und damit die Anode *positiv* auf. Sobald der Glühdraht hell glüht, geht der Ausschlag des Elektroskops schnell zurück. **b)** Nun laden wir die Anode und das Elektroskop *negativ* auf. Jetzt bleibt der Ausschlag bestehen, auch wenn der Draht normal glüht.

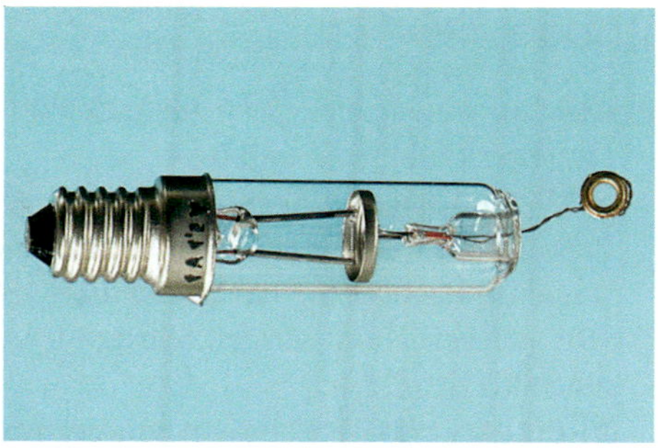

V2 Einfache Röhre, deren Glühdraht vorübergehend überhitzt werden kann

1. In Metallen sind nur Elektronen beweglich

Die Glühfäden von Glühlampen bestehen aus grauem Wolframmetall. Die Stromzuleitung erfolgt über rote Kupferdrähte. Auch wenn tagelang Ladungsträger strömen, werden die Wolframfäden nicht rot; die Kupferteilchen bleiben also am Platz. Wer sind dann in Metallen die *beweglichen Ladungsträger?* Kann man sie durch Glühen aus dem Glühfaden einer Lampe freisetzen, ähnlich wie man locker sitzende Duftstoffe beim Erhitzen aus Äpfeln austreibt? Um diese Ladungsträger aufzufangen und zu untersuchen, benutzt man eine spezielle Glühlampe, **Röhre** genannt.

In **→ V1a** wird die Anode dieser Röhre *positiv* aufgeladen. Sobald der Glühdraht hell glüht, geht der Ausschlag des Elektroskops zurück. Da es nicht berührt wurde, ist seine positive Ladung nicht abgeflossen. Vielmehr kommen *negative Ladungsträger* aus dem glühenden Draht und neutralisieren die positive Ladung auf dem Elektroskop. Diese negativen Ladungsträger bilden auch nach langem Glühen keine chemisch nachweisbaren Niederschläge oder Gase. Für die Elektrizität haben sie große Bedeutung. Sie werden **Elektronen** genannt.

2. Positive Ladung ist an Materie gebunden

Können auch positive Ladungsträger den Glühdraht verlassen? In **→ V1b** lädt man die Anode und das Elektroskop *negativ* auf. Auch wenn der Draht hell glüht, bleibt der Ausschlag bestehen. Aus dem glühenden Draht kommen keine positiven Ladungsträger. Solche werden erst frei, wenn man den Glühdraht überhitzt **→ V2**. Dann geht der Ausschlag des negativ geladenen Elektroskops langsam zurück. Nun bildet sich im Innern des Glaskolbens ein Wolframniederschlag. Der Draht verdampft langsam. Die beim Glühen abgedampfte *positive Ladung ist also an Materie gebunden;* in Metallen wandern nicht die positiven Ladungsträger, dort findet man keinen Materietransport.

In unseren Versuchen wird das Elektroskop erst dann entladen, wenn der Glühdraht der Röhre hell leuchtet, und nicht schon beim Einschalten des Heizstroms. Auf welche Art die Energie dem Glühdraht zugeführt wird, ist nebensächlich. Man lässt deshalb im Schaltsymbol (oben links in → V1) die Heizbatterie weg und deutet die Katode durch einen gebogene Linie an. Die Schaltskizze zeigt dann die *zwei* Elektroden **Katode K** und **Anode A.** Man nennt diese Röhre deshalb **Glühdiode.**

Merksatz

Glühelektrischer Effekt: Ein zum Glühen erhitztes Metall sendet **Elektronen** aus. Sie sind **negativ geladen** und sitzen in Metallen verhältnismäßig locker.
Die positive Ladung dagegen ist in Metallen fest an nachweisbare Materie gebunden.

3. Der Elektronenstrahl in der Fernsehröhre

Oszilloskope und Fernsehempfänger enthalten eine **braunsche Röhre** ähnlich wie in → B1. Ihr luftleerer Glaskolben enthält eine Katode. Sie wird durch die *Heizbatterie* zum Glühen erhitzt und sendet Elektronen aus. Die *Anodenstromquelle* lädt die Anode positiv, die Katode negativ auf. Die aus der Katode abgedampften Elektronen werden zur Anode hin beschleunigt. Sie sollen als **Elektronenstrahl** durch das Loch in der Mitte der Anode weiterfliegen und nicht vom Anodenblech abgefangen werden. Hierzu lädt man den *Metallzylinder* (blau) negativ auf. Er drängt die von der Katode nach allen Seiten wegfliegenden Elektronen so zu seiner Mittelachse hin, dass sie die Anodenöffnung frei durchsetzen. Anschließend fliegen sie geradlinig zum *Leuchtschirm.* Dieser trägt eine dünne Leuchtschicht, die dort Licht aussendet, wo der unsichtbare Elektronenstrahl auftrifft.

Die braunsche Röhre eines Oszilloskops enthält hinter der *Anode* zwei übereinander liegende Metallplatten. Wird die obere Platte negativ, die untere positiv geladen, so werden die Elektronen zur unteren, positiv geladenen Platte hin abgelenkt. Der Leuchtfleck rückt nach unten. Dies bestätigt, dass Elektronen negativ geladen sind. Mit dem zweiten, um 90 ° gedrehten Plattenpaar lässt sich der Elektronenstrahl in horizontaler Richtung ablenken. In → B2 fliegen die rechts freigesetzten Elektronen streifend am Leuchtschirm in der Röhre entlang. Ihre Flugbahn ist nach unten, zur positiv geladenen Ablenkplatte hin, gekrümmt. Lädt man die Ablenkplatten stark genug auf, so endet der Elektronenstrahl auf der positiven Platte. Die Elektronen fließen dann zum Pluspol der Stromquelle. Sie werden an der positiven Platte also nicht umgeladen und wieder abgestoßen. Man kann Elektronen weder entladen noch stärker aufladen. Es gibt nur eine Art von Elektronen. Sie tragen stets eine *negative Ladung bestimmter Größe,* die **Elementarladung** heißt.

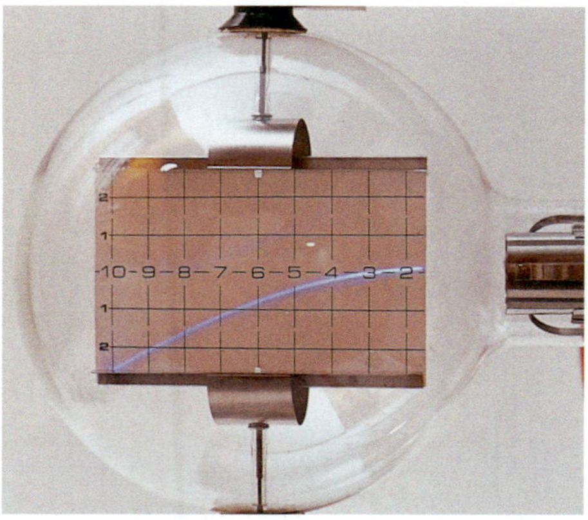

B2 Leuchtspur eines Elektronenstrahls, der durch geladene Platten nach unten abgelenkt wird.

Mach's selbst

A1 **a)** Entscheide nach → V1 darüber, welche Ladungsträger bei der Influenz in Metallen verschoben werden. Gib an, welche der drei dort angegebenen Denkmöglichkeiten (A) bis (C) also bestätigt wird.
b) Erkläre den zugehörigen Versuch mit der Elektronenvorstellung.

A2 **a)** Erkläre, warum wir das Elektroskop in → V1 sowohl positiv als auch negativ geladen haben.
b) In diesen Versuchen sollte ein zu Beginn ungeladenes Elektroskop eigentlich von den Glühelektronen immer stärker negativ geladen werden. Doch schlägt es nur außerordentlich schwach aus. Gib dafür einen Grund an.

A3 **a)** Erkläre, wie man die beiden Ablenkplatten der braunschen Röhre laden muss, damit die Elektronen auf dem Schirm zugleich nach rechts und nach unten abgelenkt sind.
b) Man legt Netzwechselspannung (50 Hz) an das Plattenpaar zur Vertikalablenkung. Berechne, wie oft dann in 1 s der Lichtpunkt im oberen, wie oft im unteren Schirmteil ist.

A4 Fernsehröhren sind braunschen Röhren ähnlich. Man versieht ihren Glaskolben innen mit einem leitenden Belag. Dann können die bei einer langen Fernsehsendung ständig zum Leuchtschirm fliegenden Elektronen von dort zur Anode fließen. Erläutere, was geschehen würde, wenn der Leuchtschirm elektrisch isoliert wäre.

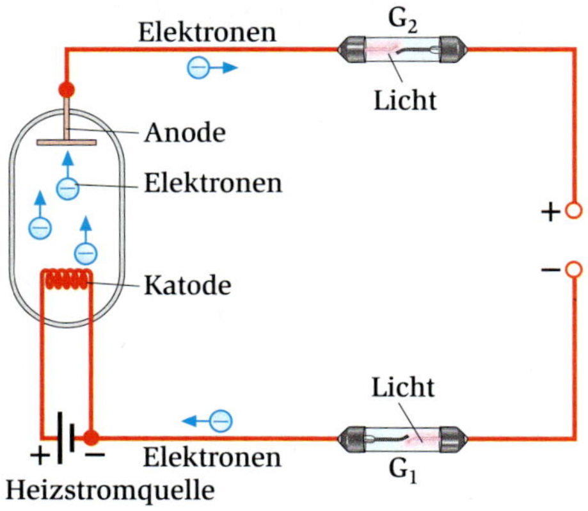

V1 **a)** Die Glimmlampe G_1 liegt zwischen dem Minuspol der Gleichstromquelle und der Katode einer Glühdiode. Der Stromkreis ist zwischen Katode und Anode unterbrochen. Wenn wir nun die Katode zum Glühen bringen, leuchten beide Glimmlampen G_1 und G_2 gleich hell. Wie G_1 zeigt, kommen Elektronen vom Minuspol der Quelle. Sie dampfen von der Katode ab und überbrücken die Vakuumlücke Katode – Anode. Glimmlampe G_2 zeigt, dass die Elektronen dann zum Pluspol der Quelle zurückkehren. **b)** Wir polen die Stromquelle um. Ihr Minuspol ist nun der Anode der Diode zugewandt und erzeugt dort einen Elektronenüberschuss. Auch jetzt dampfen vom heißen Glühdraht Elektronen ab. Sie werden jedoch von den Überschusselektronen der Anode abgestoßen. Die Glimmlampen leuchten nicht. Der Stromkreis bleibt unterbrochen.

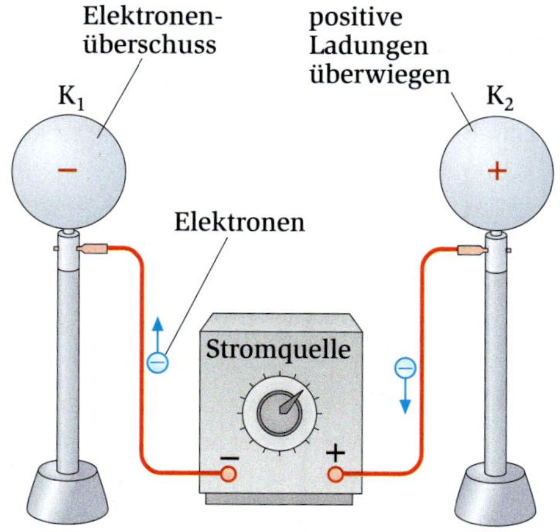

B1 Die Stromquelle pumpt unter Energieaufwand gegen elektrische Kräfte Elektronen von der Kugel K_2 (rechts) auf die Kugel K_1 (links).

1. Elektronen im Kreislauf

Woher kommen die Elektronen in einer Glühdiode? Werden sie in der Glühkatode erzeugt oder sind es Ladungsträger, die von der Stromquelle im Kreis gepumpt werden? Diese Frage beantwortet → V1. Danach sind die Elektronen tatsächlich die im Kreis fließenden Ladungsträger. Sie werden von der Katode nur abgedampft und können so die Vakuumlücke zwischen Katode und Anode überbrücken. Die Zahl der Elektronen, die aus der Katode herausgeschleudert wird, liefert die Quelle nach. Glüht die Katode nicht, ist der Stromkreis unterbrochen.

2. Elektronenüberschuss an einem Pol

Der Minuspol einer Stromquelle gibt Elektronen ab. Dort besteht nämlich **Elektronenüberschuss.** Um ihn herzustellen, muss die Quelle Elektronen auf diesen Pol pumpen → B1. Dazu braucht die Quelle Energie, da sich negative Ladungen abstoßen. Diese Elektronen erzeugt die Quelle nicht etwa, sondern entreißt sie ihrem anderen Pol. Vorher ist dieser neutral und hat gleich viel positive wie negative Ladung. Nach dem Abzug von Elektronen überwiegt dort die ortsfeste positive Ladung. So wird er zum Pluspol.
Vom Elektronenüberschuss am Minuspol wird die ungeladene Kugel K_1 negativ geladen → B1. Am Pluspol überwiegt die positive Ladung und entreißt der ungeladenen Kugel K_2 Elektronen. K_2 wird dadurch positiv geladen.

Wenn man also sagt, ein Körper ist *elektrisch geladen,* so meint man, dass er einen *Überschuss* an negativer bzw. positiver *Ladung* trägt.

Merksatz

Eine **Stromquelle** ist eine **Elektronenpumpe.** Ihr Minuspol hat wie jeder negativ geladene Körper **Elektronenüberschuss.** Am **Pluspol** überwiegt die positive Ladung (gegenüber dem neutralen Zustand **fehlen Elektronen**).

3. Stromrichtung und Elektronenfluss

In den metallischen Leitern des Stromkreises fließen Elektronen vom Minuspol zum Pluspol der Quelle. Diese Richtung des Elektronenstroms nennen wir künftig die **Stromrichtung.** Sie weist im Äußeren des Stromkreises vom Minuspol zum Pluspol. Im Innern eines Generators werden dann die Elektronen unter Energieaufwand vom Pluspol zum Minuspol zurückgepumpt → B1.
Bevor man Elektronen kannte, hatte man willkürlich vereinbart, „der Strom fließe im äußeren Stromkreis von Plus nach Minus“, also den Elektronen entgegen. Diese Richtungsangabe nennt man *konventionelle* oder *technische Stromrichtung.*

Interessantes

Elektronen in der Einbahnstraße

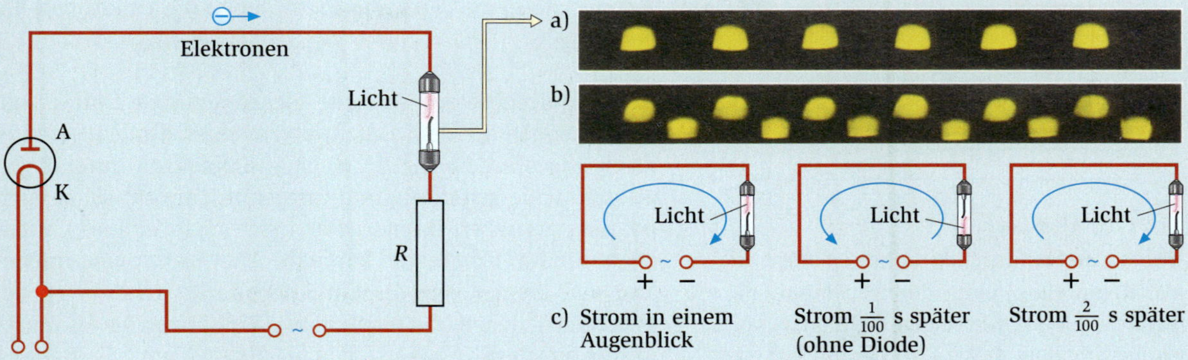

B2 Gleichrichtung von Wechselstrom mit einer Diode (**Vorsicht:** Versuch nur für Lehrer!)

Wir polen die Stromquelle in → **V1b** um. Ihr Minuspol liegt jetzt an der Anode der Diode. Auch jetzt dampfen Elektronen vom heißen Glühdraht ab. Sie werden jedoch von den Überschusselektronen auf der Anode abgestoßen. Die Glimmlampen leuchten nicht. Der Stromkreis bleibt unterbrochen. Die Diode lässt Elektronen nur dann fließen, wenn die Katode negativ und die Anode positiv geladen ist. Sie wirkt als **elektrisches Ventil** (wie ein Fahrradventil für Luft).

Wir ersetzen die Gleichstromquelle durch eine *Wechselstromquelle* (→ **B2**, links). Trotzdem leuchtet nur das Gas um die obere Elektrode der Glimmlampe. Bewegt man diese hin und her, so sieht man nur die oberen hellen Bögen → **B2a**. Dazwischen ist die Glimmlampe dunkel. Die Diode lässt nämlich Elektronen nur während der Zeitspanne fließen, in der die Wechselstromquelle ihren Minuspol dem Glühdraht zuwendet. Bei umgekehrter Polung sperrt die Diode; sie lässt sich also zur **Gleichrichtung** von Wechselstrom verwenden.

Wir überbrücken die Diode mit einem Draht (Strombegrenzer R nicht vergessen). Das Neongas leuchtet abwechselnd um beide Elektroden, so wie bei Wechselstrom *ohne* Diode → **B2b**. Im Draht fließen ja Elektronen in beiden Richtungen → **B2c**.

An Netzsteckdosen erhalten wir bei geschlossenem Stromkreis **Wechselstrom.** Jeder Pol der Steckdose ist in einer Sekunde abwechselnd 50-mal Minuspol und 50-mal Pluspol. Der andere Pol hat jeweils die entgegengesetzte Polarität. Die Elektronen schwingen mit der Frequenz 50 Hz hin und her.

Da die Elektronen sehr beweglich sind, folgen sie im ganzen Kreis praktisch ohne Verzögerung. Deshalb hat der Strom in jedem Augenblick die von der Quelle bestimmte Richtung. Unsere für Gleichstrom gefundenen Aussagen bleiben dabei richtig.

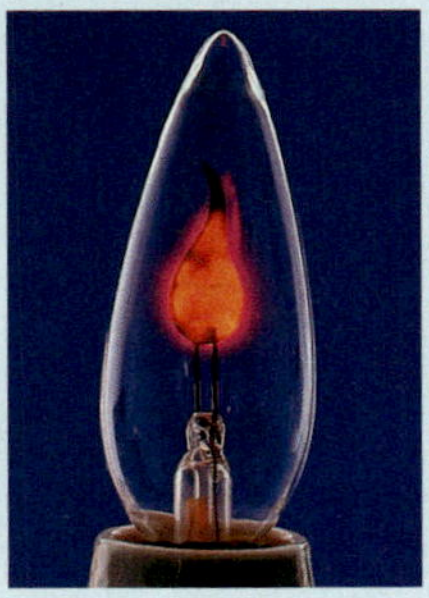

B3 Zu Dekorationszwecken werden Glimmlampen in verschiedenem Design hergestellt.

Mach's selbst

A1 **a)** Beurteile, ob man in → **V1a** die Quelle auch zwischen Anode und obere Glimmlampe legen könnte. Gib an, welche Polung sie dort haben müsste.
b) Erkläre, ob man mehrere Stromquellen in → **B2** hintereinander schalten könnte. Gib an, wie dabei ihre Pole angeordnet sein müssten (man vergleiche mit Wasserpumpen).
c) Erläutere, ob man auch mehrere Glimmlampen hintereinander legen könnte. Gib diejenige Ihrer Elektroden an, um welche jeweils das Gas aufleuchten würde → **V1**.

A2 In → **V1a** leuchtet die Glimmlampe nach Ausschalten des Heizstroms noch einige Zeit weiter, wird dabei aber immer schwächer.
Erkläre, womit dies zusammenhängt.

A3 Gib an, wie oft in 10 s der eine Pol einer Netzsteckdose positiv, wie oft negativ geladen ist. Gib an, wie viele Umladungen in 10 s stattfinden und was dabei mit den Elektronen geschieht.

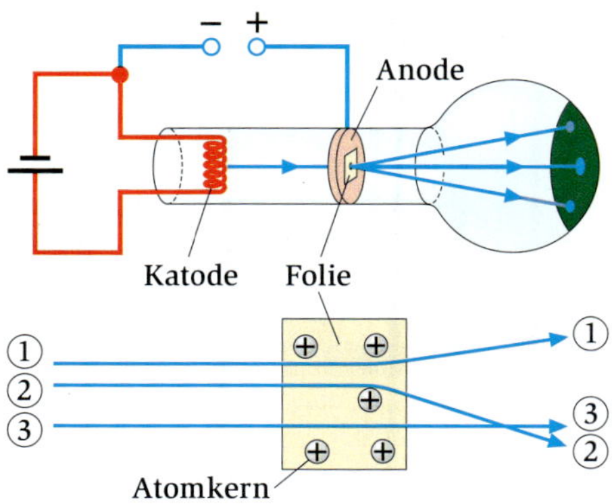

V1 In der braunschen Röhre ist über die Anodenöffnung eine dünne Graphitfolie geklebt. Sie ist nur einige Millionen von Atomschichten dick. Wir beschießen sie mit schnellen Elektronen aus der Glühkatode. Diese erzeugen einen ähnlich scharfen Fleck auf dem Leuchtschirm wie wir ihn ohne Folie kennen. Diejenigen Elektronen, die einem positiv geladenen Kern zu nahe kommen, werden abgelenkt.

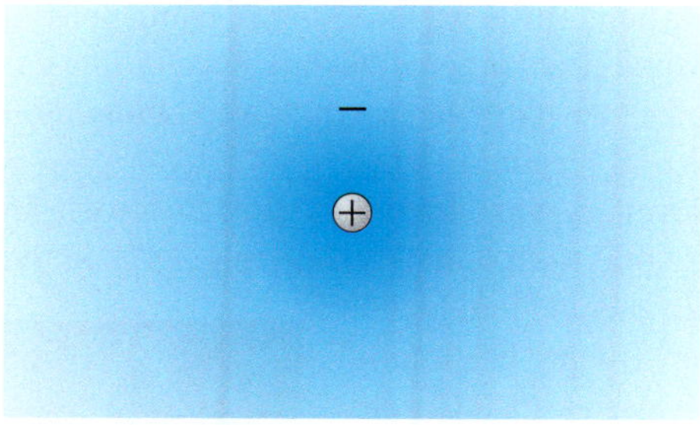

B1 Schnitt durch ein Modellatom: Atomkern (+) und Elektronenhülle (–)

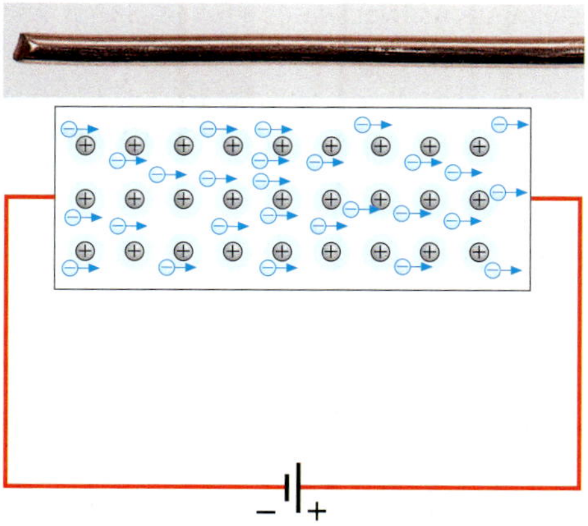

B2 In Kupfer gibt jedes Atom ein Elektron (blau) frei. Ohne angeschlossene Stromquelle schwirren diese im Metall ungeordnet umher. Mit Stromquelle bewegen sie sich zusätzlich in Richtung Pluspol.

1. Gibt es Freiräume für Elektronen in Materie?

Metalle sind massiv; man kann sie kaum zusammenpressen. Ihre kleinsten Teilchen, die **Atome,** sind also dicht gepackt. Wo sind dann die „Freiräume", in denen die Elektronen fließen?

In → **V1** durchsetzen schnelle Elektronen eine dünne Folie und erzeugen auf dem Leuchtschirm einen ähnlich scharfen Fleck wie ohne Folie. Die meisten Elektronen durchfliegen also die Folie geradlinig und ungestört. Obwohl sie so dicht ist, dass zwischen ihren Atomen sich nicht einmal Luftteilchen hindurchzwängen könnten. Die Elektronen müssen also viel kleiner sein als Luftteilchen. Sie gehören zu den kleinsten Teilchen, die man kennt. Wir können sie als punktförmig ansehen.

Nur ein kleiner Teil der Elektronen wird durch die Folie zur Seite abgelenkt und hellt den übrigen Teil des Leuchtschirms etwas auf. Andere Versuche zeigen, dass diese negativ geladenen Elektronen einem positiv geladenen **Atomkern** zu nahe gekommen sind und so abgelenkt wurden. Jedes Atom hat solch einen Kern. Der Kerndurchmesser beträgt nur etwa 1/100 000 des Atomdurchmessers, der seinerseits unter 1/1 000 000 mm liegt. Die Atomkerne sind also größer als die punktförmigen Elektronen. *Trotzdem sind die Atome fast leer!* Weiter fand man: Im Atomkern ist über 99,9 % der Masse eines Atoms konzentriert; der Rest verteilt sich auf die Elektronen. Diese schwirren in den großen, sonst leeren Bereichen um den Kern herum, ohne dass man dafür eine Bahn angeben könnte. In → **B1** zeigt die Stärke der blauen Tönung, dass man Elektronen in der Nähe des Kerns häufiger antrifft als weiter entfernt. Eine scharfe Begrenzung, eine Art Haut, haben Atome nicht.

Dies mag all dem widersprechen, was wir uns unter einem kompakten Stück Materie vorstellen: Schlage einmal mit der Faust auf den Tisch und stelle dir vor, dass er fast nur aus Hohlräumen besteht – deine Faust natürlich auch!

In Atomen werden die negativ geladenen Elektronen von der positiven Ladung der Kerne angezogen. Die Kräfte zwischen entgegengesetzten Ladungen halten also die Atome und darüber hinaus die feste und flüssige Materie zusammen. So kommt den elektrischen Kräften eine überragende Bedeutung zu. Ein Atom ist elektrisch neutral, wenn so viele Elektronen den Kern umgeben, dass sie die positive Kernladung neutralisieren. In diesen neutralen Atomen verstecken sich die in Materie stets vorhandenen Ladungsträger. Kein Wunder, dass wir sie nicht unmittelbar wahrnehmen. Die Elektrizität wurde deshalb erst vor ca. 200 Jahren entdeckt.

Merksatz

Atome bestehen aus **positiv geladenen Kernen** und **negativ geladenen Elektronen.** In den sehr kleinen Kernen ist fast die gesamte Masse konzentriert.

2. Das Elektronengas in Metallen

Aus Metallen konnten wir Elektronen durch Glühen freisetzen. Stromquellen setzen Elektronen auch in langen Metalldrähten in Bewegung, sogar in Überseekabeln. In Metallen gibt es also leicht bewegliche Elektronen. Von jedem Metallatom haben sich 1 bis 3 Elektronen getrennt (→ B2, blau). Diese bewegen sich auch im stromlosen Zustand in den großen, fast leeren Räumen zwischen den Atomkernen unregelmäßig hin und her. Ein Teil der Elektronen in Metallen verhält sich also ähnlich wie Moleküle von Gasen. Man sagt, Metalle sind von einem **Elektronengas** erfüllt.
Auch *Nichtleiter* bestehen aus Atomen. Sie leiten nur nicht, weil *alle Elektronen fest an die Atomkerne gebunden sind.* Beim Blitz z. B. leitet die Luft, weil Elektronen freigesetzt werden.

3. Temperaturerhöhung durch fließende Elektronen

Eine Glühdiode, die kräftige Ströme aushält, wird an eine Stromquelle angeschlossen. Ist sie in Durchlassrichtung gepolt, so kommt das Blech der Anode zum Glühen. Dort werden nämlich die Atome von den aufprallenden Elektronen zu starken Schwingungen angeregt; die Temperatur steigt.
Auch Elektronen, die in Drähten fließen, stoßen ständig auf Atomrümpfe und verstärken deren Schwingungen. Die Temperatur und die innere Energie steigen. Man spricht auch von **Stromwärme.** Die Elektronen werden durch diese ständigen Stöße auf ihrem Weg behindert; sie erfahren dabei Widerstand. Die gleichen Elektronen, die einen Glühdraht zur Weißglut bringen, lassen die dicken Zuleitungen kalt. Beträgt der Querschnitt des Glühdrahts nur 1/100 von dem der Zuleitung, so durchfließen ihn nach unserer Vorstellung die Elektronen mit 100 facher Geschwindigkeit. Sie stoßen heftiger auf die Atome und bringen den Draht zum Glühen. Darauf beruht die **Wärmewirkung des elektrischen Stromes.**

4. Wo sitzen Überschussladungen in Metallen?

In → V2 berührt man das Innere eines Metallbechers, **Faradaybecher** genannt, mit einer negativ geladenen Kugel. Sie gibt alle überschüssigen Elektronen ab und ist anschließend ungeladen. Die auf den Becher übertragenen Elektronen sind auf die äußere Oberfläche geflossen und lassen sich nur dort abnehmen.
Auch das *Innere massiver Leiter trägt keine Überschussladung.* Es können aber in ihm Elektronen fließen, neutralisiert von Atomkernen. M. FARADAY (um 1830) setzte sich in einen Metallkäfig und ließ von außen Funken aufschlagen. Obwohl er innen das Metall berührte, ging keine Ladung auf ihn über. Selbst die Ladung eines Blitzes dringt nicht ins Innere eines metallisch umschlossenen Raums ein. Die metallischen Hüllen von z. B. Autos sind **Faradaykäfige** (→ Interessantes).

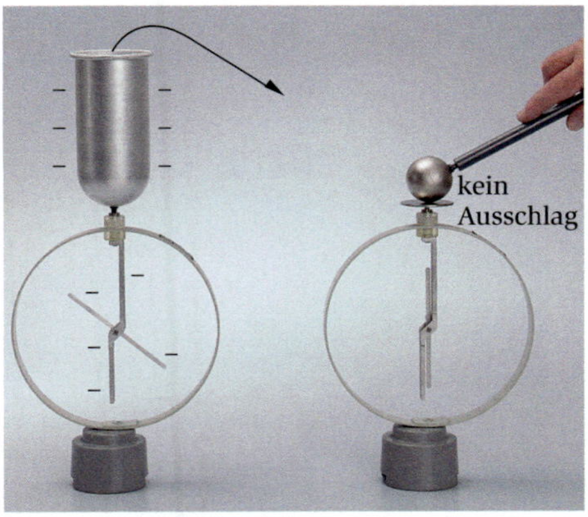

V2 Das linke Elektroskop trägt einen Metallbecher. Wir berühren sein Inneres mit einer negativ geladenen Kugel. Das linke Elektroskop zeigt einen Ausschlag. Bringen wir die Kugel anschließend auf ein neutrales Elektroskop, so zeigt dieses keinen Ausschlag. Die Kugel wurde in dem Becher ganz entladen.

Interessantes

Blitzschutz

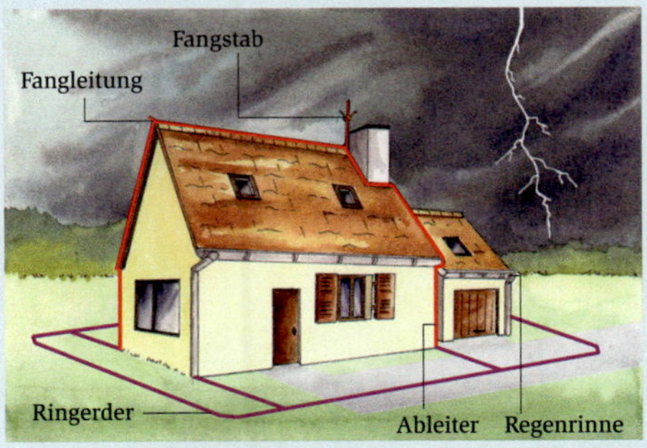

Der beste Blitzschutz für ein Haus wäre eine metallische Außenhülle. Es genügt aber schon, um Dach und Schornstein dicke Metallbänder zu legen. Diese sowie Dachantennen werden über dicke Leitungen mit der so genannten Potenzialausgleichschiene verbunden. Diese muss über einen Fundamenterder gut geerdet werden. – Wird man im Freien von einem Gewitter überrascht, so sind die alten Sprichwörter wie „Buchen tu suchen, Eichen tu meiden" falsch. Bäume sollte man grundsätzlich meiden, weil sie empor ragende Ziele für Blitze sind. Stattdessen sollte man auf freier Fläche mit geschlossenen Füßen in die Hocke gehen und sich möglichst klein machen.

V1 Wir reiben mit einem Wolltuch eine Kunststofffolie. Dann heben wir sie von der Unterlage ab und berühren sie mit einer Glimmlampe.

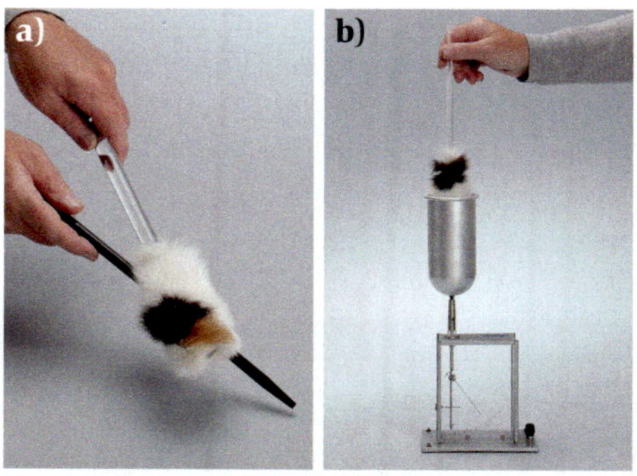

V2 **a)** Enger Kontakt von Fell (am Isolierstab) und Kunststoffstab. **b)** Anschließend bringen wir Fell und Stab jeweils einzeln in einen zunächst ungeladenen Faradaybecher, der auf einem Elektroskop sitzt.

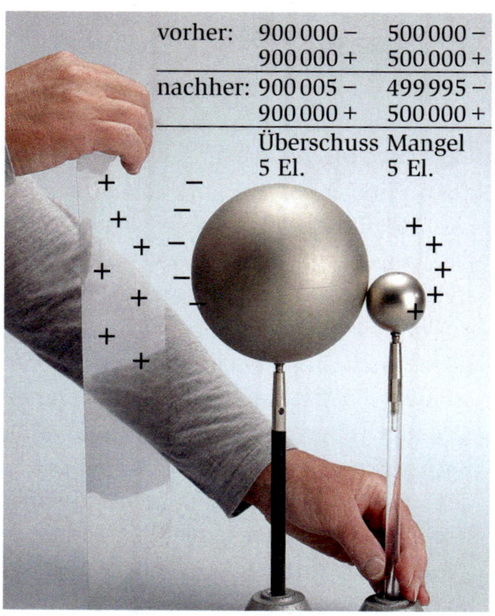

B1 Zahlenbeispiel zur Influenz: Elektronen werden von der rechten zur linken Kugel verschoben.

Du kennst das Knistern beim Ausziehen eines Pullovers oder beim Kämmen trockener Haare. Diese elektrostatische Aufladung haben die Griechen schon vor über 2000 Jahren beim Reiben des guten Isolators *Bernstein* (griech.: Elektron) beobachtet. Daher rührt der Name „Elektrizität" (wörtlich: „Bernsteinkraft"). Wir untersuchen jetzt die elektrostatische Aufladung, die bei guten Isolatoren auftritt.
Man reibt eine Kunststofffolie mit einem Wolltuch **→ V1**. Dann hebt man die Folie von der Unterlage ab. Sie zieht anschließend Haare oder leichte Gegenstände wie Papierschnipsel an. Mit einer Glimmlampe kann man die Art ihrer Aufladung feststellen.

In **→ V2** bringt man einen Kunststoffstab in engen Kontakt mit einem Fell. Der Stab zieht anschließend Papierschnipsel an. Berührt man ihn mit einer Glimmlampe, so blitzt das Gas an der dem Stab zugewandten Elektrode auf. Die Oberfläche des Stabes war also negativ geladen. Wurden durch den Kontakt Elektronen neu erzeugt oder nur dem Fell entrissen?

Man bringt nach dem Kontakt Fell und Stab einzeln in einen jeweils ungeladenen Faradaybecher. Das Elektroskop schlägt beide Male gleich stark aus.
Gibt man nach dem Kontakt jedoch beide zusammen in den Faradaybecher, tritt nicht etwa der doppelte, sondern überhaupt kein Ausschlag auf. Zusammen sind Stab und Fell also genauso neutral wie vor dem Kontakt.

In einem weiteren Versuch gibt man nach dem Kontakt nur das Fell in den Faradaybecher und berührt ihn dann von außen mit einer Glimmlampe. Das Gas um die *abgewandte* Elektrode blitzt auf. Das Fell war positiv geladen, der Stab dagegen negativ.
In **→ V2** wurden entgegengesetzte Ladungen voneinander getrennt, ohne dass man die Körper aneinander reiben musste. Die Ladungstrennung erfolgte bereits bei engem Kontakt. Wie bei der Influenz wird die Ladung dabei nicht neu erzeugt. Vielmehr entreißt der Stab dem Fell an der Oberfläche einen winzigen Bruchteil an Elektronen. Dann überwiegt an der Felloberfläche die positive Ladung der Atomkerne.
Bei dieser statischen Aufladung treten keine positiven Ladungen über. Diese sind an Materie (Atomkerne) gebunden und sitzen viel fester als die negativ geladenen Elektronen der Atomhülle.

Immer wenn sich verschiedene Stoffe berühren, treten Elektronen von der Oberfläche des einen Stoffs zur der des anderen über. Ein Stoff, der auf Elektronen eine stärkere Kraft ausübt, verschafft sich bei engem Kontakt mit einem anderen Stoff einen Elektronenüberschuss. Der andere Stoff verliert Elektronen; bei ihm macht sich die positive Kernladung auch nach außen hin bemerkbar. Diesen Sachverhalt nennt man **Kontaktelektrizität.**

Methode

Planarbeit

Planarbeit zum Thema „Influenz und elektrostatische Aufladung"

Zeit:
2 Schulstunden und Nacharbeit zuhause

Ziele:
- Vertiefen der Kenntnisse zur elektrischen Influenz unter Verwendung des Elektronenbildes.
- Erarbeiten des Themas „elektrostatische Aufladung" (➜ Schulbuch Seite 208)
- Präsentation eines Versuchs zur elektrostatischen Aufladung

Arbeitsaufträge:
1. Wiederhole die grundlegenden Sachverhalte zur elektrischen Influenz (➜ Schulbuch Seite 201) und zu „Elektronen als Ladungsträger" (➜ Schulbuch Seite 202)
2. Erläutere schriftlich den Vorgang der elektrischen Influenz unter Verwendung des Elektronenbildes anhand von ➜ V4, Seite 201 und ➜ B1, Seite 208. Zeichne dazu auch eine Skizze von ➜ V4 mit den ortsfesten positiven Ladungen und der Verschiebung der Elektronen bei der Influenz. (Bearbeite ➜ A1, Seite 203).
3. Beschreibe, in welchen Fällen du elektrostatische Aufladung im Alltag erlebst und wie sie sich auswirkt. Erläutere verschiedene Möglichkeiten, wie du elektrostatische Aufladung vermeiden kannst (Internetrecherche mit geeigneten Stichwörtern).
   Welche Sicherheitsprobleme können durch elektrostatische Aufladung entstehen (Internetrecherche mit geeigneten Stichwörtern)?
   Stelle ein Beispiel einer elektrostatischen Aufladung aus dem Alltag mit einem Experiment dar.
4. Führe ➜ V1 und ➜ V2, Seite 208 durch. Dokumentiere die durchgeführten Versuche:
   - Fertige eine Versuchsskizze mit Beschreibung an.
   - Erläutere die Versuchsdurchführung (Lehrer/-in stellt Experimentiermaterial zur Verfügung).
   - Schreibe diese Beobachtungen auf.
   - Erkläre – falls möglich – die Versuchsergebnisse.
5. Überlege dir weitere Versuchsbeispiele zur elektrostatischen Aufladung und führe sie durch.

Hilfsmittel:
- ➜ Schulbuch Seite 208
- Informationsbeschaffung durch Internetrecherche mit einer Suchmaschine (überlege dir hierzu geeignete Suchbegriffe)

Präsentation eines Versuchs:
- Einen vor dir ausgedachten Versuch musst du so ausarbeiten, dass du ihn vor der Klasse durchführen und erklären kannst.
- Fertige für die Präsentation dieses Versuchs eine Folie (auch als Handout für die Mitschüler/-innen) mit den wichtigsten Inhalten an. Fasse die Ergebnisse deines Versuchs in wenigen Sätzen zusammen. Formuliere wenn möglich einen Merksatz.

Aufgaben zur Kontrolle:

A1 Elektronen können wir nicht sehen. Trotzdem haben wir aus Experimenten Schlüsse auf sie gezogen. Verfolge und prüfe nochmals alle Argumente, die wir dabei benutzt haben. Erläutere, bei welchen Sachverhalten wir nur Mitteilungen von Experimenten anderer Art machen konnten.

A2 Erläutere, was die Aussage bedeutet: „Ein Atom bzw. Körper ist elektrisch neutral". Kann es nach der Theorie vom Atombau auch völlig „unelektrische" Körper geben, die überhaupt keine Ladungen besitzen?

A3 Man berührt das Innere eines Faradaybechers mit einer positiv geladenen Kugel. Gib an, welche Ladung er dann innen, welche er außen trägt. Erkläre deine Aussage mit der Eletronenvorstellung. Warum schlägt ein angeschlossenes Elektroskop aus?

A4 Ein Elektroskop ist positiv geladen und schlägt etwa halb aus. Man nähert ihm von oben eine positiv bzw. eine negativ geladene Kugel. Beschreibe und erkläre mit der Elektronenvorstellung, was du jeweils beobachtest. Erkläre, was beim Berühren von Kugel und Elektroskop geschieht.

A5 Denke dir zum Thema „Influenz und elektrostatische Aufladung" eine Aufgabe für die Klasse aus.

B1 Elektromagnete heben schwere Lasten.

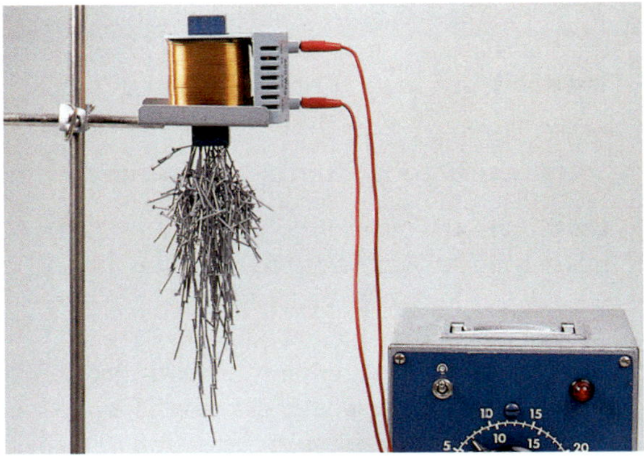

B2 Ein Elektromagnet lässt sich ein- und ausschalten.

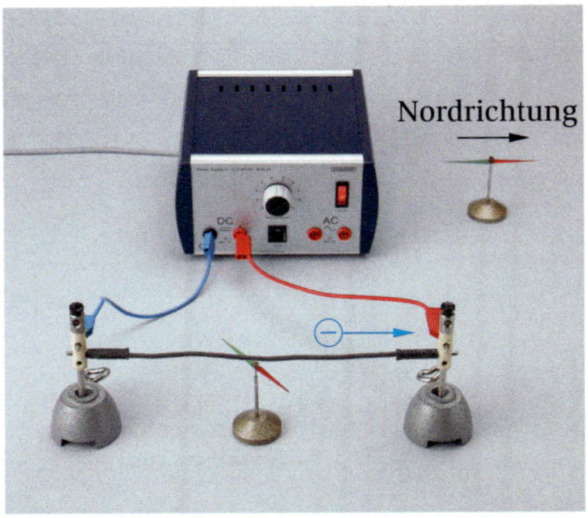

V1 Der Versuch von OERSTED:
Wir wollen prüfen, ob der Strom allein für den Magnetismus eines Strom führenden Leiters verantwortlich ist. Um den Einfluss des Magnetfeldes der Erde auszuschließen, spannen wir einen Kupferdraht in Nord-Süd-Richtung und stellen eine Kompassnadel darunter. Kupfer ist nicht magnetisierbar. Es beeinflusst den Versuch nicht, da von ihm keinerlei magnetische Wirkung ausgeht.
Jetzt kann nur noch der Strom eine magnetische Wirkung auf die Kompassnadel verursachen.
Tatsächlich, sobald der Draht Strom führt, reagiert die Kompassnadel. Sie stellt sich quer zum Leiter ein. Wenn die Elektronen im Draht von *Süd* nach *Nord* fließen, zeigt der Nordpol der Kompassnadel nach *Osten*. Steht die Magnetnadel dagegen über dem Draht, so zeigt ihr Nordpol nach *Westen*.
Offensichtlich erfahren die Magnetpole der Kompassnadel Kräfte quer zur Stromrichtung.

1. Ein Magnet mit Schalter

Der starke Elektromagnet eines Magnetkrans → B1 kann große Mengen von Eisenschrott halten und transportieren. Beim Abschalten des Stroms geht die magnetische Wirkung verloren und die Last fällt ab. Wir können mit einer aus Draht gewickelten, Strom führenden *Spule mit einem Eisenkern* eine große Menge Nägel hochheben → B2. Auch hier fallen die Nägel herab, wenn man den Strom abschaltet. Wiederholen wir den Versuch ohne Eisenkern, dann gelingt es uns nicht, die Nägel anzuheben. Ist der Magnetismus jetzt verschwunden? Wir nähern der Spule eine Kompassnadel. Sie reagiert, wenn wir den Spulenstrom ein- und ausschalten. Und noch mehr: Solange die Spule Strom führt, wird der Nordpol der Kompassnadel immer von dem einen Ende der Spule angezogen und ihr Südpol vom anderen. Also hat der *Strom* in der Spule Magnetismus erzeugt.

Diese überraschende Erscheinung kannst du selbst beobachten, indem du einen langen, isolierten Kupferdraht auf eine Papprolle wickelst und an eine Batterie anschließt. Sobald der Draht Strom führt, wird eine Magnetnadel abgelenkt. Es entsteht somit ein Magnetfeld, das in der Umgebung des Drahtes sofort wirksam ist. Beim Abschalten des Stroms verschwindet es genauso schnell wieder. Besonders stark wird die magnetische Wirkung, wenn die Spule einen Eisenstab enthält.

2. Ein Magnetfeld ohne Pole

Der dänische Physiker Hans Christian OERSTED fand 1820 die magnetische Stromwirkung → V1. Er beobachtete zufällig, dass ein Strom führender Leiter Magnetnadeln ablenkt. Damit erregte er großes Aufsehen. Bis dahin kannte man nämlich keinerlei Zusammenhang zwischen Elektrizität und Magnetismus. Seitdem weiß man, dass beide Gebiete zusammen gehören.

In → V2 befinden sich Magnetnadeln in einer Ebene, die senkrecht zum Leiter steht. Sobald der Leiter Strom führt, stellen sie sich längs Kreisen um den Leiter ein. Wie beim Versuch von OERSTED → V1 steht jede Nadel quer zum Leiter.

Streuen wir Eisenpulver auf den Karton → B3, so ordnet sich auch dieses bei starken Strömen zu Kreisen. Die Kreise sind konzentrisch. Ihr gemeinsamer Mittelpunkt liegt im Leiter.

Bei einem Stabmagneten gibt es Ein- und Austrittsstellen der Feldlinien an den Polen. Die Feldlinien um einen Strom führenden geradlinigen Leiter sind geschlossene Linien. Besitzt sein Magnetfeld etwa *keine Pole?* Offensichtlich nicht. Ströme in geraden Leitern erzeugen also etwas Neues, nämlich *Magnetfelder ohne Pole!*

Der → V2 zeigt noch mehr. Ändern wir die Bewegungsrichtung der Elektronen, so ändert sich auch der Umlaufsinn der magnetischen Feldlinien.
Den Zusammenhang zwischen der Bewegungsrichtung der Elektronen und der Richtung der magnetischen Feldlinien merken wir uns mit der **Linke-Faust-Regel** → V2.

Merksatz

Elektrische Ströme sind stets von einem Magnetfeld umgeben. Die magnetischen Feldlinien bilden bei geraden Leitern konzentrische Kreise, die in Ebenen senkrecht zum Leiter liegen.
Linke-Faust-Regel: Umfasse den Leiter so mit der linken Faust, dass der abgespreizte Daumen in die Elektronenstromrichtung (von – nach +) zeigt. Dann geben die gekrümmten Finger die **Richtung der magnetischen Feldlinien** an.

Interessantes

Die Entdeckung der magnetischen Stromwirkung

Während einer Vorlesung wollte der Chemiker und Naturforscher Hans Christian OERSTED (1777–1851) eine galvanische Batterie vorführen, als ihm einer der angeschlossenen Drähte aus der Hand und in die Nähe einer Kompassnadel auf den Vorführtisch fiel. Er wollte ihn schnell wieder hochheben – da bemerkte er, dass sich die Kompassnadel in eine andere Richtung eingestellt hatte.
Das war ein bisher noch nicht entdeckter Vorgang, der richtungsweisend für die weitere Entwicklung der Elektrizitätslehre war. Elektrizität und Magnetismus konnten von nun an nicht mehr als getrennte Phänomene betrachtet werden.
Später wiederholte er diesen Vorgang vor einigen seiner interessierten Kollegen.
Die magnetische Wirkung des elektrischen Stromes ist die einzige, die nicht ausgeschaltet werden kann. Sie tritt immer auf. Dies ist zum Beispiel bei der Wärmewirkung nicht der Fall.

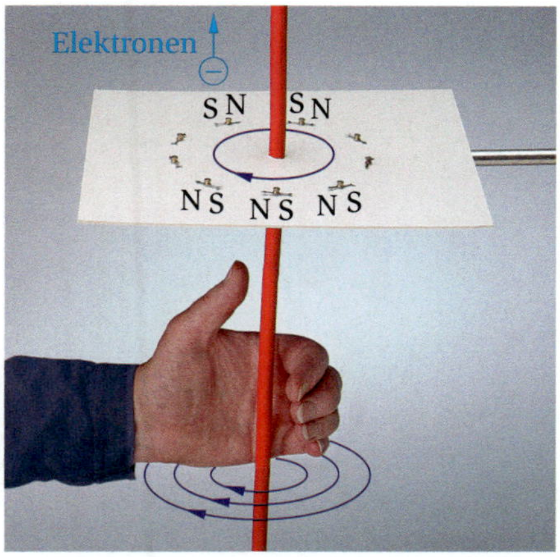

V2 Ein vertikal gestellter Leiter durchsetzt einen waagerechten Karton. Im gleichen Abstand vom Leiter stellen wir mehrere kleine Magnetnadeln auf. Sobald der Draht Strom führend ist, weisen die Nadeln längs eines Kreises. Ändern wir die Stromrichtung, dann wenden sich die Nadeln um 180°.

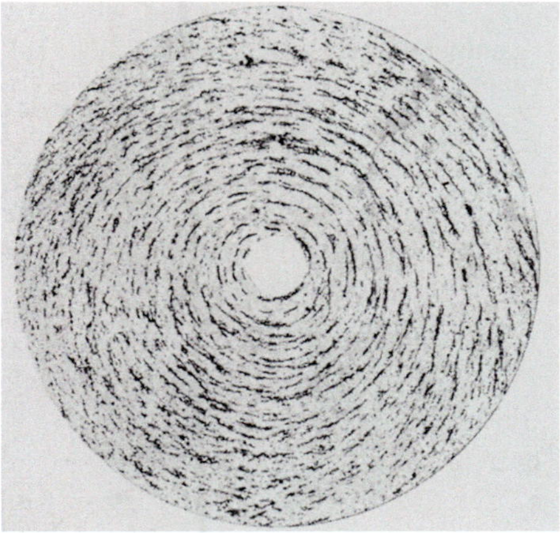

B3 Magnetfeld um einen geraden Leiter

Mach's selbst

A1 Eine Kompassnadel stellt sich in Nord-Süd-Richtung ein. Erkläre, wie man sie mit einem geradlinigen Leiter in östliche Richtung ablenken kann. Erkläre, wie man den Leiter ausrichten müsste, damit durch sein Magnetfeld die Kompassnadel mit ihrem Nordpol in (geografisch) südliche Richtung abgelenkt wird.

A2 Skizziere bei → V1 den Verlauf der magnetischen Feldlinien um den waagrecht verlaufenden Leiter. Wende dabei die Linke-Faust-Regel an.

V1 Wir wickeln einen Draht in mehreren Windungen zu einer flachen *Spule* und bespannen sie mit Papier, um spätere Schwingungen zu dämpfen. Dann hängen wir ihn an einem Faden auf und führen ihm über Lamettafäden Strom zu. Er dreht sich mit einer Fläche nach Norden – wie eine Kompassnadel. Mit einem Stabmagneten lässt sich der kreisförmige Strom führende Leiter ablenken.

V2 Mit einer Spule können wir das Zusammenwirken der magnetischen Felder der einzelnen Windungen sichtbar machen → B2. Streuen wir Eisenpulver auf die Glasplatte, so sehen wir kleine Kreise um die Leiter an den Durchstoßpunkten. Im Inneren der Spule ordnen sie sich zu parallelen Ketten an. Außerhalb der Spule ist das Feldlinienbild ähnlich dem eines Stabmagneten.

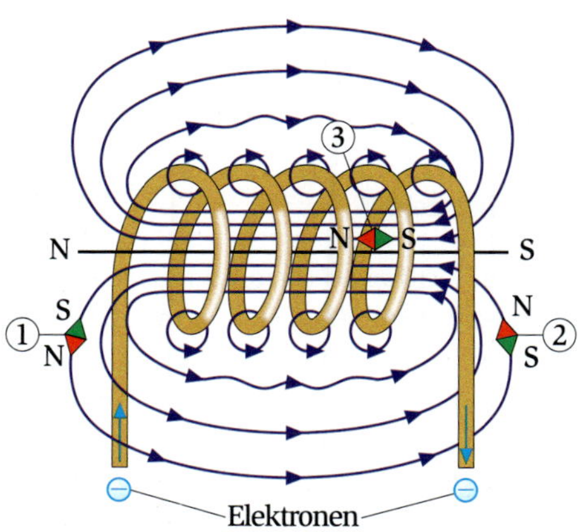

B1 Bei einer Spule überlagern sich die Feldlinien vieler Drahtwicklungen. Der Südpol von Nadel ① wird zum Spulen-Nordpol gezogen, der Nordpol von Nadel ② zum Spulen-Südpol.

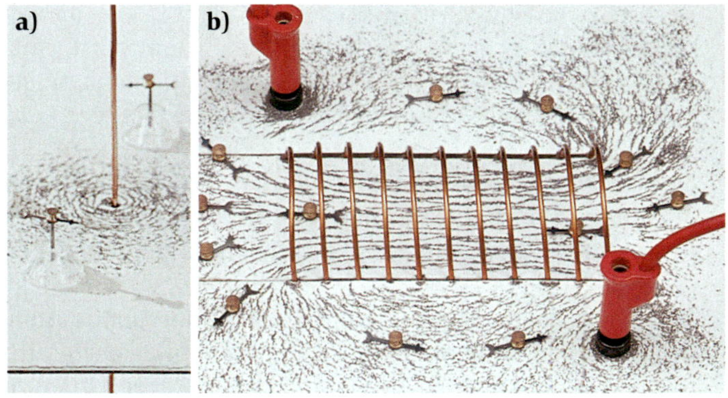

B2 **a)** Feldlinien eines Strom führenden geraden Leiters **b)** Feld einer Strom führenden Spule

1. Vom Draht zur Spule

Das Magnetfeld eines Strom führenden Drahtes ist sehr schwach. Vielleicht können wir es dadurch verstärken, dass wir den Draht zu einer Windung biegen. Die Linke-Faust-Regel gibt Anlass zur Hoffnung: Umfassen wir nämlich den zu einer Windung gebogenen Draht mit der linken Hand so, dass der Daumen entlang des Drahtes weist, dann zeigen die Finger im Inneren der Windung überall in die gleiche Richtung. Das bedeutet, dass die magnetischen Feldlinien eng beieinander liegen → B2a.

Das Magnetfeld eines Drahtes wird noch stärker, wenn man ihn in *mehreren* Windungen zu einer flachen **Spule** wickelt → V1. Führt sie Strom, so dreht sie sich so, dass die eine Fläche (N) nach Norden zeigt. Nähert man ihr den Nordpol eines Stabmagneten, so dreht sich die Spule zur Seite.
Verhält sich die Spule wie eine Magnetnadel? Tatsächlich: Nähert man ihrer Fläche (N) den Nordpol eines Stabmagneten, so dreht sich die Spule zur Seite → V1. Die Fläche (N) wird also wie ein magnetischer Nordpol vom Nordpol des Stabmagneten abgestoßen. Die Fläche auf der Rückseite verhält sich entsprechend wie ein Südpol. *Eine Strom führende Spule ist ein Magnet mit zwei Polen.*
→ B1 und → B2 zeigen den Verlauf der Feldlinien. Die kleinen Magnetnadeln weisen am einen Ende der Spule mit ihrem Nordpol nach außen; hier befindet sich der Nordpol der Spule, am anderen Ende – dem Südpol – zeigen die Nadeln mit ihrem Nordpol nach innen. Die Feldlinien sind geschlossen und verlaufen innerhalb der Spule parallel zur Spulenachse.

Merksatz

Strom führende Spulen haben Pole wie Stabmagnete. Außen laufen die Feldlinien vom Nordpol zum Südpol. Innen kehren sie zurück und bilden ein starkes Magnetfeld mit parallelen Feldlinien.

2. Eine Spule wird zum Elektromagnet

Enthält eine Spule einen Eisenkern, so kann man mit ihr eine große Menge Nägel anheben. Es besteht ein starkes Magnetfeld. Wie kommt es zu dieser Verstärkung? Wir wissen, dass es im Inneren einer Strom führenden Spule ein starkes Magnetfeld gibt, dessen Feldlinien parallel zur Spulenachse verlaufen. Bringen wir einen Eisenkern in die Spule, so übt das Magnetfeld der Spule auf die Elementarmagnete im Eisen Kräfte aus und ordnet sie parallel zur Spulenachse an → B3. Dabei zeigen die Nordpole aller Elementarmagnete in Feldlinienrichtung zum Nordpol der Spule hin. Das führt zu einer enormen Verstärkung des Magnetfelds der Spule im Außenraum. Spule und Eisenkern bilden einen starken **Elektromagneten.** Wird der Strom abgeschaltet, so verschwindet das Magnetfeld der Spule und die Elementarmagnete gehen wieder in einen ungeordneten Zustand über.

Einen besonders kräftigen Elektromagneten zeigt das Bild zu → V4. Zwei Spulen sitzen auf den Schenkeln eines dicken, U-förmigen Eisenkerns. Bei der einen Spule liegt der Nordpol unten, bei der anderen der Südpol. Das prüft man mit einer Magnetnadel. Im Bild können wir sogar die Richtung des Elektronenflusses erkennen. Damit können wir nach der Linke-Faust-Regel die Richtung der Feldlinien des Magnetfeldes der beiden Spule bestimmen.
Auf den U-Kern wird zusätzlich ein *Anker* aus Eisen aufgesetzt. Auch seine Elementarmagnete werden ausgerichtet. Sie verstärken ebenfalls das Magnetfeld der Spulen. Dabei bilden die Elementarmagnete von U-Kern und Anker längs der Feldlinien (→ V4, blaue Linien) geschlossene Ketten. Sie lassen sich kaum aufreißen, denn der Anker kann nur noch mit äußerst starken Kräften vom U-Kern getrennt werden. An ihn kann man große Lasten hängen. Anstelle von Eisen kann man auch andere *weichmagnetische Stoffe* verwenden.

Ersetzt man in → V4 das Eisen durch *hartmagnetisches* Material, so richtet das starke Magnetfeld die schwer drehbaren Elementarmagnete viel besser aus, als dies beim Überstreichen einer Stricknadel mit dem Nordpol eines starken Dauermagneten gelingt. Nach dem Ausschalten des Stroms bleiben aber die Elementarmagnete ausgerichtet; die Magnetisierung bleibt erhalten. So kann man **Dauermagnete** herstellen.

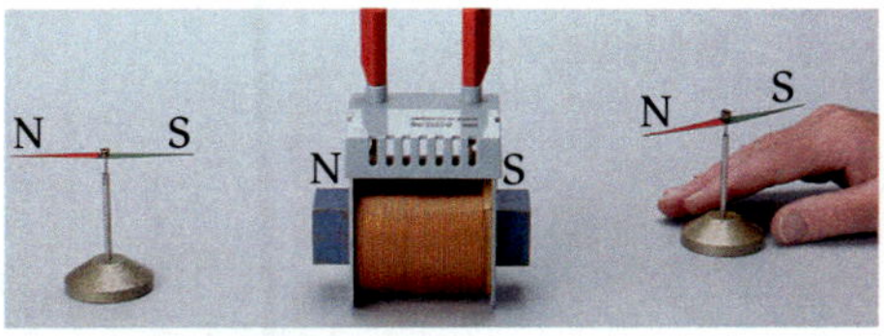

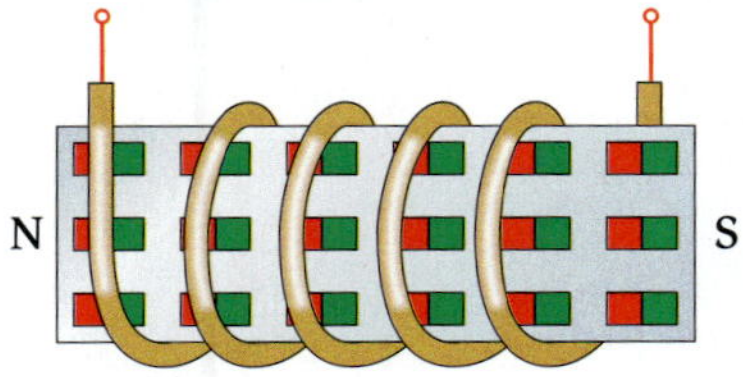

B3 Der Eisenkern verstärkt die magnetische Wirkung einer Spule erheblich.

V3 **a)** Wir stellen eine Spule in Ost-West-Richtung auf und nähern ihr eine Kompassnadel. Erst in unmittelbarer Nähe der Spule wird sie abgelenkt. Das Magnetfeld der Spule hat nur eine geringe wahrnehmbare Reichweite. **b)** Wir schieben weichmagnetisches Material in die Spule. Jetzt wirkt das Magnetfeld auch in größerer Entfernung auf die Kompassnadel. Es ist wesentlich stärker geworden.

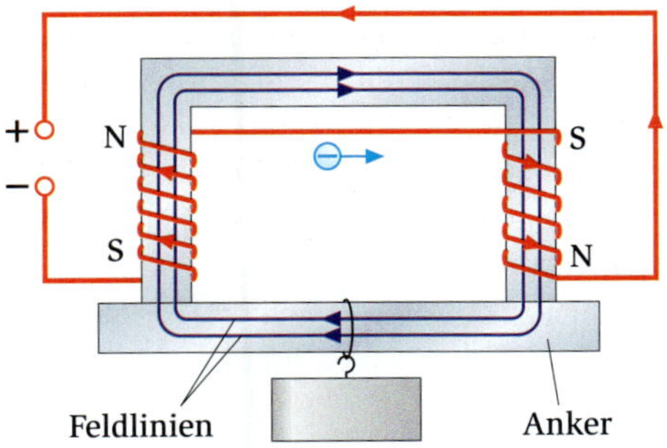

V4 Wir setzen zwei Spulen auf einen U-förmigen Eisenkern. Der Nordpol der einen Spule soll oben, der Nordpol der anderen unten liegen. Mit einem Anker schließen wir den U-Kern. Führen die Spulen Strom, wird der Anker mit großer Kraft angezogen.

Mach's selbst

A1 In → B4 zieht eine Strom führende Spule einen Eisenstab an. Erkläre, warum er unten einen Nordpol und oben einen Südpol bekommt. Erkläre, warum der Nordpol N eine Kraft nach unten, der Südpol eine Kraft nach oben erfährt.

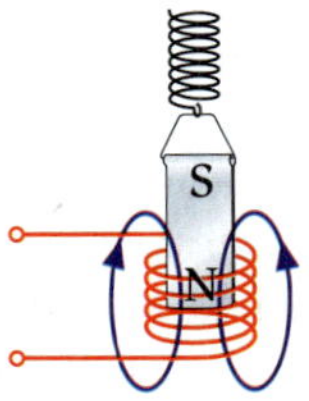

B4 zu A 1 und A 2

A2 In → B4 hänge der Stab so, dass er am unteren Ende der Spule herausragt. Erkläre, welche Kraft er jetzt erfährt. Ordne dem Eisenstab jetzt Magnetpole zu.

A3 Erkläre, ob bei einer Strom führenden Spule mit der Stromrichtung auch die Pole vertauscht werden.

Messung von Stromstärke und Ladung

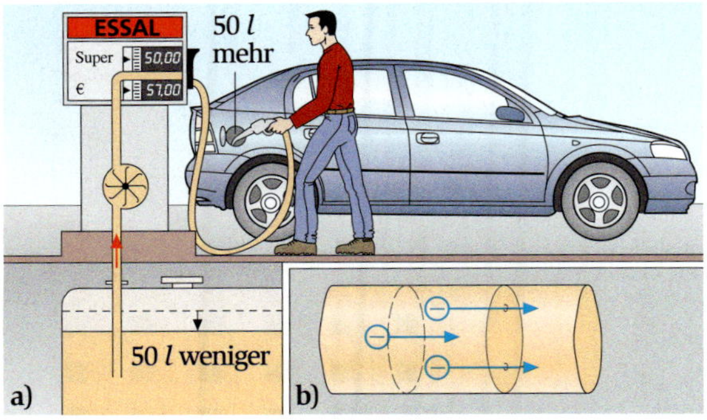

B1 **a)** Die Benzinuhr misst das geflossene Benzinvolumen. **b)** Elektronen, die während der Messdauer durch einen Leitungsquerschnitt gehen.

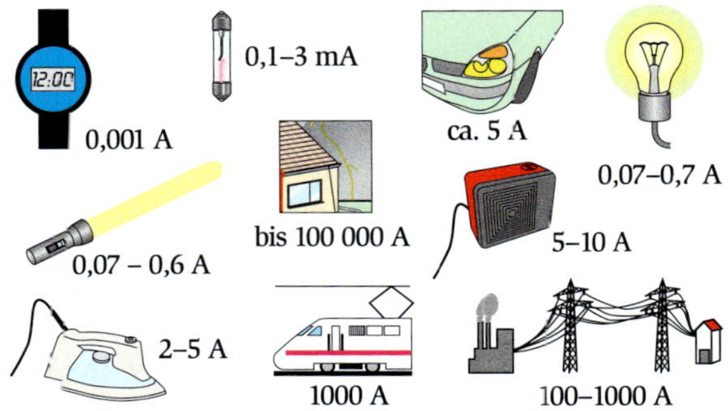

B2 Das Bild zeigt dir einige typische Beispiele für Stromstärken. ($1\ \text{mA} = 10^{-3}\ \text{A} = 1/1000\ \text{A} = 0{,}001\ \text{A}$)

Interessantes

Ein Maß für die elektrische Ladung

Elektrischer Strom bedeutet: Elektronen fließen. Jedes Elektron hat eine gleich große Ladung. Diese ist die kleinste in der Natur auftretende Ladungsmenge. Sie wird deshalb **Elementarladung** genannt.

Als **Maßeinheit** der Ladungsmenge Q – man sagt kurz Ladung – wurde **1 Coulomb** (C) gewählt (de COULOMB, französischer Physiker um 1800).

Die Ladung eines Elektrons beträgt $1{,}6022 \cdot 10^{-19}$ C.

Damit bilden circa $6{,}24 \cdot 10^{18}$ Elektronen zusammen die Ladung 1 C. Fließt die Ladung $Q = 1$ C durch einen beliebig gewählten Leitungsquerschnitt, so treten ca. $6{,}24 \cdot 10^{18}$ Elektronen hindurch.

Was bedeutet die Gleichung $I = Q/t$?

Man entlädt z. B. eine geladene Metallkugel über eine leicht angefeuchtete Schnur, die über eine Glimmlampe zur Erde führt. Die Entladung der Kugel dauert einige Sekunden (beobachte diesen Vorgang in einem verdunkelten Raum!).

Eine etwas feuchtere Schnur leitet besser; dieselbe Ladung Q fließt in kürzerer Zeit t ab. Die Glimmlampe zeigt dann durch helleres Leuchten eine größere Stromstärke $I = Q/t$ an.

Entlädt man gleichzeitig drei Kugeln, also die dreifache Ladung, so ist die Entladezeit $I = Q/t$ bei etwa gleicher Stromstärke I entsprechend größer.

1. Was zeigt eine Benzinuhr an?

Eine Benzinuhr misst das getankte Benzinvolumen. Wie geht sie vor? Nach → **B1** kann man 50 l Benzin tanken, auch wenn die Leitung vom Tank zum Zapfhahn weniger als 50 l fasst. Zeigt die Benzinuhr 50 l, so wurde sie von 50 l durchströmt. 50 l sind dem Erdtank entnommen worden und aus dem Zapfhahn geflossen. *Jeden Querschnitt der Leitung haben also 50 l Benzin durchsetzt* – wenn die Leitung dicht und frei von Luftblasen war.

Bisher sagten wir: Im Stromkreis fließt Ladung. Damit haben wir die ganze bewegliche Ladung gemeint, die der Stromkreis enthält. Sagen wir nun, durch ein Gerät fließe die Ladung Q, so meinen wir diejenige **Ladung Q,** die während der Messdauer t eine Messstelle – einen bestimmten Leitungsquerschnitt – durchströmt. In → **B1b** kommen Elektronen während der Messdauer so weit, wie es die Pfeile angeben. Das linke Elektron ist noch nicht durch den rechten Querschnitt getreten, wird also noch nicht gezählt.

Leider können wir Elektronen weder sehen noch zählen. Wir haben aber Messinstrumente, deren Ausschlag groß ist, wenn sie in einer Sekunde von viel Ladung Q (von vielen Elektronen) durchsetzt werden (genauer: ein Leiterquerschnitt). Dies erinnert an das Rädchen der Benzinuhr. Ist der Zapfhahn fast geschlossen, so ist der Benzinstrom schwach, es dreht sich nur langsam. Pumpt man stärker, so dreht sich das Rädchen schneller. Die Stärke des Benzinstroms $I = V/t$ ist dann größer (in jeder Sekunde fließt mehr Benzin; der Tank ist schneller gefüllt).

Verfolgen wir diesen Gedanken genauer. Ein Zapfhahn für Benzin liefere in $t = 100$ s das Volumen $V = 50$ l. Die *Stärke des Benzinstroms* ist dann $I = V/t = (50\ \text{l})/(100\ \text{s}) = 0{,}5\ \text{l/s}$. Dabei ist es gleichgültig, ob das Benzin ein weites Rohr mit kleiner Geschwindigkeit oder ein enges Rohr mit großer Geschwindigkeit verlässt.

2. Die elektrischen Stromstärke

Zum Messen der elektrischen Stromstärke I baut man ein Strommessgerät in den Stromkreis ein. Man trennt dazu die Leitung des Stromkreises auf und überbrückt die Lücke mit diesem Strommesser → B3. Die Elektronen strömen jetzt durch das eingebaute Messgerät, an dem die – im ganzen Stromkreis gleiche – Stromstärke abgelesen werden kann.

Was *Stromstärke I* sein soll, legen wir fest wie beim Benzin: Das Maß für die Stärke des elektrischen Stroms ist die *je Sekunde* durch einen Leitungsquerschnitt fließende Ladung *Q*. Für die Ladungsmenge wurde **1 Coulomb** (C) als Einheit festgelegt (→ **Vertiefung**, links).
Ein Beispiel: Fließt während der Messdauer $t = 5\ s$ die Ladung $Q = 20\ C$ durch einen Strommesser, so beträgt die Stromstärke $I = Q/t = (20\ \text{C})/(5\ \text{s}) = 4\ \text{C/s}$. Der Strommesser zeigt dann einen bestimmten Ausschlag. Er nimmt mit wachsender Stromstärke zu.

Als Maßeinheit **der Stromstärke *I*** wurde **1 A = 1 C/s** festgelegt (AMPÈRE, französischer Physiker um 1800).

Merksatz

Die **elektrische Stromstärke** ist $\boldsymbol{I = \frac{Q}{t}}$.
Dabei ist *Q* die Ladung, die in der Zeit *t* durch einen beliebigen Leitungsquerschnitt fließt.
Die **Einheit** der Stromstärke *I* ist 1 Ampere: $\mathbf{1\ A = 1\ \frac{C}{s}}$.

Für die Stromstärkemessung brauchen wir also keine Elektronen zu zählen, wir brauchen nicht einmal eine spezielle Festlegung der Ladungseinheit 1 C. Wir sagen: 1 C ist die Ladung, die einen Strommesser in 1 s durchfließt, wenn er die Stromstärke 1 A anzeigt.

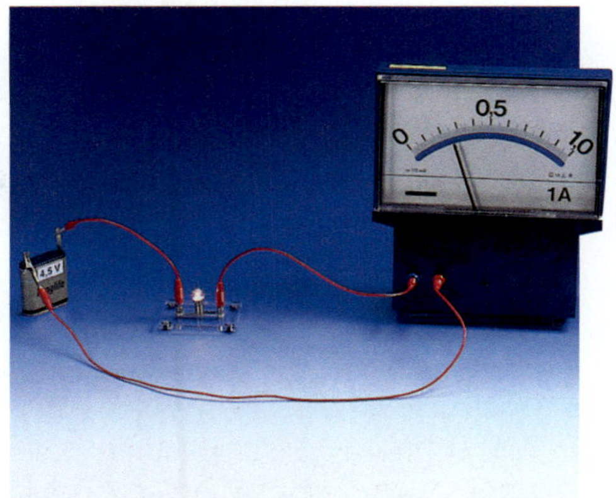

B3 Messung der elektrischen Stromstärke mit einem Strommesser

Beispiel

Ein Strommessgerät zeigt die Stromstärke $I = 3\ \text{A}$ an. Wie viele Elektronen fließen je Sekunde durch jeden Leitungsquerschnitt?

Lösung:
Durch jeden Leitungsquerschnitt fließt pro 1 s die Ladung

$$Q = I \cdot t = 3\ \text{A} \cdot 1\ \text{s} = 3\ \text{C}.$$

Die Ladung eines Elektrons ist $1{,}6 \cdot 10^{-19}$ C. Damit bilden

$$\frac{3\ \text{C}}{1{,}6 \cdot 10^{-19}\ \text{C}} = 1{,}9 \cdot 10^{19}\ \text{Elektronen}$$

die Ladung $Q = 3$ C. Durch jeden Leitungsquerschnitt bewegt sich also pro 1 s die riesige Zahl von $1{,}9 \cdot 10^{19}$ Elektronen.

Interessantes

Umgang mit elektrischen Strommessgeräten

Der *Messbereich* der Instrumente, d. h. ihre Empfindlichkeit, muss der Stärke der zu messenden Ströme angepasst sein. Hier folgen einige Regeln für den Umgang mit diesen oft sehr teuren Geräten:

- **Schalte den Strommesser nie allein zwischen die Pole einer Quelle, sondern immer in Reihe mit den Geräten, bei deren Betrieb die Stromstärke zu messen ist** → B4.
- Prüfe, ob auf Wechsel- oder Gleichstrom eingestellt werden muss. Bei Gleichstrom muss die mit + bezeichnete Buchse zum Pluspol der Stromquelle hin angeschlossen werden.
- Stelle zunächst den höchsten Messbereich ein.
- Erniedrige vorsichtig den Messbereich und behalte dabei den Zeiger im Auge. Der Zeiger soll das Ende der Skala nicht überschreiten.

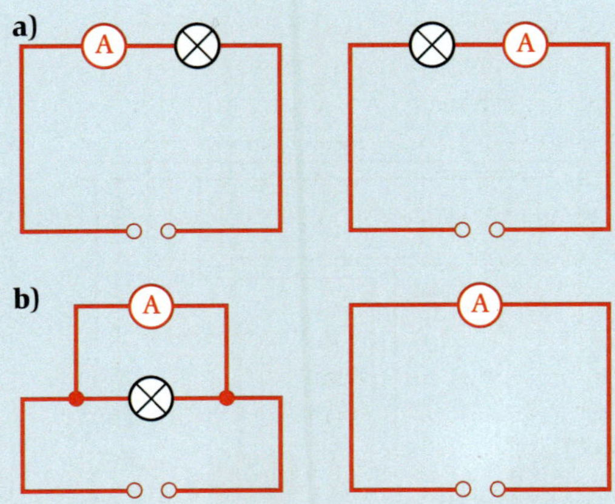

B4 **a)** richtige **b)** falsche Schaltung

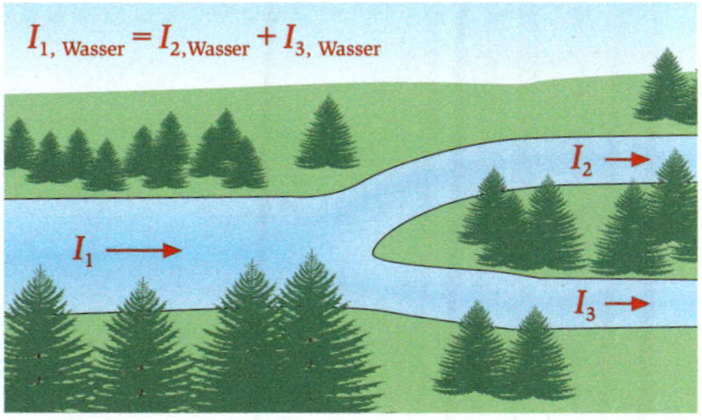

B1 Verzweigung bei Wasserströmungen

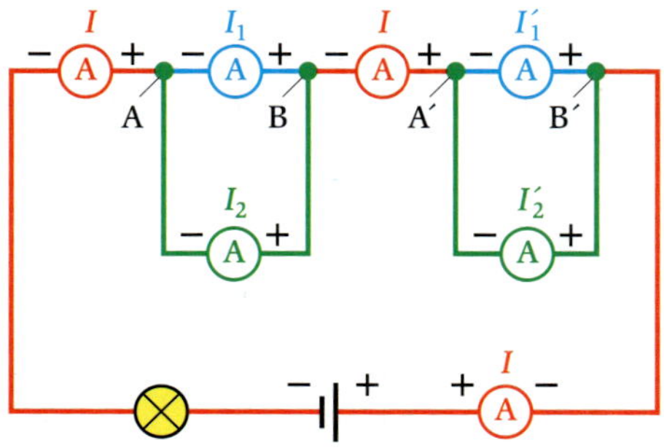

V1 Wir schalten jedem Strommesser (blau) eine andere Sorte von Strommesser (grün) *parallel*. Im blauen sinkt die Stromstärke auf $I_1 \approx 0{,}60$ A, der parallel liegende grüne zeigt $I_2 \approx 0{,}35$ A. Die roten Strommesser zeigen weiterhin $I = 0{,}95$ A an.

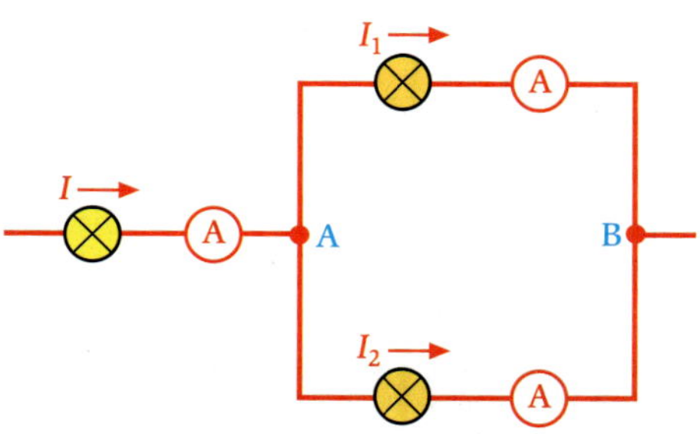

B2 Verzweigung bei elektrischen Strömen

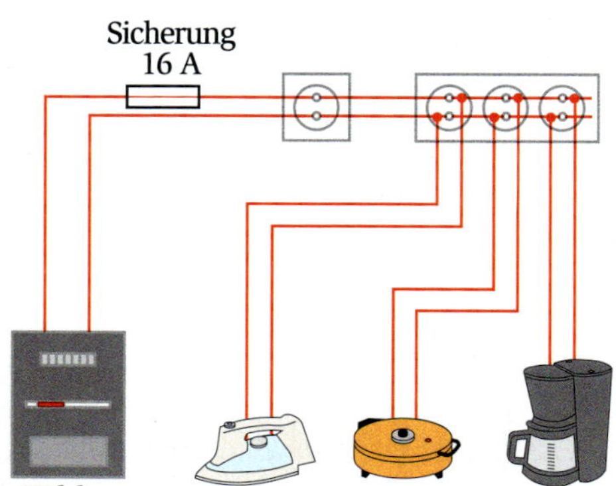

B3 Parallel geschaltete Geräte im Haushalt

3. Stromstärke bei Parallelschaltung

Was ergibt sich für die elektrische Stromstärke, wenn der Stromkreis eine Verzweigung enthält? Von Wasserströmungen **→ B1** kennen wir die **Knotenregel:** *Die zu einem Knoten hin fließenden Wasserströme sind zusammen so stark wie die vom Knoten weg fließenden Wasserströme.* Weder geht am Knoten ein Wasserteilchen verloren noch kommt eines hinzu.

Um zu untersuchen, ob dies bei elektrischen Strömen ebenso ist, schaltet man in **→ V1** jedem Strommesser eine andere Sorte von Strommesser **parallel.** So verzweigt man den Strom und kann in jedem Zweig die Stromstärke messen. Bildet man die Summe der Zweigstromstärken, so stimmt diese Summe mit der Stromstärke in der Zuführungsleitung überein.

Das Versuchsergebnis der **Parallelschaltung** von Strommessgeräten passt zum Wasserfluss, aber auch zu unserer Vorstellung strömender Elektronen **→ B2**: Die Elektronen in der Leitung gehen an dem Verzweigungspunkt A verschiedene Wege. In B laufen sie wieder zusammen. Kein einziges Elektron ist verloren gegangen. Es fließt (je Sekunde) genauso viel Ladung zum Knoten (A) hin wie in den Teilströmen zusammen von ihm weg.

Merksatz

Bei einer **Stromkreisverzweigung** geht keine Ladung verloren. Die Summe der Stromstärken I_1 und I_2 in den Zweigen ist gleich der Stromstärke I im unverzweigten Teil des Stromkreises:

$$\boldsymbol{I = I_1 + I_2.}$$

Beispiel **Hält die Sicherung?**

Du möchtest prüfen, ob du ein Dampfbügeleisen, ein Waffeleisen und eine Kaffeemaschine gleichzeitig an einer Mehrfachsteckdose betreiben kannst, ohne dass die Sicherung anspricht **→ B3**. Diese Steckdose sei mit 16 A abgesichert.

Lösung:
Die drei Geräte benötigen folgende Stromstärken: Dampfbügeleisen $I_1 = 8{,}7$ A, Kaffeemaschine $I_2 = 5{,}4$ A, Waffeleisen $I_3 = 4{,}3$ A.
Die Stromstärke im unverzweigten Teil darf aufgrund der Sicherung maximal 16 A betragen.
Beim Anschließen an eine Mehrfachsteckdose sind diese drei Geräte parallel geschaltet. Die Summe der Stromstärken in den drei Zweigen würde betragen:

$$I_1 + I_2 + I_3 = 8{,}7\text{ A} + 5{,}4\text{ A} + 4{,}3\text{ A} = 18{,}4\text{ A}.$$

Die Stromstärke im unverzweigten Teil wäre mit 18,4 A zu groß. Die drei Geräte können nicht zusammen angeschlossen werden. Die 16 A-Sicherung wäre überlastet.

4. Sicherungen begrenzen die Stromstärke

In → V2 überbrückt man das Lämpchen mit einem dicken Kupferdraht. Bei diesem **„Kurzschluss“** steigt die Stromstärke erheblich an. Nach kurzer Zeit schmilzt der dünne Draht und unterbricht den Stromkreis. Nach diesem Prinzip arbeiten **Schmelzsicherungen** → B3. In einer Patrone aus Porzellan liegt ein dünner Schmelzdraht, der in den Stromkreis geschaltet ist. Wenn bei einem Kurzschluss die vorgesehene Höchststromstärke der Sicherung (z. B. 16 A) überstiegen wird, schmilzt der Draht durch. Dabei fällt das an einem Drahtende befestigte farbige Kennplättchen ab. Die defekte Sicherung muss gegen eine unversehrte ausgetauscht werden. Ein Flicken der Sicherung mit einem anderen Draht wäre strafbar. Ist er nämlich nur ein wenig zu dick, könnten sich bei einem Kurzschluss die Leitungen überhitzen und einen Brand verursachen.

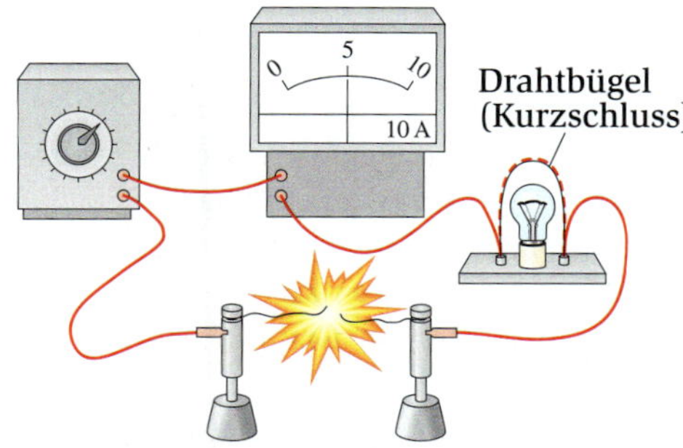

V2 Ein dünner Draht dient in dieser Schaltung als Sicherung. Überbrücken wir das Lämpchen mit einem dicken Kupferdraht, so schmilzt der Sicherungsdraht und der Stromkreis wird unterbrochen.

5. Welche Temperatur stellt sich in einem Heizdraht ein?

Elektrischer Strom liefert in einem Heizdraht ständig Energie. Warum steigt dessen Temperatur nicht ständig an?
Direkt nach dem Einschalten ist seine Temperatur nur wenig höher als die der Umgebung. Er gibt kaum Energie an die Umgebung ab, also erhöht sich vor allem die Temperatur des Drahts. Je höher dessen Temperatur ist, desto mehr Energie gibt er je Sekunde an die kältere Umgebung ab. Für seine eigene Temperaturerhöhung bleibt dann weniger Energie. Nach einiger Zeit gibt der Heizdraht je Sekunde genauso viel Energie ab, wie er vom Strom geliefert bekommt: Seine Temperatur ändert sich dann nicht mehr. Es stellt sich ein **Fließgleichgewicht** ein zwischen Zu- und Abfluss von Energie.

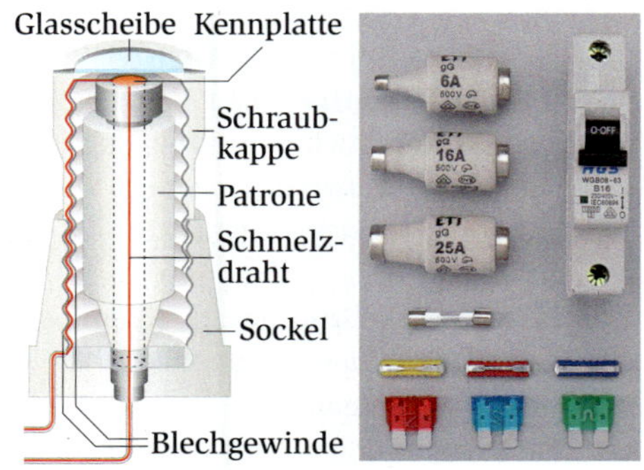

B3 Links: Schnittzeichnung einer Schmelzsicherung mit Kennplatte, rechts: verschiedene Schmelzsicherungen und ein Sicherungsautomat

Mach's selbst

A1 **a)** In der Formel 1 werden die Rennwagen mit einer maximalen Benzinstromstärke von 12 l/s betankt. Berechne, wie lange ein Volltanken bei einem Tankvolumen von 150 l dauert.
b) Informiere dich an einer normalen Tankstelle, wie groß dort die maximale Benzinstromstärke ist. Berechne, wie lang damit die Tankzeit bei einem 150 l Tank der Formel 1 wäre.

A2 Bei DSL gibt es z.B. eine Datenstromstärke (Übertragungsrate) von 16 Mbit/s. Berechne die minimale Downloadzeit aus dem Internet für eine Datei der Größe 20 MByte (8 bit = 1 Byte).

A3 **a)** Zur Berechnung der Verkehrsstromstärke benötigt man die Zahl der Autos, die in einer bestimmten Zeit eine Kontrollstelle passieren. Erläutere, warum dabei die Angaben von zwei Kontrollstellen nicht überzueinstimmen brauchen, die in 1 km Abstand hintereinander liegen.
b) Diskutiere, ob dies auch für die Zahl der Elektronen gilt, die in einem unverzweigten elektrischen Stromkreis zwei verschiedene Messstellen passieren.

A4 Bei einem Zoo wird die Zahl der Besucher am Eingang mit einem Drehkreuz gezählt. Sie verlassen den Zoo später an einem anderen Drehkreuz. An einem Sonntag werden während der Öffnungszeit von 9.00 bis 18.00 Uhr 6500 Besucher gezählt. Ermittle die durchschnittliche Besucherstromstärke.

A5 Unterscheide die Größengleichung $I = Q/t$ von der Einheitengleichung 1 A = 1 C/s. Nenne ähnliche Paare von Gleichungen aus der Mechanik.

A6 Erkläre die Aussage, die Stromstärke ist im unverzweigten Stromkreis überall gleich groß. Diskutiere, ob dort die Elektronen überall gleich schnell sind (vergleiche dünne mit dicken Drähten).

Das ist wichtig

1. Stromkreis – Leiter – Isolator

Der **elektrische Stromkreis** enthält eine **Stromquelle** und ist durch Leiter geschlossen.
Die Stromquelle **pumpt Ladungen** unter Energieaufwand durch den Stromkreis.
Leiter sind Metalle, Graphit, Säuren, Basen und Salzlösungen.
Isolatoren sind Luft, Bernstein, Glas, Gummi, Keramik und die meisten Kunststoffe.
Auch **Gase** können elektrisch leiten. Dann senden sie Licht aus.
Eine **Glimmlampe** ist eine Polsuchlampe: Es leuchtet das Gas um die Elektrode, die mit dem Minuspol verbunden ist.

2. Elektrische Ladungen

Es gibt zwei verschiedene Arten elektrischer **Ladung: positive** und **negative.** Man kann elektrische Ladung weder vernichten noch neu erzeugen.
Ladungen üben aufeinander **Kräfte** aus: Gleichnamige Ladungen stoßen sich gegenseitig ab, ungleichnamige ziehen sich an.
Man kann positive und negative Ladungen unter Energieaufwand voneinander trennen. Am **Minuspol** hat eine Stromquelle einen Überschuss an negativen Elektronen, am **Pluspol** einen Überschuss an positiver Ladung.

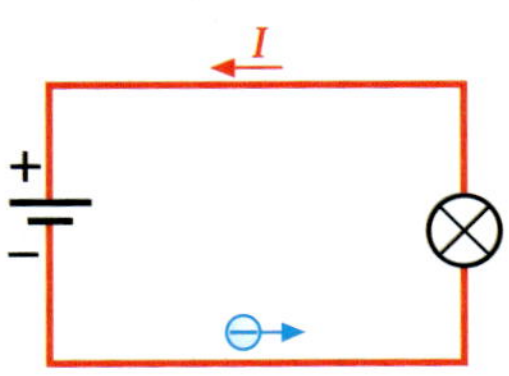

Elektrischer Strom in Metallen bedeutet, dass Elektronen fließen. Als **Stromrichtung** bezeichnen wir die Bewegungsrichtung der Elektronen durch den Stromkreis vom Minuspol zum Pluspol.
Alle *Materie* enthält **Ladungsträger.** Ein Körper ist nach außen elektrisch **neutral,** wenn er gleich viel positive und negative Ladung enthält.

Glühelektrischer Effekt:
Man kann durch Energiezufuhr (Temperaturerhöhung) Elektronen aus Metallen herauslösen. In festen *Metallen* sind nur Elektronen frei beweglich.

Influenz in elektrischen Leitern:
Eine von außen genäherte Ladung trennt vorübergehend bewegliche negative Elektronen von der ortsfesten positiven Ladungen. Auch Isolatoren enthalten Ladungsträger; diese sind aber im Isolator nicht frei beweglich.

Elektrostatische Aufladung von Isolatoren:
Dabei gehen Elektronen vom einem Körper zu einem anderen über.

3. Aufbau der Atome

Atome bestehen aus positiv geladenen **Atomkernen** und negativ geladenen **Elektronen.** In neutralen Atomen wird die positive Kernladung von den Elektronen der Hülle neutralisiert.
Haben Atome zu viel Elektronen, so nennt man sie negative Ionen. Bei Elektronenmangel sind es positive Ionen.

4. Wirkungen des elektrischen Stroms

Magnetische Wirkung
Fließende Ladungen, also Ströme, haben um sich ein Magnetfeld **mit in sich geschlossenen Feldlinien.** Um einen Strom führenden *geraden* Leiter bilden die Magnetfeldlinien konzentrische Kreise. Dabei gibt es keine Magnetpole.

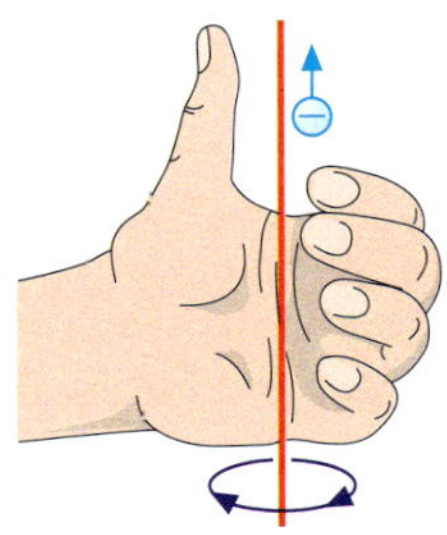

Linke-Faust-Regel: Hält man den gespreizten Daumen der linken Hand in Richtung des Elektronenstroms, so zeigen die gekrümmten Finger die Richtung der magnetischen Feldlinien an.
Das Magnetfeld Strom führender **Spulen** entspricht im Außenraum dem von Stabmagneten mit N- und S-Polen.
Im Spuleninnern ist es homogen und viel stärker als außerhalb. Bei **Elektromagneten** verstärken Eisenkerne im Spuleninneren das Magnetfeld.

Wärmewirkung
Fließen Elektronen durch einen Leiter, so steigt die Temperatur des Leiters (nicht in Supraleitern).

5. Einheit der Ladung

Als Einheit der Ladungsmenge Q – man sagt kurz Ladung – wurde **1 Coulomb** (C) gewählt.
Die Ladung eines Elektrons ist die kleinste in der Natur auftretende Ladungsmenge und beträgt $1{,}6022 \cdot 10^{-19}$ C. Sie wird **Elementarladung** genannt. Damit bilden ca. $6{,}24 \cdot 10^{18}$ Elektronen zusammen die Ladung 1 C.

6. Elektrische Stromstärke

Die **elektrische Stromstärke** ist der Quotient der durch einen beliebigen Leitungsquerschnitt geflossenen Ladung Q und der dazu benötigten Zeit t:

$$I = \frac{Q}{t}.$$

Die Einheit der Stromstärke ist 1 A = 1 C/s.
Die Stromstärke 1 A bedeutet, dass in 1 s die Ladung 1 C durch den Leitungsquerschnitt fließt.

Kennst du dich aus?

A1 Man schickt durch einen sehr langen, elektrisch leitenden Stabmagneten Strom vom Süd- zum Nordpol. Entwirf ein Experiment mit einer Magnetnadel, mit du überprüfen kannst, ob der Stabmagnet Strom führt.

A2 **a)** Plane ein Experiment, mit dem du die Ladungssorte auf der Kugel eines Bandgenerators bestimmst. Zur Verfügung stehen Kugeln auf Isolierstielen und Glimmlampen.
b) Verändere das Experiment so, dass du die Ladungssorte bestimmst, ohne dabei die Ladungsmenge auf der Bandgeneratorkugel zu verändern.

A3 Erläutere den physikalischen Zusammenhang von Magnetismus und Elektrizität. Erläutere Beispiele für die Anwendung dieses Zusammenhangs im Alltag.

A4 **a)** Erläutere die physikalischen Unterschiede zwischen Gewichtskräften und elektrischen Kräften.
b) Erläutere, was man beim Magnetismus und bei der Elektrizität unter Neutralisieren versteht.
c) Diskutiere, ob man auch Gewichtskräfte neutralisieren kann.

A5 Der Astronom Johannes KEPLER vermutete, dass die Gewichtskraft magnetischer Art sein. Diskutiere Keplers Vermutung und erläutere dabei möglichst viele Gründe (auch Versuche).

A6 Zwei leichte, metallische und ungeladene Kügelchen hängen an Isolierfäden und berühren sich. Man nähert von der Seite dem einen eine positiv geladene Kugel, ohne dass Ladung überspringt. Beschreibe und erläutere, was du beobachten wirst.

A7 Erläutere, warum man den Minuspol einer Batterie vom Nordpol eines Magneten und diesen vom geografischen Nordpol der Erde unterscheiden muss.

A8 **a)** Man bringt zwei sich berührende und ungeladene Kugeln in die Nähe des Pluspols eines Bandgenerators und trennt sie dort voneinander. Dann steckt man zuerst die eine Kugel, später beide zusammen in einen vorher entladenen Faradaybecher. Beschreibe, was jeweils das angeschlossene Elektroskop anzeigt. Erkläre mit der Elektronenvorstellung.
b) Falls bei diesem Versuch die beiden Kugel verschieden groß sind, erläutere, ob sie gleich stark geladen werden. Diskutiere, ob es eine Rolle spielt, ob die kleinere oder die größere Kugel näher am Pluspol war.
c) Erläutere, woran man erkennen kann, ob vom Bandgenerator Ladung übergesprungen ist.

A9 **a)** Gib an, wie groß die Ladung eines Elektrons ist (sog. Elementarladung).
b) Berechne, wie viele Elektronen die Ladung 10 C bzw. 10^{-7} C $= 1/10^7$ C ergeben.

A10 Ein Strommesser hat den Messbereich 3 A und 30 Skalenteile. Der Zeiger ist um 21 Skalenteile vom Nullpunkt entfernt. Gib die Stromstärke an.

A11 Karin denkt an Elektronen und sagt, einem positiv geladenen Bandgenerator könne man mit einer Metallkugel keine positive Ladung entnehmen. Uwe argumentiert mit Ladung und ihrer Erhaltung (nicht mit Ladungsträgern) und widerspricht. Bewerte die Aussagen.

A12 Man berührt mit einer kleinen, immer wieder gleich stark neu geladenen Kugel mehrmals ein Elektroskop. Sein Ausschlag nimmt zu. Erkläre, warum die Kugel bei jedem weiteren Berühren immer weniger Ladung abgibt.

A13 **a)** Man bringt in einen Faradaybecher nacheinander die gleich großen Ladungsportionen Q_+, Q_+, Q_-, Q_-, Q_-. Beschreibe, wie sich der Ausschlag eines angeschlossenen Elektroskops jeweils ändert.
b) Man hält eine positiv geladene Kugel ins Innere des Faradaybechers, ohne diesen zu berühren. An der Außenseite des Bechers kann man dann Ladung abnehmen. Gib an, welches Vorzeichen diese Ladung hat. Erläutere, wie man das Vorzeichen ermitteln kann.

A14 In der Nähe einer ungeladenen Metallkugel K hängen kleine, geladene Kügelchen.
a) Jemand sagt, wenn es in der Kugel K Elektronen gäbe, würde ein negativ geladenes Kügelchen von ihr abgestoßen, ein positiv geladenes angezogen. Diskutiere diese Behauptung.
b) Erläutere, warum alle geladenen Kügelchen ein wenig zur ungeladenen Metallkugel K gezogen werden.

A15 1 C nennt man auch 1 Amperesekunde (1 C = 1 As).
a) Berechne, wie viel C einer Amperestunde (1Ah) entsprechen.
b) Ein frischgeladener Bleiakku „gibt z. B. 84 Ah ab“. Berechne, wie lange ihm ein Strom der Stärke 2 A „entnommen“ werden kann. Erläutere die Anführungszeichen.
c) Berechne, wie lange er zwei parallel geschaltete Autoscheinwerfer mit je 5 A speisen kann.

Potenzial und Spannung

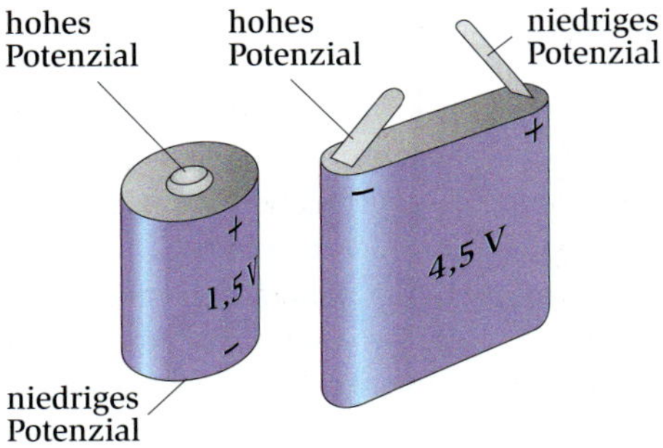

B1 Am Pluspol einer Batterie ist das Potenzial höher als am Minuspol.

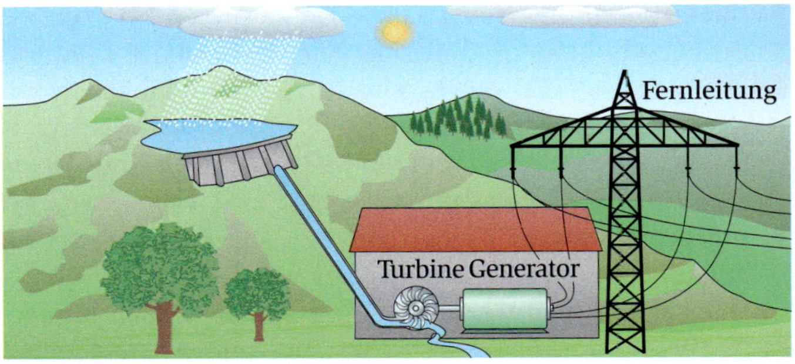

B5 Wasser treibt die Turbinen des E-Werks an. Je größer der Höhenunterschied See – Turbine, desto mehr Energieumsatz.

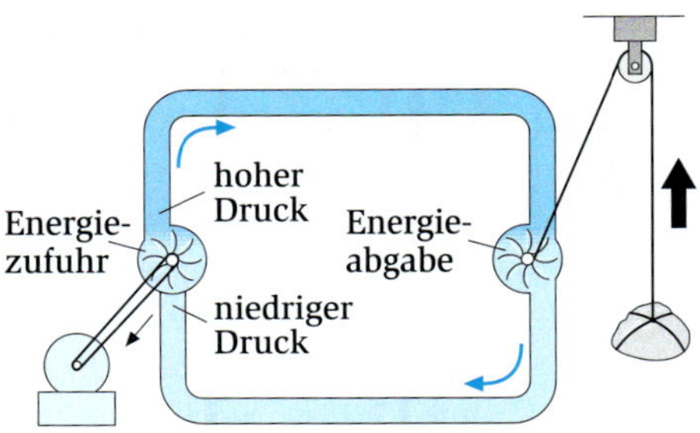

B2 Eine Pumpe im Wasserstromkreis: Der Druckunterschied zwischen ihren Anschlüssen sorgt für den Antrieb des Wassers.

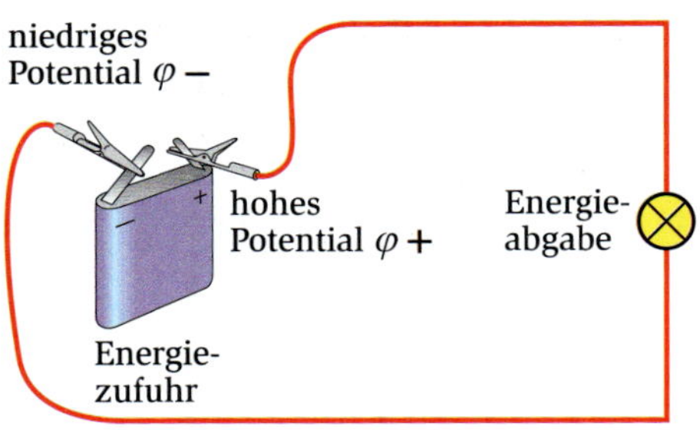

B3 Spannungsquelle im Stromkreis: Die Potenzialdifferenz zwischen den Polen der Batterie sorgt für den Antrieb der Ladung.

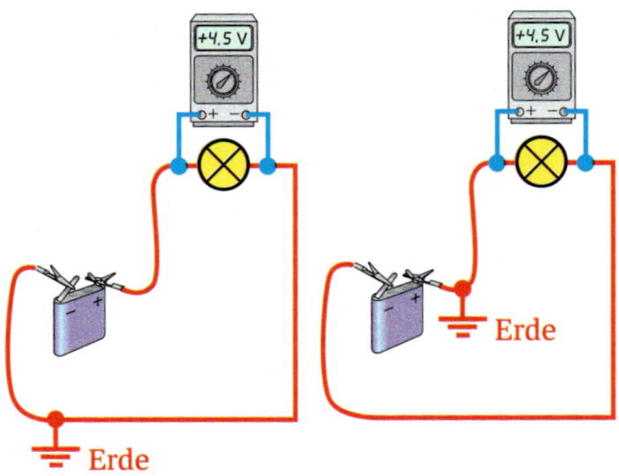

B4 **a)** Der Minuspol **b)** der Pluspol einer 4,5 V-Batterie ist geerdet.

1. Das elektrische Potenzial

Aus einem Stausee in 1000 m Höhe fließt Wasser durch Rohre in das darunter liegende Kraftwerk in 400 m Höhe. Am unteren Ende der Leitung steht es unter großem Druck. Dort trifft es auf die Schaufeln der Turbinen, die einen Generator antreiben. Je größer der Höhenunterschied ist, desto größer ist der Druckunterschied zwischen Eingang und Ausgang der Turbine. Dieser Druckunterschied ist der *Antrieb* für das Fließen des Wassers durch die Turbine. Man sagt: Wasser unter großem Druck hat ein großes **Potenzial.** Beim Austritt aus der Turbine steht es unter kleinem Druck, sein Potenzial ist klein. Das Potenzial kennzeichnen wir mit φ (phi).
In der Turbine fließt Wasser von Stellen mit großem Potenzial (Druck) zu Stellen mit niedrigerem Potenzial. Die **Potenzialdifferenz** ist die Ursache für das Fließen des Wassers.

- In einem *Wasserkreislauf* → B2 sorgt eine Pumpe für das Strömen des Wassers: Das Wasser strömt wegen des *Druckunterschieds* zwischen Auslauf- und Ansaugstutzen – wie beim Kraftwerk.
- Auch die Ladung in *Stromkreisen* braucht einen Antrieb. Analog zur Pumpe ist es die Potenzialdifferenz zwischen Pluspol der Batterie mit hohem Potenzial φ_+ und Minuspol mit niedrigerem Potenzial φ_- → B3. Statt Potenzialdifferenz sagt man meist **elektrische Spannung** oder kurz **Spannung *U*.** Die Maßeinheit des Potenzials und der Spannung ist das Volt, abgekürzt V. Man misst beide mit Voltmetern → B4.

Merksatz

Die elektrische **Potenzialdifferenz** zwischen zwei Punkten nennt man elektrische **Spannung.** Sie wird in Volt (V) gemessen.

Die Ladungspumpe im Stromkreis erzeugt eine Spannung zwischen ihren Anschlüssen. Deshalb nennt man sie **Spannungsquelle.** Die Potenzialdifferenz, also die Spannung, ist der Antrieb für den elektrischen Strom.

Bei einer Monozelle ist der Potenzialunterschied $\varphi_+ - \varphi_- = 1{,}5\,\text{V}$, bei Flachbatterien 4,5 V. Dies zeigt ein Voltmeter an.

2. Der Nullpunkt des Potenzials

Beim Kraftwerk kommt es nur auf den *Druckunterschied* am Ein- und Ausgang der Turbine an. Wenn See und Kraftwerk jeweils um 1000 m höher lägen (2000 m und 1400 m statt 1000 m und 400 m), würde sich am Antrieb der Turbinen, am dortigen Druckunterschied, nichts ändern.
Die *Höhenangaben* auf Landkarten beziehen sich auf den mittleren Meeresspiegel. Ihn legte man willkürlich als $h = 0$ m fest (Normalnull, NN).
Auch beim Betrieb von Elektrogeräten kommt es nur auf den Potenzialunterschied der beiden Pole einer Quelle an, auf deren Spannung, nicht auf den Wert des einzelnen Potenzials. Um *Potenziale* verschiedener Stellen einer Schaltung wie Höhenunterschiede sinnvoll vergleichen zu können, legte man willkürlich fest:

Merksatz

Das Potenzial der Erde beträgt 0 Volt.

Die (leitende) Erdoberfläche hat also das Potenzial Null – und damit jeder Punkt, der mit ihr gut leitend verbunden ist, der „geerdet" ist. Erdet man den Minuspol der Flachbatterie, dann hat dieser das Potenzial $\varphi_- = 0\,\text{V}$, der Pluspol hat dann $\varphi_+ = 4{,}5\,\text{V}$. Verbindet man dagegen den Pluspol mit Erde, so hat er $\varphi_+ = 0$ V und der Minuspol $\varphi_- = -4{,}5\,\text{V}$. Die Potenzialdifferenz ist in beiden Fällen $\varphi_+ - \varphi_- = 4{,}5\,\text{V} - 0\,\text{V} = 0\,\text{V} - (-4{,}5\,\text{V}) = 4{,}5\,\text{V}$; es besteht also stets die Spannung $U = 4{,}5$ V.
Bei elektrischen Schaltungen erdet man meist die Stelle mit dem niedrigsten Potenzial. So erhält man nur positive Potenzialwerte.
Damit Ladung durch ein Elektrogerät fließt, muss zwischen seinen Anschlüssen eine Potenzialdifferenz bestehen. Dies gilt sogar für jeden Millimeter längs eines Glühdrahts. Er hat also an jeder Stelle ein anderes Potenzial. Längs der dicken Anschlussdrähte einer Lampe ändert es sich praktisch nicht. Fließt keine Ladung, bleibt das Potenzial längs eines Leiters unverändert.

Beispiel

Die Lampen L_1 und L_2 sind an eine 4,5 V-Batterie angeschlossen. Kennzeichne Leiterstücke gleichen Potenzials bei **a)** geschlossenem **b)** geöffnetem Schalter. Bestimme jeweils φ_A und φ_B.

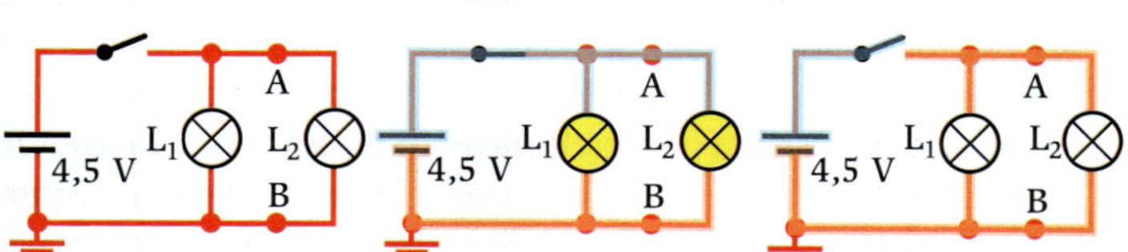

$\varphi_A = +4{,}5$ V; $\varphi_B = 0$ V

$\varphi_A = \varphi_B = 0$ V

Mach's selbst

A1 Nenne die Festlegungen, ohne die die Angabe von Höhen auf der Karte und des Potenzials in einem Schaltplan keinen Sinn ergeben.

A2 Vergleich Wasserstromkreis – elektrischer Stromkreis: Gib an, welche elektrischen Größen hohem und niedrigem Druck, Druckunterschied und Pumpe entsprechen.

A3 In einem Stromkreis ist ein Schalter eingebaut. Nenne die Potentiale seiner Enden bei
a) geöffnetem, **b)** geschlossenem Zustand.

A4 Eine 4,5 V-Batterie und eine Glühlampe sind hintereinander geschaltet. Gib die Potenziale der Punkte A, B und C an. Kennzeichne die Leiterstücke mit gleichem Potenzial farbig.

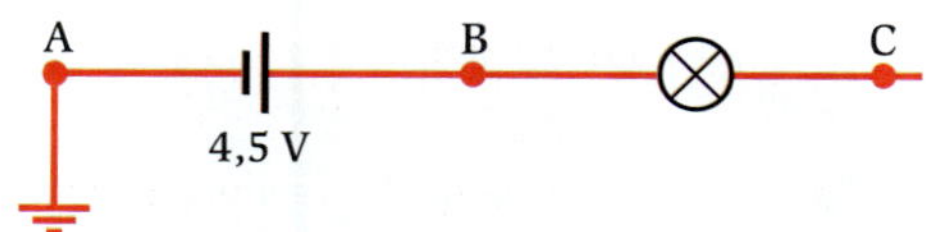

A5 Bestimme das Potenzial der Punkte A, B und C bei
a) geöffnetem, **b)** geschlossenem Schalter. Zeichne für a) und b) je einen Schaltplan und markiere Leiterstücke mit gleichem Potenzial gleichfarbig.

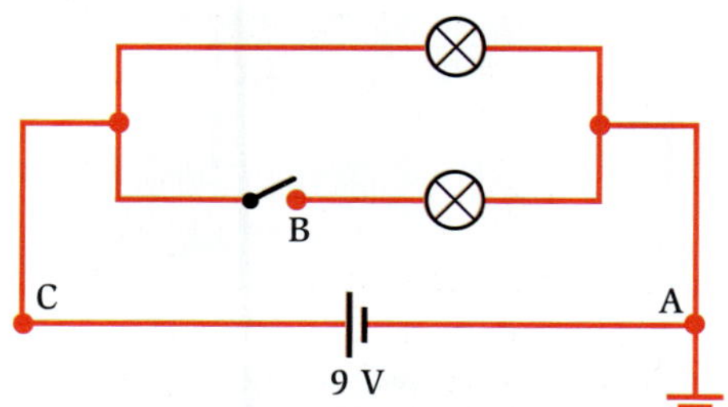

A6 Zwei gleiche Lampen werden mit einer 12 V-Autobatterie betrieben. Nenne das Potenzial der Punkte A, B und C bei
a) geöffnetem, **b)** geschlossenem Schalter. Zeichne für a) und b) je einen Schaltplan und markiere Leiterstücke mit gleichem Potenzial farbig.

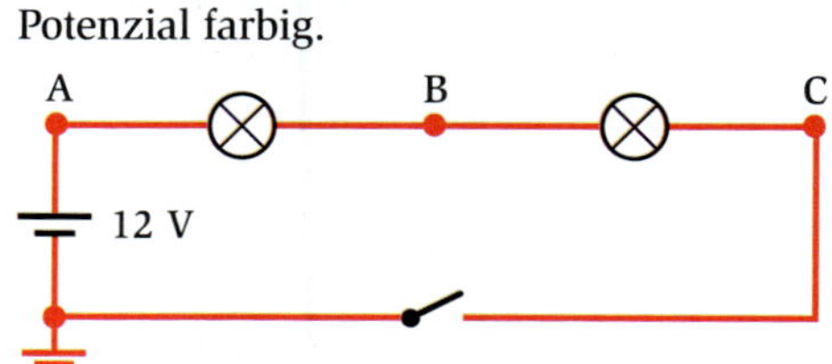

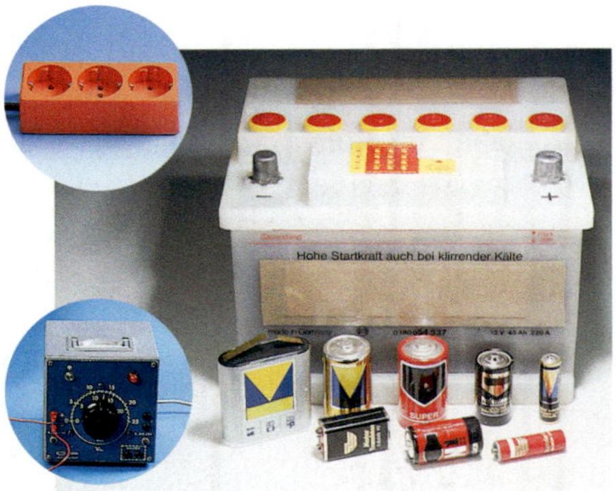

B1 Einige Spannungsquellen

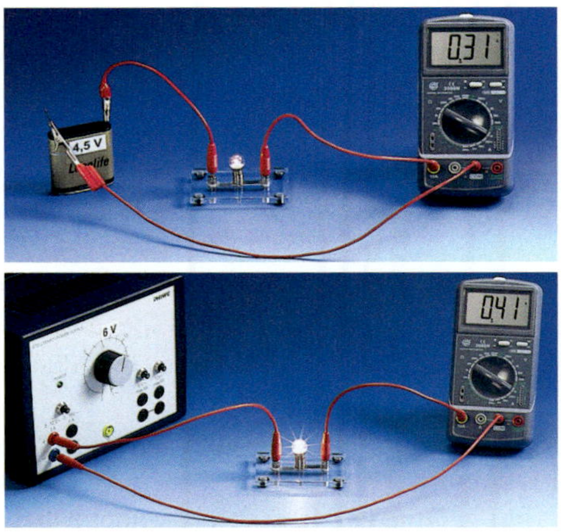

V1 Bei größerer Stromstärke leuchtet das Lämpchen heller.

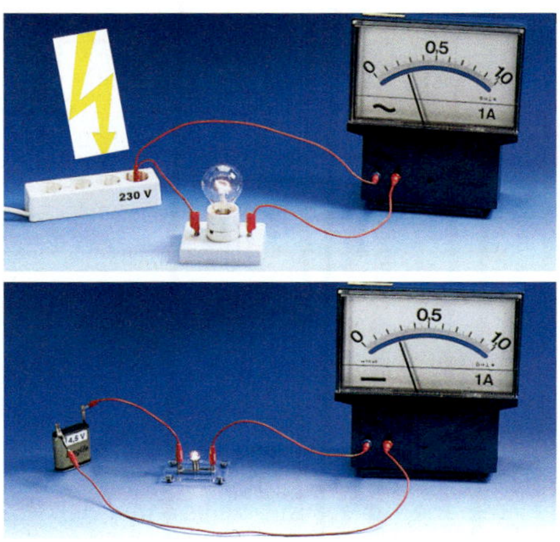

V2 Wir schließen eine Haushaltslampe an eine 230 V-Steckdose an und messen die Stromstärke. Das Lämpchen einer Fahrradbeleuchtung wurde so ausgesucht, dass bei Anschluss an eine 4,5 V-Batterie die gleiche Stromstärke auftritt. Trotz gleicher Stromstärke leuchtet es viel schwächer – die Spannung ist eben kleiner.

3. Spannung und Energie

Am Leuchten von Glühlampen erkannten wir bisher das Fließen elektrischer Ladung. Wovon hängt die Helligkeit einer Glühlampe ab? Du weißt, eine Lampe leuchtet heller, je „stärker" der Strom, also je größer die Stromstärke I ist.
In → **V1** betreiben wir ein Lämpchen einer Fahrradbeleuchtung zuerst mit einer 4,5 V-Flachbatterie, dann mit einer 6 V-Quelle. Das Lämpchen leuchtet im zweiten Fall heller, die Stromstärke ist also größer. Das heißt aber:

- *Bei gleichem Gerät steigt die Stromstärke mit der Spannung.*

Doch wie steht es mit der Helligkeit, wenn man verschiedene Lampen benutzt? → **V2** bringt ein verblüffendes Ergebnis: In zwei verschiedenen Lampen, unserem Fahrradlämpchen und einer bestimmten Haushaltsglühlampe, messen wir dieselbe Stromstärke $I = 0{,}26$ A. Trotzdem beobachten wir jetzt verschiedene Helligkeit: Die Haushaltslampe strahlt hell, sie kann einen ganzen Raum erleuchten. Sie ist an eine 230 V-Steckdose angeschlossen. Das Fahrradlämpchen leuchtet viel schwächer, es erhellt nur seine unmittelbare Umgebung. Es wird mit einer 4,5 V-Batterie betrieben.
Wir erkennen: Bei gleicher Stromstärke gibt eine passend gewählte Glühlampe bei der hohen Spannung 230 V viel mehr Energie je Sekunde ab als eine andere bei der Spannung 4,5 V.

- *Bei gleicher Stromstärke wird umso mehr Energie umgesetzt, je höher die Spannung ist.*

Bei → **V2** haben wir in beiden Stromkreisen die gleiche Stromstärke gemessen. Dies bedeutet, dass je Sekunde jeweils die gleich große Ladung floss. Also wurde bei der 4,5 V-Quelle pro Ladungsportion wenig, bei der 230 V-Quelle pro Ladungsportion viel Energie geliefert.

Merksatz

Je größer die **elektrische Spannung** U ist, desto größer ist die Energie, die beim Fließen einer bestimmten Ladungsmenge umgesetzt werden kann.

Stelle dir Stromkreise mit verschiedenen Quellen und dazu passenden Glühlampen vor: Bei einer 1,5 V-Monozelle wird je Ladungsportion wenig Energie abgegeben, bei 4,5 V ist es die dreifache, bei 150 V die hundertfache Energie. Du ahnst jetzt, warum Hochspannung gefährlich sein kann.

4. Spannung kennzeichnet eine Stromquelle

In der Stromquelle werden Ladungen unter Aufwand von Energie getrennt. Dadurch entsteht zwischen den Anschlüssen der Quelle ein Potenzialunterschied, eine Spannung. Je mehr Energie zum Trennen einer Ladungsportion aufgewendet wird, desto größer ist der Unterschied der Potenziale, desto ist größer also die Spannung.

Diese Spannung sorgt dann für den Antrieb der Elektronen durch ein angeschlossenes Gerät und setzt dabei Energie frei.

- *Die Spannung ist der Antrieb für den elektrischen Strom.*

Die Spannung besteht aber auch, wenn keine Ladung fließt (weil z. B. der Stromkreis durch einen Schalter unterbrochen ist). Spannung an der Stromquelle zeigt an, dass im elektrischen Gerät Energie umgesetzt werden kann, sobald Ladung fließt.

5. Ein Modell veranschaulicht die Spannung

Im Bild zu → V1 sorgt der Höhenunterschied der beiden Wasserspiegel für einen Druckunterschied zwischen den Enden des Verbindungsrohres. Also fließt das Wasser aus dem rechten Zylinder in den linken. Je größer der Druckunterschied ist, desto größer ist der Potenzialunterschied – desto stärker wird das Flügelrad angetrieben.

- *Der Druckunterschied zwischen den Enden des Verbindungsrohres ist der Antrieb für das Fließen des Wassers.*

Dieser Antrieb bleibt bestehen, auch wenn kein Wasser fließt (weil der Hahn zugedreht ist).
Um den Druckunterschied aufrecht zu erhalten, muss man während des Fließens Wasser vom linken ins rechte Rohr heben – unter Aufwand von Energie. Statt eines Schöpflöffels könnte man dazu auch eine Pumpe einsetzen.
Du hast sicher schon gemerkt: Dem Druckunterschied im Wassermodell entspricht bei der elektrischen Quelle der Unterschied des elektrischen Potenzials, also der *Spannung*. So wie man das Wasser vom rechten in den linken Zylinder hochpumpen muss, hebt die Batterie im Inneren die Ladungen auf ein höheres Potenzial. Die in der Quelle aufgewandte Energie wird dabei in den Geräten (z. B. der Wendel einer Glühlampe) an die Umgebung abgegeben.

Merksatz

Wenn entgegengesetzte Ladungen unter Aufwand von Energie getrennt werden, entsteht zwischen ihnen eine Potenzialdifferenz. Es entsteht **elektrische Spannung.**
Diese Energie steht auf Abruf bereit. Sie wird umgesetzt, wenn Ladung fließt.

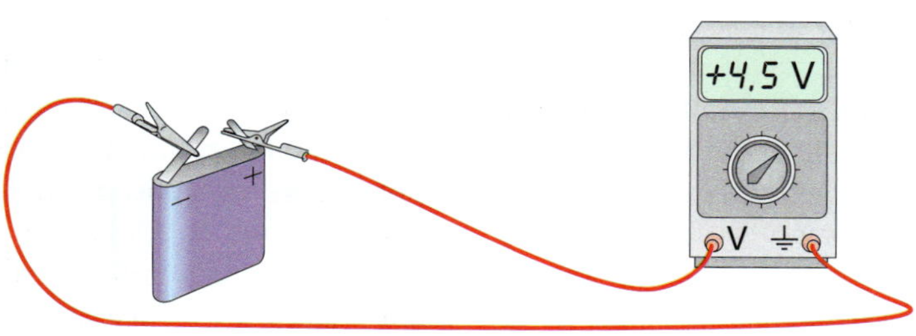

B2 Elektrische Spannungen misst man mit Voltmetern.

V3 Zwei Zylinder sind durch ein Rohr verbunden. Sie werden verschieden hoch mit Wasser gefüllt. Ein Hahn kann das Strömen des Wassers verhindern. Statt einer Turbine ist ein Flügelrad eingebaut. Wir beobachten:

a) Wenn der Hahn geschlossen ist, kann Wasser nicht fließen, trotz eines Höhenunterschieds der Wasserspiegel. Das Rädchen steht still.

b) Wenn der Hahn offen ist: Zu Beginn ist der Höhenunterschied der Wasserspiegel groß. Das Rädchen dreht sich schnell.

c) Je geringer der Höhenunterschied wird, desto langsamer dreht sich das Rädchen.

d) Stehen die Wasserspiegel gleich hoch, fließt kein Wasser. Ohne Druckunterschied besteht kein Antrieb.

e) Für einen gleichmäßigen Wasserfluss müssen wir das durchgeströmte Wasser wieder hochheben. Mit einem Schöpflöffel halten wir den Höhenunterschied konstant. Dazu müssen wir Energie liefern.

Wir übertragen dies ins **Elektrische:**

a) Wenn der Stromkreis durch einen Schalter unterbrochen wird, fließt keine Ladung – trotz bestehender Spannung.

b) Je größer die Spannung, desto heller leuchtet die Lampe.

c) Bei kleiner Spannung ist die Stromstärke bei der gleichen Lampe kleiner.

d) Ohne Potenzialunterschied (Spannung) fließt keine Ladung.

e) Die Stomquelle pumpt die Elektronen in ihrem Innern vom Plus- zum Minuspol und sorgt so für gleich bleibende Spannung. Dazu muss der Quelle dauernd Energie zugeführt werden.

Schaltung von Spannungsquellen

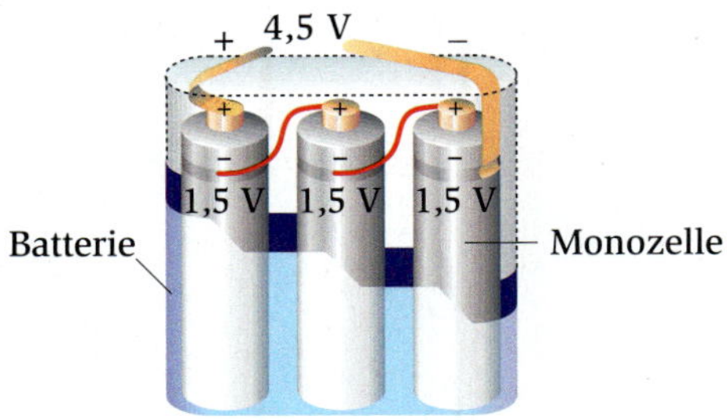

B1 Drei *in Reihe geschaltete* Monozellen mit je 1,5 V ergeben in der Flachbatterie die dreifache Spannung 4,5 V.

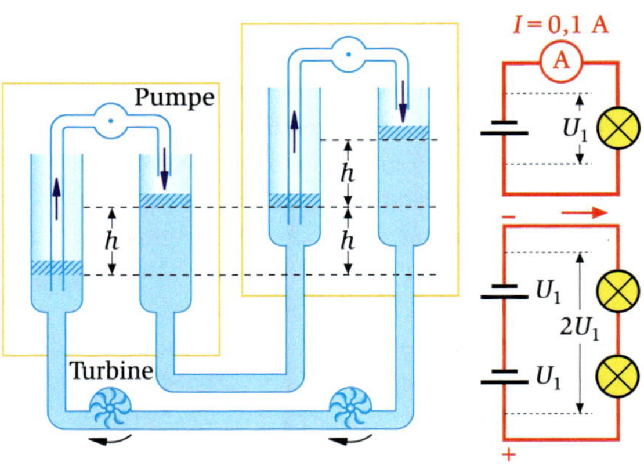

V1 **a)** Ein Lämpchen liegt an nur einer Zelle. Ein Strommesser zeigt $I = 0{,}1$ A an. **b)** Liegen 2 Zellen und 2 Lämpchen in Reihe, so ändert sich die Stromstärke nicht, jedes Lämpchen leuchtet gleich hell. Doch geben sie zusammen die doppelte Energie ab.

Eine Pumpe kann Wasser 5 m hoch pumpen. Staffelt man zwei Pumpen übereinander, so pumpen sie Wasser 10 m hoch. Beim doppelten Höhenunterschied setzt die gleiche Wassermenge in zwei hintereinanderliegenden Turbinen die doppelte Energie frei.

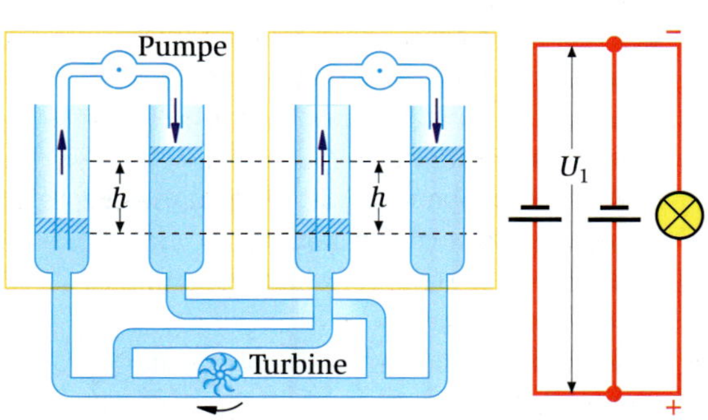

B2 Beim Parallelschalten von gleichen Pumpen und Spannungsquellen erhöhen sich weder Höhenenergie noch Spannung.

1. Spannungserhöhung durch Reihenschaltung

In Flachbatterien → **B1** sind drei Einzel-(Mono-)zellen *in Reihe* (hintereinander) geschaltet: Der Pluspol der einen ist mit dem Minuspol der nächsten verbunden.
Im Bild unseres Wassermodells könnte dies bedeuten, dass der Höhenunterschied der Wasserspiegel verdoppelt, verdreifacht wurde. Damit könnte eine Turbine viel kräftiger angetrieben werden. Stattdessen könnte man auch drei Turbinen hintereinander einbauen. Mit einer bestimmten Wasserportion würde dann dreimal so viel Energie umgesetzt. Ist es im elektrischen Stromkreis ähnlich? Dies untersuchen wir im → **V1**:
a) Ein Lämpchen ist für die Spannung $U_1 = 1{,}5$ V gebaut. Es leuchtet mit einer Monozelle normal hell. Beim Fließen der Ladungsportion Q durch das Lämpchen wird eine zum Lämpchen passende Energie umgesetzt.
b) Schalten wir zwei Monozellen in Reihe, so leuchtet das Lämpchen zu stark – der Glühfaden droht durchzuschmelzen. Mit der gleichen Ladungsportion Q wird jetzt im Lämpchen zuviel Energie umgesetzt. Wir ändern deshalb den Stromkreis, indem wir zu dem ersten Lämpchen ein zweites in Reihe schalten. Nun leuchtet jedes normal hell wie in **a)**. Zusammen wird von der gleichen fließenden Ladung Q die doppelte Energie umgesetzt.
Aus dem letzten Kapitel wissen wir schon, dass bei einer größeren Spannung mit jeder Ladungsportion mehr Energie umgesetzt werden kann. → **V1** legt nun nahe: Beim Hintereinanderschalten von Monozellen addieren sich die Spannungswerte:

$$U_2 = U_1 + U_1 = 2 \cdot U_1 = 2 \cdot 1{,}5\text{ V} = 3\text{ V}.$$

Merksatz

Schaltet man mehrere Spannungsquellen in Reihe, so addieren sich die Spannungen.

2. Parallelschalten erhöht die Spannung nicht

In → **B2** sorgen zwei *parallel geschaltete* Pumpen für die gleiche Höhendifferenz, wie sie eine allein aufbringt. Auch zusammen fördern sie das Wasser nur 5 m hoch. Die mit jedem Liter umsetzbare Energie addiert sich nicht, denn auch jetzt beträgt die Differenz der Wasserspiegel nur 5 m. Was entspricht dem elektrisch?
Wir schalten zwei gleiche Zellen parallel: Pluspol wird mit Pluspol, Minuspol mit Minuspol verbunden. Das Lämpchen leuchtet normal hell wie bei einer Zelle, erhält also die gleiche Energie. Die Spannung bleibt beim Parallelschalten gleich.

Merksatz

Schaltet man gleiche Spannungsquellen parallel, so bleibt die Spannung unverändert.

Vertiefung

Strömung von Wasser

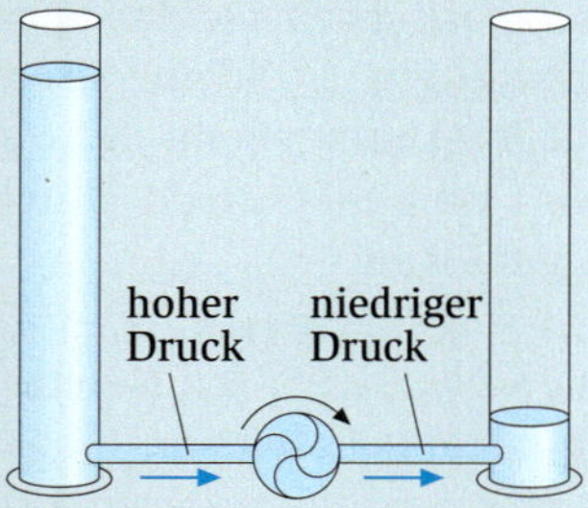

B3 Zwischen den Enden des waagerechten Verbindungsrohres besteht ein Druckunterschied. Dieser ist Ursache (Antrieb) für die Wasserströmung.

- Es gibt nur eine Art von Wasserteilchen.
- In diesem Rohr strömt Wasser nach rechts → **B3**.
- Hier strömt Wasser von Stellen hohen Drucks zu Stellen niedrigen Drucks.

Hinweis: Strömt Wasser nicht in einem waagerechten sondern in einem fallenden Rohr zu Tal, so ist die Gewichtskraft Ursache des Antriebs, nicht der Druckunterschied.

- Wasserstromstärke:
  $I = \frac{\text{Volumen}}{\text{Zeit}} = \frac{V}{t}$
  Einheit: $1\,\frac{\text{l}}{\text{s}}$
- Je größer der Druckunterschied in der waagerechten Leitung, also der Antrieb, desto größer die Wasserstromstärke.

Strömung von Energie

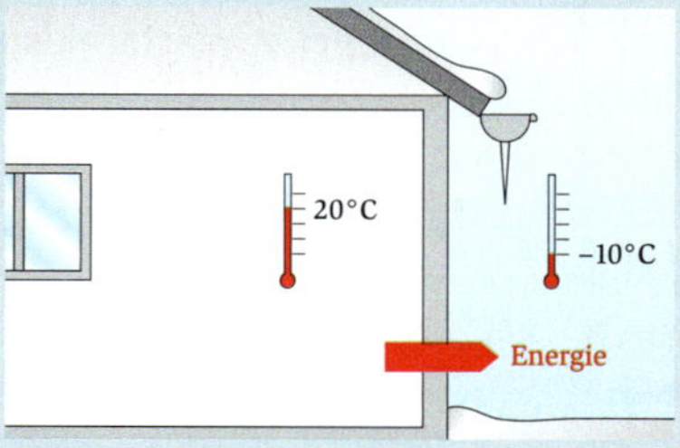

B4 Die Zimmertemperatur beträgt 20 °C, außen ist es −10 °C kalt. Der Temperaturunterschied von 30 °C ist die Ursache (Antrieb) für die Wärmeströmung nach außen.

- Es gibt nur eine Art von Wärme.
- In der obigen Wand strömt Energie (Wärme) nach rechts → **B4**.
- Stets strömt Wärme von Stellen hoher Temperatur zu Stellen niedriger Temperatur.
- Energiestromstärke:
  $I = \frac{\text{Energie}}{\text{Zeit}} = \frac{W}{t}$
  Einheit: $1\,\frac{\text{J}}{\text{s}} = 1$ Watt
- Je größer der Temperaturunterschied, also der Antrieb, desto größer die Wärmestromstärke (Energiestromstärke).

Strömung elektrischer Ladung

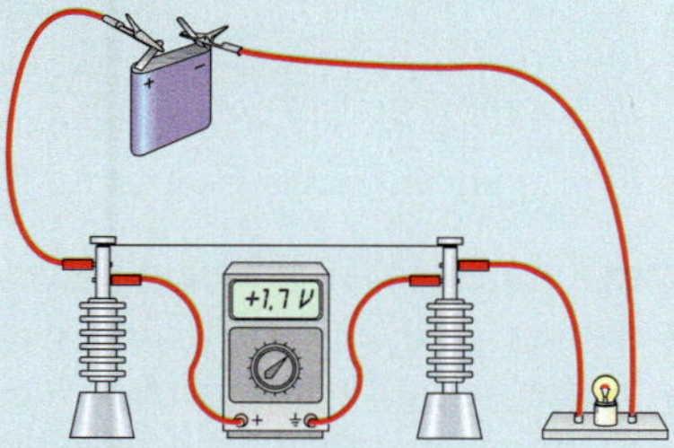

B5 Zwischen den Enden des Drahtes besteht eine elektrische Spannung. Diese Spannung ist Ursache (Antrieb) für das Fließen der Ladung.

- Es gibt *zwei* Arten elektrischer Ladung: positive und negative.
- Bewegliche positive Ladung würde von Stellen hohen Potenzials zu Stellen niedrigen Potenzials strömen, vom Plus- zum Minuspol, hier nach rechts → **B5** (so hat man das Potenzial festgelegt). Im Metalldraht sind aber nur negativ geladene Elektronen beweglich, sie strömen vom niedrigen zum hohen Potenzial. Fließt negative Ladung von Stellen niedrigeren Potenzials zu Stellen höheren Potenzials, so wird dabei die gleiche Energie umgesetzt wie bei einer gleich großen positiven Ladung, die von + nach − strömt. Es kommt nur auf die Potenzialdifferenz an.
- Elektrische Stromstärke:
  $I = \frac{\text{Ladung}}{\text{Zeit}} = \frac{Q}{t}$
  Einheit: $1\,\frac{\text{C}}{\text{s}} = 1$ A
- Je größer die Spannung (Potenzialdifferenz), also der Antrieb, desto größer die elektrische Stromstärke.

Ohmsches Gesetz, Widerstand

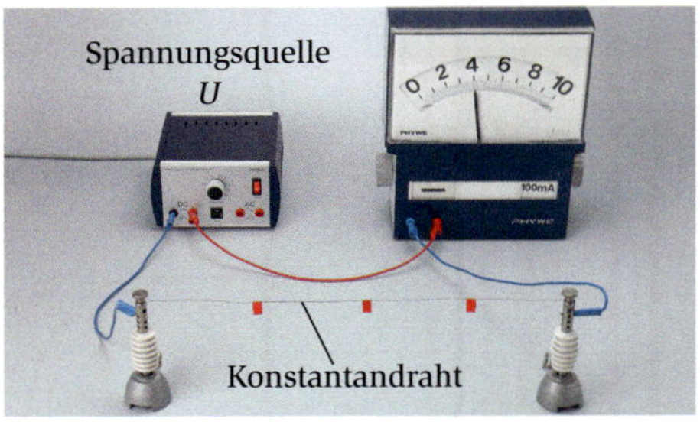

V1 An einen 1,0 m langen Draht aus Konstantan (rote Fähnchen) mit dem Durchmesser $d = 0{,}10$ mm werden verschiedene Spannungen gelegt. Die jeweilige Stromstärke wird gemessen. **→ T1** zeigt die Messwerte, **→ B1** das zugehörige Schaubild.

U in Volt	I in Ampere	Quotient U/I in V/A
0	0	–
1,2	0,02	60
2,4	0,04	60
3,6	0,06	60
4,8	0,08	60

T1 Drahtlänge 1,0 m; Dicke 0,1 mm

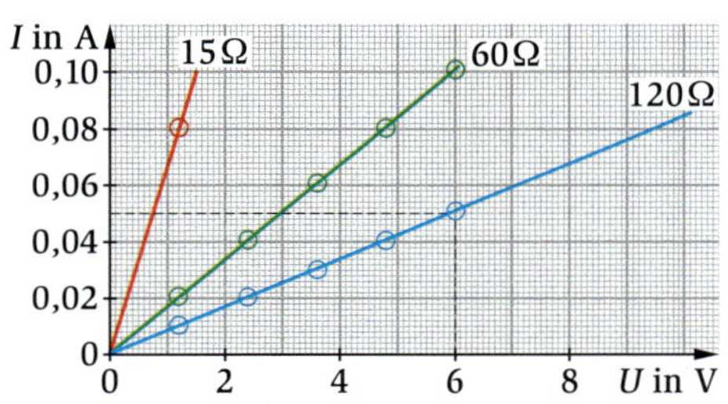

B1 Kennlinien zeigen, wie I von U abhängt.

1. Wovon hängt die Stromstärke ab?

Wenn man in eine Taschenlampe statt des vorgesehenen 2,8 V-Lämpchens eine 6 V-Lampe der Fahrradbeleuchtung einschraubt, leuchtet diese nur schwach. Die zu kleine Spannung U (Ursache des Stroms) erzeugt eine zu kleine Stromstärke. Umgekehrt würde die 2,8 V-Lampe beim Fahrrad strahlend helles Licht erzeugen, wäre aber bald durchgebrannt, da die Stromstärke zu groß wäre.

Um solchen Ärger zu vermeiden, wollen wir nach Gesetzen suchen, die angeben, wie die Stromstärke I abhängt
a) von der angelegten Spannung U,
b) von den Geräten im Stromkreis.

Zunächst untersuchen wir die Abhängigkeit der Stromstärke I von der angelegten Spannung U bei einem Gerät. In **→ V1** wird als „Gerät“ ein Draht aus Konstantan (Legierung aus Kupfer und Nickel) verwendet.

Die Messwerte zeigen:
- Bei der n-fachen Spannung U wird am *gleichen* Konstantandraht die Stromstärke I auch n-fach.
- Deshalb ist der Quotient U/I konstant, d. h. von der Spannung U unabhängig **→ T2**.
- Trägt man in einem Schaubild die Werte von I über U auf, so erhält man die **U-I-Kennlinie.** Sie ist bei einem Konstantandraht eine Ursprungsgerade **→ B1**.

Diese Proportionalität zwischen I und U fand 1826 Georg Simon OHM. Wenn I proportional U ist, sagt man, es gilt das **ohmsche Gesetz.**

Merksatz

Ohmsches Gesetz: Die Stromstärke I ist der Spannung U proportional: $I \sim U$.

Interessantes

Georg Simon OHM wurde 1789 als Sohn eines Schlossers in Erlangen geboren. Sein Studium der Mathematik musste er aus Geldmangel für 5 Jahre unterbrechen.
1817 wurde er in Köln Gymnasiallehrer. Mit den außerordentlich primitiven Geräten der Schulsammlung begann er mit der Untersuchung des Zusammenhangs zwischen Spannung und Stromstärke in Metalldrähten.
Nach Lehrtätigkeiten in Berlin und Nürnberg wurde er 1849 Professor für Physik und Mathematik an der Universität München.

Er entdeckte als Erster, dass sich ein Klang aus Grundschwingung und Obertönen zusammensetzt. Seine bedeutenden Forschungsergebnisse in der Elektrizitätslehre und der Akustik wurden erst spät anerkannt.
1854 starb OHM in München. Ihm zu Ehren wurde die Einheit des elektrischen Widerstands „Ohm“ genannt.

2. Der Widerstand als Quotient aus *U* und *I*

In unseren Versuchen wird eine Spannung an einen Draht gelegt. Sie treibt die Elektronen an. Auf ihrem Weg stoßen sie aber immer wieder gegen Atome und werden dadurch abgebremst. Die Bewegung der Elektronen wird behindert. Bei Verdoppelung der Drahtlänge wird die Stromstärke halbiert (wie bei zwei in Reihe geschalteten Lämpchen). Um die gleiche Stromstärke zu erhalten, muss man die doppelte Spannung anlegen → V2. Also verdoppelt sich der Quotient U/I. Es ist daher sinnvoll, den Quotienten U/I **Widerstand** des Drahtes zu nennen.

Merksatz

Der **elektrische Widerstand *R*** eines Leiters ist definiert als Quotient aus der Spannung U zwischen den Leiterenden und der Stromstärke I:

$$R = \frac{U}{I}; \quad \text{Einheit } 1\,\frac{\text{Volt}}{\text{Ampere}} = 1\text{ Ohm } (\Omega).$$

(Ω: griechischer Buchstabe Omega); 1 kΩ = 1000 Ω.

Aus $R = \frac{U}{I}$ folgt $I = \frac{U}{R}$.

Die Stärke des Stroms durch ein Gerät hängt von der Spannung U ab, die am Gerät anliegt und vom Widerstand R des Geräts.
Sind der Widerstand R und die Stromstärke I bekannt, so lässt sich die Spannung U berechnen:

$$U = R \cdot I.$$

Gilt $U \sim I$, so ist der **Widerstand *R* konstant.** Für den betreffenden Leiter gilt das ohmsche Gesetz.

In unseren Versuchen hat der 1 m lange Draht einen Widerstand von R = 60 Ω, bei 2 m ist R = 120 Ω. Daraus folgt: Der Widerstand R ist der Drahtlänge l proportional.
Wie wirkt sich die Querschnittsfläche aus? Dies untersuchen wir in → V3. Bei doppeltem Durchmesser steigt die Stromstärke auf das 4 fache, der Widerstand sinkt auf den vierten Teil, nämlich auf R = 60 Ω/4 = 15 Ω.
Um dies zu verstehen, denken wir uns z. B. vier Drähte je mit der Querschnittsfläche A_1 parallel gelegt → B2. Werden diese zu einem Draht verschmolzen, hat dieser die 4 fache Querschnittsfläche $A = 4\,A_1$, aber nur den doppelten Durchmesser. Durch die 4 fache Fläche strömen 4-mal so viele Elektronen (gleichmäßig über die Fläche verteilt). Die Stromstärke I steigt auf das 4 fache, $R = U/I$ sinkt auf den vierten Teil.

Merksatz

Der Widerstand R ist der Drahtlänge l und dem Kehrwert der Querschnittsfläche A proportional.

V2 Wir verdoppeln die Länge des Konstantandrahtes auf 2,0 m. Bei gleicher Spannung sinkt die Stromstärke jeweils auf die Hälfte → T2. Der Quotient U/I = 120 V/A ist doppelt so groß wie in → V1.

V3 Wir benutzen einen 1 m langen Draht mit doppeltem Durchmesser (0,20 mm statt 0,10 mm). Die Stromstärke steigt im Vergleich zu → V1 bei gleicher Spannung auf das 4 fache → T2.

	Länge: 2,0 m Dicke: 0,1 mm		Länge: 1,0 m Dicke: 0,2 mm	
U in V	**I in A**	**U/I in V/A**	**I in A**	**U/I in V/A**
0	0	–	0	–
1,2	0,1	120	0,08	15
2,4	0,02	120	0,16	15
3,6	0,03	120	0,24	15
4,8	0,04	120	0,32	15

T2 Quotient U/I in Abhängigkeit von Drahtlänge und Drahtdicke

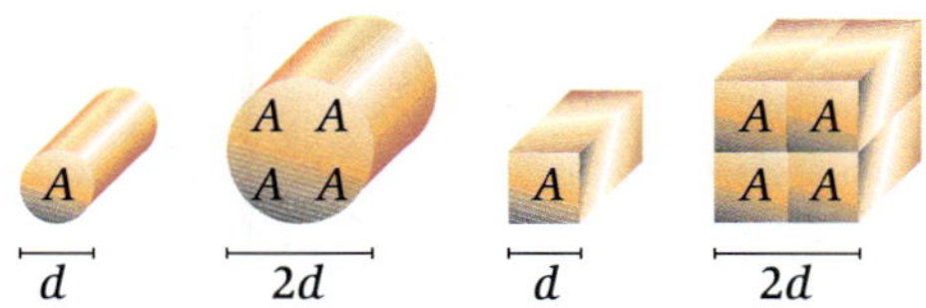

B2 Doppelter Durchmesser ergibt 4 fache Querschnittsfläche.

Beispiel

An den 1 m langen Draht aus Versuch 1 wird die Spannung U = 30 V gelegt.
a) Wie groß ist die Stromstärke I?
b) Die Stromstärke soll 1 A sein. Welche Länge muss der Draht haben?

Lösung:
a) Der Draht hat den Widerstand
$R = U/I$ = 60 Ω. Mit $I = U/R$ wird
I = 30 V/60 Ω = 30 V/(60 V/A) = 0,5 A.
b) Zunächst berechnen wir den nötigen Widerstand: $R = U/I$ = 30 V/1 A = 30 Ω.
Wegen $R \sim l$ muss man die **Drahtlänge** auf **0,5 m** verkürzen.

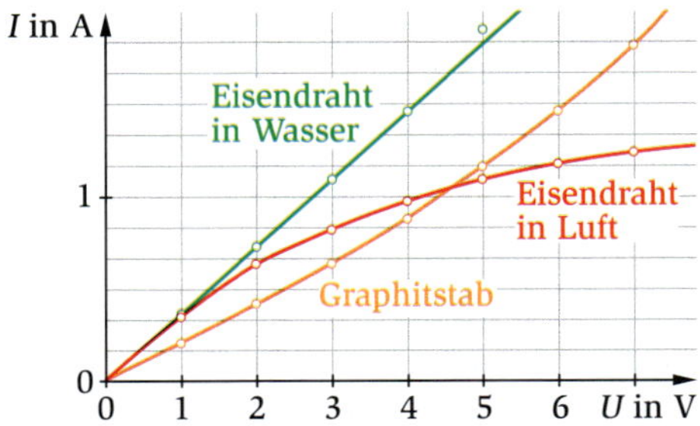

V1 Wir legen an einen Eisendraht und an einen Graphitstab (Bleistiftmine) verschiedene Spannungen und messen die jeweilige Stromstärke.

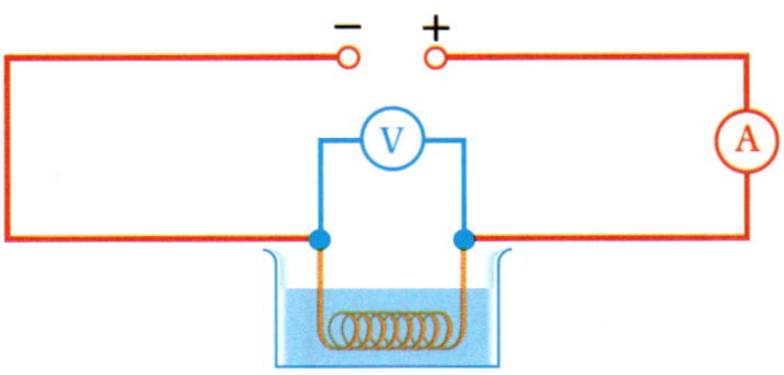

V2 Konstante Temperatur durch Wasser

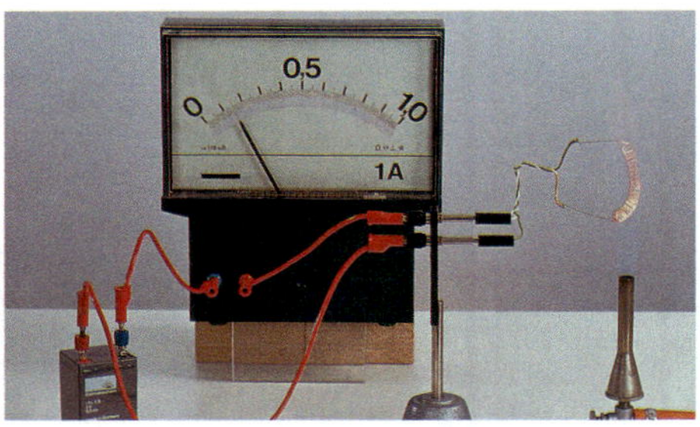

V3 Bei Erhitzen sinkt die Stromstärke, der Widerstand steigt also.

Bei **Widerstandsthermometern** nutzt man die Temperaturabhängigkeit des Widerstandes von Drähten, um die Temperatur zu messen. Sie sind klein und unempfindlich. Man kann sie z. B. am Automotor befestigen. Ein Strommesser zeigt am Armaturenbrett die Temperatur in °C.

3. Wie hängt der Widerstand von der Temperatur ab?

Wie → **V1** zeigt, sind die Kennlinien des Eisendrahtes und des Graphitstabes keine Geraden wie bei Konstantandrähten. Bei Verdoppelung der Spannung steigt die Stromstärke bei Eisen auf weniger als das Doppelte, bei Graphit auf mehr als das Doppelte an. Der Quotient aus Spannung und Stromstärke ist nicht konstant. Der Widerstand ändert sich also. Er wächst bei Eisen mit der Stromstärke und sinkt bei Graphit.

Könnte beim Eisendraht das Ansteigen des Widerstandes mit seiner Temperaturzunahme durch die steigende Stromstärke erklärt werden? → **V2** gibt darüber Auskunft: Das Wasserbad sorgt für näherungsweise konstante Temperatur. Die *U-I*-Kennlinie ist nun eine Gerade! Dies gilt auch für andere Metalle.

Merksatz

Bei **konstanter Temperatur** gilt für reine Metalle das ohmsche Gesetz, d. h. es gilt $I \sim U$.
Steigt die Temperatur, so steigt ihr Widerstand.

Den Einfluss der Temperatur auf den Widerstand von Eisendrähten zeigt → **V3** eindrucksvoll. Erhitzt man eine Strom führende Wendel aus Eisendraht mit einer Flamme, so sinkt die Stromstärke trotz konstanter Spannung erheblich.
Man kann die Vergrößerung des Widerstandes bei Erhitzen leicht verstehen: Bei höherer Temperatur schwingen die Atomrümpfe heftiger um ihre Ruhelage und behindern dadurch die Bewegung der Leitungselektronen stärker.
Dies müsste ebenso für Graphit gelten. Auch in ihm führen die Atome bei Erhöhung der Temperatur heftigere Schwingungen aus. Graphit gehört jedoch zu einer Gruppe von Stoffen, bei denen noch ein weiterer Effekt hinzukommt: Bei steigender Temperatur werden zusätzliche Leitungselektronen freigesetzt. Für den Ladungstransport stehen also mehr Ladungsträger zur Verfügung. Dies verkleinert den elektrischen Widerstand. Unsere Messung zeigt, dass der zweite Effekt sich stärker auswirkt als der erste.
Bei einigen Legierungen wie z. B. Konstantan ist der Widerstand unabhängig von der Temperatur.

Interessantes

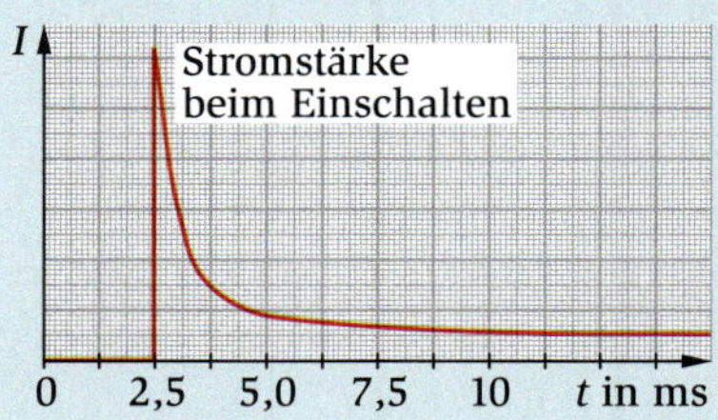

B1 Einschaltstrom Glühlampe

Warum brennen Glühlampen oft beim Einschalten durch?

Bei Zimmertemperatur beträgt der Widerstand der Glühwendel einer 60 W-Lampe 95 Ω, bei Glühtemperatur 880 Ω. Kurz nach Schließen des Stromkreises ist die Stromstärke also sehr groß. Sie sinkt erst bei Erreichen der Glühtemperatur auf den Endwert ab → **B1**. Der starke Anfangsstrom erhitzt dünne Stellen des Wolframdrahtes besonders stark. Dort werden vermehrt Atome abgedampft, der Draht wird also noch dünner, bis er schmilzt.

Methode

Gruppenpuzzle: Widerstand von Drähten

A. Aufträge
- Bearbeitet die Aufträge im Rahmen eines Gruppenpuzzles.
- Ermittelt, von welchen physikalischen Größen der Widerstand eines elektrisch leitenden Drahtes abhängt. Stellt anschließend für den Widerstand eines Drahtes eine Gleichung auf.

B. Organisatorisches zum Gruppenpuzzle
- Bildet *Stammgruppen* mit jeweils drei Personen (später Experten). Jede Stammgruppe verteilt die Aufträge an ihre Experten selbstständig.
- Bildet anschließend drei *Expertengruppen.*

C. Aufgabe der Stammgruppen
- *Hypothesenbildung:* Jede Stammgruppe überlegt, von welchen physikalischen Größen der elektrische Widerstand eines Drahtes abhängen könnte. Für jede vermutete Abhängigkeit ist eine Begründung anzugeben (Alltagserfahrung, Kenntnis aus dem bisherigen Physikunterricht, ...). Jede Stammgruppe stellt für ihre Vermutungen „Je-desto-Beziehungen" auf (z. B.: Je größer die Größe X, desto größer ist der Drahtwiderstand R).
- Findet eine Stammgruppe keine Vermutungen, so kann sie sich bei der Lehrkraft Hilfe (z. B. ein Hilfekärtchen) holen.
- Anschließend benennen die Stammgruppen zur Untersuchung jeder vermuteten Abhängigkeit (Länge, Querschnittsfläche und Material des Drahtes) einen Experten aus ihrer Mitte.

D. Untersuchung in den Expertengruppen
- Jede Expertengruppe überlegt sich für die Untersuchung der Abhängigkeit des Widerstands von Länge, Querschnitt oder Material des Drahtes einen Versuch und plant seine Durchführung.
- Versuchsaufbau, Versuchsdurchführung samt Messergebnissen (Auswertung mit einem Tabellenkalkulationsprogramm) und die Folgerungen werden schriftlich dokumentiert.
- Jede Expertengruppe stellt für den von ihr gefundenen Zusammenhang zwischen dem Widerstand R und der entsprechenden physikalischen Größe eine „Je-desto-Beziehung" auf.
- Anschließend wird dieser Zusammenhang mit einer Gleichung (Proportionalität) formuliert. Das ermittelte Ergebnis wird mit der Hypothese, die zuvor in den Stammgruppen aufgestellt wurde, vergleichen. Stimmen beide überein? Falls nein, sollen Gründe angegeben werden.
- Die Experten bereiten zum Abschluss den Bericht für ihre Stammgruppe vor.

E. Expertenbericht in den Stammgruppen
- Jeder Experte berichtet über die Ergebnisse seiner Expertengruppe.
- Anschließend fasst die Stammgruppe die Ergebnisse der einzelnen Expertengruppen zu Gleichung für den Drahtwiderstand R zusammen.

Falls du das Thema Drahtwiderstand im Gruppenpuzzle bearbeitet oder selbstständig eine Lösung gefunden hast, brauchst du den Abschnitt F eigentlich nicht zu lesen – oder nur zur Kontrolle. Hier steht, „wie es ist".

F. Spezifischer Drahtwiderstand
Die Ergebnisse $R \sim l$, $R \sim 1/A$ liefern zusammengefasst: $R \sim l/A$, d. h. der Quotient $R/(l/A)$ ist konstant. Der Wert dieser Konstante hängt vom Material des Drahtes ab. Er wird **spezifischer Widerstand** ϱ *des Drahtes genannt. Damit gilt:* $R/(l/A) = \varrho$.
Ein Draht der Länge l, der Querschnittsfläche A und des spezifischen Widerstands ϱ hat den elektrischen Widerstand R:

$$R = \varrho \cdot \frac{l}{A}$$

G. Vergleich Messergebnisse – Tabellenwerte
Berechne den spezifischen Widerstand ϱ des verwendeten Drahtmaterials aus den Messergebnissen der Expertengruppen.
Vergleiche deine Werte für den spezifischen Widerstand r mit den Tabellenwerten → T1. Falls Abweichungen auftreten, suche nach Gründen.
Warum werden in der Tabelle die spezifischen Widerstände für eine Temperatur von 18 °C angegeben? Begründe deine Antwort.

Silber	0,016	Kohle	50–100
Kupfer	0,017	Germanium	900
Gold	0,023	Silicium	1 200
Aluminium	0,028	Akkusäure	um 1 300
Eisen, Stahl	0,1–0,5	Meerwasser	200 000
Wolfram	0,05	dest. Wasser	10^{10}
Konstantan	um 0,5	Porzellan, Glas	10^{19}

T1 Spezifischer Widerstand in $\Omega \cdot mm^2/m$ bei 18 °C

Technische Widerstände

B1 Widerstände in einer elektronischen Schaltung

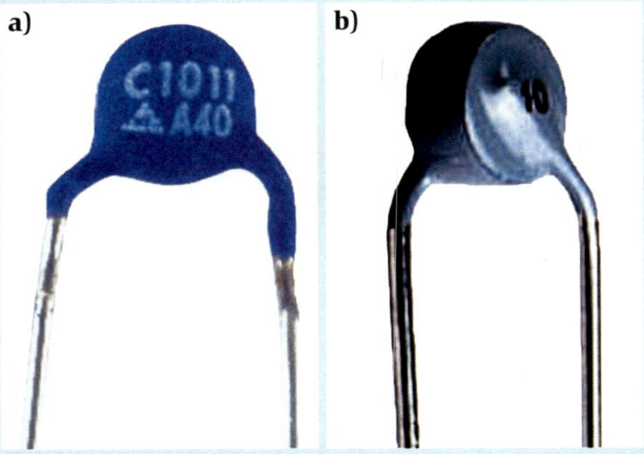

B2 **a)** Kaltleiter **b)** Heißleiter

In vielen elektrischen Geräten benutzt man Leiter mit bestimmten Widerstandswerten, um die Stromstärke oder die Spannung auf geeignete Werte einzustellen. Solche Leiter selbst bezeichnet man als *Widerstände.*

In → B1 ist ein Ausschnitt aus einer elektronischen Schaltung mit **Festwiderständen** zu sehen. Diese Schichtwiderstände bestehen aus einem Keramikröhrchen mit aufgedampfter Kohle oder Metallschicht.

Da Widerstandsangaben auf den dünnen Röhrchen kaum lesbar wären, benutzt man eine Farbmarkierung nach → T1.
Die zwei ersten Ringe bestimmen die ersten beiden Ziffern, der dritte Ring die Zahl der daran anzuhängenden Nullen (Angabe in Ohm). Der vierte Ring gibt die Genauigkeit des angegebenen Wertes an.

Ring	1. Ring	2. Ring	3. Ring	4. Ring
silber	—	—	10^{-2}	± 10 %
gold	—	—	10^{-1}	± 5 %
schwarz	0	0	10^0	—
braun	1	1	10^1	± 1 %
rot	2	2	10^2	± 2 %
orange	3	3	10^3	—
gelb	4	4	10^4	—
grün	5	5	10^5	± 0,5 %
blau	6	6	10^6	± 0,25 %
violett	7	7	10^7	± 0,1 %
grau	8	8	10^8	± 0,0,5 %
weiß	9	9	10^9	—

T1 Farbcode auf Widerständen

→ B2 zeigt **temperaturabhängige Widerstände.** Man unterscheidet zwischen *Kaltleitern und Heißleitern.*
Wie wir sahen, nimmt der Widerstand reiner Metalle mit steigender Temperatur zu. Erhitzt man z. B. einen Kupferdraht von Zimmertemperatur auf 100 °C, so steigt sein Widerstand um etwa 30 %. Metalle leiten bei Zimmertemperatur besser als bei höherer Temperatur, sind also Kaltleiter oder **PTC**-Widerstände (PTC kommt von **p**ositive **t**emperature **c**oefficient).
Bei den Heißleitern, auch **NTC**-Widerstände (**n**egative **t**emperature **c**oefficient) genannt, nimmt der Widerstand mit steigender Temperatur ab. Sie leiten im heißen Zustand besser als im kalten. Bei einigen Materialien nimmt der Widerstand auf ein Hundertstel ab, wenn man sie auf einige 100 °C erwärmt.
PTC- und NTC-Widerstände werden in der Technik dazu benutzt, um Temperaturen zu messen und manchmal auch zu regeln. Wegen der kleinen Ausmaße dieser Bauteile kann man auch an schwer zugänglichen Stellen z. B. eines Motors Temperaturen bestimmen. Dünne Kabel führen zum Ableseinstrument (Fernmessung). In Kühlschränken, Waschmaschinen und vielen anderen Geräten sorgen sie für die richtige Temperatur. Elektromotoren werden durch PTC-Widerstände vor Überhitzung geschützt.

A1 Bestimme den Widerstand der abgebildeten Widerstände. Benutze zur Lösung der Aufgabe die → T1.

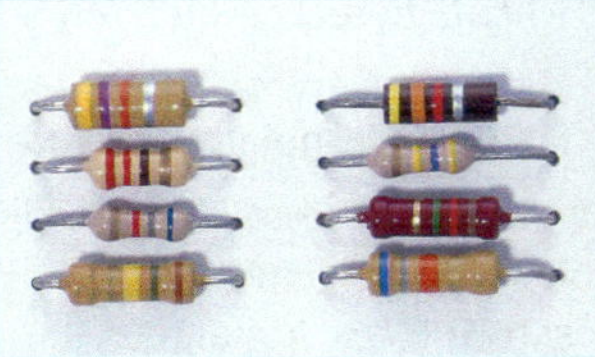

Dehnungsmessstreifen

B3 Trotz Leichtbaus der Kurbelwelle muss deren Festigkeit gewahrt sein. Ihre Verformung im Einsatz wird mithilfe eines Dehnungsmessstreifens gemessen.

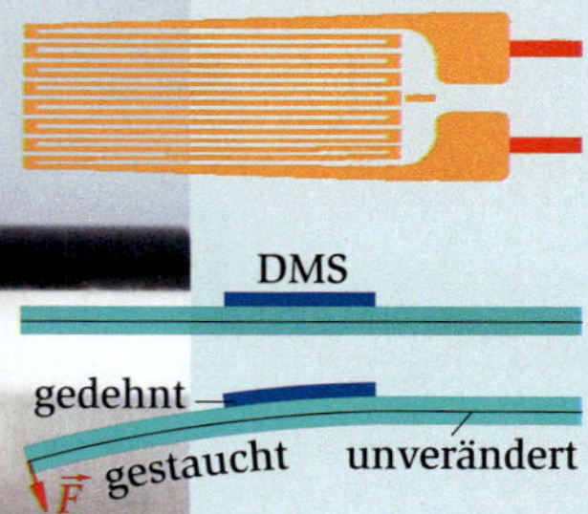

Das Plättchen wird sorgfältig auf die zu untersuchende Stelle eines Werkstückes aufgeklebt.
Es ist wichtig, dass man elektrische Signale für die Durchbiegung erhält. Man kann sie leicht einem Computer zuführen, der die Daten speichert und weiterverarbeitet. Dadurch erhält man Hinweise auf Schwachstellen der Konstruktion.
Aus den Verformungen kann man auf die Größe der einwirkenden Kräfte schließen – man hat daher mit einem Dehnungsmessstreifen ein Kraftmessgerät. Man sagt dazu auch **Kraftsensor.**
Dehnungsmessstreifen sind beispielsweise in digital anzeigende Waagen eingebaut.

Die Entwicklung von Flugzeugen, modernen Automotoren oder eleganten Brückenkonstruktionen ist ohne die Verwendung von **Dehnungsmessstreifen (DMS)** kaum möglich. Ein DMS → B3 besteht aus einem dünnen Metallband (meist Konstantan), das in vielen Windungen auf ein Plastikplättchen fest aufgebracht ist und einen bestimmten Widerstand hat (typisch sind 120 Ω). Wird das Plättchen durchgebogen, so wird der Draht gedehnt bzw. gestaucht. Dadurch werden seine Länge und sein Querschnitt verändert. Also ändert sich sein Widerstand. Die Widerstandsänderung kann sehr genau gemessen werden. Sie ist der Größe der Verformung proportional.

Mehr Sicherheit im Flugzeugbau: Bei Flugzeug-Bauteilen ist der Zusammenhang zwischen Größe und Anzahl von Verformungen und dem Beginn von Materialermüdung bekannt. Bei der Konstruktion von Flugzeugflügeln überprüfen die Ingenieurinnen und Ingenieure an kritischen Stellen (etwa die Verbindung Flügel-Rumpf) mithilfe aufgeklebter Dehnungsmessstreifen, ob es bei den unvermeidlichen Vibrationen nicht zu unerlaubt großen Dehnungen kommt – und das in *allen* Flugsituationen. Auch während des Flugbetriebs wird die Beanspruchung gefährdeter Teile mit Dehnungsmessstreifen überwacht und im Flugschreiber aufgezeichnet (zur Unfallklärung nach einem Absturz).

Mach's selbst

A2 Jemand bezeichnet die Gleichung $I = U/R$ als ohmsches Gesetz. Ist dies richtig? Formuliere das ohmsche Gesetz. Nenne die Bedingungen, unter denen es für Metalle gilt. Skizziere die *U-I-*Kennlinie.

A3 Ein Draht hat den Widerstand 100 Ω. Berechne den Widerstand, wenn man die Drahtlänge verdreifacht und gleichzeitig die Querschnittsfläche verfünffacht. Bestimme die Änderung der Stromstärke (U = konstant).

A4 In einem Versuch werden an verschiedenen Drähten zwei der drei Größen Spannung, Stromstärke, Widerstand gemessen.

U in V	20	12	?
I in A	4	?	0,08
R in Ω	?	200	1500

Übertrage die Tabelle in dein Heft und fülle die Lücken aus.

A5 Bei einer 100 W-Glühlampe ist bei 2 V die Stromstärke 38 mA; bei 230 V ist sie 435 mA. Berechne jeweils den Widerstand und erkläre, warum sich die Werte unterscheiden.

A6 Messgeräte zeigen den zu messenden Wert nur fehlerhaft an. Die Hersteller geben daher den größtmöglichen Fehler in Prozent des Skalenendwertes an. Bei Schulgeräten ist dieser meist 2 %.
a) Eine Stromstärke von 0,80 A ist zu messen. Jan wählt einen Skalenendwert von 10 A, Julia 1 A. Bestimme jeweils den absoluten und den relativen Fehler.
b) Erläutere, wie man den Messbereich bei Stromstärkemessungen wählen muss, damit der relative Fehler möglichst klein wird.

Der verzweigte Stromkreis

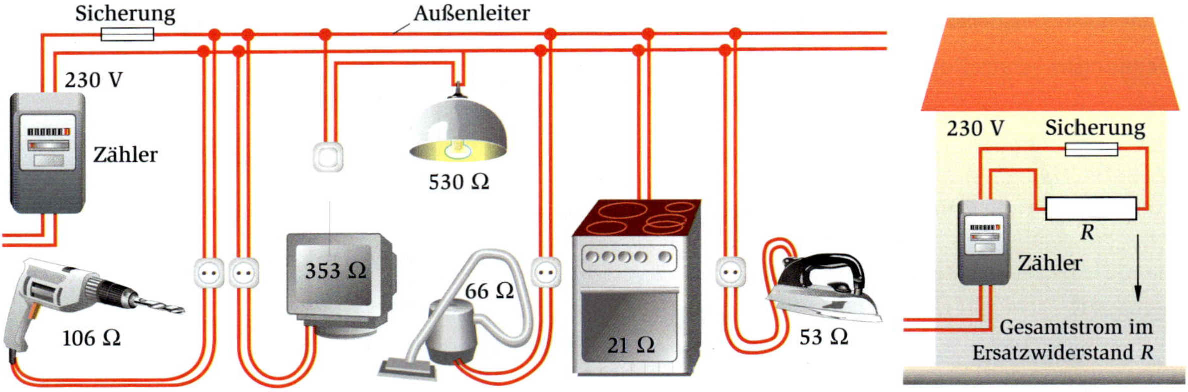

B1 Die Geräte im Haushalt liegen an der gleichen Spannung von 230 V. Sie sind parallel geschaltet.

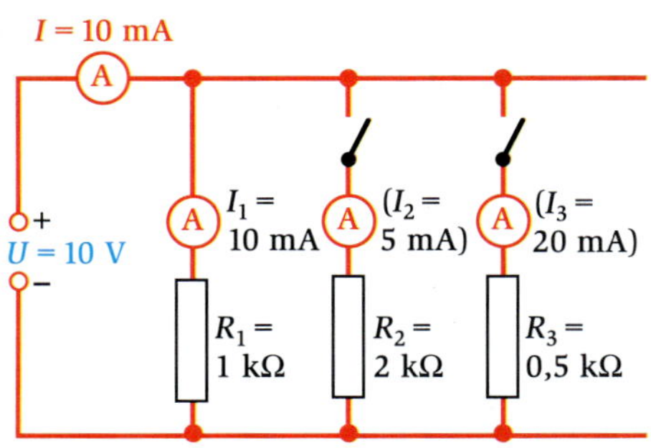

B2 Parallelschaltung von R_1, R_2, und R_3: Der Versuchsaufbau entspricht der Schaltung der Elektrogeräte im Haushalt → **B1**. Wir wollen untersuchen, wie sich das Zuschalten weiterer Geräte auf die Gesamtstromstärke auswirkt. Statt 230 V wählen wir die ungefährliche Spannung 10 V.

a) Zunächst schließen wir den Stromkreis mit dem Widerstand R_1 = 1,0 kΩ. Die Stromstärke beträgt

$I_1 = U/R_1$ = 10 V/1000 Ω = 10 mA.

b) Dann schalten wir den doppelt so großen Widerstand R_2 = 2,0 kΩ *parallel*. In diesem Zweig messen wir nur die halbe Stromstärke I_2 = 5 mA.

Im unverzweigten Teil lesen wir als **Gesamtstrom I_{ges}** dieser **Parallelschaltung** die Summe

$I_{ges} = I_1 + I_2$ = 10 mA + 5 mA = 15 mA ab.

c) Nun schalten wir noch einen dritten Widerstand R_3 = 0,5 kΩ parallel. Der Zweigstrom I3 = 20 mA erhöht die Gesamtstromstärke I_{ges} von 15 mA auf 35 mA.

d) Die Teilstromstärken lassen sich auch mithilfe der Gleichung $I = U/R$ berechnen, z. B.:

$I_2 = U/R_2$ = 10 V/2 kΩ = 5 mA.

1. Die Geräte im Haushalt sind parallel geschaltet

Im Haushalt können alle Geräte unabhängig voneinander ein- und ausgeschaltet werden. Sie sind nach → **B1** direkt an die beiden oberen Netzleitungen angeschlossen, zwischen denen die Spannung U = 230 V besteht. Diese Spannung liegt also an jedem Gerät.

Wie ändert sich aber die Stromstärke, wenn mehrere Geräte gleichzeitig betrieben werden?

Wir können das Ergebnis von → **V1** auf den Haushalt übertragen: Durch Zuschalten eines zweiten oder dritten Geräts erhöht sich jeweils die Gesamtstromstärke. Da Ladung weder erzeugt noch vernichtet wird, muss der Gesamtstrom in der Zuleitung die Summe der Teilströme sein.

Merksatz

Bei der **Parallelschaltung** liegt an allen Zweigwiderständen die gleiche Spannung. Die **Gesamtstromstärke I_{ges}** im unverzweigten Teil ist gleich die Summe der Teilstromstärken I_1, I_2, I_3, … .

Es gilt die Knotenregel:

$$\boldsymbol{I_{ges} = I_1 + I_2 + I_3 + \dots}$$

2. Welcher Zweigstrom ist am stärksten?

Nach $I = U/R$ erzeugt die gemeinsame Spannung U im doppelten Widerstand nur die halbe Stromstärke → **V1**. Die Zweigströme sind gegeben durch $I_1 = U/R_1$ und $I_2 = U/R_2$. Dividiert man I_1 durch I_2, so entfällt U. Es folgt $\boldsymbol{I_1/I_2 = R_2/R_1}$.

Merksatz

Bei einer **Stromverzweigung** verhalten sich die Stromstärken in den Zweigen umgekehrt wie die Zweigwiderstände.

3. Mehr Geräte – weniger Widerstand

Wir wissen: Der Gesamtstrom steigt mit jedem zugeschalteten Parallelwiderstand → V1. Da die Spannung konstant ist, muss der Gesamtwiderstand kleiner geworden sein. In Schaltungen ist es oft wichtig, die Gesamtstromstärke zu berechnen. Um dies einfach ausführen zu können, denken wir uns die parallel geschalteten Widerstände durch einen Widerstand ersetzt – den **Ersatzwiderstand *R***. Spannung und Stromstärke sollen sich dabei nicht ändern.

Für → V1 errechnet man:
$R = U/I_{ges}$ = 10 V/35 mA = 0,29 kΩ.
Der Ersatzwiderstand ist kleiner als der kleinste Zweigwiderstand (in unserem Versuch 0,5 kΩ).
Aus
$I_{ges} = I_1 + I_2 + I_3$ ergibt sich $I_{ges} = U/R = U/R_1 + U/R_2 + U/R_3$.
Nach Division durch U erhält man den Kehrwert $1/R$ des Ersatzwiderstandes R.

Merksatz

Der Kehrwert $1/R$ des **Ersatzwiderstandes *R einer* Parallelschaltung** ist gleich der Summe der Kehrwerte $1/R_i$ der Zweigwiderstände R_i (i = 1, 2, ...):

$$\frac{1}{R} = \frac{1}{R_1} + \frac{1}{R_2} + \ldots$$

Beispiel

In einem Saal ist die Leitung für die Deckenlampen mit 10 A abgesichert. Wie viele parallel geschaltete Lampen mit jeweils 529 Ω dürfen gleichzeitig betrieben werden (U = 230 V)?

Lösung über Teilstromstärken:
Stromstärke in einer Lampe:
$I_1 = U/R_1$ = 230 V/529 Ω = 0,435 A.
10 A/0,435 A ≈ 23.
Es dürfen **bis zu 23 Lampen** betrieben werden.

Lösung über Ersatzwiderstand:
Damit bei U = 230 V die Stromstärke I = 10 A wird, muss der Ersatzwiderstand
$R = U/I$ = 230 V/10 A = 23 Ω sein.
Aus $R_1 = R_2 = \ldots$ folgt
$1/R = 1/R_1 + 1/R_2 + \ldots = n \cdot 1/R_1$.
$\boldsymbol{n = R_1/R}$ = 529 Ω/23 Ω **= 23.**
Da der Einschaltstrom von Glühlampen größer ist als der Betriebsstrom (nach Erreichen der Betriebstemperatur der Glühwendel), wäre gleichzeitiges Einschalten kritisch. Es sei denn, man verwendet eine *träge* Sicherung.

Mach's selbst

A1 **a)** Berechne die Ströme in den einzelnen Geräten nach → B1. Bestimme das Verhältnis der Stromstärken von Lampe und Herd zueinander.
Berechne die Stärke des Gesamtstroms.
b) Berechne den Ersatzwiderstand R der gesamten Anlage.
c) Wähle eine geeignete Sicherung, damit alle Geräte gleichzeitig in Betrieb sein können (übliche Werte: 16 A, 20 A, 40 A).

A2 Bei einer Fahrradbeleuchtung ist der Widerstand der Lampe im Scheinwerfer 30 Ω, im Rücklicht 60 Ω.
a) Zeichne ein Schaltbild der Anlage.
b) Berechne die jeweiligen Stromstärken und die Gesamtstromstärke (U = 6 V).

A3 Die Spule eines Drehspulinstruments hat den Widerstand

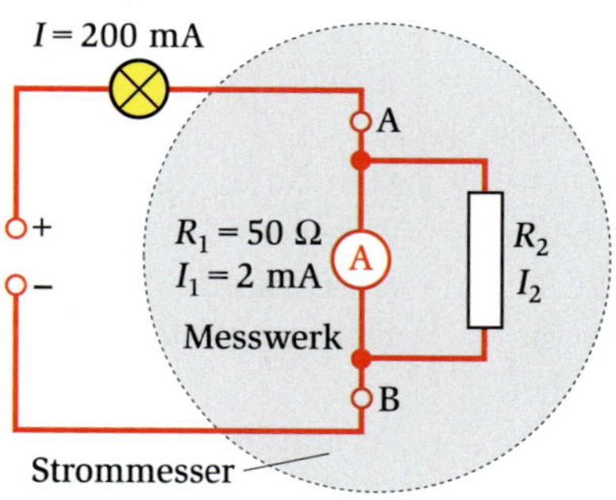

B2 Messbereich von 2 mA auf 200 mA erweitert.

R_1 = 50 Ω und zeigt bei I_1 = 2 mA Vollausschlag. Will man Ströme bis 200 mA messen, muss man den überschüssigen Strom I_2 am Messwerk durch einen Parallelwiderstand R_2 vorbeileiten (→ B2).
a) Berechne I_2 und R_2.
b) Berechne den Ersatzwiderstand R_{ges} des Messgeräts.
c) Der Messbereich steigt auf das 100-fache. Berechne R_{ges}.

A4 Ein 1 km langes Seil einer Hochspannungsleitung hat einen Stahlkern mit R_1 = 2 Ω Widerstand. Der Stahlkern sorgt für mechanische Festigkeit. Ihn umgibt ein Aluminiummantel mit R_2 = 0,1 Ω.
a) Berechne den Ersatzwiderstand R des Seilstückes.
b) Der Spannungsabfall an dem Seilstück sei U = 100 V.
Berechne die Stromstärken im Kern und im Mantel, sowie die Gesamtstromstärke.

A5 Vögel halten sich mit beiden Beinen auf dem Seil einer Hochspannungsleitung fest.
Überprüfe, ob dies für sie ungefährlich ist (siehe Werte von Aufgabe 4; Beinabstand 2 cm).

A6 Zwei Widerstände mit R_1 = 50 Ω und R_2 = 0,5 Ω liegen parallel an der Spannung 0,1 V. Berechne I_1, I_2 und I_{ges}.

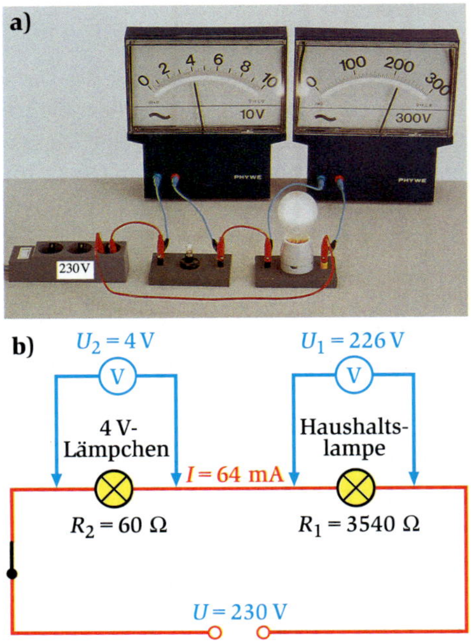

B1 **a)** Ein überraschender Versuch
b) Schaltskizze

V1 Wir legen an den Widerstand $R_1 = 10\ \Omega$ die Spannung $U = 10$ V und messen die Stromstärke $I = 1$ A. Nun schalten wir zu R_1 noch zwei weitere Widerstände $R_2 = 20\ \Omega$ und $R_3 = 70\ \Omega$ in Reihe **➜ B2**. Die Stromstärke sinkt auf $I = 0{,}1$ A.
Ähnlich wie bei in Reihe geschalteten Lämpchen ist auch hier der Widerstand größer geworden.
Wir denken uns nun die drei Widerstände durch *einen* großen Widerstand ersetzt. Er soll den Strom genauso behindern wie die drei Einzelwiderstände zusammen – bei der gleichen Spannung $U = 10$ V soll sich wieder die Stromstärke $I = 0{,}1$ A einstellen. Nach unseren Messwerten hat dieser *Ersatzwiderstand* den Wert
$R = U/I = 10\ \text{V}/0{,}1\ \text{A} = 100\ \Omega$.
Dies ist gleich der Summe
$R = 10\ \Omega + 20\ \Omega + 70\ \Omega$
der *Teilwiderstände* R_i.

V2 Wir messen die Stromstärke in der Schaltung nach **➜ B2** auch an den Stellen A, B und C. Die Messung ergibt, dass die Stromstärke bei Reihenschaltung von Widerständen überall gleich ist. Dies war zu erwarten, da keine Ladung abgezweigt wird.

1. Mehr Geräte – mehr Widerstand

Kann man ein 4 V-Lämpchen an einer Steckdose mit 230 V betreiben? **➜ B1a** zeigt, dass es möglich ist, aber nur, wenn man eine Haushaltslampe in denselben Stromkreis schaltet (Lehrerversuch!). Man sagt, die Lampen sind in Reihe (hintereinander) geschaltet. In beiden Glühdrähten ist die Stromstärke gleich groß – kein Strom wird seitlich abgezweigt.

➜ V zeigt, dass in Reihe geschaltete Widerstände einen großen Widerstand bilden. Den Wert dieses **Ersatzwiderstandes** erhält man, indem man die Werte der Einzelwiderstände addiert.

Merksatz
Bei **Reihenschaltung** ist die Stromstärke in allen Teilwiderständen gleich. Der **Ersatzwiderstand *R*** ist gleich der Summe der Einzelwiderstände:
$$\boldsymbol{R = R_1 + R_2 + R_3 + \ldots}\ .$$

Der Gesamtwiderstand ist bei Reihenschaltung *größer* als jeder Teilwiderstand.
Weshalb also brennt das kleine Lämpchen in **➜ B1** nicht durch? Der Widerstand der kleinen Lampe (4 V; 65 mA) ist $R_2 = U/I = 4\ \text{V}/0{,}065\ \text{A} \approx 60\ \Omega$, der der großen Lampe (230 V; 65 mA) ist $R_1 = 230\ \text{V}/0{,}065\ \text{A} \approx 3540\ \Omega$ **➜ B2**.
Für den Gesamtwiderstand gilt:
$R = R_1 + R_2 = 3540\ \Omega + 60\ \Omega = 3600\ \Omega$.
Also ist die Stromstärke $I = U/R = 230\ \text{V}/3600\ \Omega = 64$ mA.
Dies ist etwa die für das Lämpchen vorgeschriebene Stromstärke.

Man kann die Haushaltslampe ($R_1 = 3540\ \Omega$) durch einen Widerstand mit $R_v = R_1$ ersetzen. Man nennt R_v einen **Vorwiderstand.** Vorwiderstände begrenzen die Stromstärke auf gewünschte Werte.

Vertauscht man in **➜ B1a** die beiden Lampen, so ändert sich am Leuchten der beiden nichts. Es ist also beliebig, an welcher Stelle eines Stromkreises man den *Vor*widerstand hinzuschaltet.

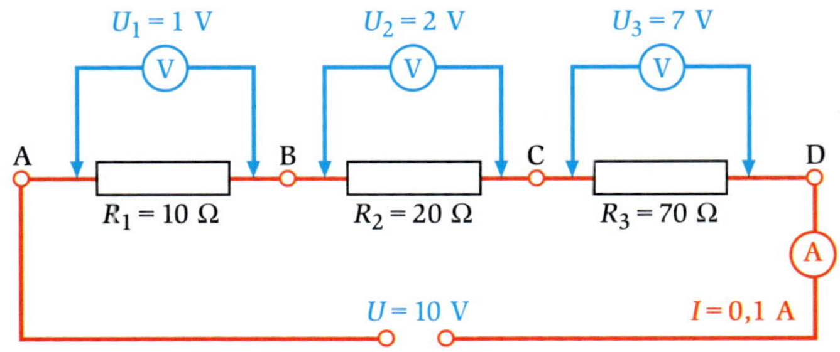

B2 Widerstände in Reihe haben gleiche Stromstärke, aber unterschiedliche Teilspannungen.

2. Spannungen teilen sich auf

Das 4 V-Lämpchen leuchtet in → B1a normal hell. Liegen zwischen seinen Anschlüssen 4 V? Wo bleibt dann der Rest der 230 V? Um dies zu klären, schalten wir zwischen die Anschlussbuchsen der kleinen und der großen Lampe je einen Spannungsmesser → B1b. Wir messen $U_1 = 226$ V; $U_2 = 4$ V. Die Spannung der Netzsteckdose $U = 230$ V teilt sich also in die zwei Teilspannungen U_1 und U_2 auf.

Untersuchen wir zunächst, was bei Reihenschaltung gleicher Widerstände geschieht. → V3 zeigt, dass dann an jedem Teilwiderstand die gleiche Teilspannung abfällt. Ihre Summe ist gleich der von außen angelegten Spannung.
Für verschiedene Widerstände zeigt → V4: Die Spannung der Quelle verteilt sich über die in Reihe liegenden Teilwiderstände – und zwar so, dass sich bei jedem Widerstand die gleiche Stromstärke ergibt. Am doppelten Widerstand stellt sich die doppelte, am 7fachen Widerstand die 7fache Spannung ein. Es gilt $I = 2\ U/2\ R = 7\ U/7\ R = U/R$ = konstant.
Aus $I = U_1/R_1 = U_2/R_2$ folgt demnach: $\boldsymbol{U_1/U_2 = R_1/R_2}$.

Merksatz

Zwischen den Enden der **Teilwiderstände R_i** liegen die **Teilspannungen $U_i = I \cdot R_i$**. Ihre Summe ist gleich der Gesamtspannung U:

$$U = U_1 + U_2 + U_3 + \dots$$
$$= I \cdot R_1 + I \cdot R_2 + I \cdot R_3 + \dots$$
$$= I \cdot (R_1 + R_2 + R_3 + \dots) = I \cdot R.$$

Die Teilspannungen U_i verhalten sich wie die Teilwiderstände R_i:

$$\frac{U_1}{U_2} = \frac{R_1}{R_2};\ \frac{U_1}{U_3} = \frac{R_1}{R_3} \text{ usw.}$$

In einem Stromkreis ändert sich das Potenzial an einem geschlossenen Schalter praktisch nicht → V5. Öffnet man ihn, so liegt an ihm die ganze, von außen angelegte Spannung. **Achtung:** Ein herausgedrehtes Lämpchen einer Lichterkette wirkt wie ein geöffneter Schalter; zwischen den Kontakten liegen 230 V!

V3 An ein 6 V-Lämpchen wird die Spannung $U = 6$ V gelegt. Es leuchtet normal hell. Schaltet man ein zweites 6 V-Lämpchen in Reihe, leuchten beide nur schwach. Um volle Helligkeit zu erreichen, muss man die Spannung auf 12 V hoch regeln. An jedem Lämpchen liegt nun die Teilspannung 6 V.

V4 In Versuch 1 ist im Widerstand R_1 die Stromstärke $I = 0{,}1$ A. Für 0,1 A braucht man aber an 10 Ω nicht die Spannung $U = 10$ V, sondern nur die *Teilspannung* $U_1 = I \cdot R_1 = 1$ V. Bei $R_2 = 20\ \Omega$ benötigt man für ebenfalls 0,1 A die doppelte Spannung, nämlich 20 V; an 70 Ω sind 0,1 A · 70 Ω = 7 V nötig.
Wir überprüfen unsere Überlegungen:
Zu jedem Widerstand in Versuch 1 schalten wir einen Spannungsmesser (blau) und finden, dass sich das Potenzial um 1 V, 2 V und 7 V ändert. Am größten Widerstand liegt die größte Teilspannung.
Unsere Messung ergibt: Die Summe der Teilspannungen ist gleich der Potenzialdifferenz der Quellenbuchsen
$U = 1\ \text{V} + 2\ \text{V} + 7\ \text{V} = 10\ \text{V}$.

V5 **a)** In der Schaltskizze → B1b ist ein Schalter (S) eingebaut. Ist er geschlossen, so hat er den Widerstand $R_S \approx 0\ \Omega$. Dann ändert sich bei ihm das Potenzial nicht: $U_S = R_S \cdot I \approx 0$ V. Eine Messung bestätigt dies. **b)** Durch Öffnen des Schalters sinkt die Stromstärke I auf 0 A. Wegen $U = R \cdot I$ ändert sich das Potenzial an den Lampen nicht. Der Spannungsmesser zeigt, dass die ganze, von außen angelegte Spannung $U = 230$ V zwischen den Kontakten des Schalters liegt.

Mach's selbst

A1 **a)** Es gibt Lichterketten mit 10 oder 16 in Reihe geschalteten „Kerzen" für 230 V. Berechne jeweils die Spannung an einer Kerze.
b) Die Nennstromstärke in der 10er-Kette beträgt 130 mA, in der 16er-Kette 209 mA. Berechne für beide den Widerstand einer Kerze (und den Gesamtwiderstand).

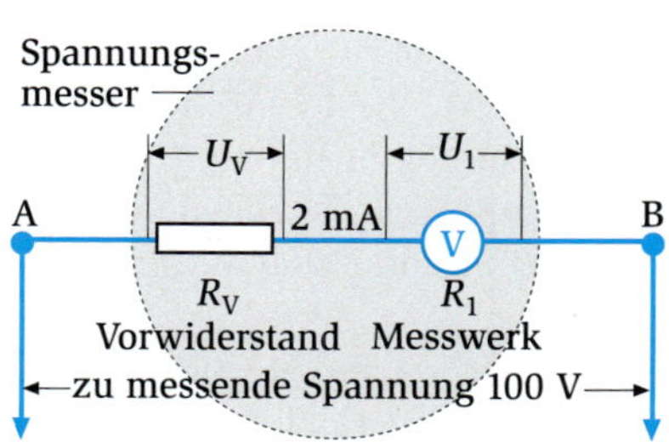

B3 Ein Drehspulgerät zur Spannungsmessung → A2

A2 Das Messwerk eines Drehspulgeräts mit $R_1 = 50\ \Omega$ zeigt bei $I = 2$ mA Vollausschlag.
a) Berechne die Spannung, die bei $I = 2$ mA am Messwerk liegt.
b) Das Messgerät soll Spannungen bis 100 V messen können. Auch bei $U = 100$ V muss die Stromstärke $I = 2$ mA sein. Berechne R_{ges} und R_V.

B1 Drehwiderstand

V1 Nach → **B2** wird ein dünner Konstantandraht zwischen die Klemmen A und B gespannt. Die Spannung $U = 1{,}5$ V zwischen A und B verursacht einen Strom der Stärke I. Den linken Anschluss eines Spannungsmessers verbinden wir mit A, mit dem anderen gleiten wir längs des Drahtes von B nach A. So messen wir die Teilspannung U_1 zwischen dem Schleifer S und dem linken Anschluss A. Wie das Schaubild zeigt, fällt sie gleichmäßig von 1,5 V auf 0 V. Steht der Schleifer in der Mitte des Drahtes, bekommen wir die halbe Spannung 0,75 V.
Durch Verschieben des Schleifers verändert man den Widerstand R des ganzen Drahtes und damit die Stromstärke I nicht. Man verändert die Teilwiderstände R_1 und R_2 und damit die Teilspannungen $U_1 = R_1 \cdot I$ und $U_2 = R_2 \cdot I$.
Da R_1 und R_2 in Reihe geschaltet sind, gilt $R = R_1 + R_2$ und $U = U_1 + U_2$.

1. Wie unterteilt man Spannungen?

In Experimenten und in technischen Geräten benötigt man häufig veränderbare Spannungen, hat aber nur eine Spannungsquelle mit fester Potenzialdifferenz U_{Quelle} zur Verfügung. Man hat z. B. eine Batterie mit 4,5 V, benötigt aber die Spannung 1,5 V.
Mit einer Schaltung nach → **B2** lässt sich jede beliebige Teilspannung zwischen 0 V und U_{Quelle} einstellen. Man nennt eine solche Schaltung **Spannungsteiler-** oder **Potenziometerschaltung.**
Die meisten Stellglieder hinter Drehknöpfen von Elektronikgeräten sind Potenziometer. An Radios lässt sich mit ihnen die Lautstärke regeln, bei Netzgeräten die Spannung. Statt eines gespannten Drahtes nimmt man meist Drehwiderstände → **B1**. Bei ihnen ist der Konstantandraht auf einen ringförmigen Isolator gewickelt, der Schleifer ist mit einem Drehknopf verbunden.

Merksatz
Ein Strom führender Leiter unterteilt die an seinen Enden angelegte Spannung stetig.

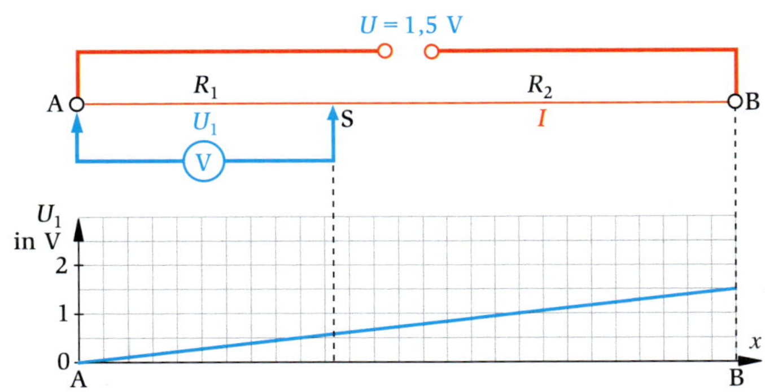

B2 Ein Draht als Spannungsteiler

Mach's selbst

A1 Ermittle den Spannungsverlauf in → **B2**, wenn man den Spannungsmesser zwischen S und B legt. Bestimme die Stellung des Schiebers S, wenn er 1/4 bzw. 3/4 der angelegten Spannung misst.

A2 Auf einer Projektorlampe steht 25 V/10 A. Sie soll an 230 V angeschlossen werden. Berechne den Vorwiderstand, damit die Lampe nicht durchbrennt.

A3 Ein Taschenrechner hat die Daten 3 V/0,1 mA. Du möchtest ihn aber mit einem 9 V-Netzgerät betreiben. Geht das mit einfachen Hilfsmitteln? Erläutere dein Vorgehen.

A4 Drei Widerstände $R_1 = 20\ \Omega$, $R_2 = 30\ \Omega$, $R_3 = 50\ \Omega$ liegen in Reihe an der Spannung $U = 50$ V. Berechne den Gesamtwiderstand, die Stromstärke und die Teilspannungen.

A5 Man schaltet 4 Lämpchen in Reihe an eine Quelle mit 17 V; die Stromstärke ist 0,2 A. An dreien misst man jeweils die Teilspannung 4 V. Bestimme die Widerstände der 4 Lampen.

A6 Die Widerstände $R_1 = 20\ \Omega$ und $R_2 = 100\ \Omega$ sind in Reihe geschaltet. Die Stromstärke ist $I = 0{,}2$ A. **a)** Berechne die angelegte Spannung. **b)** Wie groß sind die Teilspannungen U_1 und U_2?

A7 Die Widerstände $R_1 = 8\ \Omega$ und $R_2 = 12\ \Omega$ sind parallel geschaltet. Die Gesamtstromstärke ist 2,6 A. Berechne die angelegte Spannung und die Stromstärken in den Zweigleitungen.

Gefahrenhinweis

Gefahren des elektrischen Stroms

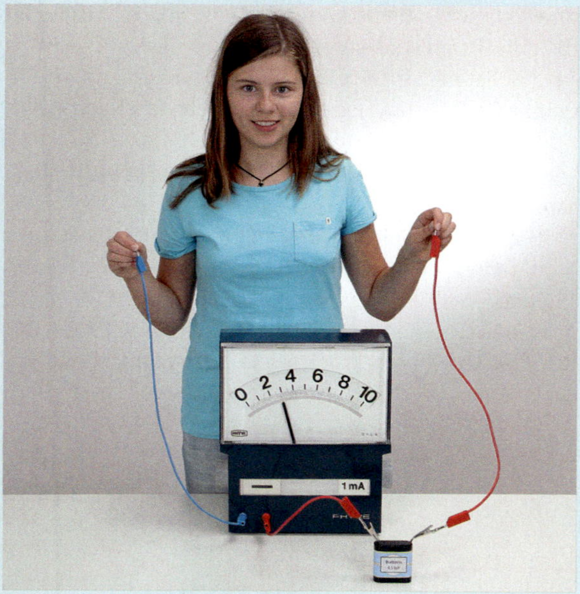

B1 Auch der menschliche Körper leitet den Strom

Wie du an → **B1** erkennst, leitet der menschliche Körper den elektrischen Strom. Dies ist nicht erstaunlich. Früher hatten wir gesehen, dass Wasser zum Leiter wird, wenn in ihm Salze gelöst sind. Unser Körper besteht zu 80 % aus Wasser, in dem auch Salze enthalten sind (denke an salzige Tränen oder Schweiß).

Elektrischer Strom kann sehr gefährlich sein.
Die Größe der Gefahr wird durch die Stromstärke bestimmt:
I < 0,5 mA: Solche Ströme nehmen wir nicht wahr.
0,5 mA < I < 20 mA: Bei wachsender Stromstärke spüren wir ein Kribbeln, schließlich ein Verkrampfen der Muskeln.
20 mA < I < 70 mA: Ab etwa 20 mA ist die Verkrampfung so stark, dass man den Strom führenden Leiter nicht mehr loslassen kann.
I > 70 mA: Führt der Stromweg über das Herz, so kann es ab 70 mA zum Herzstillstand kommen.
Wie bei jedem Leiter hängt die Stromstärke durch unseren Körper vom Widerstand und der anliegenden Spannung ab. Der Widerstand setzt sich aus dem Körperwiderstand (etwa 1,2 kΩ) und dem Übergangswiderstand zusammen. Dabei spielt die Größe der Berührungsfläche von Haut und Leiter ebenso eine Rolle wie der Feuchtigkeitsgrad der Haut.

Man hat herausgefunden, dass die Stromstärke durch den menschlichen Körper ungefährlich bleibt, wenn die Spannung **24 V** nicht überschreitet.
Die 230 V des Hausnetzes können *tödliche Folgen* haben!

Du darfst nie mit Strom direkt aus der Steckdose arbeiten! Taschenlampenbatterien und Netzgeräte bis 24 V kannst du benutzen.

So verhältst du dich richtig:
- **Blanke Leitungen des Hausnetzes nicht berühren!**
- **Benutze kein Gerät mit Isolationsschäden!**
- **Elektrogeräte nie mit nassen Händen oder barfuß auf feuchtem Boden stehend berühren!**
- **In der Nähe der Badewanne haben Elektrogeräte nichts zu suchen!**

B2 Was wird hier falsch gemacht?

Vertiefung

Eine nützliche Analogie: Wasserstromkreis – elektrischer Stromkreis

Im Wasserstromkreis erzeugt eine Pumpe eine Druckdifferenz zwischen Ansaugstutzen und Ausgang. Sie ist der *Antrieb* für das Strömen des Wassers. Je größer die Druckdifferenz, desto größer die Stromstärke.

Im elektrischen Stromkreis sorgt eine Spannungsquelle für eine Potenzialdifferenz zwischen ihren Anschlüssen. Sie ist der *Antrieb* für das Strömen der Ladung. Je größer die Spannung, desto größer die Stromstärke.

Jede Leitung setzt einem Wasser- oder Luftstrom einen Widerstand entgegen.
- Je länger die Leitung, desto größer der Widerstand.
- Je kleiner der Querschnitt, desto größer der Widerstand.

Leitungsdrähte setzen dem Ladungsstrom einen Widerstand entgegen.
- Je länger die Leitung, desto größer der Widerstand.
- Je kleiner der Querschnitt, desto größer der Widerstand.

Bei gleichem Querschnitt nimmt der Druck entlang des Rohres gleichmäßig ab.

Bei gleichem Querschnitt nimmt das Potenzial entlang des Drahtes gleichmäßig ab.

A. Parallelschaltung

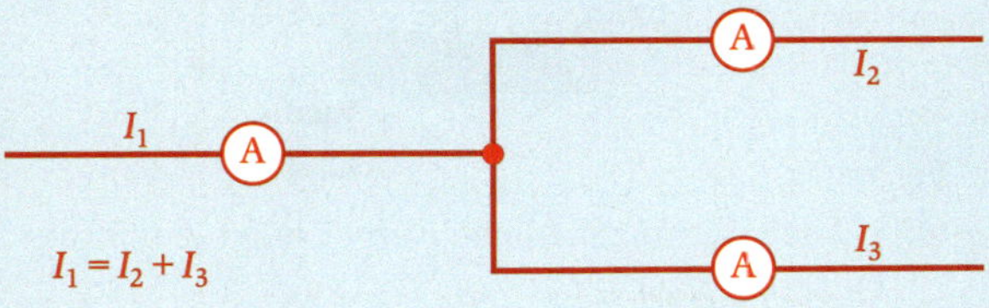

Verzweigt sich ein Wasserstrom, so fließt (je Sekunde) genauso viel Wasser zum Knoten hin wie in den Teilströmen zusammen von ihm weg.

Verzweigt sich ein elektrischer Strom, so fließt (je Sekunde) genauso viel Ladung zum Knoten hin wie in den Teilströmen zusammen von ihm weg.

Die **Knotenregel** gilt, weil Wasserteilchen an der Verzweigung weder erzeugt noch vernichtet werden.

Die **Knotenregel** gilt, weil Ladungen weder erzeugt noch vernichtet werden.

B. Reihenschaltung

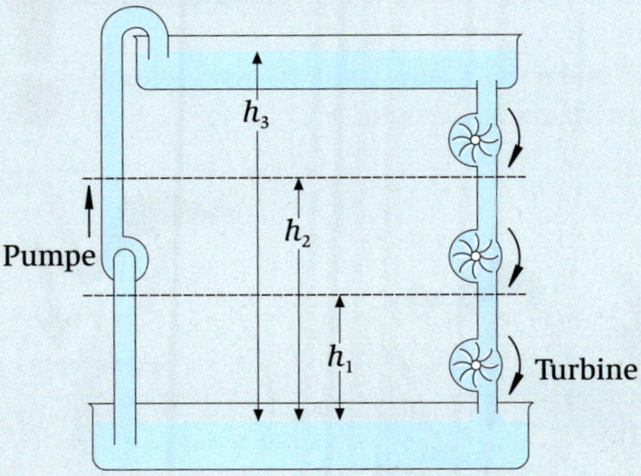

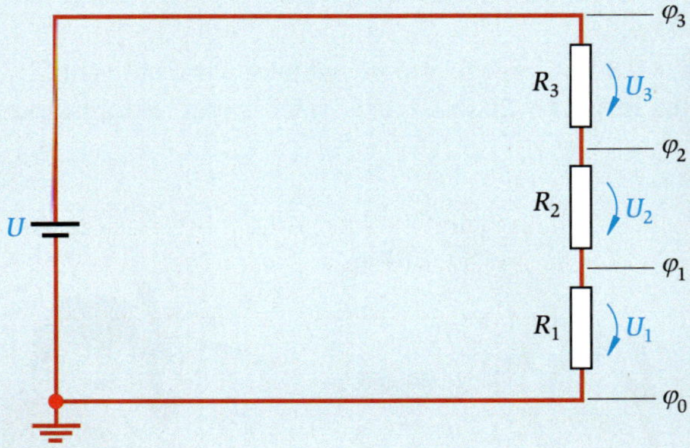

Eine Pumpe hebt eine Wasserportion auf die Höhe h_3 und gibt ihr Energie und damit die Fähigkeit (das Potenzial) zum Antrieb einer Turbine. An den Turbinen gibt sie Energie ab, ihr Potenzial wird kleiner.
Es gilt:
$$W_{ges} = W_{3-2} + W_{2-1} + W_{1-0}.$$

Eine Batterie hebt eine Ladungsportion auf das Potenzial φ_3. Die Ladung durchfließt die Widerstände und gibt dort Energie ab. Ihr Potenzial ändert sich entsprechend.
Es gilt:
$$U = U_1 + U_2 + U_3$$

Vertiefung

Aufgaben zum Potenzial

A1 **a)** Sieh dir die unten stehende Schaltung an. Bestimme die Potenziale der Punkte A, B, C. Leuchtet die Lampe? Begründe deine Antwort.
b) Vervollständige die Schaltung so, dass die Lampe leuchtet. Fertige eine Schaltskizze an. Welche Potenziale haben die Punkte A, B, C nun?

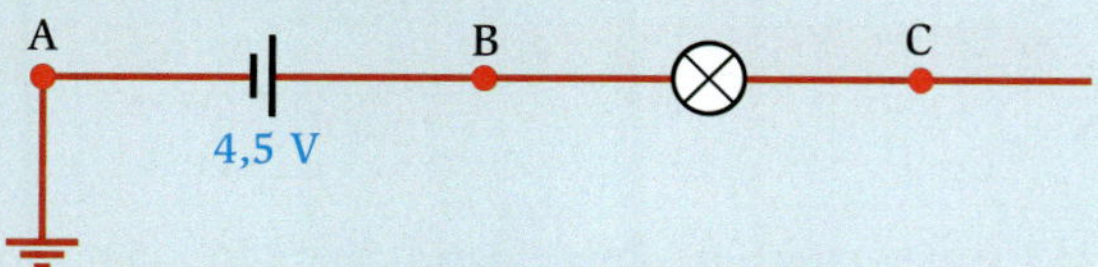

A2 **a)** Zwei 4,5 V-Batterien sind wie in der Schaltskizze a) geschaltet. Nenne die Anzeige der drei Voltmeter. Bestimme das Potenzial der Punkte A, B und C.
b) Beantworte die gleichen Fragen für Schaltskizze b).

a)

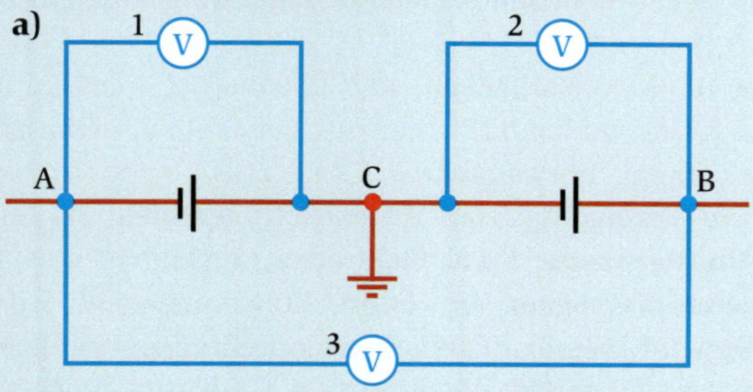

b)

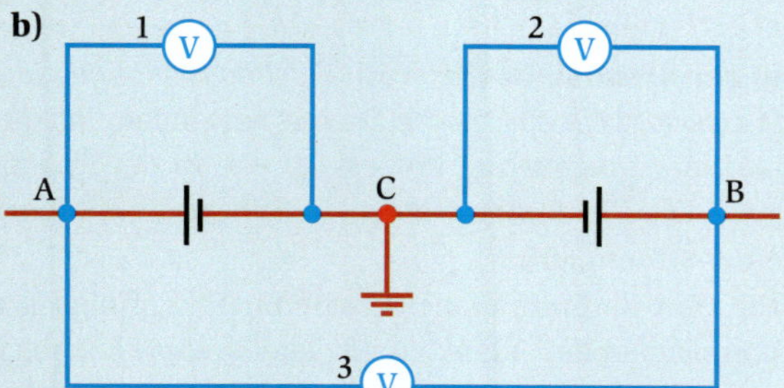

A3 Die drei Lampen in der unten stehenden Schaltskizze seien gleich gebaut.

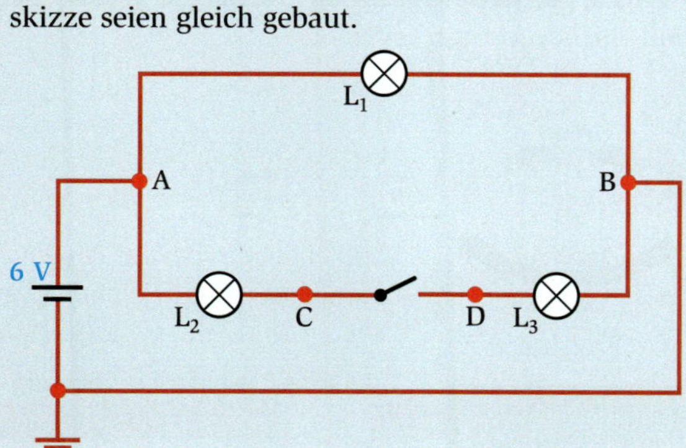

Gib die Potenziale der Punkte A, B, C und D an
a) bei geöffnetem Schalter,
b) bei geschlossenem Schalter. Leuchten alle Lampen gleich hell? Begründe deine Aussage.

A4 In dem unten abgebildeten Stromkreis sind fünf gleichartige Lampen eingebaut. L_5 ist zunächst nicht in die Fassung geschraubt. Die Batterie habe stets die Spannung 4,5 V.

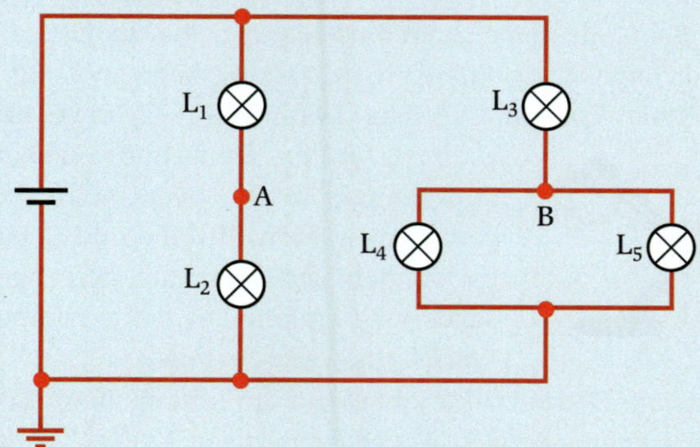

a) Vergleiche die Helligkeit der Lampen und begründe deine Aussagen.
b) Nun wird L_5 in die Fassung geschraubt. Beschreibe und begründe, mit welcher Helligkeit die Lampen nun leuchten.
c) Bei wirklichen Batterien wird die Spannung mit wachsender Stromstärke kleiner. Beschreibe und begründe, ob und gegebenenfalls wie sich die Helligkeit der einzelnen Lampen verändert, wenn L_5 in ihre Fassung geschraubt wird.

A5 Begründe, warum folgende Aussagen unvollständig sind: „Die Spitze des Ulmer Münsters hat eine Höhe von 161 m."
„Das Potenzial eines Punktes beträgt 10 V."
Vervollständige die Angaben zu sinnvollen Aussagen.

A6 Übertrage die unten stehende Schaltskizze in dein Heft. Die vier angegebenen Widerstände haben jeweils den Widerstandswert 2 kΩ. Markiere in der Schaltung Stellen gleichen Potenzials mit gleicher Farbe.

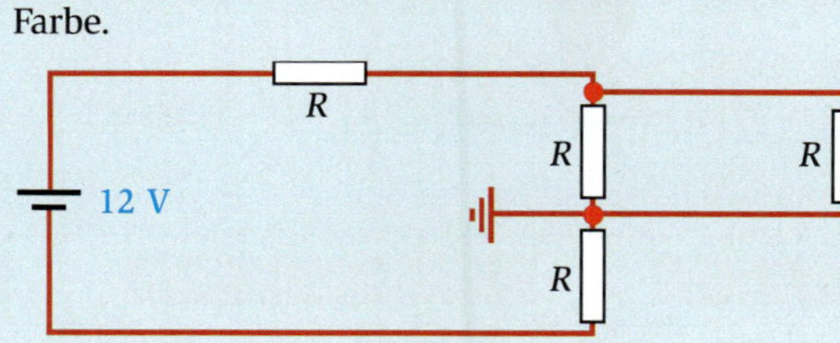

Interessantes

Elektrische Energie – nicht speicherbar, aber immer verfügbar?

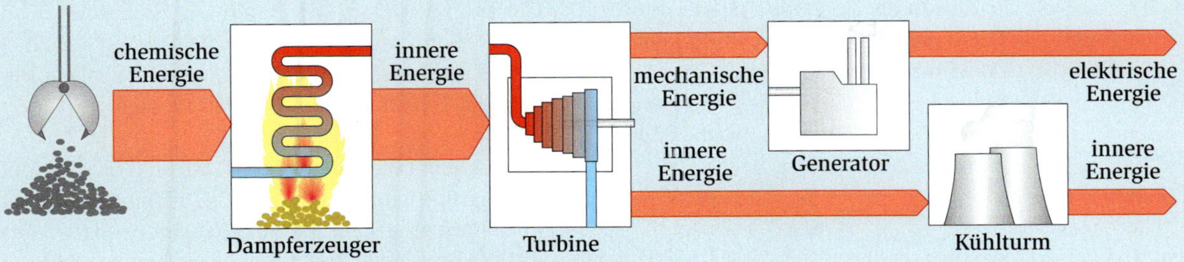

Wenn du deine Schreibtischlampe einschaltest, setzt du eine lange Energie-Übertragungskette in Gang. In einem Kraftwerk wird das Dampfventil ein wenig mehr

geöffnet, für den Nachschub von Dampf und Energie muss etwas mehr Kohle verbrannt werden. Turbine und Generator wandeln genau die Energiemenge in elektrische Energie, die deine Lampe in Wärme und Licht wandelt.

Einen *Energievorrat* gibt es nur am Anfang dieser Kette: Zu jedem Kohlekraftwerk gehört ein großes Vorratslager, damit der Nachschub an Energie nicht ins Stocken gerät.

Kohle ist wie Erdöl und Erdgas ein *Energieträger,* der nur einmal verbraucht werden kann. Noch sind Vorräte vorhanden, die in Jahrmillionen entstanden sind. Aber wir wissen: Kohle, Erdgas, Erdöl sind *nicht erneuerbare* Energieträger.

Wolltest du deine Tischlampe *allein* aus *erneuerbarer Energie,* z. B. aus „Windkraft" oder von Solarzellen versorgen, dann wärest du davon abhängig, ob der Wind weht oder die Sonne scheint. Elektrische Energie kann man nicht speichern.

Energieversorgung aus erneuerbarer Energie wird nur möglich, wenn es gelingt, Energievorräte anzulegen. Bei Energie aus Biomasse und Energie aus „Wasserkraft" ist dies möglich, bei Wind- und bei Solarenergie hofft man auf die *Wasserstofftechnologie:*

Mit **Wasserstoff als Energiespeicher** kann man

- solare Energie „ernten" und *fotovoltaisch* in elektrische Energie wandeln, wann (am Tag) und wo (z. B. in der Sahara) die Sonne scheint,
- mit elektrischer Energie Wasser in Wasserstoff und Sauerstoff zerlegen,
- den Wasserstoff als Energieträger transportieren und speichern,
- in Brennstoffzellen die chemische Energie aus Wasserstoff und Sauerstoff (der Luft) in elektrische Energie umwandeln.

Die Erzeugung von Wasserstoff geschieht in einer **Knallgaszelle:** Zwei Elektroden tauchen in eine leitende Flüssigkeit ein. Führt die Knallgaszelle Strom, so wird Wasser in seine Bestandteile Wasserstoff und Sauerstoff zerlegt, die in kleinen Gasblasen aufsteigen.

In der **Brennstoffzelle** wird die *chemische Energie des Wasserstoffs in elektrische Energie* gewandelt. Bei 90 °C läuft der umgekehrte Prozess ab wie in der Knallgaszelle. Die Elektroden werden zu Minuspol und Pluspol einer Stromquelle.

Die Umwandlung in elektrische Energie erfolgt in der Brennstoffzelle ohne umweltgefährdende Abgase, außerdem ist der Wirkungsgrad der Umwandlung hoch. Deshalb wird an der Brennstoffzelle und der Technik für den gefahrlosen Umgang mit Wasserstoff mit Hochdruck gearbeitet.

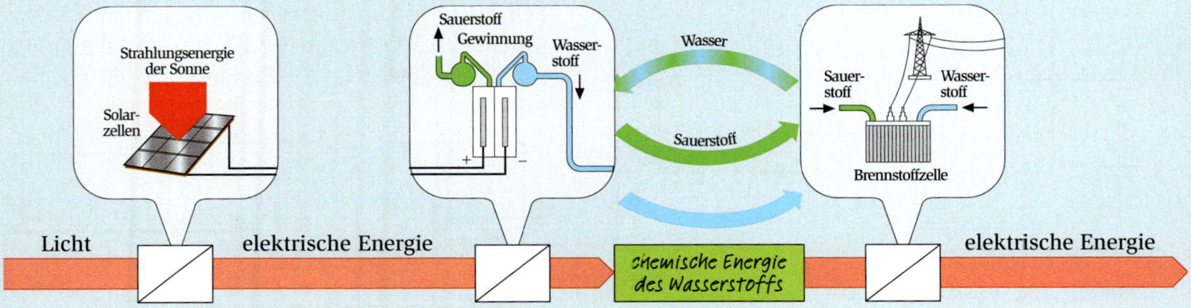

Das ist wichtig

1. Spannungsquellen heben Ladungen vom Potenizal φ_1 auf das Potenzial φ_2. Die **Potenzialdifferenz $\varphi_2 - \varphi_1$** ist der Antrieb für das Fließen von Ladung. Statt Potenzialdifferenz $\varphi_2 - \varphi_1$ sagt man kurz **Spannung *U*.** Zum Erhöhen des Potenzials ist Energie erforderlich.

2. Widerstand: $\boldsymbol{R = \frac{U}{I}}$ Einheit: $1\ \Omega = 1\ \frac{\text{V}}{\text{A}}$

Der elektrische Widerstand *R* beschreibt die Eigenschaft eines Leiters, das Fließen von Ladungen zu hemmen. Je kleiner R ist, desto größer ist die Stromstärke bei gegebener Spannung: $\boldsymbol{I = U/R}$.

Die Stromstärke hängt also ab von
- der Spannung *U* der *Quelle* und
- dem Widerstand *R* des *Stromkreises.*

Der elektrische Widerstand *R* hängt von der Form und dem Material des Leiters ab. Bei einem Draht mit der Länge *l* und der Querschnittsfläche *A* gilt:
- *R* ist proportional zu *l:* $R \sim l$,
- *R* ist proportional zu 1/*A:* $R \sim \frac{1}{A}$.

Ist der Widerstand *R* eines Leiters konstant (das ist für Konstantan und Metalle bei konstanter Temperatur der Fall), so gilt für ihn das ***ohmsche Gesetz:***

$$\boldsymbol{I \sim U}.$$

Bei reinen Metallen steigt der Widerstand *R*, bei Kohle sinkt *R* mit zunehmender Temperatur.

3. Parallelschaltung von Widerständen
An allen Zweigwiderständen R_i liegt die gleiche Spannung *U*. Die Stromstärken $I_i = U/R_i$ in jedem Kreis addieren sich zur **Gesamtstromstärke**

$$I_{ges} = I_1 + I_2 + \ldots = U \cdot \left(\frac{1}{R_1} + \frac{1}{R_2}\right) + \ldots = \frac{U}{R}.$$

Für den **Ersatzwiderstand *R*** (immer kleiner als der kleinste Zeigwiderstand) gilt:

$$\frac{1}{R} = \frac{1}{R_1} + \frac{1}{R_2} + \ldots.$$

4. Reihenschaltung von Widerständen
In allen Widerständen ist die Stromstärke *I* gleich groß. Die **Gesamtspannung *U*** ist die Summe der Teilspannungen $U_i = I \cdot R_i$ an den Teilwiderständen R_i:

$$U = U_1 + U_2 + \ldots = I \cdot (R_1 + R_2 + \ldots) = I \cdot R.$$

Der **Ersatzwiderstand** $R = R_1 + R_2 + \ldots$ ist die Summe der Teilwiderstände R_i. Er ist größer als der größte Teilwiderstand.

Kennst du dich aus?

A1 **a)** Berechne den Widerstand eines Drahtes, in dem bei einer Spannung von 24 V die Stromstärke 1,6 A beträgt.
b) Bestimme den Wert der Spannung, bei dem die Stromstärke 1,2 A beträgt.
c) Jetzt soll ein Draht 16-facher Länge aus gleichem Material genommen werden. Berechne den Durchmesser, bei dem der Widerstand gleich bleibt.

A2 In einem Eisendraht ist bei Anlegen der Spannung 6,0 V die Stromstärke zunächst $I_1 = 1{,}5$ A. Nach kurzer Zeit stellt sich die konstante Stromstärke $I_2 = 1$ A ein. Der Draht glüht nun.
a) Berechne die Widerstände R_1 und R_2 des Drahtes.
b) Begründe, warum bei diesem Versuch nicht das ohmsche Gesetz gilt.

A3 In den beiden Zweigen eines Stromkreises liegen zwei Strommesser. Der eine zeigt 1,8 A. Was zeigt der andere, wenn man im unverzweigten Teil 2,4 A misst?

A4 Die Widerstände $R_1 = 160\ \Omega$ und $R_2 = 300\ \Omega$ sind in Reihe geschaltet. An diese Schaltung wird die Spannung $U = 230$ V gelegt.
a) Berechne den Gesamtwiderstand und die Stromstärke.
b) Berechne die Teilspannungen U_1 und U_2.

A5 Die Widerstände $R_1 = 50\ \Omega$ und $R_2 = 10\ \Omega$ werden parallel geschaltet. Berechne für $U = 7{,}5$ V den Gesamtwiderstand *R*, die Gesamtstromstärke I_{ges} und die Stromstärken I_1 und I_2 in den Zweigleitungen.

A6 Eine Glühlampe (6 V, 0,4 A) soll an eine 9 V-Batterie angeschlossen werden. Zeichne eine Schaltskizze und berechne den erforderlichen Widerstand, damit die Lampe korrekt leuchtet.

A7 Bei einem Schiebewiderstand ist ein Widerstandsdraht um ein Keramikrohr gewickelt. Die Isolation des Drahtes ist oben entfernt, sodass Draht und „Schleifer“ Kontakt haben. Durch Verschieben des Schleifers wird der Widerstand des Gerätes verändert. Beschreibe das Funktionsprinzip des Geräts. Entwirf eine Schaltung (mit Batterie), bei der man die Helligkeit einer Lampe mit einem Schiebewiderstand regeln kann.

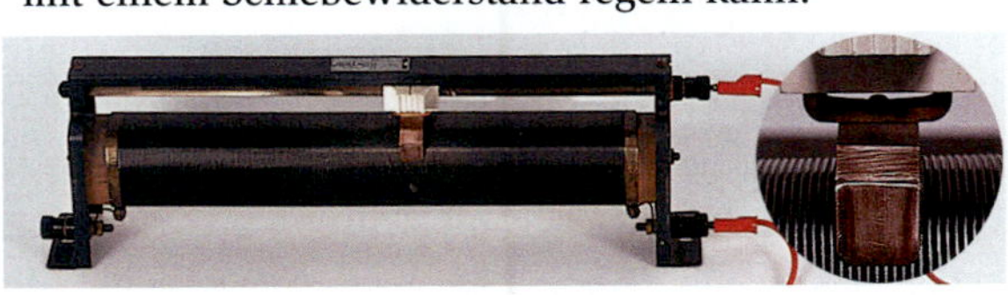

Kennst du dich aus?

A1 Erläutere, wie du die Brennweite einer Sammellinse in einem erleuchteten Raum ohne weitere Hilfsmittel abschätzen kannst.

A2 *Hausversuch:*
Mit Wasser gefüllte Trinkgläser oder Flaschen wirken wie Linsen. Bilde eine Kerzenflamme durch zylindrische Gefäße unterschiedlichen Durchmessers auf ein Blatt Papier ab.
Ermittle aus den Messdaten mithilfe der *Linsengleichung* jeweils die Brennweite (Die Mittelebene geht durch den Kreismittelpunkt des Gefäßquerschnitts). Trage in einem Diagramm den Durchmesser der Gefäße gegen die Brennweite auf und erläutere, ob du eine Gesetzmäßigkeit erkennen kannst.

A3 Lege die Überlegungen und Versuche dar, die uns zur der Erkenntnis führten, dass das weiß empfundene Licht der Sonne aus vielen farbigen Lichtern zusammengesetzt ist.

A4 Ein Kind steht vor einem Wandspiegel und ärgert sich, dass es seine Füße nicht sehen kann. Es tritt näher heran, es geht weiter weg und sieht wiederum seine Füße nicht. Erkläre, warum das so ist.

A5 Erläutere anhand eines Beispiels, was es bedeutet, dass zwei physikalische Größen zueinander proportional sind.

A6 In der Physik sucht man zur Beschreibung subjektiver Wahrnehmungen geeignete physikalische Größen, mit denen diese objektiv erfasst werden können.
Erläutere dieses Vorgehen anhand mehrerer Beispiele aus dem bisherigen Unterricht.

A7 Eine Kugel startet aus der Ruhe jeweils in Position ①. Kennzeichne, wie hoch die Kugel auf der anderen Seite kommt. Begründe deine Antwort.

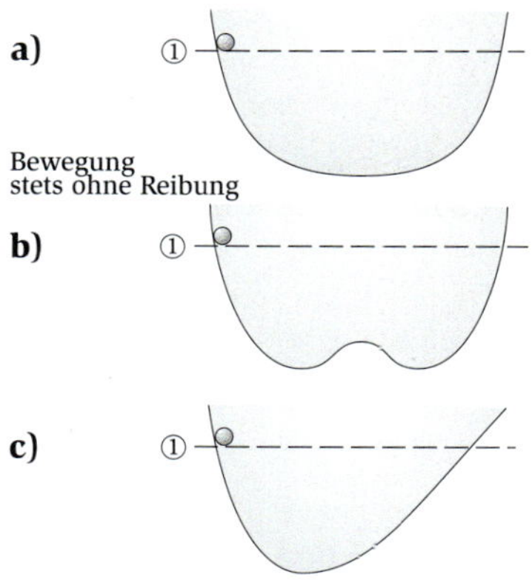

A8 **a)** Überlege dir Tätigkeiten, bei denen du die benötigte Kraft und den zurückzulegenden Weg kennst bzw. abschätzen kannst. Berechne damit jeweils die Energie, die du bei der Tätigkeit aufwenden musst. Gib die Voraussetzungen an, unter denen deine Berechnung gilt.
b) Berechne, wie viel du von einem Nahrungsmittel deiner Wahl zu dir nehmen musst, um den Energiebedarf in a) zu decken. Beschaffe den Energiegehalt je Gramm des Nahrungsmittels aus geeigneten Quellen.

A9 Ein Wanderer macht sich um 8 Uhr auf den Weg zu einer 24 km entfernten Berghütte, die er mit konstantem Tempo nach 8 Stunden erreicht, ohne Pausen einzulegen. Am nächsten Tag beginnt er um 9 Uhr den Abstieg von der Hütte zum Ausgangspunkt der Wanderung. Diesen erreicht er bei konstantem Tempo um 15 Uhr, wiederum ohne Pause.
a) Erläutere ohne Rechnung, ob es zwischen Ausgangspunkt und Berghütte einen Ort gibt, am der Wanderer an beiden Tagen zur gleichen Uhrzeit vorbeikommt.
b) Ermittle Ort und Uhrzeit, an denen er sich selbst „begegnet".

A10 Gib an, wodurch sich die physikalischen Begriffe „Kraft" und „Druck" unterscheiden.

A11 Formuliere mit eigenen Worten den Gedankengang, der uns zum Begriff der „elektrischen Ladung" geführt hat.

A12 Ermittle auf verschiedene Weisen die Stromstärken I_1, I_2 und I_3 in den Zweigen (die Lampen sind gleich). Erläutere deine Lösungswege.

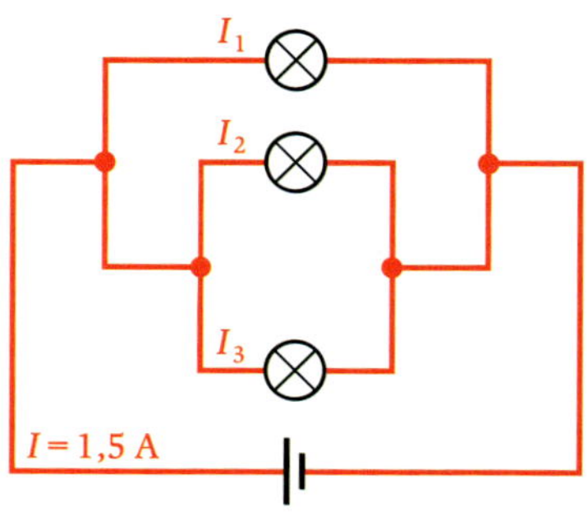

A13 Erläutere, wie sich die Stromstärke im abgebildeten Stromkreis in den folgenden Fällen ändert:
a) Der Widerstand R_1 wird verdoppelt.
b) Der Widerstand R_2 wird verdoppelt.
c) Der Widerstand R_1 wird verdoppelt und der Widerstand R_2 wird durch Leitungsdraht ersetzt.

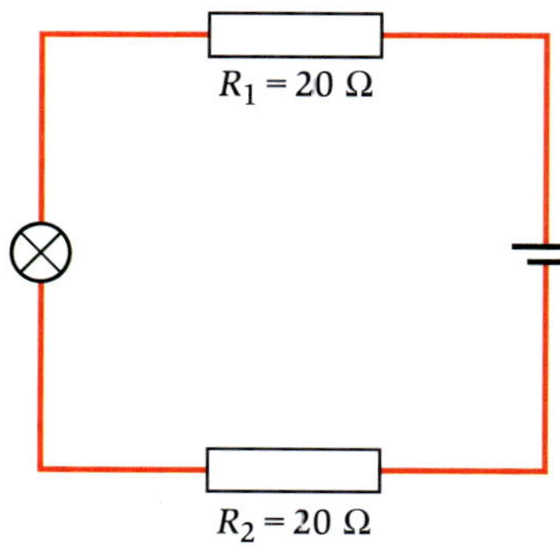

A14 Ein Strommesser misst 2,5 A einer Lampe.
Ermittle die Anzeige dieses Strommessers, wenn man zu ihm einen zweiten Strommesser parallel schaltet, der dann 1,5 A anzeigt. Zeichne eine Schaltskizze. Berechne die Ladung, die jeweils in 1 s fließt.

A15 **a)** Miss mit einem Ohmmeter den elektrischen Körperwiderstand zwischen deinen Händen bei trockener und bei feuchter Haut an den Kontaktstellen.
Miss auch den Widerstand zwischen einer Hand und einer Fußsohle.
Interpretiere die Ergebnisse.
b) Gib an, ob die Größe der Kontaktflächen eine Rolle spielt.

A16 Drei Widerstände sind wie in der Abbildung geschaltet.

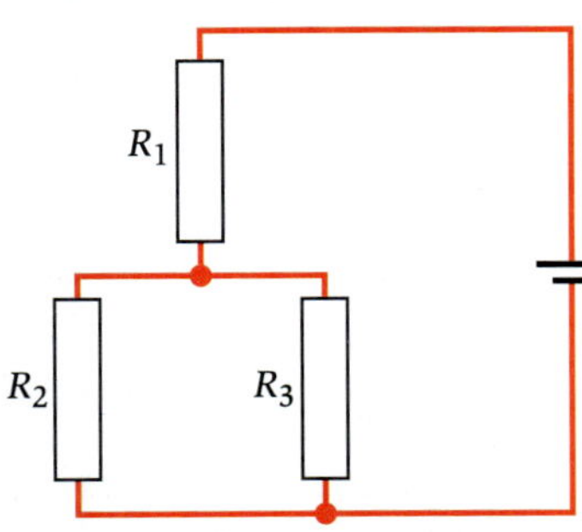

a) Ordne die Ströme, die die drei Widerstände führen, nach ihrer Stromstärke.
Erkläre.
b) Ordne die an den Widerständen anliegenden Spannungen der Größe nach.
Erkläre.
c) Erkläre, wie man mit dieser Schaltung erreichen kann, dass die Spannungen an R_1 und R_2 gleich groß sind.

A17 Beschreibe anhand eines Beispiels einen Zusammenhang zwischen Magnetismus und Elektrizität.

A18 Innerhalb einer Stadt siehst du am Straßenrand dieses Verkehrsschild. Gib die Bedeutung dieses Schildes an. Beschrifte das Verkehrsschild physikalisch korrekt.

A19 Die Bewegung eines Körpers ergibt vereinfacht folgendes *t*-*v*-Diagramm:

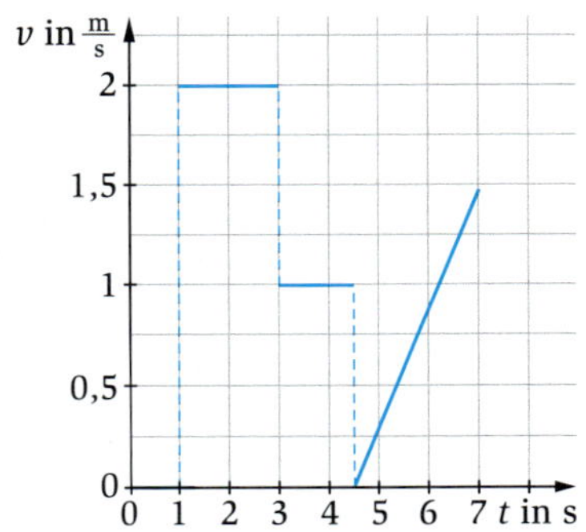

Zeichne das zugehörige *t*-*s*-Diagramm. Erläutere für die einzelnen Zeitabschnitte, wie du vorgegangen bist.

A20 Gib an, wie die Begriffe Geschwindigkeit und elektrische Stromstärke definiert sind. Diskutiere, ob es zwischen beiden Begriffen Gemeinsamkeiten gibt.

A21 Paul und Lena starten gleichzeitig mit dem Fahrrad zum 2 km entfernten Freibad. Das folgende *t*-*s*-Diagramm zeigt den Verlauf ihrer Fahrt.

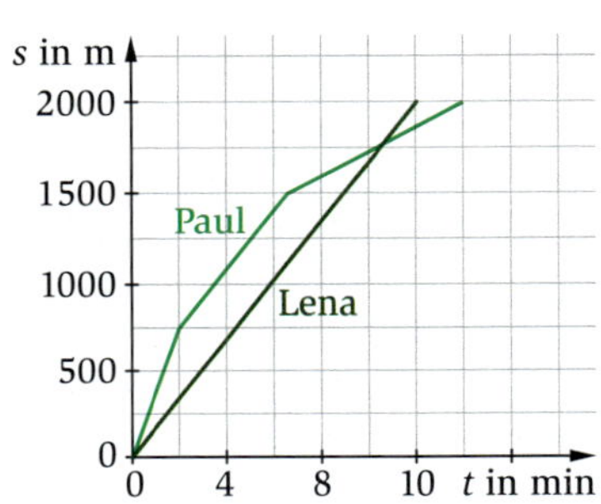

a) Beschreibe und vergleiche die Fahrt der beiden.
b) Erläutere, ob es ein Zeitintervall gibt, in dem Paul vor Lena fährt.
c) Zeige, dass es unterwegs einen Zeitpunkt gibt, an dem sie am gleichen Ort sind.
d) Erläutere, ob es ein Zeitintervall gibt, in dem beide mit gleicher Geschwindigkeit fahren.
e) Gib an, wer als erster das Freibad erreicht.
Ermittle den Weg, den der andere dann noch zurücklegen muss. Verdeutliche deinen Lösungsweg im Schaubild.

A22 **a)** Erläutere was man in der Physik unter einem Denkmodell versteht anhand der Begriffe Lichtstrahl, Teilchenmodell, Elementarmagnet.
b) Erläutere, warum das Verwenden von Denkmodellen sinnvoll und notwendig ist.
c) Erläutere, ob das Wort „Modell" bei einer Modelleisenbahn die gleiche Bedeutung hat wie in der Physik.

A23 **a)** Erläutere anhand der Begriffe Lichtstrahl, Teilchenmodell und Elementarmagnet, was man in der Physik unter einem Denkmodell versteht.
b) Erläutere anhand dieser Beispiele die Gründe, warum der Energiebegriff eine so große Bedeutung hat.

A24 Erläutere anhand einer selbstgewählten Rechenaufgabe aus dem Buch, wie du beim Lösen vorgehst.
a) Schreibe die Schritte deiner Lösungsstrategie in der logischen Reihenfolge auf.
b) Überlege, wie du vorgehen könntest, wenn du beim Lösen einer Aufgabe irgendwo stecken bleibst.

Eigenschaften von Festkörpern, Flüssigkeiten und Gasen

Feste Körper	Dichte in $\frac{g}{cm^3}$	Längenausdehnungszahl in $\frac{mm}{m \cdot K}$	Spezifische Wärme in $\frac{kJ}{kg \cdot K}$	Schmelzpunkt in °C	Spezifische Schmelzwärme in $\frac{kJ}{kg}$
Aluminium	2,70	$2{,}4 \cdot 10^{-2}$	0,9	660	397
Blei	11,34	$3{,}1 \cdot 10^{-2}$	0,13	327	23
Eisen (rein)	7,86	$1{,}2 \cdot 10^{-2}$	0,45	1535	277
Jenaer Glas	2,5	$0{,}8 \cdot 10^{-2}$	0,78	–	–
Gold	19,3	$1{,}4 \cdot 10^{-2}$	0,13	1063	64
Kupfer	8,93	$1{,}7 \cdot 10^{-2}$	0,38	1083	205
Magnesium	1,74	$2{,}6 \cdot 10^{-2}$	1,02	650	370
Messing (62% Cu, 38% Zn)	~8,3	$1{,}8 \cdot 10^{-2}$	0,38	~920	–
Natrium	0,97	$7{,}1 \cdot 10^{-2}$	1,22	97,8	113
Platin	21,4	$0{,}9 \cdot 10^{-2}$	0,13	1769	111
Silber	10,51	$2{,}0 \cdot 10^{-2}$	0,24	960,5	105
Wolfram	19,3	$0{,}4 \cdot 10^{-2}$	0,13	3380	191
Zink	7,14	$2{,}6 \cdot 10^{-2}$	0,39	419,5	109

Die Längenausdehnungszahl gibt die Längenzunahme ΔL (in mm) eines 1 m langen Stabes bei 1 K Temperaturzunahme an.

Flüssigkeiten	Dichte bei 18 °C in $\frac{g}{cm^3}$	Raumausdehnungszahl in $\frac{dm^3}{m^3 \cdot K}$	Spezifische Wärme in $\frac{kJ}{kg \cdot K}$	Siedepunkt bei 1,013 bar in °C	Verdampfungswärme in $\frac{kJ}{kg}$
Benzol	0,879	1,2	1,73	80,1	394
Diethylether	0,716	1,6	2,31	34,5	384
Ethanol (Alkohol)	0,791	1,1	2,43	78,3	840
Glycerin	1,260	0,5	2,39	290,5	–
Petroleum	0,85	1,0	2,1	150–300	–
Quecksilber	13,55	0,2	0,14	357	285
Wasser	0,9986	~0,2	4,19	100	2256

Die Raumausdehnungszahl gibt die Volumenzunahme ΔV (in dm^3) von 1 m^3 bei 1 K Temperaturzunahme an.

Gase	Dichte bei 0 °C und 1,013 bar in $\frac{g}{dm^3}$	Dichte als Flüssigkeit in $\frac{g}{cm^3}$	Spezifische Wärme in $\frac{kJ}{kg \cdot K}$	Schmelzpunkt in °C	Siedepunkt bei 1,013 bar in °C
Ammoniak	0,771	0,68	2,16	–77,7	–33,4
Helium	0,179	0,13	5,23	–272	–269
Kohlenstoffdioxid	1,98	–	0,84	–	–78,5
Luft	1,293	–	1,01	–213	–191
Sauerstoff	1,43	1,13	0,92	–219	–183
Stickstoff	1,25	0,81	1,04	–210	–196
Wasserdampf (100 °C; 1,013 bar)	0,6	0,96	1,95	–	–
Wasserstoff	0,0899	0,07	14,32	–259	–253

Massen, Längen und Zeiten

Massen (in kg)	
Weltall	$\sim 10^{50}$
Sonne	$1,99 \cdot 10^{30}$
Erde	$5,98 \cdot 10^{24}$
Mond	$7,3 \cdot 10^{22}$
Lufthülle der Erde	$2 \cdot 10^{18}$
Cheopspyramide	$6 \cdot 10^{9}$
Mensch	$7 \cdot 10^{1}$
1 l Wasser	1
Fliege	$\sim 10^{-3}$
Staubkorn	$\sim 10^{-10}$
Uranatom	$4 \cdot 10^{-25}$
Elektron	$9,1 \cdot 10^{-31}$

Längen und Ausdehnungen (in m)	
Weltall (Ø)	$\sim 10^{26}$
1 Lichtjahr (Lj)	$9,46 \cdot 10^{15}$
nächster Fixstern (Proxima Centauri)	4,24 Lj
1 Astron. Einheit (AE)	$1,496 \cdot 10^{11}$
Entfernung Sonne – Erde	1 AE
Sonne (Ø)	$13,9 \cdot 10^{8}$
Erde (Ø)	$1,28 \cdot 10^{7}$
Berlin (Ø)	$\sim 10^{5}$
Mensch	1,75
Bakterien	$\sim 10^{-6}$
Atome	$\sim 10^{-10}$
Atomkern	$\sim 10^{-14}$
Elektron	$5,6 \cdot 10^{-15}$

Zeiten (1 a = 1 Jahr)	
Weltalter	10^{10} a
Erdalter	$5 \cdot 10^{9}$ a
Halbwertszeit von Uran	$5 \cdot 10^{9}$ a
Erdkruste	$3 \cdot 10^{9}$ a
Paläozoikum vor	$2 \cdot 10^{9}$ a
Mesozoikum vor	$5 \cdot 10^{8}$ a
Spuren des ersten Menschen vor	$6 \cdot 10^{5}$ a
Neandertaler vor	$2 \cdot 10^{5}$ a
Bronzezeit vor	$5 \cdot 10^{3}$ a
Lichtlaufzeit Sonne – Erde	500 s
Pulsschlag des Menschen	~1 s

Ortsfaktoren

Erde	Mond	Sonne
$g_E = 9,81\ \frac{N}{kg}$ (in Europa)	$g_M = 1,62\ \frac{N}{kg}$	$g_S = 274\ \frac{N}{kg}$

Druckeinheiten

	$Pa = \frac{N}{m^2}$	bar	at*	mm W.S.*	atm*	Torr*
1 Pa = 1 $\frac{N}{m^2}$	1	10^{-5}	$1{,}0197 \cdot 10^{-5}$	0,10197	$0{,}9869 \cdot 10^{-5}$	$0{,}75006 \cdot 10^{-2}$
1 bar	10^5	1	1,0197	$1{,}0197 \cdot 10^4$	0,098692	$0{,}75006 \cdot 10^3$
1 at*	$0{,}980665 \cdot 10^5$	0,980665	1	$1{,}00003 \cdot 10^4$	0,96784	$0{,}73556 \cdot 10^3$
1 mm W.S.*	9,8064	$0{,}98064 \cdot 10^{-4}$	$0{,}99997 \cdot 10^{-4}$	1	$0{,}96781 \cdot 10^{-4}$	$0{,}73554 \cdot 10^{-1}$
1 atm	$1{,}01325 \cdot 10^5$	1,01325	1,03323	$1{,}03326 \cdot 10^4$	1	760
1 Torr*	$1{,}3332 \cdot 10^2$	$1{,}3332 \cdot 10^{-3}$	$1{,}3595 \cdot 10^{-3}$	13,595	$1{,}3158 \cdot 10^{-3}$	1

1 bar = 10 N/cm²; 1 mbar (Millibar) = 1 cN/cm²; 1 at* = 1 kp*/cm² (technische Atmosphäre).
1 mm W.S.* ist der Druck einer 1 mm hohen Wassersäule von 4 °C beim Ortsfaktor $g = 9{,}80665$ N/kg.
1 kp* ist gleich der Gewichtskraft eines 1-kg-Stücks am Normort; 1 kp* = 9,80665 N.
1 atm* (physikalische Atmosphäre) = 760 Torr* = 1,01325 bar ist der sogenannte Normdruck.
1 Torr* bedeutet den Druck einer 1 mm hohen Quecksilbersäule von 0 °C am Normort.

Energieeinheiten

	J	kWh	cal*	eV
1 J	1	$2{,}7777 \cdot 10^{-7}$	0,23884	$0{,}6242 \cdot 10^{19}$
1 kWh	$3{,}6000 \cdot 10^6$	1	$0{,}8598 \cdot 10^6$	$2{,}247 \cdot 10^{25}$
1 cal*	4,1868	$1{,}1630 \cdot 10^{-6}$	1	$2{,}613 \cdot 10^{19}$
1 eV	$1{,}602 \cdot 10^{-19}$	$4{,}45 \cdot 10^{-26}$	$3{,}826 \cdot 10^{-20}$	1

1 J (Joule) = 1 Nm (Newtonmeter); 1 kWh = 1000 W · 1 h = 3,6 = 10^6 Joule.
1 eV (Elektronvolt) ist die Energie, die ein Teilchen mit der Elementarladung $e = 1{,}6 \cdot 10^{-19}$ C beim Durchlaufen der Spannung 1 Volt aufnimmt.

Internationale Einheiten

1 inch (in, Zoll)	= 2,54 cm
1 foot (ft) = 12 in	= 30,48 cm
1 yard (yd) = 3 ft	= 91,44 cm
1 mile = 1760 yd	= 1609 m
1 acre	= 4047 m²
1 geografische Meile	= 7420 m
1 Seemeile (sm)	= 1852 m
1 Knoten (kn) = 1 sm/h	= 0,5144 m/s
1 Faden	= 1,829 m
1 Registertonne	= 2,832 m³
1 internat. Karat	= 0,2051 g
1 Feinunze (troy ounce, tr.oc)	= 31,1035 g

1 ounce (cz)	= 28,35 g
1 pound (lb) = 16 oz	= 453,6 g
1 quarter (qu) = 28 lbs	= 12,70 kg
1 short ton = 2000 lbs	= 907,2 kg
1 long ton = 2240 lbs	= 1016 kg

	englisch	amerikanisch
1 pint (liq.pt.)	= 0,5683 l	= 0,4732 l
1 quart = 2 pints	= 1,1365 l	= 0,9464 l
1 gallon = 4 quarts	= 4,5461 l	= 3,7854 l
1 petroleum barrel	= 159,11 l	= 158,99 l
1 °Fahrenheit (°F) wobei 32 °F der Temperatur 0 °C entspricht.		$= \frac{5}{9}$ °C

* veraltete, nicht mehr zugelassene Einheiten

Vorsilben für dezimale Vielfache und Teile von Einheiten

Vorsilbe	Exa (E)	Peta (P)	Tera (T)	Giga (G)	Mega (M)	Kilo (k)	Hekto (h)	Deka (da)
bedeutet	10^{18}	10^{15}	10^{12}	10^{9}	10^{6}	10^{3}	10^{2}	10^{1}

Vorsilbe	Dezi (d)	Zenti (c)	Milli (m)	Mikro (µ)	Nano (n)	Piko (p)	Femto (f)	Atto (a)
bedeutet	10^{-1}	10^{-2}	10^{-3}	10^{-6}	10^{-9}	10^{-12}	10^{-15}	10^{-18}

Farbcode auf Schichtwiderständen

	schwarz	braun	rot	orange	gelb	grün	blau	violett	grau	weiß	gold	silber
1. Ring	0	1	2	3	4	5	6	7	8	9		
2. Ring	0	1	2	3	4	5	6	7	8	9		
3. Ring		0	00	000	0000	00000	usw.				:10	:100
4. Ring		± 1 %	± 2 %								± 5 %	± 10 %

Spezifischer Widerstand bei 18 °C

Stoff	$\Omega \frac{mm^2}{m}$	Stoff	$\Omega \frac{mm^2}{m}$	Stoff	$\Omega \frac{mm^2}{m}$
Silber	0,016	Kohle	50 … 100	Polystrol	$5 \cdot 10^{18}$
Kupfer	0,017	Germanium	900	Glas	$10^{16} \dots 10^{19}$
Gold	0,023	Selicium	1200	Porzellan	$10^{19} \dots 10^{20}$
Aluminium	0,028	Meerwasser	200 000	Glimmer	$10^{19} \dots 10^{21}$
Wolfram	0,049	dest. Wasser	10^{10}	Hartgummi	$10^{19} \dots 10^{21}$
Nickel	0,07	Schiefer	10^{12}	Paraffin	$10^{20} \dots 10^{22}$
Eisen	0,1 … 0,5	Marmor	$10^{13} \dots 10^{14}$	Siegellack	10^{22}
Konstantan	0,5	Pressspan	10^{14}	Bernstein	$> 10^{22}$

Schwingungsfrequenzen der Tonleiter in Hz

Ton	c´	cis´	d´	dis´	e´	f´	fis´	g´	gis´	a´	ais´	h´	c´´
rein	264	278	279	313	330	352	347	396	418	**440**	467	495	528
temperiert	262	277	294	311	330	349	370	392	415	**440**	466	494	524

* temperierte oder gleichschwebende Stimmung: Halbtonschritte $\sqrt[12]{2} = 1{,}059$ fache

Umschlag: elbe-drei Werbeagentur, Hamburg ; 3.1, 11.1: Dieter Biskamp, Garching; 3.2, 27.1: vario images, Bonn (Tetra Images); 3.3, 84.1: fotolia.com, New York (Sergey Solomakhin); 4.1, 129.1: Getty Images, München (Jonathan Kantor); 4.2, 150.1: Corbis, Düsseldorf (moodboard); 4.3, 166.1: fotolia.com, New York (danimages); 5.1, 180.1: Reeko.com/Reeko Design, Quickborn; 5.2, 181.1: Colourbox.com, Odense; 6.1: fotolia.com, New York (dipego); 6.2: Picture-Alliance, Frankfurt (dpa); 6.3: Shutterstock, New York(OtnaYdur); 7.1: fotolia.com, New York (Udo Kroener); 7.2: mauritius images, Mittenwald (Photo Researchers); 7.3: Flonline, Frankfurt (sodapix); 8.1: Corbis, Düsseldorf (Mark Laricchia); 8.2: Astrofoto, Sörth; 9.2: Heinz-Werner Oberholz, Everswinkel; 12.1: Hans Tegen, Hambühren; 12.2: Tierbildarchiv Angermayer, Holzkirchen (Pfletschinger); 14.1: Hans Tegen, Hambühren; 14.2, 16.1: Michael Fabian, Hannover; 14.3, 148.1: Hans Tegen, Hambühren; 16.2: fotolia.com, New York (Sulamith); 18.1: action press, Hamburg; 18.2: Hans Tegen, Hambühren; 20.1: TopicMedia Service, Putzbrunn (C. Dani, I. Jeske); 20.2: mauritius images, Mittenwald (3.500.574.01); 20.3: mauritius images, Mittenwald; 20.4, 20.5, 21.1: Michael Fabian, Hannover; 21.2: Hans Tegen, Hambühren; 22.1: Picture-Alliance, Frankfurt (dpa); 22.2: alamy images, Abingdon/Oxfordshire (Blend Images/JGI); 23.1: wikipedia.org (gemeinfrei/Torsten Henning); 23.2: Jahreszeiten Verlag, Hamburg; 29.1: Michael Fabian, Hannover; 30.1: Astrofoto, Sörth; 32.1: Michael Fabian, Hannover; 32.2: Hans Tegen, Hambühren; 32.3: Thinkstock, Sandyford/Dublin 18 (Digital Vision); 33.1: Michael Fabian, Hannover; 34.1: Hans Tegen, Hambühren; 35.1: Michael Fabian, Hannover; 36.1: Hans Tegen, Hambühren; 36.2, 37.1: Michael Fabian, Hannover; 37.2: mauritius images, Mittenwald (Jose Fuste Raga); 37.3: agenda, Hamburg; 38.1, 38.2: Hans Tegen, Hambühren; 39.2, 40.1, 40.2: Michael Fabian, Hannover; 40.3: Dr. Dirk Wenderoth, Braunschweig; 40.3, 41.1, 42.1: Hans Tegen, Hambühren; 43.1: Dr. Bernhardt Brill, Hofgeismar; 43.3: Agentur Focus, Hamburg; 44.1: Michael Fabian, Hannover; 45.3: Hans Tegen, Hambühren; 48.1: Getty Images, München; 49.1: Agentur Focus, Hamburg; 52.1: akg-images, Berlin; 52.2: Deutsches Museum, München; 53.1: U. Staiger, Stuttgart; 54.1: Wildlife, Hamburg (N. Benvie); 54.2: Hans Tegen, Hambühren; 56.1, 56.2: G. Harsch, Schorndorf; 56.3: Michael Fabian, Hannover; 61.1, 65.1: Hans Tegen, Hambühren; 66.1, 66.2, 66.3: Michael Fabian, Hannover; 66.7-8, 67.1: K. Wieder, Karlsruhe; 70.1: iStockphoto, Calgary (Mikhail Kokhanchikov); 74.1, 74.2: Michael Fabian, Hannover; 75.1: Hans Tegen, Hambühren; 77.1: Dr. Manfred Keil, Neckargemünd; 77.2: Stiftung Deutsches Technikmuseum, Berlin (Archenhold-Sternwarte); 78.1: mauritius images, Mittenwald (Phototake); 78.2: Johanna-Etienne-Krankenhaus, Neuss (Prof. Dr. Dr. J. Jerosch); 79.1: mauritius images, Mittenwald (Sven Zellner); 80.1: Kunsthaus, Meiningen; 80.2: Hans Tegen, Hambühren; 80.3: Michael Fabian, Hannover; 86.1: Deutsche Bahn AG, Berlin (Thomas Herter); 88.1: Gebr. Maerklin, Goeppingen; 89.1: Heinz-Werner Oberholz, Everswinkel; 90.1: Getty images, München (Bongarts); 90.2: Ulrich zur Nieden, Hannover; 91.1: Dr. Bernhardt Brill, Hofgeismar; 92.1: Deutsches Historisches Museum , Berlin; 92.2, 92.3: Michael Fabian, Hannover; 95.1: fotolia.com, New York (LichtRaum Fotografie); 96.1: Astrofoto, Sörth (NASA); 99.1, 99.2, 99.3: Michael Fabian, Hannover; 100.1: Hans Tegen, Hambühren; 101.1: Jens Trimpin, Mannheim; 102.1: Druwe & Polastri, Cremlingen/Weddel; 102.2, 102.3, 106.1, 106.2, 107.1: Michael Fabian, Hannover; 107.2: Hans Tegen, Hambühren; 107.3: Dr. Erwin-Klaus Haberkant, Heidelberg; 110.1, 110.2: Michael Fabian, Hannover; 110.3: Carl Zeiss Sports Optics, Wetzlar; 110.4: Manfred Simper, Wennigsen; 111.1, 111.2, 111.3: Michael Fabian, Hannover; 111.4: SKF, Schweinfurt; 111.5: fotolia.com, New York (Miqul); 112.1: Hans Tegen, Hambühren; 113.1: TopicMedia Service, Putzbrunn; 115.1: Michael Fabian, Hannover; 117.1, 117.2, 117.3, 117.4: Hans Tegen, Hambühren; 117.5: Michael Fabian, Hannover; 119.1: Hans Tegen, Hambühren; 120.1: Getty Images, München (Handout); 120.2: Getty Images, München (Nick Laham); 120.3: Getty Images, München (Streeter Lecka); 121.1: Getty Images, München (Stu Forster); 121.2: Getty Images, München (Kim Jae-Hwan); 121.3: Getty Images, München (Bob Thomas); 122.1: Picture-Alliance, Frankfurt (dpa/ZB/Matthias Hiekel); 125.1: Heinz-Werner Oberholz, Everswinkel; 126.1: Getty Images, München (Andy Lyons); 126.2: iStockphoto (James Steidl); 127.1: Michael Fabian, Hannover; 130.1: Hans Tegen, Hambühren; 131.1: Hans Tegen, Hambühren; 131.2: iStockphoto, Calgary (Vladimir Danilov); 132.1: newVISION!, Pattensen; 132.2: fotolia.com, New York (© Art Photo Picture); 134.1: Trattner, Oberbayrdorf; 136.1, 136.2: Michael Fabian, Hannover; 136.3: wikipedia.org; 138.1: Hans Tegen, Hambühren; 139.1: Schoberer Rad Messtechnik, Jülich; 142.1: Picture-Alliance, Frankfurt (dpa/Gerhard Rauchwetter); 142.2: Harzwasserwerke, Hildesheim; 143.1: mauritius images, Mittenwald (Jose Fuste Raga); 143.2: Michael Fabian, Hannover; 144.1: newVISION! gmbh, Pattensen; 144.2: Prof. em. Drs. Wolfgang Eisenmenger, Stuttgart ; 145.1, 145.2, 145.3: W.O.M. WORLD OF MEDICINE AG, Berlin; 147.1: Ingo Wandmacher, Bad Schwartau; 147.2: Getty Images, München (AFP); 147.3: Winkler Schulbedarf, Karlstetten; 147.4: Corbis, Düsseldorf (Mike Powell); 147.5: Werner Wegner, Lehrte; 152.1: Hans Tegen, Hambühren; 152.2, 152.3, 153.1: Michael Fabian, Hannover; 153.2: K. Wieder, Karlsruhe; 153.3, 153.4, 153.5: Hans Tegen, Hambühren; 154.2: Okapia, Frankfurt (Marion Stimup/Alaska Stock); 155.1: Hans Tegen, Hambühren; 155.3: bpk, Berlin; 156.1: BilderBox, Breitbrunn/Hörsching (Bildmaschine.de); 156.2: iStockphoto, Calgary (Michael

Krinke Photography); 156.3, 156.4, 156.5: Michael Fabian, Hannover; 157.1, 157.2: Hans Tegen, Hambühren; 159.1: A1PIX - Your Photo Today, Taufkirchen; 159.2: Michael Fabian, Hannover; 160.1: Astrofoto, Sörth; 161.1: O. Gremblewski-Strate, Laatzen; 162.1: Michael Fabian, Hannover; 162.2: A1PIX/Your Photo Today; 162.3: K. Wieder, Karlsruhe; 163.1: Michael Fabian, Hannover; 164.1: Hans Tegen, Hambühren; 165.1: Deutsches Museum, München; 165.2-4, 168.1: Michael Fabian, Hannover; 170.1, 170.2, 170.3: Hans Tegen, Hambühren; 170.4: Schott, Mainz; 170.5: Maurer Söhne, München; 172.1: Hans Tegen, Hambühren; 174.1: action press, Hamburg; 174.2: Dr. Bernhardt Brill, Hofgeismar; 177.1: K. Wieder, Karlsruhe; 178.1: Michael Fabian, Hannover; 178.2: Hans Tegen, Hambühren; 179.1: wikipedia.org (Benh LIEU SONG); 179.2: mauritius images, Mittenwald (Bridge); 185.1, 185.2, 186.1, 186.2, 187.1, 187.2, 187.3, 187.4, 187.5, 187.6: Michael Fabian, Hannover; 188.1: mauritius images, Mittenwald (Dinodia); 188.2: Hans Tegen, Hambühren; 192.1: Michael Fabian, Hannover; 193.1: experimentis - Physik für Alle - Dr. Holger Hofmann, Tübingen; 196.1, 197.1, 197.2: Hans Tegen, Hambühren; 198.1, 200.1, 200.2, 200.3, 201.1, 201.2: Michael Fabian, Hannover; 202.1, 203.1: Hans Tegen, Hambühren; 205.1: Dr. Franz Bader, Ludwigsburg; 206.1: Hans Tegen, Hambühren; 207.1, 208.1, 208.2, 208.3, 208.4: Michael Fabian, Hannover; 210.2: LBX Company, Maker of Link-Belt Excavators, Lexington; 210.3: Michael Fabian, Hannover; 210.3: Hans Tegen, Hambühren; 211.1: Michael Fabian, Hannover; 211.2: Hans Tegen, Hambühren; 212.1: Michael Fabian, Hannover; 212.2, 212.3: Hans Tegen, Hambühren; 213.1: Michael Fabian, Hannover; 215.1: Hans Tegen, Hambühren; 217.1: Michael Fabian, Hannover; 220.1: RWE Power, Essen; 222.1, 222.2, 222.3, 222.4, 222.6: Hans Tegen, Hambühren; 226: Michael Fabian, Hannover; 226.2: Deutsches Historisches Museum, Berlin; 228.1: Hans Tegen, Hambühren; 230.1: fotolia.com, New York (Daniel Etzold); 230.4: Manfred Simper, Wennigsen; 231.1: Michael Fabian, Hannover; 234.1, 236.1: Hans Tegen, Hambühren; 237.1: Michael Fabian, Hannover; 240.1: iStockphoto, Calgary (Alex Kalmbach); 241.1: Hans Tegen, Hambühren.

Wir danken der Leibniz Universität Hannover, AG Didaktik der Physik, für die freundliche Unterstützung bei der Anfertigung von Fotos.

Stichwortverzeichnis

F

G

H

I

J

P

Q

R

S

T

U

V

W

Z